新发展理念创新与研究文库

创新发展与
生态文明建设

安开放　主编

Chuangxin
Fazhan Yu
Shengtai Wenming
Jianshe

光明日报出版社

图书在版编目（CIP）数据

创新发展与生态文明建设 / 安开放主编 . -- 北京：
光明日报出版社, 2023.1
　　ISBN 978-7-5194-6986-3

　　Ⅰ . ①创… Ⅱ . ①安… Ⅲ . ①区域经济发展—研究—
中国 Ⅳ . ① F127

　　中国版本图书馆 CIP 数据核字（2022）第 243191 号

创新发展与生态文明建设
CHUANGXIN FAZHAN YU SHENGTAI WENMING JIANSHE

主　　编：安开放

责任编辑：李月娥　　　　　　　责任校对：傅泽泉
封面设计：安东尔　　　　　　　责任印制：曹　净

出版发行：光明日报出版社
地　　址：北京市西城区永安路 106 号，100050
电　　话：010-63169890（咨询），63131930（邮购）
传　　真：010-63131930
网　　址：http://book.gmw.cn
E - mail：gmrbcbs@gmw.cn
法律顾问：北京市兰台律师事务所龚柳方律师

印　　刷：三河市龙大印装有限公司
装　　订：三河市龙大印装有限公司
本书如有破损、缺页、装订错误，请与本社联系调换，电话：010-63131930

开　　本：210mm*285mm
字　　数：752 千字　　　　　　印　　张：37
版　　次：2023 年 3 月第 1 版　　印　　次：2023 年 3 月第 1 次印刷
书　　号：ISBN 978-7-5194-6986-3

定　　价：326.00 元

《创新发展与生态文明建设》

编 委 会

主　编　安开放

副主编　朱艳军　李　明　谭东国

特邀编委　（按姓氏笔画顺序）

王　虎	王云飞	韦冬青	许　晖	李发云	李常平	杨　青	肖刚新
何　坚	汪东海	汪海洋	宋　勇	沈海涛	张向红	尚冬冰	易栩柏
罗智文	周　超	孟德柱	赵永泉	赵胜利	赵铁昌	胡　煜	柳保平
钟　声	段建军	郭永舰	黄伟鹏	黄军胜	黄　峻	常朝柱	梁　凯
梁润元	彭建平	蒋　鹏	曾庆利	谢玉龙	蒲　锋	蒙小胖	戴　斌

编　委　（按姓氏笔画顺序）

丁军元	于　涛	马军强	马泽龙	王　炜	王　刚	王　冰	王　俊
王　哲	王　钰	王　波	王　磊	王　斌	王　毅	王文强	王永政
王同乐	王东海	王永刚	王克晶	王宏波	王胜利	王彦辉	王浩亮
王继东	王淮杰	王维慧	王湘南	韦祖铁	云彩祥	毛国安	仁　妹
古家兵	叶志军	申成山	田卫东	冉照坤	白万建	冯志栋	邢国强
邢瑞峰	吕　锋	朱书胜	乔　栋	向　然	刘　平	刘　冬	刘　勇
刘　伟	刘冬生	刘明刚	刘文俊	刘世伟	刘显东	刘保东	刘逢欣
刘雪峰	刘敬祥	闫俊平	汤晨曦	安　峰	安德兵	许　浩	许元平
孙　涛	孙国应	苏雅拉图	杜　淼	杜小甘	李　东	李　应	李　伟
李　勤	李东岷	李广亮	李庆春	李志勇	李思杨	李洪国	李晓军
李景伟	李震宇	杨　力	杨志农	杨建辉	杨祖成	杨晓东	杨恩军
杨煜川	肖德龙	吴振杰	吴桂斌	何亚可	何学军	何曙东	佟勇强
佘旭平	余　勇	辛瑞丙	沙德祥	宋海军	张　学	张　进	张　萌

张　涛	张小轩	张可珂	张平军	张东选	张宇铭	张军凯	张志新
张国民	张树海	张桂双	张高翔	张雪峰	陆　波	陈卫国	陈开武
陈　汉	陈　忠	陈　敏	陈　斌	陈钦奎	陈继东	武木臣	林　荫
具瑞昌	罗　华	罗　辉	罗晓宏	周　驰	周猷舰	庞振祥	郑磊磊
孟敬东	练　癸	赵军群	赵国勇	赵勇强	胡大洪	段开文	费大勇
聂　晶	贾　斌	夏可育	夏胜阳	原　君	倪路林	徐　扬	徐成东
徐华东	徐宏权	郭　俊	郭一民	郭小平	郭友岗	郭秀文	郭晓林
郭祥军	郭　瑜	陶国彬	黄小锋	黄胜捷	黄捷敏	黄　超	曹春义
常　波	符　忠	符　程	章维强	彭泽忠	董玉春	敬　永	蒋　勇
韩希兵	舒全豪	鲁建春	湛　波	谢　飞	谢　超	蒲志亭	鲍文海
蔡　敏	管福全	廖　宾	廖霞萍	谭立立	翟冠华	熊运佳	樊智敏
黎康华	薛　鹏	薛　斌	薛武军	瞿　俊			

前　言

理念是行动的先导。党的十八大以来，以习近平同志为核心的党中央把握时代大势，提出并深入贯彻创新、协调、绿色、开放、共享的新发展理念，引领中国在破解发展难题中增强动力，不断朝着更高质量、更有效率、更加公平、更可持续的方向前进。

党的十九大提出中国特色社会主义进入新时代，明确了我国发展新的历史定位。进入新时代，我国社会主要矛盾已经转化为人民日益增长的美好生活需要和不平衡不充分的发展之间的矛盾，我国经济发展已由高速增长阶段转向高质量发展阶段。这既是全局性转变，也是历史性跨越。

习近平总书记指出，"新时代新阶段的发展必须贯彻新发展理念，必须是高质量发展"。这是根据我国发展阶段、发展环境、发展条件变化做出的科学判断。发展理念是发展行动的先导，是发展思路、发展方向、发展着力点的集中体现。

坚持新发展理念是习近平新时代中国特色社会主义思想"十四个坚持"的重要内涵，是习近平新时代中国特色社会主义经济思想的主要内容，在党的理论创新和实践创新中占有重要地位。我们一定要从新时代新阶段党和国家事业发展全局的新高度上深化对新发展理念的认识。

从"中华民族伟大复兴的战略全局"和"世界百年未有之大变局"的高度上深刻认识，坚定不移贯彻新发展理念是党中央顺应历史发展大做出的科学判断和主动作为。要清醒地认识到，只有在全面建设社会主义现代化国家新征程上坚持新发展理念，才能推动我国经济持续健康发展、完成第二个百年奋斗目标、实现中华民族伟大复兴，从而影响和推动世界百年未有之大变局向着有利于我们的方向发展。

《创新发展与生态文明建设》一书通过广泛的基层社会调研，汲取了大量专家学者及一线工作者的建言，对一些基层工作理念的研究及发展提出了更具前瞻性的建议，是近几年基层工作发展理念创新及研究的成果缩影。该书以习近平新时代中国特色社会主义思想为指导思想，在理论上站在前沿，在实践中注重务实，内容丰富、资料翔实、切合实际，理论性、实践性都比较强。在反映新时代基层工作发展所取得的改革成果与成功经验的同时，对当下的诸多热点、难点问题展开了理论与实践的探索，使本书深层次、多元化地反映当下基层工作的经验与成绩，为基层领导干部以及一线工作者提供有用的借鉴和参考。

我们在本书的编写过程中，参阅了大量近年来出版的同类著作，借鉴和吸收了众多国内外专家学者、同人的研究成果，在此谨向提供了有益观点和理论的学者表示感谢！由于编写时间和编者水平有限，难免有疏忽、谬误之处，敬请各位读者、专家、同行批评指正，以便今后改进和完善！

目 录

第一篇 新时代教育事业改革发展的实践与思考

第二篇　民政事业发展与人民民生建设的实践与思考

目 录

目 录

第三篇 健康中国建设与医院高质量发展的实践与探索

目　录

目　录

第四篇　新时代下高效做好税务工作的思路与创新

目　录

目　录

第一篇

新时代教育事业改革发展的实践与思考

凝心聚力谋发展
努力办好人民满意的教育

山东省青岛市教育局

2021年，市教育局以办好人民满意的教育为宗旨，凝心聚力、深耕细作、攻坚克难、扩优提质，全市教育实现高质量发展，推进"十个一"项目做法得到上级肯定，学校体育等多项工作被中央电视台、《光明日报》等国家级媒体报道。

一、立足教育优质均衡，全力推进扩优提质行动

新建、改扩建中小学幼儿园50所，建成后可提供学位3.86万个；全面完成209所配套园遗留问题专项整治，确保增加普惠性学位约4.8万个。深入推进联盟办园和集团化办学，优质园和薄弱普惠园联盟办园参与率达到100%，优质园占比从39%提升至60%；全市基础教育集团达到83个，成员校271所。提升乡村教育水平，10个乡镇入选首批省、市教育强镇筑基试点乡镇。坚持好教育、好学校、好校长、好教师、好学生"五好"标准引领，出台中小学特色办学、精致管理、品质立校3个指导意见，10所学校被命名为全省中小学校"一校一品"党建品牌示范校，20所学校被确定为全市高水平海洋教育特色校。

二、立足学生全面发展，稳步提升立德树人质量

成立新时代大中小学思政课一体化建设学校联盟，创新党史学习教育形式，教育引导青少年听党话、跟党走。实施儿童青少年近视防控十大行动，加强中小学生心理健康教育，健全"节、赛、会、展、演"机制，精进实施学生全面发展"十个一"项目行动计划，加强家校协同，促进学生身心健康、全面发展。全国青少年校园足球特色学校、幼儿园分别增加至231所、83所，成功承办第十四届全国学生运动会。建立家长、校长、局长等"三长"见面机制，联合青岛教育频道推出"教子有方"等系列节目40余期，组织"家长面对面"等活动700余次，累计受益710余万人次。

三、立足教育良好生态，切实抓好"双减"政策落实

实施教学质量提升、作业管理水平提升和课后服务质量提升三大革命，全面推动教师素质、教研水平、教学质量"三教提升"，深入实施分层、分类、分流教学改革，加强中小学生作业、睡眠、手机、读物、体质等"五项管理"，切实减轻学生作业负担。新组建青岛名师名校长工作室95个，推出市级"优课"近4000节，推广优秀教学法50例，32项成果获省教育科学优秀成果奖，数量居全省之首。全面推行义务教育学校课后服务"5+2"模式，参与学生达到62.7万人，参与率72.9%。全面停止中小学生学科类、学龄前儿童等校外培训机构审批，全面开展证照不全机构检查，全市3221家培训机构纳入民办教育智能管理服务平台管理。

四、立足服务城市发展，不断增强教育支撑能力

职业教育创新示范高地取得积极进展，青岛市现代职教园奠基开工，全国首个RCEP产教协同联盟揭牌，2个公司入选国家产教融合型企业，3个集团入选全国示范性职业教育集团（联盟）。高等教育校地融合发展收获新的成果，中科青岛科教园一期、哈尔滨工程大学青岛创新发展基地一期、青岛农业大学平度校区正式启用，在青高校产学研合作联盟达到10个。青岛教育特色品牌塑造迈上新的台阶，发布全国首个中小学人工智能课程指导纲要，我市成功入选国家智慧教育示范区创建名单；新增3个中外合作办学项目和机构，1个项目入选"共建'一带一路'教育行动——部省品牌培育项目"。

五、立足人民至上理念，持续优化为民服务举措

开通青岛教育频道，编写《教育关切·有问必答》，为市民提供专门专业、全时全员、全程全效的教育政策解读和民生互动渠道。大力推动数据赋能招生考试流程再造，中考、高考、研究生考试等全部实现网上报名、网上确认，幼升小、小升初招生报名实现"一网通办"。坚持财政资金向困难群体、农村地区倾斜，共计为6.3万名家庭经济困难学生（幼儿）发放奖助学金1.26亿元、免除学费985万元；安排1585万元对215所农村小规模学校食堂实施运行补助，惠及3.4万学生。颁布实施《青岛市学校安全管理办法》，加强中小学幼儿园专职保安、护校队和护学岗"三支队伍"规范化管理，全面启用中小学幼儿园一键式紧急报警系统，实施"校园一码通"，提升了学校风险防范能力。

服务全市优化营商环境大局
着力提升基本公共教育服务满意度

河南省安阳市教育局

安阳市教育局在市委、市政府的坚强领导下，在市优化营商环境工作办公室的指导下，认真落实《河南省优化营商环境条例》《安阳市贯彻落实〈河南省优化营商环境条例〉实施方案》等文件要求，把优化营商环境放到全局工作的突出位置来抓，着力在几个方面持续发力，大力推进基本公共教育满意度建设，助力全市优化营商环境提升进入全省第一方阵。

一、持续深化教育系统"放管服"改革

认真学习和落实条例内容，继续优化营商环境，推广集成服务。已实现 20 个审批服务事项，办理时限压缩到 1 个工作日内线上办结，进一步压缩了教育领域政务服务事项办理时限。为方便群众查询，市教育局主动作为，作为全市唯一新增查询事项，将"小升初电脑派位结果查询""年度中招成绩查询""年度普通高中录取查询"三个事项，纳入"豫事办""安馨办"数据共享查询接口，方便市民查询。在市民之家开设了优化营商环境投诉（咨询）电话和邮箱。增加了"洹泉涌流"人才子女入学事项，规范了办事流程，为安阳市实施人才集聚计划，加快推进新时代区域性中心城市建设提供人才支撑。

二、统筹推进优质教育资源均衡发展

一是以扩充基础教育学位为抓手，大力推进幼儿园和中小学新建改扩建项目。2021 年，我市共实施 13 个幼儿园新建改扩建项目，项目总投资 4000 余万元，新增学位 2100 个。新建改扩建中小学项目 14 个，计划总投资 65812 万元，计划新建校舍 210321 平方米，新增学位约 1.6 万个。二是普通高中教育资源进一步扩充。投资 5.4 亿元建设的内黄一中是一所高标准全日制寄宿制公办普通高中，2021 年已顺利投入使用。通过新建、改建新增 10 所高中（含民办高中），新增学位约 1.65 万个，进一步缓解高中阶段的招生压力。三是积极推进学区化建设。安阳市按照优质带动、优势互补等原则，坚持稳妥推进集团化办学覆盖面，全市已建立 35 个义务教育学校集团，参与学校 113 个，集团学生 13 万余人。在集团内部共享资源共同教研，实现了共享、共建、共生，

有效提升了教育教学质量。2021 年 12 月，在省教育厅公布的我省义务教育集团化办学典型案例中，全省 10 个典型县区，有我市殷都区；30 个先进学校中，有我市七中、八中 2 个学区集团。四是落实"双减"工作，着力推进义务教育减负、提质、增效。2021 年 7 月以来，市教育局认真贯彻中共中央办公厅、国务院办公厅印发《关于进一步减轻义务教育阶段学生作业负担和校外培训负担的意见》要求，积极回应社会关切，针对中小学生"放学早、接送难"、良莠不齐的校外培训机构加重了学生课外负担和家庭经济负担等矛盾问题，着力从建立长效的成本分担机制、完善的课程服务选择机制、规范的监督实施机制等方面入手，推进全市中小学课后服务规范、有序开展，进一步增强了教育服务能力。

三、持续加强教师队伍建设

一是加大教师招聘力度。2021 年，市直高中及各县（市、区）加大了教师招聘力度，共招聘教师 715 人，招聘特岗教师 550 人。2021 年 9 月市委编办依据国家统一的中小学编制标准，报请省委编办给我市增加 6344 个教师编制，将调整后的安阳市中小学 56839 名教师编制按照生师比标准核定到市直高中和各县（市、区）教育主管部门，并由各县（市、区）教育主管部门按照标准核定到各中小学校。二是狠抓教师队伍建设。成立专班、出台政策，开展中小学教师失德失范专项整治工作，坚持严管与厚爱并重，师德教育与专项整治相结合，坚持"属地管理、分级负责"与"谁主管、谁负责"相结合，压实县级教育行政部门和学校主体责任。建立科学严格的惩戒机制。出台相关政策并按属地管理的原则，对邮箱、电话举报的失德失范问题，督促县区进行调查处理。通过公布举报方式、实地调研、问卷调查、明察暗访等方式，对 6 起在职教师违规有偿补课的教师，按相关规定，分别给予降低岗位等级、降低专业技术职务等级处分，在全市进行了通报，同时还对邮箱、电话举报 13 起师德问题进行调查处理。三是做好援疆支教工作。依据省厅文件要求，采取个人申请、学校推荐、材料审核、座谈了解的程序，选拔推荐 3 名教师赴疆支教。指导各派出学校加强对援疆支教教师的组织领导，成立支援办公室，加强与援疆支教教师和受援学校的沟通与协调，依托本地优质教育资源，给援疆支教教师提供后方支持和帮助，把安阳先进的教育理念传递到各个受援学校。

四、为企业子女教育提供便利

研究建立了市、县（区）两级服务专员管理队伍，向市人社局申请了"一卡通"设备和管理账号；向市大数据管理局提供"洹泉涌流"人才子女入学网上办理采集表单，制作了宣传页，推进洹泉涌流网上办理。2021 年落实 2 名"洹泉涌流"人才子女入学工作。

保障进城务工经商人员和流入地城镇居民子女享受同等待遇。通过挖掘和调整教育资源，落实招生政策，指导、协调和督促中小学认真做好接收进城务工经商人员子女就学和教育工作。

各县级教育行政部门按照相对就近入学的原则统筹安排到公办学校就读。凡经市教育局认定的进城务工人员随迁子女，各学校必须无条件接收。同时，落实经费保障机制，按照预算内生均公用经费标准和实际接收人数，对接收进城务工人员随迁子女的公办学校及时足额拨付教育经费。2021年，全市接收义务教育阶段进城务工人员随迁子女5450名，全部按政策规定安排到公办学校就读。

办让人民满意的教育
聚焦改革攻坚任务助力教育科学发展

山东省莱阳市教育和体育局

近年来，市教育和体育局紧紧围绕市委、市政府深化改革部署要求，聚焦热点、突破重点，解决难题、推进改革，着力破除制约教育发展的体制机制障碍，助推全市教育事业高质量发展，不断提升群众的满意度和获得感。被烟台市委、市政府授予"烟台市抗击新冠肺炎疫情先进集体"荣誉称号；在群众满意度测评中，跃居第 15 名，前进了 89 名，在烟台市跃进到第 4 名；2021年 3 月，市教育和体育局被授予"2020 年度烟台市教育发展创新进步奖"。

一、中小学幼儿园办学条件得到全面优化

市委、市政府牢固树立教育优先发展的观念，统筹城乡教育布局，在政策、资金、师资等方面加大对薄弱学校尤其是偏远学校的扶持力度，促进城乡义务教育优质均衡发展。持续加大教育基础设施投入，近 5 年来累计完成投资 7.37 亿元，新建中小学 5 所，改扩建中小学 30 所，新建幼儿园 7 所，改扩建幼儿园 3 所，全市中小学幼儿园面貌取得了翻天覆地的变化。

二、教育教学质量稳步提升

充分认识到教育质量是学校工作的生命线，是立校之本，立教之本。在全系统叫响"教学为中心，质量第一"的口号，坚定不移地抓好教育教学质量。认真组织实施第二期和第三期学前教育三年行动计划，大力推进"以园养园"的集团化办园模式，学前教育公共服务能力进一步提升。普惠率97.3%，学前三年毛入园率100%，公办率50.7%，公办率和普惠率均位居烟台市前列。莱阳职专被列为第一批"山东省示范性中等职业学校建设工程"立项建设学校。新开设 6 个职教高考班，录取 385 人。市教育和体育局在烟台市职业教育教学工作会议上做了典型发言，市教育和体育局和莱阳职专分别荣获"烟台市职业教育提质培优先进单位"荣誉称号。

三、全市干部教师队伍综合素养有了新提高

积极做好新教师招聘工作，逐步提高教师招聘门槛，推进老中青教师梯次发展，努力满足中小学和幼儿园需求。加强县域内教师调配力度，适当向乡村学校倾斜，校长教师交流轮岗人

数逐年上升，促进城乡干部教师有序流动。坚持不懈实施新教师"墩苗"工程，加快农村师资新生力量的成长节奏，缩短专业成长周期，为提升农村教育质量提供人才支撑。把师德师风作为评价教师队伍素质的第一标准，进一步完善教育、管理、考核、监督于一体的中小学教师师德建设长效机制，选树师德典型，引导广大教师以德立身、以德立学、以德施教、以德育德。对师德失范行为划清底线红线，建立师德考核负面清单制度，深入开展理想信念教育和学党史等活动，引导教师涵养师德，争做"四有"好老师。启动"家庭教育提升工程"，建好家长学校，深化家校共建。深入开展"万名教师访万家"活动，积极构建"干部和教师全员参与、覆盖所有学生家庭、关注特殊群体、多渠道联系沟通"的家访工作格局。

四、全力以赴保障校园安全

坚决贯彻落实党中央、省市安全生产工作要求，用"辛苦指数"提升师生的"安全系数"和人民群众的"幸福指数"。成立八大工作组，分别选派人员成立43个工作督查组，采用"组长包片、成员包校、定人定岗"的层层管理模式，深入各学校、幼儿园进行督查。全面营造"人人都是督察员"的浓厚氛围，引导师生进一步增强安全防范意识和自我保护能力，实行"一日一调度、每周一汇报、半月一通报"的督查机制，对排查出的问题及时整改落实。

在未来的工作中，市教育和体育局将进一步聚焦教育改革攻坚任务，围绕教育发展的战略性问题、紧迫性问题和人民群众关心的问题，着力深化改革、激发活力、补齐短板，提高教育教学质量，促进教育公平，努力办让莱阳人民满意的教育。

"五个强化"奏响教育高质量发展"新强音"

陕西省汉中市教育局

2021 年，汉中市教育局高起点谋划、高标准推进、高效率实施，推动汉中教育高质量发展迈出坚实步伐，为打造区域教育科创中心注入强劲动能。

一、强化学校建设，筑牢教育保障新基础

大力实施基础学位保障工程，全市计划投资 69 亿元，用 2 年时间新建改扩建中小学校幼儿园 271 所，净增学位 8.1 万个，其中中心城区 100 所，净增学位 5.4 万个。落实"周调度通报、月考核排名"制度，实行"百人包抓百校"，推动建设任务按期推进。目前，全市建成投用 129 个，投用率 47.6%，其中中心城区建成投用 28 个，投用率 28%。备受关注的北师大汉中实验学校、汉中东辰外国语学校（二期）顺利开学。

二、强化质量提升，聚焦优质均衡新目标

推进学前教育普及普惠发展，普惠园占比 88.1%，学前三年毛入园率 98.5%。推进义务教育优质均衡发展，力争三年时间实现国家义务教育优质均衡创建"满堂红"。推进普通高中多样特色发展，全市 28 所普通高中全部达到标准化，省级示范高中达到 7 所，全市高考成绩实现"十连升"。推动职业教育融合发展，投入专项资金 947.2 万元，推进"1+X"证书试点，74 人在全省第四届技能大赛获奖，1 人在国家级模特大赛中获三等奖。组建 100 个教育集团，推进教育集团化、集团名校化、名校品质化，实现新建校"办一所优一所"、薄弱校"提质量创品牌"。建立市、县学科和教师发展指导中心（基地）294 个，开展现场推进会、观摩交流会、主题研讨会等 300 余次。引进西安高新教育集团来汉办学，与科大讯飞签订智慧教育战略合作协议，多渠道赋能汉中教育高质量发展。

三、强化改革举措，激发教育发展新动能

深化新时代教育评价改革，树立以德为先、能力为重、全面发展的育人理念。深化招生入学改革，义务教育公办学校按学区就近入学，民办学校通过网上报名、电脑随机派位录取，实现了公民同招、统一管理。建立全市统一普通高中招生录取平台，实行网上报名录取。深化教

师"县管校聘"管理体制改革，建立完善教师选拔、聘任、考核、退出机制。实行审批管理和"编制后置"备案管理相结合的方式，破解中心城区公办幼儿园缺编制、聘人难留人难管理难等问题。

四、强化"双减"落实，构建良好教育新生态

成立"双减"工作领导小组，组建工作专班，统筹校内校外，坚持双向发力，注重综合施策，大力促进校内提质增效，努力强化校外培训监管，全力构建良好教育生态。目前，全市641所义务教育学校全部建立作业公示制度、出台作业管理办法、作业时间控制达标、考试次数符合规定、考试成绩等级呈现；应开展课后服务的447所义务教育学校全部开展，26.11万名学生参与，参与率97.48%；学生、家长对校内减负提质满意度分别达到97.6%、97.88%。全市学科类培训机构由399所压减至139所，共压减260所，压减率65.16%。

五、强化特色引领，成就素质教育新高地

坚持"五育并举"，发展素质教育。落实"两操一课"，推动"五大联赛"进校园，定期举行运动会、艺术展演等校园文体活动。3所学校入选第三批全国中小学中华优秀传统文化传承学校，创建64所全国校园足球特色学校、5所全国足球特色幼儿园、11所全国篮球特色学校、8所全国排球特色学校。承办2021年汉中市科普宣传周系列活动，邀请专家开展航天科普讲座。参加陕西省首届中小学"阳光心灵"心理健康大展演活动，16幅手抄报、16幅心理漫画和5部心理剧获奖。承办2021年陕西省中小学劳动教育"春华·秋实"主题活动陕南片区启动仪式，充分展示我市劳动教育成果，有效拓展"第三课堂"育人方式。

躬身实干 落实突破
全力答好争当全市高质量发展重要增长极的教体答卷

山东省淄博市淄川区教育和体育局

区委十二届十次全会确立了"产业强区、生态兴区、作风立区"的战略自觉，描绘了"富强淄川、美丽淄川、幸福淄川、实干淄川"的美好蓝图，区教体局将深入学习贯彻全会精神，躬身实干、落实突破，着力打造"学在淄川"教育品牌，加快建设鲁中教育名城。

一、着力在体制机制创新上求突破

全面推进集团化办学改革，实现城乡学校一体管理、协同发展。积极对接国内知名教育集团，引进合作办学品牌，实现高端引领、提质提速。完善教育资产投融资机制，实施城区及周边学校改造提升工程，全力建设群众家门口的好学校，为打造"学在淄川"品牌提供优质资源。

二、着力在教育质量提升上求突破

牢固树立"质量第一"意识，通过教学成果转化、特色高中打造、职教高地建设等多种途径，全面提升教育质量。坚持"五育并举"，扎实开展学校体育固本、艺术教育强基、劳动教育赋能三大行动，关注学生全面发展，提升学生综合素养，让淄川的孩子更健康、更阳光，让淄川的教育更有温度、更有情怀。深入实施"家园淄川"地域文化开发应用工程，让淄川的孩子了解淄川、热爱淄川，让"学在淄川"品牌更有分量、更有吸引力。

三、着力在师资队伍建设上求突破

成立教师发展中心，开展全域教师层级培养，实施"筑巢引凤"工程、青年干部赋能培育工程，着力培养专业化教师队伍、高层次名师团队、创新型年轻干部。持续加强师德师风建设，让教师成为孩子的引路人、知心人，为打造"学在淄川"品牌提供有力人才支撑。

四、着力在健身服务保障上求突破

加快创建全国全民运动健身模范区，建成投用朱家沿河体育公园，改造提升张相湖湿地公园，实施镇街"两个一"工程、健身器材维护更新工程，增建更多运动场所，增配更好运动设施，进一步提升"15分钟健身圈"功能条件。深入开展健身服务进基层活动，提供科学专业指导，丰富各类赛事活动，不断提升群众获得感、满意度，在我区争当全市高质量发展重要增长极的新征程中，全力答好教体答卷、贡献更多教体力量！

"四大行动"提升乡村教育水平

山东省昌乐县教育和体育局

2021 年，昌乐县坚持以提升乡村教育水平为目标，明确工作任务，深入实施办学条件提升行动，不断加强师资队伍配备，深化课程改革，提高学生综合素养，有序开展强镇筑基省试点各项工作。

一、坚持育人为先，实施办学条件提升行动

各学校对照省定办学（办园）条件标准，建立工作台账。在 2020 年对红河镇中学、红河镇小学投入资金近 120 万元用于购置多媒体投影、电脑等教学设备改善办学条件的基础上，2021年又投入资金 60 余万元，建成红河镇中学学生厕所，对红河镇小学校园内破损道路进行硬化，硬化维修面积为 3476 平方米。

多方筹资，新增信息化专项建设资金18.8万。目前全镇共有教师用机 360 台，学生用机 326 台，建设多媒体网络教室 87 个，录播教室 1 个，新建 3D 打印室 2 个，生机比、师机比、百名学生拥有多媒体网络教室数等各项指标均超过省定标准。全镇 5 所学校均实现校园千兆网络全覆盖、高清监控网络无盲区、校园广播网络无死角。全县共建共享了覆盖中小学全学科、全章节的中小学数字教育云资源中心，向红河镇所有教师开放。另专门为红河镇中小学购置了鲁师优品、菁优网等教育教学资源，配备了学乐云教学平台等，满足了红河镇中小学课堂教学需求。

打造了乡村温馨校园。红河镇中学打造了走廊、宿舍、餐厅三处"主题文化"；红河镇小学打造了"二廊一墙"文化，形成"党、团、队"教育示范综合区，"一班一品"教学文化专区，"红色精神"示范区；红河镇幼儿园和红河镇机关幼儿园开发游戏资源，及时更新了墙面、区域、宣传栏等环境创设。全县 7 所学校被评为省市乡村温馨校园。

二、坚持培育为重，实施教师队伍素质强基行动

为红河镇补充公费师范生 5 人，引进县外师资 4 人，同时注重优化教师结构，镇域内自主调配教师 3 人，中小学本科学历以上教师比例 71.77%，同期相比提高 2%；幼儿园专科以上学历教师比例 72.34%。中小学校长网络培训会在红河镇小学召开，培训校（园）长 15 人，累计培训次数 4 次，并于寒暑假开展全员教师培训项目，试点乡镇参训人员达 285 人次。红河镇在

编在岗教职工，乡镇补贴每人每月增发标准由 200 元提高到 820 元，大大提高了红河镇义务教育教师的工资水平。义务教育教师平均工资水平高于本地公务员平均工资收入水平，落实了基层高级职称制度和乡镇专业技术人才直评直聘政策，对在乡镇学校任教满 10 年、20 年、30 年的教师分别申报中级、副高级、正高级职称，不受单位岗位比例限制。

三、坚持质量为本，实施课程改革提升工程

积极开展教学调研、课堂教学指导活动。2021 年 3 月和 9 月，县教育和体育局两次到红河镇中学进行教学诊断视导，共听课 40 节，进行座谈交流 20 次。开展教研员、骨干教师下乡送课教研活动，学科教研员与乡镇教师同课异构，共同研究提高教学质量的有效途径，提高乡镇学校教师教研水平。2021 年 10 月，县教育和体育局在红河镇中学召开县级课题鉴定会，对乡镇教师进行课题研究培训指导。红河镇小学科学开展开学月活动、国旗下的讲话、疫情防控、学生行为习惯、劳动教育、红色讲堂等特色活动课程；红河镇中学聚焦"双减"背景下的"减负增效"，开展教学提升月活动、青年教师创新课堂大赛，召开老教师座谈会，引导教师优化作业设计，减轻学生课业负担，提高课堂教学质量。

四、坚持五育并举，实施综合素质提升行动

开发多彩"阳光"校本课程，全镇中小学组建了合唱、竖笛、素描、书法、足球、篮球、快板、剪纸、塑编等 52 个学生社团。红河镇小学开设的武术社团、经典诵读社团、快板社团、健身操社团、花样跳绳社团等，在学校艺术节、县文艺会演中获得广泛好评。

红河镇中学在校内建设"青春坊"种植基地，学校以班级为单位划分专属"果园菜蔬农场"，人人都能动手实践。红河镇小学依托农村丰富的耕地资源，开拓绿色田园劳动实践基地，打造"学校＋家庭＋社会"三位一体的劳动教育课程，落实家庭劳动清单，制定家务劳动记录表，做到每天一记录，每周一评价。

坚守初心 努力办好人民满意教育

内蒙古通辽经济技术开发区教育体育局

回首 2021 年，开发区教育体育局立足百年大计根本，坚守为国育才初心，坚持守正创新，深化教育改革，营造教育体育事业发展良好局面，努力办好人民满意教育。

一、做好义务教育招生入学工作

做好生源摸底调查工作。加强与街道、社区沟通，同时依托市教育局招生网络平台，先后 3 次对辖区适龄生源进行摸底调查，为重新规划学区、制定入学政策提供了坚实依据。科学拟定入学方案。采取了"划片招生、分类录取、摇号调剂"的方式，继续巩固和推进义务教育免试就近入学、划片招生工作。继续实施均衡分班。邀请人大代表、政协委员、家长代表等各方参与均衡分班工作，维护教育公平、促进均衡发展。

二、坚决落实"双减"工作要求

成立开发区校外培训机构专项整治联合行动指挥专班，建立校外培训机构举报工作机制，公布监督举报电话、邮箱，截至 2022 年 1 月，共收到监督举报信息 20 余条，均办理完结。公开招募"双减"工作社会监督员 15 名，辖区内 38 所学科类校外培训机构，已压减注销 36 所，2 所办理了"营转非"。全面推行"课后服务"工作，切实减轻了学生校内作业负担和校外培训负担。

三、深化教育领域专项整治

制定《开发区教育系统专项整治工作方案》，成立开发区教育系统专项整治工作推进小组，设立专项整治工作邮箱和监督举报电话。召开开发区教育领域专项整治工作动员部署会、开发区教育系统专项整治工作部署会，强化工作调度部署，确保整治工作有序进行。

四、加强开发区优质教育资源建设

积极推动通辽第四中学富力分校前期手续办理，推动新城第二小学选址新建，协调开发区碧桂园小学尽快签约落地。辽河第一小学附属幼儿园准备主体验收，新城幼儿园已完成项目备案及建设工程施工许可证等前期手续办理，主体结构已完成。

五、切实改善办学条件

为三家子小学、新城一小、通辽市实验小学开发区富力分校采购同频互动设备；为开发区各学校及幼儿园采购学生饮用奶项目；为新城一小、富力分校、新城二小、辽河中学、河西中学扩建采购设施设备；为新城实验小学更换电锅炉；为开发区各学校及幼儿园采购取暖用煤及生物质燃料。

六、做好新形势下民族教育工作

制定各项实施方案，强化教育培训力度，2021年共组织4次培训宣讲，参与人数达1953人，实现了开发区教职工培训全覆盖。在辖区10所学校开展"中华民族一家亲"主题班会活动。加强对少数民族学生家长的沟通走访，积极开展结对共建。

七、加大民办教育（幼儿园）管理

严格执行幼儿园和校外培训机构准入和年检制度。2021年，审批幼儿园1所、校外培训机构3所，换发民办办学许可证的幼儿园5所。加大对幼儿园和校外培训机构监管力度，规范办学行为，确保日常监管全覆盖。

八、扩大学前教育普惠性

积极开展普惠性民办幼儿园认定工作，目前普惠性民办幼儿园31所，截至目前，开发区普惠性幼儿园覆盖率80.42%。积极开展无证幼儿园治理，共取缔无证幼儿园3所。加大资金扶持力度，积极争取上级学前教育资金用于新建公办园、改善普惠民办园的办园条件和减免保教费。

九、保障特殊群体儿童接受义务教育

成立了由民政、残联、卫健、特教学校等部门组成的联合评估组，对开发区辖区内未入学的适龄残疾儿童少年逐一核实，提供"送教上门"服务。与辖区天使之翼特殊教育学校组建联盟校，为辖区适龄残疾儿童提供更加规范、科学的教育。

十、持续开展师德师风建设活动

开展师德专题教育，畅通监督举报渠道，设立师德意见箱、在微信公众号向社会公布投诉举报电话邮箱。下发《关于寒假期间重点整治在职教师违规补课等行为的通知》，整治在职教师违规补课等行为。

十一、全面加强教师队伍建设

通过开展高层次教师人才引进、事业编制招录及择优调入，共引进高层次教师24人，公开招聘教师 7 人，全国范围内选调优秀教师 25 名。举办了第二届开发区中小学青年教师教学技能比赛、开发区 2021 年中小学教师说课标说教材大赛、开发区"基础教育精品课"评选活动，组织教师参加全市中小学音乐、体育、美术、信息技术、心理健康、科学和学前教育教师基本功展示培训。

十二、积极推进群众体育事业发展

积极推进水域蓝湾小区 AB 区体育文化广场建设，目前已投入使用。为碧桂园、辽河镇等小区及单位申请健身路径。成立开发区排球协会、开发区气排球协会，组织辖区群众积极参加第四届科尔沁运动大会以及百县健身气功线上比赛。

提升教育公共服务质量
推动教育高质量发展

四川省大邑县教育局

2021年，成都市大邑县教育局结合党史学习教育，不断提高公共服务质量，推动大邑教育综合改革"1511"发展思路不断前行，用坚韧不拔的脚印彰显了教育情怀。

一、教育项目快推进，供给服务切实增强

2021年，大邑中学沙渠分校完成建设，新增学位1800个；将南街幼儿园实验分园闲置资产改造为东街小学一年级教学部，新增公办学位360个；回购沙渠中心幼儿园，新增公办学位450个；完善义务教育入学政策，妥善解决505名进城务工人员随迁子女到城镇接受义务教育。

二、普及普惠解民忧，保教质量明显提升

持续推进公办幼儿园"五个一体化"管理改革，大邑县公办幼儿园"五个一体化"改革经验被中共成都市委全面深化改革委员会办公室通过《成都改革》向全市推广；出台《普惠性民办幼儿园认定和管理办法》，全县普惠性幼儿园覆盖率达85.73%；实施高品质幼儿园倍增计划，多所幼儿园正积极争创省级示范园、成都市一级园；推广全国"安吉游戏"项目，建设成都未来教育家基地联动园，力促学前教育保教质量提升。

三、乡村教育被推介，区域品牌影响广泛

以义务教育优质均衡发展为导向，着力推进以资源为基、环境为形、课程为根、文化为魂、评价为脉的"美丽而有温度的乡村教育"品牌建设，全面提升农村义务教育学校办学内涵和品质。"美丽而有温度的乡村教育"作为大邑教育的区域品牌在全国产生广泛影响。2018年11月，中国陶行知研究会召开四川大邑"美丽而有温度的乡村教育"全国推介会；2020年7月，四川省、重庆市教育科学研究院举办"成渝双城经济圈城乡教育一体化论坛"，大邑县作为四川省乡村教育发展先进区域的代表作交流发言。

四、信息化课改顺民意，教育品牌深入人心

县教育局以建设成都市信息化教学实验区为契机，引进北京101中学和睿易云教学系统，

在大邑中学、安仁中学、晋原初中等8所学校开办信息化课改班。信息化课改班，实现了信息技术与教育教学深度融合，极大提高学生的自主学习能力和探究能力。"信息化课改网班"已成为大邑广大市民心目中的教育品牌。

五、"双减"工作纾民困，教育生态有效改善

贯彻落实"双减"政策，统筹校内校外"双减"工作，做到双向发力、综合施策，切实提升学校育人水平，持续规范校外培训，有效减轻义务教育阶段学生过重作业负担和校外培训负担。通过落实"五项管理""双减"工作系列举措，让学生学习回归校园，丰富课后生活。98.16%的家长对学校"减负提质"的措施和成效表示满意，其中57.6%以上学生家长表示非常满意。

六、资助工作暖民心，惠民政策认真落实

县教育局认真落实教育资助政策，组织爱心人士捐资助学，落实教育资助资金为家庭经济困难学生减免费用、提供生活补助；提供资金资助大学新生、救助因病致困学生、为困难学生购置御寒衣服；实施农村义务教育学生营养改善计划，每年为2万余名学生提供营养膳食补助。构建覆盖从幼儿园到大学的各级各类学生资助体系，2021年春季学期发放各类资助资金2559.345万元，36448人次学生受益。

七、职业教育促融合，服务发展能力提升

持续推进职普融通办学改革，目前职普融通班有学生510人；加大中高职贯通培养力度，与绵阳职业技术学院、成都农业科技职业技术学院等联合办班9个、惠及学生352人。深化职业教育"产教融合"，开展现代学徒制人才培养，学生对口就业率90%。推动县职高创建市级高品质职业院校，建立文旅装备智造公共实训中心和省特种作业安全实操考试点。

八、社区教育提品质，终身教育体系完善

县教育局完善社区教育县、镇（街道）、村（社区）三级网络，县社区教育学院获评"成都市社区教育先进集体"。围绕地域经济和居民需求，以"学习型社区""学习型示范社区"为载体，成功创建9所市级优质社区教育学校、19个市级示范社区教育工作站，引导各级各类学校和社会力量参与社区教育，形成"人人皆学、处处能学、时时可学"的终身学习格局。

努力构建高质量发展体系
奋力开启全市教育体育现代化新征程

内蒙古鄂尔多斯市教育和体育局

2021年，市教体局按照中央、自治区和市委、市政府的决策部署，紧紧围绕建设国家西部教育强市的目标，深入贯彻党的教育方针和体育强国战略，全面落实立德树人根本任务，着力构建全市教育体育新发展格局，取得了明显成效，实现了"十四五"良好开局。

一、聚焦建设国家西部教育强市新目标，着力提升优质教育体育资源供给能力

（一）推动各类教育协调发展

倾力办好新时代基础教育。新增6所普惠性民办幼儿园（累计68所），普惠性幼儿园覆盖率达88％，公办幼儿园在园幼儿占比71％，学前三年毛入园率98.5％。印发《县域义务教育优质均衡发展实施意见》，明确了各旗区创建国家"义务教育优质均衡发展县"的时间表和路线图，九年义务教育巩固率达96.8％。建成自治区优质普通高中14所，其中7所被评为自治区示范性普通高中，高中阶段毛入学率达98.5％。推动职业教育高质量发展，编制了《职业教育改革发展实施方案》，7所职业院校、17个专业获批教育部1+X证书制度试点专业。推进普教与特教融合发展，适龄残疾儿童义务教育学校安置率达100％，残疾儿童少年义务教育入学率达95％。

（二）提升体育公共服务水平

推动全民健身与全民健康深度融合，建成市级运动健康管理中心，经常参加体育锻炼人口比例达43％。着力增强竞技体育实力，全年注册运动员3493人，共储备运动员6000人，青少年竞技体育后备人才基地增至45个。加快培育和发展体育产业，体育彩票销售额达8亿元，伊泰大漠国际马产业文化旅游小镇被列入自治区首批特色小镇高质量发展培育名单。出台《青少年校园足球改革与发展实施方案》，成立全市幼儿足球专家指导委员会。

（三）做好推行国家统编教材使用和国家通用语言文字普及推广工作

全市39所民族幼儿园全部使用国家通用语言进行保育教育活动，25所民族语言授课小学1—6年级和初中1—2年级全部使用国家三科统编教材。32所优质普通学校与25所民族语言授课学校开展"结对共建",将数理化学科纳入结对帮扶重点内容,稳步提升教育教学质量。成功承办第24届全国推广普通话宣传周开幕式,受到教育部致电表扬。

二、聚焦青少年全面发展新要求,积极推动立德树人根本任务落地落实

(一)推动学生德智体美劳全面发展

印发了《家校社共育关爱青少年健康成长三年行动计划实施方案(2021—2023年)》和《中小学德育一体化建设指导意见》。建立了全市"德育工作平台"和"网上家长学校",举办了26期"鄂尔多斯新家庭教育大讲堂"。深入开展"七个一"活动,强抓"体育、艺术2+1项目"和"一校一品"建设,每周安排1课时劳动教育,每月开展1次社会劳动实践活动,五育并举的育人新格局正在形成。

(二)深化体制机制改革创新

实施招生制度改革,大力推行"基础教育阳光建设系列工程",在自治区率先实现统一网上入学登记,义务教育学校全部免试就近入学、划片规范入学、阳光监督入学。印发《鄂尔多斯市初中学生综合素质评价实施方案(试行)》,中考体育考试分值增至40分。4个审批事项全部实现"一件事、一次办",承诺时限压缩比率达到73.5%。办理四届人大四次会议建议19件、政协四届四次会议提案49件,代表委员满意率100%。

(三)落实义务教育阶段"双减"政策

出台了《鄂尔多斯市关于进一步减轻义务教育阶段学生作业负担和校外培训负担的实施方案》。组织"一校一案"开展课后服务工作,全市课后服务学校覆盖率、作业公示率均达到100%,学生参与率98.8%、教师参与率85.5%。建立了校外培训机构联合监管机制,397所学科类培训机构已压减至46所,压减率88.4%,非营利性登记全部完成。开展专项治理行动322次,查处违规行为88起,关停证照不全、无照无证机构63家。

三、聚焦人民群众新期待新需求,持续加大教育体育发展的保障力度

(一)加快基础设施建设

2021年全市新建改扩建续建20所幼儿园43所中小学,已完工30所,完成投资18.2亿元,新增中小学、幼儿园学位数11390个,义务教育阶段学位供给率100%。旗区健身活动中心、苏木乡镇健身活动站点、社区嘎查村健身设施基本实现全覆盖,人均体育场地面积2.95平方米。

(二)强化就学保障举措

落实国家、自治区和市本级各类学生资助政策,认真排查家庭经济困难学生底数,进一步巩固教育扶贫成果,2021年,下达学前教育、义务教育、普通高中、中职学校、高等教育学生资助资金约3.1亿元,惠及学生约35.6万人次,实现应助尽助,确保不让一名学生因家庭经济

困难而失学。

（三）加强安全保障工作

严格执行校园安全工作责任制，常态化开展校园安全隐患排查治理，全市581所学校幼儿园专职保安配备率、一键报警设备安装率、"护学岗"覆盖率、视频监控联网率、封闭化管理率全部达到100％。严格落实疫情防控工作责任制，建立了工作专班和层层包联督导机制，常态化落实各项防控举措。

下一步，市教体局将深入贯彻习近平总书记关于教育体育工作的重要论述和对内蒙古重要讲话重要指示批示精神，全面落实党的十九届六中全会和自治区第十一次党代会、市第五次党代会精神，全力推进国家西部教育强市建设，为鄂尔多斯"走好新路子、建设先行区"提供有力的教育体育支撑。

积极做好优化营商环境工作
聚焦公共服务热点 提升社会满意程度

河南省方城县教育和体育局

自"万人助万企"活动开展以来，方城县教体局按照市教育局"万人助万企""百千万"专项行动安排部署，结合教育系统实际，针对所承担的工作职责，高度重视，加压增责，从完善政企沟通开始，从提升育人水平出发，积极配合全县营商环境大局，把安商、重商、亲商、惠商落到实处，共同营造有序、高效、便捷的营商环境。

一、加强领导，积极宣传，营造"重商"氛围

为认真贯彻"万人助万企"活动，县教体局高度重视，统筹安排，结合全县教育系统实际情况，加强组织领导，建立工作机制，助力打造制度完善、运行规范、保障到位的优质营商环境。

（一）健全机制，加强学习

县教体局成立并完善全县教育系统优化营商环境工作领导小组，吴东升局长任组长，全体班子成员为副组长，各股室负责人为成员，明确职责分工，统筹协调全县教育系统优化营商环境的工作部署、督导检查和协调推动工作。认真组织班子成员学习传达"万人助万企"活动、"百千万"专项行动等文件精神，同时，组织召开了机关、二级单位、中心学校负责人参加的大会，提高思想认识，掌握相关政策，实现知晓率100%。要求全体参会人员从本职工作抓起、从为服务营商环境工作的点滴做起，进一步提高干部的营商思想认识。

（二）精心组织，加强宣传

教体局结合实际，制定主题鲜明、重点突出的宣传月活动方案，进一步加大营商宣传的舆论氛围。要求各单位、各学校充分利用工作微信群、宣传展板、宣传手册等方式开展宣传教育活动。教体局在人流密集区域向过往市民发放相关宣传材料400余份，各中心学校、各中小学悬挂横幅60多幅，制作宣传展板100多块，通过LED宣传屏幕滚动播放"优化营商环境，助推经济高质量发展""推进政务公开，服务企业发展，打造一流营商环境"等宣传标语，通过有针对性地开展宣传活动，扩大了知悉范围，提升了市民对优化营商环境的认识。在全县教育系统营造出"人人关心营商环境、人人维护营商环境"的良好氛围。

二、加大投入，提升质量，做好"安商"工作

（一）持续加大教育投入，解决企业员工子女"入学难"问题

方城县加快城区学校建设步伐，持续实施城镇义务教育扩容工程，新建城区六小和十小、改扩建实验初中等目的竣工投用，新增小学学位 5200 个，新增初中学位 1320 个，有效消除城区的大班额问题；超前谋划，加快启动一批城区九年一贯制学校，2022 年底前再新增小学学位 6000 个，新增初中学位 6900 个，完全解决城区大班额问题。

（二）持续提升教育质量，让企业员工子女接受优质教育

方城县建立了教师招聘、选调制度，近六年来补进教师 4000 多人；构建县乡校三级培训体系，形成了全员常态培训机制，每年的培训教师 1 万多人次，大大提升了广大教师和教育工作者的业务水平和管理、执教能力。县教体局落实立德树人根本任务，大力发展素质教育，抓好"五育并举"，落实"六项关键"（写作、阅读、写字、演讲、竞赛、社团和实践活动），实施"三美工程"（最美校园、最美教师、最美学生），强化"五项管理"，保障学生全面发展。推进教育综合评价改革，学生素质全面提升。全县一本进线人数由 2015 年的 185 人，提升至 2021 年的 1651 人，增长了 8.9 倍。2017 年以来有 7 人考取北大、清华，有 12 人被空军航空大学录取为空军飞行员。市政府连续五年对方城教体局和方城一高嘉奖、记功，高中教育质量真正步入全市第一方阵，社会对教育的满意度不断提升，让来方城投资的企业和企业员工安心工作。

三、贴心服务，完善管理，优化"亲商"举措

为进一步优化营商环境，着力做好企业员工子女入学工作，县教体局优化工作方法，完善管理办法，确保企业员工子女顺利入学、安心上学。

（一）加大宣传力度

在方城县教育信息网站提前公布随迁子女入学政策，公布服务（咨询）电话和入学条件，各学校通过电视媒体、自媒体、张贴公告等多种方式，主动向社会公开招生办法，热情耐心接受咨询，解读随迁子女招生入学政策，确保每一名适龄企业员工随迁子女顺利入学。

（二）建立企业分包制

县教体局成立 7 个专项工作组，建立企业分包制，开展常态化走访日活动，走访座谈包联企业，深入产业集聚区、企业一线向相关负责人及员工子女宣传入学政策，根据需求清单优先保障企业员工随迁子女入学。

（三）畅通服务渠道

教体局成立工作专班，落实专人与企业做好对接，建立完善长效机制，确保务工人员随迁子女"应入尽入"，保障随迁子女平等接受义务教育，要求不得将随迁子女集中在少数学校。公办学校学位不足的，可以通过政府购买服务方式安排在民办学校就读，由县教体局、凤瑞和

释之街道中心学校视其情况调整到其他学校就读。

（四）完善管理办法

各中小学校进一步完善管理办法，对随迁子女与城市学生一视同仁，平等对待，统一编班、统一管理、统一教学、统一活动，确保随迁子女进得来、留得住、学得好。各相关学校按照"籍随人走"的原则，积极为进城务工人员随迁子女在城区就学办理转学手续，允许其在城区正常参加中招考试和报考。

（五）开展课后服务

2021年秋季开学后，方城县实现义务教育学校课后服务全覆盖，每周5天都开展课后服务、每天至少开展2小时，服务内容主要是"作业辅导＋以体育运动为主的课外活动"。在城区义务教育学校还大力推进午餐供应服务，优先满足企业从业人员子女的需要，解决好企业员工子女"放学早、接送难"和过重课外负担等问题。

四、扶持民办教育，规范学校管理，加大"惠商"力度

方城县民办教育从幼儿园到高中各阶段都有学校，占全县教育系统一定的比重，教体局坚持以发展为主题，以政策扶持为动力，以规范管理为主线，着力改善民办教育发展环境，努力提高民办教育办学整体水平。

（一）制定优惠政策

县政府先后出台了《关于进一步促进民办教育发展、规范民办教育办学行为的意见》《方城县全日制民办学校教师队伍管理暂行规定》《关于加强义务教育阶段民办中小学公用经费管理工作的通知》等一系列文件，对民办教育在土地征用、基建、税收、人才待遇、信贷等方面制定了更加优惠的政策和奖励措施。

（二）健全管理网络

县政府成立了民办教育工作委员会，在教体局设立了民办教育管理办公室，进一步加大了对创办民办学校的宏观调控力度。高度重视学校安全管理。各乡镇中心学校、教体局相关股室对民办学校，特别是幼儿园的校舍、设施设备、食品卫生、消防安全、道路交通安全等工作进行不定期专项检查，发现问题及时督促整改。

（三）加大奖励扶持力度

在对民办学校教师流动、业务培训、评先表优、职称评定等方面实施优惠政策的同时，从2007年秋季开始，对义务教育阶段民办学校学生实施了"两免"政策，纳入财政保障，每年涉及学生2.4万名。从2009年春期开始，对义务教育阶段的所有民办中小学校拨付了生均公用经费，为民办教育发展创造了良好的发展环境。

推动高质量发展　办人民满意教育

山东省费县教育和体育局

2021年，在费县县委、县政府的坚强领导和上级教育部门的指导帮助以及兄弟单位的大力支持下，费县教体局聚焦主责主业，牢固树立"坚守校园安全底线、聚焦教学质量主线、夯实规范管理标线"的"三线工作理念"，紧紧围绕"办好人民满意的教育"，重点做好全县教育"十件实事"，落实立德树人根本任务，创新工作举措，改善办学条件，强化队伍管理，提升教育品质，推进教育公平，费县教育各项工作全面进步，费县教体局获得县级以上荣誉20多项。市委、市政府确定费县作为第一批国家级义务教育优质均衡发展县创建县区，第一批国家级学前教育普及普惠县创建县区。

一、全面深化教育综合改革，发展体制机制更加健全

费县县委、县政府主要负责同志带队到潍坊、沂水等地专题考察学习教育高质量发展工作，并以费县县委、县政府名义出台了《关于加快费县教育高质量发展的意见》，并制定落实40多个配套文件，构建了比较完善的制度体系。大力实施强教兴县、强德固本、强课提质、强身健体、强幼重普、强镇筑基、强科培优、强师兴源、家校共育、校舍建设十大行动，全面推动教育高质量发展。深化新时代全县教师队伍建设改革，建立教师长效补充和交流机制，公开招聘事业编制教师968人，同时遴选46名乡镇教师到费县县直学校任教，选派39名县直优秀教师到乡村支教，进一步优化了教师队伍的年龄结构和学科结构。费县政府与中核集团签订联合办学框架协议，全力推进中核临沂职业技术学院建设，项目纳入全省"十四五"规划，已上报国家教育部。深化"放管服"改革，建设义务教育网上招生入学平台，推动户籍、住房等基础数据共享，压减个人提交证明材料数量，实现了报名入学"全程网办"、群众"零跑腿"。

二、大力实施校舍建设工程，办学条件环境持续改善

出台《费县中小学幼儿园规划建设管理办法》，大力推进校舍和教育教学装备建设，完成投资6.57亿元建设任务，费县城南学校（现费县第五中学）、银城小学（现费县第二实验小学）、杏园学校初中部、实验幼儿园新园和二园以及14处乡镇幼儿园建成并投入使用，费县一中、杏坛学校、实验小学改扩建和实验幼儿园三园当年完成主体工程。收回10处居住区配套幼儿园办成了公办幼儿园。同时，积极改善师生学习和生活条件，投入3000万元为中小学、幼儿园安装

空气净化器 2350 台，投入 665.7 万元为中小学、幼儿园安装冬季取暖设备 1582 台（套）。费县县政府常务会议研究确定了 2022 年学校建设任务，仅县级财政就计划投资约 18 亿元，进一步布局了"十四五"期间的学校建设规划。

三、坚持聚焦教学质量主线，教育教学质量稳步提高

坚持立德树人，狠抓思想政治和意识形态工作，深化思政课改革，通过举办庆祝建党 100 周年系列活动，扎实开展"四史"学习教育、社会主义核心价值观教育和红色教育"七个一"活动，深入学习贯彻习近平总书记"七一"重要讲话精神，进一步筑牢了广大党员、师生员工的思想根基，为教育部"学习百年党史、传承红色基因"主题联学活动提供了红色教育现场。实施教学质量提升工程，推进常态课堂改进意见，强化目标和过程管理，打造育人为本、情感推动、思维发动、实践促动的生本优质课堂；推行教研员联系学校、随机巡课、推门听课和教学质量抽测制度，推进信息技术在学科教学过程各环节中的有效常态应用，促进了管理水平和教学质量的提升，缩小了城乡教学质量差距。中考和高考均取得突出成绩，中考评价重要指标比 2020 年均有较大幅度提升；高考本科进线率达到 47.5%，应届"重点本科"和"普通本科"完成率分别达到了 118.1%、117.7%，3 处高中学校均获得高中教学工作先进学校。

四、持续强化学校精致管理，办学办园行为更加规范

加强"五项管理"，治理培训机构，优化课后服务，落实"双减"政策，减轻了学生课业负担和家长经济负担。推进文明行业与模范机关建设，制定并落实党建与业务工作深度融合实施办法，结合党史学习教育"我为群众办实事"工作，深入开展教育领域群众身边腐败和不正之风、师德师风突出问题、形式主义之风侵蚀校园专项整治等活动，营造了风清气正的教书育人环境，热线办结率达到 100%，师德满意度较 2020 年提高了 6 个百分点。夯实校园安全工作基础，积极打造健康平安校园，累计投入 3112 万元，实施消防专项整治、生活饮用水改造、食堂 4D+ 管理，加强防溺水智能化建设和校园安防建设，新招聘安保人员 437 名，全县 468 处学校、幼儿园全部用上了自来水，实现了专兼职保安配备、校园封闭化管理、护学岗设置、一键式报警器及监控配备率四个 100% 目标。同时，积极开展校园安全"六大专项治理行动"和心理健康教育"六个一"活动，抓细抓实常态化疫情防控措施，确保了师生健康平安。加强法治政府建设，全面落实综治维稳、信访稳定、扫黑除恶、平安建设工作责任，以及"双随机一公开"制度，40 个单位被评为学校管理工作先进单位。通过一年的努力，彻底扭转了教育系统安全稳定方面的被动局面，得到了费县县委、县政府，市教育局和市政府的充分肯定。

五、发挥党建引领作用，教育发展环境不断优化

制定全面从严治党主体责任分工意见、党建与业务工作深度融合实施办法，推行党组织领

导下的校长负责制，指导 60 处学校制定党组织会议和校长办公会议议事规则，4 处新建学校和中心幼儿园设立党支部，28 个单位完成换届选举和委员补选，保证了党组织在重大事项决策中的地位。规范提升党支部建设，扎实开展星级评定、最佳主题党日和优秀支部工作法评选、党旗在基层一线高高飘扬、党建品牌创建等活动，打造市级党建品牌 4 个、学校党建示范点 5 个，表扬党建工作先进集体 20 个，17 个党组织受到县委以上表彰。开展"三亮三评""一领先七带头"、常态化"发现榜样"等活动，推行党员积分管理，发挥了广大党员的先锋模范作用，333 名先进典型受到县委以上表彰。以庆祝建党 100 周年为契机，扎实开展"庆百年华诞　促改革发展"党员大学习大培训大提升工作，评选表扬先进个人 240 人，500 多人在"我来讲党课·永远跟党走"微党课竞赛、党史学习教育征文、"永葆初心、永担使命"读书征文等活动中获奖。实施党员质量提升行动，公推积极分子 153 人，发展党员 96 人。县教体局被评为市级机关党建示范点。

2022 年，费县教体局将持续坚持聚焦"一个中心"，聚力教育高质量发展；守好"一个底线"，确保校园安全稳定、师生平安健康；锻造"一支队伍"，倡树"严真细实快"的工作作风；实现"一个目标"，提高教育教学质量、办好人民满意教育，给费县县委、县政府和费县人民交上一份满意的答卷。

实施乡村学校提质行动 激发办学活力

山东省高密市教育和体育局

一、强化乡村课程建设

推进强镇筑基行动，指向"五育"融合，重构学校功能空间，重点加强功能教室、阅读空间、体育活动场所、厕所、餐厅、寝室等空间改造，全面提升乡村学校教育内涵和特色。在开齐开足国家课程基础上，加强乡村学校特色课程开发与实施，鼓励乡村学校充分利用学校周边自然资源和乡土特色，开发传统文化、田园农耕等系列特色教材和课程，打造一批精致精品乡村学校。引领农村小规模学校用好现有教育教学资源，依托空间改造带动教育改革与品牌特色建设的多维联动，促进"现代教育与乡村韵味"的深度融合，把乡村小规模学校建设成为"乡村最悦美的地方"。

二、完善对乡村学校观摩视导帮扶机制

发挥观摩活动引领作用，每半年组织一次对乡村学校进行重点项目观摩点评，建看台、树标杆，看问题、找差距，督促校长转变作风，破解难题。体现视导推动作用，组织优秀校长团队到农村学校进行视导帮扶，对学校软环境建设、课程体系建设等方面进行精准指导，促进乡村学校教育教学质量提升。开展结对帮扶，城区优质学校与乡村薄弱学校、区域内优质学校与薄弱学校建立紧密型结对学校，推进优质教育资源共享，建好家门口每一所学校。

三、实施乡村学校青年骨干教师"孵化计划"

加强乡村学校管理干部、乡村学校"种子"教师研修，通过"名师工作室"、名师名校长结对等形式，培养一批长期扎根乡村的优秀"种子"教师。推行区域内紧缺学科教师"走教"制度，采取"资源共享、联合互动、巡回走教"思路，紧缺学科教师在本镇（街区）"一张课表"走全镇，学生不动教师动，带动薄弱学校共同发展。

四、加强乡村校长选配

新任中小学校长原则上优先考虑分配到乡村，根据观摩点评、综合评价成绩，每年从乡村校长队伍中评选出幼儿园、小学和初中各3所办学水平高、群众满意度高的校长（园长），有

序向城区、城郊流动。每年在观摩点评中列前三名的学校，在农村学校任期相应减去一年，有效激发校长干事创业内生动力和充沛活力。

提高思想认识促宣传

江西省广昌县教育体育局

作为教育主管部门，教体局加大宣传力度，召开全县"双减"工作推进会，全体教师签订"双减"工作承诺书，承诺不给家长布置作业、不让学生自己批改作业。印发了《给家长的一封信》，召开学生家长会，让社会对"双减"有足够的认识理解，便于配合县教体局做好下一步落实工作。针对教师课外违规补课严肃处理，截至 2021 年 11 月，共查出 4 起县乡违规补课事件。

一、整顿校外培训机构促市场规范

减轻义务教育阶段学生校外培训负担是"双减"的一项重要内容，县教体局根据文件精神，迅速部署，联合多部门对校外培训机构进行专项整治，查处无证无照办学的培训机构 50 家，关停了 8 家，有效遏制了校外培训机构无证经营乱收费的现象。

对于符合要求的校外培训机构，为了更好实施监管，县教体局与工商银行合作建立"智慧教培云平台"（分设教育部门监管端、教培机构服务端、学生家长服务端三大模块），其中教育部门监管端掌握教培机构开班办学与资金收付情况，确保资金按履约进度从监管账户划拨，对培训机构大额资金流动进行监管，从源头为维护学生家长合法权益提供保障。

二、提升教研能力促教学质量

广昌县教体局提出向课堂要质量，精准布置作业，减轻学生的作业负担要求。教师布置作业做到"精"和"准"，对教师的教学水平提出了更高的要求。为切实提高教师教学水平，县教研室组织"名师工作室"的教师送课下乡，骨干教师发挥示范引领作用，开展了"以老带新，师徒结对"活动，帮助青年教师迅速提高教学水平，并对新入职的教师分批进行集中培训。组织学校之间、片区之间互相研讨、观摩教学，采取预学、共学、延学三段教学模式，提出对学生采取"六艺"评价方式。学前教育实行片区化管理，构建"片区一体，示范引领，优势互补，共建共享"管理新格局。广昌一中开展"以老带新，师徒结对"，骨干教师示范引领，帮助青年教师提高教师水平；广昌第二小学对学生推出"六艺"评价，组织各年级段编写课后服务延时教程。

三、丰富课后服务促学生多元发展

为保障"双减"政策落实到位，各校结合自身特色，自主创新，开展课后活动。同时广昌教体局组织开展活动比较好的学校到所属片区进行示范教学，相互交流、相互促进。各校丰富多样的课后服务，促进学生全面发展，健康成长。

广昌第一小学原创国学情景剧《心如莲花》被中央电视台少儿频道采用，向全国少儿传递了国学的魅力；广昌县第二小学积极打造"全国青少年足球特色学校"，校园足球发展已逐步成为学校课程体系中最重要的组成部分，全校各班还自建了班级足球小队，形成了班班有球队、学校有比赛，学生乐于参与的良好运动氛围。目前，县二中、三中、第三小学、第五小学、第二幼儿园、第三幼儿等学校也把足球纳入课后服务课程中，并聘请专业足球教练对学生进行训练，为提高学生身体素质创造了良好的条件。

县教体局针对农村学校的教学管理进一步提出要求，为了让全县各村镇学校在"双减"之后能够更好地开展工作，各校根据实际情况，实行全部学生寄宿制管理，既解决了留守学生在家无人看管的问题，又可以让学生更加合理安排好作息时间，从而及时解决学习、生活中的问题。同时农村学校利用农村农田资源设立了劳动基地，教授学生种植技术。广昌县驿前中学借助建有农村学校图书馆的优势，要求教师每周至少组织两次到阅览室开展阅读课教学，扩宽学生知识面。

解放思想勇担当　改革创新促发展

河北省广平县教育工委书记，教体局党组书记、局长　王树林

为推进"解放思想大讨论"活动深入开展，县教育体育局以贯彻落实"实业立县、开放兴县"战略为指引，立足教育工作实际，大力实施"强基兴教"计划，扎实推进全县教育健康、快速、均衡发展。现向全县人民公开承诺如下：

一、改进作风，担当勇为

在全系统开展思想纪律作风集中整顿行动，着力解决干部队伍中存在的思路不清、标准不高、管理不善、原则不强、效率不快、表率不好等问题，进一步增强主动作为的攻坚意识、担当勇为的拼闯干劲、事争一流的创先劲头，凝聚干部职工心中有思路、手中有办法、肩上有责任、脚下有行动的强大合力。

二、优化布局，扩容增位

科学谋定教育发展"十四五"规划，优化高中教育、职业教育、义务教育、学前教育学校建设布局，加快"智慧校园"建设进度，有序推进第二高中、第五中学、一中扩建，职教迁建、农村薄弱学校能力提升及幼儿园全覆盖工程，完成广平四中、开发区小学、南韩镇中心小学、吴村幼儿园等建设任务，实现民办义务教育压减目标，满足广大群众入学入园需求，办好人民满意的教育。

三、培育名师，建强队伍

以实施"名校长、名班主任、名教师"培育工程为抓手，继续面向社会公开招聘特岗教师，进一步推进"县管校聘"改革，优化师资结构，促进均衡配置，实现资源共享，并积极开展"名师工作室"送教下乡活动，上好示范课、优质课、观摩课，努力打造一支师德好、作风硬、素质高、有担当的教师队伍。

四、深化改革，跨越发展

大力推进课后服务、校外培训机构整治和课堂教学改革，深化教师招聘、轮岗交流、培训提升和师德评价等机制改革，促进教育资助、营养改善计划、全民健身、平安校园建设等长效改革，

创新教学质量提升重项举措，为实现广平教育三年爬坡过坎、五年跨越发展提供保障。

　　总之，县教育体育局将以"解放思想大讨论"活动为契机，把思想和行动统一到县委县政府的各项决策部署上来，主动作为，攻坚克难，为全面建设富强文明美丽幸福的现代化新广平做出新的更大贡献！

办人民满意的教育

安徽省淮北市教育局

百年大计、教育为本，教育是最大的民生。四年来，市委、市政府高度重视教育工作，坚持守正创新改革发展，突出打基础、惠民生、保公平，努力扩充优质教育资源，全面改善办学条件，提高办学品质，开创淮北教育高质量发展新局面，教育事业蓬勃发展亮点纷呈，人民群众的教育获得感和满意度不断提高。立德树人，"五育"并举，素质教育质量全面提升；着眼全局，各级各类教育协调发展；统筹规划，教育综合改革稳步推进；布局调整，义务教育优质均衡发展提档升级；优化生态，教育高质量发展基础全面夯实……

一、科学调整布局，促进教育公平

为积极破解教育发展"短板"，我市积极整合资源优化布局，大力提高教育供给能力和供给质量，解决了不少长期以来应该解决而没有解决的问题。

推动学前教育普惠性发展。2018 年以来，坚持以扩大普惠性学前教育资源为主，逐年安排新建、改扩建一批安全适用、达到基本办园条件的公办幼儿园；制定实施《淮北市学前教育第三期行动计划》，新增学位 8800 个；清理回收小区配套建设幼儿园 57 个，共增加学位 14620 个，有效地缓解了学前教育"入园难、入园贵"的问题。2018—2021 年共新建、改扩建幼儿园 34 所，其中新建幼儿园 22 所，改扩建幼儿园 12 所。其中，2021 年主城区小区配建幼儿园 10 所，包括中湖明月、世茂云图、恒大御府、港利小区、运河人家、碧桂园小区、绿金小区、梧桐花园、杜集区恒大、吾悦广场，建成后将移交所在地政府，用于举办公办园或普惠性民办园，可新增学位 4410 个。我市学前三年毛入园率 94.39%，普惠性幼儿园覆盖率 94.87%，公办幼儿园在园幼儿占比为 54.7%，均高于省定考核指标。

优质均衡发展义务教育。协调改造利用闲置教育资源，将原二职高改建为市第一实验小学高年级部、原二中改建为市第三实验小学高年级部、南湖路小学改建为市首府实验小学分部、原淮北工业学校改建为市第二中学东校区，持续推进优质教育资源扩容。加大新学校建设力度，2018 年以来，主城区共建成、开办义务教育学校 3 所，改扩建学校 3 所，总计新增学位 11990 个。其中，2020 年，改建工程全面完成，投资 5330 万元，增加学位 4970 个，有效缓解了优质学校学位总体不足和大班额问题。2021 年，市第二中学东校区、市第三实验小学中湖明月校区、市第二实验小学东校区、华师大港利学校投入使用，龙山路学校等8所学校新开工建设，建成后将新增学位17610个，能够有效推动市优质教育资源由老城区向新城区逐步疏解，解决老城区学校大班额问题，同时完善新城区功能，大大提升新城区发展潜力。加强薄弱学校改造，全市168所"两类学校"（乡村小规模学校、乡镇寄宿制学校）全部达标，县域内办学差距进一步缩小。相山区、濉溪县将分别于2022年、2024年接受义务教育优质均衡县（区）国家级评估，杜集区、烈山区也力争在2025年之前实现优质均衡。

二、普通高中升级，高考连创佳绩

进一步扩大优质普通高中办学规模。濉溪二中新校区总投资近7亿元，拥有120个教学班级，可容纳约5000名学生，已于2019年底投入使用。在东部新城建设市第一中学新校区，投资6.8亿元，占地340亩，校舍面积14.9万平方米，为4000人全寄宿制省级示范高中，预计将在2022年秋季开学，在新校区进行高一年级招生和高二年级的搬迁。

改革普通高中招生录取办法，解决中考中招工作反映强烈的热点问题。2018年以来，先后实行中考知分填志愿、网上填报志愿、平行志愿，解决了中考"高分滑档"的问题。2020年，在5所省示范高中试点试行自主招生改革，2021年在省示范高中全面铺开，自主招生探索破除"唯分取人"的招生录取机制，满足了不同潜质学生的发展需要，推动了高中阶段学校多样化特色发展。

我市大力推进普通高中教育结构调整，深化课程改革，稳步推进新课程实施、新教材使用工作。2020年，我市入选基础教育国家级优秀教学成果推广应用示范区，安徽省仅淮北市和马鞍山市入选。组织新课程教学研究活动，开展形式多样的课堂教学改革，打造高效课堂。全市普通高中高质量内涵式发展取得了新成效，近年来，我市高考连创佳绩，本科达线人数大幅增长，一大批优秀毕业生进入国内外著名高校就读。

三、职业教育扩容，推进产教融合

近几年，我市职业教育紧紧围绕"培养德技双馨高素质人才，为经济转型高质量发展服务"这一中心任务，坚持创新引领发展，整体办学质量大幅度提升，职业院校生源人数和质量均创历史新高。

为推进职业教育协调快速发展，我市加强顶层设计、协调多方力量、引进优质资源，构建多元化办学格局，全面提升办学水平。不断完善和修订专业人才培养方案，积极参与教育部1+X证书制度试点，实施中高职衔接3+2招生、高职院校分类招生对口高考、高职扩招等，同时加强"双师型"队伍建设和实训基地建设，搭建起职业教育人才成长成才"立交桥"。

淮北工业与艺术学校现已成为我省职业教育优质示范校。学校占地约521亩，一期总建筑规模约 20 万平方米，二期建筑面积 5.5 万平方米现已启动，是安徽省建设规模、教学实习实训条件、生活服务设施最为完善的职业学校之一。2020 年学校顺利通过安徽省普通中等专业学校 B 类办学水平评估，2021 年已申报 A 类办学水平评估。近年来，教师参加教学能力（职业能力）大赛，获国家级二等奖 7 个、国家级三等奖 14 个，获省级一等奖 44 个，获奖数量居全省第一。学生参加全国中职生职业技能大赛，荣获国家级金牌 2 枚、银牌 7 枚、铜牌 11 枚，荣获省级各类奖项 123 项，成绩位列全省第一方阵。学校荣获"全国国防教育特色学校""安徽省语言文字工作先进单位""安徽省校企合作典型示范学校""安徽省教育信息化工作先进单位""安徽省节水型单位""安徽省五四红旗团委""安徽省未成年人思想道德建设示范基地"等荣誉称号。2021 年 8 月，市委、市政府决定在安徽淮北技师学院基础上设置淮北工业职业学院，已向省教育厅递交了"关于安徽淮北技师学院设置为高等职业学校申请纳入安徽省'十四五'高等学校设置规划的报告"，并已顺利通过省教育厅专家论证，目前正在向教育部备案。

完成淮北卫校转隶改革，推动办学条件全面升级。2020 年年初，淮北卫校由市卫健委划归市教育局主管，理顺了管理体制。市教育局接管后，积极协调推动将已闲置的安徽矿业职业技术学院东校区改建为淮北卫生学校新校区。投资 3.3 亿元购置、改建的新校区各项改造工程已经建成，并于 2021 年秋季开学投入使用，进一步扩大了招生规模，优化了办学条件，正在积极申报省级中职学校 A 类办学水平评估。

促进产教融合，我市注重提升职业教育服务经济社会发展的能力。坚持专业与产业对接，通过引进企业行业进校园、引进高技能人才进学校、引领职业院校进园区，推进学校企业有机融合，探索校企双元育人体制。积极引导毕业生选择本市就业，服务淮北经济社会发展，他们中的许多人快速成长为支持淮北市各产业发展的"金蓝领"。

四、助力城市圆梦，理工学院招生

2019 年 9 月 23 日，市人民政府、淮北师范大学与中国科培教育集团签约，淮北师范大学信息学院移交我市办学，我市引进中国科培教育集团作为合作方，接收淮北师范大学信息学院，转设为应用型高校，更名为淮北理工学院。预计总投资 30 亿元人民币，全部由中国科培教育集团出资建设。我市圆了"自办本科高校梦"，形成了从学前教育到本科教育的完备的教育体系。

淮北理工学院项目作为 2020 年我市十大重点工程，于 2020 年 3 月 25 日开工建设，一期工程已经完成，转设工作获教育部公示批准，2021 年秋季招生办学，已有近 2500 名学生入校就读。该校将立足淮北、面向全国，主动服务区域经济社会发展需要，下一步逐步形成以工科为主，文、理、教育、经、管多学科协调发展、与行业企业深度融合、与经济社会发展紧密相连的学科专业体系。计划经过五年努力，将学院建成条件完善、工科特色鲜明、规模适当的万人院校，在同类高校中具有比较优势和品牌声誉的一流应用型普通本科高校。

五、加强队伍建设，打造教育名片

我市抓紧抓实教育系统党建、党史学习教育、中小学教师思想引领、师德建设、人才引进、师资培训、待遇落实等重点，着力打造新时代高素质教师队伍。

强党建。选举产生第一届市教育系统党委，强化对全市教育系统党建工作的统一指导。3所学校党组织入选"领航计划"市级示范库；2所民办学校党支部分别被评为省级、市级非公社会组织基层党组织示范点。组建56支党员突击队，1500余名党员在疫情防控、文明创建等工作中充分发挥"一面旗"作用。

学党史。市教育局成立党史学习教育领导小组，印发《市教育系统开展党史学习教育实施方案》。建立局党组成员进课堂——线上"思政课"制度，局党组成员分别深入10所中小学校开展党史宣讲。举办学习贯彻习近平总书记"七一"重要讲话精神、党的十九届六中全会精神、省市党代会精神等各类宣讲报告会9场次。举办市直教育系统"两优一先"表彰会，表彰108名（个）市教育系统"两优一先"。举办"榜样在身边"先进典型宣讲报告会。举办市直教育系统"光荣在党50年"老党员老干部座谈会，为41名党龄满50年的老党员颁授"光荣在党50年纪念章"。遴选全国优秀共产党员、全国先进工作者、全国优秀教师等10人组成2个宣讲团，开展4场宣讲报告会，市直教育系统3000余名教职工聆听报告会。集中观看红色电影《1921》《红船》《长津湖》《跨过鸭绿江》等。开展"同上一堂'党史'大课"活动，师生参加人数137780人次。

正师风。开展系列师德师风专题教育活动，把师德师风建设纳入目标管理考核，作为教育督导评估的重要内容，建立师德建设责任追究制度，定期进行考核和督查。加大违规违纪行为查处力度，立案48件，查处违规补课教师40人，打造了风清气正的教育生态。

引人才。出台《淮北市中小学校引进优秀教师暂行办法》，开辟引进优秀教师"绿色通道"。2016年以来，全市新聘任教师2546人，其中公开招聘中小学教师1907名、定向培养乡村教师345名、通过"绿色通道"引进优秀教师294名，扩大了教师队伍，优化了教师结构。

树典型。实施教师全员培训工程和名师培养工程，优秀教育人才队伍不断壮大。2018年以来，1人被评为"全国先进工作者"、1人被评为"全国优秀共产党员"、1人被评为全国模范教师、2人被评为全国优秀教师，2所学校获评全国教育系统先进集体；3人荣获省五一劳动奖章、3人被评为全省模范教师、1人被评为全省教育系统先进工作者、1人被评为安徽省优秀党务工作者、16人被评为全省优秀教师、2人被评为全省优秀教育工作者、1人被评为全省教育系统新时代教书育人楷模，1所学校被评为安徽省先进基层党组织。在各类教育教学比赛中，1人荣获全国特等奖，5人荣获全国一等奖，29人荣获全省教学一等奖，获奖比例位居全省前列。全市共有中小学正高级教师23人、省特级教师74人；20名教师入选"中国好人"，在全市各系统行业中总数第一。

提待遇。在市委、市政府的关怀下，正高级教师、特级教师全部被纳入市级医疗保健对象，并建立制度。推行校长职级制改革，兑现落实校长职级制待遇。

六、落实"双减"政策，实施素质教育

自"双减"政策落地实施以来，我市积极谋划部署，成立"双减"工作领导小组及各级"双减"工作专班，抽调相关人员集中办公，统筹指导、协调、推进全市"双减"工作。经市委、市政府同意，出台了《淮北市进一步减轻义务教育阶段学生作业负担和校外培训负担的工作方案》，推动全市"双减"工作落地落实。将校外培训机构治理、"双减"工作情况及成效纳入市对县区教育督导考核内容，将"双减"工作纳入责任督学日常督导内容。开展校外培训机构专项治理，累计出动暗访 113 人次，检查督查 122 人次，查处核实群众举报 10 家。

加强"五项管理"，印发《淮北市中小学校开展"五项管理"专项治理工作方案》，减轻学生过重作业负担，全市中小学校建立了作业公示制度。坚持"零起点"教学，推动幼小、小初"双向"衔接，设置入学适应期，对入学适应困难学生群体建立关爱台账，实行校干、教师和学生结对帮扶制度。实施"家校社共育"双实践区建设，承担的国家社科基金"十三五"规划教育学重大（重点）课题——《家校合作的国际经验与本土化实践研究》子课题《家校合作的政府职能与对策研究》获得立项。

做好中小学生课后服务工作，全市 380 所义务教育阶段学校全部落实课后服务"5+2"，实现两个"全覆盖"，即义务教育学校全覆盖、有需求的学生全覆盖，不断创新课后服务内容和形式，为有需求的学生和家长提供服务。开展暑期托管试点，组织各县区青少年校外活动中心、留守儿童之家和乡村少年宫主动开展暑期托管服务，鼓励有条件的学校开展试点暑期托管服务。

我市学科类校外培训机构治理已经取得阶段性成果，所有义务教育阶段学科类培训机构已经停止经营。落实中小学校、中小学教师、校外培训机构、学生和家长四方承诺制度，学校负责登记学生参加校外培训的情况，作为诚信管理和学生综合素质评价的内容。成立市、县区级落实"双减"专项督查组，持续、不间断地开展"明察暗访"，严厉打击转入地下的"黑机构"。

推动形成"一校一品"乃至"一校多品"办学格局，打造了一批优势突出的品牌学校。近年来，3 所学校获评全国文明校园，4 所学校入选全国中小学中华优秀文化艺术传承学校，4 所学校入选全国学校体育工作示范学校，9 所学校被评为全国中小学国防教育示范学校，83 所学校被教育部命名为全国青少年校园足球特色学校。打造了中小学生花样跳绳、软式垒球等一批素质教育品牌项目，荣获许多全国性、国际性大奖。

用心　用情　用力

山东省烟台市牟平区教育和体育局

2021年牟平区持续推进作风建设，提升执行力，锤炼过硬队伍建设，教体系统坚持"转作风、抓落实、求实效"的工作主基调，以教育队伍建设为突破口，全力推进为民服务实事落地，全面落实德智体美劳全面发展的教育培养目标，持续深化教科研改革，努力实现教育质量再提升。2021年，牟平区教育和体育局被评为全国群众体育先进单位，5月在全国劳动教育大会上作了典型发言，承办了山东省劳动教育现场会。

一、办好安全的教育，开设安全教育课程7000余节

2021年，牟平教体系统围绕疫情防控工作，严格落实各项疫情防控措施，教职员工接种疫苗率达90%。全力配合全区疫情防控大局，及时、全面做好摸排工作，共摸排4441人。围绕校园安全，以大排查、大整治为契机，召开全系统主要负责人、分管负责人、具体工作人员的安全工作培训会议，深入学习《中华人民共和国刑法修正案（十一）》，组织357名领导干部参与《安全生产法》考试，合格率100%，以此提高关键少数的思想认识，强化责任担当。同时，制定完善《牟平区教育领域安全生产工作方案》《校园周边环境集中整治工作方案》等4个工作方案，压实责任，落实管理。

注重安全教育，联合电视台录制"防溺水"专题栏目，开设安全教育课程7000余节，推送安全提醒近20000条，开展辐射10000余人的安全演练、培训等课程，着力提高师生家长安全意识。在此基础上，持续高质量推进校车、校舍、饮食等三大安全工程，让群众放心，家长安心。

二、办好高质量的教育，扩大优质公办资源覆盖面

围绕队伍建设，建立后备人才库，实现梯次培养，重视教师授课基本能力，采取面试前置以及定向招聘等方式，提高新教师综合素质，补充150名新教师。突出抓好师德师风建设，建立新教师入职宣誓、教师节宣誓、老教师荣休等机制，同时推出校长讲师德活动，强化教师自我提升，营造风清气正的教育环境。围绕学生培养，始终坚持德智体美劳全面发展的育人目标，严格音体美课刚性化管理制度，突出抓好劳动教育，深化课堂改革，着力培养学生良好的学习、行为习惯，为学生未来发展奠基。开展"红心向党"系列活动，引导学生爱党、爱国。

围绕学前教育，积极探索、推进集团化办学模式，扩大优质公办资源覆盖面，同时各幼儿园通过采取物质奖励等方式，鼓励引导现有教师考取教师资格证、大专学历，教师队伍整体水平得到明显提升。主动服务全区工作大局，召开全系统"小手拉大手，文明一起走"创城活动，以3.4万名学生、幼儿影响近10万个家庭自觉参与创城活动，共建文明城。

三、推进校园建设，增加学位供给，满足就近入学需求

10月11日，在新城小学项目现场，项目已经进行到二层顶板建设阶段，施工人员戴着安全帽正忙着支模板、扎钢筋等，高大的塔吊来回运送着钢筋、水泥等建筑材料，施工现场忙而有序。据了解，新城小学项目于2021年7月份开工，规划占地40亩，总建筑面积14000多平方米，其中综合楼占地面积10000多平方米。学校规划办学规模25个教学班，可容纳学生近1200人，项目年底完成主体工程建设，2022年12月份竣工，届时将极大提升牟平东部城区的教育品质，有效缓解中心城区义务教育阶段学位紧缺现象，进一步推进全区教育优质均衡发展。

"为了满足学生在家门口对优质教育资源的需求，牟平区教育和体育局把办好每一所家门口的学校、幼儿园作为突破口，全力推进教育基础设施建设。'十三五'期间累计投入近3亿元用于学校、幼儿园改扩建工程，2021年年内将继续投资约1.4亿元，新建、改扩建新城小学、官庄小学，满足城区适龄孩子就近入学需求。"牟平区教育和体育局党组副书记刘波说，"同时，为努力提高幼儿园公办率、普惠率，满足群众对公办、普惠园的需求，年内将通过居住区配套幼儿园整治、新建、改扩建6所幼儿园，年底公办率达到50%。"

四、全力推进"双减"落地，内提教育质量，外抓培训市场

"这个词组很重要，你们觉得要不要再扩展一下？""这个从句在第五个重点句里有应用，可以让大家把这个句子背下来，增强语感。"10月11日下午4点，在实验中学初四英语组办公室，学科组的几名教师正在热火朝天地研讨第二天的作业内容，精心选择与学生基础相适应、重在迁移运用且有代表性的作业，确保作业的典型性和有效性。实验中学教导处副主任杨进岐介绍，为贯彻落实"双减"教育方针，促进学生健康成长和全面发展，学校通过网格进行管理，严控书面作业总量，科学布置，达到诊断、巩固和学情分析的目的。刘波说："我们把学生德智体美劳全面发展作为落脚点，全力推进'双减'落地，校内全力做好教育质量提升，深入推进说议讲评课模式，提高课堂效率，严格作业公示制度，全面推进校级作业统筹安排制度，实现作业分层设计，满足不同层次学生需求，切实减轻学生负担。"

"双减"不仅体现在作业的合理布置上，还体现在丰富多彩的课后服务中。第二实验小学校长姜曰美说，学校以提升素养、发展兴趣、减轻负担为原则开展课后服务，一方面安排本班级老师对学生的作业进行针对性辅导，另一方面根据学生发展需求搭建多样社团活动的平台，

包括器乐、围棋、合唱等。"我们学校有 1376 名学生参加了课后服务社团，作业基本可以在校完成，切实解决了家长接送难、辅导难的问题，为家庭减轻了负担，为学生健康发展搭建平台。"姜曰美说。

此外，牟平区教育和体育局全力做好校外社会培训机构管理，严格审批，常态化巡视，引领社会培训机构市场规范、有序发展。

"五个聚焦" 推动教育高质量发展

湖北省十堰市茅箭区教育局 吴世海 郑 华

为贯彻落实市委、区委"弘扬工匠精神 岗位大练兵"工作部署，茅箭区教育局积极响应，迅速行动，以"立足本职岗位、追求卓越成绩"为目标，扎实开展系列活动，着力打造一支思想进步、业务精湛、治学严谨、作风优良的教育工匠队伍，不断提升教育教学质量，推动茅箭教育高质量发展。

一、聚焦能力提升，扎实开展大学习活动

一是以机关党支部为单位开展理论中心组学习 10 次、政治业务学习 22 次、支部主题党日活动 11 次、党史学习教育 12 次，深入学习习近平总书记重要讲话精神和省、市、区相关会议精神，引导党员干部精准把握高质量发展的脉搏，明确发展方向和努力目标。二是积极开展工匠楷模宣讲活动。组织教育系统师德标兵、优秀教师组成宣讲团，集中开展"师德大讲堂"活动 3 次，通过身边的真实案例引导广大教职工树立标杆，积极向榜样学习。三是邀请市委、区委党校的教授、高校专家对系统内党务干部、党员教师开展专题讲座 7 次，促使党员干部完整、准确、全面领会和把握高质量发展的本质要义和内涵要求，切实增强"立德树人"和"办人民满意教育、做人民满意教师"的责任感、紧迫感和使命感，夯实"弘扬工匠精神 岗位大练兵"的思想基础。

二、聚焦思想解放，深入开展大讨论活动

一是组织党员干部围绕贯彻区委十届党代会精神，建设"繁荣之城、首善之区、首富之区"开展了专题讨论，了解区位发展方向和教育工作目标。二是以"思想破冰 引领发展突围"为主题，开展"学先进、立标准、找差距、查原因、明方向"大讨论、大调研活动。三是结合工作实际查找学校管理、教育、教学等问题开展专题研讨。通过学习调研、讨论交流，引导党员干部坚定政治方向，提高政治站位，在思想破冰中统一思想、解决问题、推进工作，在教育教学中追求卓越、争创一流。

三、聚焦问题排查，积极开展争先创优活动

着眼争先创优、走在前列，组织全体教职员工对标学科一流教师、一流校长、一流学校，

认真排查检视工作问题和不足。每名党员干部要着眼"立足岗位、追求卓越、争创一流"，紧盯岗位职责，对照工匠楷模，全面排查工作标准、工作流程、工作制度、工作作风等方面存在的问题，制定整改措施，限期整改到位。

四、聚焦岗位练兵，打造卓越教育工匠队伍

一是以支部为单位组织教师开展三笔字、朗诵等竞赛活动和体音美才艺展示活动。二是组织开展"金烛杯"课堂教学大比武和体音美教师基本功比赛活动。三是以绩效考核为目标开展教学综合考评活动。通过竞赛、展示、考评等一系列岗位大练兵活动，努力让党员干部开阔眼界、提升能力、练强本领、增长才干，寻找工作差距、查明原因、明确努力方向，全面提升岗位能力水平，切实提高工作质量，在教育教学中追求卓越、争创一流，努力打造一支思想进步、业务精湛、治学严谨、作风优良的教育工匠队伍。

五、聚焦作风整顿，创建清廉校园教育品牌

结合清廉校园创建和2021年党风廉政建设宣传教育月活动，区教育系统深入开展服务质效不优、纪律约束不强、担当作为不足等三个专项整顿。服务质效不优重点整顿发展理念、服务意识和为群众办实事等问题；纪律约束不强，重点整顿工作标准不高，作风散漫拖拉，效率低下等问题；担当作为不足重点整顿为官不为，不敢担责、担难、担险等问题。重点查找"双减"政策落实不到位、疫情防控措施不到位、区委党委决策落实不彻底、工作职责履行不到位等问题，通过自己查、群众评、党委督等方式，切实转变干部队伍作风，形成"政治生态好、用人导向正、师德师风优、发展环境好"的清廉校园，推动全面从严治党向纵深发展、向全体干部职工覆盖，努力创建清廉校园教育品牌。

创设温馨营商环境　让家长无后顾之忧

山东省青岛市市北区教育和体育局

市北区教体局按照区委、区政府统一部署，结合教育部门自身实际，抓难点攻坚、抓措施落地、抓问责激励，着力解决突出问题，以教育系统作风的根本性转变，推动营商环境的持续改善优化。从社会和群众"需求侧"出发，从资源和质量"供给侧"发力，细化具体措施，深入解放思想，创新工作举措，不断提高教育系统亲商营商服务水平，为营商环境贡献"教育力量"。

市北区非户籍儿童较多，很多家长都忙于生计无暇按时接孩子放学，课后三点半成为家长最需要解决的问题。针对此情况，从2019年起市北区以"让每一位学生开心、让每一位家长安心"为目标，扎实推进落实课后服务工作。实行"5+2"模式，应托尽托，实行一生一策，延时服务，一般课后服务至17:30，可延长至18:00甚至更晚。在保证学生在校内作业完成的前提下，与"十个一"项目深度融合，促进学生身心健康发展，切实减轻中小学生课业负担。

在课后服务这项民生工程中，市北区做到"三个到位"，搞好"三个结合"，坚持"三个始终"，确保了学校、家长、学生的"三个满意"。

一、做到"三个到位"，确保课后服务工作有序开展

（一）思想认识到位

市北区从讲政治高度、惠民生角度切实重视课后服务工作，定期召开课后服务专题调度会，分析课后服务工作执行情况、存在问题，对于发现的问题及时纠正调整，将"小教育、大服务"的理念融入工作谋划中，想方设法解决学生、家长、教师、学校各方的实际困难。

（二）工作研究到位

明确课后服务时间、课后服务对象、课后服务内容及保障模式。采取两种模式并行的方式，一是普惠性校内服务，解决刚性需求；二是引进公益性社会力量，提供特色化课程，满足个性化需求。"双减"政策落地后，市北区先后出台《关于做好秋季学期义务教育学校课后服务工作的通知》和《关于进一步做好课后服务工作的指导意见》，在引进高品质的第三方非学科校外培训机构之外，还与市北区总工会、大学生志愿者团队等公益性组织积极探讨合作方式，提供多元化的课后服务。

（三）措施落实到位

我们将课后服务工作纳入学校年度绩效考核；成立专项督查工作组，采取"四不两直"方式，定期到学校进行巡查，随机对家长和学生进行访谈和问卷，查阅档案材料，查看课后服务教室，多方了解和掌握工作落实情况，近三年共发布 143 期课后服务巡查通报，既通报巡查中发现的问题，也通报巡查中发现的好做法，有效促进了学校间取长补短，全面提升课后服务质量。

二、搞好"三个结合"，确保课后服务工作丰富多彩

（一）与教育活动相结合

与"十个一"项目的实施、与学生综合素质全面发展相结合，我们在课后服务工作中开展了丰富多彩的各项活动，如青岛 21 中将全员育人与课后服务相结合，学习、心理双关注，爱心辅导答疑解惑；市北实验初中小学部以丰富的艺术社团活动接轨"双减"工作；山东小学开展了以"关爱生命，文明出行"为主题的平安小课堂，为创建全国文明城市贡献一份力量；市北中学小学部将课后服务与体育锻炼有机结合；上清路小学在课后服务中融入了以劳动教育为主题的"志愿一刻钟"环节，培养学生劳动习惯和服务社会美德；立新小学在课后服务中面向低年级学校开设动手实践特色课程，培养学生动手动脑能力。

（二）与学校特色相结合

组织各学校开展"一校一品"校园文化建设，增加服务内涵，深化服务品牌。如：桦川路小学发挥多彩课程优势，将课后服务与社团活动、选修课相结合；人民路第一小学秉承"四季快乐运动"的理念，参与课后服务的学生每天自选参加踢足球、打篮球、花式跳绳等体育锻炼社团；敦化路小学聘请专业师资，保证课程更加专业和规范，实现课后服务特色课程的多元化需求；青岛 39 中市北分校打造 1+X 课后服务模式，将作业辅导与学生特长培养进行融合；上海路小学发挥学校科技特色优势，利用课后服务组织学生开展航模训练，提高学生动手能力，促进学生全面发展。北仲路第一小学篮球社团学生们坚持每天训练，多次荣获省、市比赛冠军。

（三）与校外活动相结合

结合市北区"思源"德育课程，深挖具有市北特色的研学基地体系，将课后服务延伸到校外。如：四方小学通过"传承青岛文化，筑梦市北繁荣——走进海云庵"主题班会课，从繁荣今朝、历史渊源、未来发展三个方面对海云庵展开了深入的研究；重庆路第三小学发扬传统文化特色，在课后服务中传承中华优秀传统文化；宜阳路小学、海逸学校依托思源德育课程，利用课后服务时间开展"博物馆研学活动"，先后走进邮轮母港、纺织博物馆、交通博物馆进行研学探索。

三、坚持"三个始终"，确保课后服务工作扎实有效

（一）始终立足学生实际

将安全目标列在课后服务工作的第一位，采取班主任送托、轮值教师点名、家长签字离校等"无缝衔接"交接措施。博文小学家长凭证接孩子放学，提高了家校交接的效率；宜阳路小学、长沙路小学配备了专门的对讲机，以应对突发状况。部分学校采取合班编制、分层辅导和分组活动的形式，在完成学习任务的基础上，让学生得到个性化发展。课后服务老师对个别学生进行个别辅导，把全员育人落到实处。淮阳路小学针对家有二胎的学生开设了心理疏导，促进形成良好的亲子关系。

（二）始终尊重家长意愿

通过电话随访、家长会、家访、微信群等方式全面征求家长对课后服务方案、第三方机构、参与教师等的意见建议。定期通过"市北区家校合作平台"面向家长开展问卷调查，进行阶段性数据分析，结合各校的自查自评，随时改进工作。各校均建立了课后服务工作责任制，完善了相应的工作制度、安全预案等，确保交接记录、课后服务记录翔实，每个学期的开学第一天同步开启校内课后服务工作，服务时间原则上到17:30，可根据家长申请延长至18:00甚至更晚，实行"一生一策"和"弹性离校"制，满足了家长提出的随时申请、弹性离校、延长课后服务时间等需求。

（三）始终保障教师权益

在工作安排过程中，各校充分发挥党团员教师的先锋模范作用，采取教师主动报名、轮流排班等方式，尽可能少增加教师额外的工作负担，大多数学校均实现了教师100%参与。此外，各校还积极承担起课后服务的统筹监管工作，明确课后服务人员责任，加强对第三方的监督力度，切实做到责权匹配，保障健全。

课后服务是一项民生工程，更是民心工程，家长的满意度和学生的喜爱程度是课后服务质量最直观的体现。下一步，市北区将不断提升课后服务水平，以家长的实际需求为目标指引，以国家教育导向为努力方向，让优质教育资源回归学校，将课后服务工作做细、做实，让课后三点半成为学生快乐的时光。同时推广好的做法，树立优秀典型，不断提升教育温度，办好人民满意的教育。在学生综合素质提升、减轻家长负担的同时，实现"家""校"双赢。

持续推动教育高质量发展

湖北省随州市教育局

党史学习教育开展以来，市教育局把学习党史同总结经验、结合实际、推动工作结合起来，深入了解群众需求，集中解决突出问题，推进教育领域"我为群众办实事"项目落实落地、有质有效，做到为民办实事，与发展谱新篇相互整合、相互促进。

一、将为民办实事与优化服务结合

积极主动作为，助力一村一名村医行动，大力宣传免费本科医学生和我市乡村医生委培计划，详细讲解"定向招生、定向培养、定向就业、政府补助"等惠民利民政策，鼓励考生报考。服务招商引智，为高层次人才解决后顾之忧，与市委人才办联合下发了《关于做好随州市引进高层次人才子女入学工作的通知》，指导各地提前考虑高层次人才子女入学需求，提供良好的服务保障，解决他们的后顾之忧。规范招生秩序，深化课堂教学改革，严格控制起始年级班额，落实科学划片招生，保障适龄儿童少年接受义务教育，抓实"5+1"基础教育质量提升行动，深化教育改革。

二、将为民办实事与补齐短板结合

助力湖北"十大惠民、四项关爱"实事活动，扩充幼儿园学位，加快推进公办幼儿园学位扩充实事项目落实落地。2021—2022 年，我市计划建设"万个公办幼儿园学位扩充"实事项目 30 个，项目总投资 10249 万元，计划新增学位 4610 个，提升公办园在园幼儿占比 5.97 个百分点，届时我市公办园在园幼儿占比将达到 52.68%。加快城区学校建设，推动义务教育优质均衡发展，积极主动谋划新建和改扩建学校，投入 1.5 亿元新建编钟中学，蒋家岗学校扩建项目教学楼主体工程完工，位于随州高新区"大随新城"核心区的随州盈瑞实验学校一期工程（小学、初中部）已投入使用。全面实施高中阶段普及攻坚计划，改善高中阶段学校办学条件，加快普通高中消除大班额力度，随州二中、随县二中、曾都一中、曾都二中等高中学校新建综合教学楼项目正在抓紧实施。

三、将为民办实事与提升工作结合

全面落实家庭经济困难学生资助政策，及时精准发放资助款。强化学生资助育人功能。组织 70 多名志愿走访工作者对 190 名特困学生进行走访慰问关爱贫困学生，选拔 35 名优秀贫困学生参加首届随州市优秀贫困学生励志研学活动，传播教育扶贫正能量。加强教师培养强化素质提升，继续开展"领航工程""名师工作室"建设。举办随州市"比技能、比创新"教师素养（五项全能）大赛，营造了"建功新时代、有为在校园"浓厚教学研讨氛围。

多措并举 推动教育高质量发展

陕西省潼关县教育科技局

教育关系千家万户，更关系国家民族未来。如何让每个孩子都能享有公平而有质量的教育？潼关教育工作将深入贯彻习近平总书记关于教育的重要论述，全面落实新时代党的教育方针，以"建设教育强县"为抓手，按照突出"一个主题"、抓住"三个关键"、实现"三个提升"的思路，全力抓好工作落实，努力推动全县教育事业高质量发展。

一、突出"一个主题"

一个主题就是教育质量。提高教育质量是办好教育的永恒主题。全面贯彻党的教育方针，统筹抓好各类教育工作，全面提升教育质量。扎实推进学校精细化管理，在学校精细化管理上下功夫，创特色、创亮点。聚焦学前教育、义务教育、高中教育和职业教育四个领域发力，推进学前普惠发展、义务教育一体化发展、高中教育突破发展、职业教育融合发展，切实解决教育发展不平衡不充分的问题，力争向全县人民交上一份合格的答卷。

二、抓住"三个关键"

三个关键是校长队伍、教育改革、学生全面发展。一是抓校长队伍建设。一个好校长就是一所好学校。加强政治历练、思想淬炼、实践锻炼、业务培训，努力打造一支政治过硬、善于管理、业务精湛、清廉敬业的新时代校长队伍。二是抓教育改革。从加大经费投入、加强学校管理、完善激励机制、强化学习培训等方面入手，不断推进新高考改革、国家"双减"政策落地、校外学科类培训机构专项治理、课后延时服务提质增效等工作，推进教育质量稳步提升。三是抓学生全面发展。坚持立德树人根本任务，落实"五育并举"要求，促进学生全面发展、健康成长。开足用好思政课，引导学生坚定理想信念，做社会主义事业的建设者和接班人。

三、实现"三个提升"

一是在改善办学条件上实现提升。坚持教育优先发展战略，优化财政支出，将新增财力向教育倾斜，确保教育经费"三个增长"，让校园成为最美的风景。二是在统筹发展教育资源上实现新提升。以创建国家义务教育优质均衡发展县为契机，优化教育资源配置，缩小城乡之间、学校之间的差距，实现城乡教育优质均衡发展。三是在教育管理水平上实现新提升。立足行业职责，统筹抓好教育教学、教师培训、师德师风建设、校园安全、疫情防控等各项工作，推动教育事业全面发展、全面进步。聚焦群众需求，全力办好人民满意的教育，持续提升人民对教育的获得感、幸福感。

"五大活动"打造教育高质量发展新引擎

湖北省竹溪县教育局

自"弘扬工匠精神　岗位大练兵"主题活动开展以来，县教育局根据市委、县委和市教育局做出的统一部署，结合全县教育工作实际，制定《竹溪县教育系统开展"五大"主题活动实施方案》，成立活动领导小组，分步推进，做到有计划、有步骤、有措施、有成效。

一、在"大学习"中提升思想境界

县教育局党组先后多次召开"弘扬工匠精神　岗位大练兵"工作推进会和专题学习会，要求全体党员干部深化"双讲双培"活动，推动党建与业务工作深度融合，充分利用理论学习中心组学习、支部主题党日活动、专家专题辅导、典型宣讲等方式，坚持集中学习与个人自学相结合，重点学习国家及各级有关教育的重要论述，学习党的十九届六中全会和县"两会"精神，研究新课程、新课标、新高考相关内容和要求，学习关于"双减""五项管理""课后服务"等当前重点工作文件、通知、方案，切实把思想统一到中央、省、市对教育工作的要求上来，切实落实新时代立德树人根本任务。

二、在"大走访"中倾听社情民意

县教育局机关全体干部分赴教育局乡村振兴包联村——城关镇新民村、大裕村、观音阁村，开展助力乡村振兴大宣讲、大走访、大调研活动。在走访中重点听取党员群众代表、老党员、基层一线教师等对我县教育事业高质量发展的意见建议。同时要求教育系统党员干部、教师要坚持问题导向，立足群众需求，通过上门家访、实地考察、个别座谈、召开座谈会、访谈会、谈心谈话等面对面走访形式和短信、电话等非接触形式，分类开展大走访活动。通过持续开展"大走访"活动，为建设和谐家校关系倾听社情民意，努力做到社会、学校、家长拧成一股绳，真正形成育人合力，共同促进学生健康成长。

三、在"大讨论"中理清改革思路

继续围绕"办好人民满意教育"主题，对照全县教育实际，以培植"四个一"校本精神为抓手，以培养"一个健康三个好"的师生队伍为目标，重点对"大走访"活动中搜集整理的各类问题及意见建议，认真分析归类，找准问题，理清工作思路，在分解任务、明确责任领导、责任单位和责任人的基础上，把情况摸清楚，把症状分析透，提出解决问题、改进工作的措施，形成有价值的调研报告并进行交流。结合"清廉校园"建设和2021年党风廉政建设宣传教育月活动要求，对照人民群众对教育的新期待，根据"大讨论"确立的活动主题，自觉查找自身在政治、思想、组织、作风、能力、廉洁等方面存在的差距和不足。系统上下要综合运用小组讨论、团队讨论、班子讨论、集体讨论等多种形式，密切联系自身职责任务开展讨论，以主题讨论检视问题、整改提升、理清改革发展思路，推动全县教育事业高质量发展。

四、在"大研究"中凝练教育智慧

在充分调研、多次研讨的基础上，积极组织系统骨干力量精准确立"大研究"课题，积极申报省、市级课题立项，加强对各部门学校立项课题研究的过程指导。领导干部、教职员工要广泛参与课题研究，积极投身"大研究"活动中，抓紧抓实课题研究，形成高质量的研究报告。根据研究成果，适时举办"大研究"阶段性成果研讨暨评优表彰会，及时总结、交流、推广和展示课题"大研究"成果，特别是对走访调研中发现的典型经验和有效做法，通过多种途径将其转化为可推广可复制的经验成果，让走访调研转化为实实在在的工作成效，凝练教育智慧，助力教育事业科学发展。

五、在"大练兵"中提升队伍素质

竹溪县教育局在推进教育均衡化、优质化发展进程中，不断丰富"大练兵"方式和载体，收集、梳理系统内党员干部、教职工在学校管理、教育教学工作中存在的能力本领短板弱项，科学分析研判原因和提升措施，分门别类制订学、练、比等岗位能力水平提升计划。各校通过培训、竞赛、教学比武等形式开展丰富多彩的练兵活动，坚持开展"三大一进（岗位大练兵、教学大比武、常规大检查、干部进课堂）"活动，抓实"五级"联动培训，广泛搭建"读书、反思、练兵、比武"平台，不断改进工作方式方法，全面提升岗位能力水平，着力提升教师队伍素质能力，切实提高工作质量。每年县教育局全覆盖式组织开展青年教师基本功大赛、体艺教师教学技能大赛、课堂教学技能大赛、幼儿教师素养大赛，以及教学设计、反思评比、各类社团活动等竞赛活动。通过举办练兵成果专题展示、专题汇报、经验交流等形式集中展示活动成果，评选一批优秀活动成果和先进个人。在"大练兵"活动的千锤百炼下，各部门学校涌现出更多的管理骨干、教学先锋和教辅能手。

下一步，县教育局将结合活动推进情况，以"大学习"解放思想、凝聚共识，提升思想境界；以"大走访"倾听社情民意，找准问题、形成育人合力；以"大讨论"改进工作措施，理清改革思路；以"大研究"提升教学教研能力，凝练办学智慧；以"大练兵"提高教育教学质量，提升队伍素质和治校治教能力。全力打造竹溪教育高质量发展新引擎，推动全县教育事业均衡优质特色发展，努力在办公平而有质量的教育道路上写好"奋进之笔"。

第二篇

民政事业发展与人民民生建设的实践与思考

坚持"五强化""三着眼""四提升"
加快构建多元养老服务新格局

广西贵港市民政局

　　贵港市作为广西的老年人口大市，养老服务供给不平衡、不完善、不专业等问题曾经是最突出的民生短板。面对日益加剧的人口老龄化趋势，市委、市政府牢牢把握问题导向，集中攻坚"打基础、优服务、兴产业"，经过"十三五"期间的努力，建成1100张养老床位的市社会福利中心等一批重大养老服务项目，全市每千名老人养老床位数从2015年底的22.95张上升到2020年底的35.5张，养老服务新业态迅速发展壮大，养老服务质量指标在自治区优化营商环境考评中排名全区前列，推动构建了多元养老服务新格局。

一、坚持"五强化"推进养老服务项目建设，不断打牢养老服务基础

　　始终把项目建设作为推动养老服务发展的主要抓手。一是强化顶层设计。制订出台了《贵港市社会养老服务体系建设发展规划（2017—2030年）》等系列文件，深入实施"521"养老服务工程，把"一中心四基地"的养老服务体系融入全市经济社会发展总体布局。二是强化统筹推进。对于总投资达到1000万元以上的养老项目，纳入市大额投资管理委员会推进，定期集中相关部门进行并联审批、现场协调。三是强化用地保障。按照养老项目用地人均用地不低于0.12平方米的标准编制城乡建设总体规划，规划预留了养生养老服务项目用地3200多亩。四是强化资金保障。明确市本级福利彩票公益金60%以上投入养老服务体系建设，"十三五"期间全市累计投入养老服务各类专项财政资金达到2.2亿元。五是强化社会力量参与。采取税费减免、运营补贴等方式，扶持社会资本投资兴办养老服务设施，光大百龄帮等一批知名养老服务品牌企业落户贵港，全市养老机构从2016年的8家增长到如今的36家，翻了四倍。

二、坚持"三着眼"促进养老服务新业态发展，更好满足老年人多层次的养老服务需求

　　组织成立市大健康招商小分队，通过实施"大招商、招大商"活动，深入挖掘发展养老服务新业态，仅在2020年全市就新引进大健康类产业项目27个、总投资170.92亿元。一是着眼满足医疗护理需求。深入推进医养结合，全市先后建成医养结合养老机构9家，社会办养老床位占比达到19.45%，养老机构医养融合型床位占比达到54%，城区"步行15分钟医养服务圈"基本形成。二是着眼满足长寿养生需求。依托贵港70%以上农用地达到富硒土壤标准的优势，

打造"中国硒港"和富硒健康长寿养生品牌，全市富硒养生农产品认证数量排名全自治区第一，年产值达 100 亿元以上。三是着眼满足旅居养老需求。整合政策资金支持景区完善公寓住宅、医务室等公共服务基础设施，打造北帝山、桂平西山泉、铜鼓湾温泉等多条全域康养旅游路线。同时，分片分区推进乡村旅游养生养老集聚区建设，组织港南区开展"长寿之乡"认证，培育了桂平西山泉等四个广西养生养老小镇。

三、坚持"四提升"优化养老服务形式，保障养老服务既有温度也有质量

将"老人喜爱、家庭接受、社会满意"作为养老服务的质量目标。一是着力提升智慧养老水平。采用政府主导、企业运作的模式，打造贵港智慧医养服务平台，每月依托社区居家养老服务中心等开展生活照料、医疗保健等"线上＋线下"养老服务。二是着力提升社会服务水平。设立"时间银行"志愿服务站，招募志愿者 500 多人开展互助养老服务，累计存入服务时间超过两万小时。三是着力提升专业能力水平。构建市、县、乡养老机构三级养老人才培训体系，全市 1200 多名养老从业人员中已有 1/3 获得专业技术资格。四是着力提升普惠养老水平。累计将 3.9 万名 60 岁以上困难老人纳入低保、1.97 万名纳入特困供养，全市 65 岁以上常住居民家庭医生签约率达 67％。

推进养老服务高质量发展，事关国家发展全局，事关百姓福祉。下一步，贵港市将继续聚焦老年人群体关切，认真解决好老年人的操心事、烦心事，努力保障老年人的老有所养、老有所依、老有所乐，更加平衡、更加完善、更加专业。

推进"三会一约"全覆盖
构建"三民善治"新格局

山东省莱西市民政局 刘敬明

近年来,莱西市不断深化拓展"莱西经验",以搭建"三会一约"基层自治平台为突破口,进一步建立完善协商议事会、红白理事会、道德评议会,集中开展《村规民约》修订活动,推进全市"三会一约"全覆盖,进一步提升了新形势下城乡社区治理水平,初步构建起民事民议、民事民办、民事民管的"三民善治"新格局。

一、坚持民事民议,听民声汇民智

莱西市以"网格化、微自治"为抓手,不断丰富村民自治载体和内容,健全完善村级协商议事制度,将自治实践渗透到自然村、村民小组,增强村民自治的整体性、协同性,重点探索开展以社区为单元和村民小组(或自然村)为单元,两个层次协调互联、互动、互补的村民自治有效实践活动,着力构建党组织领导、政府主导、群众主体、共建共治共享的城乡社区治理格局。该市在所有村庄普遍建立协商议事会,由村党组织书记担任会长,通过民主推选的方式,选出20人以上议事能力较强的党员代表、村民代表、妇女代表、农民合作经济组织代表等任会员。议事会成员定期走访联系村民、收集意见建议、宣传惠民政策,与包联片区村民建立双向联系,并及时向村"两委"反馈村民意见和建议。村"两委"根据汇集意见和轻重缓急,转变治理理念,打好放权、监管、服务"组合拳",围绕本村经济社会发展计划、村事务管理和服务等涉及群众切身利益的事项确定议题,采取定期或不定期的形式组织召开民主协商会议,积极开展村民议事、民情恳谈等形式多样的协商议事活动,将自治权交还群众,让群众"说事、议事、主事",达成解决问题的广泛共识,寻求村庄发展"最大公约数",推进"为民做主"向"由民做主"转变,充分保障村民的决策权、参与权、知情权与监督权,解决了基层治理"头疼医头、脚疼医脚"难题。沽河街道后庄扶村坚持60年如一日开好民主协商议事会,让村级自治组织成员结合各自职责、各抒己见,及时汇报村民反馈的各类情况、落实解决存在的问题,共同研究解决问题,破解生产生活中的各类难题,探索了一条在党组织领导下自治、德治、法治相结合、生产生活生态齐发展的农村社区治理之道,不断增强以党组织为核心的村级组织的凝聚力和战斗力。日庄镇沟东新村积极探索"147"协商议事工作法，助力村庄融合，村协商议事会深度参与新村的每项重点工作，帮助村"两委"出谋划策，消除分歧，达成共识，凝聚建设美好新村的力量。通过组织融合、治理融合、产业融合三步走，打破了原来沟东、徐家寨、青峰岭、玉池、南埠等5个自然村区域界线，实现了党建统领、乡风向善和产业融合三级跳，不但摘掉了省定贫困村的"穷帽子"，还先后被评为全国乡村治理示范村、山东省旅游特色村，山东省美丽村居。

二、坚持民事民办，惠民生保民安

以前，莱西市农村婚丧嫁娶大操大办现象普遍。为有效遏止农村婚丧礼俗陋习、人情消费互相攀比等不良风气，该市在所有村庄全部健全完善了红白理事会，由支部书记或村委会主任担任会长，群众民主推举5—10名德高望重、思想道德素质高，有文化知识和组织协调能力的老人及村民小组长任理事，在村"两委"指导下开展工作。红白理事会在符合村情、尊重民意的基础上，将婚丧礼俗改革纳入《村规民约》，建立红白事事前报告和管理登记制度，对相关待客标准、服务项目、消费支出等做出原则性要求，大力倡导喜事新办、丧事俭办、厚养薄葬的文明新风尚。店埠镇中菜湾庄村由村"两委"主导、红白理事会发起《告村民书》明确规定了丧葬礼俗流程，引导村民丧事俭办、移风易俗。村里老人去世由红白理事会帮忙操办，丧主家里不摆宴、不报庙，子女亲戚以佩戴黑纱、白花代替披麻戴孝，敬献花圈取代烧纸，厚养薄葬新风尚逐步形成。该镇在狮子口村统一规划建设了社区公益性公墓，将散埋乱葬的坟头搬迁到公墓集中安葬。在受几千年封建迷信思想禁锢的农村，干好这项工作绝非易事。在村"两委"的指导下，由思想开明、德高望重的红白理事会成员主动上门做工作、解释政策，动之以情、晓之以理，外出参观开眼界、讲事实摆道理、算开支列细账，做了大量艰苦细致的工作，最终散乱坟头集中安葬工作进行顺利，从坟墓搬迁到集中管理全由红白理事会一手操持，仅用两个多月时间就在清明节前将130多座坟墓迁移到公墓集中安葬，节约土地70多亩。

三、坚持民事民管，聚民心顺民意

随着加快推进村民居住社区化、村级管理民主化、社会事务法治化，莱西市注重全面构建市—镇（街）—社区—村组—网格员"五级负责"齐抓共管的社区治理工作新格局，强化发挥《村规民约》在规范村民言行、实现邻里和睦、促进农村稳定等方面的道德约束作用。但在推行《村规民约》制定和实施过程中，也发现部分镇村存在照搬照抄、程序不规范、落实不到位等问题。为切实解决这一问题，莱西在全市组织开展了《村规民约》集中修订活动，严格按照规范的程序、民主的方式，与时俱进地增添了保护生态、美化家园和践行社会主义核心价值观等诸多内容，通过民主修订、上墙公示、发放到户等具体步骤，使《村规民约》继续保持适用性、彰显实用性、突出时效性，实现"一村一约"全覆盖。水集街道产芝村结合本村实际情况，把传承优秀传统文化与社会主义核心价值观有机融合，组织村民共商、共议、共定了务实管用、便于监督的《村规民约》，使婚丧嫁娶、邻里纠纷、赡养老人等现实问题有章可循、有规可依。为抓好《村规民约》的执行，该村村"两委"立足乡村熟人社会的实际，邀请德高望重的老干部、老前辈、老同志参与道德评议会等村民自治组织，坚持以评立德，以德兴村，每年组织开展"四德模范""文明家庭""文明乡贤""好媳妇""好婆婆"评选活动，大张旗鼓进行表彰奖励，村民履约情况在全村公示"晒一晒"，增强了"草根宪法"的约束力，凝聚起向上向善的深厚氛围，蹚出了一条自治、德治、法治"三治融合"的新型乡村善治之路。

构建智慧养老系统
科技助力乐享生活

重庆市渝北区民政局

午休时间，渝北区悦来康养中心静悄悄。

"嘀嘀嘀……"警报声突然在服务台响起，电脑屏同时闪烁，弹出对话框："6楼602房间，杨代美血压异常！"

医护人员王午一路小跑赶到房间，从叫醒杨代美吃药，到测量血压，仅花了1分多钟。

救助速度如此快，得益于渝北区构建的智慧养老系统。当地运用物联网、大数据、人工智能等新技术，让养老服务更加智能高效。

杨代美指着枕头里的智能芯片说："这枕头厉害着呢，血压、心率都能监测。"

在悦来康养中心，智慧元素可不少见：老人们佩戴的胸牌可用来定位，帮助紧急呼叫；卫生间的地垫一旦监测到老人摔倒，可发出警报；智慧养老软件实时记录老人生命体征数据，供医护人员参考……

智慧养老在渝北区的许多养老机构得到普及：在龙山街道龙山老年养护中心，电灯、空调、电视等接入物联网，老人通过语音就能操作；在回兴街道椿萱茂老年公寓，电灯和窗帘可以自动打开、拉开，智慧音响接收语音指令便可播放音乐、播报新闻，卫生间溢水会自动发出警报……

智慧养老还延伸到了老人们的家中。渝北区有2000多名老人享受到智慧养老服务，按下专用手机按钮，"助老员"便可上门打扫卫生、整理房间等，十分方便。

2016年，渝北区引入企业共同打造智慧养老系统。通过系统后台，可以查看60周岁以上老人的基本信息、身体状况、养老需求等。线上10多名专业话务员为老人提供紧急救援呼叫、生活信息咨询、心理慰藉等24小时服务；线下100多名专业"助老员"随时待命，为老人提供上门服务。

"我们为老人发放专用手机，可以一键点单。'助老员'接单后，便会为老人提供助餐、助浴、助洁等上门服务。"渝北区民政局局长邱隆秀说，依靠智慧养老，开展"线上＋线下"居家养老服务，高效又快捷，满足了老年群体的多元需求。

"当然，也有老人不太会操作专用手机。"渝北区民政局养老科科长唐菊说，他们专门组织"助老员"上门服务，手把手教老人使用。渝北区智慧养老系统累计开展线上服务4万多次、线下服务近 2 万次。

为鼓励养老机构推进智慧养老，渝北区民政局按照老年人人数给予补贴，激励养老机构加快智慧养老建设进程。"在区里鼓励下，我们的科技手段越来越多，提高了服务水平，还减少了人力成本。"龙山老年养护中心院长蔡汶栖说。

此外，渝北区改进审批方式，让养老机构可以在线申请运营补贴。同时，定时对全区养老机构进行考核，鼓励养老机构提高智慧化水平。

把爱心救助串成一个同心圆

安徽省肥东县民政局　高　桢

风雨同行，相互搀扶，在一举一动之中涅槃而生。

面对弱势群众，肥东民政用贴身呵护、兜底保障、安全守卫，把一项项党的民生救助政策送到救助对象手中、把细心、暖心、真心服务印在百姓心中，串成一个个同心圆。

一、人间重晚晴

"最美不过夕阳红，温馨又从容，夕阳是晚开的花，夕阳是陈年的酒……"从酷热难耐的大街小巷，走进凉风习习的安徽合肥肥东县丰盛养老公寓，一个个神采飞扬的老年人正在音乐的伴奏下，合唱着《最美不过夕阳红》《我们的生活比蜜甜》等经典老歌，悠扬的旋律，伴随老人舒心的微笑，一切都让人感到老人生活是如此美好。在该县撮镇镇养老服务中心，96岁高龄的魏道银老人逢人遍夸中心服务到位。在白龙镇养老中心，一批志愿者走进老人的房间里，帮助老人整理"内务"，和老人聊聊家常、剪指甲、梳头发，一家亲的氛围让老人们笑靥如花……"我就喜欢和孩子们在一起说说话，他们一来，我的精神头就来了，经常一天时间都感到高兴。"在该县牌坊乡养老服务中心，87岁的詹大爷对志愿者经常前来助老的行动赞不绝口。

值得一提的是，该县由政府购买服务专业社工和民政志愿者们，结合创新社会品牌救助为契机，深入全县分散居住的五保老人家中，定期为他们送服务，送健康，把无微不至的关怀和体贴带给老人。"把老人的生活幸福作为我们工作重点和中心，一切围着老人转，无论是疫情防控，还是消防安全、卫生保障、医疗救助、饮食起居等，我们都事无巨细，严格把关，现在全县18家养老机构每一个老人居住的房间都安装上了空调，生活环境全部实现电子监控，卫生系统都是独立形式存在，老人生活舒适了，我们的目的也就达到了。"县养老指导服务指导中心负责人周海欧如数家珍。

二、我们都姓"党"

住在肥东县民政局救助站名叫党杜迁的一名男子，经过该救助站坚持不懈从多渠道进行寻亲，最终通过合肥市救助平台和警方将几个采血样本与远在河南南阳市的李大姐等人进行比对，相似度达99%以上，确认了被救助近6年的党杜迁就是李大姐多年寻找无果的亲弟弟——李志刚。近日，李大姐等亲属来到县救助站，见到这位"失踪6年多的亲弟弟"和一批同样姓"党"的被救助人员。李大姐说，弟弟是在2014年走丢的，此后，他们一家人一直寻亲不辍……不曾想，在这"党"姓大家庭里找回了弟弟。

从县救助站刘瑾处了解到，自从救助了党杜迁之后，救助站给了他无微不至的关爱，为他提供食宿、疾病救治，还帮助他上了户口，给了他一个新的名字，让他有个温暖的家，像这样的同姓人在福利院还有17名。2021年，先后救助生活无着人员30人次，其中站内救助25人次，站外救助5人次，本省19人，外省11人，全部都在配备专业医护人员的基础上护送回家，实现了回家"零距离"。

三、护犊情深

"我只是监护人，一直担心李某润的生活，毕竟他的父母都是一、二级残疾人，根本没有能力抚养这个孩子，这次被纳入事实无人抚养儿童，得到民生工程救助，我的心放下了。"在肥东县古城镇鸡鸣社区桥李村李某润家，监护人李光普正在将刚刚打在"一卡通"上的孤儿救助资金数据展示给社区民政专干，其激动的心情溢于言表。

为进一步加大对事实无人抚养儿童的信息核查，肥东县民政局留守儿童保护中心将目标聚焦孤儿、父母监护缺失的儿童、父母无力履行监护职责的儿童、重残重病及流浪儿童、贫困家庭儿童、其他需要帮助的儿童等六大类上，以"儿童利益最大化"为原则，上半年，共有10名儿童被纳入孤儿和事实无人抚养儿童保障范畴。该县通过出台孤儿基本生活保障民生工程实施方案，扩大孤儿基本生活保障范围，采取政府购买的方式，在全县20个乡镇（园区）242个村（社区）组建一个稳定的由357人组成的农村留守儿童保护专干队伍，对孤儿实施网格化管理，为全县353人孤儿（包括事实无人抚养儿童）健康成长"护航"。

四、爱心同心圆

为了筑牢社会救助最后一道防线，肥东县通过建立三级社会救助网络队伍，推进社会救助审批下放，建成社会工作站、创建救助品牌，"放管服"齐头并进合力画好"同心圆"。全县已累计保障城乡低保200442人次，发放低保金10363.2万元。累计低保特困供养对象51107人次，累计发放特困人员供养资金4077.9万元。累计开展临时救助困难对象850人次，累计发放资金198.92万元。继续聚焦"四个不摘"，对7958户21224名建档立卡脱贫对象、118户343名边缘易致贫对象、3户9名脱贫监测对象实行动态监测，织密防止返贫"保障网"。率先在全省试点完成城乡低保、特困供养、临时救助、低收入家庭收入认定4项审批权限下放乡镇。推行救助"网上办"，实现"数据多跑路、群众少跑腿"。建立了政府救助与慈善救助衔接机制。会同县慈善协会，在全市率先成立社会救助专项基金，将首批近30万元，用于资助考上大学的60名低保、特困家庭子女和10名困难儿童，创新了困难群众人道主义慈善救助新举措。此外，首次以县委、县政府两办文件形式，将社会救助政策落实情况纳入党政领导班子和领导干部综合考核和年度政府目标管理绩效考核。围绕创建"一乡（镇）一品、一社区一特色"，第一时间将 88 万元县级资金拨付至 20 个乡镇（园区），完善"资金＋实物＋服务"救助模式。搭建平台，引进肥东益邦社会工作发展中心专业社工，为困难群众提供专项服务。上门探视困难群众 12000 多人次，提供服务困难群众 5000 多人次。在全市率先挂牌成立社会工作服务站，实现乡镇（园区）全覆盖，丰富和充实社会救助活动载体。

让老人不孤独　儿童不寂寞

安徽省舒城县民政局

2021 年 6 月 25 日，安徽省舒城县首家村级"一老一小"关爱服务中心在棠树乡云雾村揭牌并投入使用，设置有食堂、休息室、棋牌室、电子阅览室、书画室、健身康复室、文体活动室、影音室、舞蹈音乐室等，为周边 5 个村的老人、儿童提供日间照料、助餐服务、健康指导、文化娱乐、心理慰藉等服务。

作为一个集山区、丘陵于一体的农业大县，舒城下辖 21 个乡镇、1 个经济开发区，有 394 个村和 17 个社区。全县总人数近 1/5 是 60 周岁以上老年人，人口老龄化程度较高。而因父母外出务工造成的留守儿童，也急需得到关爱。为此，围绕农村空巢老人和留守儿童"一老一小"特殊群体，舒城县民政局积极探索试点"一老一小"关爱服务模式，提高群众幸福指数。

2021 年初，舒城县规划在棠树乡云雾村、干汊河镇韩湾村、河棚镇黄河村建设"一老一小"关爱服务中心。由乡镇建设，县里以奖代补给予部分管理活动经费，其余通过村集体筹集、志愿者捐赠和参加活动的群众（主要是用餐的成本费）承担。云雾村"一老一小"关爱服务中心就是由棠树乡利用闲置的云雾小学改建而成，乡政府出资聘请人员管理，提供社会化专业服务，让农村老人和留守儿童活动有场所、交流有场地、生活有关爱。有了场地后，如何组织好对"一老一小"的关爱服务？怎样建立长期有效的关爱服务机制？什么样的服务更受老人和儿童欢迎？舒城县在实践中积极探索并给出了自己的答案。

首先是情况摸底，由中心所在乡、村组织人员对服务中心覆盖范围内的老年人、留守儿童、特殊群体等人员进行入户核查，信息录入服务中心管理系统。其次，根据老人、儿童身体状况及家庭照护能力，划分为重点关注、一般关注和关注三类，安排服务中心工作人员、社会组织和邻里群众分类开展不同频次的走访，提供适宜的关爱服务。

服务中心的功能则根据农村老人和儿童实际需求设定。老年人可以健身、娱乐和休息，儿童可以读书、上网、看电影等。为更好地发挥服务中心的平台作用，乡、村负责制定重点活动清单，比如按服务对象分，周一至周五主要是为老年人开展活动，双休日为留守儿童开展活动；按地理位置分，计划好每天分别为哪些村的群众提供服务；按专题活动分，三八妇女节开展留守妇女活动，六一儿童节则是留守儿童的乐园，"九九"重阳节重点为老人提供服务；等等。同时，各村也根据本村实际，积极发动群众组织开展自娱自乐活动，如成立了广场舞队伍、乐队、棋牌协会等组织。县直单位、志愿者等也积极开展专题关爱服务活动，引导更多主体参与进来。

通过服务中心开展的活动，干群互动多了、邻里交流多了，不仅构建了乡村和谐文明新风尚，更能让党的声音和国家政策及时传递到群众中去，基层干部也能够更及时了解群众的心声和所需所盼。正如云雾村党支部书记孔凡中所说："活动中心的建成使用，让干群之间距离上近了、心理上亲了，村里的工作也顺了。"

群众有了休闲娱乐的场所，感受到了社会的关注和关爱，更有归属感。6 月 28 日，云雾村张启定等 5 名村民自发组织清除服务中心绿地上的杂草，他们说："这是我们自己的活动乐园，我们要爱护好、管护好。"

有了成功的经验，接下来，舒城县将做好全县村级"一老一小"关爱服务中心规划，整合乡村振兴、养老服务等资金，在全县建设 80 个左右的村级"一老一小"关爱服务中心。届时，县、乡、村三级养老（爱小）中心将发挥更加强大的作用，让老人不孤独、儿童不寂寞。

聚力打通山区居家养老"最后一公里"
稳步提升民生事业服务质量

广东省阳山县民政局

阳山县民政局聚力推进居家养老信息平台构建、聚乐居延伸入村和福龄计划等平稳步调，全面疏通山区居家养老服务痛点难点，围绕县委1+123方案工作部署，为实现民生事业服务质量提升工作目标做出新举措。

一、合力构建"无形的"居家养老信息台

在"家门口"养老更符合我国文化传统和风俗习惯，因此抓好居家养老服务是重中之重。县民政局与中国移动公司阳山分公司、阳山县启智社会工作服务中心签订《阳山县探索石灰岩山区居家养老体系建设"居家养老＋互联网＋社工"服务平台方案》，分散居住的每位老人进行建档立卡，打造我县居家养老服务信息化平台。通过政府购买服务聘请专业社工的方式，加快居家养老服务发展和健全智慧养老联动机制，为山区分散居住老年人提供多样化、专业化养老服务进行积极探索。

该平台建设以政府为主导，以企业和社会力量为主体，运用互联网、物联网、大数据等技术手段，对山区老人居家养老实行网格化管理，建立并完善居家养老综合服务运营体系，推动养老服务政策创新、服务供给模式创新、养老保障制度创新、监督管理方式创新，促进养老行业管理水平和服务能力的提升。通过电话、网络等信息管理系统，在接收到居家老人发送的需求指令后，由专业社工上门提供如同养老机构一样的全方位服务，为老人提供生活照料、医疗保障、精神慰藉、安全援助等综合性服务。

并将进一步扩大"智能养老手环"覆盖面，线上线下结合，更好地为老年人提供养老服务相关信息、资源和建议。通过社工对分散居住老人实现网格化管理；动员村中的党员与老人实现"一对一"结对服务定期上门访谈；医务人员定期为老人体检一次。同时由结对党员对服务质量进行监督。根据平台运营情况评估农村居家养老服务需求，为全面建设"互联网＋智慧养老"奠定坚实基础。

二、聚乐居养老服务质量更上一层楼

如何提供更加精细、更为个性的服务，满足老年人多样化需求？阳山将目光投向了聚乐居

养老服务质量。

"聚乐居"按照"集中安置，分散自理，方便照顾，房产公有"的原则，项目选址在村委会或村级卫生站附近，方便社工每天上门服务、医务人员每月上门体检，为在"聚乐居"集中安置的老人提供更贴心、更细致的服务。结合乡村振兴战略推进，做到规划科学、布局合理，充分利用农村闲置的村办学校、厂房、农户住宅、公共设施、集体用房和场地等资源，通过维修改造，采取改建、扩建或新建等方式进行，将"聚乐居"老人集中安置中心打造成为新农村建设的新亮点。目前，阳山已建成江英三联村、青莲大洞村、阳城留贤塘村、大崀木家塘村、七拱镇和平白屋桐、太平镇大城村委会田心村、黎埠镇水井白芒村、小江镇珠光村、黄坌镇塘底村和杜步东山村等10个村级"聚乐居"老人集中安置中心。

延伸"聚乐居"老人集中安置中心服务进入村小组一级成为新目标，加快乡村老人日间照料中心建设步伐，营造浓厚的敬老、爱老氛围。日间照料中心按照"日间统一照料，夜间分散居住"的标准进行建设，有条件的可为空巢老人、留守老人、失独老人、高龄老人每天提供午餐，以及娱乐、学习、健身、医疗、保健、精神慰藉等服务。民政局根据建设规模、服务能力对每个照料中心采用"以奖代补"的方式予以支持。

三、助力疏通"福龄"居家养老计划

我县石灰岩山区农村通过移民搬迁和劳动力转移等扶贫政策，绝大部分农民离开大山，实现脱贫奔小康。然而仍有一小部分老人既不愿意入住敬老院，也不同意搬到"聚乐居"老人集中安置中心居住。为此，阳山县民政局以政府购买服务的运作模式，由阳山县妙灵社会工作服务中心开展"福龄计划"居家养老服务项目，为乡镇居家养老服务中心提供专业的居家养老服务，为居住在家的农村长者提供社区康乐、生活照料以及精神关爱服务。

在阳山县岭背镇街尾村，妙灵社工与社区工作人员开展长者入户探访活动。社工将慰问礼品逐一送到长者的手中并与其交流。在探访过程中，社工与长者聊聊家常，了解他们的身心健康情况，带领长者们做健身操和跳广场舞，活动吸引了十多位长者参与。

在太平镇毛崀村居家养老服务中心社工通过"幸福传递"小游戏，现场的长者玩得不亦乐乎，同时也促进社工和长者们互相沟通、了解。带着长者们一起做了健身操和手指操，活动在一片欢笑中结束。通过一起做操，提升长者的保健意识，建立良好的日常保健习惯。

县民政局结合庆祝建党一百周年"我为群众办实事"活动，经不懈努力，推动全县居家养老服务能力和水平得到显著提升，居家养老服务体系逐步完善，为城乡分散居住老人提供优质养老服务。

为困难家庭送去救助"及时雨"
积极践行社会力量参与社会救助新模式

浙江省余姚市民政局

"多亏了政府的及时救助，对我们家来说真的是一场及时雨！"朗霞街道天华村村民闻芙蓉的女儿吴晶晶欣喜地介绍，她的母亲已经拿到我市第二季度大病帮扶医疗费用 36000 元，这笔费用及时有效缓解了她家中的医疗费用支出压力。"真的感谢政府，一直这么关心我们家！"

2020 年，59 岁的闻芙蓉感到身体多处不适，因为本身就有肝硬化的毛病，闻芙蓉也没多想，以为就是一点小毛病，就没放在心上。为了求个心安，2020 年 7 月，闻芙蓉到宁波第六医院进行了一次身体检查，不料想被诊断出脊髓多处骨折。随后，闻芙蓉转院到宁波大学附属人民医院被诊断出多发性骨髓瘤（恶性肿瘤）。"晴天霹雳一样，没想到会这么严重。"回忆起刚接到诊断报告时的场景，吴晶晶还是心有余悸。吴晶晶说，她的父母年纪大了，双方都没有工作，本身家庭的经济收入状况就比较艰难，面对这么突如其来的噩耗，家庭顿时一片愁云惨雾。

为了积极配合治疗，闻芙蓉每两个星期就要去宁波进行一次化疗，在 2021 年 1 月份顺利进行了骨髓移植，另外还要不定期地进行住院治疗。面对高昂的治疗费用，这个家庭已经是掏空家底在应对。"每个月都要支出七八千的医疗费，有些外配药、蛋白针等都不能进行医保费用报销，每天都在愁这个医疗费。"

看到了闻芙蓉家中的困境，2021 年 6 月，朗霞街道民政部门主动上门为这户家庭提供帮助。"当时工作人员主动找到我们，说我们医疗费用这么大，可以来申请大病致贫困难群众帮扶基金。"随后，在民政部门的帮扶下，闻芙蓉填写了《余姚市大病致贫困难群众帮扶基金申请表》，并提供了家庭经济状况证明、医疗费用证明、身份证和申请人医保卡复印件等相关材料，在自负医疗费 87036 元的基础上，最终在 8 月的时候顺利拿到了帮扶基金 36000 元。"这笔钱可以说是解了我们的燃眉之急，没有这笔钱的话，我们都不知道该怎么办了，没有钱治疗了。"

2011 年，我市建立大病致贫困难群众帮扶基金，采取政府资助和社会筹集等方式筹措，在市民政局设立基金专户，帮扶资金在每个季度通过社会化发放的形式拨付资金，使困难群众得到帮扶。市民政局工作人员解释：市大病致贫帮扶困难群众基金帮扶的对象范围为持有本市常驻户籍的居民，其家庭年收入原则上低于上年度城镇居民人均可支配收入 60% 及以下，其家庭财产符合规定的要求，且本人合规自负医疗费用在 7 万元以上，因患重大疾病导致生活困难的，可以申请基金帮扶。从 2011 年 10 月 26 日成立以来，已累计帮扶困难群众 539 人次，支出帮扶资金 2610.71 万元。

为提升救助技能，除去大病帮扶外，市民政局还积极探索社会力量救助社会困难群众的新模式。2016 年，市民政局与慈善机构、爱心企业、中国人民保险公司协调沟通，牵头实施了困难群众综合救助保险项目、困难家庭子女高校就学救助保险项目及孤儿困境儿童综合救助保险项目。比如：2016 年，宁波太平洋慈善基金会出资 150 万元，为期 3 年，每年 50 万元，对低保户、低保边缘户、三老人员等困难群众发生困难时给予意外保障；2018 年开始，由市财政出资 250 万，为我市低保户、低保边缘户家庭的子女及孤儿提供助学保障，这个项目就将传统的政府直接救助变为采用购买保险服务的新模式；2020 年，在这基础上，市民政局又额外增加了低保户、低保边缘户住房保险。

"通过'社会救助＋保险服务'的模式增加了社会资金的救助效能，同时也增加了群众办事的便利性。"市民政局的工作人员举了个例子，"就比如困难家庭子女高校就学救助保险项目，申请对象可以直接提交乡镇街道委托申请，也可以直接向保险公司各营业点提交申请，增加了申请渠道。同时原助学救助只有在每年的 7—10 月份集中办理，逾期不再办理，现在在学年内，任何时间都可以申请。"

中国人民保险公司余姚中心支公司工作人员展示了一些近来为我市困难群众赔付的案例："2021 年 6 月 2 日，大岚镇被保困难家庭子女鲁飞飞申请得到 8000 元本科补助金；2021 年 1 月 31 日上午 6 时 56 分，被保险人吴红飞因意外溺水死亡，家属上门向我司申请理赔，我司赔付 15000 元；2020 年 12 月 12 日，兰江街道石婆桥村石婆桥 6 队陈忠良改建的 90 平方米的房子倒塌，于 12 月 16 日向我司报案，经理赔现场勘查，收集资料后核算理赔 10000 元……"工作人员介绍说，这些参保人的名单由市民政局向该公司提供，之后他们会进行救助情形的核实、资料的审核、资金的赔付等"一线操作"，按规定进行赔付。截至目前，共惠及各类困难群众 2088 人。

着眼服务办实事　破解难题开新局

贵州省石阡县民政局

一直以来，未成年人关爱保护是社会发展的基础工作和重要工作，也是社会发展的一个瓶颈问题。自党史学习教育启动以来，我局按照"学党史、悟思想、办实事、开新局"的总体要求，高质量推动党史学习教育，实现党史学习教育和民政工作"两不误、两促进"。同时针对民政服务上的重难点，积极破解发展难题，以深入实施"童伴妈妈"项目为载体，整合资源、搭建平台，推进未成年人关爱保护工作更好更快更高发展。

一、精心选址，精筑"童伴之家"

在积极争取中国扶贫基金会项目支持下，实现"童伴妈妈"项目落地我县开花结果，围绕交通方便、人口聚集、室内室外面积有延展性的村中心位置，并充分结合项目特殊性，依托项目村现有资源学校、幼儿园或村委"儿童之家"活动室作为阵地，由项目经费统一配备供儿童活动的配套物资和简单的装饰布置，为留守儿童营造一个温馨的"港湾"。

通过乡镇自主申报、现场实地走访、综合情况评分，确定了汤山街道、泉都街道、龙塘镇、花桥镇、白沙镇、河坝镇、大沙坝乡、甘溪乡、聚凤乡等9个乡镇（街道）25个村作为童伴计划项目实施地。全县25个"童伴之家"均按照"标准化配置＋个性化设计"原则，匹配建立一个室内空间不小于20平方米、室外空间不小于80平方米的留守儿童稳定安全的活动场所。

二、择优挑选，严聘"童伴妈妈"

为高质量抓好"童伴妈妈"项目，把性别、年龄、健康、文化、本村村民作为选聘童伴妈妈的基本条件，把熟悉儿童福利政策、具有幼教及以上的从教人员或专业志愿者作为优先考虑。

通过村（居）推荐、乡镇（街道）初审、县民政局审核备案把关，多方比对筛选确定合适人选，把有爱心、有责任心、有知识、有时间作为选择"童伴妈妈"的首要标准，最终25个村择优遴选出有爱心、有奉献精神、懂电脑、有经验的"童伴妈妈"25名，负责村（居）"童伴之家"运行管理。

人选确定后，该县立即通过线上和线下培训、召开座谈会、工作调度会等方式，全力做好对"童伴妈妈"的业务技能培训工作，全面提升"童伴妈妈"的业务能力和综合素质，确保她们胜任工作需求。

项目实施以来，"童伴妈妈"常态化开展入户走访，协调权益矛盾纠纷，解决低保办理、失学返校、特困救助等诉求7例，从未发生一起儿童遭遇非法侵害和涉童信访等事件。

三、严密织网，织密"关爱之网"

推动出台《石阡县人民政府关于加强农村留守儿童关爱保护工作的实施意见》，细化了县、乡、村三级相关职能职责和工作任务以及群团组织作用和社会责任，弥补了未成年人保护工作的政策短板。

在此基础上，"童伴妈妈"项目搭建起一套纵向贯穿县、乡、村三级，横向涵盖共青团、妇联、教育、卫健、司法等部门的联动机制。县民政局组建了2个"童伴计划"工作专班，明细工作责任、目标和时限，做到肩上有压力、工作有任务、落实有责任，形成"县项目办负责人＋乡镇（街道）社会事务办主任＋村级童伴妈妈"三级具体抓的工作网络。

同时，建立"童伴妈妈"工作群，发布和收集工作信息，加强工作指导，并将"童伴计划"纳入民政工作进行系统谋划，构建起以"童伴计划"常态化关爱为主轴，"情暖童心""金秋助学""暖冬行动""爱心圆梦"持续化集中帮扶相结合的未成年人关爱项目体系，全力推动"童伴计划"项目落地落实见成效。

全县19个乡镇（街道）设立了儿童专干，315个村（社区）设立儿童主任。同时，加强对农村留守儿童困境儿童数量规模、分布区域、结构状况、生活照料、入学等信息的全面摸排，做到一人一表、登记造册、台账管理，实现县乡村级基础数据的资源共享。25个项目点的"童伴妈妈"在县项目办的有序安排和村委的帮助下，带着留守儿童情况调查统计表，深入到每个儿童的家里，以走访邻里、亲戚、老师等多种渠道了解儿童情况，全面精准掌握留守儿童困境儿童关爱服务的需求情况，共计走访儿童10439名，录入系统8720名，儿童建档率达到100%，对135名重点儿童实施了干预帮扶，留守儿童入学率和监护率达100%，无辍学现象发生。

实施养老服务改革创新
打造幸福养老服务新体系

浙江省文成县民政局

科学应对人口老龄化问题已成为国家战略之一，满足高水平养老服务需求更是我省高质量发展，建设共同富裕示范区的重要内容。近年来，文成县民政局紧紧围绕省市县新时代民政事业高质量发展要求，坚持把养老事业作为一项民生大实事来抓，坚持立足实际、守正创新、多元普惠，构建了"居家为基础、社区为依托、机构充分发展、医养相结合"的养老服务体系，建成了各类养老服务设施296个。

一、强化组织领导，优化养老规划布局

坚持高位推进。文成县民政局高度重视养老事业发展，由县政府牵头组建社会养老服务体系建设领导小组，组织相关部门和各乡镇，形成统一领导、密切配合、分工协作、严格监管的联动工作机制，将养老服务设施建设列为县重大工程，督导各乡镇人民政府，高位推进养老服务设施建设。

优化规划布局。文成县民政局编制完善全区养老设施规划布局，紧紧围绕县委、县政府的总体部署，坚持以打造多元普惠的养老服务"顺心网"为主攻点，全力构建"幸福颐养"高地，实现"低端有保障、中端有选择、高端有特色"的养老服务供给，提升老年人获得感、幸福感，全力打通养老服务"15分钟"生活圈。

加强制度保障。文成县民政局不断完善社会办养老设施建设经费支持政策，积极支持以公建民营、民办公助、政府补贴、购买服务等多种方式兴办养老服务业，鼓励社会资金以独资、合资、合作、联营、参股等方式兴办养老服务业。同时，加强各类养老服务设施服务运营扶持政策的完善，切实为养老事业高质量发展保驾护航。

二、推进居家养老，续力实现提质增效

实施居家社区养老服务提质工程。根据行政村老年养老服务需求整合提升50—70家居家养老服务照料中心，新建10家照料中心，同时建立社会化长效运营机制，实现养老服务15分钟

服务圈。

探索运作机制市场化。文成县民政局选优选强专业机构入驻开展养老服务，推动佰乐笑来养护院建成，这是文成县 2021 年度重点民生幸福工程，也是县内唯一一家认知障碍照护专区。这一养护院的建成是落实党和国家关于"以人为本"发展理念，让老年人老有所养的具体体现，也标志着文成的养老事业迈入了新阶段。

拓展服务项目多样化。文成县通过政府购买服务、依托社区养老站点，向特殊困难老人提供助洁、助餐、助浴、康复护理、中医养护等服务有效解决老人"吃饭难""洗浴难"等问题。"十四五"期间，计划完成 1000 户困难老年人家庭适老化改造，基本实现全覆盖。

三、优化机构服务，推动医养深度融合

实施养老机构提升工程。围绕"一体两翼"空间布局发展思路，结合"一轴"规划内各乡镇老年人口数量及需求，在大峃镇建成区内建设一家拥有 500 张以上养老床位数，集智慧养老、医疗康复为一体的现代养老综合体；在玉壶镇建设一家以"侨文化"为引领，以健康养老为重点的中高端养老机构；在黄坦镇建成一家集休闲娱乐养老为一体的民办机构，目前该项目已完成立项。

实施"智慧养老"工程。充分利用 5G、互联网、大数据等技术加强"智慧养老"建设，构建"文成智慧养老大平台"，实现养老机构入住老年人生活动态实时监控，扩展智慧产品在养老领域的应用，提升养老服务的精细化和精准度。同时鼓励社会力量积极参与"智慧养老"建设，"十四五"期间建成 1 个智慧养老院。

实施康养联合体工程。在推进医养结合工作基础上积极探索打造 2 个康养联合体，在养老机构设立医疗服务站点，解决入住老人就诊刷卡结算的问题，全力提升为老年人服务能力，让老人老有所养、老有所医。同时积极探索建立康复护理补贴机制，与长期护理保险、残疾人护理补贴、养老服务补贴等政策进行衔接，降低有康复需求的老人负担。

四、践行为民服务，打造专业人才队伍

一是强化服务队伍技能培育，推进专业队伍建设。引导中等职业学校和职业培训机构整合资源，加快培养老年服务管理、医疗保健、护理康复、营养调配、心理咨询、需求评估等专业人才。依托大中专院校建立养老服务实训基地，联合协会培育专业化、职业化的养老服务队伍，规范全县的养老服务市场。

二是促进养老服务人才合理流动。保障流动渠道畅通，促进养老服务从业人员在不同举办主体的养老服务机构之间有序流动。贯彻落实养老服务机构专业技术人员执行与医疗卫生机构相同的执业资格、注册考核政策。推进社工制度建设，创设社工、义工、护工"三工联动"机制，

吸纳专业社工人才。

三是加强机构负责人、养老护理员及其他各类提供养老服务的组织从业人员的职业道德和服务质量的培训工作。分别打造一家养老护理领军人才工作室和老年服务社会工作室，五年内实现养老护理人员培训上岗率100%，院长培训上岗率100%。

扬鞭奋蹄担使命，争先进位谋新篇。文成县民政局将继续坚决贯彻落实县委、县政府决策部署，以"第一位"的认识、"第一高"的要求和"第一强"的力度，全面谋划"十四五"目标任务和重点工作，更好地履行基本民生保障、基层社会治理、基本社会服务等民政职责，在坚决打赢"十四五"开局战，助推实现文成绿色高质量发展中彰显民政担当展现民政作为。

围绕"七个聚焦" 力破"七块坚冰"
推动民政事业高质量发展

湖北省洪湖市民政局

应勇书记调研荆州后，荆州市委、洪湖市委迅速开展了"思想破冰引领发展突围"大研讨主题活动，洪湖市民政局积极响应，迅速部署，先后召开了全局系统动员部署会，组织开展了党组理论学习中心组学习研讨、支部学习交流等一系列活动，重点传达应勇书记、吴锦书记、伍昌军书记关于思想破冰引领发展突围的重要讲话精神，并围绕"如何破冰""如何引领""如何突围"，结合民政职能进行了深刻剖析。

党组书记、局长顾雄远强调，面对"七块坚冰"，我们要对照坚冰找差距。党组成员带头组织，参加各股室负责人要开展讨论交流，找病症、找差距、找短板。对照事业困境找短板。民政各项事业距离高质量发展的要求尚有很大差距，要集中精力，抓住重点，攻坚克难，啃下"硬骨头"。对照先进典型争一流。发掘出一批有代表性、示范性，事迹突出感人的民政工作者，对标先进，勇争一流。对照作风纪律查问题。把纪律挺在前面，严查"四风"，杜绝微腐败，打造清廉机关。

要重点围绕"七个聚焦"来推进民政事业高质量发展。

一、聚焦政治站位提升

结合党史学习教育，学原文、列清单、抓长效，把政治学习贯穿始终，打牢思想根基，淬炼对党绝对忠诚，增强"四个意识"、坚定"四个自信"、做到"两个维护"，提高政治判断力、政治领悟力、政治执行力，唯干唯实唯先，善谋善作善成，以大视野、大格局、大胸怀加快推动洪湖高质量发展。

二、聚焦重要政策支持

洪湖民政事业高质量发展离不开各级党委、政府及主管部门的支持。班子成员要带头争取、各股室负责人要积极对接上级部门，各部门要加强政策学习和解读，要趁着新出台的政策热度跑，积极争资争项。

三、聚焦重点项目推动

一是加速建设项目。峰口镇、燕窝镇两个殡仪馆餐厅建设项目要组织做好招投标前期工作；

市社会福利院养护大楼装饰装修工程要加快推进；乌林故园停车场项目要跟踪土地审批；农村公益性公墓全覆盖工作要破解土地资金难题，全力推进；新滩福利院（区域性养老中心）要加快建设进展。二是争取开工项目。全力推进招商引资"广东颐年健康养老"项目尽快开工建设；城市公益性公墓前期工作基本完成，争取国土部门支持，尽快落地。三是策划申报项目。市流浪人员救助和未成年人保护中心整体搬迁项目积极与发改局对接，力争纳入"十四五"规划；峰口福利院（区域性养老中心）、新堤福利院（全市失能半失能照料中心），争取纳入省项目库；新堤殡仪馆整体搬迁项目抓紧完成选址方案。

四、聚焦难点问题破解

要针对我市还存在的民政工作民生各项事业发展不平衡、投入不足；脱贫攻坚兜底保障重点对象返贫监测、巩固脱贫成果任务重、压力大；基层民政队伍和能力建设有待加强；部分重点项目推进缓慢；社会组织、社会工作者队伍、养老服务、儿童福利保障、残疾人护理等专业人才缺乏，民政工作规范化、标准化、专业化水平还不够等等问题，在今后的工作中重点关注切实改进。

五、聚焦试点工作谋划

一是迅速制定全市城乡特困供养服务机构"两调整一创新"改革试点工作方案，积极开展分散特困供养照料护理政府购买服务试点工作，探索"物质＋服务"的救助模式。二是对照方案高标准打造全省婚俗改革试点。三是积极与大数据局对接，优化营商环境，围绕"高效办成一件事"，扎实开展"清、减、降、通"专项行动。四是积极推进临时救助"一事一议"创新试点工作，充分发挥市困难群众基本生活保障协调机制作用，切实解决急难型救助个案问题。五是未成年人保护中心积极完善未成年人保护工作机制。

六、聚焦清廉民政建设

要坚定不移推进全面从严治党，把严的主基调长期坚持下去，不折不扣落实全面从严治党要求，压实压细全面从严治党主体责任、监督责任。继续推进党风廉政建设和反腐败斗争，坚决支持和全力配合纪检监察机关开展监督，加强对民政资金使用、项目建设的监督管理，防止和惩治社会救助、养老服务、残疾人"两项补贴"等民政领域群众身边的腐败和不正之风。要切实防止发生低保、特困、高龄津贴、残疾人两项补贴等民政资金在发放中的微腐败问题。持之以恒反"四风"、树新风，认真落实中央八项规定及实施细则精神。力戒形式主义、官僚主义，认真践行党的群众路线，坚持实事求是，察实情、讲实话、出实招、求实效，切实为群众办实事解难题。

七、聚焦民政干部关爱

大力开展专业知识学习、业务知识培训，定计划、分层级、全覆盖，克服"本领恐慌"。加强日常管理，开展懒政怠政专项整治，教育引导广大党员干部守朴拙、戒机巧，守笃实、戒虚浮，多一些"吹糠见米""刀下见菜"，一切从事业出发，在争创三型干部的基础上，勇做"铁牛型"干部，坚决把"铁牛型"干部选出来、用起来、立起来。

为之则易、不为则难。要迅速将思想行动统一到市委部署要求上来，以高度的政治自觉、思想自觉、行动自觉投入这场大研讨活动中来，进一步解放思想，振奋精神，在全局上下凝聚起担当作为、干事创业的浓厚氛围，以思想"破冰"勇突民政事业发展痛点、难点之"围"，在"立足大荆州争当排头兵，融入大武汉争当先行者"的新征程中找准民政定位，体现民政作为，加快推进洪湖民政事业高质量发展，为建设"三色"洪湖做出民政贡献。

顺势而为　破解难题
切实加强社区社会组织培育发展

海南省海口市秀英区民政局　谢吉红

社区社会组织是由社区居民发起成立，培育发展在城乡社区开展为民服务、公益慈善、邻里互助、文体娱乐和农村生产技术服务等活动的社会组织，对加强社区治理体系建设、推动社会治理重心向基层下移、打造共建共治共享的社会治理格局，具有重要作用。

海口市秀英区自 2017 年被列为全国农村社区治理实验区试点以来，区委、区政府高度重视基层社区治理工作，投入大量资金加强基础设施建设，打造了一批农村社区综合服务中心示范点，基层社区治理工作整体水平得到大幅提升。在创建过程中，尤其注重加强社区社会组织的培育工作，在 2019 年、2020 年争取省、市民政部门资金支持先后建设了海秀镇新村、永兴镇罗经村、长流镇美德村三个农村大社区综合服务中心示范点，并以此为依托，建立了一个区级社区社会组织孵化基地和两个镇级社区社会组织孵化基地，投入 100 万元引入专业团队开展社区社会组织孵化培育工作。根据城乡社区居民生活需求，采取降低准入门槛的办法，支持鼓励发展为民服务、养老照护、公益慈善、促进和谐、文体娱乐和农村生产技术服务等活动的社区社会组织。引导居（村）民根据本地风俗、个人兴趣爱好等成立文体娱乐类社区社会组织，并指导其在组织开展文化、体育、娱乐等社区居民活动中，积极培育和践行社会主义核心价值观；在文明节俭办理红白喜事中，倡导移风易俗，弘扬时代新风。积极培育服务于农业技术推广、生产经营、乡村产业发展服务、乡村生态环境保护等方面的农村社区社会组织，推动农业农村现代化发展。上述社会组织孵化平台运行以来，累计孵化培育社会组织 21 家，其中社区社会组织 20 家，区级民办非企业 1 家。目前，全区共有社会组织 200 家，其中教育机构 145 家，民政服务机构 9 家，医疗机构 10 家，其他 4 家，社会团体 32 家。

经过一段时间的培育，我区社区社会组织在数量和质量上均有所提升，但是，与建设海南自贸港的新形势新要求相比，社区社会组织培育和发展仍然存在培育发展力度不大、自身建设能力不强、服务能力水平不高、作用发挥不明显等问题。归纳起来主要有"生存难""培育难""发展难"和"监管难"。

一是生存难。主要是部分地区党委、政府对社会组织融入社会治理必要性认识不足，存在怀疑、担忧心理，对社会组织缺乏应有信任；不想、不敢，也不会放手引入第三方，存在附加条件多、行政干预多、不合理规则多等现象，束缚和制约了社会组织的成长和发展。解决这一问题，要求各地区党委和政府必须充分认识到新时代社区社会组织建设的重要性，切实增强开放、平等、契约意识，进一步加快转变政府职能，对于该转移的职能必须坚决转移，该购买的服务坚决购买，进一步健全政府购买服务机制，制定政府购买服务的目录清单，根据工作需要编制每年购买服务项目的经费预算，这样才能为社会组织提供必要的生存条件。

二是培育难。主要是缺乏资金来源和缺乏培育平台。要破解这一问题，在给予经费保障的基础上，可通过市场激励的手段，成立市（县、区）级的服务机构——社会组织服务中心，搭建政府、市场和社会互动的平台、社会组织的培育平台、居民自我服务的实践平台，成为全区社会组织的重要孵化基地。同时，要在部分镇（街道）建立社会组织孵化器，与区级社会组织孵化基地形成完善的"区街两级"社会组织孵化网络。

三是发展难。主要是缺乏提供专业的能力建设和陪伴服务，社会组织普遍处于放任自流自行发展的状况。破解这一难题，可通过购买服务方式，引进深圳等先进发达地区成功的社会组织培育机构，对辖区现有社会组织开展专业培训，并对辖区的社会组织孵化基地实施专业指导。同时，可根据社区发展治理需要，引入高校社会学、社会工作专家资源，建立"专家智库"，为社会组织提供更加专业化的指导，有效地解决社会组织孵化过程中的智力支撑和专业人才供给问题。并通过政策法规辅导、业务主管沙龙、社会组织党建等特色课程的开展，有针对性地对发展到不同阶段的社会组织开展互动式订单培训，强化社会组织的能力建设，进一步提升社会组织的服务水平。

四是监管难。当社会组织的数量不断增长，促进社会组织规范发展将成为关键。一是要强化社会组织政策法规宣传，使申报人较为充分了解社会组织法律、法规及相关政策，让申报人在办理社会组织的第一时间就牢固树立法律意识、诚信意识、责任意识，依法合规开展工作。二是要建立健全社会组织第三方监管机制，把社会组织年检等工作做实做细，对社会组织的财务状况等进行评估，真正为社会组织进行"健康体检"，不断提高社会组织规范化建设水平。三是要在已有的社会组织撤销登记机制的基础上，结合社会组织第三方监管机制，建立社会组织抽查、社会组织约谈等工作机制，进一步夯实社会组织综合监管体系建设。

"四项机制"
推进社区工作者职业体系试点建设

贵州省福泉市委组织部

福泉市以全省社区工作者职业体系建设试点为契机，创新建立"四项机制"，从源头上破解社区工作者"引不进、育不强、管不好、留不住"等老大难问题。

一、聚焦"引不进"的问题，建立科学规范的选聘机制

明确社区"两委"常务干部（社区党组织书记、副书记，社区居委会主任、副主任，社区文书）、面向社会公开招聘的社区专职网格员和社区专职社工均为社区工作者。将全市 11 个城市社区划分为 130 个网格，每个社区配备 5—9 名"两委"常务干部［1000 户（含）以下设 5 名、1000 户至 2000 户（含）设 6 名、2000 户至 3000 户（含）设 7 名、3000 户至 4000 户（含）设 8 名、4000 户以上设 9 名］，每 300 户配备 1 名社区专职网格员，社区专职社工由民政部门根据工作需要合理配备。全市共选派 11 名机关事业单位党员干部任社区"第一书记"，配备社区"两委"常务干部 85 人，面向社会统一招聘专职网格员 65 人，储备后备力量 195 人，选拔社区书记助埋 11 人。

二、聚焦"育不强"的问题，建立系统全面的培训机制

将社区工作者培训纳入全市干部教育年度培训计划，健全社区工作者"1+N"（政治素质培训＋多形式实践锻炼）培养机制，依托市委党校、贵州应用技术职业学院成立"网格员学院"，开发社工职业资格、矛盾纠纷调解、物业监督评价等 10 余门特色课程，保证社区"两委"常务干部每年集中培训 7 天以上，其他人员 5 天以上，累计培训 3 期 150 人次，5 人考取社工职业资格证书。每年选派 5％的社区工作者到街道和民政、住建等部门跟岗锻炼 3—6 个月。鼓励社区工作者提升学历，对获得国家承认的在职本科、硕士研究生及以上学历的社区"两委"常务干部，分别按照 1/2 和 2/3 的比例报销学费，提高 2—3 个岗位等级系数，月报酬分别上浮 8％和 12％；对获得社会工作职业资格证书的每月增加 100—300 元岗位津贴。全市 215 名社区工作者中，已有 39 人提升至本科学历，11 人申请提升至研究生学历。

三、聚焦"管不好"的问题，建立规范有效的管理机制

持续深化"1+5"减负增效机制，"1"即城市社区公共服务事项准入制度，"5"即明确党组织9项、居委会19项、协助部门26项、考核评比7项、不应出具证明20项共"5张清单"，为社区工作降压减负。围绕党建、社保、就业等业务，明确社区54项、网格15项工作职责，建立"三长八员"楼栋管理服务体系和"多网合一"管理服务机制，让社区工作者主业更聚焦。坚持注重实绩、群众满意的原则，制定考核管理办法，明确社区工作者履职评价10条负面清单和社区"两委"常务干部退出的5种情形（换届不再被提名、换届未当选；不能胜任现职；民意测评满意度低于60%；连续2年考核不合格；政治立场不坚定、不作为乱作为、违法违纪）。2020年以来，全市共调整或解聘45名履职实绩不佳、居民满意度低的社区工作者。同时，也涌现出全国疫情防控先进社区工作者黄巨凤等先进典型。

四、聚焦"留不住"的问题，建立要素健全的保障机制

构建社区工作者"3岗13档41级"薪酬体系，社区"两委"常务干部月报酬达3200—5160元，全面落实养老保险、离任补贴等保障，打消社区工作者后顾之忧。鼓励有条件的社区发展社办企业，总收益的30%可作为社区工作者贡献报酬，目前全市共6个社区创办社办企业，均实现创收10万—50万元。建立社区工作者职业成长链条，13名优秀专职网格员进入"两委"班子，3名"两委"副职任正职。每年拿出事业单位招聘计划10%名额面向社区工作者定向招考，并积极争取街道公务员考录计划的一定数量面向社区"两委"正职定向招考，有效提升社区工作者岗位吸引力和职业获得感。市级选派到社区担任党组织书记或"第一书记"，任职期间符合条件的，公务员（参公人员）可直接晋升上一职级，事业单位人员可直接享受上一层级薪资待遇或优先推荐评聘，目前1人晋级，1人享受上一层级待遇。

构建完善"城乡一体化"的
新型社会养老服务体系

山东省诸城市民政局

诸城市面积 2151.4 平方千米，下辖 17 处镇街片区、259 个城乡社区。常住人口 107.8178 万人，其中 60 岁以上人口达到 24.7583 万人，占总人口数的 22.96%（诸城市第七次人口普查公报 2021 年 6 月 28 日），远高于全国 15.5% 的比例（2020 年底）。近年来，诸城市高度重视养老事业，坚持"政府主导、政策扶持、多元并举、市场运作"的指导原则，积极构建完善城乡一体的新型社会化养老服务体系。经过近几年的探索和实践，已逐步形成了"以公办养老机构为示范，以社区养老为依托、以居家养老服务为基础、以社会力量为补充、医养结合"的城乡一体的、具有诸城特色的新型社会养老服务体系。

一、全市养老工作基本情况

（一）加强公办养老机构建设，树立养老服务示范

为应对老龄化社会的到来，满足日益增长的养老服务需求，诸城市把市、镇两级养老机构建设工作作为"重点民生项目"。2007 年，投资 1000 多万元，建成了市社会福利中心，共有床位 207 张。同时将农村敬老院建设纳入全市经济社会发展总体规划，全市累计投入 15053.6 万元加强敬老院建设，敬老院总数由 2006 年底的 9 处增加到现在的 11 处，房屋总间数 1000 余间，床位数达到 1500 余张，敬老院规模档次上了一个新台阶。2016 年以来，积极推进公办养老机构改革，有 9 处镇街敬老院采取公建民营方式，由慈海集团（7 处）和华元集团（2 处）托管运营，有 2 处镇街敬老院与卫生院以两院合一的方式完成改革。自 2020 年起对敬老院进行为期三年的护理型床位改造提升，2020 年完成 4 处敬老院护理型床位 158 张改造提升任务，2022 年计划完成 2 处敬老院，100 张护理床位改造提升任务；2020 年，按上级要求，在舜王和龙都建成 2 处综合养老服务中心，并投入运营；2021 年，11 个镇（区）全部完成镇级综合养老服务中心建设；2021 年租用原龙城医院，建设以失能、半失能特困人员照护为主的市级供养服务设施（中心敬老院），目前已改造完成。市镇两级养老机构的建成和完善，对全市的社会养老服务起到了良好的示范带动作用。

（二）加强养老服务设施建设，构筑养老服务支撑

2007 年以来，诸城市开展了农村社区化服务与建设，将 1249 个行政村规划成 208 个农村社区。在城区，按照网格化管理要求，划分了 27 个社区。为满足社区中心村老年人的养老服务需求，有效发挥城乡社区在养老服务体系建设方面的平台作用，2011 年，我们积极推进社区老年养老服务设施建设，按照"社区资源共享"的原则，整合社区内医疗、生活、救助等服务资源，满足日托老年人在生活服务、保健康复、精神慰藉等方面的基本需求。社区日间照料中心采取新建、整合、改造等方式建设，按照"四室一校"的框架设立，即有老年日间照料室、老年活动室、老年阅览室、聊天室和老年学校的标准。至目前 27 个城市社区实现日间照料中心全覆盖；208 个农村社区建成 86 处农村幸福院，2020 年，有 10 处城市日间照料中心、42 处农村幸福院被评定为 1 星级以上社区养老服务设施；自 2020 年起，将社区养老服务设施配套建设列为一把手工程，全市共有既有小区 525 个，依托现有社区日间照料中心、养老服务中心覆盖 436 个小区。还有 89 个小区未配备社区养老服务设施，目前正在推进建设中。

（三）加强居家养老热线建设，夯实养老服务基础

社会养老体系建设的重点在居家养老。为满足老年人的居家养老服务需求，我们积极开展"虚拟养老院"建设，让老人们足不出户就享受到周到全面的养老服务。2015 年 5 月，建成 12349 养老服务信息中心并开通"12349 养老服务热线"，主要承担全市居家养老服务工程的建设和运营，解决全市 60 岁以上老年人居家养老问题，以信息化网络技术为支撑，以居家养老服务中心及各类服务企业为实体网点，通过线上、线下有机结合为老年人开展"助洁、助购、助急、助医、助餐、助浴"六助活动提供日常生活照料等方面的服务。近年来，我们按照"重点社区先行试点、所有社区共同推进"的原则，以社区为单位，以自然村为网格，遵循"亲情优先、邻里互助、志愿助老"的基本思路，为全市 60 岁以上的老人建立档案，对每位老人的健康状况、家庭情况、医疗需求、生活需要、邻里情况、求助人等基本信息，以及紧急救助、医疗服务、生活服务、感情慰藉、心理疏导、亲情关怀等方面的服务资源，输入"12349 居家养老服务平台数据库"，根据老年人提出的相关需求，提供相应的服务。目前，全市共有 140 余家合作企业为全市老年人提供爱心服务，共收录近 20 万名老人信息，累计服务老年人 30 万人次。

（四）加强社会养老政策建设，集聚养老服务资源

为鼓励社会力量参与养老事业建设，诸城市制定出台《关于推动社会化养老服务机构发展的意见》《关于进一步加快社会养老服务体系建设的意见》等文件，按照"统筹规划、政府引导、社会投入、市场运作、服务购买"的原则，对社会力量参与养老服务建设在用地优惠、建设补助、运营补助、税费减免、人员培训等方面实行优惠，鼓励社会力量投资兴办老年福利事业，构筑多种经济成分并存和多种服务形式融合的老年福利服务体系。在这一政策的引导下，全市社会力量投资兴办养老机构共 12 家，已取得养老机构设立许可或备案的民办养老机构 5 家，分别是杨春老年公寓、夕阳红老年公寓、慈海养老院、华元医院和长虹中医医院。社会力量的参与，进一步推动了社会养老服务体系的建设。

（五）加大养老资金投入，提升养老服务水平

自 2021 年 1 月 1 日起，城市特困人员基本生活标准提高到每人每月 1029 元；农村特困人员基本生活标准提高到每人每月 836 元；根据老年人自理能力等级，自理、半自理和失能人员护理补贴标准提高到每人每月 220 元、352 元和 704 元。截至 8 月底全市共有农村特困人员 4136 人，累计发放救助供养资金 2801.35 万元；发放照护补贴 1100.61 万元。2014 年以来，先后为 12 处城市社区日间照料中心、84 处农村幸福院拨付社区养老服务设施建设补助 644 万元。市里先后投入 750 万元，对 10 处公办养老机构进行了消防安全改造。2020 年 12 月投入 40 万元，进行全市养老服务设施专项规划。

二、存在的主要问题

（一）社区养老服务设施配建率低，配建标准不高

经街区和相关部门摸底，我市目前共有城镇居民小区 572 处，其中既有小区 525 个，新建小区 47 个。全市共有既有小区 525 个，因受原小区规划设计影响，没有养老预留用房，社区养老服务目前依托现有社区日间照料中心、养老服务中心覆盖 436 个小区。还有 89 个小区未配备社区养老服务设施。自然资源和规划部门统计上报新建小区 47 处已规划社区养老服务设施，经摸底已建成 14 处。虽然依托日间照料中心和养老服务中心满足了社区养老服务需求，但总体社区养老服务设施配建率低，配建标准不高，移交率不高，没有达到上级要求的面积，且存在服务半径过大、基础配套设施不完善等问题，给老人活动造成不便。

（二）诸城市社会福利中心未建成

诸城市社会福利中心于 2011 年 2 月份筹建，5 月份开工建设。项目规划占地 200 亩，建筑面积 84915 平方米，总投资 5.9 亿元，供养床位 3200 张。工程分两期建设，其中一期占地 50 亩，投资 1.7 亿元，建筑面积 51230 平方米，供养床位 1200 张。内设普通供养楼、介护供养楼、家居式供养楼、医疗康复中心、老年大学、商业中心等。项目建设采取建筑企业先行垫付工程款方式进行。建设过程中，由于资金缺口较大，建筑企业无力垫付，导致工程 2013 年底停工至今。

（三）农村敬老院改造提升缓慢

按照民政部、发展改革委、财政部《关于实施特困人员供养服务设施（敬老院）改造提升工程的意见》（民发〔2019〕80 号）文件要求，我们于 2020 年完成了 4 处敬老院 158 张护理型床位的改造提升，2022 年计划改造提升 2 处敬老院 100 张护理型床位，目前已经动工。农村敬老院护理型床位的改造提升工作总体进展缓慢，目前改造完成的只占农村敬老院总数的 36.4%。

（四）特困人员集中供养率不高

目前我市共有特困人员 4136 人，其中半自理、不自理 1832 人；特困人员中集中供养人员有 958 人，集中供养人员中半自理、不自理 702 人。2021 年 8 月，半自理、不自理特困人员集中供养率为 38.32%。远低于《山东省人民政府办公室关于推进养老服务发展的实施意见》（鲁政办发〔2019〕31 号）文件达到 50% 的要求。

（五）农村幸福院和城市日间照料中心利用率低

近年来，我市虽然建成了 27 处城市日间照料中心、86 处农村幸福院，其中有 12 处城市社区日间照料中心、84 处农村幸福院拨付社区养老服务设施建设补助 644 万元。但由于受传统养老观念、养老服务人才短缺、运营经费不足、服务质量不高等影响，老年人参与率不高，农村幸福院和城市日间照中心利用率不高。

三、下步工作重点及措施

（一）加大宣传教育力度创造良好的社会养老氛围

通过各种宣传形式，广泛宣传老有所养、老有所医及社会化服务的重要性，增强全社会对养老事业的关注和支持。引导老年人积极参与社区养老服务，提高社区养老服务设施的利用率。同时通过多种形式加大对《老年人权益保障法》等法规的宣传力度和执法监督力度，进一步提高全体公民维护老年人合法权益的自觉性和法律意识。深入开展评选"敬老好儿女""尊老孝亲模范"等活动，弘扬孝道文化，促进家庭和谐，营造浓厚的尊老敬老爱老助老的社会氛围。

（二）加快制定切实可行的鼓励扶持政策

尽快制定出台我市《关于推进养老服务业发展的意见》，重点解决养老服务业定性、准入、减免、投入、优惠、优先、保障、监管、处罚等方面的问题，为推动我市养老服务业转型升级和政府购买服务提供政策支撑。同时，积极推进养老服务业"放管服"改革，落实好对民办养老机构的投融资、税费、土地、人才等扶持政策，鼓励个人力量积极投资兴办养老服务机构。促进养老服务管理运行机制从政府主办向政府主导、多元参与转变，最大限度地满足城乡养老服务需求。

（三）健全完善政府主导、社会参与的养老服务体系

重点打造全方位、多层次的居家养老服务网络，搞好养老布局规划，着力推进"以居家为基础、以社区为依托"，为老人提供就近便捷的居家养老服务。逐步完善居家养老服务市场运行机制，积极探索老年护理保险制度建设，逐步建立政府和个人共同负担保费新机制，增强居家养老照护体系建设的基础，提升照护水平。加快推进养老市场化服务，建立完善镇街（园区）、社区运作平台和支持系统，在每个社区设立居家养老服务需求服务热线，把"12349"民生平台服务引入社区，全面增加加盟单位，丰富服务项目和服务内容，多渠道、多形式、多方位开展服务，逐步形成覆盖城乡、满足不同需求的居家养老照护服务网络。

（四）积极推进现代养老服务项目建设

按照我市关于养老服务业发展总体规划，通过招商引资、国资控股等多种形式，加快盘活新社会福利中心项目建设，努力打造全市健康养老项目的新龙头。加大政府财政投入，积极推进养老基础设施建设，同时，抓住全省将健康养老列入新旧动能转换重要产业有利时机，充分发挥我市"孝文化"积淀深厚、自然环境优良、与青岛融合便利等优势，通过积极向上级争取养老用地专项指标、加大财政补贴力度等方式，鼓励支持社会力量积极兴办中高端养老服务机构，以有效满足各层次老人社会化养老新需求，全力打造"舜帝故里、康养龙城"这块新品牌。

（五）加强专业养老服务队伍建设

首先要强化从业人员专业化培训。将养老服务机构负责人、养老护理员及其他各类从业人员纳入政府培训规划，加强对老年服务从业人员的职业技能培训和职业道德教育，不断提高养老服务人员的综合素质和服务水平。其次要积极引进人才。制定优惠政策，鼓励大专院校对口专业毕业生从事养老服务工作，重点引进医生、护士、康复医师、康复治疗师等具有执业或职业资格的专业技术人员。再次要充分吸纳社会力量参与养老事业。在养老机构和社区设置必要的公益岗位。坚持"培养、选拔、使用、激励"并重的原则，在养老服务领域建设一支专兼结合、结构合理、素质过硬、以专业为主体，慈善义工、社工、志愿者广泛参与的人才队伍。同时积极开展老年文化娱乐活动、志愿者服务活动、老年法律援助。搭建平台，让志愿者有渠道、有路径，将爱心投入养老服务中来。健全完善志愿者激励和培训机制，使志愿者在养老服务中发挥更大的作用。

招善引慈推动共同富裕见成效

浙江省开化县民政局

2021年，开化县民政局强力推进"招善引慈"工作，通过搭建先富带后富慈善公益平台，引导和助推发达地区慈善资源合理流动，集中资源、力量、智慧助力困难人群增收，念好新时代"山海经"，为推动共同富裕先行地建设提供民政力量、民政示范。今年，谋划推介"招善引慈"项目共 32 个，引进项目资金 885 万元，惠及人口 5 万余人。

一、以"两勤"聚力，开启助力共富新思路

对标"脑勤""腿勤"聚力共同富裕，开展头脑风暴、集中学习、集体决策，在助推共同富裕中想出"好法子"，跑出"新路子"。一是"开脑洞"集思广益。县委十四届十三次全会召开后，县民政局围绕全会提出的"高质量发展建设共同富裕先行地"的目标，开展大学习、大讨论，组织全系统干部职工开展"我为共富献一计"活动；在集思广益、充分论证的基础上，形成民政助力共同富裕的"3+X"目标体系和"8+8"的路径举措，将公益慈善助推共同富裕作为核心指标之一，把"招善引慈"作为实现共同富裕的重要抓手。二是"开山门"博采众长。努力破除"山区封闭症"，通过"走出去"和"引进来"的方式，组织和邀请县内外慈善机构负责人、青年公益达人、社会组织代表，围绕"招善引慈"的概念、目标、举措进行商讨；组织"网上论坛"，重点对四川德阳"招善引慈"模式等案例进行"解剖麻雀"，寻找契合开化实际的"招善引慈"工作模式，确定了把"以招善引慈深化山海协作"作为工作"切入点"。三是"开腿跑"群策群力。成立"招善引慈"工作领导小组，设立三个"招善引慈"工作组，由局班子成员任组长，局机关干部骨干、部分公益社会组织负责人任成员，分别赴山海协作地区杭州市上城区、绍兴市越城区以及嘉兴市桐乡市开展"招善引慈"，还将对接范围延伸至温州市和深圳市，实行以"捕捉信息"带动"捕捉资金""捕捉项目"。

二、以"两专"促事，搭建助力共富新渠道

立足部门职能与资源，把"招善引慈"工作作为提高民政干部"两专"水平的"练兵场"，努力实现"招善引慈"专业化。一是致力"搭台"。深化"1+8+X"大民生救助体系，搭建线上"统衢助"＋线下"助联体"的大民生救助平台，建立信息共享资源库，整合群团资源、救助部门

和政策资源、村社资源以及社会组织、慈善机构、爱心企业等力量，实现一对一及多对一的精准帮扶。提高慈善公益网络化水平，通过"指尖公益""链上公益"，方便社会组织、各基金会、群众开展慈善公益活动。二是努力"搭车"。注重"招善引慈"信息捕捉，通过驻外招善工作站、同乡会、商会等途径广泛搜集信息，搭车参加各类商业机构、社会公益组织的年会、例会等团建活动，尤其是密切关注大基金会、大企业的投资意向，寻找合作的契合点、着力点，促成"招善引慈"落地见效；如通过"搭车"深圳中华慈善总会·首彩爱心基金的"天使的心跳"项目，引进资金 100 万元，对符合条件的先天性心脏病患者进行免费治疗。三是全力"搭桥"。帮助合作地区两地社会组织之间搭建沟通桥梁，充分调动社会组织的积极性，为他们在"招善引慈"促成项目合作"牵针引线"，组织县内骨干公益社会组织一些高规格、高水平的慈善项目专题对接洽谈会。目前，我县商企义工等 10 多家公益社会组织，承接了"善祈助学""微笑明天图书屋"等引进资金公益项目 20 多个，部分项目在 9 月 4 日"上城·慈善夜"、9 月 9 日"2021·浙江省'凝聚慈善力量　助力共同富裕'活动启动仪式"上完成签约。

三、以"两提"见效，展现助力共富新作为

以"提升干部干事能力和提高服务群众水平"的"两提"为目标，践行民政干部在推动共同富裕"民生使者"的责任担当。一是以慈善全民化为目标。打造"好人好地方"慈善品牌，动员全社会互助，推动第三次分配，为"招善引慈"厚培慈善土壤。推广"慈善＋"公益活动，开展扶贫帮困、支教助学、法律援助、心理抚慰、环境保护等公益性活动；开展慈善文化"六进"活动，开展优秀慈善组织、慈善人物、慈善事迹的宣讲和展示，打造全民慈善环境，激励人人向善。二是以公益数字化为引擎。深化慈善领域"最多跑一次"改革，优化再造慈善业务流程；健全民政部门与慈善组织、基金会、社会组织服务机构之间的共享信息披露机制，推动慈善活动精准发力，打造智慧慈善；推动建立"互联网＋慈善"新模式，鼓励和引导慈善组织运用大数据、云计算等技术创新募捐方式，积极申报建立网络公开募捐平台，开设慈善网店，增强网络募捐能力。三是以帮扶项目化为抓手。建立全县公益项目申报机制，围绕"扶老、助残、救孤、济困、赋能"五个方面开发精准帮扶项目，建立"招善引慈"项目库，实现"项目抛出去，资金引进来"。推动慈善基地迭代升级，着力提升其精准帮扶、慈善资源承接等能力，通过县慈善基地，动员教育、卫健等 30 多家机关、企事业单位和县内社会组织与市外慈善组织"一对一"服务对接，帮扶各类困难群众 2 万多人次。

敢挑"最重的担子"
敢啃"嘴硬的骨头"

陕西省西安市灞桥区民政局

2021年上半年，在区委、区政府的坚强领导下，在市民政局的精心指导下，区民政局全面落实全省民政工作会议精神和市民政局的各项工作部署，全力推进养老服务高质量发展，实施全面精准救助，巩固脱贫攻坚兜底保障成果，完善机制能力建设，推进基层社会治理，有力服务了全区经济社会发展大局。

一、强化党建引领，促进民政事业沿着正确方向发展

（一）党史学习教育扎实开展

坚持以习近平新时代中国特色社会主义思想为指导，深入学习贯彻习近平总书记关于党史的重要论述，增强"四个意识"、坚定"四个自信"、做到"两个维护"。一是组织学习研讨。局党委制定了《党史学习教育实施方案》《党史学习教育集中学习计划》，征订了《习近平新时代中国特色社会主义思想学习问答》《中国共产党简史》等指定学习材料，全体党员按照《个人学习计划》开展党史教育学习。召开党委（扩大）会议，集中学习了习近平总书记在党史学习教育动员大会上的讲话，紧紧围绕习近平《论中国共产党历史》等指定学习材料和《中国共产党的100年》等重要参考资料进行学习研讨。理论学习中心组集中学习4次，夯实了党史学习教育的政治思想基础。组织全体干部集中收看了庆祝中国共产党成立100周年大会，各支部即时组织交流研讨。二是教育内容丰富。各支部开展了"知党爱党跟党走"主题党日活动，观看党史题材电影《古田军号》《第一大案》和红色影片《悬崖之上》《柳青》。副处以上领导干部参加了市委组织部的党史学习教育培训班。参加"牢记使命心向党，筑梦奋斗新征程"党史学习知识竞赛，组织了"追寻红色足迹·传承红色基因"主题党日活动。全体党员参加了"党史党规党纪知识测试"，参与率100％。"灞桥民政"微信公众号开辟"党史学习教育"专栏，每日转发党的历史知识和理论创新成果，已发布95期。三是办实事有成效。围绕"民有所呼，我有所行"要求，开展"我为群众办实事"实践活动，党员为群众办实事26件，支部深入帮扶社会组织走访调研6次，领导班子和班子成员定期开展"我为群众办实事"实践活动调研，建

立动态更新完善制度。通过实实在在的工作举措，将党史学习教育成效转化为履职担当的强大动力。四是组织生活会扎实开展。根据局党委制定的专题组织生活会方案，各支部围绕"学党史、悟思想、办实事、开新局"主题，组织党员深入开展集中学习，谈心谈话，撰写剖析材料，局领导班子成员以普通党员身份参加了会议，为高标准开好组织生活会打下坚实基础。各支部汇报了支部党史学习教育开展情况，对标工作要求检视了存在的问题，提出了整改措施。党员结合思想和工作实际，谈感悟、讲收获，相互提出批评意见，做出整改承诺，增强了支部的凝聚力和战斗力。

（二）扎紧制度的藩篱

为进一步提升民政工作效能，规范各项行政行为，充分发挥制度在工作中的重要作用，根据民政工作的职责和范围，一是制定了《特困供养申请、审批流程》等八项制度，明确政策依据、工作流程，促进各项工作规范开展。二是完善了科室工作职责，促使干部自律与制度监管相结合，进一步量化工作标准，规范工作程序，堵塞管理漏洞，为提升行政效能夯实制度基础。

（三）纪律作风改进明显

强化干部职工纪律意识。严格落实岗位责任，全体干部职工严格执行请示报告制度和请销假制度，实行早晚上下班打卡，局党委不定期抽查人员在岗情况，每月初统计上月出勤情况，营造爱岗敬业的工作氛围，推动机关作风持续向好。

二、重点工作扎实推进

（一）推动养老服务高质量发展

健全工作机制。一是将"养老服务业综合改革试点工作领导小组"调整为"西安市灞桥区养老服务工作领导小组"，由区长担任组长，统筹推进全区养老工作。二是内设养老服务科，专门负责养老服务（十项重点）工作，进一步加强了工作力量。三是以灞桥区养老服务工作领导小组办公室名义印发了《关于中央第十二巡视组对我市巡视反馈意见涉养老服务问题的整改方案》（灞养老办发〔2021〕1号），明确了各成员单位工作职责、目标任务及时间节点，年底全面完成整改。

加快三级养老设施建设。一是启动灞桥区养老院建设。项目采取新建方式，经区政府常务会、常委会审议通过，选址西康线以东、凤凰大道以北处，净用地40亩左右，由区基投公司承建。邀请了三家设计公司对区养老院进行初步设计，经区委、区政府主要领导审定，已确定初步设计方案。目前正在深化设计方案，土地等前期手续也在加紧办理。二是新建3所街道级综合养老服务中心纳入了2021年区级重点项目，目前均已完成选址，场地租赁合同已签，项目建议书及可行性研究报告已编制完成，近期组织专家论证备案后报区政府审定。三是制定印发了《西安市灞桥区民政局关于下达2021年养老工作任务的通知》（灞民发〔2021〕16号），将新建居家养老服务站和新增床位任务细化分解至各街道，目前，新建居家养老服务站任务中1个已完成建设，4个完成选址；新增养老床位183张。

加强工作对接。加强与市民政局工作对接，主要负责同志多次与市民政局局长、副局长联系养老服务工作，主动认领工作任务。3月7日与市民政局及城六区民政局领导到宝鸡调研养老工作，学习先进经验。坚持向市民政局周汇报、月总结，时刻了解市级政策方向，结合辖区实际开展工作。第二季度我区区级养老院建设进度在全市排名第二。

（二）织密织牢基本民生保障网

稳步推进兜底脱贫、社会救助工作。对全区所有建档立卡户、边缘户及脱贫监测户进行全面排查，根据现行政策将符合条件的贫困户及时纳入低保。对在册城乡特困分散供养的82人按照服务协议签订、居住环境、监护责任落实等"十项内容"，逐一入户，逐项核查、逐条整改。公开社会救助投诉举报电话、畅通投诉举报渠道，接受社会监督。积极开展低保和临时救助"扩面"工作，对受疫情影响导致基本生活陷入困境的群众，符合低保条件的及时纳入低保，符合临时救助条件的及时给予临时救助。上半年，共发放农村低保692户、673.62万元，城市低保1119户、748.67万元，临时救助77户、30.29万元，特困人员供养金109人、119.70万元。

保障特殊群体基本生活权益。一是做好残疾人两项补贴发放、认定和管理工作，上半年困难残疾人发放18571人次、113.64万元，重度残疾人发放16682人次、151.34万元，在册贫困户享受残疾人两项补贴239人，实现了在册贫困户残疾人应补尽补。二是做好特殊老年人补助发放和护理服务工作，上半年丧失劳动能力和贫困老年人生活补贴累计发放61人次、0.93万元，为7名生活困难失能老年人购买了失能护理服务，服务费4680元。三是保障散居孤儿和事实无人抚养儿童基本生活，按月为全区13名散居孤儿和3名事实无人抚养儿童发放生活费，上半年累计发放67538元；救助3名孤儿大学生，累计发放孤儿高等教育生活补助2.52万元。四是持续关爱留守儿童和困境儿童，组织留守儿童和困境儿童排查摸底，将25名农村留守儿童，509名困境儿童及7名儿童督导员和144名儿童主任信息录入全国儿童福利信息系统；"六一"儿童节为10名农村留守儿童发放贫困留守儿童慰问资助金1.5万元，并全面落实农村留守儿童监护责任书的签订。五是加大巡查和救助力度，备置救助物资，及时对流浪乞讨人员进行救助，上半年共救助流浪乞讨人员74人，其中危重病人73人，生活无着1人。

扎实开展救助政策宣传。重新修订《社会救助政策宣传册》，共印制5000份发放至各街道办事处，通过组织人员上街、入户宣传使更多的群众了解了社会救助相关政策。同时在网上对我区救助政策及救助情况进行长期公示，接受社会监督。要求各街道对各类救助对象审批结果进行长期公示，并督促辖区村、社区于每月20日前更新宣传栏，确保公示数据及时准确。

（三）持续推进基层社会治理

顺利完成第十一次村民（第七次居民）委员会换届选举工作。1月开始，坚持"党的领导、发扬民主、依法依规、高线选人"基本原则，严把"职数确定、人选标准、审查考核、班子结构"重要关口，依据《中华人民共和国村民委员会组织法》《中华人民共和国城市居民委员会组织法》等法律法规和省市区换届选举工作实施意见，通过上下协作，通力配合，于3月底依法选举产生了新一届村（居）民委员会。新一届农村"两委"班子成员561人，平均年龄41岁，较上届下降8岁；大专及以上学历193人，占比33.5%，较上一届提高29%。"两委"班子成员交叉任职比例62%，"四类人员"共425人，占75.75%。妇女委员及35岁以下年轻干部当选数量达标。新一届社区"两委"班子成员566人，平均年龄39.2岁，较上届下降10.4岁；大专及以上学历406人，占比71.7%，较上一届提高32.9%；妇女委员及35岁以下年轻干部当选数量达标。

圆满完成社区工作者招聘。联合区委组织部共招聘社区工作者75人，3月份对新招聘的社区工作者进行了为期三天的入职前培训，4月中旬全部上岗。为进一步提高社区工作者执行政策、推动发展、服务群众、依法办事的能力，我局制定了《灞桥区社区工作者轮训管理办法》，对新招聘的社区工作者，在面向服务群众的岗位上进行为期3个月的政策业务学习，轮训期结束后，由提供岗位的科室（单位）出具考核意见。

扎实推进社区建设提升。按照标杆带动、示范引领的要求，分批、分步骤对所有社区进行规范提升。对23个社区（其中汽配社区拆迁暂未实施）进行提升，每个社区补助30万元，共下拨资金660万元。截至目前，各社区正积极按照工作安排组织实施项目建设，其中席王街道车站社区进度较快，不仅提升和改善了社区办公条件，而且为到社区办事的居民提供了全新和舒心的环境。

（四）推进殡葬改革健康发展

推进绿色殡葬、环保殡葬。春节、清明期间，要求辖区内公墓开通网络祭扫服务和代客祭扫服务，保证了人民群众足不出户也能实现缅怀逝者、悼念故人祭祀活动。联合区委文明办通过生态灞桥微信公众号发布了《您有一份清明节温馨提示，请查收》，提升了群众对文明祭扫理念的认识。上半年，全区死亡人数1415人，火化遗体1348具，发放困难群众殡葬救助18人、2.24万元。

加强宣传、倡导文明祭祀。清明节期间，我局组织13个社区举办"鲜花换烧纸"活动，发放2000多张宣传折页，3万多张《文明祭祀一封信》和2000多份环保宣传礼品，接待现场祭扫约7.9万人，祭扫车辆2.4万辆，实现网络祭扫1452人，代客祭扫25人。

（五）社会基本服务和社会福利工作规范有序

规范办理婚姻登记、收养登记。上半年，结婚登记2113对，离婚登记690对，补领婚姻登记证726件，办理收养登记3例，办理跨区登记127对，跨省通办结婚登记8对，全面实行婚姻登记系统预约预审，累计预审430对登记申请，其中跨区申请137对，跨省结婚登记申请9对，登记合格率 100%。

加快区划勘界、门牌编码及道路命名工作。开展了地名志第二阶段编纂工作，完成 16 条新建道路命名，请示上报市局 4 条起止点变更道路，增补、完善乡村地名信息 43 条。

强化社会组织管理。组织开展 2021 年社会组织年度检查工作，上半年民办非企业年检 139 家，社会团体年检 34 家，年检合格率 100%。联合区市场监管局、区教育局对辖区培训机构开展打击整治非法社会组织大排查行动，对"禾梵文化艺术学校"等未经行政审批登记违规开展活动的，及时警告并整改到位。

稳步发展福利彩票事业。上半年我区电脑福利彩票共销售了 7333.97 万元，同期减少 563.74 万元，同比下降 7.13%；即开型彩票 1936.665 万元，同期增加 1291.56 万元，同比增长 200%。

三、下半年工作总体思路及工作计划

（一）总体思路

以习近平新时代中国特色社会主义思想为引领，以习近平总书记来陕考察时的重要讲话重要指示精神和对民政工作重要指示为指导，坚持以人民为中心的发展思想，紧扣追赶超越定位和"五个扎实"要求，坚定不移贯彻新发展理念，聚焦脱贫攻坚、聚焦特殊群体、聚焦群众关切，突出重点、统筹推进、低调务实、埋头苦干，推进民政事业高质量发展，为建设品质灞桥最美城区贡献民政力量。

（二）工作计划

加快提升养老服务能力和质量。打造"15 分钟便民养老圈"，推进三级养老服务设施建设，年底力争区养老院动工，建成 3 个街道级综合养老服务中心、5 所居家养老服务站，新增养老床位 400 张，持续推进"互联网 + 智慧养老"工作。完成全区民办养老机构消防安全提升工程。

加强社会救助管理，巩固兜底保障成果。大力推进社会救助政策宣传和培训，提高群众救助政策知晓率。举办街道、社区（村）社会救助政策培训，完成核对平台区级部门数据对接，加强与扶贫、医保、人社等有关部门的困难群众信息互通，建立定期入户核查制度，主动发现、及时审核因病、突发事件返贫困难群众救助申请，做到应保尽保，不错保、不漏保，坚决兜住民生保障最后一道网。

持续推进基层政权和社区建设。积极培育和管理好社区志愿者队伍，推进四社联动工作。按照城市精细化管理要求，提升社区小区管理水平，重点解决好社区小区环境卫生脏、乱、差等问题。精心筹划，稳步推进全区智慧社区建设工作。

聚焦特殊群体，做好老人、儿童和残疾人保障关爱工作。组织开展未成年人政策宣讲进村（居）活动，加强留守儿童的摸底排查，落实好关爱农村留守儿童的相关政策措施。持续做好散居孤儿、

孤儿高等教育、事实无人抚养儿童的生活保障工作。做好残疾人两项补贴审核发放、流浪乞讨人员救助工作、生活困难失能老人护理补贴和贫困老人生活补贴发放工作。

持续推进殡葬改革。尽快制定墓园改制方案报区政府审定，牵头协调相关部门，加快工作进度。加强现有经营性墓园的管理，加大绿化力度，美化墓园环境。开展形式多样的宣传活动，倡导绿色文明生态节地殡葬，落实殡葬惠民救助政策。

推进专项社会事务健康发展。加快婚姻历史档案转换电子档案及历史信息补录工作。推进福彩投注示范站点建设，提升服务水平。加快完成新建道路命名工作，协调相关部门做好不规范地名的清理整治。

学党史　办实事　送温暖　传党恩

甘肃省白银市白银区民政局

自党史学习教育开展以来，白银区民政局坚持把满足人民群众美好生活的需要作为工作的出发点和落脚点，把办实事、解难题贯穿党史学习教育全过程，以满足人民日益增长的美好生活需要为根本目的，认真践行"民政为民、民政爱民"工作理念，聚焦困难群众"急难愁盼"问题，扎实开展"我为群众办实事"实践活动，全力做好困难群众临时救助工作，切实解决好困难群众操心事、烦心事、揪心事，不断增强人民群众的获得感、幸福感、安全感，引导各类民政服务对象感党恩、听党话，坚定不移跟党走，在全区营造用临时救助政策排忧解难、用行动温暖民心的良好氛围。

一、聚集学做结合，筑牢夯实兜底防线

坚持以党史学习教育为抓手，及时了解群众"急难愁盼"，解百姓所需、急百姓所急，做好城乡困难群众救助保障工作，将所有符合条件的困难对象纳入救助范围。

二、聚集各类对象摸排，主动落实党的救助政策

一是摸排近年来提交申请但未纳入人员，摸排未纳入的具体原因外，并详细了解目前家庭收入、人口、成员健康状况、就业情况、实际生活现状等，对不符合低保条件但符合临时救助政策的要及时给予临时救助。二是摸排兜底保障的已脱贫人口。加强与乡村振兴等相关部门的工作协同和数据信息共享比对，对返贫风险较高的已脱贫人口、边缘易致贫返贫人口以及其他特殊脱贫人口进行摸底排查，建立工作台账，符合条件的及时纳入临时救助范围，切实巩固兜底脱贫成果。三是摸排因新冠肺炎疫情、自然灾害、重大疾病或者因其他突发意外事故造成基本生活出现严重困难的人员。依托村级组织、社会工作机构等主动发现需要救助的困难群众，及时纳入临时救助范围。四是摸底排查困难群众动态管理监测预警系统反馈的人员。进一步加大监测预警力度，对省厅预警系统中反馈的红色、橙色预警信息立即开展入户调查，为符合条件的家庭或人员及时提供救助。对暂时不符合救助条件的建立台账，长期跟踪关注。五是摸底排查低收入家庭。完善低收入对象数据库，重点了解低收入家庭中家庭人均收入，子女就学、赡养老人、抚养（扶养）未成年人、因残康复以及疾病治疗等支出情况，并及时将信息数据录

入社会救助综合信息系统，将符合条件的人员全部纳入临时救助范围。

三、聚集规范重点工作，全面提升社会救助水平

一是规范认定程序。严格按照临时救助实施细则认定救助对象。二是规范资金管理。进一步规范临时救助资金发放程序和日常管理，打通发放堵点，缩短发放时限，规范资金项目名称，确保救助资金及时足额发放到困难群众手中。并开通手机短信提醒，让困难群众清楚自己所获得救助的情况。三是规范信访查处。建立健全群众信访诉求快速响应机制，完善信访矛盾化解首问责任制，畅通社会救助服务热线，规范信访事项办理程序，及时受理、处理信访事项。做到信访事项必调查、调查必答复，健全完善"一门受理、协同办理"机制，规范窗口名称、服务标准和工作流程，确保困难群众求助有门、受助及时。

临时救助是国家保障困难群众基本生活权益的兜底性制度安排，发挥着"救急难"和"兜底中的兜底"作用。近年来，白银区发放临时救助资金逐年增长，有力地支持了全区脱贫攻坚工作，体现了区民政部门的初心使命和责任担当。

接下来，白银区民政局将继续坚持应救尽救、及时施救，着力解决困难群众突发性、紧迫性、临时性生活困难，扎实推进城乡困难群众临时救助工作，筑牢社会救助的最后一道"安全网"。

凝心聚力谱新篇 扬帆起航踏征程

吉林省靖宇县民政局

铭记奋斗历程担当历史使命，从党的奋斗历史中汲取前进力量。在"十四五"规划开局之年，建党百年之际，靖宇县民政局用实际行动践行初心使命，在新时代发展中以新作为谱写履职为民新担当。

我局深入学习贯彻习近平总书记在党史学习教育动员大会上的讲话精神，把学习党史同总结经验、观照现实、推动工作结合起来，同解决实际问题结合起来，把学习成效转化为工作动力，防止学习和工作"两张皮"。我局在党史学习中转变工作作风，强化真抓实干精神，从党史学习中汲取推动新时代民政事业改革发展的磅礴力量，扎实开展"我为群众办实事"实践活动，切实发挥民政职能，提升解决问题的能力。

一、学思践悟担使命，履职为民守初心

一是持续推广惠民减免活动项目。目前已对困难群众减免殡葬费用 4.5 余万元。二是在全县 111 个行政村和 8 个社区进行排查，对符合孤儿、事实无人抚养儿童认定条件的建立档案，并按照每人每月 1100 元的标准进行救助。三是开展"解忧暖心传党恩"实践活动。对我县低保对象中面临生活困难的重病患者、重残人员、退役军人党员、老党员、烈士遗属等特殊困难群众和特困人员共计 1841 人进行走访慰问，发放慰问金每人 100 元。四是持续提高最低生活保障标准。经县政府批准，2021 年 7 月 1 日起，城镇最低生活保障标准由每人每月 520 元提高至 550 元；农村最低生活保障标准由每月 340 元提高至 405 元；城乡分散特困人员基本生活标准分别按照上年度我县城乡最低生活保障标准的 1.5 倍进行提高，城镇分散特困人员基本生活标准由每人每月 650 元提高至 780 元；农村分散特困人员基本生活标准由每人每月 420 元提高至 510 元。城乡集中特困人员基本生活标准分别按照上年度我县城乡最低生活保障标准的 2 倍进行提高，城镇集中特困人员基本生活标准由每人每月 650 元提高至 1040 元；农村集中特困人员基本生活标准由每人每月 420 元提高至 680 元。城乡全失能、半失能和全自理能力的特困人员照料护理标准分别按不低于上年度我县最低工资标准的 30%、20%、10% 执行，即全失能照料护理标准为每人每月 450 元；半失能照料护理标准为每人每月 300 元；全自理照料护理标准为每人每月 150 元。

二、精准救助更聚焦，为民办事我为先

一是开展临时救助活动。启动"一事一议"程序，给予10名特情人员临时救助，共计临时救助金20.8万元。二是开展新时代新社区新生活服务质量提升项目。三是开展慈善助医活动。使用国药集团捐赠"救急难"资金，对23名困难患者进行慈善救助，救助资金共计8.524万元。四是开展"福康工程"项目。在全县111个行政村和8个社区进行困难残疾人排查，对148名困难残疾人发放轮椅、拐杖等生活辅助器具，有效提高了困难残疾人的生活质量。

使命在肩，不负人民。靖宇县民政局在"我为群众办实事"实践活动中，用实际行动践行为民服务宗旨，推动解决群众急难愁盼问题，巩固拓展脱贫攻坚成果同乡村振兴有效衔接，织密基本民生保障网，着力增进人民福祉，展现新时代民政的履职担当，奋力谱写新时代民政事业崭新篇章，以优异成绩庆祝建党100周年。

探索打造"五化服务型"救助供养新模式
推动分散特困人员工作再上新水平

山东省滨州市滨城区民政局

为解决特困人员救助供养往往重物质轻服务，难以满足困难群众多元需求的问题，滨城区积极探索以"精准化、智能化、标准化、专业化、多元化"为主要内容的"五化服务型"救助供养新模式，确保分散特困人员工作落到实处、取得实效。

一、开展能力评估，实现服务精准化

聘请专业评估机构对全区 1042 名分散特困人员开展生活自理能力评估，根据评估结果将其分为"具备生活自理能力""部分丧失生活自理能力""完全丧失生活自理能力"三类，并通过包村干部、网格员入户摸底排查出 935 人，通过第三方对其分别提供每月不低于 8 小时、14 小时、16 小时、30 小时照料护理服务，分类落实照料服务标准。对于患有不宜接触的疾病或其本人拒绝被照料护理的特困人员，在征求本人意愿后，由乡镇（街道）或村（居）委会指定近亲属为照料人，开展照料护理服务。

二、研发信息系统，实现服务智能化

研发"'乐享银龄、颐养滨城'分散特困人员照护服务系统"（以下简称"服务系统"），服务人员可以通过"特困照护"微信小程序建立工单、发起定位、上传照片及被服务人员满意度录音等，作为评判有效单数依据。区民政局、乡镇（街道）、服务机构等三方可通过"服务系统"电脑端对服务过程进行实时监管。另外，"服务系统"为每位特困人员定制个性"二维码"，实现特困人员基本信息、落实的民政政策及被服务内容"一屏清"，消除了纸质服务卡信息更换不及时等弊端，成为"分散特困人员照护服务卡"新载体。

三、完善运行机制，实现服务标准化

按照特困人员"五有"工作要求，制定《滨城区分散供养特困人员提供照料护理服务实施方案》《滨城区分散供养特困人员照料护理协议书》《滨城区照料护理人员评价考核表》等完善"区级监管、乡级主管、村级协管"三级服务管理机制，打造"需求、服务、监管、评价、提升"的标准化服务模式，确保特困人员生病期间有服务、基本生活有保障，实现照护服务水平跨越式提升。

四、广泛融智借力，实现服务专业化

为增加特困人员照料服务有效供给，提高服务质量和效率，进一步发挥专业力量活力，滨城区按照"区买乡用"原则将有关护理资金"化零为整"统筹使用，聘请滨州交运康养中心和山东康悦养老服务有限公司两家机构提供专业居家服务。依托1个智慧中心，组建5支专业服务队，打造专业服务网络，为照护服务人员统一参保意外伤害保险，提升服务效率及专业性。

五、扩大社会参与，实现服务多元化

组织第三方机构为特困人员提供"生活照护、健康管理、人文关怀"等全方位的服务，不适宜第三方机构服务的，由指定的照料人进行照护。与滨州康宁精神病医院合作项目，对于特困人员中无法实现集中供养的精神障碍患者，统一由其进行集中收治，实现"特困人员照护，一个也不能少"。建立结对帮扶和定期探访机制，1名特困人员由1名村（居）干部和1名乡镇（街道）干部共同联系帮扶，做到特困人员24小时实时照护。引入志愿者队伍，提供个性化定制服务，满足特困人员不同角度、不同层次的需求。开展"冬季送温暖""夏季送清凉"等特色服务，为特困人员照护服务注入新鲜血液。

创新举措落实突破
聚力为民排忧解难

山东省淄博市博山区民政局

2021年以来，区民政局深入贯彻以人民为中心的思想，按照"兜底线、织密网、建机制、智慧化"思路，在全市率先启动统筹完善社会救助体系建设工作，5月25日，淄博市社会救助体系建设工作现场会在我区召开，博山救助体系经验得到全市推广。

一、以建设三级队伍为支撑，实现救助全覆盖

建设区、镇、村三级衔接互通的社会救助工作网络，区级成立正科级事业单位"博山区社会救助综合服务中心"，在各镇（街道）便民服务大厅全面设立社会救助"一门受理、协同办理"综合服务平台，配备专职社会救助工作人员，通过面对面综合分析、人工研判，为困难群众提供"不多跑、无遗漏"的窗口救助服务。在全区289个村（居）全部配备社会救助协理员，为辖区群众提供救助政策咨询、主动走访发现、帮办代办等服务，真正做到困难群众走进一扇门，办好救助事。

二、以应用信息平台为依托，赋能救助便民化

在全省范围内率先应用"山东社会救助数字平台"，发挥该平台数据共享、系统互通的优势，将民政、残联、工会、司法等7个部门、18项救助事项纳入镇级"一窗受理"范围，做到"救助申请一口进、救助事项分头转、救助结果一库汇"，利用救助手段信息化推动救助服务便民化，社会救助效能明显提升。创新开发"博山e救助"微信小程序，设置城乡低保、临时救助、受灾救助等10项救助业务模块，实现自主申请上报、在线授权核对、微信办结告知等多项功能。通过手机申请、线上受理，避免了申请人"逐级报""来回跑""挨个问"的窘境，大幅缩短审批时限，方便困难群众一部手机办救助，不出户、不求人。

三、以主动发现机制为手段，促进救助快响应

5月份，在全市创新建立社会救助主动发现机制，有效整合卫健、医保、应急、交警、消防、投诉中心等部门数据信息，通过部门线上比对发现致困线索，镇办线下及时对致困线索跟进落实，实现由"人找政策"向"政策找人"、由"上门求助"向"救助上门"转变，打造"博施救·博时救"服务品牌。

四、以精准实施救助为目标，确保救助无遗漏

加强数据比对，利用各级经济状况核对平台，准确掌握申请人员家庭财产状况，实现救助逢进必核，避免因把关不严导致误保错保；强化动态监管，定期开展救助对象普查复核，对经济状况发生变化的，及时增发、减发或停发相关待遇；加大指导力度，将政策培训延伸至村（社区）基层救助工作人员，提升各级政策水平和业务能力，做到困难群众精准识别，救助政策落实落地。全区共保障城乡低保对象7090户、9123人，特困人员932人，残疾人8892人次，孤困儿童70名，实施临时救助279户，救助流浪乞讨20余人，累计发放各类救助资金4413余万元。

五、以机构集中供养为保障，推进救助精细化

博山区委、区政府高度重视城乡特困人员和特殊困难家庭失能人员的供养、服务工作，依托长寿山医养健康园建设打造的一处集特困人员集中供养、特殊困难家庭失能人员集中照护服务为一体的养老机构。不断加大对特困人员集中供养服务工作的投入力度，指导长寿山医养健康园不断优化资源配置，提升服务能力，努力构建集"疾病预防、医疗救治、康复保健、养老服务、护理照料、安宁疗护"六位一体的标准化新型医养服务体系。不断提高集中供养的特困人员和特殊困难家庭失能人员的幸福感、满意感和获得感，让他们享受到有所养、有所乐、有所医、有所扶的优质暖心服务。目前，全区集中供养不能自理人员432人，不能自理特困人员集中供养率63.89%。

六、以专业照护服务为拓展，取得救助新成效

出台《关于进一步加强特殊困难家庭人员救助的实施办法》，对我区特殊困难家庭失能人员进行相关救助，从而提高他们的生活质量，使他们生活得更好更有尊严。利用市场手段，引进专业服务。通过公开招投标确定源泉中心卫生院和博山12349养老信息中心作为照护服务机构，为符合照料服务条件的特殊困难家庭人员根据失能等级提供以"四帮"（帮送餐送水、帮家庭清洁、帮问医送药、帮代购代办）为主要内容的居家关爱服务。为长期卧床"两便不能自理"的失能人员配发纸尿片、被褥、床单等照护物品。为363名特殊困难家庭重度失能人员申请节日慰问金181500元。创新照护方式，推行集中照护。建立特殊困难家庭人员失能照护中心，对有需求的特殊困难家庭失能人员进行集中照护。目前已有28名特殊困难家庭失能人员入住源泉长寿山医养健康园集中照护。

着力提升农村留守儿童关爱保护和困境儿童保障工作

广西苍梧县民政局

2021年以来，县民政局充分发挥牵头作用，聚焦孤残儿童、农村留守儿童和困境儿童福利，多举措推进全县农村留守儿童关爱保护和困境儿童保障工作，积极构建儿童福利和服务体系，织密未成年人保护网。

一、坚持高标准推动关爱保护工作

将农村留守儿童关爱保护和困境儿童保障工作列为民政优先工作，列入县委、县政府重点工作大力抓。建立县未成年人保护工作委员会，承担办公室日常协调工作。充分发挥作用，加强与各成员单位信息共享，会同公安、教育、卫健、扶贫、妇联、残联等部门，全面摸排和掌握全县农村留守儿童和困境儿童底数，实行动态调整，合力做好农村留守儿童关爱保护工作。

二、提高孤弃儿童保障能力

建立与县经济社会发展相适应的孤儿保障水平，将散居孤儿基本生活养育标准从每人每月800元提高至每人每月950元，集中供养孤儿养育标准从每人每月1200元提高至每人每月1350元。深入开展事实无人抚养儿童保障工作，出台具体实施方案，组成县、镇、村三级联合工作组进村入户开展摸排走访核查工作，参照孤儿养育标准发放基本生活费，做到"应保尽保"。

三、提升农村留守儿童和困境儿童关爱服务水平

大力开展"合力监护、相伴成长"专项行动，全县9个镇儿童督导员、146个村（社区）儿童主任全部参与政策集中宣讲活动。积极协调教育、司法、团委、妇联等部门参与讲解关爱政策，共同织密织牢关爱保护网。督促外出务工父母、帮助无监护能力的父母落实有监护能力的成年亲属或其他监护人代为监护，无人监护现象杜绝。抓好儿童安全教育，与县教育等部门联合到部分中小学采取现场演示、趣味游戏等方式，将未成年人保护法、防溺水知识等融入游戏中，着力提升儿童安全意识。

四、加大对特殊困境儿童的关爱保护力度

加大购买农村留守儿童和困境儿童家庭探访、监护评估、心理疏导等服务力度，投入财政资金 30 万元购买第三方未成年人保护社工服务项目，服务采用"3+X"（社区、社工、儿童福利督导员 + 周边可利用的资源）的模式，为特殊困境未成年人及其家庭开展个性化服务。全年通过社工走访特殊困境儿童 103 人，开展个案服务 21 件并全部完成结案，完成 24 节小组活动，大型活动 5 场，发展志愿者 44 名，在社会营造了关爱农村留守儿童和困境儿童的浓烈氛围。

五、强化基层能力建设

出台流浪乞讨未成年人救助机构转型升级，在县救助站挂牌成立未成年人保护中心，承担困境未成年人临时监护职责。各镇依托民政办挂牌成立未成年人保护站，做到有办公场所、有工作制度、有专（兼）职人员、有标识牌"四有"要求。全县明确镇儿童督导员 9 人，明确村（社区）儿童主任 146 名，实现全覆盖。加强儿童督导员和儿童主任培训，2019 年至今，共培训儿童督导员和儿童主任 20 场次，培训 310 人次。

"1+5"服务模式助力孤儿和事实无人抚养儿童快乐成长

河北省沧州市民政局

沧州市高度重视儿童发展工作，以机构改革为契机，单独设立儿童福利科室，增加人员编制，实现儿童工作归口管理。2020年着力创建了"快乐成长1+5"关爱服务模式，强化把孤儿和事实无人抚养儿童作为"党的儿女"进行关心关爱，促进其全面发展和健康成长。

一、"1"即建立一支"党员爸妈"志愿服务队伍，传递党的关怀和温暖

以沧州市联席办名义印发《关于在全市开展"党员爸爸""党员妈妈"爱心帮扶行动的通知》，择优选出有能力、有爱心的党员干部认领全市18周岁以下的孤儿和事实无人抚养儿童，以"党员爸爸"或"党员妈妈"身份，一对一关爱帮扶，建立政府主导、部门参与、党员示范、全社会共同关注孤儿的工作格局。"党员爸妈"定期了解孩子的生活、学习、心理等方面情况，提供必要的物质帮助和精神支持，并经常进行情感交流和参加亲子活动，关注儿童的成长变化，让他们感受家庭温暖和亲情关怀，因工作变动等原因无法继续担任"党员爸妈"的，建立更替机制，确保关爱儿童成长到18周岁。目前1072名"党员爸妈"一对一结对认领孤儿和事实无人抚养儿童，并发放了爱心结对卡。2021年结合"我为群众办实事"实践活动，以市留守困境儿童联席办名义下发《关于组织做好"党员爸爸""党员妈妈"爱心帮扶十件实事的通知》（沧留守儿童办发〔2021〕3号），组织全市"党员爸妈"从思想建设、心理疏导、监测预防、困难帮扶、能力提升等方面关爱帮扶结对儿童，促进全市孤儿和事实无人抚养儿童全面健康发展，提高其获得感、安全感、幸福感。其中涌现出以王红心、代恩城、孔维立为代表的"党员爸妈"优秀关爱保护事迹，被民政部、省民政厅、《中国社会报头版》、《沧州日报》、沧州新闻频道等多家媒体宣传报道。

二、"5"即建立监测预防、兜底保障、救助保护、关爱服务、教育引导"五项机制"，形成闭合式关爱服务网络

（一）监测预防方面

以村（社区）为单位，按照"早发现、早报告、早救助"原则，持续开展动态监测，第一时间将符合条件的儿童纳入孤儿和事实无人抚养儿童保障范围。延伸发现报告机制，组建孤儿

和事实无人抚养儿童的亲属、老师、"党员父母"、儿童督导员、儿童主任、社会工作者、志愿者等参与的保护群，一旦发现问题，第一时间报告，防止冲击道德底线的事件发生。统一将市、县未成年人保护热线并入"12345"服务热线，动员社会公众主动报告处于困难或遭受伤害儿童情况，第一时间接受和响应求助需求。严格对象认定，对符合条件的主动指导和协助提出申请，与儿童监护人签订监护协议书，强化监护责任。目前359名散居孤儿和713名事实无人抚养儿童纳入保障范围，并全部明确监护人建立包联台账，强化安全保障。

（二）兜底保障方面

2020年1月起，基本生活补贴每人每月提高150元，散居孤儿和事实无人抚养儿童每人每月达到1000元、福利机构孤儿每人每月达到1450元；联合公安机关印发《关于进一步规范和细化事实无人抚养儿童父母失联认定工作的通知》，对失联认定原则、标准、办理流程、文书格式等方面进行了规定，解决困扰基层失联认定难题，兜牢生活底线；共筛查出本地服刑人员子女53人，其中已为符合条件的13人办理了事实无人抚养儿童登记。强化医疗保障，泊头市开展"孤儿健康关爱"专项行动，对孤儿进行健康体检，建立健康档案；青县全额补贴孤儿和事实无人抚养儿童城乡医疗保险并为每人每年购买100元人身意外保险。加强教育保障，实施"福彩圆梦·孤儿助学"项目，在校就读成年孤儿每人每年获得1万元资助，直至学业完成，全市58名孤儿受益。

（三）救助保护方面

制订未成年人关爱保护工作流程图，强化信息排查、建档立卡、走访关爱、监护监督、政策链接、工作报告、宣传引导7项职责；建立完善救助保护工作机制，明确机制运行操作流程和部门责任分工。加强基层儿童阵地建设，投资176万元打造12个关爱保护示范村，规范软硬件建设要求，建立"监测预防、强制报告、应急处置、评估帮扶、监护干预"五位一体的闭合式保护模式。在全市开展贫困群体"五服务"兜底保障工作中，扩大儿童福利机构养育范围，将无法定监护人或者监护人监护能力不足的散居孤儿和事实无人抚养儿童纳入国家兜底保障，经调查评估将3名儿童进行了集中养育，其他儿童按风险等级分为低、中、高三类进行分类施策、精准保护，兜牢安全保护防线。

（四）关爱服务方面

加强基础建设，全市重新调整配置乡镇儿童督导员191人、村级儿童主任5659人，全部实名制管理和岗位培训。联合市委编办下发《关于加强县乡村未成年人保护工作的通知》（沧民字〔2021〕27号），明确县、乡、村机构设置具体人员、工作职责、场地等内容。截至目前，我市共有15个未成年人救助保护机构（市级1个、县级14个）获得市委编办批复，覆盖率达到100%；建成乡镇（街道）未成年人保护工作站128个，覆盖率达到65%；建成村（社区）未成年人保护工作点共603个，覆盖率达到10%，超前完成省定任务。推行孤弃儿童区域性集中养育新模式；市民政局下发《关于开展孤弃儿童区域性机构养育的实施意见》（沧民字〔2021〕21号），将分散在各县（市）福利机构内养育的儿童转移到市级或区域性福利机构（青县、任丘、泊头）进行委托代养，有效解决县级儿童福利机构区域发展不平衡、服务能力不足等问题，构建以市级为中心、县区域为支撑的新型保障格局，全面提升孤弃儿童养治教康等专业化水平，为儿童健康成长提供更加优质的环境，目前已有 3 名孤儿移交市级集中代养。深化关爱服务，随着未成年人政府保护工作的推进，更多的社会有关组织、社会工作者参与到保护工作中来，如市心连心社工组织开展"润苗"项目，已为 123 名困难儿童提供心理疏导、行为矫治、社会融入等专业服务，从传统的物质帮扶转化为儿童的扶智增能帮扶。

沧州市壹家人社工服务机构开展"爱助事实孤儿"项目，为 14 名儿童发放助学金 1.08 万元；献县阳光爱心社开展"代理爸妈"项目，救助帮扶全县留守困境在学儿童 264 人，累计发放资金 33.66 万元，其中孤儿和事实无人抚养儿童全部纳入帮扶范围，共救助 141 人。

（五）教育引导方面

组织开展"红色筑梦·初心启蒙"主题党史学习教育，教育引导全市农村留守儿童和困境儿童增强爱国意识，坚定理想信念，同时在党的关爱下，学会"知恩""报恩""施恩"。目前已开展革命老人讲述红色故事、走访革命烈士纪念馆、党建游园行、党旗下的红歌、观看红色影片等多元化活动，惠及农村留守儿童和困境儿童 1000 余名。相关活动被《沧州日报》、沧州新闻频道、河北省民政厅、《中国社会报》等多家媒体宣传报道。利用网络平台开展"保护儿童，远离侵害"主题网络答题评选活动，提高传播质量，扩大参众范围，让儿童关爱保护政策家喻户晓，共评选出 200 名优秀参与者。开展政策宣讲进村（居）、《未成年人保护法》宣传月等活动，通过开展培训、发放宣传资料、走访入户等形式，教育引导广大父母以及监护人自己旅行监护责任和抚养义务，引导儿童提高自我保护能力，倡导全社会关爱保护未成年人，营造良好社会氛围。目前市级共开展 2 场次、县级 16 场次、乡镇（街道）145 场次、村（居）526 场次。

下一步我们将不断创新工作思路，用切实的关爱和帮助，为孤儿和事实无人抚养儿童撑起一片蓝天，让爱的陪伴一路"童"行。

落实"四个到位"
推进"我为群众办实事"实践活动

新疆察布查尔县民政局

在建党百年之际，察布查尔县民政局深入开展党史学习教育，扎实推进"我为群众办实事实践"活动，察布查尔县民政局坚持学用结合、学以致用，用情用力解决群众操心事、烦心事、揪心事，切实提高各族幸福感。

一、建立长效机制，组织落实到位

结合工作实际成立"我为群众办实事"实践活动领导小组，制订《察布查尔县民政局"我为群众办实事"实践活动计划》。按照工作职责、任务目标、群众意愿，制订 4 条民生项目承诺清单，发动全体党员干部围绕群众最关心、最急办的实事提出 35 条为民办实事暖心清单。党员干部按照承诺清单时间进度履行承诺，实现"有诺必践，有诺必行"。制定"周三入户日"工作制度，由社会救助办牵头，下沉至各村社区针对全县城乡低保对象、特困对象等特殊困难群体，按照"集中座谈、入户核查、村村必到、人人必见"的工作方法，实现走访摸排，及时掌握困难群众诉求，并建立工作台账。主要领导每周定期前往各福利机构针对服务管理、安全生产等各项工作开展调研工作，形成专题调研工作报告，建立问题台账，逐项销号整改。

二、强化宣传培训，政策宣传到位

成立由机关干部、社会组织志愿者、乡镇民政干事为主体的宣讲队伍，通过组团式宣讲、入户宣讲等方式组织开展低保、临时救助、孤儿收养等各项惠民政策宣讲并发放宣传手册。同时由社会组织开展就业技能培训，激发群众内生动力，确保把更多、更好的惠民、利民政策宣传到位、落实到位，让更多的群众切实感受到党和政府的温暖，截至目前已开展惠民政策宣讲 15 场次，就业技能培训 4 场次，受益群众 400 人次。

三、提升服务能力，政策落实到位

积极组织乡镇民政干事及协理员通过视频会议及实地走访的形式开展民政业务工作培训，进一步夯实民政工作基础，提升基层民政服务能力。严格救助政策落地落实，做好低保申请和认定流程，强化监督管理，为兜实兜牢民生保障底线提供政策依据，实现精准救助。加大困难群体摸排力度，落实低保、特困人员、孤儿生活保障提标政策，足额发放各类救助资金。截至目前，为 5956 户 7803 人发放城乡低保金 1498.68 万元；为 593 人发放临时救助 61.96 万元；为 1871 人发放高龄津贴 127.45 万元；为 4138 人发放残疾人"两项补贴"296.86 万元；为 63 人发放特困人员补贴 31.36 万元；为 42 名困难大学生发放助学金 8.2 万元。

四、坚持为民宗旨，实事落实到位

加大弱势群体关心关爱力度，联合民政局驻爱新舍里镇乌珠牛录村"访惠聚"志愿队及社会组织志愿服务队深入田间地头慰问各族群众，前往特困老人及弱势群体家中访贫问苦，开展志愿服务。积极协调医疗机构为弱势群体开展义诊活动，普及医疗知识，施行健康体检。大力扶持困难群众发展庭院经济，为 9 户困难群众送去各类菜苗 1275 颗。发动爱心人士为困难家庭捐助善款 4.8 万元。联合县残联在海努克镇幸福大院挂牌"州直残疾人托养机构"，并为行动不便老人解决 7 辆轮椅，截至目前已为各族群众办实事好事 26 件，受益群众 350 余人次。

养老服务体系建设研究

河北省承德市民政局

随着人口老龄化问题的加剧，养老已成为关乎国计民生的大问题，党的十九届五中全会立足党和国家事业发展大局，将积极应对人口老龄化上升为国家战略。河北省人口众多，承德市地处河北省的东北部地区，人口老龄化水平高于河北省平均水平，已经成为影响经济发展的重要因素。如何面对和解决老龄化，提高养老服务水平，是值得研究和探索的。

一、承德市养老服务工作现状

目前，承德市总人口为383万人，其中60周岁及以上老年人口80.4万人，占总人口的21%。据预测，到2025年，承德市60周岁及以上老年人口将超过90万人，到2035年将超过百万，老龄化程度进一步加深，老年人对养老服务的需求逐步加大。近年来，承德市委、市政府高度重视养老服务工作，始终将养老服务发展摆在突出位置，着力推进以居家为基础、社区为依托、机构为补充、医养相结合的多层次养老服务体系建设，完善政策体系，加大财政投入，激发社会活力，全市养老服务工作取得明显成效。

（一）养老服务政策法规体系不断完善

市政府先后出台《关于加快推进养老服务发展的通知》《关于建立健全养老服务综合监管制度促进养老服务高质量发展的实施方案》《关于建立居家和社区基本养老服务清单制度的实施意见》《承德市居家和社区养老服务改革试点实施方案》等一系列文件，对全市养老服务业发展进行统筹部署、顶层设计，为养老服务发展提供了政策依据。

（二）机构养老服务能力不断提升

市政府坚持政府主导、社会主办、统筹规划、城乡同步的原则，加大建设力度，完善服务功能，提高服务水平，推动机构养老服务全面发展。截至目前，全市共建设各类养老机构103所，其中公办养老机构31所、民办养老机构72所，养老机构床位达到1.3万张。一是强化政策扶持。出台《承德市民政局　承德市财政局关于对养老机构给予奖补的通知》，对于符合条件的养老机构给予建设补贴和运营补贴。对新建、利用自有产权房屋改建的每张床位补贴1万元，租赁闲置资产改造的每张床位补贴5000元，按照每人每月200元的标准给予运营补贴，支持鼓励社会力量兴办养老机构。二是提高服务质量。深入开展养老院服务质量建设专项行动，对照《养老院服务质量建设大指南》的 116 项指标，对全市养老机构进行"拉网式"排查整治，重大风险隐患全部清零，养老院服务质量得到有效提升。依照《河北省养老机构星级评定管理办法》和《实施细则》，对符合条件的养老机构进行星级评定，全市星级示范养老院达到 66 家。三是推进医养融合发展。出台多项政策文件，鼓励养老机构以多种形式开展医疗服务，增强医养结合服务能力，满足老年人医养结合服务需求。目前，全市医养结合机构 5 家，嵌入式医养结合机构 1 家，97 所养老机构与医疗机构开展合作，实现了医养合作全覆盖。

（三）社区和居家养老服务设施日趋完善

持续实施社区和居家养老民生工程，以街道、社区为依托，不断优化居家养老服务有效供给。一是以街道为单位，建设综合性居家养老服务中心，建筑面积达到 750 平方米以上，目标是具备日间照料、休闲娱乐、康复护理等养老服务功能。全市共建设综合性居家养老服务中心 21 个，实现城镇街道全覆盖。二是以社区为单位，建设社区日间照料服务站，为居家老人提供日托、上门服务等日间托养服务。全市共建设社区日间照料服务站 142 个，社区覆盖率达到 73%。

（四）农村养老服务有效推进

加快推进农村养老服务设施建设，建立农村老年人关爱服务体系，实现农村老年人老有所养、老有所依、老有所乐、老有所安。一是实施政府兜底保障。将符合条件的农村高龄、失能等困难老年人及时纳入最低生活保障范围。采取分散供养和集中供养相结合的方式，将所有符合条件的农村特困老人纳入政府供养范围，不断提高供养水平，扩大保障范围，给予他们生活照顾和物质帮助。全市共保障农村特困老人 2.68 万人，特困供养年标准为 6240 元，失能半失能老人集中供养率达到 50%。二是发展农村互助养老。推广新建型、改造型、整合型建设模式，加大投入，整合资源，探索发展农村幸福院的互助性养老模式，推动幸福院规范管理运行。

（五）老年人关爱服务政策全面落实

不断健全老年福利制度，提升老年人幸福指数。一是做好高龄津贴发放工作。加大宣传力度，严格审批环节，优化发放流程，确保津贴发放工作规范有序。为全市 80—89 周岁老人每人每月发放 30 元，90—99 周岁老人每人每月发放 60 元，100 周岁及以上老人每人每月发放 300 元，惠及高龄老人近 10 万人。二是全面建立经济困难高龄、失能等老年人补贴制度。对城乡低保对象中年满 80 周岁以上的老年人发放经济困难高龄补贴，对城乡低保对象中年满 60—79 周岁的失能老年人发放经济困难失能补贴，补贴标准均为 100 元／人／月，共惠及老人 3.1 万人。三是健全农村留守老人关爱制度。制定出台《关于加强农村留守老年人关爱服务工作的意见》，开展农村留守老年人摸底排查，形成工作台账，录入信息平台，实行动态管理。对全市 3367 名留守老人建立定期探访制度，落实各级各相关部门职责，积极开展关爱帮扶。

（六）养老服务信息化不断创新

积极应对"互联网＋"的新形势、新要求，打造市级综合养老服务信息平台，满足老年人多元化养老服务需求。一是建立基本数据库。建立和完善老年人口、居家养老服务中心（站）和志愿者服务数据库，实行动态更新，整合线下服务企业 3000 家，完成主城区范围内享受高龄津贴和经济困难高龄、失能补贴老人信息录入工作。二是健全服务网络。依托"12349"和承德电信云平台打造"互联网＋养老"的新模式，为老年人提供居家生活、居家健康、居家安全三类居家养老服务，构建"没有围墙的养老院"。

二、推进养老服务体系建设的对策和建议

结合当前承德市养老服务现状、趋势和存在问题看，应以"满足全市老年人基本养老服务需求"为目标，将实现人人享有基本养老服务作为今后一段时间农村养老服务发展的整体目标和根本目标导向，核心举措是要坚持以习近平新时代中国特色社会主义思想为指导，全面贯彻党的十九届五中全会精神，积极顺应广大老年人及其家庭日益增长的需求，健全基本养老服务制度体系，加快建设、形成居家为基础、社区为依托、机构为补充、医养相结合的多层次养老服务体系，大力推动养老服务供给结构不断优化，养老服务质量持续改善，有效满足老年人多样化、多层次养老服务需求。

（一）提高机构养老服务能力

深入贯彻落实《养老机构管理办法》，加强公办养老机构管理，提升服务水平，充分发挥公办养老机构的兜底和示范作用，确保城乡特困供养老人老有所养。全面加强养老机构综合监管，建立健全养老服务监管责任清单，严格落实问责制度，促进养老机构服务功能不断完善、服务水平持续提高。引导各养老机构加大宣传力度，提升机构养老公众认知度，在保障本地区老年人养老的前提下，吸引京津冀及外省老年人来承德养老。实施养老服务提质增能工程，2021 年新增养老机构 3 所、养老床位 700 张。不断提高养老机构对高龄及失能失智老年人的照护能力，改造康复护理型床位 900 张。开展星级养老机构评定工作，培育星级示范养老机构 5 家。

（二）加强和改进社区和居家养老服务

以落实省市民心工程为牵引，以推动社区和居家养老服务改革为抓手，全面加强社区和居家养老服务设施建设，满足更多老年人居家和社区养老需求。以机构养老为龙头拓展社区和居家养老服务，发挥养老机构在养老服务中的专业和资源优势，把生活照料、医疗护理、助餐助浴的专业服务延伸至社区、家庭，鼓励养老机构承接街道居家养老服务中心、社区日间照料服务站的运营管理，加快形成专业服务能力强、综合效益明显、可持续发展的社区和居家养老格局。

（三）推进农村养老服务发展

紧紧把握乡村振兴战略和"十四五"积极应对人口老龄化的机遇，以促进城乡基本养老服务均等化为着力点，以筑牢底线补齐短板为突破口，加快建立健全城乡统筹、整体覆盖、分层分类、公平可持续的农村养老服务体系。在服务对象上，由特困供养人员向老年人尤其是高龄、失能老年人拓展；在供给主体上，由政府单一服务向政府、市场、社会多元参与转变，探索推进公办养老机构改革；在服务方式上，由机构养老向居家社区养老、乡村互助养老延伸；在服

务保障上，由政府兜底向适度普惠转变，统筹推进农村养老服务发展。

（四）开展县乡村三级养老服务网络建设试点

到 2021 年底，在试点地区建成以县级养老服务指导中心为中枢、乡镇区域养老服务中心为支撑、村级互助服务设施为基础的系统融合、分层分类、可持续运行的县乡村三级养老服务网络。在县级层面，成立养老服务指导中心，建成功能完善的县级养老服务信息平台，至少建成 1 所以失能、部分失能特困人员专业照护为主的供养服务机构（敬老院）。在乡镇层面，拓展现有养老机构功能，或新建养老服务机构，在 50% 以上的乡镇建成具备全托、日托、上门服务等综合功能的区域养老服务中心。在村级层面，以农村互助幸福院、邻里互助点等为依托，发展互助性养老，服务覆盖 70% 以上行政村。

（五）加强养老人才队伍建设

重点围绕薪酬待遇、岗位设置、职级体系等，制定出台养老护理人员从业激励政策，加强养老服务人员职业技能培训，建立"校企合作""校院合作"等人才培养机制，加强养老服务志愿者队伍建设，推动养老志愿服务规范化、制度化、长效化。

（六）提升养老服务科技水平

加快推进"互联网＋养老服务"，让养老服务信息多跑路，老年人少跑腿。依托承德市养老服务信息平台，加强养老服务信息资源规划、管理和应用，完善养老机构、养老设施、从业人员服务项目、老年人基本信息等大数据建设，加强养老服务信息应用推广，为养老服务体系建设决策提供精准数据支撑。

密织一张"关爱网"
温暖千万"困境童"

湖北省崇阳县民政局

崇阳县位于湘鄂赣三省交界的幕阜山片区，是全国重点贫困县，辖12个乡镇、203个村（社区），人口约50万人。全县现有留守儿童2869人，其中困境儿童470人。留守儿童问题已成为社会发展亟待解决的突出问题。近年来，崇阳县民政局在上级民政部门的大力支持和县委县政府的高度重视下，把留守儿童关爱保护工作作为一项极为重要的民生工程打造，不断创新体制机制，夯实基层基础，形成了政府主导、部门联动、家庭尽责，社会参与"四位一体"的工作格局，全力打造留守儿童关爱保护的崇阳模式。

一、创新组织领导机制，统筹关爱保护"一盘棋"

一是大员上阵抓示范。争取县委、县政府重视，纳入政府工作计划，每年县政府专题召开全县妇女儿童工作、"三留守"联席等会议进行部署，在青山、铜钟两个乡镇办点示范，县级领导分别联系乡镇、村，县委书记亲自到所联系的坳上村专题调研留守儿童关爱工作，由民政部门列出"工作清单"，项目化清单化推进。二是全员参与强合力。充分发挥部门职能优势，各施其能、各尽其责。妇联、团委通过"双结双促""爱心妈妈"等活动，对接武汉工程大学、江汉石油管理局团委等结对单位援助，在线上开展留守儿童游戏互动、知识讲座、心理疏导等活动；县检察院、司法局、教育局等单位联合举办"法制教育进校园、进农村"活动，通过广泛的宣传发动，企业、单位、部门和个人纷纷参与关爱工作中来，全县社会关爱机制已经全面形成。

二、创新资源整合机制，联动关爱保护"一张网"

一是从上到下建立系统规范责任网络。留守儿童关爱保护工作是一项系统工程，涉及家庭、社会、学校等方方面面。为规范责任网络，初步构建了集家庭、社会、学校共同参与的资源整合责任网络，开展了一系列关爱保护留守儿童活动，如：妇联的"爱心妈妈"活动等，为全县留守儿童健康成长提供了一个良好的发展环境。二是由点到面建立专项落实工作任务网络。2019

年，崇阳县抓住全省关爱留守儿童机制创新试点工作机遇，整合资源，加大政府投入，先后在铜钟乡大岭村等五个村建设"幸福之家"，在高枧乡义源村等 39 个村建设有儿童活动中心的农村日间照料中心，为崇阳县留守儿童提供了优质的学习交流平台，孩子们可以在这里学习、唱歌、跳舞、画画，尽情享受属于自己的快乐时光！三是从内到外建立完善的工作措施网络。2020 年，崇阳县继续加大投入，推广创新试点经验，以点带面，在由内到外整合资源在全县新建 26 个"幸福之家"，提档升级"儿童之家"37 个；并在社区开展试点，新建改造五个社区群众活动中心，配齐配全儿童服务活动设施设备，完善服务功能，创新管理机制，促成关爱保护工作形成体系，为全县留守儿童营造一个良好的活动环境。

三、创新管理服务机制，打造关爱保护"一平台"

一是打造精准信息平台。抓住 2020 年"全国儿童福利信息动态管理精准化提升行动年"契机，对全县留守儿童开展了全面、细致的排查，掌握了留守儿童的个人基本情况、家庭情况、监护责任落实、生活照料、救助帮扶等基本信息，进一步摸清了儿童督导员、村（居）儿童主任数量规模、分布区域、结构状况。全面推广应用"金民工程"建设全国儿童福利综合管理信息系统，印发了规范统一的全县留守儿童实用手册，完善人员进出机制，强化动态管理，共更新录入留守儿童信息 2860 条，完善留守儿童信息台账，做到一人一档，动态掌握不同对象的个性化需求，为留守儿童提供精准关爱服务。二是打造源头解困平台。大力发展园区经济，吸引外出务工人员回乡创业，到 2020 年 10 月，我县工业园新开工企业 36 家，吸引回归创业人员 2600 人。充分发挥企业参与助力精准扶贫的政策优势，在各乡镇建立扶贫车间 37 个，为全县 1700 多人提供了家门口就业的机会。通过有针对性举措，崇阳县留守儿童从 2016 年的 4850 人下降到 2020 年的 2869 人，让留守儿童逐步回归家庭，从根本意义上解决留守儿童问题。

四、创新队伍建设机制，推动关爱保护"一条龙"

一是配强专业队伍。在全县 12 个乡镇配齐乡镇儿童督导员，在全县 187 个村和 16 个社区配备 203 个村儿童主任；结合中国扶贫基金会"童伴妈妈"项目，在白霓镇大市村等 10 个村聘请儿童妈妈 10 名，落实结对帮扶工作机制。同时，加强人员培训力度，在华美达酒店、县民政局等地开展了 4 次留守儿童、困境儿童关爱保护培训会，累计受训 700 余人次。同时在全县招募 42 名"三下乡"实习实训在读大学生和各级志愿组织共 300 多名，与 634 名贫困留守儿童开展结对帮扶。二是推进社会联动。引导社会组织、社会力量参与关爱保护活动，通过购买社会服务项目，带动社会工作人员、志愿者助力留守儿童关爱保护工作。2019 年启动"爱满荆楚"试点项目，率先在 2 个试点村成立了社会工作服务室，派驻志愿者开展专业服务；2020 年，在试点的经验基础上投入资金 20 万元，在天城镇 5 个社区开展"情系社区、相伴成长"

关爱留守儿童服务项目，直接受益对象 300 人，间接受益对象 1600 人，推进儿童关爱保护常态化、专业化。

通过不懈努力，我县关爱保护农村留守儿童工作取得了一定的成效，积累了一些经验，但与上级要求仍有一定差距。目前存在的主要问题：一是宣传还不够充分，社会各界的参与度还不够高；二是部门之间、乡镇之间工作进度不平衡；三是长效机制少，创新性的载体活动缺乏。下一步我们一是进一步强化党委政府主导作用，建立留守儿童监护保障体系，切实解决留守儿童教育成长中的实际问题；二是进一步完善学校、家庭、社会三位一体的关爱网络，加强宣传，凝聚合力；三是不断创新工作方式，丰富活动载体，加强对留守儿童的亲情关怀，让更多的留守儿童感受到社会的关爱，使留守儿童和其他少年儿童一样同在蓝天下健康快乐成长。

为爱找办法

福建省大田县民政局

一、基本情况

为应对人口老龄化的挑战，大田县委、县政府于 2016 年投入 2000 多万元，率先在全省建立县级居家养老服务中心（以下简称中心），并充分利用互联网、物联网、大数据等现代信息技术，构建了线上线下服务一体化的智慧养老服务平台，委托福建居敬泽惠养老产业发展有限公司实行专业化运营，为全县老年人、残疾人、伤病人等提供日常照料、康复保健、文化娱乐、救急应急等居家养老服务。经过几年的实践与探索，大田县研发并推出"指尖云孝老"服务机制，生动诠释了"一键呼叫，上门服务，质量保障"的服务体系，促进了大田县居家养老服务全覆盖，并沿着规范化、标准化方向健康发展。

二、主要做法

（一）"互联网 + 网格管理"，实现资源云整合

中心智能管理系统通过老年人专用手机与通讯运营商联网，依托养老院、社区照料中心、农村幸福院等阵地，整合全县社区卫生服务站、村卫生所、家政、超市、快餐等资源，就地组建服务队伍。同时在乡（镇）、村（社区）成立孝老助残服务驿站，以乡（镇）、村、驿站划分网格，将居家老人、服务机构、服务人员三位一体有效对接和优化配置。服务人员在各自居住地待命，形成了"以呼叫中心为龙头，网格管理、统一调度、一呼百应"的工作格局。目前，全县养老服务延伸至 266 个行政村，做到服务全区域覆盖、运行管理无死角。

（二）"互联网 + 高效响应"，实现平台云调度

中心以智慧平台为核心、LBS 定位功能手机为终端，建成具有紧急救援、呼叫中心、信息档案管理、服务评估、在线支付结算等功能模块的智能管理系统，同时开通了 24 小时服务热线。老年人通过免费提供的智能手机"SOS"呼叫或拨打热线电话，实现服务需求线上"一键呼叫"；服务中心根据老人需求及系统显示的基本情况、地理位置等内容，就近调度服务人员或签约服务机构提供服务；线下服务人员接到平台发布的服务需求后，即刻响应，实现 1 分钟接单、15 分钟内上门服务。孝老员上门服务结束后，通过手机 APP 服务工单将服务情况以图片或视频形式传输至民政局监督系统、养老服务中心管理系统。

（三）"互联网＋精准识别"，实现需求云保障

针对政府购买服务和居家养老有偿服务等不同需求，开发了服务需求评估软件，通过组织定期探访、社工上门等方式采集居家老人信息档案并录入系统。在做好信息归集等基础工作后，采用大数据分析，精准研判老人生活动态，组建"红马甲"和"白大褂"孝老员及志愿者等各类服务队伍，实施精准服务。对自愿购买服务、特困供养、重度残疾、计划生育特殊家庭等不同对象提供全方位精准服务，有效提高了失能、半失能、空巢老人的生活质量，让老年人和残障人士都能感受到党委、政府的温暖和社会的关怀。

（四）"互联网＋多方监管"，实现质量云提升

制定了呼叫中心工作人员工作职责和"互联网＋农村居家养老服务"规范标准，通过中心网站、APP 等平台，对服务商或服务人员进行评价打分，并建立了孝老员"优胜劣汰"、服务质量评价等质量管理机制，有效提升服务质量。县民政局、市场监督管理局、卫健局等部门联合制定了监督管理办法，对服务机构资质、服务质量进行把关和跟踪管理。通过线上线下相结合、多部门联合监管等手段，中心服务质量得到了政府、社会各界人士和服务对象的高度认可，服务满意度逐年提升。

三、经验效果

（一）服务效率不断提高

依托服务平台的智能管理作用，将使老人呼叫简单化，子女定制便捷化，服务流程规范化，价格透明化，项目多元化，监管精细化，参与社会化，养老服务工作触角不断延伸到各个领域，极大提高了服务效率。截至 2021 年 7 月，服务对象 32158 人，其中 7730 人的费用由政府支付，接听求助、政策电话 64.1 万个，线下实体 32.6 万人次，开展志愿服务 1.55 万人次。

（二）就业渠道大幅拓宽

中心签约医疗、商场、餐馆、家政、理发店等服务机构合计 1117 家，旅居路线 9 条，康养基地 3 家，培训机构 2 家；与养老公寓、社区日间照料中心、老体协、老年活动中心、乡镇敬老院、农村幸福院等 38 家机构达成战略合作关系；吸纳培训孝老员 2000 多名，其中低龄老人 59 名、留守妇女 203 名、残疾人 26 名。这就有效盘活了本地服务和产品资源，增加了就业岗位，缓解了农村富余劳动力就业难问题。

（三）异地孝老得到解决

随着城镇化的推进，多数中、青年人进城或在异地城市工作，而老年人习惯于原居住地生活等原因，赡养人与被赡养人异地生活现象突出，异地孝老面临严峻挑战。中心提供带"SOS"功能的专用手机，通过简单的"一键通"对接服务和亲情沟通，解决了农村大部分老年人文化低、记忆力差、无法操作功能繁杂的手机等难题；赡养人可以通过手机下载该公司"泽惠想家"APP，直接登录平台为老人购买服务，查看服务过程，了解老人生活情况，在外地安心工作的同时，

兼顾解决敬老孝老难题，基本满足异地孝老的服务需求。

经过多年实践，大田县居家养老服务中心通过网格化管理、多元化和精细化服务，有力推进了养老服务工作地域全覆盖、全方位供给和全过程监管，实现居家养老服务可落地、可推广，形成了"管理成本最小，服务团队最大，服务效率最高"的运营模式。2017年8月，大田县创新的"互联网＋三化三全山区养老服务110"模式入选全国养老服务业发展典型案例，2018年福建省民政厅将服务模式作为典型在福建省内推广学习；2018年5月，居敬泽惠养老智能管理系统V3.0版获国家版权局著作权登记；2019年8月成功注册"居敬泽惠"商标；2020年7月，制定福建省地方行业标准《农村智慧居家养老服务规范》；2020年11月，"线上线下相结合，农村老人笑开颜"入编民政部养老服务司《全国农村养老服务典型案例汇编》；各项工作成效被人民日报、中央人民政府网、福建日报等各大媒体宣传和报道。

"提质扩面"打造养老服务品牌

广东省湛江市坡头区民政局　黄芳菲

随着时代的进步，中国的老龄化进程加快，老龄化问题日益严峻。为此，习近平总书记做出了一系列高瞻远瞩的重要指示，规划部署国家老龄事业发展和养老体系建设。近年来，坡头区一直非常重视养老服务工作，积极推进养老服务体系建设，坚持市场化、专业化、规模化运作，大力支持社会力量参与，突出抓好居家养老、公建民营医养结合、组织培训等关键环节，形成以居家养老为基础、社会养老为依托、机构养老为补充的社会养老服务体系，打造具有坡头特色的养老服务品牌，取得了明显成效。

一、"完善制度"，积极探索"新思路"

立足坡头区六大镇级敬老院现状，先后制定并印发了《坡头区特困人员供养服务设施（敬老院）提升改造三年行动方案》和《坡头区镇级敬老院整治提升方案》，明确坡头区镇级敬老院整治提升标准化改造项目内容和标准，对全区敬老院进行综合整治提升提供了明确指引。同时，紧紧围绕"资源合理配置、老人老有所养"的任务目标，制定并印发《坡头区敬老院公建民营社会化改革实施方案》，鼓励和引入社会力量积极参与养老服务，以适应坡头区养老服务发展需求，有序推进坡头区乡镇养老服务机构社会化改革，推动坡头区养老产业健康发展。

二、"坡头慧养"，致力打造"新特色"

为推动坡头区社区居家养老服务快速、健康发展，坡头区民政局充分利用福利彩票公益金先后投入 15 万多元，高标准装修配套，设立"南调街道海湾社区长者爱心饭堂""凯旋湾居家养老服务站""启达东海岸居家养老服务站"等服务场所，为社区老年人提供膳食供应、文化娱乐、康复保健、心理慰藉、健康档案等照料服务，打造全区示范性社区养老，取得了良好的效果。目前，全区共有 6 间镇级敬老院、5 家居家养老服务站、1 间社区长者饭堂，初步形成以居家养老为基础、社会养老为依托、机构养老为补充的社会养老服务体系。

三、"培育人才"，不断激发"新动力"

积极整合"双百社工"，推行养老机构管理人员及养老护理员岗前培训制度，大力开展养老服务人才职业培训，实施养老护理员职业技能免费培训，重点培训标准规范、专业技能、安全管理等内容，建立养老服务专业技术人员激励制度，努力提高养老服务人才队伍待遇。

四、"立足需求"，积极探索"新模式"

一是智慧健康养老新模式，推进智能家庭床位照护服务。培训和参观学习湛江市社区居家养老服务质量指导中心和家庭照护床位监管中心有关家庭照护床位建设方面的特色做法，结合坡头区社区居家养老服务示范指导中心项目建设和时间节点同步推进，拟以政府购买服务的方式，推进智能家庭床位照护服务。二是积极探索医养结合养老服务新模式，按照方便就近、互惠互利原则，进一步规范医疗卫生机构和养老机构合作，坡头区民政局积极与南油医院、平安医院等医疗机构就协议内的合作内容、方式、费用及双方责任开展协商沟通，已取得阶段性进展。

明确目标任务　突破难点热点
在新的赶考路上奋力谱写民政事业发展新篇章

甘肃省定西市民政局党组书记、局长　杨振军

2022 年是乘势而上开启全面建设社会主义现代化新征程、向第二个百年奋斗目标进军的关键之年。2 月 18 日市政府召开的全市民政工作会议明确了提出了 2022 年民政工作的总体要求、目标任务和保障措施。全市各级民政部门坚持以习近平新时代中国特色社会主义思想为指导，全面贯彻落实习近平总书记关于民政工作的重要指示精神，坚决贯彻落实民政部、省民政厅和市委、市政府重大决策部署，以满足人民日益增长的美好生活需要为根本目的，深入实施市委、市政府"转变作风、追赶进位"工程，在新的赶考路上奋力谱写定西民政事业新篇章，为建设人民满意的社会主义现代化新定西贡献民政力量。

一、聚焦城镇困难群体，深入推进脱困解困行动

截至 2020 年年底，定西全市 7 个县区整体脱贫摘帽，84.24 万建档立卡贫困人口全部脱贫，农村困难群众实现了"两不愁、三保障"。针对全市城镇困难群体的实际情况，市委市政府审时度势，把做好城镇困难群体脱困解困帮扶工作纳入了重要议事日程。市第五次党代会、全市经济工作会议以及市委市政府主要领导对做好城镇困难群体脱困解困帮扶行动提出了具体要求，做到了"六个明确"：明确了对象范围。城镇困难群体脱困解困帮扶的对象是城镇常住居民，包括持有当地非农业户口的城市居民和在城市实际居住一年以上的城镇低收入及特殊困难群体。明确了目标任务。重点解决城市常住人口在基本生活保障、住房看病、上学就业等基本民生方面遇到的实际困难和问题。明确了方法步骤。分动员部署宣传培训、排查摸底建立台账、精准识别分类解困、健全机制长效运行四个阶段稳步推进和实施。明确了部门职责。由民政部门牵头抓总、相关部门配合实施。总的原则是："乡镇街道负责排摸问题、谁的问题谁负责解决。"明确了操作要领。核心操作是乡镇街道按照"以房找人"的原则，摸清当前城镇常住居民的困难底子底数，相关部门制定有针对性、操作性的脱困解困方案。明确了政策要领。一是对城市低收入群体中的重度残疾人和重病患者，全面落实单人户施保政策；二是在审核确认入户对象的家庭收入时，要做到"两个扣减"；三是认定家庭财产时，要做到"一个豁免"。2022 年 1月 6 日—14 日，定西市在安定区选择了永定路街道办事处流动人口相对较多、老旧小区相对集

中、困难程度相对较重、人口组成相对复杂的永定、东街两个有代表性的社区开展了试点调研，为做好全市下一步脱困解困行动积累了经验。目前，全市脱困解困行动正在有力有序展开。

二、聚焦脱贫成果巩固，坚决守住民生保障底线

全市按照兜底线、保基本、救急难、促发展、可持续的总体思路，切实解决好特殊困难群体的"急难愁盼"问题。一要不断巩固拓展社会救助兜底保障成果。继续保持社会救助兜底政策总体稳定，对符合低保或特困供养条件的困难群众，及时纳入相应救助范围；对低收入家庭中的重度残疾人、重病患者落实"单人户"保障政策；对基本生活暂时陷入困境的家庭或个人以及临时遇困、生活无着人员，及时给予急难救助，确保将所有符合条件对象及时纳入相应的救助保障范围，切实守住不发生规模性返贫的底线。二要用好低收入人口监测和动态调整机制。不断健全低收入人口动态监测和救助帮扶机制，持续加大监测预警力度，及时开展数据共享比对，将符合条件的低收入人口全部纳入救助帮扶范围，实现对低收入人口风险点的早发现和早救助。健全完善社会救助标准动态调整机制，综合考虑城乡居民人均可支配收入、城乡居民人均消费支出等因素，科学确定城乡低保保障标准和补助水平。三要持续推进特困供养服务创新。持续推广"资金＋物资＋服务"的救助模式，按照"以需定购"的原则，合理确定采购物资物品的种类，不搞"一揽子"采购，坚决杜绝平均采购、压箱配发等问题。要建立完善对监护人和监护机构的考核评价体系，对连续3次现场随机抽查监护责任落实不到位的，要坚决更换监护人或监护机构。加大政府购买服务力度，适度拓展服务范围，切实提高"四个一"服务质量和水平。四要积极推进残疾人服务体系建设。加大精神卫生福利机构建设力度，市民政精神卫生康复中心全面投入使用。大力实施"福彩助残"项目，积极开展贫困重度残疾人照护服务工作，切实抓好残疾人两项补贴资格认定申请"跨省通办"工作，精准识别保障对象，做到应补尽补、应保尽保，应退尽退。

三、聚焦银发经济崛起，着力提升养老服务质量

全市坚决扛起加快发展养老服务的重大责任，科学谋划养老服务工作，提质增效、优化供给，努力为老年人提供多样化、专业化养老服务。一要突出一个重点。按照《推进养老服务高质量发展三年行动方案（2021—2023年）》提出的"2021年强基础、2022年抓提升、2023年上水平"目标任务，高质量完成8个乡镇综合养老服务中心建设任务，一季度完成方案制定、项目前期手续办理，二季度强化调度督促，全部开工建设，三季度末组织验收，四季度投入运营，丰富养老服务内容，让农村老年人享受到"家门口"的养老服务。二要狠抓两个落实。一是落实2021年全市居家养老服务漳县推进会议安排的主要任务，狠抓居家养老服务规范化、全覆盖、有成效。要盯紧目标任务，完善政策支撑体系、落实好5+X责任、充分发挥平台作用、大力推行定西特色养老模式、努力完成既定奋斗目标。二是落实2020年全市养老服务现场推进会议精神，狠抓"半拉子"工程清零，岷县、陇西已建成的4个养老服务机构年内要全部投入运营。三要实施三项工程。一是实施护理型床位达标工程。通过福彩公益金支持、争取东西协作资金支持等方式，对养老机构护理型床位进行提升改造，确保县区级特困供养机构护理型床位占比达到70%，乡镇中心敬老院护理型床位占比达到50%。二是实施适老化改造工程。实施好"定西市特殊困难老年人家庭适老化改造项目"，按老年人口因素分配改造名额，一季度完成名额分配、数据摸底、招标等前期手续，二、三季度组织实施，四季度组织验收。三是实施护理员培训工程。与人社部门沟通衔接，年内完成1735名养老护理员培训任务，举办养老护理员职业技能大赛专题培训班，争取在全省、全国职业技能大赛中取得好成绩。四要取得四大成效。一是基础设施项目建设强跟进。盯紧抓好16个养老机构改造提升项目、3个消防安全改造提升达标项目的落实。二是养老服务安全防线更牢固。严格落实养老机构疫情防控，确保"零输入、零传播、零感染"。集中整改消防安全、食品安全、自然灾害安全隐患，牢牢守住养老机构安全底线。三是医养康养深度融合。与卫生健康部门形成合力，发挥医院和基层医疗卫生机构的作用，提高老年人生活质量和健康水平。四是养老服务大提升。所有养老机构服务质量"优"等次达到50%，完成养老机构等级评定及挂牌工作。出台全市居家养老服务指导意见，管好用好"安心养老"服务平台，整体提升居家养老服务水平。

四、聚焦儿童服务体系，认真履行救助保护职责

儿童是祖国的未来，也是民族的希望。做好儿童福利工作，发展儿童福利事业，是实现中华民族伟大复兴宏伟目标的重要保证，是社会主义现代化建设事业兴旺发达的必然要求。一要统筹抓好未成年人保护工作。加强未成年人保护工作协调机制能力建设，强化未成年人保护工作专项督导，建立健全密切接触未成年人单位工作人员违法犯罪记录查询机制，配合开展"阳光工程2022"专项行动。加强基层儿童服务能力建设，依托乡镇（街道）社工站设立未成年人保护工作站。大力开展未成年人保护工作精准化管理、精细化服务行动，针对性抓好乡镇（街道）儿童督导员和村（居）儿童主任培训，开展"未成年人保护工作宣传月"活动，加强农村留守儿童和困境儿童关爱服务工作，广泛深入地开展走访慰问活动，及时帮助解决未成年人成长进程中存在的问题和困难。二要着力创建全国未成年人保护示范县区。要把开展全国未成年人保护示范创建工作作为一项政治任务，全力打造领导重视、制度健全、机制有效、措施有力、服务规范的未成年人保护工作示范县区，为未成年人的健康成长创造良好的制度保障和社会环境。要建立全国未成年人保护示范创建工作小组，按照《全国未成年人保护示范县区创建达标体系（试行）》建设要求，认真谋划对标对表制定推进方案，全面推进全国未成年人保护示范区创建工作。三要切实提升儿童福利工作质量。加快推进市儿童福利院项目建设，全面加快前期手续办理，力争2022年6月底前开工建设，年内完成主体工程。全面推进儿童福利机构转型提质，着力打造儿童养育、医疗、康复、教育和社会工作服务一体化平台。进一步规范儿童收养登记，落实

收养评估制度。持续加强儿童福利服务工作，积极落实孤儿、事实无人抚养儿童基本生活保障标准，开展孤儿、事实无人抚养儿童助医助学项目。

五、聚焦服务能力提升，积极构建社会治理格局

社会治理的基础和重心在基层，要着眼于激发社会活力、促进社会和谐稳定，进一步创新治理方式，提高基层社会治理能力和水平。一要持续加强基层政权治理能力建设。进一步加强乡镇（街道）行政执行、为民服务、议事协商、应急管理、平安建设等治理能力建设，进一步提升服务水平。完善基层政权建设和社区治理信息系统，做好城乡社区工作者等基础信息数据的采集完善和更新确认。探索乡镇（街道）服务和管理创新，做好基层治理创新典型案例征集工作。二要持续加强基层群众性自治组织规范化建设。完善基层党组织领导的基层群众自治机制，组织实施基层群众性自治组织备案制度。加强村（居）委会规范化建设，健全完善村（居）委会下属委员会。进一步规范村级组织工作事务、机构牌子和证明事项，持续推动改进和规范基层群众性自制组织出具证明工作。完善村级议事协商创新实验工作方案，组织开展村级议事协商示范点建设，每县区完成3个村级议事协商示范点建设任务，其中国家级创新实验试点村1个，推动形成协商主体广泛、内容丰富、形式多样、程序科学、制度健全、成效显著的议事协商局面，夯实基层治理基础。强化村规民约、居民公约约束作用，提高群众自我约束、自我管理和自我服务能力。加强指导，持续推进村民自治领域常态化扫黑除恶斗争。三要持续加强城乡社区治理和服务创新。坚持与加快推进基层治理体系和治理能力现代化要求相结合，与全面推进乡村振兴要求相结合，做好《"十四五"城乡社区服务体系建设规划》的编制实施工作。按照示范推进、全面提升的思路，扎实做好城乡社区治理创新实验区创建工作。科学合理设置基层自治组织，规范易地扶贫搬迁集中安置社区治理。积极开展"新时代新社区新生活"服务质量提升活动，进一步提升社区服务水平。

六、聚焦行业协会商会，不断激发社会组织活力

社会组织具有提供公共服务、化解社会矛盾、保障社会稳定、扩大社会参与的独特作用。一要全面加强社会组织党建工作。要积极组织引领社会组织加强政治理论学习，持续推进社会组织党支部标准化、规范化建设，坚持社会组织登记、年检、评估等工作与社会组织党建同步开展。认真落实社会组织全面从严治党责任和意识形态工作责任制，管好社会组织"政治方向""关键少数"和"重大活动"，充分发挥社会组织党组织政治核心作用，实现社会组织党建工作从有效覆盖向质量覆盖转型。二要强化社会组织培育监管。坚持培育发展和综合监管并重，加大行业协会商会类、科技类、公益慈善类、城乡社区服务类社会组织培育；通过严格登记审查、加强上下联动、突出源头治理、发动各方参与、推动信用联合惩戒等措施，严格社会组织登记审批；加强社会组织执法监察力度，持续打击整治非法社会组织和社会组织非法活动，营造风

清气正的社会组织发展环境。三要引导社会组织发挥作用。充分发挥社会组织服务功能，支持引导社会组织在创新基层社会治理中发挥积极作用；推动社会组织健全内部治理、创建服务品牌、提升业务能力和公信度；积极动员引导社会组织聚焦中心服务大局，广泛参与疫情防控、慈善捐助、东西协作等工作，不断巩固拓展脱贫攻坚成果助力推进乡村振兴。进一步加大对行业协会的组织引导，不断放大行业协会服务经济社会"追赶发展"和高质量发展的作用。

七、聚焦社会公众资源，大力开展慈社志愿服务

慈善事业作为第三次分配的主要方式，是对初次分配和再分配的重要补充，对促进共同富裕具有积极意义。一要促进慈善事业更好发挥第三次分配作用。要发挥慈善的第三次分配的有力作用，把慈善工作持续融入全市追赶发展中心大局工作中去谋划，根据新修订的《中华人民共和国慈善法》，配套完善相关政策，加大慈善文化宣传力度，鼓励社会力量广泛参与慈善，强化慈善组织监督管理，提高慈善政务服务水平及"慈善中国"网络募捐信息平台使用。市慈善协会要持续开展慈善"四大行动"，助力脱贫攻坚成果巩固与乡村振兴有效衔接，全面融入慈善项目新理念，深入开辟慈善项目新道路，努力募捐更多善款善物，资助更多特殊困难群体。督促县区全面完成慈善组织建设全覆盖及换届工作，积极开展各类慈善公益活动。深入探索开展网络募捐和"慈善一日捐"活动，提升慈善募捐能力，营造慈善良好社会氛围。二要推进社会工作创新发展。各县区要参照市上六部门出台的《关于加快推进全市社会工作发展提升基层服务能力的实施意见》，制定出台本县区实施意见或方案。年内完成"2022年追赶发展重点工作"40个乡镇（街道）社工站建设。要积极开展"五社联动"实践，助推乡镇（街道）社工站全面融入"一老一小""一残一困"、基层社区治理等工作。加强社会工作专业岗位开发、设置和社会工作人才激励保障。深化东西部协作社工人才交流合作，年内完成社工人才交流不少于15人次。落实社会工作人才"三区计划"和青定社工机构"牵手计划"，持续加强农村社会工作人才队伍建设，全面推进社会工作创新发展。三要不断完善志愿服务综合体系。全面贯彻落实国家和甘肃省《志愿服务条例》，尽快制定出台《定西市志愿服务条例》，各县区要及时完成社会组织法人库中志愿服务组织标识，依托城乡社区新时代文明实践站和乡镇（街道）社会工作站的平台，全面开展志愿服务站建设。用好管好全国志愿服务信息系统，提高志愿服务组织和志愿者注册登记，开展志愿服务及时记录。结合常态化志愿服务工作，会同市文明办、团市委等广泛开展新时代文明实践志愿服务主题活动。四要积极推动福利彩票安全健康发展。不断加强全市福彩投注站点标准化、规范化建设，提升投注站点运营能力，优化市场营销方式，强化福彩公益宣传和日常监管，确保发行销售安全高效。持续开展福彩金项目绩效评价和专项审计工作，建立问题整改台账，跟踪抓好整改落实，不断规范福彩金使用管理，提高资金使用效益。

八、聚焦基本公共服务，持续深化社会事务管理

婚姻登记、殡葬服务等社会事务工作，连着千家万户，关乎人民群众切身需求，需要不断深化改革、提升服务、改进管理。一要积极推进婚姻登记规范化建设。加快完成婚姻登记历史档案电子化录入工作，全面推行结婚登记"市内通办"；安定区、临洮县、渭源县要认真开展婚俗改革省、市级试点，其他各县也要结合实际，积极开展婚俗改革工作，健全完善婚俗改革长效机制。各县区婚姻登记机关推进县级婚姻登记机关设置婚姻家庭辅导室，开展婚姻家庭辅导进社区、进乡村、进家庭、进单位等活动，扩大服务范围，延伸辅导内容。二要着力补齐殡葬服务短板。"十三五"时期我市应建未建殡仪馆3个，公益性骨灰堂4个，公益性公墓6个，在全省范围内属欠账较多的市，省厅已多次下发督办通知，这些短板都是我们必须要完成的硬任务，各县区要积极汇报县区主要领导，结合调整优化火葬区和土葬改革区工作，合理规划殡仪馆、城市公益性公益、公益性骨灰堂等建设项目，协调自然资源、林草部门将殡葬设施用地纳入国土空间规划，加强与发改部门的沟通衔接，做好殡葬基础设施建设项目可研、立项的审批工作，积极争取中央预算内投资项目支持，多渠道筹措项目建设资金，不断加大建设力度、加快建设进度，全力以赴补齐殡葬服务短板。渭源县殡仪馆及公益性骨灰堂项目年内完成建设任务，岷县殡仪馆及公益性骨灰堂项目要完成项目可研批复，争取动工建设并列入2023年中央预算内投资建设方案。陇西县、临洮县殡仪馆及公益性骨灰堂项目，通渭县公益性骨灰堂及火化设施建设项目完成选址及前置要件审批。通渭县、陇西县、渭源县、临洮县、漳县、岷县公益性公墓项目完成自然资源部门选址批复和用地批复意见，林草、环保部门的审核意见等相关工作，力争2022年前半年完成县区人民政府审批并于6月底前完成建设任务。安定区、临洮县各确定2个村开展农村殡葬改革试点，规划编制集中办丧场所和公益性墓地建设项目并完成项目选址和前期手续。安定区公墓要探索树葬、花葬等节地生态安葬方式，确保生态安葬取得实效。三要不断提升救助管理服务水平。各救助管理机构（未保中心）要持续开展生活无着的流浪乞讨人员救助管理服务质量大提升专项行动，着力抓好救助管理机构隐患排查、照料服务、联动救助、智能化寻亲、落户安置、源头治理、疫情防控等工作，严格救助补助资金管理，开展留守儿童和困难儿童及其家庭提供关爱服务，确保临时遇困流浪人员能够及时得到急难救助服务。

九、聚焦创新规范设置，全面加强区划地名管理

区划地名工作政策性、程序性、规范性极强，事关全市改革发展稳定大局，事关基层政权建设与治理，事关历史文化传承与延续，是推动追赶发展和持续改善民生的基础性工程，迫切需要县区政府的重视支持和民政部门的担当作为，不断加以规范和推进。一要优化行政区划设置。加强行政区划宏观性、前瞻性研究，审慎提出优化行政区划设置的意见，坚决防止将行政区划调整当作政绩工程，坚决杜绝脱离实际、随意决策动议区划调整与变更，确保行政区划调整工作不折不扣地贯彻中央和省委的决策部署，推动全市行政区划调整工作规范科学运行。二要依法慎重谋划实施行政区划调整。凡涉及行政区划调整的，要严格执行行政区划调整标准条件和申报要求，规范工作流程，强化工作措施，增强风险意识，加强舆情防控，依法依规开展工作，未经批准，不得将具体调整意向写入党代会报告、政府工作报告、相关规划和政策文件，不得对外公开行政区划工作信息。确需调整或变更行政区划的，县区民政部门将有关政策要求，主动向县委县政府汇报，告知有关部门。三要着力强化地名管理与公共服务。跟进做好《地名管理条例》修订出台后的学习、宣传和贯彻工作；稳步有序推进不规范地名清理整治；开展国家地名信息库质量建设行动，高质量完成区划地名和界线信息更新、推动地名文化建设深入开展；进一步规范地名命名、更名管理，强化地名命名前置审批；持续推进地名普查成果转化应用，做好地名普查档案整理归档工作。四要持续加强行政区域界线管理。深入推进平安边界建设，健全完善工作机制，加强日常管界治界，强化风险意识，精准评估研判，加强源头防控，开展界线矛盾纠纷排查化解工作。安定区和临洮县要完成与兰州市榆中县和七里河区的界线联检任务，其他县要巩固好联检成果，切实维护边界地区和谐稳定。

十、聚焦安全运行保障，有效提高资金管理水平

全市各级民政部门要以年初审计反馈问题的整改为新起点，切实加强困难群众救助补助资金的管理使用，确保资金安全规范运行，实现困难群众生活保障效益的最大化。一要提高思想认识。困难群众救助补助资金的安全规范管理是社会救助政策落实的基础和前提。救助保障资金不管资金数额大小，在社会上产生的负面影响是很大的，直接关系到党和政府的执政形象。各级民政部门要全面系统学习社会救助保障资金管理方面的相关政策，进一步提高思想认识，严格遵守各项财经纪律，确保救助补助资金安全规范运行。二要加大考核力度。从2022年开始，市上对困难群众救助补助资金实施"季调度、年考核"。"季调度"就是每个季度协调财政部门，对各县区的支出数额实施准确调度。"年考核"就是年底对每县区的资金支出、结余数额进行总算，对年底资金结余数额超过10%的县区，在年度考核中实行一票否决，年度考核结果直接排后。三要合理规划盘子。要算好六笔账，强化资金使用的总盘子。一是常态化救助对象全年需要支出的资金；二是对纳入保障范围内的学困、长期病困、需要长期照料护理对象需要临时救助的资金；三是城乡低保特困供养对象提标之后增加对象全年需要支出的资金；四是城乡低收入群体纾困解困对象全年需要支出的资金；五是全年特殊困难群体生活必需品集中采购需要支出的资金；六是全年估算结余资金。对集中采购的资金，要按照实际情况，分期分批研究解决。只有我们算清这六笔账，才能做到有的放矢、按目标推进、按任务落实。四要强化部门配合。2022年市民政局将会同审计、财政等部门，成立困难群众救助补助资金专项督查组，适时对困难群众救助补助资金进行专项督查，主要对政府统筹资金的使用管理、养老机构财务管理、政府购买服务资金的使用管理进行联合督查，发现问题，及时整改。各县区要主动邀请当地审计部门对养老机构、政府购买服务的财务进行延伸审计，确保资金安全规范运行。

为了明天 护航"未"来

广东省佛冈县民政局

佛冈县民政局为扎实推进党史教育工作，积极开展"我为群众办实事"活动，不断建立健全各项未成年人救助保护体系，用"民政温度"为未成年人的健康成长保驾护航。据统计，佛冈共有未成年人82273人，其中农村留守儿童139名，困境儿童1447名。截至2021年4月，佛冈县共有在册孤儿71人。

一、佛冈未成年人救助保护试点工作顺利通过验收

佛冈县未成年人救助保护中心（以下简称"未保中心"）成立于2019年7月，是广东省四个未成年人救助保护机构能力建设试点之一，负责组织推进全县农村留守和困境儿童服务体系工作。佛冈县未成年人救助保护试点工作通过近两年的摸索，逐步搭建并完善佛冈县未成年人救助保护工作体系。该项目由县政府牵头，建立联席会议制度，实现高位推动。同时以各项制度建设为依据，建立了留守儿童和困境儿童摸排工作长效机制和探访长效机制、个案分级管理制度、临时监护制度，实行动态监测，精准掌握需求，确保隐性案件早发现，实现个案分级转介，强化未保机构临时监护能力。落实未保工作的内容及流程，建立一站式保护体系，打破部门壁垒，理顺各行政部门间的联动与合作。

2019年以来，未保中心介入监护缺失个案、监护侵害个案、触法儿童个案、性侵害个案共12例，协助15名无户籍儿童落实户口，帮助44名失学辍学儿童复学，共入户探访困境儿童458人次，筛查发现符合事实无人抚养儿童保障条件68人。通过县未保中心的努力，佛冈县留守儿童的人数迅猛下降，而摸排得出的困境儿童数量大幅度增加。2021年4月20日，广东省民政厅相关负责人和专家到佛冈县验收未成年人救助保护机构能力建设试点项目，佛冈的建设工作得到验收组的高度肯定。

二、佛冈县未保中心入选国家级先进集体推荐名单

2021年4月，民政部开展了全国农村留守儿童关爱保护和困境儿童保障工作先进集体和先进个人评选工作，广东省民政厅按有关流程，成功推荐先进集体对象6个、先进个人对象15名，目前，推荐名单已公示完毕。其中，清远市佛冈县未成年人救助保护中心在入选国家级先进集

体推荐名单。

三、未成年人救助保护工作成效突出

佛冈县未成年人救助保护工作不仅在清远市农村留守儿童关爱保护工作培训班上介绍工作经验，还在广东省民政厅组织困境儿童救助服务体系建设惠童二期第三次培训上作经验介绍，并被广东省民政厅推荐申报全国"青少年维权岗"命名。

四、创新未成年人救助保护模式

结合困境儿童的发展性需求，未保中心在全省首创建立"彩虹桥"社区资源库，以"先承诺、后兑现"为原则，向职能部门、社会各界多方链接资源，形成收集和分配救助资源的社区资源库，在困境儿童有需求时能快速、有效地回应，并建立了资源匹配登记反馈制度。截至2021年3月，参与"彩虹桥"资源库的政府部门20个、社会组织38个、志愿者101人，共链接到大米、奶粉、棉被、衣物、学习用品、专家、特殊教育等资源，累计价值81.6万元，受惠留守和困境儿童3000多人次。

未保中心在全省首创建立并落实《佛冈县残疾少年儿童关爱保护和保障专项行动方案》，从"源头治理、过程干预、建立长效机制"的角度对自身困境儿童实行分类施策，以实现残疾少年儿童"监护有人、生活有助、学有所教、健康有保、安全有护"。

佛冈未保体系建设借助社工专业的力量支持，建立个案分级管理制度，联系实际细化了未保体系建设，为佛冈县留守儿童及困境儿童的关爱保护提供强力支撑。未保中心将儿童救助个案分为四个级别，截至2021年4月，1—4级个案共95例（一、二级12例，三、四级83例）。其中，经评估为一、二级个案的，由未保中心社工介入救助，截至目前，12例个案中7名困境儿童已得到妥善安置、5名儿童正在由未保社工专案跟进。经评估为三、四级个案的，由未保中心社工指导镇儿童督导和村（居）儿童主任负责落实困境儿童救助保护工作。目前，83例三、四级个案已结案82例，转介由双百社工跟进1例。

"幸福的童年，治愈一生，不幸的童年，用一生来治愈"，做好未成年人救助保护工作，关系到未成年人的健康成长，关系到社会和谐稳定，是民政系统义不容辞的责任。佛冈县民政局将紧密结合党史学习教育，以党建引领本县未成年人保护救助工作，进一步增强责任感、使命感，以更加积极的态度、更加有力的措施，扎实有效地推进未成年人救助保护工作，用心、用情、用爱护航未成人的健康幸福成长。

高质量建设社工站助力基层社会治理创新

浙江省温州市民政局

温州市围绕加快推进社会治理体系与治理能力现代化,以群众需求为导向,大力推进乡镇(街道)社会工作站建设,目前已累计高质量建成社工站136家,其中2021年新建社工站85家,省民生实事社工站任务数35家已全部完成,多个样板社工站的相关做法获国家、省市级刊物宣传报道50余篇次。2021年5月,全省乡镇(街道)社会工作站建设现场推进会在温州市召开。

一、专业赋能,链接资源开展针对性帮扶

自2020年建设工作开展以来,各社工站聚焦特殊群众,围绕社会救助、养老、残障、儿童关爱保护、乡村社会治理等领域开展服务,已累计开展精准帮扶项目816个,公益服务1632场次,惠及群众近十万人次。以乐清市城东街道东山南社区党群服务中心90后姑娘张笑为例,渴望工作的张笑因突发脑溢血获双腿行走异常及面部偏瘫等后遗症,社工站走访得知后多方联系,最终链接资源为其提供公益性社区文职岗位。又如平阳县鳌江社工站针对留守儿童推出近百场公益课堂;龙湾区蒲州街道社工站发挥专业技能为当地老人提供点单式公益服务。

二、多重保障,创新方式推动高质量建设

出台《温州市乡镇(街道)社会工作站建设指引》,为社工站建设提供资金、建设标准、人员配备等多重基础,以多元创新方式推动社工站高质量建设、可持续发展。对于运营资金,统筹社会救助、养老服务、儿童福利、社区建设、社会事务等领域政府采购资金和相关业务经费,以及福彩公益金中用于老年人、残疾人、儿童和社会公益等支出资金,优先购买乡镇(街道)社会工作服务并让社工站承接实施;对于建设标准,着力打造易辨识、多特色、高作用的社会工作站,部分社工站已和党群服务中心、新时代文明实践所、文化礼堂等平台融合共建,推动实现资源整合共享;对于人员配备,积极培养社会工作专业人才,加大持证人员比重,培育孵化高质量社会工作服务机构。

三、持续提升,数字改革打造智能化平台

各社会工作站将深入开展走访调研,摸清社区需求底数,精准构建"群众需求、社会资源和服务项目"清单，通过不断开展资源对接、服务对接和项目对接，实现社区服务资源力量持续化、最大化。社会工作站建设还将搭上数字化改革快车，打造社工站数字智能化供需平台，让群众的需求高智高效对接相应服务资源，并为社工站服务项目提供动态监测、评估和管理服务，提升社工服务专业化、精准化、规范化水平，推动社会工作大升级。

兜底保障筑就了困难群众美好生活的幸福路

青海省贵德县民政局　沈俊林

　　保障困难群众最基本的生计，是民政民生服务工作的一项基本职能，也是民政民生部门坚持"以人民为中心"的发展思想，全面落实国家各项惠民利民政策，践行全心全意为人民服务根本宗旨的一项具体要求。2021年，贵德县民政局坚持"托底线、保基本、可持续、重公正"工作要求和"民政爱民、民政为民"的工作方针，立足全县巩固脱贫攻坚成果同乡村振兴有效衔接，保障困难群众基本生活、增强困难群众幸福指数，加大对城乡生活困难群众、特困供养对象、残疾人、孤儿等弱势群体的民政民生社会救助工作力度，织密扎牢了困难群众生活保障的安全网。

　　贵德县民政局深知要巩固脱贫攻坚成果同乡村振兴有效衔接，就要全力做好困难群众最基本生活保障。因此，该局把民政民生服务工作作为民政工作的重中之重，坚持托底线、救急难、可持续原则，加大对城乡生活困难群众、特困供养对象、残疾人、孤儿等弱势群体的社会救助工作力度，建成以最低生活保障、特困供养、临时救助、孤儿、残疾人"两项补贴"、慈善救助等制度保障，强化动态管理、属地管理责任，确保"应保尽保、应养尽养、应救尽救、应纳尽纳"。共对1392户2834名农牧区最低生活保障对象发放救助金1214.04万元；对587户825名城镇最低生活保障对象发放救助金400.6万元；对475户484名特困供养对象发放救助金498.33万元。同时，全面落实"救急难""先行救助"等政策规定，对遭遇意外伤害、身患重大疾病等突发性、急难型的困难群众及时给予临时救助。对468户1612名临时救助对象发放救助金229.72万元。

　　做好困难群众的精准识别是关系到困难群众能否纳入保障范围及时得到救助的关键，也是考验县乡民政工作人员能力水平和赋予全体民政工作人员的一项政治任务。对此，该局从抓自身业务素质入手，邀请省民政厅专家骨干先后举办县乡民政全体人员、村"两委班子"等人参加的民政业务政策培训活动3次，组织本单位业务骨干赴乡镇村社开展业务政策培训16次，并委派单位业务人员参加上级部门开展的业务培训8次，同时组织单位编印业务政策宣传手册15000余份，统一制作配发了社会救助政策程序图，并对救助对象进行入户调查核实时，带领乡镇社会救助经办人员手把手进行业务指导，有效地增强了县乡村三级民政工作人员的政策水平能力，也为做好群众精准服务工作夯实了政策基础。

　　认真做好低收入群体人员的精准识别，是当前社会救助保障的一项重要工作。为此，该局及时召开了城乡低收入家庭和支出型贫困家庭精准认定及动态监测工作安排部署会，并层层压实责任，督促、指导各乡镇、社区精准做好低收入家庭摸排和信息入库工作，为做好城乡低收入家庭和支出型贫困家庭精准认定及动态监测打下了坚实的基础。共摸排 7079 户 25979 人，录入系统 6731 户 24699 人，确定纳入 2370 户 8159 人。

贵德县民政局将励精图治、砥砺奋进，竭力保障脱贫摘帽后续社会救助工作，推动社会救助政策向低收入贫困群体、支出型贫困家庭、临时性贫困人口延伸，有效提升社会救助水平，持续巩固脱贫成果同乡村振兴有效衔接。

以高质量发展为主题
着力提升"三基"工作职能

湖北省应城市民政局 冯 丹

2021年，湖北省应城市民政局以全省高质量发展县市为支撑，着力"三个聚焦"，履行"三基职责"，让基本民生保障更有力度、基层治理更有质量、基本社会服务更多温度，充分发挥了民政工作在社会建设中的兜底性、基础性作用。

一、聚力基本民生保障，兜牢社会救助底线

按照"兜底线、保基本、可持续"要求，扎实做好城镇困难群众脱困解困工作，做到"应救尽救""应兜尽兜"。

有效衔接乡村振兴战略。严格落实致贫返贫监测预警和长效帮扶机制。为405户脱贫不稳定户、边缘易致贫户发放临时生活救助，切实做好"主动发现、及时救助"。用足用活各项兜底保障政策。加大重点困难家庭救助力度，为1158户符合条件的重病重残对象每月提高101元，月增发低保金11.7万元，并建立常态化机制，符合条件及时提标。精准社会救助对象。利用大数据核查方式，建立社会救助对象监测体系，确保救助对象应救尽救。2020年省纪委监委大数据比对反馈问题线索为"零"，2021年反馈问题线索1条。连续3年各级扶贫工作督查没有涉及民政工作个性问题。

改革完善社会救助制度。下放城乡低保审核权限。在前期对开发区、四里棚街道办事处、汤池镇、杨岭镇和南垸良种场开展了审核权限确认下放的基础上，2022年将下放城中街道办事处、城北街道办事处、东马坊街道办事处和长江埠街道办事处审批权，完成对所有街道低保审核赋权。建立重病重残低保和分散特困供养对象的探访工作制度。坚持每月探访1次，确保对象全覆盖。

构建特殊群体关爱保护体系。建立未成年人的关爱保护机制。及时成立未成年人保护工作领导小组，建设15个"儿童之家"，为4775名留守儿童营造阳光成长环境；明确家庭监护责任，每个行政村选派1名儿童福利主任负责定期走访、全面排查，及时掌握农村留守儿童的家庭、监护等情况。将35名孤儿和69名事实无人抚养儿童纳入社会抚养，确保孤弃儿童生活质量。建立流浪乞讨人员关爱保护体系。召开流浪乞讨联席会议，及时安置长期滞站人员，为12名长期滞站的流浪乞讨人员办理集体户口，落户民政局，全都取"党"姓，生日统一为"7月1日"，享受城市"三无人员"供养待遇。搭建第三方保障平台。通过购买政府救助为全体市民购买一元民生保险，为留守儿童购买关爱组合保险，保障全市居民发生意外后由第三方提供保险救助。

二、聚力基层社区治理，提升治理能力水平

结合基层实际，创新体制机制，通过构建基层社会治理新格局不断提升基层社会治理水平。

推进建制村合并。将全市 15 个乡镇建制村进行合并，合并后村（社区）为 293 个，减少 129 个建制村（新增城镇社区 8 个）。合村后，优化了村组布局，配强了"两委"班子，节省了村级开支。

加强城市社区工作者队伍建设。完成 232 名"两委"成员和网格员转隶，新增 58 名社区工作者。

推进业主委员会组建。帮助 442 个城市居民小区组建了 281 个业委会，占 64%。业主委员会中成立党组织 183 个，增强基层党组织引领作用，帮助维护业主合法权益。

弘扬文明新风。以"五社联动"试点项目为抓手，投入 85.4 万元在 2 个乡镇建设 20 个社会工作服务站，为 467 名留守老人开展心理精神慰藉，文娱活动，丰富老人农村生活。完成 293 个村（社区）村规民约（居民公约）的制定（修订）工作；在韩湾村等 17 个村推行积分制管理，推进人人参与的农村共建共治共享的治理新局面。

三、聚力基本社会服务，提升便民利民服务水平

想群众所想，急群众所急，坚持问题导向，结合始于群众需求，终于群众满意，真正给群众带来福祉。

树好婚姻登记窗口形象。利用孝感市首家 3A 婚姻登记机关窗口，加大《民法典》婚姻篇宣传，推行婚姻家庭辅导，倡导文明婚俗，邀请社会上有正面影响的人士（包括全国人大代表程梦醒）为新人颁发结婚证，增强婚姻仪式感、家庭责任感。重点做细离婚当事人思想工作，成功劝和 33 对夫妻。

优化改善老年人养老环境。采取政府补贴方式，投入 29.79 万元为 3 个试点乡镇 100 户分散供养特困人员和脱贫人口中的高龄、失能、残疾老年人家庭实施居家适老化改造；在城北办事处韩湾村、四里棚办事处栗树村、东马坊办事处驿中社区等地建设 5 个幸福食堂，让留守老人享受家门口养老。与中国老龄事业发展基金会合作，为农村留守老人提供助餐服务（为期 5 年），新建幸福食堂 23 个，每年资助款物 138 万元，促进农村养老服务体系建设。

履行告知事项承诺制。推进"放管服"改革，加快转变政府职能，最大限度减轻群众办事创业负担，将婚姻登记证明、孤儿监护协议书、亲属关系证明、无犯罪记录证明、军人婚姻证明等 10 项需要证明事项，只需本人承诺，无须提交证明，由部门自行核查，减少办事群众跑路，解决办事群众烦心事。

聚焦民政主责主业
助力乡村全面振兴

江苏省扬州市江都区民政局

2018—2020年，江都民政立足本职，深入贯彻落实中央、省、市、区关于乡村振兴的战略部署，在落实民生兜底保障、优化基本社会服务、创新基层社会治理等方面勇于实践，积极助力乡村振兴，现将有关情况汇报如下。

一、推进举措及成效

（一）聚力脱贫攻坚，社会救助能力不断提升

救助水平有新提升。落实社会救助标准自然增长机制，低保、特困人员供养标准分别由2018年的人均660元／月、794元／月提高至2020年的人均710元／月、941元／月，实现城乡保障一体化。目前全区共有低保对象2202户3819人（其中，农村低保1965户3466人），特困人员共4571人（其中，集中供养620人、分散供养3951人），2018—2020年累计发放低保、特困人员、残疾人、尊老金、困境儿童保障等各类资金4.69余亿元。特别是疫情期间，江都民政及时启动社会救助应急预案，发放各类对象临时生活补贴111.06万元、物价补贴1018.19万元。衔接扶贫有新举措。在扬州率先实施"单人保"及低保和低收入农户双向排查机制，"单人保"创新举措纳入省低保新规程，保障人数扬州第一。建立低保渐退缓退、兜底脱贫监测预警和帮扶机制，实现社会救助与扶贫开发的有效衔接。救助效率有新改善。连续三年开展低保专项整治，建立并完善了低保长期公示、近亲属备案、"线上＋线下"核查等制度，实现动态管理下的"应保尽保、应退尽退"。围绕便民服务需求，2020年年中，成功将城乡低保等5个行政审批事项的审批权下放至各镇，实现社会救助更快、更准、更便民。建立乡镇临时救助备用金制度，修订《江都区临时救助实施意见》，细化了申报救助家庭的财产和收入状况认定办法，对困难家庭实行分类分档救助，形成区、镇两级"临时救助＋"的"急诊救助"模式。2018—2020年，累计临时救助2.5万余人次885万元。建立特殊困难家庭救助和主动发现机制，针对低保边缘户和部分特殊困难群体，采取"一户一议""一事一议"等方式及时纳入保障，适当提高救助额度，进一步提升了救助的温度和效能。

（二）着力规范管理，专项事务水平显著增强

为老服务有新进展。成功将真武、小纪、丁伙3个农村敬老院改造升级为区域性养老服务中心，建成242个农村居家养老服务中心（站）、9个镇级老年人活动中心、34个农村老年人活动室、6个村级康复场所，千名老年人拥有养老床位达40.17张。投入近500万元，在扬州率先完成辖区内养老服务机构的消防审验工作。出台《政府购买居家养老服务实施方案》和考核管理办法，引入社会力量参与农村养老服务，2020年全年接受上门服务的居家老年人有4.5万余人、服务占比达15.76%，并实时将老人信息输入养老服务信息系统，实现老年人数据互通。未成年人保障有新成效。建成"政府主导、部门协同、社会参与"的工作机制，实现全区镇儿童督导员、村（居）儿童主任、监护缺失农村留守儿童和困境儿童"1+1+1"关爱全覆盖。创新开展"圆梦启航·福彩助学"互助志愿项目，帮助农村困难家庭学子反哺回馈社会。"留守儿童公益国学讲堂""留住希望，守护成长""童心向党"等关爱保护行动形成品牌效应，中华网、新浪网、江苏网等数十家媒体进行了报道，形成了广泛的社会影响。已建成9家留守儿童关爱之家，其中省级3家。殡葬事业、婚俗改革有新突破。建立殡葬改革工作联席会议制度，出台《推动殡葬改革促进殡葬事业发展的实施意见》，规范直属殡仪服务单位殡葬项目收费，清理"住宅式"墓地5座，乡镇公益性骨灰安放设施实现全覆盖，新建1个区级集中守灵殡仪服务中心项目也在稳步推进，有效保障群众"逝有所安"需求；印发《节地生态安葬奖补实施办法（暂行）》，实施节地绿色惠民殡葬，年免除基本殡葬服务费约1000万元。深入推进移风易俗，突出党员干部带头、群众自我教育管理两个关键，将移风易俗纳入村规民约、村民自治章程，全区村（社区）红白理事会群众自治组织实现全覆盖；设立婚姻文化宣传栏，倡议新人婚事新办、简办，树立健康文明的婚俗新风。

（三）致力共治共享，基层社会治理持续创新

农村社区治理有新探索。夯实服务阵地，近3年升级改造93个村（社区）服务用房。在全区30个村（社区）开展创新农村基层治理与服务试点，推行"一门受理、后台办理、一站式服务"和全程委托代办，实现百姓办事"少跑腿、不跑腿"。编制《城乡社区协商目录》，创新凝练"四联七建"城乡社区网格协商工作法，获评江苏省基层治理十大创新成果奖。深入推进"减负增效"，建立完善村级事务准入制，明确规定了社区事项"权随责走""费随事转"的准入原则，有效提升基层组织服务群众效能。构建"三治融合""政社互动""三社联动"工作机制，培育社区社会组织1000余个、社工机构22个、专业社工702人。基层民主自治有新实践。基层组织领域扫黑除恶专项斗争深入推进，全区331个村（社区）圆满完成村（居）委会换届选举。普遍推广网格、院落、楼栋、村民小组"微治理"，打通基层治理毛细血管。全力推进村规民约的修订和完善，做到一村一规。规范村务监督，实行村务监督委员会与村委会同步换届，村监委会覆盖率达100%；搭建"1+2+3+N"治理架构，出台村务监督"一方案十流程十清单一考核"系列文件，按照"六有"标准强化村监委会履职能力。基层干部队伍有新面貌。拓宽村居干部

来源渠道，将综合素质强并熟悉社区工作的人员优先选配进两委班子，将作风优良、品质过硬的优秀退役士兵、乡村振兴好青年推荐作为村（居）后备干部培养。举办社区精英增能培训班、村居干部创新思维提升班、村居工作人员业务培训班、全科社工和社工人才增能培训班等形式多样、内容丰富的学习教育活动，增强基层干部队伍的综合素质和为民服务能力。完善"社工＋志愿者"联动机制，将志愿服务队伍建到基层，建到社区和村组，形成互助志愿的良好社会氛围。

二、下一步工作打算

2021年是中国共产党成立100周年，是"十四五"规划开局之年，接下来，江都民政将努力践行"民政为民、民政爱民"的工作理念，立足职责定位、立足群众需求，真抓实干、创新强干，在巩固拓展脱贫攻坚成果、全面推进乡村振兴上展现民政担当、体现民政作为。

（一）出实招，全力做好脱贫攻坚成果"链接"巩固

保持社会救助兜底保障政策总体稳定。加强救助审批权下放后的业务指导和监督执纪，认真落实各项救助政策，及时发放保障资金。严格落实社会救助标准动态调整机制，结合上级要求，完成低保、特困供养、残疾人两项补贴、困境儿童补贴等提标工作。深入开展低保专项治理"回头看"和特困供养专项治理行动，结合新版《省低保工作规程》的实施，及时将符合条件的低保对象纳入保障，精准认定特困供养人员，全面落实分散供养对象"1+1+1+1"关爱照料服务协议，引导有集中供养需求的分散供养特困对象集中供养，做到"应保尽保、应退尽退、应养尽养"。深化社会救助制度改革。健全"单人保"、低保渐退、困难群众主动发现等机制，深化"大数据＋网格化＋铁脚板"机制的运用，利用扬州云平台分析比对、实地入户等方式对易返贫致贫对象进行动态监测，实现线上预警与线下核处高效融合，做到主动发现、精准救助，进一步巩固"三保五助"成果。完善分层分类社会救助制度体系，加大临时救助力度，推动专项社会救助向低收入家庭和支出型困难家庭延伸。

（二）补短板，着力增强基本公共服务"礼包"扩容

健全"一老一小"关爱服务网络。增加养老服务供给，新建标准化居家养老服务中心15个，加快推进武坚、丁沟敬老院向区域性养老服务中心转型，全面推进农村敬老院标准化建设，重点提升农村养老机构照护能力。持续推进农村留守老年人关爱服务和特殊困难老年人居家探访，开展310户特殊困难老年人家庭适老化改造，为3.45万名老年人购买政府居家养老服务。推进养老服务市场化改革，吸收引进知名养老企业和社会组织进驻形成连锁效应，激发养老服务产业新活力。加强儿童关爱保护，深化"三步排查、四色管理、N重关爱"机制应用，全面推进困境儿童"精准排查"、儿童福利政策宣传进村居活动，探索边缘困境儿童的保障方法，引入社会力量做强"有福童享"等儿童关爱保护品牌，2021年年底前将真武镇儿童关爱之家打造为省级儿童关爱之家示范点，提升儿童关爱保护层次。推进殡葬改革向纵深发展。深入推进乡镇公益性公墓回归公益属性，2021年年底前开工建设殡仪服务中心，推进小纪改扩建农村公益性骨灰安放（葬）设施，在小纪、邵伯镇新建集中守灵中心；结合美丽乡村建设，加大殡葬惠民政策宣传引导，努力转变群众传统观念；开展多部门协作，对殡葬违法行为开展联合检查、联合执法、联合督办，重点对"三沿六区"开展散坟乱葬整治，使农村土地资源和生态环境得到有效改善。

（三）激活力，持续推动基层治理服务"套餐"升级

深化村民自治实践。引导村（居）健全村规民约、自治公约、议事制度，建立健全村民议事会等自治平台和载体，开展广泛高效的自治活动，提升村民群众参与基层治理的积极性。引导村（居）充分发挥红白理事会和村规民约作用，树立文明、节俭、生态的殡葬新风尚，摒弃天价彩礼、低俗婚闹、大操大办等习俗，有效巩固农村精神文明建设，擦亮移风易俗成色。优化新型农村社区治理服务。深化城乡社区结对共建成效，将城市社区协商民主、"三社联动""全科社工"等模式向农村社区拓展，提升农村社区治理现代化水平。进一步深化基层民主协商"四联七建"省级创新成果，实现其在更多农村社区的落地，鼓励引导农村、乡贤、老党员等参与农村基层民主协商实践，提升村级协商广泛化、科学化、制度化水平。

民族要复兴，乡村必振兴。服务好乡村振兴战略，是民政部门义不容辞的政治责任。江都民政将紧紧围绕中心，坚决服务大局，充分认识肩负的职责使命，凝心聚力、砥砺奋进，为推进乡村振兴，实现广大农民群众对美好生活的新期待贡献民政智慧和力量。

创新打造社会组织党建联盟

浙江省温州市民政局

开展慈善公益活动、助力脱贫攻坚、参与疫情防控……如今，温州市活跃着近万家社会组织，它们为全市经济社会发展和基层社会治理做出了积极贡献。在全市形成覆盖广泛、类型多元、充满活力社会组织发展格局的背后，是市民政局社会组织联合党委对于初心使命的践行，通过打造"真爱到家党建联盟·牵手同行"品牌，引领该市社会组织组团式发展，凝聚社会组织"红色力量"。

一、打造"帮带团"，以党建激发社会组织凝聚力

市五彩青少年足球发展中心党支部召集该党建联盟内 12 个党支部开展"奋斗百年路·启航新征程"主题党日活动，在温州市档案馆红色革命纪念馆一起观看了"建党百年　初心如磐——长三角红色档案珍品展"，感受中国共产党艰辛而伟大的历史进程，增强党建联盟凝聚力。

根据"行业共通、领域相近、优势互补"原则，市民政局社会组织联合党委将下属总计 204 支实体型、拓展型党支部建立 12 个党建联盟小组，打造"帮带团"，以党建联盟为单位筹划、组织、实施各项活动。党建联盟通过联过主题党日、联学党建知识、联听优秀党课等"五联活动"，让不同领域党员互相对标，增强党性修养。另外，依托民政局联合党委线上"红社学堂"，各联盟小组积极共学红色理论，促进学习交流和实践互动，各联盟小组共计开展联盟学习活动 30 余场。

二、组建"智囊团"，以党建赋能社会组织基层治理

市老卫生工作者协会党支部结合联盟活动发挥自身专业优势，组织老医务人员为洞头区北岙镇打水鞍新村居民开展义诊服务。上个月，市电镀行业协会党支部则组建"先锋精准助企工作站"，赴龙湾区篮田电镀基地温州市双高金属表面处理有限公司开展红色助企服务，现场指导该企业解决技术难题……该市各联盟小组激励支部做实服务活动、做优支部建设，以党建赋能社会组织基层治理。

围绕"实质运行、高效协同"两大核心任务，市民政局社会组织联合党委 12 个联盟小组定期梳理联盟活动服务清单，大型活动共办、党建活动轮办，常态化开展党建联盟活动。各党建

联盟结合社会组织自身特色，深入开展"我为群众办实事""我为企业减负担"等实践活动助力共同富裕，切实把党员干部的智慧和力量凝聚到社会组织参与基层治理上来。已累计开展服务 75 场。

三、推出"共享团"，以党建增强社会组织工作合力

依托运营龙湾区"两新工场"平台优势，市瓯平社会组织服务中心党支部开展专题党课，社会组织党员及党组织书记共 70 余人现场参加学习。这是市民政局社会组织联合党委联盟小组整合、联动党建联盟阵地资源，推动资源共享的一次实践。此外，还组建"人才资源团"，依托优秀人才资源，定期安排成员单位共同开展各种党内理论及实践活动。

值得一提的是，市民政局联合党委还以加强社会组织党员队伍建设作为联盟工作的切入点，积极引导各联盟小组互通党员教育管理经验，互学支部班子建设经验，推动各联盟小组开展党员理论小轮训、党务实务小观摩、党建知识小竞赛等活动，提升党员综合能力水平，打造"标杆化"党建联盟队伍。

创新"三个载体" 打造"知行先锋"

江苏省滨海县民政局

近年来，滨海县民政局党委主动适应党建工作新形势，积极谋划党建工作新思路，创新三个载体，全力打造"知行先锋"党建品牌，有力推动了党建工作和业务工作深度融合、同频共振。

一、"知行空间"勾画知行合一"风景线"

桃李不言，下自成蹊。利用机关闲置用房和办公楼道，精心打造以"初心驿站"为点，以楼道文化为线的"知行空间"。"初心驿站"作为党员活动新阵地，设有阅览区和宣誓区，优雅的环境，浓厚的氛围，已成为党员汲取知识的"加油站"、思想交流的"谈心所"、不忘初心的"动力源"。因地制宜打造正心说、青年说、道德说三个文化长廊，把党建文化、励志文化和道德文化元素融入其中，让生冷的墙面变成一首首"无声的诗"、一幅幅"鲜明的画"，楼道文化融知识性、教育性、艺术性于一体，在装扮办公环境的同时，也让思政教育取得"润物无声"效果。

二、"知行絮语"谱写知行合一"奋进曲"

言为心声，语为心境。围绕党风廉政、价值理念、行为规范等方面内容确定讨论话题，科室单位轮流撰写"知行絮语"，年轻党员适时分享"知行絮语"，通过以写促学、以讲促学的方式，增强党员学习的自觉性和主动性，一改过去"台上讲得天花乱坠，台下听得昏昏欲睡"状况，实现了思政教育从"被动接受"向"主动学习"转变。党史学习教育开展以来，领导带头、党员跟进，分别围绕党史学习重点，精心选题、精心炼句、精心编排，编办"知行絮语"15期，有力地推动了党史学习教育内化于心、外化于行，达到了学史明理、学史增信、学史崇德、学史力行的学习目的。

三、"知行有约"淬炼知行合一"先锋队"

行有所止，言有所规。举办"知行有约"唤醒活动，赠送政治生日贺卡，重温入党誓词，增强党员身份意识和宗旨意识，争做讲党性的时代先锋。举办"知行有约"提醒活动，指明工作不足，明确努力方向，增强党员思想自觉和行动自觉，争做作表率的时代先锋。举办"知行有约"警醒活动，以案明纪，以案为戒，增强党员明辨是非和决断选择的能力，争做守纪律的时代先锋。2021年以来，已举办"知行有约"活动6场，党员的党性修养不断增强，政治觉悟不断提高，他们纷纷表示要把心思聚焦在干事创业上，把精力集中在狠抓落实上。

四、载体创新推进党建创新，党建创新推动工作创新

殡葬综合改革真抓实干成效明显受到省政府办公厅通报表彰，尊老金率先在全市实现秒批秒办，智慧救助平台、儿童福利院、社区居家养老服务中心等一批"我为群众办实事"实践项目正在按序时进度有力推进。"把党史学习教育成果转化为推动发展、服务民生的具体实践，真正打通服务基层群众'最后一公里'。"这是滨海全体民政人的共同心声。

特色农业"芯片"跑出振兴"加速度"

四川省合江县民政局

四川省泸州市合江县在擘画两项改革"后半篇"文章进程中,聚力破解特色农业产业发展碎片化、发展力分散、市场竞争弱等"老大难"问题,跑出了乡村产业振兴的"加速度"。

一、"四联动"凝聚产业发展的"向心力"

合江以农业特色园区建设为载体,通过政府统筹指导、产业联盟搭台、新型主体带动、群众广泛参与,实现特色农业产业发展"力量聚合"。

坚持园区引领,按照产业布局分类,成立荔枝、真龙柚、金钗石斛、佛手等13个特色农业产业园区,整合种养管护、精粗加工、冷链物流、市场营销等全产业链优势资源,引领区域特色产业规模化、集约化发展;按照"五个统一"模式,统一农资采购、统一技术管护、统一品牌打造、统一市场定价、统一市场营销,构建荔枝、花椒等5个产业联盟,提升市场竞争力和产业效益。

合江花椒产业联盟打造"山之娇"品牌,开展标准化管护,统一对接市场,集中对外销售,"种、管、销"成本降低18%,鲜花椒收购单价由上年的2.7元提升至5.2元,极大促进了农民稳定增收。

合江采用"政策鼓励+蹲点帮扶"模式,出台项目、金融、土地、农业保险等一揽子扶持政策,设立专项奖励基金200万元/年,将普惠性的、直接对农民的扶持,逐步转变为重点支持和农民有紧密联系的、能带动农民增收致富的新型经营主体。建立辅导员制度,为新型农业经营主体提供经营、管理、营销、项目申报的"一对一"指导和帮助。

已培育龙头企业28个、专合社765个、家庭农场405个,其中省级龙头企业5个,国家级专合社7个、省级27个,省级家庭农场16个,带动农户近11万户。

合江引回"南归雁",出台《荔城英才集聚计划支持办法》等政策,设立领军人才智汇、紧缺人才集聚、乡村人才振兴、企业人才倍增、工匠人才铸造、双创团队领跑等6个项目,明确6类集聚对象和相应激励待遇,引进国家荔枝龙眼体系首席专家陈厚彬等49名高端人才,回引合江籍农民工返乡创业1.5万余人,引入113名产、研、管、销人才下沉一线。

在乡村产业振兴道路上,合江选出"领头羊",优选聘用50名乡村振兴"特聘村主任""职业经理人",组建土地股份合作社,带动农户用农村土地承包经营权、林权入股,变分散为整体,变多业主为统一主体,激发产业发展活力。用好"利益链",灵活采取"黄谷保底、合作分利""地树入股、五五分成""整体流转、按需转包""林地入股、产品分成"等多种利益联结机制，激发群众广泛参与积极性。荔枝现代农业园区农户通过土地流转赚租金、基地打工赚薪金、果树入股赚股金的"三金模式"，实现户均增收1万元以上。

二、"四赋能"提升产业发展"驱动力"

合江聚焦产业发展效益，通过加大科技投入、提升品牌影响力、提高加工比重、农旅融合发展，推动特色农业产业发展"效能聚合"。

合江向外引力，依托园区建立专家工作站，引入高端人才、搭建科研平台、建设科普基地，强化与国家荔枝龙眼产业技术体系、华南农大、广东省农科院等专家团队合作，参与荔枝产业国家标准的制定，建成荔枝集成技术应用与推广示范基地。对内聚力，加强"土专家""田秀才"培养力度，开展农业专技人员"1+2"结对帮扶科技示范户和农村实用人才的"传帮带"活动，在推行契合成人学习特点和农业生产规律的"一点两线、全程分段"培训基础上，加大"菜单式学习""孵化式辅导""实训化服务"的比重，培养出139人的乡土科技人才队伍，科技赋能落到了实处。

合江聘请浙江芒种公司量身定制品牌规划、设计和推广运营方案，通过编排小品、编写歌曲等讲好品牌故事，举办宣传语全球创意征集、最美百年荔枝林评选等活动，实现经济效益和品牌效益"双提升"。加大品牌保护力度，增强市场监管能力，推广统一的规范化技术规程，让特色农产品都能够达到均一的高品质，对外来、质量差等农产品，禁止使用公用品牌。合江区域公共品牌价值达10亿元，荔枝销售均价由上年的25元提升至32元，成功出口到美国、加拿大，实现全省新鲜蔬果出口美国市场零的突破，品牌能级进一步跃升。

合江坚持初精加工结合，立足资源、品牌、劳动力三大优势，完善现代农业园区内清洗、分拣、包装等初加工设施，打造集冷链仓储、加工物流、电商营运等为一体的产业集群；以公司运营带动产品多元化开发，打造高品质果酒、粮油、代茶饮等成品化、系列化产品。位于先市镇的永兴诚"五比一"酱油酿造基地2021年1月开始满负荷投料生产，可实现年销售收入5亿元，每年带动农民增收3000万元以上。

按照"串点为线、连线成环"的发展模式，建设金钗石斛、花椒等产业基地景区10个，重点打造省级农业主题公园"荷塘荔色"，省级示范休闲农庄泰和世家、荔苑秀水等。围绕特色产业园区建设，连点成线、串珠成链，打造荔枝现代农业园区—真龙柚现代农业园区—先市酱油—尧坝驿的精品线路，拉长农旅特色旅游纵深。沿长江、赤水河打造百里产业环线，围绕"田园观光、乡村民宿、康养休闲、采摘体验"等发展模式，引导农户错位发展小体量特色农业，把农产品变成旅游商品，构建全域旅游大格局。

2021年7月，合江县成功举办第30届荔枝文化旅游节，在荔江镇、尧坝镇等主产区和旅游地设分会场，以"荔"为媒、以节会友，超过40万群众共同参与进来。

三、强化"四保障"激发产业发展"原动力"

合江打破行政界线，用经济区理念整合土地、项目、资金等资源要素，推动特色农业产业发展"资源聚合"。

统筹片区规划。实行经济区和行政区适度分离，促进各类要素合理流动和高效集聚。县域统筹"多镇合一"规划，以荔江镇、真龙镇、先市镇为主体，打造荔枝、真龙柚、酱油加工为特色的"现代农业特色产业发展区"，以白米镇、望龙镇、白沙镇、神臂城镇为主体，打造以生态渔湾、优质水稻、果蔬基地为特色的"巴蜀鱼米之乡核心区"，推动开发集约、功能集成、产业集群。镇域统筹"多村合一"，率先在荔江镇柿子田村、甘雨村、花桂村等6个村率先实施连片村庄规划，突出产业发展、乡村旅游、功能布局等重点领域协同发展，打造集中连片15万亩的国家级特色农产品（荔枝）优势区。

围绕园区建设"有地可用"，合江全力推进"三整理三解决"。开展农用地整理，解决农村耕地碎片化；推进实施建设用地整理，解决国土空间布局的无序化；加强乡村生态保护整理，解决生态系统质量退化，为农村一二三产业融合发展提供用地空间，实现国土空间节约集约高效利用。荔江镇被列入全省首批21个省级全域土地综合整治试点，盘活存量用地1000亩，实施建设用地整理节约用地指标675亩，用于支持园区建设。围绕农业生产"有地可种"，按照产业规模化、质量标准化、管护统一化需求，推广"整体流转、按需转包"流转模式，全县农村土地流转面积累计32.65万亩，流转比例达30.8%，单列用于农村新产业、新业态用地规模136亩，占年度新增建设用地计划的45.2%。

合江按"需"集成，以现代农业园区为主体，对照国家支持重点，集成项目18个，争取中省资金近3.5亿，推动现代农业园区提档升级，合江荔枝现代农业园区成功创建为省五星级现代农业园区。按"量"集成，根据不同自然条件和资源禀赋，因地制宜做好优势产业"加法"，孵化以荔枝、真龙柚、金钗石斛、花椒等为主的产业园90个。按"质"集成，采用"就地建设、飞地建设、联合建设"等方式，合理布局提升产业设施"品质"，建成温氏养猪场70个单元和竹产品车间17个单元。

统筹资金盘活。吸引"市场的钱"，引进广东中荔集团投资1.8亿建设荔枝出口备案基地和荔枝出口加工厂，引进中国蓝田集团投资13亿元建设中国（西南）特色农产品交易中心。争取"金融的钱"，申报"鱼米之乡"建设债券资金、乡村振兴债券资金，设立产业发展资金2亿元，支持农业产业发展。用活"政府的钱"，建立"政府引导、市场运作、社会参与"的多元化筹资机制，健全农业担保信贷体系，设立风险补偿金3000万元，按1∶20放大比例撬动金融资本，通过以奖促贷、财政贴息等方式，为产业园主提供7150万元贷款担保，产业的原动力被源源不断地激发出来。

聚焦"六稳六保" 兜牢民生底线

江苏省淮安市洪泽区民政局

"十三五"期间，区民政局认真落实"六保"任务，重点围绕"保基本民生"工作，坚持"筑密网、兜底线、促稳保"的原则，着力织密筑牢民生兜底保障网，力推我区社会保障兜底扶贫工作高质量发展。

一、社会救助工作的措施与成效

（一）加强"兜底保障"制度设计，不断增强困难群体的"安全感"

为健全完善农村低保、特困人员救助供养、临时救助等基本生活救助制度，区民政局会同相关部门，出台多条民政领域脱贫攻坚政策措施，打出系列政策"组合拳"，夯实兜底保障制度基础。

扩大社会救助广度。制定印发《洪泽区社会救助审批权限下放镇（街道）实施方案》《救助管理服务质量大提升专项行动部门职责清单》《关于切实做好禁捕退捕困难渔民基本生活救助工作实施方案》等文件，指导各镇（街道）用好、用足各项社会救助政策，健全统筹衔接、分层分类、弱有所扶的社会救助制度体系。

提高社会救助幅度。出台《关于贯彻落实江苏省临时救助实施办法的意见》（洪政办发〔2017〕59号）、《关于印发〈洪泽区临时救助实施细则〉的通知》（洪民〔2020〕72号）等文件，对临时救助制度的实施做出具体规定，为加强全区临时救助工作提供了政策依据，进一步扩大临时救助的比例和范围，彰显救助时效，根据当前救助工作需求，取消临时救助次数限制，扩大救助范围，提高救助比例，解决城乡困难群众突发性、紧迫性、临时性生活困难。

增加社会救助温度。认真贯彻落实《中华人民共和国老年人权益保障法》《国务院办公厅关于推进养老服务发展的意见》，区民政局相继出台了《关于洪泽区养老服务领域疫情防控期间工作方案》的通知和《关于印发〈2020年全区养老服务实事项目建设方案〉的通知》。在健全的政策支持下，我区不仅牢牢兜住困难群众的基本生活底线，更着眼于满足困难群众对美好生活的向往，积极探索温情救助模式，彰显社会救助的"温度"。

（二）拓展"兜底保障"覆盖能力，不断增强困难群体的"获得感"

在工作中，用好、用足各项政策，做好兜底保障全覆盖，政策落实精准，确保社会救助一人不漏。

确保群众"应保尽保"。一是实施"按户保"和"按人保"相结合的保障办法。对家庭人均收入在低保标准2倍以内，且家庭收入符合当地政府规定的一级二级重度残疾人和三级精神、三级智力残疾人以及当地认定的重病患者等特殊困难人员，经本人申请，参照"单人户"纳入最低生活保障。全区共纳入"单人保"69人，其中重病43人、重残26人。二是开展社会救助兜底保障专项排查行动，强化兜底保障精准落实。将符合条件的对象及时纳入相应救助范围，其中纳入低保145人，纳入单人保31人。三是实施"渐退缓退"机制。低保家庭因参与扶贫开发，抵扣就业成本后家庭收入仍超出低保标准，但低于低保标准2倍，并且主动申请退保的，给予3个月的渐退期；对纳入农村低保的建档立卡低收入人口人均收入超过当地低保标准但在低保标准2倍以内的，脱贫攻坚期内继续保留低保待遇，低保家庭所享受的低保金和其他优惠政策不变，以确保其实现稳定脱贫。2020年已实施渐退缓退40户。

确保困难群众"应养尽养"。一是乡镇人民政府、街道办事处定期处理本辖区内特困人员救助供养的申请受理、调查审核、供养管理等相关工作，并安排村（居）民委员会做好协助。二是通过报刊、广播、电视、互联网等媒体，宣传特困人员救助供养政策，营造关心关爱特困人员的社会氛围，做到政策对接到每一位符合特困供养人员。

确保困难群众"应救尽救"。一是建立临时救助备用金制度，下放救助审批权，精准快速开展救助工作。二是进一步完善"一门受理、协同办理"，推进救助部门资源信息共享，确立主动发现及快速响应机制，实现"早发现、早介入、早救助"。三是在救助工作实施过程中，做到救助政策、救助对象、救助标准、救助金额"四公开"，申请原因、审核意见、审批结果"三公布"，广泛接受求助对象和社会监督。2020年，全区累计实施临时救助1226人次，发放救助金59万元。四是新冠肺炎疫情期间，对受疫情影响无法返岗复工、连续三个月无收入来源、生活困难且失业保险政策无法覆盖的农民工等未参保失业人员，未纳入低保范围的，经本人申请，民政部门发放一次性临时救助金，帮助其渡过生活难关。救助标准原则上为3—6个月的低保标准，具体标准根据申请人实际困难和受疫情影响情况确定。据统计，全区对符合条件的困难农民工实施救助54人，发放救助金13.9万元。

确保困难群众"应补尽补"。加大困难家庭残疾人员保障力度，进一步增强困难群体获得感。在持续提高残疾人两项补贴标准，拓宽保障范围的同时，又将符合条件的残疾等级为三级的精神和智力残疾人纳入救助范围，为384人言语类一、二级残疾人办理了护理补贴。

（三）提升"兜底保障"保障水平，不断增强困难群体的"幸福感"

多措并举，持续加大基本民生保障力度，创新救助方式，提高救助效能，着力构建"大救助"格局。

提升保障标准。一是将城乡低保标准统一提高到645元，实现了城乡最低生活保障一体化。二是将城市特困人员供养标准提高到每人每年19500元、农村特困人员分散供养标准提高到每人每年10164元。三是进一步加大残疾人两项补贴保障力度，将残疾等级为三级的精神和智力残疾人纳入救助范围，对言语类一、二级残疾人实施护理补贴发放制度。

创新救助方式。一是在全市率先建立村（居）社会救助信息员制度，进一步加大主动发现和跟踪救助力度，提高社会救助基层服务能力和水平，及时上报因突遇不测、意外伤害、因病因灾等原因陷入生存困境的家庭，及时更新救助人员信息数据库。二是主动适应温情救助改革需求，与各镇政府多次联合召开"社会救助兜底保障现场会办会"，对乡镇排查出的困难对象进行现场评议，集中会办，取得良好的社会反响，开启全市救助工作新理念。

提高救助效能。一是在全区全面推行社会救助审批权限下放，实施"只需跑一次、无须开证明"办事模式，将城乡低保、特困供养、尊老金、低保标准4倍内的临时救助、残疾人两项补贴五项社会救助审批权下放到镇（街道），推进审核审批权限统一，提高救助效率。二是在全区范围内设立8个临时救助点，引导各镇（街道）共同参与社会救助，并与公安、城管等部门联动，进一步完善区、镇、村三级救助网络建设，强化快速响应机制，真正做到早发现、早报告、早处置。

二、我区社会救助工作存在的主要问题

近年来，我局在强化社会救助兜底保障方面做了大量工作，取得了一定的成效，但仍然存在一些痛点难点，主要表现在：

（一）标准认定不规范

标准不科学。将家庭收入作为最主要的确认标准，却不考虑家庭的刚性生活支出，致使许多家庭收入高于救助标准，但家庭刚性支出过大的群众（比如家里有慢性病需要长期服药的、有学生上学的）无法享受到国家应有的救助服务。

标准不严谨。将有无赡养人作为低保老人的确认标准，却不考虑赡养人（子女）的赡养能力，造成一些有子女、但子女物质条件不高或者赡养能力差的老人无法纳入政府救助范围。

（二）救助体系不完善

项目实施单一。当前虽然建立了以生活救助为主，生产救助、医疗救助、住房救助、教育救助和灾害救助等社会救助为辅的基本体系，但在具体实施中主要还是生活救助，重在保障贫困居民的最低生活需求，其他专项救助仍有待加强，救助体系还需进一步完善。

救助力量薄弱。对遭遇重大疾病、一户多残的特殊困难家庭，仅靠低保、特困供养等兜底政策还难以有效改善生活状况，分类救助、按需施救力量薄弱。

（三）"主动发现"不及时

在实际工作中，有困难群众不知道甚至因故无法去申请临时救助，部分村（居）信息员依旧停留在"被动受理"的工作思维中，未按规定对困难群众进行定期排查，导致部分对象救助不及时。

三、我区社会救助工作的几点建议

社会救助兜底保障工作是打赢脱贫攻坚战的最后一道防线，为了聚焦"六保"工作，推进我区社会救助高质量发展，提出以下建议：

（一）规范救助补助标准

适当提高救助标准。在综合考虑物价水平、居民购买力以及财政状况的前提下，建立符合实际情况的救助标准定期增长制度，提高救助对象的实际救助水平。

建立复合型的救助标准。改变单一的以家庭收入、赡养人情况为主的救助标准，根据家庭实际收支情况建立复合型的救助标准，实现"应保尽保、应救尽救"，编牢织密社会救助安全保障网。

（二）完善救助体系建设

加强"顶层设计"。加快构建以基本生活救助、专项社会救助、急难社会救助为主体，社会力量参与为补充的分层分类救助制度体系，逐步完善涵盖低保、特困、低收入家庭的多层次救助体系，使社会救助成为解决相对贫困问题长效机制的基础性制度安排。

推行"按需施救"。继续深入探索"物质救助+服务保障"的救助模式，引入社会组织深度参与，全面落实好"单人保""渐退缓退""收入扣减"等政策，将符合条件的对象按程序及时保障到位，推动兜底保障政策精准落地，真正做到兜准底、兜好底、兜牢底。

（三）健全"主动发现"队伍

构建主动发现机制。充分发挥村（居）两委和驻村干部熟悉民情和建档立卡贫困户家庭情况的优势，主动了解收集本区域内困难群众遭遇的急难事项线索，并对各村（居）符合低保、特困人员供养、孤儿救助和临时救助等信息进行收集上报。

形成监督检查常态。经常性下基层开展低保核查清理工作，加强对各乡镇随机抽查力度，防止出现漏报、错报现象。同时对群众反映的突出问题，认真组织调查，依纪依规办理，及时回应群众关切。

"三个完善"推进区域社会治理现代化工作

湖北省黄石市黄石港区民政局

党史学习教育开展以来，黄石港区民政局党委认真学习贯彻习近平新时代中国特色社会主义思想，紧密结合民政工作实际，突出民生职能，牢固树立初心使命，强化担当意识，特别在区域化社会治理方面开展创新工作。

一、完善社会力量协同体制，"五社"组织联动促合力

社会力量的工作内容非常广泛，且各有专长，它们相互连接、相互组合，能够更充分地发挥创造性和灵活性。我国近些年来历次重大的灾害救援，也是各级政府和社会组织探索协同机制的过程。在疫情防控中认真总结经验，吸取教训，探索机制，保证既能有效动员社会力量，又能整合协调和科学配置社会力量。党的十九届四中全会《中共中央关于坚持和完善中国特色社会主义制度 推进国家治理体系和治理能力现代化若干重大问题的决定》中明确，要完善党委领导、政府负责、民主协商、社会协同、公众参与、法治保障、科技支撑的社会治理体系，"社会协同"位于官方与民间之间，起一个桥梁纽带的作用。

区民政局积极推动4个街道1个江北管理区、33个社区积极落实关于深化新时代党建引领加强基层社会治理的若干措施，在黄石港街道以万达社区作为社工工作站试点，建立"社区—社会组织—社区工作者—社区志愿者—社区公益慈善资源""五社"组织联动社会协同机制，以点带面，全面铺开。据统计，黄石港区共有191个小区，物业公司有81个，其中已组建业委会小区75个，已实施物业服务覆盖居民住宅小区174个，单位自管37个，街道托管13个，无人管理小区18个，业主自治19个，充分发挥社区（小区）物业公司、业主委员会、志愿服务、关爱服务、业主微信群、"微邻里"等自治功能和信息平台的作用，大力开展民主法治示范社区建设，南岳社区荣获湖北省民主法治示范社区，33个社区民事民议自治体制全覆盖，具体表现在社区建立"一居一警"、居民会议、居民代表会议、监督委员会、居民议事会、理事会等议事协商载体，开展群众说事、民情恳谈、百姓议事、妇女议事等协商活动，构建自治为基础、法治为根本、德治为先的社区治理新模式。

各社区已收集议题104件，组织开展议事会议88次，形成会议决议74个，落实决议64个，定期与不定期地召开社区居委会、业主委员会、物业服务企业共同参与的联席会，为群防群治、平安创建、合力完善社会力量的协同体制，自查该项评估任务清单15分。

二、完善公众参与体制，加大社工专业人才的培育

以习近平新时代中国特色社会主义思想为指导，深入学习贯彻习近平总书记在党史学习教育动员大会上的重要讲话，区民政局全面落实省、市、区要求，围绕推进基层治理制度创新和能力建设，进一步加大社区工作者队伍培育。成立了黄石港区协调推进专项工作机制城市社区工作专班，建立基层联系点，定期听取工作汇报，做到重大方案亲自把关、关键环节亲自协调、落实情况亲自督查。已核定社区工作者总额为446人，已签订劳动合同的社区工作者有430人，套改转任的社区工作者全部按四岗18级落实薪酬待遇并缴纳"五险一金"，妥善安置55名在社区工作的非就业年龄段人员、非全日制人员和辅助人员。启用全国社会工作信息系统，对我区已持证的61名社区工作者进行注册、认定，全面提升持证社工的履职能力。

培养社工专业人才，坚持提升存量与扩大增量并举，以社区需求为牵引，分类培养一批精通社会工作、擅长社区治理的社区社会工作专业人才队伍。一是提升存量。支持社区工作者参加全国社会工作者职业水平考试或在职社会工作学历教育，鼓励社区工作者参加黄石市社工员考试认定，不断盘活社区社会工作专业人才存量。二是扩大增量。优先在高校社会工作专业毕业生中按程序选聘社区工作者到社区开展服务；支持"一村一名大学生计划"等人员参加全国社会工作者职业水平考试，鼓励广大志愿者通过全国社会工作者职业水平考试或在职社会工作学历教育，转化为社区社会工作专业人才，持续扩大社区社会工作专业人才增量。三是提升专业能力。分层次、分类别开展社区社会工作专业人才培训和继续教育及实务实训，支持高校社会工作专业学生到社区研习，校地联动促进专业能力提升。

三、完善公众参与体制，优化志愿者服务的项目

志愿服务是现代社会文明进步的重要标志。截至2021年9月，港区每个街道都设有志愿服务站，并相应配备有平安建设志愿服务团队，区团委对"志愿黄石"小程序制定有相应的积分激励政策，凡是参加志愿服务时间在同一志愿服务信息系统累计记录达到100小时、300小时、600小时、1000小时和1500小时的志愿者，可以依次申请评定为一星级、二星级、三星级、四星级、五星级志愿者。以"志愿黄石"综合服务云平台（志愿黄石小程序）数据为基础，综合考虑志愿服务时长、服务质量等因素，一星级至三星级志愿者，由系统认定，并进行动态管理；四星级、五星级志愿者由市委文明办评定。志愿者星级认证工作每年进行一次。

采取激励嘉许措施：一方面，在个人和单位评先评优方面，同等条件下优先考虑星级志愿者；在招录招聘和教育服务激励方面，在乡镇（街道）公务员招录时同等条件下优先考虑，在基层事业单位招聘时同等条件下优先录取；在就业和创新创业服务方面为符合条件的星级志愿者提供职业培训补贴，优先为星级志愿者提供公共就业服务，在金融综合服务方面星级志愿者在指定银行办理相关业务时，可享受VIP窗口服务。另一方面，在社会保障服务方面鼓励社区开展积分兑换服务，星级志愿者依据个人志愿服务时长可换取一定的社区服务或物资。鼓励社

区开展积分兑换服务，星级志愿者依据个人志愿服务时长可换取一定的社区服务或物资。在新华书店购书，三星级志愿者享受 9.5 折优惠，四星级志愿者享受 9 折优惠，五星级志愿者享受 8.5 折优惠。诸如这些，生活中方方面面，都有体现对志愿服务的激励，自查该项任务清单已完成评估 9 分。

"两项改革"提动能　"易地搬迁"谱新篇

四川省剑阁县民政局

此心安处，便是吾乡。走进四川省广元市剑阁县光荣村，蓝顶白墙的小洋楼，宽阔整洁的柏油路，热情洋溢的笑脸和紧张有序的扶贫车间依次映入眼帘……经过 5 年时间艰辛探索，普安镇光荣村易地扶贫搬迁集中安置点已打造成该县后续治理的"拳头"样板，各地前来参观"取经"的人群络绎不绝。

这个明星安置点的"蝶变"之路，是该县坚持党建引领易地扶贫搬迁集中安置点后续治理、推动两项改革"后半篇"文章走深走实的生动缩影。近年来，剑阁县按照"搬得出、稳得住、能致富"总体要求，借势两项改革"后半篇"文章东风，以"加大改革力度、拓展改革深度、提升改革温度"为导向，持续深化推进易地扶贫搬迁集中安置点后续治理，切实把改革成果转化为发展红利和治理实效，建成 6 户及以上集中安置点 358 余个，集中安置群众 3827 余户 10550 人，358 个安置点水、电、路、气、通信网络等基础设施配套基本完善，教育、卫生、文化、社区管理等公共服务设施逐步健全。小规模、组团式、微田园、生态化的安置模式独具特色，过去秦巴连片贫困山区"一方水土养不活一方人"的困境得到根本性转变。

一、党建赋能，从"偏远差"到"美如画"

"原来我家在半山腰，住的是土墙房，喝的是露天水，种的是荒坡地。做梦也想不到能住上这么好的房子，马路宽敞，水电不愁，去场镇办事也方便。"谈到易地搬迁带来的改变，白龙镇庙儿嘴集中安置点首批搬迁群众蒲茂平乐呵呵地说。

易地扶贫搬迁，带来的是搬迁者生产生活方式的骤变、社会关系的重组和文化心态的重建。为促进搬迁群众尽快适应新环境，该县以安置点党组织建设为抓手，全覆盖建立"党组织＋自治组织＋社会组织"扁平化治理架构和"乡镇党委＋网格党支部＋楼栋党小组＋党员家庭户"四级党组织网格化治理体系，建优建强战斗堡垒，780 余名先锋模范党员深入集中安置点巡回开展"周学月讲""固定党日""家庭课堂"等主题活动，实现"离群众近、帮群众快、为群众好"。

有了强大的党组织，安置点后续治理就有了"主心骨"。该县将学校、医院、文化娱乐等 8 项公共服务配套设施硬指标与安置房同步规划、同步建设，最大限度满足安置点公共服务功能，让搬迁群众直接感受到变化、便利。在党员群众的共同努力下，安置点面貌发生翻天覆地的变化。

二、党委领治，从"端袖子"到"撸袖子"

四川省乡镇行政区划和村级建制调整改革以来，该县358个安置点相继成立以村"两委"为核心，由安置点负责人、村民代表组成的村民自治管理委员会、红白理事会、村民议事会等自治组织，探索出乡镇党委提议、村"两委"商议、党员和村民代表审议、安置点公示决议的"四步议事工作法"。无论是涉及安置点建设的大事还是邻里乡间的小事，都到"村民议事会"上议一议，形成搬迁群众相互帮助、相互关照、同舟共济的良好风尚。

主人翁意识一旦被唤醒，便化作改革成果转化为治理实效的强大力量。"工厂就在家门口，能打工赚钱，还能照顾家里，挣钱持家两不误。"正在开封镇亚克力玻璃厂上班的迎水社区安置点村民何艳满脸喜悦地说道。

"搬迁群众都会经历由刚刚落户的兴奋期到就业生活的焦虑期，相较普通农村，搬迁点公共服务体系构建难点在于如何实现贫困家庭的有效就业。"剑阁县人力资源与社会保障局局长李必众说。

为解决搬迁户后顾之忧，该县充分发挥县两项改革"后半篇"文章领导小组成员单位统筹优势，主动对接浙江、广东等人力资源部门，收集岗位信息1.23万个，召开招聘会30场，通过专场招聘会下乡、招聘简章入户、招聘信息挂网等方式，多渠道为有求职意愿的劳动者免费提供就业岗位信息。通过有组织转移、就近吸纳等方式，实现易地扶贫搬迁安置点脱贫家庭劳动人口转移就业1.94万人次，群众满意度和幸福感显著提升。

三、党群服务，从"独奏曲"到"大合唱"

着眼解决安置点群众基本服务需要，该县聚焦便民代办点建设，实施党群"连心桥"工程，推动144项县级部门管理权和审批权下放，精准做好搬迁群众户籍转移、证照办理等便民服务代办工作，建成"涉改村社超市＋益农服务社、远程诊疗点、就业服务站等"为一体的"1+N"生活服务配套站230余个，给4.2万余名搬迁群众提供"亲民、便捷、丰富、品位"的一站式生活服务，建起乡村"半小时服务圈"。

"我们这里没有服务群众'最后一公里'，只有服务群众'零距离'。"这是杨村镇龙鞍社区集中安置点党支部书记范学明，近30年群众工作"真经"。

现如今，剑阁县易地扶贫搬迁集中安置点建成文化体育广场、农民夜校、农家书屋700余个，建立农耕文化博物馆、村史馆和李榕家风馆等文化名人纪念馆23家，"三点半"课堂、老年人之家等服务项目覆盖各年龄段人群，共建共治共享大党建格局逐步建立，村民精神面貌为之一新。

一件件实事，堆积出易地扶贫搬迁集中安置点村民的幸福生活，把原来散乱的人心凝聚在党组织周围，引领剑阁县两项改革"后半篇"文章不断提档升级，走上现代化轨道。

以民为本　为民解困　为民服务

四川省康定市民政局

康定市民政工作在市委、市政府的坚强领导下，在上级业务主管部门的精心指导下，紧紧围绕市委、市政府的中心工作，坚持"以民为本，为民解困，为民服务"的工作宗旨，充分发挥民政部门在构建和谐社会中的稳定机制作用。现将民政工作总结如下。

一、五年民政工作总结

（一）在社会救助工作方面

开展城乡低保专项治理。从 2017 年—2019 年通过三年城乡低保专项治理工作，对全市低保进行全面重新申报、审核，做到动态管理下的应保尽保、应退尽退。通过治理，农村低保从 2017 年的 6599 户 9866 人下降为 2545 户 5289 人（户比下降 60.4%，人比下降 46.4%）；城市低保从 2017 年的 2409 户 4203 人下降为 1425 户 2294 人（户比下降 41%，人比下降 45.4%）。彻底清除了城乡低保中的"人情保""关系保"的低保乱象，纠正了城乡低保中"错保""漏保"现象。实现了救助工作程序规范、对象认定精准、基础数据准确、动态管理有效、人民群众满意的阳光低保、廉洁低保。建立和完善了城乡低保救助自然增长机制，城市低保标准从 2017 年的 360 元提高到 590 元，农村低保标准从 2017 年的 230 元提高到 390 元，合计发放城乡低保救助资金 13212 万元。

开展城乡特困人员救助。在 2018 年我市将原来的城市三无人员和农村五保户通过重新申报、调查、审核、审批，实行系统管理，纳入城乡特困人员救助供养范围，实施集中和分散供养两种方式。建立健全救助供养金自然增长机制，城市特困人员救助供养金从 2018 年每人每月 590 元提高到每人每月 767 元，农村特困人员每人每月 400 元提高到每人每月 507 元，合计发放城乡特困人员救助供养金 1763 万元，确保了我市特殊特困群众的基本生活。

开展孤儿养育工作。对父母双亡 18 周岁以下的社会散居孤儿和事实无人抚养儿童实施机构供养和亲属家庭寄养两种方式。养育金机构供养每人每月 1100 元提高到每人每月 1400 元，亲属家庭寄养每人每月 748 元提高到每人每月 900 元，合计发放孤儿养育金 129.6 万元。孤儿高中毕业考上大中专学校就读的每人每年救助 10000 元学费。

加大困难群众临时救助力度。由于受疫情防控影响，主要劳动力无法外出务工，造成家庭出现暂时困难的给予临时救助，合计发放临时救助资金 731 万元；为我市城乡低保救助对象发放疫情生活补助资金 326.46 万元；为我市城乡低保对象、城乡特困人员、孤儿发放价格临时补贴 868.65 万元。

老龄工作。高龄津贴发放工作，80—89 周岁老人每人每月 50 元，90—99 周岁每人每月 100 元，100 周岁以上每人每月 200 元。合计发放高龄津贴 442 万元。

（二）在社会事务工作方面

两项改革工作。一是切实做好乡镇行政区划调整工作。通过行政区划调整，由原来的 5 镇 14 乡 2 街道，调整为现在的 8 镇 7 乡 2 个街道。二是圆满完成村级建制调整改革任务。通过村级建制调整改革，由原来的 234 个行政村，调整为现在的 204 个行政村，实际减少 30 个村。

婚姻登记工作。婚姻登记工作规范运作，不断提高婚姻登记服务水平，认真把好近亲关、病理检查关和年龄关。登记合格率达 100%，全市实施联网婚姻登记工作，五年共新办理结婚登记 2991 对，离婚登记 1061 对，补办结婚证件 3218 对，补办离婚证件 234 对。

敬老院改造工作。完成了姑咱中心敬老院 80 张床位和新都桥片区敬老院 70 张床位的改造工作。

开展"一卡通"专项治理工作。从 2019 年 1 月起民政救助资金，全部实行系统管理，系统审批，所有资金按规定标准按月足额通过"一卡通"监管平台实施社保卡"一卡通"社会化发放，确保民政扶贫资金的安全运行。

民政工作是党和政府联系困难群众的桥梁和纽带，担负着"上为政府分忧，下为群众解愁"的重要职责，时刻牢记"以人为本，为民解困"的民政工作宗旨，深入联系群众，倾听群众呼声，解决群众疾苦。增强"四个意识"、坚定"四个自信"、做到"两个维护"。把人民对美好生活的向往，作为我们工作的奋斗目标，为民政事业的发展做出更大的贡献。

加强养老服务设施建设 构建养老服务体系
健全养老服务综合监管制度的经验做法

山西省岢岚县民政局

岢岚县贯彻国务院办公厅 2020 年 12 月《关于建立健全养老服务综合监管制度促进养老服务高质量发展的意见》（国办发〔2020〕48 号）文件精神，2020 年 12 月岢岚县县委、县政府办公室出台《岢岚县支持社区居家养老服务发展的实施方案》（岢政函〔2020〕29 号）提供政策支持，切实把养老服务摆上党政主要议事日程，明确部门职责。构建养老服务体系，为老年人提供更周全、更贴心、更便利的服务。

一、开展人口老龄化国情教育

开展主题宣讲。把人口老龄化国情教育纳入我县中、小学教育教学内容及干部培训教育内容。建立由党政领导、专家学者、老龄工作者等 12 人组成的宣讲队伍，经常深入全县各机关、45 个企业、24 所中小学校、5 个社区、23 个养老机构等场所开展宣讲，宣讲习近平总书记关于加强老龄工作重要讲话和重要指示精神，宣讲党中央、国务院关于加强老龄工作的决策部署，宣讲党的十八大以来我国老龄事业取得的辉煌成就，宣讲中华民族敬老爱老助老传统美德。进行舆论宣传。县 2 家主流媒体充分发挥引领作用，开设专刊专版专栏进行集中宣传，全县 20 多所公共文化场所，利用电子屏、宣传栏、展板、标语、公益广告等开展专题宣传。举办文化活动。县老龄委等部门结合传统节庆日、"敬老月""老年节"等开展特色鲜明、吸引力强的人口老龄化国情教育主题活动。开展书法、棋牌、健身、歌咏、舞蹈等文体活动 18 次，丰富老年人的晚年娱乐生活。定期走访。老龄委每月对独居老人进行走访慰问，提供"六助"上门服务，满足基本生活需求，至今走访慰问 42 人。

二、加强养老服务设施建设

全县共建成养老机构 23 所，其中：县中心敬老院 1 所、老年人日间照料中心 22 所，覆盖全县 10 个乡镇、5 个社区，共有床位 490 张，每千名老人拥有床位 41 张。大力推进王家岔养老院建设项目，建设床位 245 张，建筑面积 10500 平方米，投资 2987.4 万元，已开工建设。

三、构建养老服务体系

规范推进，保证征缴。结合县情实际，在充分调研的基础上，确定了参保对象的范围、缴费标准和发放标准，并对个人账户、基金监督管理、档案管理等事项做了明确规定和要求，建立了比较规范完善的制度体系，保证了城乡居民养老保险工作的规范化运作。我县城乡居民基本养老保险已累计完成缴费 21504 人，其中已为符合代缴条件的建档立卡、五保、重残、低保人员共计 11810 人代缴了每人每年 100 元的基本养老保险费；累计完成城乡居民基本养老保险缴费收入 346 万元。按月足额兑现。建立完善养老金按月发放长效机制，年初做好年度财政补贴资金预算，每月初及时核实当月养老金发放花名，并于月初向财政部门申报、拨付发放资金，确保当月应发养老金在每月 25 日前从支出户足额划拨，确保待遇按月足额发放。共为全县 12364 人累计发放基础养老金 940 万元。

四、健全养老服务综合监管长效机制

全面落实监管责任，建立分管副局长为第一责任人的监管制度；加强登记备案监管、消除质量安全隐患，建立养老服务机构备案信用承诺制度，持续开展了 6 次养老服务机构风险隐患排查整治，引导养老服务机构主动防范消除安全风险隐患；加强从业人员监管，对养老服务机构从业人员进行职业道德教育 4 次，提升从业人员职业道德水平和服务水平。2021 年来，全县累计培训专兼职老年社会工作者 99 名、养老护理员 16 名，建立 2 家县级养老服务培训基地。

通过开展人口老龄化国情教育，健全全县三级养老服务网络，对 23 所养老机构规范管理，进一步加强养老服务综合监管制度，拓宽和提升了我县养老服务水平。

下足"为群众办实事"的硬功夫

贵州省荔波县民政局

2021年来，按照省、州、县工作部署和要求，结合工作实际，认真落实好民政各项工作任务。现将上半年工作情况总结如下。

一、基本民生保障工作

（一）社会救助

2021年6月，全县城乡低保对象4966户13915人（其中：城低1148户3750人，农低3818户10165人，农低保单人67人）；特困供养对象589户617人（其中：集中供养190户199人，分散供养399户418人），孤儿养育对象23户27人，事实无人抚养儿童39户51人，享受重度残疾人护理补贴对象2123人（其中一级910人，二级1200人），临时救助463人次，80岁及以上高龄补贴22560人次，20世纪60年代精简下放退职老职工补贴23人。

（二）项目管理

荔波县流浪乞讨救助中心养老康复楼。荔波县流浪乞讨救助中心养老康复楼是县政府2020年民生实事之一，项目总投资950万元，上级补助资金900万元，建筑面积3659平方米，现已完项目主体工程建设。

完成黎明关水族乡板寨村、瑶山瑶族乡巴平与力书村、小七孔镇绿林村农村幸福院设备设施安装。

项目建设资金补助申报工作。2021年上半年完成5个养老机构提质增效项目建设资金补助申报，其中荔波县社会中心福利院提质改造项目获得"世行、法开署"专项基金支持540万元。

（三）具体做法和取得成效

1. 强化民政兜底保障，巩固拓展脱贫攻坚成果

一是认真开展城乡低保年底核查工作。3月11日，出台了《荔波县2021年度低保年度核查工作方案》，成立了以县政府副县长为组长的低保年度核查工作领导小组，明确了将原保障对象、新增申请对象、2020年1月以来退出保障对象、脱贫不稳定户、边缘易致贫户、重病重残人员、低收入家庭以及孤儿养育对象、事实无人抚养儿童、特困供养人员等纳入核查范围，严格按照城乡低保"三环节、十步骤"工作程序要求，完成城乡低保对象审核确认以及系统数据录入校

准工作。当前，已完成县、乡、村三级低保核查业务培训，乡、村两级正在入户核查。二是结合低保年度核查，各乡（镇、街道）同步开展农村低保季节性缺粮户粮食救助对象认定工作，按时发放救助粮。同步开展城乡特困人员认定和自理能力评估年度复核工作，切实做到准确认定、准确评估。同步开展60年代精减退职工年度核查，继续做好精简退职老职工生活困难救济工作。三是将部分临时救助审批权限下放到乡级，严格落实好临时救助备用金制度和审核审批程序。

2. 实施分层分类救助，确保特殊群体救助精准

结合低保年度核查工作，对低保户、特困户、脱贫不稳定户和边缘易致贫户、低收入家庭等开展全面排查，将符合享受兜底保障政策条件的，按照低保、特困、临时救助、孤儿、事实无人抚养的条件，将其纳入相应的兜底保障范围，实施好各类救助政策。将符合纳入低保政策条件且已纳入的低保对象，与残联、医保、卫生健康等部门进行动态数据比对，全面精准落实残疾人、老年人、重病重残等10类特殊困难对象的特殊困难金补助政策，确保特殊群众救助精准。2021年6月，全县城乡低保对象4750户13021人，其中：享受特殊困难补助金2952户7689人，1—6月累计发放特殊困难补助金465万余元。

3. 强化部门配合协作，确保救助对象信息精准

由县民政局牵头，县公安、人社、市监、扶贫、残联、自然资源、住房保障等县级相关部门积极配合协作，进行数据信息比对，切实掌握民政兜底保障对象车辆信息、社保领取信息、住房信息、工商经营信息等情况，公正、精准、高效认定救助对象，有效杜绝兜底保障出现死亡保、人情保、关系保、错保的现象。通过开展信息数据、入户核查等，及时停发不符合保障条件的对象，农村低保停发290户765人、户内调减涉及183户257人，城市低保停发105户330人、户内调减涉及37户41人，特困对象停发27户27人。

4. 及时足额发放资金，保障困难群众基本生活

加强与财政部门沟通对接，提前做好资金监测、预警，按月及时足额发放各项救助资金，对于低保、特困供养等基本生活资金，确保在每月月底前完成发放；对发放失败的，限期复核清楚，力争当月底前补发到位，提升资金时效性，使困难群众基本生活得到保障。截至6月底，全县累计发放低保金、特困供养金、孤儿养育金等各类社会救助和社会福利资金3183万元。

5. 加强政策宣传和培训，提高干群知晓率

一是县、乡组织参加社会救助工作人员进行业务培训，确保参与特殊困难群众兜底保障工作的人员都知晓核查程序和政策，为兜底工作提供了强有力组织保障。二是通过张贴宣传画报、开展集中宣传活动和入户宣传等方式进行兜底保障政策宣传，进一步提高群众知晓率。2021年来，我县印制了社会救助类政策文件制作成政策宣传画报500份和宣传折页5000张，分发至各乡镇（街道）、村（社区）张贴在宣传栏和人员集中居住的自然村寨，将宣传折页分发至各乡镇（街道）、村（社区），确保所有参与社会救助工作人员手上都有一份社会救助政策宣传折页，同时充分利用赶集日人员集中时开展社会救助政策宣传，开展集中宣传活动5场次，发放宣传折页2000

余份。

二、基本社会服务工作
（一）殡葬改革

积极稳妥推进殡葬改革"三位一体"工作，无违法违规现象发生。2021年1—6月，长宁殡仪馆共火化586具遗体，集中治丧74例，公墓集中安葬547穴。认真贯彻落实惠民殡葬政策，为450户家庭现场减免惠民殡葬资金累计达45万余元，切实减轻困难群众治丧办丧负担，助力脱贫攻坚。全县共建57个农村公益性公墓均可投入使用，各行政村可实现就地就近集中安葬。疫情期间，殡葬服务机构严格执行各种防控措施，采取预约登记、人数限定、错时入馆等措施，正常安全有序提供遗体接运、火化、骨灰寄存、公墓安葬等基本殡葬服务。

（二）婚姻收养登记

贯彻落实《中华人民共和国民法典》中关于婚姻收养登记的相关规定。自2021年1月1日起，不再受理撤销婚姻登记，办理离婚登记实施"30天离婚冷静期"，办理收养登记需进行收养评估。全县共办理结婚登记553对，补发结婚登记证86对。办理离婚118对，补发离婚登记证10件。申请离婚进入冷静期18对，冷静期届满待办理9对，已失效64对，已撤回1对。办理收养登记2件。

自2021年1月4日起，我县婚姻登记正式启用新婚姻登记系统办理婚姻登记，实现人脸识别、指纹采集、身份证读取、手写签名、资料拍摄、资料紫外线消毒灯功能，控制了工作中人为的失误，大大地提高了办证的效率。

强化依法保护解除，坚决维护合法权益，积极稳妥消化早婚早育存量，推进婚姻家庭预防化解工作，促进社会与家庭和谐稳定。截至2021年上半年共有44对达到法定婚龄的早婚早育对象已办理结婚登记。2021年报告荔波县婚恋家庭纠纷线索1件。

引导婚俗改革，倡导节俭婚礼新风尚。着力做好荔波县婚俗改革试点工作，制定《荔波县婚俗改革试点工作实施方案》，按照方案要求，婚俗改革试点工作有序开展。

三、基层社会治理工作
（一）城乡社区治理工作

完成瑶山瑶族乡做好优化村（组）设置工作。根据《荔波县优化村（居）设置工作实施方案》，深入指导乡（镇、街道）做好村（居）优化设置相关准备工作，稳步推进我县村（居）优化设置。积极会同瑶山瑶族乡深入各村调研座谈会，充分听取各村委会负责人及群众代表意见后，拟对巴平村与力书村合并为1个村（拟新村名：巴力村），拉片村与菇类村合并为1个村（拟新村名：瑶山村）。县政府于2021年4月正式批复同意瑶山瑶族乡巴平村与力书村合并为"巴力村"、拉片村与菇类村合并为"瑶山村"。

抓好缺额村（居）民委会成员的补选及新成立的渡船口社区开展居委会选举相关工作。指导完成玉屏街道古榕社区、兴旺社区、佳荣镇岜鲜村缺额主任、副主任、委员的补选及新成立的渡船口社区居民委员会选举工作。

加强对基层村规民约（居民公约）修订、实施的指导和监督。积极深入指导乡村两级按照相关程序做好村规民约（居民公约）的完善和修订。在修订村规民约时要将全面推行移风易俗、整治农村婚丧大操大办、铺张浪费、厚葬薄养等不良习俗；破除丧葬陋习，树立殡葬新风，推广与保护耕地相适应、与现代文明相协调的殡葬习俗；消防安全、扶残助残、喜事新办、丧事简办、弘扬孝道、尊老爱幼、禁止早婚早育和控辍保学，保障子女受教育权利、扫黑除恶、防控命案、加强新时代爱国卫生运动等内容纳入村规民约（居民公约）中。各村（居）正在进一步对村规民约（居民公约）修订、完善中。

开展村（社区）工作者日常工作问卷调研。深入 8 乡（镇、街道）村（社区）开展村（社区）日常工作调研，加强了解村（社区）成员开展工作情况及存在的问题，发放问卷 80 份。

积极配合县委组织部门抓好第十一届村（社区）"两委"换届相关工作。利用县城区域内地名标识广告箱张贴宣传 20 幅换届宣传标语，进一步提高群众对换届工作的知晓率，并深入指导各乡（镇、街道）村（居）加强学习严肃换届纪律"十严禁"要求规定，着力营造风清气正的换届环境。

（二）区划地名工作

抓好茂兰镇尧朝村更名工作。会同茂兰镇积极开展更名工作，通过对召开群众会议、问卷调查、广泛征求群众意见等形式开展并深入核实后，形成审核报告呈送县政府审定，县政府于 2021 年 2 月 18 日正式批复同意将茂兰镇"尧朝村"更名为"茂兰村"及所辖村民小组"浪贬组"更名为"浪丙组"。

指导佳荣镇道路及小区命名工作。深入指导佳荣镇辖区内未命名的道路及小区严格按照地名管理条例等相关程序开展地名命名工作，通过对召开群众会议、问卷调查、广泛征求群众意见等形式开展并深入核实后，形成审核报告呈送县政府审定，县政府于 2021 年 4 月正式批复同意佳荣镇辖区内拟设的幸福路等 11 条道路及更坡小区等 4 个居民区的命名。

加强完善乡村地名信息的更新及做好我县红色地名故事的编写。我县已完成乡村地名信息更新 15 条，完成编写地名故事稿件 6 篇。2021 年 6 月 18 日《黔南日报》刊发我县最美地面故事《月亮山》。

做好第四轮州际界线（荔波县与黔东南州的从江、榕江两县）联合检查工作。我县与从江县、榕江县已完成第四轮州际界线外业检查工作。

抓好边界纠纷的调处工作。积极会同相关部门开展边界纠纷的调处，2021 年 1—5 月会同相关部门组织调解乡镇界线纠纷 3 次，一是黎明关乡久安村与茂兰镇尧明村的边界纠纷，该案已向县政府汇报并建议成立综合工作组进行下步调处；二是黎明关乡木朝村与茂兰镇瑶埃村的边界纠纷现该案还处于调处中；三是茂兰镇水庆村与玉屏街道水功村的边界纠纷，该案正处于调处中。

（三）社会组织登记

做好社会组织的成立登记、变更登记和注销登记等管理登记工作，进一步提升工作效率和服务水平。截至 6 月底，新增登记社会组织 6 个，注销登记社会组织 2 个，变更登记社会组织 2 个。全县共有社会组织 73 个，其中：社会团体 59 个，民办非企业单位 14 个。完成 27 个社会组织文化产业普查。

开展打击非法社会组织专项工作。按照民政部、省民政厅要求，为有效维护我县社会稳定发展环境，促进社会组织健康有序发展。积极组织公安、教育、文化、体育、卫生、市场监管等部门，联合排查检查，发动社会力量监督。我县发现 1 个非法社会组织，并依法依规制止其开展相关活动，引导其依法进行登记。

社区社会组织培育工作。为充分发挥社区社会组织在创新基层社会治理中的积极作用，根据省、州民政部门关于培育发展社区社会组织专项工作要求，制定我县关于加快培育易地扶贫搬迁安置区社区社会组织工作方案，认真开展宣传和引导培育，简化登记程序和提高优化登记服务。完成社区社会组织成立登记 1 个，备案社区社会组织的 5 个。

四、存在的问题及下一步工作计划

（一）存在的问题

全县 57 个农村公益性公墓由于资金投入不足，基础设施设备不完善。殡葬改革按照属地管理原则，公墓建设无匹配资金，建设所需资金全部由地方政府兜底，虽然县级财政每村计划投入 30 万元建设公墓，但近年县财政困难，无法及时全部划拨。导致各村的公墓建设资金缺口较大，项目建设的水、电、路、绿化等基础设施配套不到位。

全县仅有一个集中治丧点（长宁殡仪馆），各乡镇尚未建有殡仪服务站、集中治丧点，家属治丧仍然按照传统的方式在房前屋后进行，严重影响周边群众的正常生产生活。

婚俗改革试点工作时间紧任务重，部分单位重视不够。

（二）下一步工作计划

加强殡葬基础设施建设，提升群众的基本丧葬服务保障能力；积极向上级争取殡葬改革工作经费，解决基层工作经费困难问题；继续做好完善第四轮州际界线（荔波县与黔东南州的从江、榕江两县）联合检查内业及后续相关工作；抓好第十一届村（社区）"两委"换届选举工作；开展好婚俗改革试点工作及居家和社区养老试点改革工作。

聚焦群众关切　多举措保民生

江苏省无锡市梁溪区民政局

自开展党史学习教育以来，区民政局紧扣党史学习教育"学党史、悟思想、办实事、开新局"要求，将"我为群众办实事"实践活动贯穿党史学习教育全过程，坚持把党史学习教育同解决实际问题结合起来，打造"倾心惠民""五治五微""居家颐养""困境帮扶"四大为民办实事项目，深入推动党史学习教育走深走实见成效。

一、倾心惠民，筑牢困难群众生活保障底线

启动倾心惠民慈善工程，面向全区街道、社会组织征集项目，累计收到项目书 20 个，经初步筛选、综合评定，最终确定 11 个项目，在扶贫、助困、助残、助老等方面提供慈善援助，着力解决群众"急难愁盼"问题，覆盖贫困残疾人、低收入人群、困境儿童 600 余人，从最困难的群众入手、最突出的问题抓起、最现实的利益出发，大力推进解决民生突出问题，真正把党史学习教育转化为为民办实事的实际行动。

二、五治五微，探索社区治理新模式

为进一步完善治理机制，创新治理方式，提升治理能力，加快推进区域社会治理现代化，3 月 29 日，我区在区委党校丽新楼报告厅举办了首届"全科社工"技能竞赛暨社区治理"五治五微"工程启动仪式。即将实施的"五治五微"工程从微处入手，融"社区微平台、社区微系统、社区微自治、社区微更新、社区微循环"为一体，坚持党建引领，优化智治支撑，夯实自治成效，突出品质提升，筑牢治理基础，完善社区治理体系，提升服务意识和水平，激发社区治理活力，为加快建设具有鲜明江南特点、无锡特征的精彩城区，贡献积极力量。

三、居家颐养，促进养老服务新发展

发布全市首个养老服务综合体指导意见，进一步规范养老服务综合体的建设和运营，7 家养老服务综合体及 10 家区域性助餐中心陆续建成，打造家门口的养老乐园。进行老年人家庭适老化改造，完成 375 户的建设，目前已完成该项目设计施工及第三方评估机构的招标工作，同时对符合适老化改造家庭的审批工作也已完成，《2021 年梁溪区老年人家庭适老化改造实施方案》

已制定出台，6 月中旬进入一户一案评估设计及施工阶段，计划 9 月底全部完成适老化改造。走进长沙举办"诚邀英才聚梁溪共推健康养老产业"专题招聘活动，加快养老服务人才队伍高质量发展。

四、困境帮扶，传承发扬红色精神

成立全市首家"爱伴成长·悦享书坊"，为困境儿童设立打造专门的图书驿站，馆藏各类儿童书籍 2000 余册，书坊免费为区困境儿童办理借阅证，定期更新各类儿童书籍，定期联合开展困境儿童各类阅读活动。举办"我是中国好少年"困境儿童党史学习教育研学之旅，在梅里文化小镇红色会客厅由讲解员为儿童讲党史、识党旗，让小朋友们在红色基地里"触摸"历史，感受红色文化的熏陶。让困境儿童在"学中悟、乐中学"，让党的温暖伴随着儿童健康成长。

见行见效见真情
以办实事力度提升民生温度

浙江省温州市鹿城区民政局　林明武

　　学党史悟初心,办实事聚民心,自党史学习教育开展以来,鹿城区民政局认真践行"民政爱民、民政为民"的工作理念,深化"我为群众办实事,我为企业解难题,我为基层减负担"专题实践活动,把党史学习教育成果转化成为民办实事、解难题的实际行动,为群众纾困解难。回应社会期盼,践行服务宗旨,推出了一系列接地气、暖人心的为民服务项目。

一、以适老化改造，托举银发族幸福生活

　　居家改造一小步,幸福养老一大步。为保障老年人居家养老的安全性和舒适性,区民政局积极推动居家养老服务提质扩容。根据老年人身体机能、生活方式及行动习惯等特点,对其生活场所进行适度调整和功能改造,进一步提高晚年生活品质。同时,为适应新形势下老年人的居家养老服务需求,以"科技助老、智慧养老"为抓手,为独居、空巢老年人家庭加装智能水流监测设备。已提前超额完成"实施生活困难老年人家庭适老化改造70户"的市民生实事任务要求,共计改造92户生活困难老人家庭、其中"三老"(老干部、老党员、老模范)人员14户,完成任务数的131％;完成老年人家庭智能安全监测设备加装142户,其中,安装智慧烟感老年人家庭10户。

二、以精准化帮扶，消除困难群众之烦忧

　　区民政局持续聚焦民生健康,有效提升救助效能,2021年7月初正式启动鹿城区"真爱到家·与爱为邻"困难群众大病帮扶项目。该专项活动引入社会组织和社会力量,对因遭受二十五大疾病导致经济困难的家庭给予一定的物质帮扶。通过强化主动发现机制,统筹各类帮扶资源,确保困难家庭群众的健康有人管、患病有人治、治病能报销、大病有救助。困难群众大病帮扶项目已为全区59户困难群众申请救助金,覆盖五马街道、广化街道及藤桥镇等12个街镇。其中,已发放救助金38户,金额总计176000元。

三、以品牌化战略，打响社工站服务招牌

　　全力推进街镇社工站建设,通过民政部门牵头负责、当地街道行政管理、优秀社工机构承

接运营的模式，联动社区内外资源为居民提供文化建设、社区教育及社区融合等专业社工服务。当前已实现全区 14 个街镇社工站全覆盖，并以五马街道等 4 个社工站作为试点，深化"站点 + 社区服务"和"示范 + 品牌建设"，做到"群众有问题，站点能解决；群众有需求，站点能满足"。鹿城区共拨付街镇社工站建设、培育发展社会工作服务类机构和社区社会组织经费 74 万元，社工站总面积达 8498 平方米，配备持证社工 59 名。确定"郭公爱吧有璞营造""牵手同行 结对帮扶计划"等 14 项重点项目，并不断推出"微孝暖心"失独老人关爱计划、"焕新悦变"乡村支持计划等典型项目，提供专业服务 10 万余人次。

"两条腿走路"走实城市基层治理

山西省吕梁市民政局

"基层治理不是社会治理的'最后一公里',而应该是'最前端'。"这样的表述无疑给新时代的基层治理提出了新的命题,也对当下社会治理精细化提出了更高要求。作为吕梁市驻地政府,离石区认准了这一道理,主动承担起职责,在社区建设和养老工作方面迎难而上,城市基层治理成效摸得着看得见。

"社区建立了日间照料中心,对我们老年人来说真的是太方便了。我和老伴不仅三餐有了着落,还认识了好多同龄的老头老太太,待会儿吃完饭,就和他们去小广场上跳舞!"谈起现在的幸福生活,家住离石区凤山街道生态园社区的任文生大爷喜笑颜开。

"不用去政务大厅就能办事了,方便快捷是实实在在能看得见的。""这个网点真是太新鲜了,想要了解银行业务,网上转账什么的,不用出远门,在家门口就可以享受科技带来的便捷。"在离石区滨河街道交通路社区前来办事的居民兴奋地交流着自己的体验心得。

看得见摸得着源于进度快成效显。近年来,随着城市化进程加快,大量农民进入城市安家落户成为"新市民",城市范围扩大,人口增加,原有的城市社会管理模式已无法满足多元化的公共服务需求,基层治理也出现了新的现实难题。离石政府认识到了这一点,而且深感社区建设和养老工作已经到了基层治理的最关键时期。

离石区对标紧跟、系统谋划,以科学思维加强顶层设计、以问题导向创新组织方式、坚持"去三化增四性五提升级",运用示范社区的打造经验,借鉴先进地区的设计理念,推动全区社区党群服务中心提档升,持续深化试点成果,形成了具有"吕梁元素、离石特点"的经验,完善的社区治理运行模式及制度机制,提升了离石社区为民服务水平和社区品牌效应。

从规范社区设置,完善基础设施,办公场所全面提档升级,到科学设置合理划分社区网格;从配强社区主干,充实社区干部队伍,到推进社区管理规范化;从切实发挥基层党组织的引领作用,建立街道党工委、社区党支部、辖区内各级各类单位党组共建共治共享机制,到推进全科网格化建设。将党建、综治、公安、民政、司法行政、国土资源、住建、食品药品、安监等部门的基层网格整合成一张网,实现"一个平台,一网运行,全域覆盖","多元合一、一员多用";从创新路径,构建共建共治共享社区治理格局,建立市、区两级社区联建联动的配套机制,使驻社区单位由"局外人"变成"自家人",到积极推进社区、社会组织、社会工作者"三社联动"实验点创建，探索建立社会组织"孵化基地"，鼓励和支持社会组织发现居民需求、统筹设计服务项目，提升社区服务水平。离石区在社区建设中高位运行、高质量推进、高水平建设，让社区建设"这条高跷"在基层治理中扭出花唱出声。

喜马拉雅有声党建、党建知识答题机、红色影院 VR 体验机、银行自助机、燃气智能服务点、亚健康筛查机，社区管日常生活，还管身体健康；日间照料中心、微型养老院、"四点半"课堂，社区管父母养老的事情，还帮忙解决孩子放学无人照料的问题。

基层治理，特别是城市基层治理，脱离不开两个重要群体，一个是孩子，一个是老人。

离石区立足"9073"（90% 居家养老、7% 社区养老、3% 机构养老）养老服务格局，加快推进大健康产业园区、康养结合养老院、产教融合大健康平台等项目落地，加快建设居家社区机构相协调、医养康养相结合的养老服务体系，形成"医、护、药、食、养"一体的大健康全产业链，打造城市社区"15 分钟幸福养老圈"，叫响离石"健康之城、养老之城"品牌。

立足居家养老智慧化，围绕破解养老服务业发展的瓶颈问题，引进了央企智慧华川养老（北京）有限公司实施居家和社区养老服务工程，以 PPP 模式推进离石区健康养老项目建设、打造线上线下智慧养老运营新模式，建设统一规范、互联互通人口大数据平台、协助离石发展养老服务产业的整体规划等工程；引进中国红十字总会事业发展中心和互联网医疗行业的领军者微医集团，推进离石互联网＋养老服务＋健康管理，创新医养结合养老服务新模式，为老年人进行慢病检测筛查，建立健康档案管理系统、老年互联网药品管理服务平台，建立 12349 一键呼叫服务、一键呼叫全科医生、远程对接和医生面对面问诊等。

立足社区养老化多元。健全助餐服务网络，构建"助老餐厅（社区食堂）＋老人订餐"助餐服务体系。离石区继续加大推进力度，增加政府购买服务能力，切实保障老年人急需的助餐补贴，建成老年人智慧助餐系统，推行人脸识别、预约点餐等服务功能，已设置了 5 个老年人助老餐厅示范点，服务老人 1.1 万人次。引进北京福祉之家养老有限公司，建立了老年人嵌入式辅具租赁服务网点，为老年人提供康复辅具的展示体验、使用指导、适配评估、维修维护和辅具共享等服务，满足老年人参与社会生活需求，帮助他们走出家门，享受美好生活，促进"融合、参与、共享"。建立微型养老院示范点，为老年人提供就近、方便、专业化、优质化的养老服务。与北京隆福老年医院（北京隆福医院是北京市首批老年医院、全国首批"老年医疗照护培训基地"、全国老年友善医院、全国敬老志愿服务模范单位）合作，聘请隆福医院院长为离石医养结合的特邀顾问，规划指导离石医疗康复护理、老年综合评估、老年客服服务等多项服务。

打造老人"幸福驿站"

福建省莆田市民政局　陈凤霞　游晓璐

涵江区梧塘镇敬老院花木扶疏，夕阳照耀下，一群老年人围坐在一起喝茶聊天："这里生活太好了，让我们这些孤寡老人有了一个幸福的家……"

老吾老，以及人之老。

党的十九大报告提出，要在幼有所育、学有所教、劳有所得、病有所医、老有所养、住有所居、弱有所扶上不断取得新进展。

"老有所依，老有所乐，老有所居"，衡量着一个地区发展和文明的高度。近年来，莆田市以积极应对人口老龄化战略方针为主线，在做好基本养老保障的基础上，积极适应经济社会发展新常态，创新体制机制，成功探索出"数字养老"、公办养老机构"公建民营"的新模式，一个个"幸福驿站"正让老人们的晚年生活变得更加幸福。

一、老有所依："互联网+"打造"数字养老"

西天尾镇后埔村82岁的黄丽梅是一位高龄的独居孤寡老人。

让黄丽梅备感幸运的是，莆田市民政部门为她发放了免费手机，遇到紧急情况时，可通过一键按钮，呼叫养老服务热线。

"你好，我的降血糖药快没了，能派人帮我买两盒米格列奈送到家里吗？"黄丽梅老人打开手机按下一键呼叫按钮，不到1个小时，厦门智宇的工作人员便将药品送上了门。

工作人员还现场为老人免费测血糖，在确认血糖值在正常范围内后，贴心为老人现场普及控糖常识，告诉老人要少吃淀粉类食物，平常多动动多走走。"以前买药都要去医院、药店，一旦头疼脑热的跑一趟拿药很是吃力，现在就方便多了！"黄丽梅笑着说道。

针对"养老多样化"需求问题，莆田市积极探索"订单式养老"，近年来，莆田市依托"互联网+"提供"点菜式"就近便捷养老服务，引进专业机构或者社会组织，探索创新，为居家老人家庭安装适老设施和养老服务呼叫装置，建立了"线上调度派工、线下提供服务"的养老服务模式。居家老年人可享受日间照料、家政服务、康复护理、精神慰藉、物流配送和紧急救助等"订单式"养老服务，服务对象已超过5万人。

二、老有所乐：老年教育驶入"快车道"

据最新统计数据显示，莆田市 60 岁及以上人口为 57.7 万人，占莆田市总人口的 17.99%，其中 65 岁及以上人口为 40.5 万人，占比 12.63%。随着人口老龄化、高龄化、空巢化趋势加剧，老年人的养老各项服务需求愈发凸显。

"年轻的时候忙，老了闲了就爱上这里的舞蹈课，动一动，跳一跳，人瘦了，精神也好了"。在涵江区涵东街道顶铺社区"长者之家"里林秀清老人笑着说道。

据悉，顶铺社区"长者之家"是莆田市养教结合实践基地之一，打造的"欢孝乐学"老年教育品牌，已开设四大系列 22 门课程，老年人在这里既可以享受到免费的培训课程，也可以优惠享受有偿课堂，通过乐学课程满足辖区内老年人自我学习、自我教育、自我提升的文化养老需求。

据莆田市民政局养老服务和慈善事业促进科科长林婷婷介绍，莆田市民政局持续关注老年人精神文化生活，近年来，莆田市以 15 个养教结合养老服务机构为试点，拓展延伸 N 个各具特色养老服务机构的老年教育网络。各实践基地积极探索老年人教育模式，为老年人提供便捷、灵活、个性化的学习服务，满足老年人求知、求乐、求健的精神文化需求。

三、老有所居：让老人得到全方位照料

已 88 岁高龄的阿婆吴淑媛，儿女远在新西兰，涵江区梧塘镇敬老院工作人员贴心为老年人微信连线其家人，以解思念亲人之情。端午期间，敬老院举行包粽子活动，阿婆踊跃参与，其间还抽中了一床棉被，笑得合不拢嘴。现在，吴淑媛阿婆很适应院内的生活。"孩子们都有孩子们该做的事，我们只要积极生活，健康平安，孩子在外面也放心，我们过得也舒心。"吴阿婆说道。

这些住进养老院的老人能有一个幸福归宿，不仅是莆田市打造区域中心养老院所取得的成效，还得益于该市积极探索养老新模式。

"有一种说法即养老服务，家庭担不起、政府包不起、企业赔不起，哪一方都很难全部负担下来。"莆田市民政局养老慈善科科长林婷婷一语道破其中艰辛。

"在这种背景下，我们大胆尝试，探索出一个政府、企业、消费者三方共赢的新模式——'公建民营'。"林婷婷介绍道。莆田市采取公建民营、民建公助、委托管理、贷款贴息以及运营补贴等方式，在支持社会力量兴办养老机构的基础上，陆续出台《莆田市部分乡镇敬老院公建民营改革实施方案》《莆田市农村区域性养老服务中心建设方案》，鼓励乡镇敬老院转型升级为农村区域性养老服务中心，公建民营引入社会力量实现社会化运营。

据悉，莆田市扎实推进莆田市乡镇敬老院改革，将全市 12 个乡镇敬老院、480 张养老床位统一捆绑打包，通过招标，交由国德养老服务集团有限公司运营。莆田市 35 所敬老院引入了福

建逸百家、福建信研、福建国德等品牌化养老企业，培育了莆田立德、仙游颐康、仙游延寿、仙游孝慈、江口幸福等养老企业参与乡镇敬老院公建民营工作，社会化运营率达 100％。

　　据悉，我市共有投入运营养老机构 40 所，其中民办养老机构 18 所，公建民营的公办养老机构 22 所，全市养老床位达 22934 张，每千名老人拥有床位数超过 35 张。这些养老机构的建成，基本满足了全市的养老服务需求，与社会发展水平相适应的养老服务体系正逐步形成。近年来，莆田市按照"党委领导、政府主导、部门支持、社会参与、市场运作"的思路，聚焦老有所依、老有所居、老有所乐，创新开展居家养老、机构养老、医养结合的多元化健康养老服务，不仅增强了老年人的获得感幸福感，更是不断擦亮全面小康的幸福底色。

合力撑好未成年人"保护伞"

四川省青神县民政局

对于普通人来说，有爸爸妈妈到学校开家长会、买新衣服、一起过生日、一起吃饭、哪怕是偶尔闹点小矛盾……这些都是再寻常不过的事情，可在一些小孩的生活里，这样的"小事"却难如登天。如何帮助他们解决眼中之盼、心里之渴？青神县未成年人保护委员会携手各单位积极行动，保护未成年人成长，确保不遗忘任何祖国的花朵。

一、风雨击中的孩子也能"笔直生长"

"孩子就像一棵小树苗，生活的变故就像是突如其来的暴风雨，而她是我亲眼看着在风雨中成长起来的端正大树。"县民政局工作人员杨本勇这样形容花花，每次提到这个叫花花的姑娘，杨本勇都一脸的自豪，赞不绝口。

花花是杨本勇代表县民政局一直联系的一位孤儿，杨本勇也被花花亲切地叫杨叔叔。2021年6月，已经研究生毕业的她正在忙碌着准备入职资料。再过一个月，她就要站上三尺讲台，成为一名光荣的人民教师。"我以前从没有想过，有一天我可以成为一名老师。"花花感慨地说。

父母离世后，花花和外公外婆生活在一起，没有人能够辅导她的学习，关心她的心理变化。"小时候我的成绩特别差，不想学习，总感觉和同学们不是一路人。"花花说，若不是有照片可以回忆，都想不起来父母的模样了。因为父母离开时，她才5岁。

没有爸爸妈妈的关爱，小花花的生活也开始失去了方向。在学校她不再喜欢和同学们一起玩，在生活上，也开始日渐拮据。"外公外婆年迈，除了务农家里没有别的收入。小时候家里没钱买肉吃，好心的邻居婆婆看到我身形瘦小，每次自家吃肉都会叫我过去吃上两口。爸妈离开我后的很长一段时间我都没再穿过新衣服。亲戚们看着我们家里面比较困难，就把自己家里面小朋友穿过的衣服送给我。"说起小时候那段难熬的日子，花花眼睛湿润了，亲戚们送的衣服虽旧，但是却洗得特别干净，花花也很珍惜亲戚们的情谊。"那时候买不起衣服，如果不是亲戚们送衣服给我，真不知道冬天怎么过。"对身边帮助过自己的人，花花充满感激。

回忆起初次见到花花的情景，杨本勇记忆犹新，"那时候她是一个瘦瘦小小的姑娘，天气已经进入深秋了，她却还穿着一件洗得发白的薄格子衬衫，第一次到她家里来时，只见家中老人在地里干活，她看到有人来了就藏起来了"。杨本勇说，那一年，花花还不到9岁。

在了解到花花的家庭情况后，县民政局迅速展开行动，及时将她纳入民政对象里面，享受孤儿待遇。"除了保障花花的基本生活和学习以外，工作人员更关心她的健康成长。我们会定期联系学校了解她的学习和心理，以及她遇到哪些困难，并一起努力帮助她解决问题。"杨本勇说。

在县民政局的支持下，小花花厌学和无助的状态渐渐有了转变。"还记得那是三年级的时候，其实当时我不是很清楚为什么，就感觉突然之间有很多人开始关心、关注我。有些人到家里面来了解我的情况，有些到学校给我匿名送玩具。"花花说，同学们很喜欢玩她的玩具，慢慢地她感觉心情越来越好，也不那么讨厌学习和学校生活了，很喜欢和前去看望她的叔叔阿姨们聊她在学校发生的趣事。

时间来到2021年6月，花花再次见到"民政叔叔阿姨"，开心不已，她拉着叔叔阿姨的手，开始聊起了家常。

"杨叔叔，我记得您喜欢薄荷，等会儿走的时候摘点回家吧！""殷阿姨，我们家门口的栀子花今年开得特别美，你帮我摘一下，我拿些去送朋友，等会儿你也顺便带点回家吧！"和小时候一样，花花仍然喜欢把自己最心爱的小东西与叔叔阿姨们分享。

"千淘万漉虽辛苦，吹尽狂沙始到金。"如今，23岁的花花已经是个生活习惯良好，学习成绩优异，事业正在起步的阳光少女了。当大家准备起身离开时，她赶紧轻轻地将板凳放回原位，迅速收拾整洁地面，才送大家离开。"杨叔叔，下次有什么可以给小朋友们讲课的活动可以联系我，我也想像你们当时帮助我一样地帮助他们。"临走时，花花对杨本勇说道。

二、山重水复疑无路，柳暗花明又一村

"小新现在情况还不错，对数学非常感兴趣，和班上同学一起形成了一种比学赶超的氛围，只是在部分文科学科上有些偏科……"6月的一个下午，县民政局社会事务股股长殷丽惠和同事一起来到小新就读的学校，了解这位小朋友的近况。

小新13岁，母亲失智，父亲离家多年另组家庭。无人照看学习的小新，最希望的就是父亲能够好好跟他说上一句话，能够来看他一次。可是，这个心愿多年来却并未实现。

渐渐地，小新开始变得内向、孤僻、胆小，也开始远离群体。对学习，他不感兴趣；对生活，他不抱希望；对家庭，他失去信心……他怕和人接触，也怕妈妈的病。

在小新上五年级时，县民政局实施的失依儿童关爱项目开始关注到他，青神县少儿发展促进会工作人员刘艳林开始对小新实行结对帮扶，并陪伴至今！

其间，小新接受过项目的成长金资助、志愿陪伴，并多次参加集体活动和阳光成长营。经过工作人员亲人般地陪伴和关爱，他也渐渐敞开心扉，越来越阳光自信！

"刘妈妈经常像妈妈一样和我聊天，教会我很多东西。刚来学校的时候我很孤单，刘妈妈告诉我要多帮助同学们做一些力所能及的事情，爱劳动，搞好学习，大家才会喜欢我。"在少

促会会长刘艳林的引导下，小新渐渐获得老师和同学的认可，融入集体中。

"我现在和很多同学都是好朋友，我们经常一起玩。和我关系最好的一个朋友，是一个中等身材小平头，每次放学出去玩他都会骑车送我回家，我还给他取了一个特别的绰号呢。"小新高兴地，他非常喜欢现在的学校和同学们，也很喜欢学习，希望能够好好学习将来考上理想的大学。

三、高位推动，项目引领精准关爱未成年儿童

花花和小新的健康成长是我县未成年人保护工作成效的一个缩影，像花花和小新一样，在各方力量帮助下走出困境的孩子还有很多。

为大力宣传未成年人关爱保护的基本常识，强化社会各界积极参与未成年人关爱保护的思想认识，广泛凝聚依法保护未成年人合法权益的社会共识，培养有理想、有道德、有文化、有纪律的社会主义建设者和接班人，培养担当民族复兴大任的时代新人，营造良好的法治环境和舆论氛围，近年来，青神县未成年人保护委员会提高政治站位，对标省、市要求，将未成年人保护工作纳入全县两项改革"后半篇"文章"1+25"方案中的"养老育幼"专项方案，统筹推进。

县司法局开展法治巡讲工作，选派法官、检察官、律师、公证员、基层法律服务工作者等各类法律从业者，组成"未成年人保护法治巡讲团"，深入乡镇、村（社区）、学校等场所，结合宣传贯彻新修订的《预防未成年人犯罪法》，结合未成年人保护典型案例，结合群众生活实际，针对性开展未成年人保护法治宣传、普及法律知识，切实增强影响力、感染力和说服力。落实法治副校长进校园，集中开展"未成年人保护法"宣讲活动。

县民政局坚持全市一盘棋的思想，扎实开展"快乐小东坡"项目建设，制定了《青神县民政局关于实施"快乐小东坡"未成年人社会保护系列项目的工作方案》，在困难群众救助补助资金中列支16万元，通过购买服务的方式引入儿童类社会组织参与儿童基本信息收集、巡查巡防、政策链接、亲情关怀等服务，完善未成年人关爱服务网络，提升关爱服务水平。在全县选定5个农村留守儿童和困境儿童较多的村实施"眉好童村"项目；在全县未成年人数量较多的4个社区实施"家庭童乐"监护指导项目；面向全县辖区内10—16岁的农村留守女童，实施"月月童伴"农村留守女童保护项目；面向全县辖区内散居孤儿、事实无人抚养儿童实施"情暖童心"关爱项目。

由县妇联牵头整合财政资金24.8万元（县民政局出资3万元），选取18个儿童之家进行项目托管运营；县未保委各成员单位通力合作，妥善援助受家暴儿童1人，召开了"快乐小东坡—关爱困境未成年人"倡议活动动员会，号召全县企业慷慨解囊，关爱未成年人；县少促会承办的青神县0—3岁早期儿童发展活动中心，已在城区多个社区开展0—3岁早教服务；县妇联下属的乡村妇儿合作发展促进会已争取社会资本65万余元，用于困境儿童关爱。

"下一阶段我们将在县委、县政府的引导下，横向建立家庭保护、学校保护、社会保护、

网络保护、政府保护、司法保护六大保护体系。纵向建立县未成年人保护中心。"县民政局副局长罗志勇说，未来，我县将在乡镇街道逐步建立未成年人保护工作站，在村（社区）设儿童主任专人专岗，完善保护机制，夯实保护基础。织密保护网络加大对各乡镇街道儿童督导员和村社区儿童主任的培训力度，不断提升未成年人保护意识和未成年人保护队伍专业化能力和水平，鼓励保护组织志愿者服务队开展未成年人保护服务，大力开展未成年人保护法宣传，形成全社会关爱保护未成年人的强大合力，为建设幸福美丽青神，培育新生力量。

"四举措"织密保护网
呵护未成年人健康成长

浙江省杭州市临安区民政局

2021年是中国共产党成立100周年，又是"十四五"开局之年，临安民政始终把学习党史同围绕中心、服务民生、推动工作结合起来，高质量抓好党史学习教育，着力在引导党员干部学党史、悟思想、办实事、开新局上见成效。聚焦共同富裕、增进民生福祉，让"民之所盼"成为"政之所想"，以做好孤儿、困境儿童和留守儿童关爱保护、流浪未成年人救助保护等儿童关爱服务体系建设为抓手，扛好责任、强化措施、凝聚力量，带着强烈的使命感全力守护未成年人健康成长。

一、组织部署，完善儿童队伍建设

通过成立未成年人保护工作领导小组，全面统筹未成年人关爱保护工作，整合民政、发改、司法、教育、妇联、残联、团区委、关工委等职能部门资源，加强联动协调，明确职责分工，对未成年人有针对性提供困难救助、亲残疾康复、法律援助、政策宣传等服务。整合留守儿童关爱保护、孤困境儿童保障与未成年人保护三方面工作，在18个镇（街道）配备儿童督导员，在每个村（社区）配备儿童主任，定期组织业务培训，形成区、镇（街道）、村（社区）三级联动的关爱保护圈。

二、摸底排查，落实儿童保障政策

以镇（街道）儿童督导员和各村（社区）儿童主任为基础，引入第三方社会组织参与儿童保障工作，定期入户走访，开展综合评估，为全区211名困难儿童建立"一人一档"。通过党员干部结对探视服务活动，与各村党员干部开展"一对一"结对帮扶，实现第三方志愿者、结对联系人和村儿童主任"三方"动态管理模式，确保全区困难儿童"有问题早发现、有难题早解决"。同时，严格按照政策要求落实排查辖区内孤儿、事实无人抚养儿童、留守儿童、贫困儿童等，协助救助申请，并按时足额对符合条件的困难未成年人发放保障金。2021年共发放各类儿童福利保障资金574.38万元。

三、关心关爱，开展儿童特色服务

为更好地满足儿童临时照料、课后托管、游戏活动、心理慰藉、家庭教育指导等基本需求，切实提高基层服务覆盖面和服务能力，我区已完成18个"示范型"儿童之家和76个"基础型"儿童之家建设。以"儿童之家"为场地依托，定期组织未成年人参与活动，丰富其课余生活。同时，区民政局协同第三方社会组织，通过"让爱成长"系列主题活动，开展绘本进村、暑期研学夏令营、DS技能大赛、安全教育课堂、心理辅导等一系列关爱服务活动，让儿童充分感受到社会大家庭的温暖。2021年，全区有5家社会组织，通过"神奇魔力堡""学困儿童帮扶""暖巢行动"等项目活动，积极参与未成年人关爱服务工作。

四、多方联动，发挥爱心帮扶合力

积极发挥企业、爱心人士等在孤困儿童帮扶中的作用，引导义工组织和公益团体参与儿童福利事业。2021年，区慈善总会先后为全区100多名孤困、留守儿童送上春节"爱心礼包"。同时，结合党建引领，组织党组织、党员干部、爱心企业、社会组织和爱心人士，为130多名孤困儿童实现了"微心愿"。部分爱心人士还长期结对困难未成年人，进行助困助学帮扶。通过多方爱心参与，营造全社会关心关爱未成年人的良好氛围。

聚焦特殊群体 筑牢民生保障网

贵州省榕江县民政局

民政工作关系民生、连着民心，是社会建设的兜底性、基础性工作。近年来，榕江县牢固树立"以人民为中心"发展思想，把群众根本利益作为一切工作的出发点和落脚点，从保民生、兜底线的整体谋划，到可圈可点的具体措施，再到实实在在的发展变化，在保障和改善民生方面取得了跨越式发展。

一、民生保障水平不断提升

以城乡低保、特困供养、孤儿、临时救助为基础的城乡社会救助体系全面建立，救助范围不断扩大，供养和补助标准持续提高。榕江县农村低保标准提高到 4308 元／人／年，城市低保标准提高到 625 元／人／月，特困供养资金提高到 938 元／人／月，孤儿及事实无人抚养儿童补助标准提高到 1050 元／人／月；随着脱贫攻坚稳步推进和经济社会发展，城乡低保人数减少到 30273 人，近五年减幅为 42.63%。同时，在乡镇建立了社会救助"一门受理、协同办理"工作机制，为困难群众求助提供了绿色通道。

二、养老基础更加夯实

坚持以项目助推养老产业发展，建成县社会福利中心 1 个、乡镇敬老院 13 所、农村幸福院 38 所、老年人日间照料中心 3 个，新增床位 906 张，构建以居家为基础、社区为依托、机构为支撑的社会养老服务体系。同时，探索实施"公建民营""医养结合"养老模式，引进企业到县社会福利中心投资运营并在养老机构开办医院，就近解决老人常规性疾病的治疗和突发性疾病的应急处理工作，提高入住老人生活质量，确保特困群众老有所医、老有所养。

三、福利事业蓬勃发展

筹集福彩公益金建成流浪乞讨救助站等社会福利和公益慈善项目 5 个，为生活无着的流浪乞讨人员提供更好的救助场所，建立了以自愿受助、无偿救助为原则的救助管理制度，完善了部门间协作和街面巡查机制；成立了县慈善总会，鼓励和引导社会力量通过捐赠资金、物资等方式，形成对政府救助的有效补充。近年来，共获得各类慈善捐赠资金 1110.11 万元。实施了

"温暖之家"透风漏雨房屋改造项目，"阳光驿站""两山慈善'黔'行班""利群阳光""慈德圆梦""衣恋阳光""亮灯助学"等助学项目，助推我县社会福利和慈善事业蓬勃发展。

四、社区建设突破发展

积极开展村（居）务公开民主管理示范单位创建工作，建成新型农村社区 20 个、创建县级示范城乡社区 67 个，较好地发挥了示范引领作用。以"三社联动"为载体，网格化管理为基础，提升管理和服务质量，社区治理能力和水平显著提高。村（居）"两委"干部、社区专职工作人员待遇和办公经费得到全面落实。

五、事务管理规范有序

积极推进县、乡、村综合改革，乡镇（社区）、行政村撤并比例分别达到 5% 和 8.8%，八开、计划等乡镇被确定为革命老区。出台《榕江县殡葬改革工作实施方案》《榕江县殡葬管理暂行办法（试行）》《榕江县推行惠民殡葬政策的实施意见（试行）》等文件，转变了群众薄养厚葬习俗，殡改秩序得到了明显好转，群众满意度在不断提升。有序推进社会组织登记管理体制改革，累计培育发展社会组织 39 个，覆盖的行业领域更加广泛。

六、民政形象更加优良

在决战决胜脱贫攻坚工作中，民政干部发扬艰苦奋斗精神，勇于攻坚克难，涌现出一批脱贫攻坚优秀业务能手、先进第一书记、最美结对帮扶干部等，助力榕江高质量打赢脱贫攻坚战。2020 年，榕江县被表彰为全省双拥模范单位；同年，省人民政府举行脱贫攻坚民政兜底保障工作情况新闻发布会，榕江县作为全省唯一县级单位出席发布会，脱贫攻坚兜底保障工作实现圆满收官。

充分发挥社会组织作用　提升居家养老服务品质

宁夏中卫市沙坡头区民政局

沙坡头区总人口 41.6 万人，60 周岁以上的老年人口 5.7 万人，占总人口的 13.7%，80 岁以上高龄老人 6490 人，占总人数的 1.6%。沙坡头区人口老龄化趋势日益明显，沙坡头区政府精心构建"以居家为基础、社区为依托、机构为补充"的养老服务体系。辖区内共有养老服务设施、机构 30 所，设置床位 2159 张，其中社会组织兴办的养老机构 4 家，床位数 667 张，主要为社会高龄、病残、失能、失智老年人提供生活照料、保健康复、文化娱乐、心理抚慰、临终关怀等全方位、多元化的养老服务，最大程度推动社会组织参与养老服务与优化养老服务体系建设势在必行。

一、存在的问题

（一）养老服务建设体系不完善

一是民非养老机构发展不足。养老机构建设标准高、所需资金量大、公益性强、经济效益低，致使沙坡头区民非养老机构缺乏，仅有 4 家，规模小，环境差、入住率低，影响了养老服务质量。二是沙坡头区居家社区养老服务设施建设尚未与城市发展规划、建设完全同步，社区特别是老旧小区养老服务用房不足、场地不够、设施不全、服务功能不配套等问题还比较突出，居家养老服务设施建设、发展受到严重制约。

（二）社会组织参与养老服务力量薄弱

2020 年沙坡头区有社会组织 62 家，其中养老服务类仅 6 家，参与居家和社区养老服务的社会组织数量和规模严重不足，且主要在城区，农村发展迟缓。养老服务类社会组织受资金投入、老年人收入水平及消费能力、自身规模小及业务能力不足等因素影响，服务范围较窄，为老服务作用发挥不明显。

（三）社会组织提供为老服务内容单一

现有社会组织主要从事开展文娱活动、走访慰问、助浴助洁，以及对老年人的基本生活照料方面，服务内容单一，与老年人日益增长的多元化多层次养老服务需求不相适应。

（四）社会组织为老服务专业人才匮乏

社会组织养老服务从业人员学历低、资质低、专业化程度低、年龄偏高"三低一高"现象和人员"难招、难留、难提升"三难问题较为突出，为老服务人才稳定性不强、服务能力较弱、服务质量不高，社会对社会组织参与养老服务的认可度较低。

二、对策建议

（一）规范服务，支持社会组织为老服务力度

一是借助《养老服务质量提升三年行动》规范服务，提高机构养老服务管理标准、服务标准。二是简化登记程序，落实免税政策，鼓励符合条件的社会人士申办养老服务类社会组织；通过政府购买、公益创投等方式，支持现有为老服务社会组织大力发展。在项目立项时增加志愿者培训和激励的经费，可通过"时间银行"等方式提高志愿者志愿服务的积极性。不断激发养老服务类社会组织的活力，促使其成为养老服务体系建设的重要力量。

（二）智慧引领，创新社会组织养老服务思路

一是探索互联网＋养老服务之路。尽快建立云天中卫养老服务网络，推动社区"智慧养老"服务。可先鼓励社会组织整合中卫市为老服务信息平台，通过12349呼叫平台，及时将老人需求转介服务团队，加强老人健康监管和服务，为老人提供生活照料、健康管理、康复护理、精神慰藉等服务，使老年人能够得到及时、多样、优质的服务。二是打造"社会组织＋社区＋社工＋志愿者＋家庭"的"三社联动＋"新模式。加大对志愿者队伍为老服务宣传，增加社会工作者参与度和知晓度，增强家庭成员参与养老服务的积极性，让志愿者为老服务的观念深入人心，不断壮大社会组织为老服务队伍。社会组织根据自身优势提供专业服务，可结合社区卫生服务站的医疗资源，重点为轻度、中度失能老人提供医疗保健服务、文体娱乐服务、精神慰藉等服务，使居家养老服务日常化、持久化、多样化，真正满足社区居家养老多元化需求。

（三）优化资源，增强专业人才队伍建设

一是强化从业人员专业化培训。将养老服务机构负责人、养老护理员及其他各类从业人员纳入政府培训规划，加强对老年服务从业人员的职业技能培训和职业道德教育，不断提高养老服务人员的综合素质和服务水平。二是积极引进人才。制定优惠政策，鼓励大专院校对口专业毕业生从事养老服务工作，重点引进医生、护士、康复医师、康复治疗师等具有执业或职业资格的专业技术人员。三是健全完善志愿者激励和培训机制，坚持"培养、选拔、使用、激励"并重的原则，充分吸纳社会力量参与养老事业，使志愿者在养老服务中发挥更大作用，建成一支专兼结合、结构合理、素质过硬，以专业为主体，慈善义工、社工、志愿者广泛参与的人才队伍。

（四）完善硬件，提高机构养老服务保障

一是将养老发展纳入沙坡头区"十四五"发展规划、年度计划，建立与人口老龄化程度及养老服务发展要求相适应的服务标准及经费保障机制。提高民非养老机构床位补贴标准，规定健全社会组织兴办的养老机构标准的运营补贴，激励社会组织以独资、合资等形式建设养老服务机构。二是政府各部门协调合作，将《关于推进养老服务高质量发展的意见》中城市社区养老服务"四同步"落到实处，将养老服务设施科学均衡地配建到各个社区。对新建居民小区，按标准配套建设养老服务设施，对老旧小区通过置换、购置、租赁等方式，开辟社区养老服务设施。

初心系使命　爱心在民政
大爱民政　服务先锋

湖北省石首市民政局

民政工作服务民生、连接民心，是党和政府联系服务群众的重要桥梁和纽带。市民政局紧紧围绕"党建引领、民政为民、民政爱民"理念，坚持把创特色、树品牌作为提升机关党建工作质量的手段和原动力，以培育打造"服务先锋，满意民政"机关党建品牌为载体，强化机关党员干部的思想教育和服务意识，引导机关党员干部勇于担当、攻坚破难、大胆创新，以特色促工作，以品牌谋发展。

一、基本情况

市民政局机关党支部以打造作风扎实、服务务实、群众满意的服务型模范机关为目标，有效将党建与业务紧密结合，通过开展关爱弱势群体、道德讲堂、党员志愿服务等丰富多彩的载体活动，凝聚人心，促进和谐。以服务大局为根本，以党员干部为主体，以创新载体为抓手，扎实开展机关党建品牌建设，使机关党建工作定位在"服务中心工作、锻造过硬队伍、打造满意民政"的主责上，教育引领机关党员干部主动服务群众、服务大局，不断推动各项民政事业健康发展。

二、主要做法

（一）以打造过硬党员队伍为导向，聚焦党员队伍强素质、改作风、促发展

一是加强机关党员干部业务素质培训。开展机关党建品牌创建以来，投入经费 30 多万元，先后组织开展党务工作、意识形态、政策法规和民政业务工作培训 10 余次，培训人员 600 多人次。根据机关各业务股室职能分工，认真组织开展城乡低保救助、养老服务等业务培训，促进了机关党员干部依法依规办事的能力和业务素质的提升，工作作风和为民服务意识进一步转变和增强，为解决服务群众"最后一公里"问题能力不足奠定了坚实基础。二是开展"民政道德讲堂"活动。主要围绕加强社会公德、职业道德、家庭美德和个人品德的"四德"教育，不断提升机关党员干部的思想道德修养和文明素质，教育引导机关党员干部以博爱之心和高度负责的态度

扎实开展工作，体现民政人的初心和坚守，做讲政治、敢担当、有作为的新时代民政干部。

（二）以推动党建与业务工作深度融合为主线，聚焦业务工作提质量、创特色、出亮点

一是党建引领基层社会治理。机关党员干部下沉社区后，通过开展党建联建、参与社区治理、发挥职能和工作优势为社区解决实际问题等方式，服务社区居民群众，推动党建引领社区治理落到实处、见到实效。采取"党员志愿者＋社工＋社会组织"的服务模式，联合社工机构开展关爱服务特殊人群、开展心理辅导、情绪疏导等服务，拉近了党员干部与群众的距离，促进了社区"互帮互助"的和谐氛围营造。二是开展行政效能优化提升活动。设立行政审批服务"党员先锋岗"，树立起党员先锋模范形象。加强窗口服务规范化建设，在各个民政服务窗口岗位增设群众满意度评价记录簿，提高依法行政的质量。全面完善权力阳光运行机制，规范行政处罚自由裁量权，推行首问责任制、公开承诺制和文明执法。

（三）以提升群众满意度为目标，聚焦服务群众解民忧、惠民生、暖民心

一是深入开展"我为群众办实事"实践活动。机关党支部以"办实事、解难题、送温暖、传党恩"为活动主题，聚焦民政业务领域服务对象所急所忧所盼，部署深入开展"关爱老人、享受美好生活"行动、"事实无人抚养儿童助学工程"和"五社联动、情暖基层"等实践活动。二是统筹机关与社区党建互促共融。结合共驻共建活动，推进机关党建进社区，围绕"社区发展"和"兴办实事"两大目标，联合社区党组织，共同开展党建联建、帮困助学、全民服务等活动，积极帮助困难群众、困难党员。三是开展民政领域法规政策社会宣传活动。充分利用"6•19全国救助管理机构开放日""中华慈善日""12•4国家宪法日"等时机，向社会公众特别是民政服务对象宣传普及民政法律制度和政策，有力提升了民政业务法规政策的社会知晓率和民政对象认知度。

三、取得的成效

市民政局以党建为引领，凝聚民政上下力量，主动作为，积极进取，开拓创新，机关党建品牌效应初步彰显。

（一）为民服务水平迈上了新台阶

机关广大党员倡导奉献服务理念，大力加强作风效能建设，真情关爱帮扶弱势群体，持续推进社会救助工作，规范优化行政审批服务，扎实开展共驻共建和党员下沉社区工作，充分展示了机关服务发展、服务基层、服务群众的良好形象。

（二）机关党员干部队伍能力素质有了新跃升

通过品牌创建，教育引导机关党员干部牢固树立"权力就是责任、机关工作就是服务、公职人员就是服务员"的意识，机关党员干部的服务能力和水平得到提升，机关各部门的执行力和工作效率得到提高。通过典型培树，评选表彰了10名全局系统勤政廉政、作风务实、干事创业的先进典型，营造了学习先进、崇尚先进、争当先进的良好风气，真正打造了一支政治坚定、业务精通、作风优良的机关党员队伍。

（三）党建引领业务发展取得了新成效

市民政局机关党支部聚焦中心工作，推动党建和业务工作深度融合，2020 年度民政各项工作在荆州各县市排名前列，基层党建、意识形态与宣传思想文化等多项工作被市委、市政府评定为优秀等次。一系列成绩的取得，都彰显了党建红心引领业务匠心的效能。

下一步，市民政局机关党支部将继续以保障民生为主要服务工作，以党建为引领，以优化打造"服务先锋　满意民政"机关党建品牌为载体，进一步强化政治引领、强化融合共促、强化工作创新，以坚定的信心、有力的举措、务实的作风，推动各项工作落实，在奋进中谱写民政高质量发展新篇章。

"333"模式开创社工站建设新局面

吉林省长春市双阳区民政局

双阳区位于吉林省中部，长春市区东南部，辖区面积 1677 平方千米，下辖四街三镇一乡，总人口 33.6 万人，是生态环境优良、自然资源丰富、特色产业鲜明、旅游景观独特，发展空间和发展潜力较大的新城区，是中国最具海外影响力的县区之一。自社工站建设启动以来，双阳区按照吉林省民政厅和长春市民政局总体部署，把其作为助力乡村振兴的载体、创新社会治理的抓手和深化为民服务的平台，试点先行、创新突破、打造亮点，初步构建了功能齐全、管理规范、服务专业的区乡村三级社工服务体系。成立区级社会工作指导中心 1 个、乡镇社工站 8 个、村社工点 70 个。其中，乡镇社工站实现全覆盖，村社工点覆盖率达到 52%。

一、突出"三化推动"，打造社工服务平台"一张网络"

近年来，面对民政工作服务对象扩大、需求增多、标准提升等现实问题，双阳区结合吉林省民政厅下发的《吉林省乡镇（街道）社会工作服务站设立工作方案》通知要求，在吉林省率先抢抓试点机遇、整合域内资源、统筹谋划推动，集全区之力推进社工站建设。

（一）系统化谋划

双阳区委、区政府高度重视社工站建设，成立双阳区民政社工服务领导小组，由民政局主要领导和分管领导具体组织实施建设。尤其是区民政局始终站在前位谋划推动，加大工作推力，针对试点中遇到的问题，先后 6 次召开全局性会议进行集体研究会诊把脉，5 次召开乡镇（街道）负责人协调会、汇报会、培训会，确保了试点工作的顺利实施。在此基础上，双阳区还注重坚持党建引领、政策协同、合力共建，既有效整合局机关内部科室人员和政策资源，又注重把政府部门、爱心企业、专家团队、社会资源调动起来，共同参与培育社工组织，形成全区一盘棋抓社工站建设的良好局面。

（二）标准化建设

按照有场地、有资金、有人员、有制度、有活动和统一站点标识、统一人员着装、统一文化展示的"五有三统一"标准，整合区财政、社会救助、爱心企业捐助等多渠道资金，投入近 500 万元实施社工服务平台建设。区社会工作指导中心面积超 700 平方米、乡镇社工站最大面积达 120 平方米，涵盖个案工作室、社工工作室、服务大厅等功能区，区乡村社工服务平台均已完成标准化建设、并投入运营。

（三）规范化管理

制订下发《双阳区社会工作服务站设立工作方案》，对社工站建设总体要求、建设标准、实施步骤等方面做出明确规定，保证建设有方向、推进有遵循。建立《双阳区社会工作管理制度》《双阳区社会工作人员守则》等制度，明确人员管理、志愿者管理、文书档案管理等具体要求，确保社工站规范高效运转。

二、坚持"三能并举"，建强社会工作"一支队伍"

突出区乡村"三位一体"培育社工组织和专业队伍，区社工服务指导中心负责全区社会工作统筹规划、资源整合、人才培养、协调指导和督导评估；乡镇社工站负责设计并实施社工项目、开展专业服务；村社工点负责开展探访关爱、结对帮扶服务。为保障工作有力开展，双阳区从三个方面抓起。

（一）配强人员赋能

为推动社工组织和社工高效开展服务，整合原有民政社工人员、政府购买服务人员和村社工点人员，打造一支有情怀、懂专业、善服务的社工队伍。全区有社工人员73人，其中区社工服务指导中心配备5名社工人员，乡镇社工站配备3—5名社工人员，村社工点每个社工点2人。在薪酬方面，区乡社工人员工资每月为2700元，村社工点人员区财政列支资金给予每人每年1200元的补贴。

（二）专业督导增能

为弥补区社会人才支持不足的短板，依托吉林省民政厅社工督导专家团队，在长春知名社工机构和高校选聘5名督导并签订服务协议，组建了双阳督导专家团队，已开展督导服务20余次。采取"个别化督导＋集中督导""线上＋线下"相结合的方式，围绕社工站建设运营、需求排查探访、需求分析评估、服务项目申报实施、社工考试培训辅导等多领域进行授课指导，取得了良好效果，受到了一致好评。

（三）严肃考评激能

采取本级自评、上级考评、群众参评等方式，按照"优好差"三个等级开展服务考评，每季度进行考评一次，并将全年综合考评结果作为社工人员评优评先依据，有效解决"干好干坏都一样"问题。全区评出优秀社工10名。下步计划引入第三方评估机制，对优秀案例、优秀社工进行表彰奖励，真正以公正的奖惩推动社工服务高效开展。

三、强化"三项功能"，打通为民服务"最后一米"

坚持立足当前、着眼长远，充分发挥社工站提升民政工作经办服务能力、打通民政政策落地"最后一米"、做好扶弱帮困基础服务三项功能，把其打造成基层社会服务和社会治理的坚固堡垒，成为区域治理体系和治理能力现代化建设中一支重要力量。

（一）变被动服务为主动服务

社工站成立之初，双阳区在充分利用民政工作建档立卡对象统计资料的基础上，重点围绕社会救助、儿童福利、养老事业、社会事务、社区治理五类服务内容，建立主动发现需求机制，深入基层摸排调研，了解群众多样化的现实需求，切实通过主动服务把矛盾化解在基层、消灭在萌芽。通过主动排查，累计深入村居调研 86 次、需求摸排 8372 人，均已建立问题需求台账。

（二）变一般服务为专业服务

新一轮政府机构深化改革后，尤其乡镇（街道）层面，工作力量明显不足，在完成行政服务工作的前提下，很少有更多的精力提供社会工作服务。针对这一瓶颈，紧紧围绕发展所需、群众所盼、社工所能，注重发挥社工专业优势，聚焦"一老一小一难"等特殊群体，重点设计申报一批助老服务、扶弱帮困、留守儿童心理健康培养等群众期盼的服务项目。双阳区已经申报实施项目 29 个，受益群众达 1300 余人。

（三）变单独服务为链接服务

双阳区将社工站服务与政府部门购买服务、社会企业慈善捐助、爱心人士志愿服务等领域有效衔接，绘制资源图、建立台账簿，有效解决一批群众"急难愁盼"问题。特别是将社工服务与双阳区"1+3+X"全国典型基层治理模式（即"1"是一个"支部建在屯上"的党组织网络，"3"是由屯委会主任、综治协管员、妇女委员 3 名实职委员组成的核心团队，"X"是由若干名热心公益事业、有威望的老党员、老军人、老教师、种养大户等志愿者的有机结合），打造一支 4200 余人的志愿者队伍，实现了服务群众、基层治理多方共赢。

虽然，双阳区社工站建设取得一定成效，但总体来讲还处于探索实践阶段。要想做好这项工作，双阳区感到必须坚持党建引领，统筹体制内外政策资源，充分发挥党员带头作用，使党的领导方式和服务方式更加符合群众需要。必须坚持群众主体，用亲情把群众联系起来、用感情把群众凝聚起来、用社情把群众带动起来，确保社工服务具有不竭动力。必须坚持理念创新，在工作思路、理念、方法上推陈出新，以思想的大解放回应群众新期待，主动扛起职责，勇于争当先锋排头，打造真正过硬的"双阳样板"。

高质量推进社会救助工作

贵州省铜仁市民政局

2021年以来，铜仁市社会救助工作在省民政厅的关心支持下，在局党组的坚强领导下，扎实推进社会救助政策落地落实，高质量开展各项社会救助工作，较好完成了上半年工作任务。

截至6月底，全市共有城乡低保对象30.94万人，其中：城市低保对象8.72万人，农村低保对象22.22万人。1月—6月累计发放城乡低保金5.81亿元，其中：城市低保金1.98亿元，农村低保金3.83亿元。特困供养对象1.29万人，累计发放特困供养金7840.4万元。累计实施临时救助7517人次，发放临时救助金956万元；累计实施急难救助33例，发放救助金42.4万元。工作推进中，重点抓好抓实以下几项工作。

一、注重精准精细，扎实开展低保年度核查工作

一是强化部署安排。3月18日，铜仁市民政局会同市财政局、市扶贫办联合制发《铜仁市2021年度低保年度核查方案》，切实明确了工作目标、具体任务、完成时限和相关要求。3月22日，组织召开全市低保年度核查工作会议，对年度核查工作进行全面、系统安排部署，进一步统一思想、明晰责任。

二是强化督促指导。抽调业务骨干组成3个督查组，5月26日—6月3日，聚焦各区（县）低保年度核查等重点工作落实情况进行交叉督查，全面梳理督查过程中发现的问题，及时建立问题清单，明确整改时限、整改责任人，确保销号推进。发现问题已全部整改到位。此外，针对工作不力、成效不明的沿河县、思南县、松桃县民政局主要领导、分管领导，由市局党组对其进行集中约谈，推动进一步压实了责任、传达了压力。

三是强化信息建设。全面应用新版低保信息系统，确保录入保障对象信息准确，实现系统数据与实际发放数据完全吻合。同时，依托手机APP等手段，深入开展入户核查，认真完成《贵州省城乡居民最低生活保障家庭基本情况及收支状况入户调查表》填写，有力提高了对象信息内容的精准性、完整性。

四是强化协调联动。建立与市纪委监委全程参与、全程监督核查工作机制，按照分级负责、上下联动、全面覆盖原则，推动压紧压实乡镇（街道）具体责任，保持过渡期内社会救助兜底政策总体稳定，坚决防止出现政策脱节、规模性返贫风险等现象和问题。通过核查，全市新增

城市低保对象 2573 户 6617 人，退出 7087 户 20061 人；新增农村低保对象 3789 户 17138 人，退出 14903 户 45766 人。

二、注重创新创先，探索推行低保对象审核确认权限下放

根据中办、国办《关于改革完善社会救助制度的意见》（中办发〔2020〕18 号）和省委办公厅、省政府办公厅印发的《关于改革完善社会救助制度的实施意见的通知》（黔党办发〔2021〕6 号）精神，积极推动中央和省委、省政府文件要求与铜仁工作实际相结合，坚持把改革创新作为提升工作质效的关键举措，全力推进改革试点工作。决定在有改革经验、基础工作扎实、条件成熟的印江县实行全县授权下放；玉屏县、松桃县、思南县分别选择一个乡镇（街道）进行授权下放。

三、注重抓常抓长，扎实推进低收入人口动态监测和常态化帮扶

建立完善防贫监测预警机制，坚持以城乡低保、特困数据为基础，与相关部门易返贫致贫人口数据开展定期比对工作，针对未纳入低保保障的逐户核查，确保符合条件应纳尽纳。全面落实帮扶措施，针对未纳入社会救助兜底保障范围的脱贫不稳定人口、边缘易致贫人口和大病、因灾、重残、失业、监测户、边缘户等致贫返贫风险人员，坚持逐户核实、逐户排查，确保及时将符合条件的纳入低保兜底保障范围。此外，针对经核实不符合条件的对象，及时建立工作台账，注明不纳入政策依据。上半年，全市共排查易致贫返贫风险人员 18719 人，符合条件纳入低保、特困、临时救助等兜底保障范围的有 1406 人，不符合条件未纳入兜底保障范围的有 17313 人。

四、注重民生民心，推动"解忧暖心传党恩"行动走实走深

紧扣"解忧暖心传党恩"主题主线，坚持聚焦特殊群体、群众关切，严格对照责任清单，明确时间表、路线图，狠抓举措创新、责任落实，坚决确保规定动作不走样、自选动作有亮点，高质量推动"解忧暖心传党恩"行动走实走深。"三优三强"工作法被《中国社会报》刊发，获民政部、省民政厅肯定。

在肯定成绩的同时，我们也清醒地认识到，工作推进过程中还存在"部门之间数据未实现互通共享，信息化建设工作严重滞后，目前比对手段仍然依靠手工完成；防漏预警、防错预警等工作，仍然依托贵州省社会救助大数据监控平台反馈数据进行核实"等明显短板和薄弱环节。下步，我们将严格按照党中央和省委、省政府文件要求，以及市委、市政府工作部署，聚焦健全分层分类的社会救助体系重点，积极稳妥推进社会救助改革创新，确保高质量抓好社会救助保障工作：

一是用心用情抓便民。推动将走访、发现需要救助的困难群众作为村、居委会等基层组织重要工作内容，及时公布村级固定联系人电话，确保困难群众求助渠道畅通。加强主动发现、

动态监测，促进从"被动救助"向"主动救助"转变。鼓励有条件的地方将低保等社会救助审核确认权限下放到乡镇（街道），不断提升救助便民利民服务水平。

二是协同协调抓配合。坚持以基本生活救助、临时救助、急难社会救助为主体，社会力量参与作补充，加快健全完善分层分类的社会救助制度体系。坚持因户施策、因势利导，注重教育、住建、医疗保障等部门协调联动，按照困难程度划分圈层，精准实施救助政策，着力强化兜底保障，推动形成综合救助格局。加快推进社会救助信息化建设，确保实现各类救助信息统一汇集、互通共享。

三是聚焦聚力抓重点。聚焦低收入人口常态化救助帮扶工作，加强与财政、教育、住建、人力资源社会保障、医疗保障等部门沟通协调，推动社会救助向多层次、梯度化延伸。针对符合医疗、教育、就业、住房等专项救助条件的，及时由相关部门纳入相应救助范围。

坚守为民爱民情怀
在不断创新突破中彰显民政使命担当

山东省潍坊市民政局

近年来，潍坊市民政局紧紧围绕中央和省市重要工作部署，积极发扬"孺子牛、拓荒牛、老黄牛"精神，深入践行"民政为民、民政爱民"工作理念，扎实履行基本民生保障、基层社会治理、基本社会服务职能，推出一系列具体有温度的实事，让群众真切感受到党和政府的温暖和关怀。

一、发扬孺子牛精神，构建牢固紧密的基本民生保障体系

积极推动县乡村三级社会救助工作网络建设，县市区（开发区）全部成立了县级社会救助中心，118 个镇（街道）全部设立了社会救助"一门受理、协同办理"窗口，83％的村（居）设立了社会救助服务站（点），配备了村（居）协理员。建立了社会救助标准自然增长机制，低保、特困供养标准 5 年 7 次提标。低保、特困供养、临时救助、残疾人"两项补贴"审批权限全部下放至镇（街道）。在全省率先将三、四级智力和精神残疾人纳入护理补贴范围，惠及 1.4 万人。对低收入人口实施动态监测，摸排困难群众 12.8 万人，7745 名低保边缘人口纳入社会救助系统管理。高密市委托第三方开展社会救助家计调查，提高了救助精准度。寒亭区"党建＋社会救助"国家改革创新试点推进顺利，在全省率先上线运行社会救助综合信息平台，实现了 12 个部门 31 类数据的共享共用。积极推广应用"爱山东"APP、潍坊市社会救助"鸢助你"小程序，实现了救助事项"掌上办""指尖办"。探索"物质＋服务"的社会救助方式，不断满足困难群众多样化服务需求。安丘市、峡山区制定了统一的居家照护服务标准，提升了特困人员照料服务水平。

二、发扬拓荒牛精神，打造务实管用的基层社会治理模式

从 2019 年开始，按照每百户居民拥有服务设施不低于 30 平方米的标准，积极推进标准化社区居民服务中心建设，已建成 238 处，在建 66 处。83％的城市社区建立了"社区共治联盟"，96％的城市社区实现了"一窗受理、全科服务"。全面开展村（社区）"牌子多"问题集中整治，清理牌子 13.9 万块。坚持党建统领，全市 5057 家社会组织设立党组织 2212 家，党建示范

点达到 59 处，党建工作实现全覆盖。建立社会组织综合服务平台 39 家，入驻社会组织 331 家；建立社区社会组织活动场所 46 处，为 3500 多家社区社会组织长期提供活动场所，"四级一体"的社会组织综合服务平台体系初步形成。组织开展了"我为企业减负担"专项行动，62 家社会组织减免企业会费 516.86 万元。建成运行 60 处社会工作服务站；坊子区九龙社工站创新推出"3579"社会工作模式，打造了便民服务窗口、好邻里天窗议事厅等功能区域，推动社工与社区治理融合发展。积极开展志愿服务活动，40 余家社会组织、1000 余名志愿者积极参与全市限时免费停车专项志愿服务活动，引导维持交通秩序；有 1.7 万人次参与疫苗接种志愿服务，发放宣传册 3000 余册，明白纸 1.3 万余份；有 19 支社会救援力量参与河南现场救援，参与队员 405 人，转移群众 13549 人。

三、发扬老黄牛精神，持续提供有效惠民的基本公共服务

持续扩大养老服务供给，建成养老机构 159 处，城市社区日间照料中心 185 处，农村幸福院 562 处；建成运行潍坊市智慧养老服务中心，录入老年人信息 178 万余条，对接近千家服务组织，为老年人提供精准服务，形成了智慧养老"潍坊模式"。积极推进社区养老服务设施清查整治，"十个必须"和县市区（开发区）互帮互查做法全省推广学习。为失智老年人免费发放智能手环 2000 余个。完成 122 处助老食堂建设。加快公益性公墓建设，3 年累计投入 7.25 亿元，建成公墓 1704 处、骨灰堂 77 处。每年为群众减免基本殡葬费用 7000 余万元。连续举办了 7 届免费海葬活动，社会反响良好。婚姻登记零收费，"跨省通办"顺利实施。已办理婚姻登记 4.1 万对，其中跨区域通办 132 对。补录新中国成立以来婚姻登记历史档案数据 359.54 万条。扎实做好流浪乞讨人员救助，发挥"社工 + 义工"双工联动优势，开展了"寒冬送温暖""夏季送清凉"和"6·19"救助管理机构开放日活动；投入 100 万元购买服务，开展流浪乞讨人员站内照料救助服务。成功申报为山东省"事实无人抚养儿童助学工程"试点市。市及县市区（开发区）全部成立了未成年人保护工作领导小组，在镇（街道）建成未成年人保护工作站 94 处。组织实施"手牵手圆梦行动"，开展了"见字如面·书信沟通""希望小屋"等志愿服务，关心关爱留守儿童、孤儿、重点困境儿童、留守妇女。

城镇贫困群众脱贫解困工作
实现"七个到位"

江西省武宁县民政局

2018 年以来，武宁县委、县政府紧紧围绕省委、省政府关于加大城镇贫困群众脱贫解困力度的目标任务和市委、市政府完善社会保障体系、统筹做好城镇贫困群众脱贫解困工作的重大部署，助力建设秀美富裕幸福的山水武宁，站在战略全局的高度，坚持"托底保障、精准帮扶、动态管理、系统集成、社会参与"的原则，采取强有力措施，形成整体合力，联动推进城镇贫困群众脱贫解困工作，截至 2020 年 12 月底，全县 289 户 455 名城镇贫困群众全部实现稳步脱贫，努力实现了"七个到位"的总目标。

一、兜底生活保障到位

坚决落实低保提标提补工作，建立低保标准自然增长机制，城镇困难群众要实现"应保尽保，应兜尽兜"，动态管理。2018 年以来全县城市低保标准和补差水平由每人每月 580 元和 380 元，提高到 2020 年每人每月 705 元和 450 元，分别增加了 21.6% 和 18.4%，发挥临时救助的过渡、衔接功能，强化临时救助在助力解决"两不愁、三保障"方面的作用，对符合临时救助条件的及时给予临时救助，做到凡困必帮、有难必救。强化残疾人福利保障，全面落实好困难残疾人生活补贴和重度残疾人护理补贴政策，完善补贴标准动态调整机制，做到应补尽补、按标施补。落实阶段性价格补贴扶持，不折不扣落实低保对象、特困人员、孤儿价格临时补贴制度。有力地保障了城镇贫困群众基本生活。

二、基本医疗保障到位

将基本医疗、大病保险、医疗救助和政府兜底的报销、救助政策全面覆盖到城镇贫困人口，确保住院报销比例达到 90% 的适度水平，落实县域内住院治疗"先诊疗后付费""一站式"结算。开展门诊统筹报销政策，政策范围内社区诊所和乡镇卫生院、村卫生所门诊医疗费报销比例为 65%，确保小病和常见病可以就近治疗、报销。2018 年以来城镇贫困户享受待遇 2708 人次，总费用 494.95 万元，报销 451.66 万，做到应保尽保。

三、安全住房保障到位

进一步完善住房保障制度，积极采取实物保障与租赁补贴并举的方式，扩大住房补贴的范围，住房补贴发放范围由原来城市规划区内的城镇低保户扩大到城乡城镇低保户。2018 年以来，采取现场摇号、抓阄等分配方式，组织了 8 次保障性住房分配，截至 2020 年 9 月底，全县 289 户城镇贫困户，选择享受了实物安置的有 161 户，享受住房补贴的有 28 户，另 100 户城镇贫困户有私房。所有城镇贫困群众住房安全得到了 100％保障。

四、义务教育保障到位

全面落实国家教育资助政策，义务教育、普通高中、职业中专、普通高校等各类助学补助全覆盖，义务教育阶段实现了"零辍学"目标。积极开展送教下乡活动，与乡镇学校开展"一对一"对接活动，从帮扶对象所面临的最困难、最迫切、最需要解决的突出问题入手，帮助解决实际问题，截至 2020 年 10 月底，全县累计发放城镇脱贫解困学生各类教育资助金 23.71375 万元，惠及城镇脱贫解困学生 278 人次。

五、就业创业保障到位

做好就业政策宣传，2018 年以来，累计发放就业宣传政策 1500 余份，为城镇建档立卡贫困劳动力提供职业指导 268 人次，提供职业介绍 176 人次，为 14 名城镇贫困劳动力提供职业培训，发放补贴金额 8300 元。拓宽就业创业渠道，对有意愿的就业困难人员进行职业培训和公益性岗位安置。对自谋职业、自主创业的困难人员发放社保补贴。2020 年公益性岗位累计安置城镇建档立卡贫困人员 13 人，累计补贴金额 109200 元。做好跟踪服务工作，对就业困难人员安置后定期进行摸底，掌握其工作待遇、参保情况、工作表现和就业后家庭生活水平是否有所提高。2020 年累计对 25 名城镇贫困户进行就业跟踪服务。

六、社会资源帮扶到位

积极协调电力公司，减免 41 户城镇贫困 A 卡户电费 0.32 万元。县关工委开展《情暖下一代助学活动》，支助城镇低保户在校生 35 人，发放助学金 3.12 万元。豫宁街道竹岭村社区和"东北的星"长期结对，为社区七名特困学生每月争取帮扶帮教资金 200 元，计发放慰问金 3.71 万元，为他们解决了实际困难。县残联结合相关政策，努力在贫困残疾人经营、就业、子女就学、康复等多方面提供政策性保障。为 153 户城镇贫困残疾人发放两项补贴 58 万元。将 26 户贫困残疾人纳入了阳光家园项目，几年以来共开展服务 782 次。为 11 名贫困残疾人进行了家庭生活条件的无障碍改造工程。为 45 名贫困残疾人发放了辅助器具，为 10 名贫困残疾人安装了假肢，为 10 名贫困残疾人安装了助听器。

七、其他政策落实到位

扎实开展日常帮扶救助、困难职工互助保障和"春送岗位、夏送清凉、秋送助学、冬送温暖"活动，助力城镇贫困群众脱贫解困工作。2018年来，县工会对13户城镇困难职工免费赠送职工互助保障计划，共2940元。发放城镇困难职工家庭帮扶资金16.2万元。开展"微心愿"活动为14户城镇困难职工赠送智能电饭煲14台。县妇联牵头组织实施城镇贫困妇女"两癌"免费检查工作。通过公益讲座、武宁女性之声微信公众号、印发宣传折页等多渠道进行"两癌"防治知识宣传，让广大妇女增强自我保健意识，了解掌握乳腺癌、宫颈癌等妇科疾病防治知识。2018年以来，共计为630名贫困妇女进行了"两癌"免费检查，全面完成检查任务。实现早发现、早治疗、早干预目标，有力地促进了妇女身心健康，得到了广大贫困妇女的一致好评。

开展巩固扩展脱贫攻坚成果
同乡村振兴有效衔接

广西壮族自治区靖西市民政局

2021 以来，靖西市民政局认真贯彻落实习近平总书记在全国脱贫攻坚总结表彰大会上的重要讲话精神和视察广西重要讲话、重要指示精神，扎实开展巩固扩展脱贫攻坚成果同乡村振兴有效衔接工作，取得一定成效。现将有关情况汇报如下。

一、工作开展情况

（一）持续做好社会救助兜底保障工作

将符合条件的困难群众全部纳入低保、特困救助范围，对符合条件的及时给予临时救助，切实做到"应保尽保、应救尽救"。截至 8 月底，全市城乡低保对象有 24271 户 75693 人，其中城市低保 1293 户 2895 人，农村低保 22978 户 72798 人，累计发放城市低保金 900.65 万元，农村低保金 14151.84 万元；在享特困人员 2944 人，其中，城市特困 59 人，农村特困 2885 人，累计发放特困人员基本生活费 1417.14 万元，照料护理费 210.93 万元；实施临时救助 168 人次，累计发放临时救助金 39.72 万元。通过动态调整，对排查出在享低保对象中家庭经济状况、财产状况、人员状况发生变化不再符合低保条件的 3047 户 7713 人进行了停保，同时把因病因老因残因学等符合低保条件的 920 户 2440 人纳入低保范围。

（二）落实农村低收入人口常态化监测和救助帮扶工作机制

以农村低保对象、特困人员、易返贫致贫人口、因病因灾因意外事故等刚性支出较大或收入大幅缩减导致基本生活出现严重困难人口、未纳入低保或特困供养范围的低收入家庭成员为重点，开展低收入核对监测。加强农村低收入人口社会救助，对有发展产业和实现就业收入家庭人均收入超过当地低保标准的，给予 6 个月渐退期，不再符合条件的困难群众按程序退出。对农村低保对象务工收入，因重大刚性支出造成生活困难的，可以参照务工所在地最低工资标准适当扣减其家庭成员的务工成本。将符合条件的建档立卡脱贫人口全部纳入低保或特困人员救助供养范围，对不再符合条件的低保或特困人员按程序退出低保或终止供养，切实做到"应养尽养、应退尽退"。截至 8 月底，脱贫人口中享受城乡低保对象有 16493 户 54636 人，城乡特困人员 862 人；对因家庭经济状况、财产状况、人员状况发生变化不再符合低保条件的建档立卡脱贫人口 2171 户 6137 人按程序进行了停保；对因经过康复治疗恢复劳动能力、赡养人新增具有履行义务能力等不再符合特困供养条件的 32 人按程序终止供养。

（三）持续做好残疾人保障工作

主动跟大数据中心、残联等部门对接，认真开展困难残疾人生活补贴和重度残疾人护理补贴排查，确保应补尽补。截至 8 月底，全市享受重度残疾人护理补贴 9425 人，其中建档立卡脱贫人口 5497 人，困难残疾人生活补贴 8457 人，其中建档立卡脱贫人口 6413 人，累计发放重度残疾人护理补贴 600.664 万元，困难残疾人生活补贴 548.432 万元。

（四）持续做好孤儿和事实无人抚养儿童保障工作

加大排查力度，将符合条件的孤儿和事实无人抚养儿童纳入保障范围。截至 8 月底，全市有孤儿 54 人，事实无人抚养儿童 160 人，累计发放孤儿基本生活费 39.515 万元，事实无人抚养儿童基本生活费 89.649 万元。

（五）夯实基层社会治理基础，健全城乡社区治理和服务体系，推进市域社会治理现代化试点

依照构建以村级"一委（部）两会三中心"、屯级"一委（部）两会一中心"为主体的乡村治理组织体系，党建引领、"四治"（自治、法治、德治、智治）融合的乡村治理路子，2021 年我市以湖润镇为乡村治理示范镇，化峒镇八德村、新靖镇奎光村、安宁乡果布村、禄峒镇大史村、湖润镇峒牌村、龙邦镇界邦村、壬庄乡真意村、安德镇三西村、南坡乡逢鸡村、武平镇多纳村等 10 个村为乡村治理示范村，开展以修订完善村规民约，村务监督委员会"六有"建设，建立屯级村民理事会、监事会等基层自治。各试点村完善了村民委自治制度、章程的修订，规范形成了小微权力清单，各村通过村民代表大会修订了新村规民约，并在村头张榜公布，各村均有 3 个以上的屯设立有村民理事会、监事会，建立理事会理事、监事会监督的屯级自治机制，规范了村务监督委员会，各村村务监督委员会基本实现了六有（有报酬、有牌子、有印章、有场所、有制度、有档案柜）。

二、工作中存在问题

一是部门数据没有共享或共享信息数据不准确。建议进一步加强基层社会救助经办队伍建设，提高经办服务水平；加快部门信息数据共享机制建设。

二是被救助人故意隐瞒家庭收入、财产状况，没有及时报告家庭人口、家庭经济状况变化情况，造成低保等救助对象动态管理难度大。

三、下一步工作计划

一是强化工作督查，全面落实好分层分类社会救助。

二是加强部门间的沟通协调，建立健全定期研判工作机制。严格执行清单管理，把符合条件的对象全部按程序纳入保障范围，对不再符合享受条件的全部清退，建立健全对象精准、进出有序、规范有效的各项保障工作。

三是深化各项乡村治理自治工作制度，加强村民自主管理村级事务的能力，保证村民自主管理、自主监督，切实提高村民自我管理、自我教育、自我服务的能力。

探索"党建＋颐养之家"新模式
破解农村养老难题

江苏省新干县民政局

针对农村留守老人、空巢老人"养老难"的问题，近年来，新干县积极探索推进"党建＋颐养之家"新模式，创新服务方式、丰富服务内容，倾情打造全方位满足老年人需求的"党建＋颐养之家"升级版，在有效破解农村养老难题上迈出了重要一步。我县已建成具备助餐功能的"党建＋颐养之家"109家，已吸引1400余位70周岁以上老年人开心"入家"，得到全县群众的广泛点赞。

一、整合优质资源，建好"党建＋颐养之家"

一是盘活资源。按照"缺什么、补什么"的原则，大力推进农村"党建＋颐养之家"基础设施建设，新建或整合农村祠堂、旧校舍（办公楼）等场所将其升级改造成"党建＋颐养之家"的厨房、用餐场所、亲情聊天场所以及乡村舞台等；有条件的地方开设图书阅览室、美德积分兑换商店、室外活动场所等功能区，全面提升"党建＋颐养之家"设施条件。二是打造样板。打造界埠镇武湖村、麦斜镇隋岗村、溧江镇堆背村、潭丘乡潭丘村等一批示范点，将"党建＋颐养之家"与新时代文明实践站、乡贤馆深度融合，宣传孝道、廉政、乡村振兴等文化。购置音响、电脑、投影仪、摄像头、服装等设备，布置乡村舞台、百姓宣讲堂；在"党建＋颐养之家"设置乡贤馆办公室、乡贤议事室、群众调解室，并展示先贤、今贤先进事迹榜，浓厚乡贤文化氛围。三是保障投入。建立"政府主导、村民参与、社会支持"的养老服务投入机制，通过争取上级资金、整合美丽乡村、人居环境整治等各类配套资金，统筹用于"党建＋颐养之家"建设；"党建＋颐养之家"的日间用餐运行费，采取"县乡补贴、群众自筹、社会捐赠"方式筹措，县、乡两级分别给予每人每月餐费补贴150元、100元，老年人每人每月自缴200元，并发动社会爱心人士进行捐助作为补充。县级财政为全县"党建＋颐养之家"拨付补助资金340余万元，市级财政拨付奖补资金82万元。

二、提供优质服务，用好"党建＋颐养之家"

一是搭配好饮食。严把食品采购和加工关，按规定要求定时消毒餐具，保持室内环境整洁。

每周在公示栏公布食谱，每日三餐根据老年人的身体情况科学搭配食物。成立医疗志愿服务队，为老年人建立健康档案，进行动态记录，提供卫生保健、测血压、B超等服务，切实为老年人的健康"保驾护航"。二是组织好活动。依托村新时代文明实践站，整合懂老人、愿服务的县、乡、村志愿力量，成立了政策宣讲志愿服务队、舞蹈志愿服务队。政策宣讲志愿服务队每个季度定期开展党的有关农村政策、移风易俗、好人好事等方面的宣讲，舞蹈服务队以兴趣爱好为纽带，把老年人凝聚在一起组织娱乐活动，不断充实老年人的精神生活。

三、实现优质管理，管好"党建＋颐养之家"

一是强化自我管理。注重发挥"入家"老年人自我管理作用，挑选有威望、热心公益、身体条件允许的老党员、老干部成立理事会，参与"党建＋颐养之家"管理服务，引导老年人互助及自我管理，逐步实现由村级党组织全权负责向老年人自我管理、村级党组织监督指导转变。二是规范监督机制。制定了《关于全县农村"党建＋颐养之家"奖补资金发放暨相关管理要求的通知》，对项目建设资金、运行经费等进行规范。通过"党建＋颐养之家"运行理事会，建立健全经费"日清月结"机制，每日清算老年人用餐费用，每月结算资金使用情况。成立"党建＋颐养之家"伙食监督委员会，由村务监督委员会委员进行监督，并从村"两委"中挑选一位公信力强、乐于服务的干部负责"党建＋颐养之家"日用品、食材等物品的采购，定期公开财务，接受群众监督，让大家放心舒心。

聚焦重点工作 推进民政事业高质量发展

陕西省延安市民政局

习近平总书记指出，民政工作关系民生、连着民心，是社会建设的兜底性、基础性工作。全市民政系统深学笃用习近平新时代中国特色社会主义思想，在市委、市政府的正确领导和省民政厅的关心指导下，聚焦脱贫攻坚、聚焦特殊群体、聚焦群众关切，不断改革创新，服务发展大局，为全市经济社会发展做出了重要贡献，取得了显著成绩。

一、困难群众基本生活得到有效保障

始终把保障和改善民生作为重中之重，充分发挥社会救助兜底保障作用，持续巩固提升脱贫攻坚成果，助推我市告别绝对贫困。一是救助体系更加完善。建立支出型贫困家庭救助保障制度，在低保对象家庭收入核算中，对特殊刚性支出予以适当扣减，城乡低保由过去的收入型保障转变为收入、支出型保障；建立特困供养标准自然增长机制，在省内率先将特困人员的基本生活标准与低保标准挂钩，将照料护理标准与最低工资标准挂钩，实现了按年自然增长；建立重残、重病贫困人员基本生活保障制度，将贫困家庭中靠家庭供养且无法单独立户的重度残疾人、重病患者等完全或部分丧失劳动能力的贫困人口纳入低保范围，基本生活保障得到切实保障。二是救助标准逐年提高。农村低保标准达到 4020 元 / 人年，城市低保标准达到 555 元 / 人月，均高于全省最低限定标准。城乡特困人员每人每年最低供养标准达到 7002—10434 元，最高达到 9966—13398 元。全市 80080 名农村低保对象、32640 名城市低保对象、4961 名城乡特困人员实现应保尽保、应救尽救、应兜尽兜。三是救助效能大幅提升。率先将临时救助审批权下放至乡镇（街道办），救助金额在 2 万元以内的由乡镇（街道办）研究审批，2 万元以上的由县区召开联席会议研究审批，同步建立临时救助储备金制度，健全完善"救急难"和主动发现机制，不断提升临时救助时效性，有效解决群众遭遇的突发性、紧迫性困难。2019 年上半年，全市临时救助 6.26 万人次，支出救助资金 5300 万元，超过 2017 全年临时救助人数和金额，较 2018 年同期，救助人数增长 69.56%，救助资金增加 86.36%。四是救助管理更加规范。严把社会救助审批群众评议、乡镇（街道）申报、县区审批、市级抽查"四个关口"，将分类施保调整规范为 7 类 3 个标准，实行救助信息长期固定公示，畅通社会监督渠道，全力打造"阳光救助"。通过政府购买服务，延川、延长、宜川、吴起、黄龙等县为每个村（社区）配备 1 名社会救助协理员，其他县区正在抓紧落实，基层经办服务能力进一步加强。

二、养老服务业加快发展

把发展养老服务业、完善养老服务体系作为保障和改善民生的重要举措，全面放开市场，持续加大投入，着力提升质量，养老服务业呈现出健康发展的良好态势。一是健全完善政策体系。紧紧围绕养老服务业"放管服"改革，先后出台《关于加快社会化养老服务业发展的意见》《延安市全面放开养老服务市场提升养老服务质量实施意见》《关于加强老年人照顾服务工作的实施意见》等一系列含金量高、操作性强的政策文件，为推动养老服务业发展提供了有力支持。二是不断提升服务能力。统筹发展各级各类养老机构和居家社区养老服务设施，目前全市共有养老机构38家，城镇社区日间照料中心52家，农村互助幸福院713个，床位数1.1万张，千名老人拥有床位数34张。深入开展养老院服务质量专项行动，推进养老机构标准化建设，开展养老院星级评定，探索"互联网＋养老服务"，可持续发展的养老服务体系初步形成。三是积极推进医养结合。具备条件的养老机构内部成立医疗机构，不具备条件的就地就近与医院签订合作协议，实现养老机构与医疗机构有效衔接。市社会福利院内部开设康宁医院，吴起县社会福利院、富县社会福利中心实现与医疗机构的深度融合、一体发展。市八一敬老院等12家养老机构设置了医务室，其余养老机构也都因地制宜开展了医养结合服务。四是鼓励引导社会参与。统一经营性、公益性民办养老机构建设补助，引导社会资本投资养老服务业，全市民办养老机构增加到8家，有力促进养老服务业质态提升。吴起县长征老年公寓探索开展公建民营，激发养老机构发展活力。宝塔区建成3个试点共享餐厅，引进专业餐饮公司为老年人提供优质助餐服务，年内计划再建设12个，有效解决孤寡、空巢等特殊困难老年人就餐问题。鼓励公办养老机构在充分满足特困供养服务的前提下，积极开展社会化养老服务，已收养社会老人296人。

三、基层政权和社区建设全面加强

将加强基层组织建设、创新基层社会治理作为保障人民权利、维护社会和谐稳定的重要基石，着力健全基层党组织领导的基层群众自治机制，不断推动基层民主深入发展。一是基层群众自治不断深化。市委、市政府就农村社区建设、"四社联动"发展、乡镇政府服务能力建设、城乡社区协商、社区治理、社区减负增效等出台多个政策文件，为新时代加强和完善城乡社区治理，促进城乡社区治理体系和治理能力现代化提供了重要遵循。全市完成基层群众性自治组织特别法人统一社会信用代码赋码颁证工作，1784个行政村、138个城镇社区领到了特别法人证书，有了自己的"身份证"。二是民主选举有序推进。持续整治"村霸"，深化扫黑除恶专项斗争，严把换届选举政策关、法律关、标准关，顺利完成第十次村委会换届选举，参选率达到96.4%，群众当家做主的权利得到有效保障。认真贯彻村务（居务）公开民主管理办法，全面制定修订村规民约（居民公约），农村实现村务监督委员会全覆盖，城市社区居务监督形式日渐丰富，基层民主自治管理机制不断完善。三是社区服务体系更加健全。大力实施社区"强基工程"，累计建成 13 个县级社区信息网络平台，138 个城镇社区服务站，18 个街道社区服务中心，138 个城镇社区室外活动广场，社区用房平均面积达到 400 平方米，基本形成功能完善、便民利民的社区服务体系。推动"四社"优势互补、联动发展，积极建设智慧社区、融合社区，切实提升社区治理水平，增强社区服务能力。全市累计建成省级标准化示范社区 21 个，创建"综合减灾示范社区" 39 个。2018 年，4 个村（社区）被评为第七批"全国民主法治示范村（社区）"。

四、社会事务管理更加规范

围绕群众关切和民生热点，不断创新工作举措，加强精细化管理，解决好服务老百姓"最后一公里"问题。一是儿童福利保障水平不断提高。建立农村留守儿童关爱保护联席会议制度，开展"合力监护、相伴成长"关爱保护专项行动，为 1377 名无人监护或父母无监管能力的留守儿童落实监护责任人。建立儿童关爱服务体系，全市实现乡镇儿童督导员、村（居）儿童主任全覆盖。加强困境儿童分类保障，为 708 名事实无人抚养儿童落实了生活补助。扎实做好 463 名孤儿保障工作，对 56 名孤儿大学生发放生活和学费补助。做实困难儿童分类施保，对低保家庭中的非义务教育阶段学生，按每人每月不低于低保标准的 70% 增发保障金，对低保家庭中的儿童按每人每月不低于低保标准的 30% 增发保障金。二是殡葬改革进一步深化。市政府出台《关于进一步推动殡葬改革加强殡葬管理工作的意见》，完善了殡葬惠民政策，加大了殡葬惠民补助力度，将补助范围从遗体火化扩展到办丧服务，减轻了群众殡葬负担。市本级一次性启动市殡仪馆迁建和 3 个殡仪服务中心建设项目，万花殡仪服务中心已开始平整土地，市殡仪馆迁建和川口殡仪服务中心项目正在征地。全市已建成 14 个城市公墓、10 个殡仪馆，基本实现殡葬设施建设全覆盖。持续开展殡葬突出问题专项治理，在农村和社区广泛成立红白理事会，为推进婚丧礼俗改革，助力新时代文明实践发挥了重要作用。三是行政区划调整稳妥推进。实现安塞县撤县设区，子长县撤县设市获批，有效扩大城市发展空间。全面完成镇村综合改革，全市现有乡镇（街道）114 个，减少 11 个，有街道 18 个，增加 15 个，有行政村 1784 个，撤并 1614 个。高质量完成第二次全国地名普查工作，正在积极推进成果转化利用。顺利完成延安新区道路命名工作，城区道路、桥梁、广场命名、更名方案已经印发。圆满完成第三轮界线联检任务，扎实推进第四轮界线联检工作，创建平安边界。

砥砺奋进曲，忧乐民生歌。今后，我市民政系统将继续坚持"三个聚焦"，通过政策创制、机制创新、服务创优，构建起制度更加完备、体系更加健全、覆盖更加广泛、功能更加强大、服务更加贴心，与全面建成小康社会相适应的民政事业体系，顺应百姓期待，守好民生底线，体现民生温度，努力让延安人民生活的更幸福更美好。

社区养老服务工作情况

云南省永德县民政局　罗正伟

近年来，永德县社区养老服务工作在新时代的大背景下，始终把社区养老服务体系建设作为保障和改善民生的重要内容，严格按照中央、省、市社区养老服务体系建设相关要求，聚焦特殊群体，聚焦群众关切，扎实履行基本民生保障、基层社会治理、基本社会服务等职责，充分发挥民政在社会建设中的兜底保障作用，创新社区养老服务多样化，逐步规范社区养老管理和服务，努力实现社区养老工作制度化、规范化，提升服务水平。

一、基本情况及工作措施

永德县社区养老服务体系建设始终以"上为政府分忧，下为群众解愁"工作为宗旨，不断健全社区养老服务体系，坚持解放思想，改革创新，为全县经济发展、社会稳定做出了应有贡献。全县有社区居家养老服务中心2所（德党镇永安社区居家养老服务中心、德顺社区居家养老服务中心），可设床位40张，2所居家养老服务中心均已投入使用，但运营项目单一，没有真正发挥好居家养老功能；城市养老服务机构1所（永德县社会福利中心）床位200张，未投入使用。主要做法：

（一）健全组织，建立社区养老服务工作制度

高度重视社区养老服务工作，以"党建＋农村养老服务"为抓手，成立工作领导小组，定期召开领导小组工作例会，及时总结工作情况，分析问题，提出思路，为居家养老服务的开展提供了强健的组织保障。充分发挥乡镇主导作用和社会力量主体作用，创新管理体制机制，有效推动养老服务社会化、服务化、普惠化发展。强化了护理专业人才队伍建设，始终把安全责任和风险意识摆在首位。

（二）完善台账，建立社区老年人基本情况台账

为了规范社区养老的各项工作，更好地提供优质的服务，服务站对社区老人进行了摸底调查，明确享受服务的条件、服务需求并登记造册，同时依托社区卫生服务中心为老年人开展免费身体检查，建立了健康档案。

（三）做好孝亲爱老全方位关爱工作

持续开展社区居家养老服务改革试点，规范高龄补贴及老年人生活补贴、护理补贴等资金

发放监管过程，健全完善养老金信息比对长效机制，切实保障困难老年人群体的基本养老服务需求。鼓励和发展老人互助养老、年轻人帮高龄老人、关爱空巢老人等养老服务模式，不断丰富服务体系内涵。

（四）以脱贫攻坚、乡村振兴战略为依托，做好社区敬老助老工作

完善农村养老服务要素保障机制，营造安全舒适的社区养老服务环境；树立社会养老敬老文明新风，运用各类关爱服务活动，营造敬老爱老浓厚氛围。

（五）创新做法提升社区敬老院服务质量

从消防硬件设施和日常管理两方面入手进行服务质量提升整治，把安全落实，把隐患消除，创新服务类型提升服务质量，为老年人提供居家养老、读书看报、健身休闲、文化娱乐、助医等服务，以"为老年人献爱心，替子女尽孝心"的服务宗旨，积极弘扬中华民族敬老、爱老、养老、助老的传统美德。

（六）统筹兼顾，建立疫情防控社区居家养老服务网格管理

常态化疫情防控期间，根据老年人的需求，本着以人为本、互惠互利的原则，形成上门日常生活需求服务网格管理。向高龄老人、低保困难老人、残疾老人开展上门探望精神慰藉、体温检测、日常体检等助老服务，受到了老年人的普遍喜爱。

二、面临的主要困难和问题

全县处于老龄化社会现象，社区养老服务项目建设已缓解了部分老龄化社会现象的压力，但全县的养老服务工作仍存在不足之处。一是社区养老服务运作主体不凸显。一方面，因社区养老服务基础设施薄弱，加之管理经验不足，出现社区主体责任难以执行；另一方面，各界对社区养老服务工作认识存在意识差距，社会参与感欠缺，社会志愿服务主体单一。二是健康养老、休闲、娱乐的养老设施没有形成一体化建设，与现代化建设标准存在差距。三是基础设施建设资金缺口大，地方财政无力承担配套资金，致使资金投入不足，基础设施建设进程缓慢，基本配套设施跟不上，无法快速投入使用。四是社区养老服务专业人才缺乏，管理服务质量水平低。

三、对策建议

为稳步推进全县社区养老服务机构建设，应对人口老龄化的严峻挑战，加快社区养老服务事业发展，切实满足老年人养老服务需求，全面提高社会养老能力，促进社会和谐稳定，提出以下对策建议意见。

（一）加大基础设施建设力度

进一步完善社区居家养老服务功能设施建设，通过政府购买服务等方式加强财政投入力度，把社区居家养老服务建设成为区域性养老示范阵地，进一步提升社区居家养老服务管理水平。建议增加涉老项目后续经费，加大中央及省级资金配置份额，用于配备机构内的电视、厨具、健身器材、床上用品以及管理人员工资等。倡导全员参与，发动社会爱心人士及社会慈善机构加大社区养老机构的支持帮助，保障老人真正实现老有所养。

（二）强化机构保障力度

在边疆少数民族地区，由于经济社会发展制约，社区社会养老助老在短期内无法实现。建议设立专门机构负责养老服务工作，建立健全长期照护服务工作体系，充分发挥公办养老机构兜底保障作用，满足特困人员集中供养需求。扩大社区养老服务机构专业人员队伍建设，使其更加适应新时代的社会发展。

（三）明晰社区养老服务体系政策支撑

细化出台更加详细和具有可操作性的政策，加大社区养老机构支持力度，鼓励社会参与发展新时代的养老服务机构，突出社会力量兴建养老服务机构优越性。大力支持医养结合，鼓励医疗机构与养老机构建立对口联系服务机制，对医养结合机构给予适当政策倾斜和资金支持。

"大家谈、怎么干"

安徽省宿州市埇桥区民政局　张　明

党史学习教育开展以来，我们按照中央、省、市、区委关于开展党史学习教育的决策部署，深入贯彻落实习近平总书记在庆祝中国共产党成立100周年大会上的重要讲话精神，坚持学党史悟思想办实事开新局，用习近平新时代中国特色社会主义思想武装头脑、指导实践、推动民政各项工作，把学习贯彻习近平总书记"七一"重要讲话精神贯穿党史学习教育各方面，确保学习教育与民政中心工作同频共振，力戒形式主义、官僚主义，不搞形式、不走过场。

深入推进"我为群众办实事"实践活动，聚焦民生领域，从群众的急难愁盼出发，党史学习教育开展以来，全局梳理17项为民办实事项目，完结6项，受理低保、流浪救助等问题31件，办结30件。在区级层面承担3个办实事项目：一是养老服务提升项目，已建设2个村级养老服务站点并投入运营，对180户特殊困难居家老入户改造。二是低收入人口兜底保障项目，已摸排出502名低收入人口，其中117人正在申办低保、五保、两残等救助政策。省级低收入数据平台已建立，各乡镇录入低收入人口信息，截至2021年9月28日已录入2001户3641人。三是地名标志牌提升项目，现已上报埇桥、东关、南关等6个街道，经部门核实后，6个街道需整顿门牌号共计438处，街巷牌共计43处。

我区巩固拓展脱贫攻坚成果，全面推进乡村振兴战略，织密筑牢社保兜底"安全网"，主要从三个体系方面开展这项工作。

一、完善社会救助体系，筑牢社保兜底安全网

一是开展社会救助兜底脱贫成果"回头看"专项行动暨农村低保专项治理巩固提升行动。2021年以来共清退农村低保1508户3780人，同时将符合条件的1062户1635人纳入低保对象，同时对低收入人口开展全面摸排，为下一步建立低收入人口数据库做好前期准备，前期各乡镇（街道）上报摸排的数据共502人，其中103人符合条件已经纳入低保。二是印发《埇桥区最低生活保障综合认定办法（暂行）》《埇桥区民政社会救助领域证明事项告知承诺制实施方案（试行）》《关于改革完善社会救助制度的实施方案》等办法方案，通过政策创制进一步完善了我区城乡最低生活保障制度，深化了"放管服"改革，健全了社会救助体系，有效衔接了乡村振兴。2021年我区城乡低保标准从2020年的7500元/年提高到7920元/年，涨幅5.6%。目前我区

农村低保 36085 户 62590 人，低保覆盖面 4.78%，累计人均补差水平 400 元。2021 年我区农村特困供养标准从 2020 年的 7236 元提高到 7800 元／年，涨幅 7.79%。全区不能自理特困老人集中供养率超过 60%。2021 年 3 月启用"社会救助综合服务平台"，临时救助申请材料试行电子化录入、审核审批，打通了社会救助的"最后一公里"。2021 年以来共救助 670 人，发放救助金 286 万元。开展小额临时救助 158 人，发放救助金 34.9 万元。

二、健全社会福利体系，推进特殊困难群体帮扶工作

一是全面推进"未保"工作。经区政府同意，将"埇桥区农村留守儿童关爱保护工作联席会议"更名为"宿州市埇桥区未成年人保护工作委员会"，统筹协调全区未成年人保护工作以及农村留守儿童和困境儿童保障工作。结合留守儿童和困境儿童关爱保护"政策宣讲进村居"行动，对全区留守儿童开展集中走访。2021 年孤儿基本生活标准提高到分散 1100 元／月，集中 1510 元／月，全区救助孤儿 669 人。2020 学年共帮助 17 名孤儿上大学，按照每人每学年 10000 元的标准给予帮助，发放助学金 17 万元。二是全面落实残疾人两项补贴制度。以加快推进残疾人小康进程为目标，从残疾人最直接最现实最迫切的需求入手，做到制度全面覆盖，应补尽补，确保残疾人两项补贴制度覆盖所有符合条件的残疾人。全区共发放困难残疾人生活补贴 1414.4 万元，惠及 2.3 万人；发放重度残疾人护理补贴资金 1209.8 万元，惠及 2.2 万人。

三、健全完善养老服务体系，提升养老服务质量

一是持续推进乡镇敬老院公建民营工作。对全区 52 家敬老院进行资源整合，保留了 39 家。其中公建民营 31 家，公建民营率为 80%，现有养老床位 2689 张，集中入住特困供养老人 885 人，社会老年人 67 人，提高了养老服务的资源配置效率。二是持续推进医养融合，探索医疗机构与养老机构合作新模式。至 2021 年，全区共有养老机构 88 家，37 家乡镇敬老院医养模式改造完成，并与乡镇医院签订医疗合作服务协议，49 家民办养老机构中医养结合养老机构 5 家，与社区街道卫生院签订医疗合作协议 44 家，全区养老机构与医疗机构签约率达到 100%。三是制定《敬老院改造提升三年行动计划（2020—2021 年）》。2020 年起，筹资 270 余万元，重点对乡镇敬老院厨房、居室、娱乐设施等进行改造提升，购置了大型洗衣机、空调、电视、健身器材等设备用于改善老人文化娱乐生活。2021 年再投入 210 万元改造 6 个乡镇敬老院室内独立卫生间和 7 个乡镇敬老院加装直通电梯。2021 年在全区适老化改造 180 户，按照每户不超过 3000 元的标准满足老年人居家改造需求。2020 以来在城区 11 个街道 60 个社区，52 个社区解决养老用房并进行适老化改造，建成并投入服务的社区养老服务站 25 个，村级养老服站 2 个，承载服务能力可达 3000 人。至今，为老人提供助餐、理发、泡脚、助浴、助洁、助急等服务 1230 名老人，服务累计 18560 人次。同时，在沱河街道和道东街道 39 位城市特困和低保家庭中开展了失能、半失能家庭适老化改造，安装智能设施设备，提供居家养老服务，实现家庭养老机构化、专业化。

建机制　聚力量　促融合
构建嵌入式养老新模式

江西省九江市浔阳区民政局

浔阳区下辖 5 个街道，现有 60 岁以上老人 5.8 万人，占全区总人口 20.3％。近年来，浔阳区深入实施积极应对人口老龄化国家战略，大力开展居家和社区养老服务改革试点工作，建成街道、社区互为支撑的居家养老服务设施网络，重点推进嵌入式、多功能养老设施建设，打造中心城区"15 分钟养老服务圈"，有效缓解城区养老服务压力。

一、强化政府主导，构建服务保障新机制

一是健全推进机制。政府出台《浔阳区居家和社区养老服务改革试点工作的实施方案》等系列文件，对居家和社区养老服务改革工作进行了部署安排。区级层面成立了浔阳区养老产业发展（居家和社区养老服务改革试点）工作领导小组，加大工作协调指挥力度，形成了政府主导、民政牵头、部门协同、社会参与的工作推进机制。二是盘活场地资源。落实住宅小区配套政策，与市级相关部门建立协调通报机制，推动新建小区养老服务设施规划、建设、验收、交付"四同步"。对可用于养老设施建设的国有闲置房产进行摸底统计，确保政府、事业单位和国有企业闲置、腾退的用地、用房，优先用于养老设施建设。两年来，已接收住宅小区配套养老用房 10 处、闲置资产改造用房 12 处用于建设社区居家养老服务中心。三是实施项目化管理。将社区嵌入式养老机构建设纳入区重大项目库，实施项目化管理，明确到 2021 年，实现城市社区居家养老设施全覆盖。自项目设立以来，已建成嵌入式养老项目 7 个，在建项目 2 个，全区街道嵌入式养老院覆盖率达到 100％。

二、凝聚多方力量，打造社会养老新模式

一是聚焦"建得起"，推行社会化运营。通过公建民营、委托经营等方式，鼓励社会组织、私人企业参与到居家养老机构建设和运营当中，使社会力量成为养老服务新主体。2020 年以来，通过举办社会化运营推介会等方式，引进了悦家蓝康、上善等多家民营养老企业，累计吸纳投资 1.1392 亿元，建成嵌入式养老机构 7 个。二是聚焦"用得上"，拓展服务内容。立足老年人

最现实、最迫切的需求，通过政府购买服务形式，因地制宜开展助餐、助洁、助浴、慢性病康复护理等服务。推动居家养老由单纯的生活照料向"吃、住、行、娱、医"全方位服务转变。三是聚焦"可持续"，完善运行机制。明确监管机制，其中街道办事处负责日常监督，民政部门负责业务指导，住建、消防、市场监管、卫生健康等部门各负其责、协调配合，共同参与综合监管。建立奖补机制，出台《浔阳区居家养老服务设施奖补实施意见》，对所有居家养老机构实施等级评定，并按等级进行分级奖补，有效激发养老机构提档升级、改进服务的内生动力。

三、推动融合发展，开启智慧养老新篇章

一是推动多业态融合。以政府为主导，集中配置医疗、教育、文体等资源，推动多业态融合发展。将养老与医疗相融合，在养老机构附近设置医疗卫生服务站点，方便老人就近诊疗。将养老与托幼相融合，鼓励养老机构内设托儿所，方便低龄老人帮助子女照看小孩，同步解决"一老一小"问题。二是推动线上线下融合。将居家养老服务纳入城乡社区民政服务元素融合发展，设计打造集政策咨询、业务办理、事项指派、数据分析为一体的线上线下综合服务平台。使"嵌入式"养老，真正嵌入社区、嵌入家庭、嵌入互联网。三是推动与市级养老服务平台融合。主动与九江市"12349"居家养老综合服务信息平台对接，开通综合服务热线，为有需要的老人提供居家上门服务，打通养老服务"最后一公里"。

搭平台　聚合力　求实效
"443"机制助推婚俗改革形成新风尚

山东省济南市章丘区民政局

为新人发放幸福大礼包、在党五十年的老党员送祝福、向新人赠送美好寓意的书画作品……为庆祝中国共产党成立100周年，弘扬健康文明、简约适度的婚俗新风尚，引导广大新人倡树"喜事新办、简办、低碳、环保、节约"的时代新标准，2021年6月19日上午，在亲朋好友的共同见证下，章丘区民政局为10位新人在刚刚启用的章丘区政务服务大厅举行了一场以"真爱与党同庆·倡树文明新风"为主题的爱在章丘婚礼式颁证仪式。

近年来，章丘区认真贯彻落实习近平总书记视察章丘时做出的"要加强村规民约建设，移风易俗，为农民减轻负担"重要指示精神，立足打造乡村振兴齐鲁样板，以创新开展"婚礼式颁证"活动为抓手，通过打造"443"章丘婚俗改革机制，不断深化新时代移风易俗工作，取得了明显成效，为提升移风易俗水平、夯实乡风文明建设和创建全国文明典范城市奠定坚实基础。

2020年，章丘区被列为济南市唯一一个全省婚俗改革试点区。

一、实施"四个结合"，营造浓厚改革氛围

据了解，章丘坚持将婚俗改革与全区经济社会发展总体工作部署相结合，与坚持以人民为中心的发展思想、满足群众多样化个性化需求相结合，与庆祝重大节日和传统节日活动相结合，与开展传统文化活动和乡风乡俗相结合，通过"四个结合"，传承婚俗精华、摒弃陋俗糟粕，推动形成文明健康的好风气。尤其是将开展婚礼式颁证活动融入泉水生态特色、龙山文化和乡村儒学传统文化、乡村农事活动中，通过开展形式多样的婚礼式颁证，引导人们更加重视依法登记，逐步遏制了大操大办、铺张浪费的婚礼陋俗，切实减轻了群众经济负担，受到了广大新人的热情推崇。

2021年，章丘区政府印发了《济南市章丘区婚俗改革工作实施方案》，逐步实现婚俗改革工作的规范化和制度化，并将推行婚俗改革纳入各级各单位考核指标，实现了婚俗改革与其他重点工作同部署、同安排、同考核。在区民政局党组书记、局长张庆峰看来，文件的出台不仅体现了党委、政府对婚俗改革的高度重视，更会进一步调动激发各级各部门齐抓共管，凝聚合力，让文明、简约的婚俗改革举措久久为功，成风化俗。

二、激发"四大动力"，凝聚婚俗改革合力

章丘按照政府主导倡导、党员干部带头、群众主动参与、社会力量引导的模式，充分凝聚四方合力，共同推进婚俗改革。

强化民政、文明办、团委、妇联等章丘区部门间的沟通协作，明确职责分工，广泛开展宣传倡导、志愿服务、家风建设等工作。各镇街成立婚俗改革试点工作队伍，充分发挥新时代文明实践站作用，引导群众文明理事，破除陋习。

同时，发挥党员干部"关键少数"的作用，通过让党员干部带着群众干、做给群众看，形成"头雁效应"。广大党员干部带头遵守村规民约，带头婚事新办、喜事简办，以良好的党风政风带动乡风民风的转变。

章丘还把人民群众作为推进婚俗改革的实践主体，充分调动和发挥红白理事会、村民议事会等基层群众自治组织的服务作用，通过完善村规民约、红白理事会章程等，让群众在办事天数、用餐、用车、聘礼等方面有章可循。

相公庄街道桑园村通过将红白事办理标准进行细化，建议婚车不超过 8 辆，婚宴不超过 20 桌，每桌不超过 300 元；白云湖街道杨北村红白理事会在村民举办婚礼前召开理事会成员专题会议，按照本村红白理事会章程逐条研究操作流程，逐步形成了四邻帮忙不设宴、欢喜迎亲不放炮的杨北模式。通过实施正面引领、典型示范，让群众成为婚俗改革的支持者、参与者。

同时，他们依托社会力量参与婚俗改革和婚姻服务，婚姻登记处利用"幸福课堂"和婚姻家庭辅导中心，聘请心理咨询师、社会工作师开展婚姻家庭矛盾纠纷调解工作。

三、搭建"三大平台"，文明婚俗渐成风尚

章丘将婚姻登记处作为"桥头堡"，将全区新时代文明实践站作为"主阵地"，通过实施"互联网＋婚俗改革"，实现了婚俗改革在区、镇街、村居三级的纵深推进和线上线下的齐头并进。

他们充分利用全区婚姻登记处平台优势，依托济南市"泉城·爱帮"婚姻登记服务品牌，全面推行"四个一"服务，力争从源头上推进婚俗改革落地开花。

另外，章丘还把婚俗改革纳入全区新时代文明实践活动开展，既实现了婚礼式颁证的常态化推行，也丰富了新时代文明实践的内涵，并推出了为民爱民"方桌会"婚俗改革宣讲"七进"活动，打通了婚俗改革服务群众的"最后一公里"；开通"章丘喜庆泉网通"智慧平台，向新人提供信息资讯、婚姻课堂以及集体婚礼预约等延伸服务，宣传国家婚姻登记政策法规和婚俗改革倡议等，营造良好舆论氛围。

在全面建成小康社会、实现乡村振兴的过程中，章丘将始终坚持以人民为中心的发展思想，在深化婚俗改革、促进乡风文明的道路上不断创新、持续发力，为打造乡村振兴齐鲁样板贡献力量。

运城市"嵌入式"社区居家养老服务建设工作推进情况

山西省运城市民政局

建设"嵌入式"社区居家养老服务中心是省委、省政府应对人口老龄化战略的重要举措，是 2021 年省政府确定的民生实事。2021 年初以来，在市委、市政府坚强领导下，在省民政厅的精心指导下，我市紧紧围绕"2022 年，基本实现城市社区'嵌入式'养老服务全覆盖的目标"，科学谋划、自我加压、联动督导、强力推进，着力打造一批功能齐全、服务高效，可复制、可推广的社区养老服务中心示范项目标杆。2021 年共计划完成 36 个建设任务，其中 2 个为省定任务，34 个为市定任务，截至 8 月 31 日，2 个省定任务中，一个已进入设备购置阶段，一个正在施工建设，34 个市定任务中，7 个已投入试运营，22 个正在施工，其余 5 个计划 9 月中旬开工。所有 36 个建设任务 11 月底全部完工，12 月投入运营。

一、科学谋划，高起点筹划社区居家养老建设工作

市委、市政府对建设"嵌入式"社区居家养老服务项目高度重视。市委丁小强书记多次到社区居家养老服务中心调研指导，主动把推动社区居家养老优质服务建设作为自己党史学习教育"我为群众办实事"牵头任务，并将社区居家养老服务建设作为年度市委、市政府专项考核指标之一，加以推动。市政府储祥好市长先后 3 次召开专题会议，研究社区居家养老服务推进工作，并以市委办、市政府办联合出台《运城市加快城市社区居家养老服务发展的实施方案》（运办发〔2021〕2 号），以市政府办出台《关于下达运城市 2021 年城市社区居家养老服务中心建设任务的通知》（运政办发〔2021〕19 号），强化顶层设计，全力推动我市嵌入式社区居家养老服务建设。4 月 15 日，市政府在垣曲召开重点民政工作现场推进会，对社区居家养老服务建设进行再部署，梁清燕副市长逐一与各县（市、区）分管县领导签署目标责任书，进一步压实县（市、区）建设主体责任。

各县（市、区）党委、政府主动提高政治站位，主要领导坚持做到建设任务亲自部署、工程方案亲自把关、关键环节亲自协调、落实情况亲自督查，有力推动了社区居家养老服务建设。市民政局及时下发《2021 年新建城市社区居家养老服务中心行动方案》，进一步明确项目进度时间表、项目验收、资金配套、监督管理等事项，确保今年建设任务落到实处。

二、强力督导，高标准推进社区居家养老建设工作

梁清燕副市长代表市政府先后深入 13 个县（市、区）实地督导检查社区居家养老服务中心选址、建设等情况，并对进展缓慢的县（市、区）进行了第二轮、第三轮重点督导，现场解决县级政府在社区居家养老服务中心建设方面存在的问题，有力助推了项目建设进度。

市民政局积极实行周报告、月通报、季督查制度，分别于 5 月、8 月，先后 2 次成立由局领导带队的 5 个督察组，采取分片包点与随机跑面相结合的方式进行了现场督导，并向县（市、区）政府下发工作进展通报，督促未开工的县（市、区）倒排工期、挂图作战，抓紧时间开工建设，确保此项民生实事如期完工运营。

三、保障有力，高质量完成社区居家养老建设工作

在运营机构选定上，市政府主动搭桥牵线，民政部门积极对接，组织各县（市、区）与安康通、华荣不老、融创等知名服务品牌对接，结合实际选定第三方运营机构，从项目建设启动就提前介入，确保社区居家养老服务设施功能布局合理。在扶持资金上，市委、市政府明确了"县级为主、市级奖补"的原则，市级财政将按照社区居家养老服务中心实际建筑面积每平方米 300 元的标准给予奖补；在运营补贴上，按照服务内容、服务规模、服务质量 3 项指标对社区养老服务运营机构进行等级综合评估，每年对符合条件的社区居家养老服务中心给予 5 万—15 万元运营支持，同时按照城市社区居家养老服务中心收住的自理、半失能、失能老年人情况，落实每人每月 100 元、200 元、300 元的养老床位补贴，确保社区居家养老服务机构长效运营。

第三篇

健康中国建设与医院高质量发展的实践与探索

提升医疗卫生服务能力　保障全民健康

河北省文安县医院

在建党一百周年之际，文安县医院围绕老百姓看病就医的操心事、烦心事、揪心事，广泛听取收集患者意见，以"不忘初心、牢记使命"为核心的指导思想，不断提升医疗质量，全面深化医院内涵建设和改进医疗服务，让优质医疗服务惠及更多群众，确保人民身体健康，努力建设百姓满意医院。

一、推进智慧医院建设，全方位解决"看病难"问题

以前，去医院就诊挂号、检查等各个环节都要排队，和医生交流几分钟，排队却要几小时，是众多患者就医的烦心事，不少老年患者连就诊楼层都摸不清更是常事。如今，这种情况在文安县医院有了明显改观，挂号窗口不再人满为患，志愿者、导诊台等多种便民服务方式，让前来就医的患者和家属有了新的体验。

为提高医疗服务水平，造福更多百姓，我院于2021年对接文安县卫健局分级诊疗信息化项目，完成文安县医院院内信息系统升级改造、机房改造、网络架构和网络安全改造。全面推进智慧医院建设，全方位解决"看病难"问题，减少患者在医院的等待时间，将更多的时间还给患者与医生。依托信息化手段，充分利用"互联网+"，优化就医流程，建成"一站式"自助服务区，提升了服务实效，取消院内实体就诊卡，开通使用健康廊坊电子健康卡门诊全流程服务，大大缩短就医挂号、缴费排队等候时间。建立自助信息系统，解决排队挂号问题，就诊期间可通过手机端微信公众服务号进行诊间处方缴费，无须排队，减少聚集，与以前相比，等待排队时间得到大幅度缩减，并且化验结果可以在手机端公众服务号查询，检验报告单可以在乡镇卫生院的自助服务终端进行自助打印。患者无须为取检验报告而往返奔走。建成区域影像中心，区域检验中心，检查结果互联互通，为分级诊疗、双向转诊、远程会诊打好基础铺好路，真正实现全流程信息化。

完善信息平台，帮扶基层医院，助推优质资源下沉；计划开展帮扶基层医院线上工作，充分发挥互联网功能，搭建了双向转诊平台，乡镇卫生院可以点对点，桌面到桌面发起远程会诊申请，解决乡镇到院就诊困难患者就诊问题。数字化影像通过快速扫描、远程读取等行为，实现信息共享，实施远程服务，并给出会诊意见，供申请远程服务的乡镇卫生院做参考，进一步

促进优质医疗资源共享，提高全县医疗服务水平。

二、营造良好就医环境，推动新技术，引进专项技术人才，强化医院管理，加强业务学习，提高服务质量

为实施"健康中国战略"，建立"医养结合"型医疗机构，彻底缓解群众看病难现状，满足广大人民群众不断提高的医疗服务需求，文安县医院实施整体迁建。同时，为提高我县应对突发公共卫生事件的能力，做好传染病防控、诊疗救治工作，建设独立的传染病医院。迁建后医院设置床位550张，达到三级医院的标准。

引进专项技术人才，推动新技术，提升医疗技术，更好地为全县人民提供优质医疗服务。通过投入支持、加强人员培养，引进优秀专业人才，优化院内外资源，加强学科整合，明确发展侧重点等方式重振儿科、产科，提升儿妇专业技术水平，优先发展一批儿科、产科重点检查治疗项目，带动学科整体发展，同时引进三名高层次人才，与廊坊市华石油管道局总医院进行业务合作，诚邀管道局总医院神经外科徐正虎主任对我院神经内科进行技术指导与学术传述，结合我院目前针对"颅内血肿的微创治疗"和"缺血及出血性脑血管疾病的神经介入治疗"的技术空缺进行专项技术支持，组建成熟的神经外科专科，填补我县域神经外科技术空白短缺。在提升医院知名度的同时，为全县人民提供更加优质化的医疗服务。诚邀北京大学第三医院李渊教授对我院消化内科进行技术指导与学术传授，提高我院消化内科整体诊疗水准。诚邀首都医科大学附属北京地坛医院高雪松教授对我院感染疾病科的建设和疫情防控工作进行技术指导与学术传述，提高我院感染疾病科整体诊疗水准和疫情防控工作水准。

如今，文安县医院已经不单单把"用心服务"融入诊疗过程的每个细节里，还扩展到就医的各个环节。今后，医院将通过抓好问题的落实整改、加强医德医风建设，发挥特色优势，坚守初心，济世为民，切实提高医院的管理水平和服务质量，以患者满意为标尺，打造政府放心、百姓信任、群众满意的文安县医院。

三级医院助力县域医共体能力提升

福建省宁德市寿宁县总医院县医院院区

寿宁地处闽东北部，洞宫山脉南段，总人口数约28万。寿宁县医院创建于1936年，是寿宁县域唯一一所集医教研、康复保健于一体的二级乙等综合性医院。2012年，寿宁县医院以"品牌托管"模式成为福建医科大学附属闽东医院寿宁分院，2014年成为闽东医院医疗集团首批成员医院，2020年再次成为福建省省立医院对口支援医院。现有职工455人，编制床位300张，实际开放床位420张，设有11个病区，20多个二级临床专业以及8个医技科室。

近几年县医院依托"闽东医院"品牌，积极融入集团医院一体化运作，加强党建引领，加快推进医改工作，完善管理运行模式，注重人才培养、医疗质量管理，推进学科建设，不断提升医疗卫生服务能力，满足县域居民基本医疗卫生需求。已有一个科室被列入省级重点专科建设项目，两个科室被列入市级、三个科室被列入县级重点专科建设项目；已开设四个省市级专家名医工作室。目前基层胸痛中心、重症医学科（ICU）、呼吸内科PCCM规范化建设项目正在逐步推进。

一、福建省立医院第四批对口支援帮扶

2021年11月25日，福建省省立医院帮扶寿宁县医共体能力提升工程启动仪式暨帮扶座谈会在寿宁县医院举行。会上，县政府、县卫生健康局、总医院领导分别对帮扶工作提出具体要求和希望。

总医院院长施进宝作了《寿宁县医院"四大中心"建设五年规划（2021—2025年）》报告，提出我院拟在省立医院等三级医院的帮扶下，开展"四大中心"建设，并结合本院实际，制定五年发展规划及具体措施，客观分析了县级医院现状及存在困难，如：人才储备不足、关键技术不能开展、资金不足、医疗用房限制及薄弱学科建设困难等，期待获得政策、资金支持，三级医院管理、人才、先进技术帮扶。

省立医院带队领导明确了帮扶的目标任务。下乡医疗队需承担对口帮扶及县域医共体能力提升两大任务，拟通过4年持续派驻帮扶队员，采取多种形式，针对薄弱学科，提供人才、科研、新技术等方面支持，充分运用"互联网＋医疗"，起到实实在在的传递医疗新技术、新项目，切实提升基层医院诊疗能力的作用。

（一）11月24日县医院内三科独立开科

内三科主要专业为心血管内科，由两位副主任医师牵头筹建。目前县医院心血管内科是全国心血管疾病管理能力评估与提升工程参与单位，福建省高血压达标中心，房颤中心联盟成员单位，宁德市胸痛、心衰中心联盟成员单位。主要开展高血压、冠心病、心肌梗死、心律失常、心衰等疾病标准化诊疗服务及危重疾病救治工作。在三级医院帮扶下将启动"胸痛中心"建设，逐步开展冠心病等心血管疾病介入治疗。

（二）11月24日县医院呼吸与危重症医学科独立开科

呼吸与危重症医学科由一位副主任医师牵头筹建。能开展机械通气及血气分析、肺通气功能检查、支气管舒张试验，胸腔置管引流术、雾化吸入技术、吸入药物装置使用技术。主要开展慢性阻塞性肺疾病、支气管哮喘、支气管扩张、呼吸道感染、肺结核、自发性气胸、胸腔积液等疾病的诊治。通过科室逐步完善及三级医院的对口帮扶，有望在2025年达到呼吸诊疗中心（PCCM）规范化建设标准。

二、县医院重症医学科（ICU）加快建设进程

重症医学科（ICU）由省立医院科技副院长、重症医学科二科杨火保主任牵头筹建。目前已完成人员培养、医疗设备采购及病房主体改造任务，预计2022年上半年投入使用。ICU的建成填补了我县该学科的空白，将极大地提升县域急危重症救治能力。

《福建省县域医共体能力提升项目实施方案（2021—2025年）》建设目标为：

2021—2025年，通过三级医院对口帮扶和"四大中心"建设，提高县域急危重症救治能力，辐射提升乡镇卫生院诊疗能力。到2025年，全省59个（市、区）综合医院建成"四大中心"；25个薄弱县（市）综合医院全部达到二甲水平，且其中50%达到国家县级医院医疗服务能力推荐标准（相当于三级医院水平）。

寿宁县医院已于2020年达到国家卫健委县级医院医疗服务能力推荐标准，目前为宁德市内唯一一家通过"国家推荐标准"的二级医院。通过三级医院的对口帮扶促进县域医共体能力提升项目的顺利实施，县医院医疗服务能力将进一步加强，达到二级甲等医院水平未来可期。

凝心聚力　砥砺奋进

河南省宝丰县医疗健康集团人民医院

2022 年，宝丰县医疗健康集团人民医院将迎来建院 70 周年院庆。70 年来，该院历代医务工作者在鲜红党旗的引领下，一颗红心向党、一颗仁心向患、一颗爱心向民，坚持"忠于职守、精于术业、甘于奉献、敢于超越"的医院精神，关爱着一方生命，护佑着一方健康，在宝丰大地卫生事业的建设与发展中留下了浓墨重彩的时代印记。

宝丰县医疗健康集团人民医院正乘着新时代的春风再攀新高。

一、坚守初心——为"生命至上"求精创新

2020 年宝丰县成立了以宝丰县人民医院为龙头的医疗健康集团，该院始终坚持公益性导向，以人民健康为中心，以建人民满意医院为目标，率先力行、精准下沉，提升基层医疗服务能力，充分发挥龙头引领作用，全面构建连续医疗服务体系。

六大共享中心：建立和完善县域远程会诊中心、远程心电中心、远程影像中心、医学检验中心、病理诊断中心和消毒供应中心"六大共享中心"。以"信息化建设"为纽带，向上与城市三级医院对接，向下辐射乡镇卫生院和村卫生室，丰富医疗健康服务供给，推动基层检查、县级诊断、结果互认，实现全县信息数据"一张网"，健康服务"一体化"，全县诊断同质化，节约医疗资源，有效提升了县域医疗卫生服务能力。

急诊急救中心建设：推进胸痛、卒中、创伤、危重症孕产妇救治、危重儿童和新生儿救治"五大急诊急救中心"建设，切实为急危重症患者提供快速、高效、一体化的综合救治服务，打造生命救治的绿色通道。在平顶山市率先启动了基层胸痛、卒中、创伤"三位一体"救治单元创建，把危重抢救业务延伸到基层末梢，为县域患者提供医疗救治绿色通道和一体化综合救治服务。三级医院胸痛中心、卒中中心、创伤中心 2021 年顺利通过省级验收；首批启动的五家基层胸痛救治单元，全部通过国家胸痛中心总部验收，该院胸痛中心成功升级国家级标准版胸痛中心，并被中国胸痛中心总部授予"2021 年度优秀县域胸痛中心"。

二、继往开来——以"医疗服务"惠及民生

医疗关乎民生。医疗服务的根本目的是让百姓真正得到及时、有效、实惠的治疗和康复，让党和政府惠及民生的政策落到实处。该院坚持以党建为引领，紧紧围绕新时代卫生健康工作

方针，以质量为核心，以学科建设为主线，以信息化建设为抓手，把提高医疗质量和服务水平作为开展"我为群众办实事"实践活动的切入点和落脚点。

医院现有省级重点专科2个（眼科、神经外科），市级重点专科4个（病理科、重症、神经外科、儿科重症）。重点专科的发展，以点带面，带动全院医疗技术的整体提高，也为医院的全面持续健康发展打下了良好的基础，加强与周边县市、上级医疗机构进行横向、纵向对比，分析数据，找准技术短板、制度缺陷，精准发力，拓展新领域。重症医学科申报了河南省县级临床重点专科。2021年已审批新技术（新项目）45项，成功开展31项，开展率68.89%，共计2541例，其中运动平板实验、床旁气管镜等技术的临床应用，位于县域地区领先地位。2021年四级手术2830例，增长101%。四级手术的开展有效促进了大病不出县，外转率明显下降。

上引进：近年来，院党委积极争取优质医疗资源下沉，2021年6月开展"驻扎式帮扶"故乡行活动暨特聘坐诊专家活动，特聘郑大一附院专家坐诊。利用上级医院优势人才、学术教学资源及技术支持帮扶，开展了多项新诊疗技术，其中CT引导下肺亚厘米结节活检做到平顶山地区领先，退变性脊柱侧弯、颈椎前路椎体次全切除术等新技术，填补了宝丰县空白，让百姓在家门口就能享受到了省级医疗专家教授的诊疗服务和健康教育，免除患者奔波，更为患者节省开支，极大地造福了宝丰患者。同时，通过有针对性地开展了"一对一结对子，点对点促发展"，变输血为造血，为人民医院院区留下一支带不走的专家团队。

下帮扶：开展"以科带院"做实资源精准下沉，"一科帮一院，一院一特色"，持续输出医院先进管理体系和文化理念，同时，通过支农、"科主任下乡"、"发挥人民医院专家、技术优势"，筑牢"小病不出乡，大病不出县"的防线，推动基层医疗服务能力提升，筑牢百姓"健康长城"，让群众实实在在感受到国家政策带来的实惠，得到基层群众的一致好评。

"我们要以高度的历史使命感和时不我待的发展紧迫感，继续秉承先辈的勤劳和智慧，强化责任担当，矢志奋斗拼搏，以更加饱满的热情，抢抓新的发展机遇，凝心聚力，砥砺奋进，为百姓提供更高水平、更高质量的医疗健康服务，以高质量发展的优异成绩迎接党的二十大胜利召开！"

提高救治能力　守护群众健康

山西省永济市人民医院

岁月不居，时节如流，回首 2021 年，永济市人民医院在市委、市政府及上级主管部门的坚强领导下，以习近平新时代中国特色社会主义思想为指导，全面贯彻党的十九大和十九届历次全会精神，紧紧围绕"十四五"规划，统筹推进党史学习教育、疫情防控、项目建设、学科发展和人才培训等方面工作，均取得了明显成效，医院综合水平得到显著提升，为全市人民身体健康提供了良好保障。

一、党建引领促发展，奋楫争先立潮头

在中国共产党成立一百周年之际，医院党支部将党史学习教育作为全面加强党的建设的总抓手，扎实推进"我为群众办实事"活动，广大党员干部从党史学习教育中汲取智慧力量，在疫情防控和医院的各项工作中，充分发挥党支部的战斗堡垒作用和党员的先锋模范作用，始终把党风廉政建设摆在重要位置，认真履行"一岗双责"。我们落实现代医院管理制度，推进医药卫生体制改革，加快医院综合服务能力提升，完成县级公立医院绩效考核各项任务和五大中心建设，狠抓等级医院评审标准落实，做好常态化疫情防控，医疗秩序紧张有序，各项工作稳步推进。

二、深化医改高质量，惠及百姓守健康

医院进一步落实深化医改各项政策，团结协作，务实笃行，着眼医院内涵建设，持续提升综合服务能力，全面加强人才队伍建设，做细做实公共卫生，加强院感管控，不断加强专业科室建设，拓展新技术新项目。已被国家卫健委纳入"千县工程"县医院综合能力提升管理体系。医院血管介入造影设备投入使用以来，我院已完成介入手术 600 余例，涵盖冠状动脉造影、冠状动脉支架植入、脑血管造影、外周血管下肢动脉闭塞术、下肢静脉血栓、静脉滤器植入、取出术及食管放置支架等，特别是在运城市县级医院（市）率先独立开展心血管支架急诊介入手术，为急危重症患者开辟了一条快捷、便利、有效的急诊抢救通道！

三、医疗设备更新快，螺旋 CT 领先机

GE1.5T 核磁、数字减影血管造影机、128 排 256 层螺旋 CT、万东胃肠机、飞利浦彩超等多

台大型医疗设备落户我院,临床诊断技术进一步提升。特别是GE128排256层螺旋CT投入使用后,开展冠脉CTA 309例,肺动脉CTPA 42例,主动脉CTA 10例,早期精准诊断肺栓塞、主动脉夹层等胸痛影像诊断,为胸痛患者赢得了抢救时间;开展头颈CTA、CTP等检查298例,为卒中中心建设提供了精准的诊断依据;外科周围血管方面开展下肢CTA 30例,为下肢血管介入治疗起到了支撑作用。使永济市及周边县市群众在家门口即可享受到精准、舒适、快捷、安全的高端医学影像优质服务。下一步,能谱CT等功能的开发利用,必将为老百姓影像诊断发挥更大的作用!

四、汗水付出伴艰辛,学科建设结硕果

在"科技兴院"方针的引领下,全院各科室狠抓医疗技术提升,神经内科开展了脑出血微创穿刺引流术、急性脑梗死的药物溶栓;心血管内科开展了急性心肌梗死静脉溶栓、急诊冠脉支架介入术;外科、妇产科腹腔镜手术,泌尿外科内镜电切技术日趋成熟;儿科与运城市中心医院建立了紧密医联体,派出专家定期来我院坐诊,新生儿救治能力显著提升;骨科已成熟开展全髋关节置换、双膝关节置换、腰间盘镜、关节镜等手术;神经外科开展了腰大池引流术、重型颅脑损伤的手术治疗和高血压脑出血显微镜下脑内血肿清除术,并在导管室的配合下独立完成了脑血管造影术;麻醉手术室开展了无痛胃镜、无痛分娩等;PCR实验室核酸检测为新冠肺炎疫情防治提供了有力保障;血管外科住院手术101例,门诊58例,开展血管吻合、神经吻合等效果明显。

五、五大中心新体系,抢救效率再提升

2021年是医院成绩斐然的一年,我们加强多学科合作,注重急诊五大中心建设,全部通过国家评审认证。1月15日,我院危重孕产妇救治中心和危重新生儿救治中心经运城市卫健委组织专家现场评审,成为运城市首批救治中心。国家创伤救治联盟已于6月6日为我院创伤中心授牌,得到检查组的高度肯定;8月27日,中国胸痛中心联盟正式授予我院"中国基层胸痛中心",标志着医院在急性胸痛疾病综合诊疗水平达到国家级标准;12月20日,国家卫健委脑卒中防治工程委员会下发文件,授予我院"综合防治卒中中心"单位。通过急诊急救"五大中心"建设,为急危重症患者提高抢救成功率、降低致残率、死亡率提供了坚实保障。

六、重点项目稳推进,惠民工程暖民心

永济市人民医院整体搬迁项目被永济市委、市政府列入2020年"4515"重大工程项目和民生实事项目,是2020年运城市"1311"重大工程项目。项目占地200亩、床位800张、总投资5.98亿元、总建筑面积92824平方米。项目开工以来,进展顺利。

回望2021年,我们收获满满,展望2022年,我们信心百倍。我们要在市委、市政府和上

级卫生健康部门的坚强领导下，围绕医疗卫生改革发展的主题，聚焦保障群众健康安全的主业，扛起常态化疫情防控的主责，以虎虎生威的活力、砥砺前行的毅力、攻坚克难的魄力，为推进医疗卫生事业的高质量发展，为实现"健康永济"的目标，做出新的更大的贡献！

以刀刃向内的勇气
推进作风革命效能革命

云南省宾川县人民医院 周 游

"医院新建，部分地标指示不够明确，可以在地面贴不同颜色指示标志规范。"

"希望改善服务态度，就是因为不知道才问，多问两句就显得很不耐烦。"

"建议血透室实行免费停车制度，血透病人一星期来两三次，一次要停车4个多小时，我们也不容易啊！"

"儿科一病区走廊南面玻璃窗存在相当大的安全隐患。"

……

这是宾川县人民医院推广使用微信"意见码"，实施"意见'码'上提，医院马上办"的作风革命、效能革命以来，就医群众通过"意见码"线上给医院提出来的部分意见建议。

为切实推进作风革命、效能革命，开展好"学好身边人、做好当下事"活动，推动"大理之问"走深走实，针对群众在就医过程中存在的热点、难点和痛点问题，宾川县人民医院以改善医疗服务为目标，以患者满意为标准，向存在的"顽疾""隐疾"亮剑，以刀刃向内的勇气，自我革命的决心，不护短、不遮丑，切实通过"红脸出汗"，沉疴用猛药，倒逼服务提升。

在县人民医院的门诊大厅、服务窗口、导诊台、候诊区、科室病区等公共区域，醒目的"微信扫一扫，'码'上提意见"二维码随处可见，就医群众用手机扫一扫就可以线上向医院提出意见建议，也可以进行投诉和反映存在问题。为加大广大就医群众对"意见码"的知晓，医院还在微信公众号、视频号进行广泛宣传。

微信"意见码"既是就医群众对医疗服务工作的监督，也是为医患开通的沟通新渠道。就医群众通过微信扫描"意见码"提交意见建议、医院管理员收到"意见码"提醒、转医院相关管理部门进行核实处理、核实处理情况进行答复、办理结束满意度评价，整个流程实现一码收集、一码反馈、一码监督、码上整改的闭环管理。

"当时我家是住着院，通过扫'意见码'向医院反映了问题，没想到医院很快就进行了处理，并给了我们答复，我们非常满意！"在进行电话回访时，一名通过"意见码"反映问题的就诊群众说。

自2022年2月推广使用"意见码"以来，医院共收到就医群众提出的意见建议和诉求26件，按《宾川县人民医院关于推广使用微信小程序"意见码"实施方案》，每件意见建议和诉求都要求办理部门限时办结并提交工单，同时对就医群众提交的经核实属于有效投诉的，对当事人及所在科室给予相应处理。

"很多存在的问题，通过大家在'意见码'上提出来后，得到及时发现并快速处理，形成了对医院各方面工作的有效监督和促进，推行'意见码'后，上级部门反馈回来的对医院投诉、'意见码'反映的问题量、医院新媒体上反映存在问题都在逐渐减少。"负责"意见码"管理的人员说。

"今天再晚也是早、明天再早也是晚。"当前，在大力推进"两个革命"开展"学做"活动的贯彻落实中，宾川县人民医院紧紧结合工作实际，以实效推动全面从严治党和党风廉政建设，以时不待我的精神，转作风、正行风、提效能，让就医群众反映的服务、流程、规范、业务、便民、保障等各方面的问题，件件有落实、事事有回音、条条有整改。

"意见码"是服务百姓健康的载体，也是"实打实"为老百姓办实事解决问题的平台。"意见码"的推广使用，将使医院工作作风得到转变，工作效能得到提升，最终全力汇聚高质量跨越式发展的合力。

以"小切口"破解民生"大改善"

山东省潍坊市人民医院

长期以来，潍坊市人民医院坚持以人为本的办院理念，时刻把人民放在心上，不断优化健康服务，提升群众就医体验，全力打造让人民群众满意的"人民"医院。医院以方便群众看病就医为出发点和落脚点，创新举措，提质增效，着力办好群众各项"急难愁盼"问题，切实解决好群众的操心事、烦心事、揪心事，打造了深入人心的潍坊市人民医院"人民医院为人民"的品牌形象。

一、免费停车，让群众不再入院前就"愁"

医院积极响应市委、市政府、市卫健委号召，在全国率先推行免费停车制度。改造 2090 平方米闲置空地，腾退 2100 平方米景观带，增设车位 357 个；患者及陪护人员免费停车，并增加安保人员加强车辆引导，安保人员由每日 30 名，增加至每日 45 名；发动本院职工争当车辆引导志愿者，每日上岗 10 余人，疏导车辆，维持就诊秩序；医院职工除夜间值班、急诊人员外，不得进入医院各停车区域停车，让"位"于患者；引进建设停车场管理系统和交通引导系统，提高车位利用率；开通"健康直通车"，增设院内摆渡车免费接送群众，让群众感受到实实在在的方便。

二、预约检查，让群众不再为检查着"急"

在门诊设置"二次报到"系统，每个诊区都设有自助报到机，错过就诊时间、急着让医生看结果的患者，只需要在自助报到机上简单操作一下，就可以插进队列尽快就诊。同时，每个诊区都配备导诊人员悉心指导，帮助患者操作，有效缓解了患者的焦急心情。

对放射科进行了基础设施改造，患者候诊区扩大、功能提升。设立检查预约中心，患者按预约时间到达放射科，报到后即可去约定的检查室进行检查。经过调整，由原来门诊病人等 3—4 天、住院病人等 4—5 天，到现在门诊病人的 CT、MR 当天检查，住院病人一般第二天完成检查。

三、床旁服务，让群众不再为出病房犯"难"

医院在全市率先推行"床旁结算"服务，借助信息化手段，把住院处窗口服务功能"搬进"

病房，每名护士在经过培训之后成为患者的"代办员"，出入院所需办理的交费、押金、社保结算、电子发票、住院费用等在护士站只需几分钟就能全部办结。

同时，医院还创新"床旁心电"服务，打通各病房与门诊心电图室的数据壁垒，上线网络心电图项目，住院患者在病床上即可完成检查，真正做到了"让数据多走路，让群众少跑腿"。

四、畅通"难"点，服务再造"一次办好"

医院设立"一站式"便民服务中心，提供病历打印、咨询、投诉处理、慢性病办理等近20项服务项目的集中办理，让看病就医群众最常用的事项在这里快速"一次办好"。

以前病历需要把几十页的病历逐页复印，且复印病历距离门诊较远。如今，病历全部进行了数字化，直接可以进行打印，交费、打印病历、打印发票，一站式就可以全部完成，病例复印的时间也由原来的15天缩短到了5天。

为了方便市民补办诊断证明，医院专门在"一站式"设置了补开诊断证明处。以前病历诊断书需要大夫签字、科室盖章、医院盖章才有效，非常烦琐。此次改革后，护士核对信息后，直接盖医院章就可以了。

（一）细节彰显温度，免费投放纯净水、微波炉和陪护椅

病房楼里可以接免费的纯净水饮用。餐厅和各病房楼的一楼大厅配备了微波炉，患者及家属可以免费热饭。

医院的外科楼原先即配有陪护椅，但是在其他住院楼宇，由于各种原因没有配置，收到患者意见后，医院紧急购置了一批陪护椅安置在病房。"疫情防控期间，只允许一名家属陪床，如果休息不好，对患者家属的身体也是极大的考验，有了陪护椅，他们可以好好歇歇了。"

（二）为患者提供平价餐，为空腹检查患者提供免费早餐

餐厅推出"5元平价餐"，菜品种类每天更换，包括一个荤菜、一个素菜和一份米饭，所有来院就医的患者均可购买。

同时，医院为70岁以上空腹采血的老年人和内分泌科空腹采血的患者免费提供早餐一份。采血时领取早餐卡后，到门诊楼东北角餐车或餐厅一楼领取早餐。

（三）倾听民声，创新开设"扫码吐槽"

"您的心声我来倾听，您有问题我来解决。"群众就医烦心、不满意，很多时候是因为医患之间信息不对称、沟通不及时造成的。在医院的门诊、病房、电梯内，医院24小时服务投诉监督电话和宣传海报随处可见，遇到问题，手机扫码，立即解决。

（四）"摆摊"义诊，"健康早市"有逛头

为更好地服务群众，普及健康知识，传播健康理念，不断提升人民群众健康获得感和健康水平，医院举办"健康早市""健康夜市"活动，组织多科室经验丰富的医生走进社区、商场、早市、夜市，让更多群众在家门口就能享受免费、科学、专业的就医指导。

　　潍坊市人民医院，"人民"二字在中间。医院推出一项项便民、惠民措施，从对患者有利的细节做起，从患者不满意的地方改起，致力于让医疗卫生健康服务更完善、更温暖、更可及，深刻彰显了百年老院将人民群众的利益时刻放在心上的使命担当。

互联网多学科会诊新模式
一部手机打破物理空间屏障

上海市浦东新区人民医院

党史学习教育活动开展以来，我院创新方法、务求实效，聚焦群众关切的"急难愁盼"问题，坚持用情用心用力为民办实事，把党史学习教育不断引向深入。

对于疑难杂症，因为在社区医院看不到专家，因此很多患者更希望去大医院就诊。针对这个问题，浦东新区人民医院不断开展双向转诊、专家下社区坐诊、各类义诊咨询等一系列举措。现如今，借助上海市浦东新区人民医院互联网医院（以下简称：浦人民云医院）的 MDT（多学科会诊），患者在社区就能享受到综合性医院同质化的诊疗服务，让老百姓在家门口看病更方便、更放心。

"浦人民云医院" MDT 主要应用于线上多学科会诊和对社区卫生服务中心进行远程指导，在对患者进行视频问诊时，因疑难疾病需要多个学科的医生共同参与会诊的情况下，主诊医生借助移动手机端，点击"多人视频"，选择科室以及需参与会诊的医生，即可发起多学科多人视频的会诊模式，进行线上 MDT 多学科会诊，制定适合患者的最佳治疗方案。

一部手机打破物理空间屏障，让患者更好地参与健康全程管理。浦东新区人民医院一直秉持"以患者为中心"的理念，利用互联网技术，以 MDT 为切入点，探索构筑上下联动的在线诊疗服务体系，不断以改善就医体验和提高效率为中心去构建和完善"互联网＋医疗"。在"云端"开出互联网医院，打拼就医"第二战场"，在看不见的网络背后，不断丰富在线场景，把不可能变成可能，在传统医疗服务模式中，就医流程、时间、空间、效率都是壁垒，而互联网医院的就诊模式弥补了传统医疗的各项"短板"，提升医疗服务质量和就医效率的同时，解决分级诊疗不连贯性和时间滞后性的难点，给患者带来越来越多的就医便利，真正实现让信息多跑路、患者少跑路，提升患者就医获得感。

信息化建设织就了居民大健康网，智慧医疗也正通过互联网医院的发展走向新的突破，在快速发展的新时代，如何做好"互联网医院"，如何与分级诊疗、远程医疗、医联体建设完美结合起来，如何加强监管服务、规范数据收集、加强网络安全，如何更好地为百姓提供更便捷、更优质的服务，下一步，我院还将努力探索智慧医疗惠民新场景。

坚持以人民健康为中心
推动医疗服务高质量发展

黑龙江省齐齐哈尔市建华区医院

在习近平新时代中国特色社会主义思想指导下，建华区医院坚持以人民为中心的发展理念，在医院管理水平、业务技术能力、医疗装备条件、医疗服务质量、党建精神文明建设、后勤保障供应及基础设施建设等方面都上了一个新台阶，充分调动并发挥医务人员积极性、主动性，推动医疗服务高质量发展，保障医疗安全！

健康是人民的基本需求，是经济社会发展的基础。随着中国特色社会主义进入新时代，社会主要矛盾转化为人民日益增长的美好生活需要和不平衡不充分的发展之间的矛盾，人民的健康需求也随之发生变化。党的十九大明确提出实施健康中国战略，完善国民健康政策，为人民群众提供全方位全周期健康服务，以满足人民多层次、多元化的健康需求。医疗卫生行业具有服务对象广、工作负荷大、职业风险多、成才周期长、知识更新快的特点，提供优质高效的医疗卫生服务，一方面要依靠科技进步、理念创新，大力提升医疗技术水平，提高医疗服务效率；另一方面要深刻认识到，医务人员是医疗卫生服务和健康中国建设的主力军，是社会生产力的重要组成部分，充分调动、发挥医务人员积极性、主动性，对提高医疗服务质量和效率，保障医疗安全，建立优质高效的医疗卫生服务体系，维护社会和谐稳定具有十分重要的意义。

建华区医院坚持以人民为中心的发展理念，以实施健康中国战略为主线，推进供给侧改革与改善人民感受同时发力，营造尊医重卫的良好氛围，造就一支作风优良、技术精湛、道德高尚的医疗卫生队伍，发挥医务人员主力军作用，促进健康融入所有政策，实现人民共建共享。把解决人民群众最关心、最直接、反映最突出的健康问题作为出发点和落脚点，以人民群众健康需求为导向，优化医疗服务流程，完善医疗服务模式，进一步改善医疗服务，提高医疗质量，为人民群众提供连续性医疗服务。把健全现代医院管理制度作为推动医疗服务高质量发展的重要保障，进一步完善医疗质量管理体系，强化责任，严格监管，落实法律法规要求及医疗质量各项制度，持续改进医疗质量，确保医疗安全。依法依规保障医务人员各项权益，不断改善其薪酬待遇、执业环境、职业发展等，调动医务人员积极性、主动性、创造性，充分发挥医务人员健康中国建设的主力军作用，进而提供高质量的医疗服务，保障患者健康权益。始终把医疗服务的改革与改善相结合，形成增强人民群众看病就医获得感、调动医务人员积极性的良好氛围和持续动力，医患携手共建健康中国、共享改革发展成果。

建华区医院始终坚持"全心全意为人民健康服务"的宗旨，不断加强医德医风教育，维护患者权益，保障患者安全，优化患者就医流程。医院不断完善公共卫生工作防控体系，建立健全了各类突发事件和公共卫生事件应急预案，使职工的应急素质和医院的整体应急能力得到增强。

医院坚持质量强院，不断增强为患者服务的能力，院党支部坚决贯彻落实党要管党、从严治党的部署要求，自觉肩负起全面从严治党的主体责任，把思想从严、管党从严、执纪从严、作风从严、反腐从严贯穿到各项工作中，不断强化党员干部的政治意识、大局意识、核心意识、看齐意识。定期召开组织生活会、民主生活会，专题党课学习，党员领导干部参加双重组织生活等一系列制度机制，以制度保障党建责任落实。

建华区医院将持续优化医疗服务，改善患者就医体验。落实进一步改善医疗服务行动计划，充分运用新技术、新理念，使医疗服务更加高效便捷。加强特色科室建设，推动基层医疗卫生机构不断提升服务水平，改进服务质量，更好地发挥居民健康"守门人"作用！

改革创新谋发展 不忘初心为人民

江西省都昌县人民医院

都昌县，隶属江西省九江市，位于江西省北部，濒临鄱阳湖，居南昌、九江、景德镇"金三角"中心地带，历史悠久，文化璀璨，是江西18个文明古县之一。在这里有这样一个团体在创建社会和谐，保障群众身体健康中起着举足轻重的作用——都昌县人民医院。

都昌县人民医院前身为古南医院，创办于1933年，有着80余年的历史，是全县唯一一所集医疗、教学、科研、预防、保健为一体的三级综合性医院，几十年来，我们的前辈栉风沐雨，克服一个又一个的难关，医院在磨难中成长，在风雨中茁壮，从小到大由弱变强。一路走来，激发了巨大热情、凝聚无穷力量、催生丰硕成果，尽显全新魅力。

近年来，医院秉承"团结、敬业、奉献、创新"的院训，坚持以习近平新时代中国特色社会主义思想为指导，深入贯彻党的十九大和十九届二中、三中、四中、五中、六中全会精神，围绕各项工作部署和目标任务，抢抓医院发展机遇，深化公立医院改革，提升医院综合服务能力和诊疗技术水平，优化诊疗服务流程，改善就医环境，推进建设全省闻名的"政府放心、百姓满意、员工高兴"的现代化三级综合性医院。

在医院内部管理中，医院坚持"德高技精、治病救人"的宗旨，持续加强医疗质量和安全管理，强化医疗核心制度落实，紧扣公立医院改革工作重点，从精细化医院管理，降低医疗成本，DRGS付费、分级诊疗等方面着力，稳步推进公立医院改革，彰显医疗卫生服务的公益性、公平性和可及性。切实改善就医体验，提升服务质量，打造温馨舒适明亮的环境。全面提升精细化和信息化水平，建立健全现代医院管理制度和预算管理、成本管理、绩效管理、内部审计机制，确保医院管理科学化、规范化、精细化。

在为民服务护航中，作为全县最大的一所综合性医院，始终把医院公益性摆在一个突出的位置，积极承担着相应职业和社会责任。2021年组织开展各项志愿服务活动1300余人次，积极开展义诊和健康宣教活动2600余人次，发放健康宣教单达58000份。为优化医疗服务流程，实行"先看病、后付费"的绿色通道流程，同时实施便民举措，医院一站式服务中心全年为患者病历复印3000余份，办理疾病证明盖章9630人次，出院患者带药2495人次，认真做好出院随访工作，受到广大病友的一致好评。结合"我为群众办实事"开展了形式多样的活动，为群众提供便捷优质的医疗服务，切实履行了综合医院的社会担当。

在创新发展方向中，医院坚持"文化塑院、科技兴院、人才强院、服务立院、平安稳院"

的二十字整体发展战略，明确"一个目标"：建设成全省一流的县级综合医院；"两大主题"：发展与稳定；"三个培养"：一流的管理团队、一流的专业技术团队、一流的服务团队；"四个发展"：做大体检、做优内科、做精外科、做全医技；"五大中心"：胸痛中心、卒中中心、创伤急救中心、危重孕产妇急救中心、新生儿急救中心。聚焦"稳、精、实、新"四个字，明确稳中求进，精细管理，团结实干，改革创新，促使医院在"医、教、研、管"四个方面发展得到更高的提升，努力在医药卫生体制改革、人才培养、学科发展、综合服务能力等方面取得更大成绩，推动医院高质量跨越式发展。

历经 80 多年的发展，都昌县人民医院如今技术力量雄厚、科室设置齐全、人才队伍强大、服务团队专业、设备精尖高端。担负着都昌人民健康职责的都医人深感使命光荣，责任重大，我们将继续以服务大众，医者精诚的情怀，去承载生命的信仰，用责任和爱心守护一方百姓的健康，为都昌县医疗事业提供强有力的健康保障。

共叙山海情　织牢健康网

浙江省松阳县人民医院

"借'浙大二院'之力，松阳县人民医院成立了县域内首家肺结节联合诊疗中心，采取多学科协作的诊疗模式，实现肺癌的早期发现、及时处理和精准治疗，填补了我县胸外科技术的空白，目前已开展肺结节微创手术 10 多例。"松阳县人民医院党委书记周方如是说，而这只是浙大二院与松阳县人民医院"山海"提升工程落地半年来成效的一个缩影。

2021 年 5 月 20 日，浙大二院与松阳县人民医院正式签约，建立全方位的紧密型医疗合作关系。浙大二院派驻专家累计 27 人次，副高及以上职称 13 名，覆盖 14 个帮扶学科，确定了 9 个重点帮扶学科，与科主任签署协议长期不间断帮扶；专家团队在松阳县人民医院开展新项目、新技术 20 项，诊治门诊病人 5000 多人次，开展会诊并解决疑难病例 38 例，开展重大疑难手术 17 例；开展全院业务培训和讲座 13 次，开展科室业务培训 140 次，为帮扶科室建立新的医疗规章制度 19 项，双向转诊病人 58 人次……

借"山海"之势，短短半年内，浙大二院与松阳县人民医院探索"医联体 + 医共体"新模式，县级医院的管理水平、学科建设、人才队伍、服务能力、综合实都得到显著提升。基层 11 家医共体分院也得到同质化发展。

一、授人以渔精指导，人才下沉拓发展

浙大二院六大中心主任多次来松阳县人民医院巡查指导帮扶，深入推进县域胸痛、卒中、创伤三大救治中心能力提升。该院胸痛中心于 5 月份成功通过国家标准版胸痛中心认证，1—11 月份心梗溶栓患者累计 17 例。卒中中心建设经过持续改进基本走上正轨，10 月份该院卒中中心也顺利通过国家级认证，1—10 月份溶栓病例数累计 40 例。进一步完善院前急救和院内急救网络，与浙大二院成功开展急危重症患者空中转运，开通了空中的生命快速通道。

以总院管理人才下沉、分院人员进修培训等方式，切实增强医院的管理能力。浙大二院党委书记王建安、院长王伟林、副院长王志康和职能科主任分别来松阳县人民医院走访指导，助力该院精细化管理和创新发展；同时，松阳县人民医院组织分批次组织 20 位中层干部到浙大二院轮训，使医院管理理念、管理能力、管理实效得到进一步提高。

每位下沉专家制订重点学科帮扶计划，实行导师制人才培养，每位专家带 1—2 位徒弟，不

断提升自身"造血"功能。帮助各学科课题申报、学科提升等。协助成功申报浙江省卫健委医药卫生科技项目2项。

二、数据搭桥送技术，上云赋能惠民生

浙大二院利用5G技术，在松阳县人民医院搭建国内首个5G数字化神经外科空中手术室，成功开展国内首例5G远程神经外科机器人辅助脑内血肿清除术；浙大二院病理科在松阳县人民医院搭建5G智能远程会诊平台，能实时完成术中冰冻远程会诊和远程教学指导，共为35位患者开展病理远程会诊。借"山海"之势，做强做优县域影像、病理、检验共享中心。

近几年，松阳县人民医院高度重视智慧医院建设，10月28日浙大二院选取该院作为试点打造"浙二互联网医院松阳分院"，将使优质医疗资源更快更精准送达。现浙大二院已借助互联网医院平台，逐步在松阳县人民医院实现远程会诊系统、双向转诊系统、云病历系统、远程教学系统的全面布局。松阳县人民医院已开通内部HIS系统与浙二远程会诊中心信息互联互通，在该院就诊的患者需要会诊时，浙大二院的医生可以直接查看病人在松阳县人民医院的历年检查报告、病情数据、手术情况等，无须在系统内上传，减轻医生工作量的同时也让浙大二院专家更加全面地了解患者情况，并做出精准判断。

三、党建引领聚力，爱心义诊暖人心

"现在好了，能看清了，再也不用摸着房门找东西了。"家在松阳山区的77岁王仙娇老人在被姚克教授带领的专家医疗队治疗后，兴奋地说道。老人的右眼在45年前因意外失明，这么多年来，仅靠左眼视物，山村的路高高低低，不大好走，日常出行更是艰难。

王仙娇老人眼睛的康复得益于浙大二院眼科中心主任姚克教授带领专家团10人来松阳开展的公益行活动，他们为60余名全县低收入、70岁以上农村户口及敬老院就医困难患者免费进行复明手术。

党建引领聚合力，爱心义诊暖人心。建立合作关系后，浙大二院松阳临时党支部以及浙大二院的血管外科党支部、内分泌科党支部、消化内科党支部，分赴县域各乡镇（街道），开展形式多样的免费义诊活动，给偏远乡村老百姓提供极大便利，目前已服务群众2000余人次。

浓浓山海情，深深民生意。今后，随着松阳县人民医院与浙大二院进一步开展全方位、创特色、显亮点的"山海"提升工程工作，更将切实减轻松阳老百姓的看病负担，让他们在家门口就能看好病，使患者获得感和满意度不断提升。

促进"互联网＋医疗健康"发展
的创新做法及成效

四川省成都市武侯区人民医院

2018 年 4 月，国务院办公厅印发《关于促进"互联网＋医疗健康"发展的意见》，就互联网与医疗健康深度融合发展做出国家层面部署和顶层设计，有关部委相继推出一系列互联网医疗基础政策体系。在政策引导下，"互联网＋医疗健康"服务新模式新业态蓬勃发展，健康医疗大数据加快推广应用，为方便群众看病就医、提升医疗服务质量效率、增强经济发展新动能发挥了重要作用。通过新冠肺炎疫情的特殊考验，"在危机中育先机、在变局中开新局，准确识变、科学应变、主动求变"，"互联网＋医疗健康"手段成为强力助攻手！

一、"互联网＋医疗健康"的现况

2020 年初因遭受新冠肺炎疫情冲击，医院、医生和消费者的诊疗行为发生了变化，为减少患者间的交叉感染和提高医疗资源运营效率，更多的实体医院选择建设互联网医院，提供线上问诊服务、处方外流等药事服务；疫情发生后，不少医生主动提供线上诊疗服务，为患者提供新冠肺炎及其他疾病的线上咨询和诊治服务；疫情期间，更多的非急症、轻微症状患者选择使用线上问诊，避免外出和医院拥堵，新冠肺炎疫情催生了"互联网＋医疗健康"的发展，互联网医疗优势被极大地凸显出来。从"可选项"变成了"必选项"。

我院通过近年的信息投入和发展，初步具备"互联网＋医疗健康"产业发展的软硬件条件。医院改造提升了机房和存储设备，通过了二级等保（具备三级等保基本条件），和三方公司合作开发了 HIS、LIS、PICS、微信公众号、多功能自助终端等信息化设备，医疗全流程可以通过手机和电子就诊卡完成，通过优化就诊流程，突破医院服务瓶颈，打通了就医的"堵点""痛点"，"互联网＋"为实现全民健康插上科技的翅膀。让百姓少跑腿、数据多跑路，不断提升公共服务均等化、普惠化、便捷化水平，线上交易超过 80%。我院通过了电子病历四级认证，于 2021 年初获得武侯区首张互联网医院执业许可。

截至 2020 年年底，中国互联网医院数量累计超过 1000 家，大部分由公立医院自建和运营。截至 2021 年 6 月，我区行政审批互联网医院 5 家，通过 3 家。

二、积极发挥"互联网 + 医疗健康"的作用

自新冠肺炎疫情以来，我院开通了互联网医院线上免费咨询，咨询量 2262 人次。于 2021 年初获得武侯区首张互联网医院执业许可后，我们上线了"诊前咨询"和"复诊开方"，目前咨询量 1699 人次。

目前，国内近 9 成的互联网医院未能有效运营，不少处于建而不用或浅尝辄止的"僵尸状态"，没能延伸医疗服务。存在的问题还很多，主要体现在"互联网 + 医疗健康"服务体系不健全，发展"互联网 +"医疗服务，创新"互联网 +"公共卫生服务，优化"互联网 +"家庭医生签约服务，完善"互联网 +"药品供应保障服务，推进"互联网 +"医疗保障结算服务，加强"互联网 +"医学教育和科普服务等方面尚未有效启动，服务范围还比较局限。我院的互联网医疗服务也才刚刚起步，目前需要夯实互联网医疗基础，扩大"互联网 + 医疗健康"服务范围。

值得指出的是，互联网医院并不是简单地把医疗服务从线下搬到线上，而是对包括医生和患者在内的用户行为的改变。积极的宣传和政策引导（包括医保支付政策配套）缺一不可。

三、建立区域医联体

（一）打通信息孤岛，建立数据信息共享

"互联网 + 医疗健康"作为实体医疗的补充，它的作用与最终目的是最大化提高诊疗效率，新技术手段的引入也可以使社会医疗资源的分配更趋合理。完善"互联网 + 医疗健康"支撑体系，在区卫健局协调下，鼓励互联网医院统筹区域互联网医联体，加快出台具体政策鼓励支持互联网企业与医疗机构合作，进一步完善分级诊疗体系并借助互联网技术打破"信息壁垒"，促进医疗服务供需平衡。将分散的资源汇集到区级平台并实现互联互通，形成区域医疗信息数据共享，加快实现医疗健康信息互通共享，充分挖掘利用健康大数据，健全"互联网 + 医疗健康"标准体系，并通过规模效应和范围效应提高效率降低成本、优化资源配置，要避免重复建设导致公共资源浪费。

（二）树立区域互联网医院的龙头作用

按照区域合理用药、检验结果共享、病理及影像会诊和分级诊疗、远程心电中心建立，通过共建和共享，提高医院管理和便民服务水平，提升医疗机构基础设施保障能力，鼓励医疗机构运用"互联网 +"优化现有医疗服务，"做优存量"，同时"做大增量"，丰富服务供给。产生规模效益，使投入的信息化建设用起来活起来，为机构产生更大的经济效益，提升患者就医体验感和获得感。

（三）强化医疗质量监管，保障数据安全

"互联网 + 医疗健康"是新生事物，不可避免会具有或大或小的"颠覆性"，也难免带来

一些风险。我们既要勇于探索，推动关键性政策实现突破，又要合规运营，这就需要制定与"互联网＋医疗健康"快速发展相适应监管措施，确保互联网医院高效而安全运行。目前，互联网医院执业登记审查标准不够细化，准入审批较困难。另外，监管措施难以实施，互联网医院的自我监管乏力，区级监管体系不健全，仅靠省监管平台难免有所疏漏，对患者的隐私和数据安全尚存疑虑。加强规范管理，推动政府监管创新，如更好利用大数据开展数字治理，更好发挥行业组织的作用等。相信新一代信息技术在医药卫生领域的应用，将重塑医药卫生管理和服务模式。

做党和群众信赖的健康守护者

陕西省华阴市人民医院

一、医院基本情况

华阴市人民医院占地面积 60 亩（不包括南侧新 19.73 亩），建筑面积 3.2 万平方米，业务用房 2.5 万平方米。是集医疗、急救、教学、科研、预防、保健、康复为一体的二级甲等综合医院。医院设职能科室 15 个、临床科室 18 个、医技科室 6 个；编制床位 330 张；年收治住院 1.2 万人次，年门诊量 23 万人次。拥有 64 排 CT 机、大型 C 型臂 X 光机、核磁共振等大型设备 117 台。华阴市人民医院始终坚持"医德为首、医术为先、医患为重、医院为家"办院宗旨，秉承"固守天职、珍爱生命、精湛医术、救死扶伤"院训，以"精湛的医术，优质的服务，严格的管理，合理的收费"形成独特的医疗特色和传统。

二、工作特点

我院自 2010 年 12 月，成功创建华阴市唯——家"二级甲等医院"，并在 2017 年，顺利通过复审以来，一直按照"以评促建、以评促改、评建并举、重在内涵"整体思路和原则，结合六院联创、改善医疗服务行动计划、晒比拼超提升综合服务能力建设等大项工作的具体要求，狠抓落实，医院各项工作得以持续推动。

（一）工作责任全面落实

每年初对照工作职责和分管工作性质，院科两级签订目标责任书，各级按院方要求年初设定目标，细化任务，强化责任，狠抓落实；年中考核，总结经验，改进不足；年底考评，奖优罚劣，按岗问责。通过全面落实工作责任，有效激发了全院干部职工干事创业的积极性和责任感。

（二）干部能力培训全面加强

近年来医院为加强人才队伍建设，先后采取"派出去、引进来"等方式方法，逐步增强人才队伍建设，提高能力素质。近三年先后派出 62 名医师、23 名护士定期到省医院、西安交大一、二附院、渭南市中心医院等地取经学习，中层干部赴省级医院轮训 80 余人次，邀请 30 余位省、市专家指导、讲学，院内开展各级培训 20 余班次，医疗质量和各项诊疗技术得以有效提升，成功开展 64 排 128 层 CT 血管成像术，为心脑血管疾病的早期诊断提供有力依据；率先在渭南地区完成前路微创全髋关节置换术，填补了该项技术空白；关节镜下膝关节病变、锥孔镜下椎间盘突出症治疗效果均处于我市领先水平。

（三）软件系统持续升级

全面升级His（医院信息系统）、Lis（实验室信息管理系统）、Pacs（医学影像系新系统）等基础软件，普及应用《抗菌药物分级管理系统》等系统，启用院内"一卡通"，保障医疗数据收集准确性、科学性，为提升医疗质量、科学决策提供可靠依据。2020年1月以来为有效做好新冠肺炎疫情防控工作，结合我院工作实际，做到"少聚集、少接触"，高效率的就医环境，推动"互联网＋医疗"，优化服务进程，于2020年4月28日开始实施微信服务平台建设，正式开通包含预约挂号、诊间支付检验、检查、处方功能，减少患者排队等待时间，现运行良好。开通"在线问诊"，使患者可以通过微信与医生进行线上交流，减少患者来院次数，避免交叉感染的概率。院门口安装"身份证实名登记系统"、自动预检闸机，进院患者必须使用身份证实名登记、扫取渭南健康码并测量体温正常后方能进院。手机APP"纳里医生"，护理移动大屏的实施，大大提升医护管理处置病人的效率。上线的医院管理自动化系统（HOA）将把我院智慧服务、自动化管理、无纸化办公提升到一个新的高度。

（四）院务公开得以全面推行

坚持"三重一大"制度落实，落实重要事项职工代表大会决策、公开公示制度。近年陆续召开职代会6次，讨论通过《年度工作计划》《绩效考核方案》《门诊综合大楼建设方案》《聘用人员社会保险管理实施方案》等与医院职工切身利益息息相关的重大事项，使医院职工民主权利得到充分体现，医院决策更加民主、规范。

（五）医院文化建设得以全面推动

一是面向社会公开征集意见建议，确定了新的院景、宗旨、院训、方针。二是大力推行9S精益管理，规范了指示牌、标识牌，完善了网站、微信平台，开展了"岗位之星""志愿者服务之星"等评选活动，院容院貌焕然一新。三是充分利用美篇、微信、网站、电视等平台，加强对外宣传。刊发文稿416篇，制作专题片13部，在华阴电视台播放《医者仁心健康行》专题7期。四是在广场、公园、街道等场所设置宣传牌，利用LED大屏、展牌、墙报、宣传栏等，宣传诊疗特色、工作风貌。五是建成了2号住院部大厅休闲区、地下健身馆，组织开展了"5·12"户外拓展、"天使秀才艺"等活动，丰富干部职工文化生活。六是组织党员、积极分子、志愿者300余人次，深入居民小区、包联村，开展整治环境卫生、义诊服务10次、献血3次，发放宣传手册、倡议书300余份，服务群众950人次。

（六）医德医风建设得以全面深化

一是完善考评体系，印发《医务人员医德医风行为规范》，将医德医风作为职称晋升、薪酬发放首要依据。二是全面深入开展学党史、春训整风、党风廉政作风建设深化年主题活动，扎实推进干部职工思想、作风建设。三是深入组织开展《大医精诚》等经典学习活动，推动树立良好医德医风。聘请专家教授和高年资医师，举办医患沟通方式、风险防范专题讲座，有效提升医患沟通能力。四是设立调解医疗纠纷的患者服务部，加强医患纠纷调处力度。患者投诉处理率达100％。五是扎实开展优质护理、知识竞赛活动，不断强化服务理念。六是不断加强警示教育。定期组织开展纪检干部讲课、廉政教育基地学习、支部书记谈话提醒等活动，警示干部职工紧绷廉洁之弦。七是持续加力商业贿赂治理。采取反统方、制定抑制政策、限购限用等举措，不断压缩商业贿赂空间。八是加强社会监督。聘请社会监督员，定期征求意见；在门诊大厅、住院楼设置患者满意度调查箱，根据数据监测及时调整思路、改进工作。

（七）职工切身利益得以有效保障

坚持从职工所思、所忧、所盼出发，大力开展办实事、解难题活动，帮助职工解决工作、生活等方面的困难和问题，有效保障职工的合法权益。一是多方争取、筹集资金1727.40万元，核算并缴清了2014年10月至2018年8月期间的职工养老保险及职业年金，解决了到龄无法正常办理退休手续问题，化解了已退休不能按最新标准领取养老金问题，消除了新进人员、调出人员无法办理养老转移问题。二是每月筹措资金25万余元，为全院287名临聘人员购买了养老保险等社会保险及住房公积金，切切实实让临聘人员有了归属感，干事创业的劲头更足了。三是修订出台了请销假管理规定、加班管理规定、带薪年休假管理规定，按照国家有关规定，让干部职工加班有补偿，享受带薪年休假，探亲假、产假等也参照国家标准执行，同时简化审批程序，给干部职工带来实实在在的福利。

叶茂于根，水深于源。华阴市人民医院在经过70多年风雨征程的洗礼之后，已是枝繁叶茂，人才辈出。我们期望，同时我们更加深信，华阴市人民医院必将以更加高昂的姿态，更加宽广的情怀和更加豪迈的气概，为当地人民健康事业，保驾护航，再谱华章！

抓住新机遇 实干担当谋新篇

海南省三沙市人民医院

一、三沙市人民医院简介

三沙市人民医院创办于 20 世纪 80 年代初，前身是"海南省西、南、中沙群岛办事处人民医院"，当时只有一栋两层的混合结构小楼，建筑面积为 200 多平方米，仅开展内科、外科门诊服务。

在三沙市委、市政府的支持下，海南医学院第一附属医院在 2015 年与三沙市人民政府共同签署了帮扶共建三沙市人民医院的合作协议。为此，三沙市政府投资 1800 万元建成现规模的三沙市人民医院，占地面积 2388 平方米，建筑面积 2500 平方米，包括两栋三层的门诊大楼和住院大楼。同时三沙市人民医院在 2016 年加入了海南医学院第一附属医院医联体项目，作为海南医学院第一附属医院医联体中的牵头单位，海南医学院第一附属医院在做好在自身医疗、科研等工作的同时，倾囊给予三沙市人民医院全力支持，长期派驻医疗团队在三沙市人民医院工作。近几年来，在海南医学院第一附属医院的支持下，医院在医疗团队建设、医疗服务救治能力、医疗设备设施等方面都有了重大的提升。现三沙市人民医院帮扶单位有：海南医学院第一附属医院、海南省皮肤病医院、海南省妇女儿童医院、海南省安宁医院、武汉大学口腔医院、上海上工坊中医门诊等。

二、医院特色

（一）建设 PCR 实验室，填补三沙市无核酸检测的空白

2021 年 12 月 29 日，海南省健康委根据国家卫生健康委办公厅《关于医疗机构开展新型冠状病毒核酸检测有关要求的通知》（国卫办医函〔2020〕53 号）要求，结合海南省病原微生物实验室生物安全专家委员会意见，认定三沙市人民医院 PCR 实验室为海南省第三十四批具备新型冠状病毒核酸检测能力的机构。

（二）启动"国医馆"，将中医技术带上岛礁

在三沙市委、市政府和海南省卫生健康委中医局的支持下，海南医学院第一附属医院和三沙市人民医院共同启动"国医馆"新增设备及培训项目，把中医药文化向三沙各岛礁全面拓展，营造浓郁的中医药文化氛围，综合使用多种中医药适宜技术服务三沙各岛礁居民，切实加强在海岛气候常见病多发病中中医适宜技术的推广与应用，中医针灸、康复在运动损伤、疼痛等疾

病的治疗中受到广大官兵和岛民的欢迎，进一步提升三沙市人民医院中医药服务能力，促进中医药特色优势的发挥。

（三）规范发热门诊制度，提高综合保障水平

医院制定了传染病防控的一系列相关制度及流程，规范设置在门诊大厅的发热病人、肠道门诊狂犬病防治门诊预诊分诊处，规范诊治，一旦发现有传染病患者和疑似患者，严格按照程序报市疾控中心和网络直报，使全岛的医疗综合保障水平大幅提高。

（四）建立消毒供应室，填补空白

医院与海南省儿童医院及武汉大学口腔医院的合作，提升了三沙市人民医院专科治疗能力。为了进一步加强院感的管理工作，医院在 2021 年启动了消毒供应室的建设工作方案，在 9 月份建成投入使用，填补了三沙市人民医院没有消毒供应室的空白。

（五）建立心理健康门诊，保障驻岛军警民身心健康

为满足广大驻岛军警民对精神卫生、心理健康方面的实际需求，在市委组织部、市委宣传部、市社会工作局的指导下，2021 年 11 月 22 日在三沙市人民医院举行海南省安宁医院与三沙市人民医院共建心理专科合作签约及揭牌仪式，在三沙市人民医院成立了心理健康门诊及远程心理咨询室，为驻岛的军警民提供了心理健康指导，并对在特殊船只执行特殊任务的人员进行远程心理干预，切实落实为群众办实事的宗旨。

（六）医疗急救技术服务能力方面

在海南医学院第一附属医院心内科、神经内科、创伤医学中心等相关科室的帮扶下，三沙市人民医院建立了胸痛救治单元、卒中救治单元及创伤救治单元，配齐了全套的医疗设备：智能病床、抢救车、呼吸机、除颤仪、心电监护仪、微量泵、输液泵、电动吸痰器、紫外线灯等等，均已正常投入使用。培训了医护人员、聘请了 2 名救护车司机，保证了救护车随时能启动，能够满足基本的医疗救助保障，为抢救生命赢得更多的时间和机会。同时，降低了医疗成本，让能够在永兴岛就解决的疾病，不出岛就能得到更全面的救治；对于需要转运的重症患者来说，也降低了转运途中的医疗风险。进一步提升了三沙市及周边各岛礁的心脑血管及创伤的救治能力。

三、积极开展"我为群众办实事"等系列活动

三沙市人民医院结合党史学习教育举行"我为群众办实事"系列实践活动，主要如下：

1. 将心理健康门诊带到军警民身边

2021 年 11 月 22—23 日，邀请《中国健康心理学杂志》主编李建明教授，海南医学院第一附属医院苏朝霞教授，海南省安宁医院林展教授、韩天明副院长及洪建河主治医师到我市，对三沙市驻岛军警民进行联合健康义诊暨心理健康讲座活动。通过此次活动，不仅让驻岛军警民加深了对心理疾病知识的理解，同时，也改变了驻岛军警民对心理疾病的传统理念和对心理疾病的不重视，全面提升了健康知识水平，受到了热烈欢迎。

2. 让党旗飘扬在祖国的南海明珠上——晋卿岛巡回医疗

3月29日，三沙市人民医院医疗队在党支部书记陈洪强组织下，由医疗队长陈蓉主任医师带队前往晋卿岛开展巡回医疗活动，解决驻岛医疗点当前遇到的医疗问题，并为其补充新药，带走医疗垃圾。经过三个小时的海上航行，医疗队员克服晕船等不适，上岛后经过短暂休整迅速以饱满的热情投入本次巡诊活动，圆满完成了巡诊任务，让党旗飘扬在祖国的南海明珠上。

3. 驻岛人员应接尽接，构筑三沙免疫屏障

为落实三沙市常态化疫情防控工作，筑牢三沙市军警民免疫屏障，确保全体驻岛军警民及时、顺利接种新冠疫苗，做到全员应接尽接，我院结合党史学习教育及"我为群众办实事"的宗旨，主动作为，在海口市卫健委及三沙市社工局的支持下，联合海口市妇幼保健院分别于4月26—28日、5月25—27日、6月21—23日、8月4日、8月12—14日、12月24—27日六次在三沙市永兴岛、晋卿岛设立临时疫苗接种点，为驻岛军警民进行新冠疫苗接种，构筑三沙免疫屏障。

4. 三沙市人民医院与上海上工坊门诊部举行联合义诊活动

2021年6月28日，在我院的邀请之下，上海上工坊党支部组织骨干医生团队，在书记余开云同志的带领下，一行四人来到我市驻地永兴岛，为我市驻岛工作人员进行为期五天的义诊活动。我市属热带海洋性季风气候，全年高温、高湿、高盐、高辐射，岛上工作人员大多患有风湿、腰腿痛、颈椎病等健康问题。而这次上工坊中医团队上岛进行党建义诊活动，给岛上的患者带来了福音。

本次活动是继上海上工坊2019年和2020年南海边疆义诊后第三次来到三沙市进行的义诊活动，义诊期间医生还利用空余间隙为前来看诊的人员进行健康小知识的宣讲，还给岛上居民普及中医育儿常识和保健小窍门。正值中国共产党百年华诞之际，义诊活动的举行非常有意义也非常及时，驻岛工作人员在紧张忙碌的工作之余，能够得到来自上海的专业中医师的健康守护，恰好体现了"党为人民群众服务"的初心。

良好的治疗效果和群众口碑引起了上岛新闻媒体的关注，三沙卫视和东方卫视的编者同志相继过来采访，给予义诊团队很大的鼓励和肯定，"七一"期间，上工坊义诊团队还受邀参加了三沙市委举办的"七一"党庆活动——"永恒的灯塔"海上诗歌朗诵音乐会和升旗仪式，让义诊团队的同志们倍有成就感，同时也感受到了岛上官兵群众的热情温暖。

5. 除了以上活动外，医院积极组织义诊活动

在6月8—10日还组织了口腔科及康复科对晋卿、赵述、银屿等岛屿的巡诊活动；9月1日在永兴学校开展了"学党史，悟思想"主题教育活动——开学防疫第一课的活动；9月2日医疗队在三沙市人民医院为特殊人员进行体检活动；9月24日三沙市人民医院根据学校的要求开展了三沙市永兴学校幼儿园和小学秋季健康体检活动；9月27—30日三沙市人民医院与海南口腔医院举行了公益义诊三沙行活动；10月15日康复理疗中医科全体医生组织了走进军营系列活动之一——拥军义诊受初心，军民融合担使命；11月10日举办了走进军营系列活动之二——健康

知识进军营，情系官兵送健康；10月20日三沙市人民医院与海南省儿童医院共同举办了"爱心传递，防治出生缺陷"公益行活动——走进永兴社区；11月7日三沙市人民医院医疗队到七连屿进行了巡诊活动——义诊检查进岛、送医送药送温暖；11月22—24日三沙市人民医院组织了走进军营系列活动之三——对永兴驻岛官兵进行心理健康专场讲座和心理健康义诊咨询活动；12月17—18日按照市场监督管理局的要求，三沙市人民医院与海南省中医院健康管理中心共同组织为驻永兴岛餐饮服务人员进行身体健康状态检查，并发放了健康证，保障了三沙永兴岛的饮食健康安全。

四、2022 年工作计划及建议

（一）加强三沙市人民医院及三沙市疾控中心人才队伍建设

目前市人民医院医疗及疾控队伍主要由全国、全省各医疗机构及省疾控中心的医务人员组成，本身的人才队伍欠缺，计划2022年向社会工作局及市委组织部申请引进或招聘相关医务人员，加强市人民医院及市疾控中心的服务能力水平。

（二）提升岛礁救治及应急能力建设

继续加强三沙市人民医院应急体系建设，提升三沙市公共卫生体系快速反应能力，与相关部门成立快速反应应急机制，在永乐工委和七连屿工委的支持下，在晋卿、赵述两岛礁原有卫生室的基础上建立远程会诊系统，并按社区卫生院配备相关急救设备，提升三沙市人民医院应急响应能力及赵述、晋卿等岛礁的医疗救治能力。

（三）加强中医体系建设

在原有与上海黄浦区卫生局、上海上工坊继续合作的基础上，拟与中国中医科学院、海南省中医院、海口市中医院签订合作协议，在三沙市人民医院扩大中医诊疗范围，进一步提高中医诊治能力。

（四）建立三沙市心晴指数及睡眠康复单元

在已建立心理健康门诊及心理远程咨询的基础上，通过购置各种心理治疗设备，对驻岛的军警民进行各种心理康复治疗，满足驻岛军警民的需求，为常态化驻岛提供心理健康服务。

（五）设立国家紧急医学救援基地三沙分中心

充分利用国家紧急医学救援基地海南项目的建设契机，在三沙市设立国家紧急医学救援基地三沙分中心，使三沙市人民医院成为基地的岸基医院，承担起南海紧急医学救援的重要责任。

（六）继续做好疫情常态化的防控工作

配合相关部门做好各项预防措施和疫苗接种、核酸检测、健康管理等工作，加强发热门诊的管理及持续开展疫情防控演练，落实"外防输入，精准防控"的方针，确保三沙"零输入、零感染"。

发挥医卫龙头作用
提升县域健康水平

河北省故城县医院党总支书记、院长　居艳梅

　　故城县医院位于河北省东南部京杭大运河畔，是一所集医疗、急救、预防、康复、教学、科研于一体，临床与医技科室齐全的现代化综合医院。2019 年 1 月在河北省县医院中首批纳入三级医院管理，是全国紧密型医共体试点县县医院、全国首批综合能力建设达标县医院，2020年进入中国医院竞争力县级医院 500 强。医院现有编制床位 900 张，业务用房 6.4 万平方米。干部职工 1212 人，其中卫生技术人员 1094 人，有硕士研究生 33 人。现有 26 个临床科室（市医学重点学科 2 个、重点发展学科 4 个）。建有覆盖全县的胸痛中心、卒中中心、创伤中心、妇儿危重症抢救中心、影像中心、检验中心、心电诊断中心等七大诊疗救治中心。

　　多年来故城县医院坚持以习近平总书记关于卫生健康工作的重要指示批示精神为指导，坚持以人民健康为中心的发展理念，把保障人民健康放在优先发展的战略位置。强化"大卫生、大健康，全县一盘棋"的意识，坚持预防为主方针，注重发挥县医院在全县卫健系统的龙头作用，以紧密型医共体为载体目标协同行动，坚持防治一体、医防融合，加强政策引导，加强体制创新，加大资金投入，加大常识宣教，着力提升县域健康水平，建设宜居宜业宜游的魅力之城、活力之城、健康之城。

一、科技兴医铸就高地，救治急病有能力

　　2016 年故城县医院在衡水市第一个同北京专家集团签约，每周聘请北京大医院专家来院会诊、手术、讲课、查房，带动医院各学科整体持续提升。目前，医院胸痛中心、卒中中心运转良好。医院神经内科、神经外科都在开展卒中相关介入治疗技术，每月总手术例数多达近 100 例，遥遥领先于省内外同级医院。心梗病人的死亡率、脑缺血病人的致残率大大降低。2019 年 3 月，故城县医院被中国县域医院院长联盟、海南博鳌县域医疗发展研究中心授予"县域心脑血管疾病急救体系建设示范单位"。医院搭建了结构合理、特色鲜明的专科体系。微创、无痛、镜下、介入等治疗手段丰富多样；断指再植、冠脉造影、心梗溶栓、脑梗溶栓、脑动脉取栓、支架置入、EPCP 取石等治疗越发成熟。医院三四级手术不断增多，2021 年占全院总手术数量的 50.46%。救治疑难、急症、重症能力愈发突出。2019 年成为全国综合能力达标县医院，2021 年 4 月进入全国医院综合竞争力县级医院 500 强。

二、精准识别多重干预，防治慢病有策略

慢病防治不利将演变为重病，防治得好可提高生活质量延长寿命。县委、县政府高度重视防治慢病工作，从 2020 年起，每年拿出 400 万元购买防治高血压、糖尿病的药品，统一采购，由村医精准免费发放给患两病的人手中，惠及全县 8 万多人。该做法 2020 年 8 月得到国家卫健委医共体专家的认可。县医院医共体推出了防治慢病的一系列配套措施：用药纳入门诊报销，2018 年医共体改革以来，医保基金总额预付，都是预留出一部分给门诊慢病取药报销；家庭签约服务优先，农村、社区开展家庭签约医疗服务，县医院专家领衔签约服务医疗团队，以利于高质量、常态化的健康管理；大病登记常规随访，县级医院专家包联肿瘤等大病患者，根据病情常规随访，指导治疗。医养解决老年慢病，县医院冲在前做表率，2020 年底运营的医养中心试点，40 张床位供不应求，2021 年将实现扩容。开展慢病专项研究，县医院参加中国高血压联盟"高血压病的防治研究"，已有 10 余年。免费高血压药品惠及全县 1 万余人，总结出的高血压适宜组方，为县政府采购、发放两病药品做参考。

三、覆盖重点定期体检，筛查隐病有办法

县医院大力加强信息化建设，先后建立了覆盖全县各乡镇卫生院的远程心电诊断中心、远程影像中心、远程会诊中心，对各卫生院远程传输的检查图片免费诊断。至今共为乡镇卫生院诊断心电图 20 万余份、DR 片 1.5 万余份，大大增强了筛查的准确性。县医院 2018 年建设了健康体检管理中心，这是该县第一个专门提供体检医疗服务的科室。三年多来共体检 29618 人次，其中个人体检 17989 人次，占 61％。通过体检发现异常重要结果的 125 人，都及时就医。每人都建立健康档案，实行健康处方和治疗处方双处方制。需要定期复查的给予标注，届时电话回访提醒。体检科三年数据显示，个人体检人数约以每年 10％ 的比例增长。

四、软硬齐抓身心同健，促进无病有措施

县医院医共体全面参与配合全县的各个层面的健康促进工作。身心健康从小抓起，全面加强幼儿园、中小学的卫生与健康工作，营养配餐，健康知识宣传。县医院等医疗卫生机构抽调高年资医务人员，为每所中小学、幼儿园配备一名兼职健康副校（园）长，制定健康活动计划，提高学生主动防病意识。大力倡导全民健身，建设场地，近年县城增建 2 个公园、2 个广场，为每个小区配备乒乓球台；东大洼全民健身中心建成投用，国奥综合体育场馆正在建设；京杭大运河纵贯南北 75 千米的堤顶路建成自行车赛道。完善了县城中小学体育场社会共享机制。县医院员工积极参加县自行车、健步走、太极拳、广场舞等协会或俱乐部定期组织的集体活动。建强文化育人环境，县政府规划建设了运河风情公园、沿河万亩花海景观带、菊花园、德国庄园、

以岭康养城、董学园、运河博物馆等，大力发展中医文化旅游，坚持每年办好中国·故城绿色大健康产业发展大会。全面改善城乡卫生，县医院带头创建"无烟医院"，积极推进省级卫生县城、省级文明县城创建，努力让身心健康成为全县人民共同享有的宝贵财富。巡诊宣教常态实施。县级医院组建了医疗专家服务小队，逢农村大集、疾病日到乡镇卫生院、集口街头，进工厂、敬老院义诊宣教。仅 2021 年就义诊 40 余次，出动专家 360 余人次，进村入户诊断咨询 3 万多人次，开办健康大讲堂 270 个课时，发放"三减三健"健康科普资料 20 余万份。

依托全面预算化管理
推进医院高质量发展

河北省承德县医院　魏亚丽　徐凤林　彭　鹏

承德县医院是全省第一家通过"二甲"评审的综合性县医院，是全市第一家实行全面预算管理并取得显著成绩的县级医院，医院的《全面预算化管理》入选河北省深化医药卫生体制改革"十佳典型案例"之一，是全省健康促进示范医院，全省现代医院管理制度建设样板单位，是全国2019—2020年节约型公共机构示范单位，是全国县级医院急诊联盟常务理事单位。

医院以全面预算管理为抓手，扎实推进现代医院管理制度，全方位优化组合人力、物资、资金、信息等资源，建立以全面预算管理为引领的综合运营管理体系，将有限的人、财、物等核心资源科学合理地配置到医、教、研等核心业务中去，全面提高医院管理水平和运营效率，推进医院高质量发展的典型经验和做法，得到了省市卫健委主管部门的高度评价，河北省深化医药卫生体制改革领导小组将该院全面预算精细化管理确定为2020年深化医药卫生体制改革"十佳典型案例"在全省推广。

一、领导重视、顶层决策、强力推进

新的医改政策实施后，公立医院实行药品零加价，降低大型检查设备收费标准、薪酬制度改革、医保支付制度变革等因素影响，以往以核算型为主的财务管理已经不适应新形势的要求。

为全面提升综合运行管理体系建设保障医院健康发展，承德县医院从2015年聘请国家卫建委财务领军人才为顾问，逐步建立了全面预算管理体系为引领的综合运营管理体系。于2015年成立以院党委书记为主任、全面预算管理委员会为核心、预算管理办公室为常设机构、预算归口管理部门和预算单元为执行机构的三级全面预算管理组织体系，确定20个归口管理部门和66个预算单元，编制包含质量文件、程序文件、作业指导书、记录表单、定额管理制度在内的全面预算管理手册，重新梳理优化运营流程67个，实现全口径、全过程、全员性、全方位覆盖。

二、借助预算管理软件实现全面预算信息化管理

与软件公司合作共同研发全面预算管理系统，结合医院战略发展目标，联通HIS、财务管理、成本核算等信息孤岛数据，搭建了包含预算编制、预算调整、预算执行、预算分析、预算考核

和基础设置六大模块的资源平台，构建了业务预算、财务预算、资本性预算三大指标体系，涵盖经济运营指标 270 余项，对接物资明细 6000 余项，全面实现预算信息模块化、精细化、可视化管理。经过几年来的运行和不断更新升级，软件系统性能更加稳定，现已在全市推广应用。

三、全面预算管理成效显著

（一）以数据为引领的综合运营体系建设

通过几年的运行，一是医院管理更加科学。预算执行率均在 99%—102% 之间，人员经费占比由 30.99% 提高到 35.02%，其他费用占比由 11.40% 下降到 8.39%。二是医院运行更加高效。门急诊人次增幅逐年上升，2018 年达到 16.60%；药占比由 33.53% 下降到 27.06%；平均住院日由 10.89 天下降到 9.6 天；管理费用占业务支出比例由 10.63% 下降到 9.72%；百元医疗收入的医疗支出（不含药品收入）由 103.13 元下降到 97.76 元，2015 年医疗支出大于医疗收入，2020 年和 2021 年虽然疫情影响，但医疗支出小于医疗收入，实现了收支平衡。

（二）促进新项目开展

全面预算管理为医院高质量发展提供了有效资金保障。"十三五"期间，医院完成并实现微创外科、神经外科、眼科、消化内科、麻醉科、CT 诊断科、ICU 等 7 个"市级重点学科"和心内科、神经内科、妇产科、儿科和关节外科等 5 个"院级重点学科"的创建。其中眼科被评为"市级名科"。新增全科医学治疗科、老年病科、中西医结合科、康复医学科、肿瘤科、呼吸科与危重症科、眩晕门诊、小儿推拿、PICC 导管治疗和核酸检测室等科室。胸痛中心、脑卒中中心通过验收，先后开展了心脏介入、肿瘤综合治疗、眼科前后节、关节置换、骨外、普外、神外、妇科等各类高难度微创手术。其中：胸痛中心 2021 年被河北省胸痛中心联盟授予"质控先进奖""基层版优秀奖"。

（三）促进同行业之间沟通与交流

全面预算管理推动医院高质量发展的经验和做法，得到了上级主管部门和同行的高度认可。2016 年医院成功举办河北省医院协会全面预算管理培训暨现场观摩会；2017 年举办全市公立医院全面预算管理和绩效考核现场经验交流会；2018 年在全市公立医院财务论坛会议作全面预算管理、内部控制体系建设、物价规范化管理经验交流。2019 年院领导在全市卫健委工作会议作县级公立医院改革经验介绍，先后有 50 余家单位来院参观交流。2020 年《全面预算化管理》入选河北省深化医药卫生体制改革"十佳典型案例"。

四、"十四五"医院高质量发展目标

"十四五"期间，医院预算编制规划总发展目标是：以共产党人的初心，以精湛的技术、感动式服务、精细化（科学化）的管理，打造承德一流、省内领先、全国知名的现代化综合三级医院。新增建筑面积（医疗用房）1.5 万平方米，总面积达到 6 万平方米，编制床位 800 张、

开放床位 1000 张。

依托"千县工程"县医院能力建设项目，重点加强以服务临床的肿瘤防治中心、慢病管理中心、微创介入中心、麻醉疼痛诊疗中心和重症监护中心等五大中心建设，全面加强慢病管理、微创技术提升、疼痛治疗、重症救治和重大疾病等的诊疗能力。

强化胸痛、卒中、创伤、危重孕产妇救治、危重儿童和新生儿救治等急诊急救五大中心建设，实现实时交互智能平台，患者信息院前院内共享，提升抢救与转运能力，提升重大急性病医疗救治质量和效率。

加强临床重点专科群建设，实现省级重点专科零突破，实施科室重组，建立感染性疾病科、精神科、疼痛科、中医科等，设立血液病、肾病、免疫病等专业组织，重点打造心电生理科、病理科。

建设高质量人才队伍，加大对重点领域、紧缺专业、关键岗位专业技术人才的引进力度，加强儿科、妇产科、重症医学科、精神科、麻醉科、急诊医学科、感染性疾病科、肿瘤科、老年医学科、康复医学科、病理科、出生缺陷防治、药学、护理、信息等紧缺专业和骨干人才培养培训，建成支持公立医院高质量发展的专业技术和医院管理人才队伍。

建设"三位一体"智慧医院。"十四五"期间医院电子病历平均应用水平达到 4—5 级，智能服务平均水平力争达到 3—4 级，智能管理平均水平力争达到 2—3 级，支撑线上线下融合的新型医疗服务模式。从而实现智能医疗、智能服务、智能管理。

全面预算管理以目标为导向，规范医院管理，更加符合现代医院管理要求，为医院高质量发展奠定坚实的基础。

凝心聚力促发展　深化医改谋新篇

河南省濮阳市第三人民医院　葛春仙　管松丽

"厚德精医，止于至善。"这是人民群众对公立医院的要求，也是濮阳市第三人民医院的不懈追求——"精"于高超的医术，"善"于高尚的医德，办人民满意的医院。深受患者称道的濮阳市第三人民医院，是集医疗、预防、康复、教学为一体的城市二级甲等综合医院，是一家正在砥砺前行、变中求进、务实发展的颇具特色的亲民医院。

2020年医院新一届领导班子上任后，适逢疫情防控、新老班子工作交替、医保额度严重受限、医疗市场竞争加剧、儿童医院建设任务艰巨等前所未有的考验和挑战，在市委、市政府及市卫生健康委的领导下，党委书记李铁军、院长高德山带领全院干部职工不忘初心，以党建为引领，直面医院和医改实际，科学判断和决策，使医院很快走出了一条高质量发展之路。

一、提升内涵质量，为医院发展"赋能"

医院新一届领导班子履职后，清醒地认识到城市二级甲等综合医院面临的困境和短板，经过认真分析和研究，提出以内涵质量提升为抓手，完善临床路径管理和多学科会诊。围绕"内科外科化、外科微创化、医技参与治疗"的工作思路，积极开展新技术新项目。向全院干部职工提出树立"三种意识"，坚持"五种理念"，实现"三个转变""三个提升"的工作要求。除此之外以机制促管理，加强制度建设，陆续颁布了《新业务新项目引进管理办法》《医疗服务及收费社会监督和有奖举报制度》等。

开展"护士到家"特色服务，解决特殊群体的看病就医难题；上线微信公众号智慧医院平台，建立多样化的便捷付费结算方式；在常年开展无假日门诊和急诊的基础上，口腔急诊、儿童急诊先后开诊；充分利用广场公益医院、节假日、各类宣传活动日，深入农村、社区、广场、学校、企事业单位，开展送健康活动和健康扶贫活动。

多年来，医院一直把服务群众、服务大局、服务发展作为工作的出发点和立脚点，倾力打造群众满意医院，为濮阳卫生健康事业发展贡献了三院力量。"十三五"期间，作为市委、市政府民生项目、重点工程的口腔综合楼建成投入使用，新增建筑面积近20000平方米、床位240张；建设立体停车库，增加立体停车位114个，有效缓解停车难问题；学科建设持续增强，口腔、糖尿病、安宁疗护等形成专科特色；基本建设、医疗设备、信息化等软硬件环境大幅提升。累计服务门急诊患者 136 万人次，入出院患者 4.6 万人次，实施手术 1.3 万人次，药占比由 2015 年的 29.80％降至 2020 年的 19.80％，医务性收入占比 47.45％，在市城区 10 家公立医院排名第一。

二、加强学科建设，业务能力再上台阶

通过完善基础设施建设、加大先进设备引进和科研教学投入、优化人才梯队、提升技术水平、改善医疗服务等措施，使医院获得全面良性发展。2020 年以来，院长高德山带领普外科团队相继成功开展了胰十二指肠切除术、肝肿瘤切除术、腹腔镜下胃肠道肿瘤手术，开展的妇科肿瘤微创手术、肛肠科复杂性肛瘘手术、经输尿管镜混合动力碎石和膀胱镜前列腺剜除、关节置换、椎间孔镜微创手术、耳鼻喉科半喉切除、鼻内窥镜下微创手术、心脏介入治疗手术等，填补了市第三人民医院多项技术空白。

2020 年 1 月 13 日，市第三人民医院开启介入技术新纪元，当天，三院介入手术室正式投入使用，心内科李瑞华主任团队顺利完成 6 例心脏介入手术。儿童康复科引进台湾特殊儿童科学管理及诊疗模式，给"星星的孩子"搭建一条康复之路。特聘台湾儿童康复专家苏韦祯主任为长期顾问，定期来院进行义诊和技术指导。儿童口腔科与麻醉科联合开展舒适化治疗下根管治疗术＋后牙冠修复术，深受家属好评，通过随访，患者满意度达到 99.07％。

三、德国复兴信贷银行贷款，医院实现跨越发展

前身是公疗门诊部的市第三人民医院，为大幅度改善基础条件，提高诊疗水平，2014 年，在当地政府和主管部门的支持下，引进德国复兴信贷银行的国际贷款，用于医疗设备购置、基础设施建设、信息化管理、口腔综合楼、病房楼、社区服务中心、手术室、重症监护室（ICU）、供应室等高标准综合提升。

医院购置了西门子 1.5T 核磁共振、通用 64 排 128 层 CT、西门子 DR、西门子血管造影机（DSA）、西门子乳腺钼靶机、西门子彩超、Leep 刀、前列腺汽化电切镜等先进大中型医疗设备百余件。通过本项目，医院建筑面积从 8830 平方米增至 30436 平方米，开放床位由 210 张增加到 499 张。各科室引进先进技术，高难度手术陆续开展，微创手术占比明显提高。

智慧医疗快捷方便，该院全面实现医疗数字化管理后，真正实现了"让信息多跑路，让患者少走腿"。门诊"一站式"自助机器服务、手机充电桩、无卡就医、手机支付、线上查询预约等信息化智能服务，让患者就医极其方便。

2018 年以来，医院相继成功创建了二级甲等综合医院、河南省健康促进示范医院、河南省爱婴医院。获批河南省助理全科医师培训基地、国家级安宁疗护试点单位和国家级"敬老文明号"称号。赢得濮阳市文明单位、濮阳市"青年文明号"、濮阳市先进党委、濮阳市第一批无烟党政机关、濮阳市平安建设先进单位、濮阳市抗击新冠肺炎疫情优秀集体等多项荣誉。

四、党建引领、医院文化建设不断深入

医院党委始终坚持把从严治党工作放在首位，以党建促业务，以党建促发展。以党委理论中心组学习、"三会一课"、主题党日等为主要载体，做好常态化思政教育。将学习习近平新时代中国特色社会主义思想和习近平总书记系列重要讲话精神，学习党中央、国家卫健委和省委重大决策部署、重要会议和文件精神作为党组织会议"第一议题"。

抓牢意识形态领导权、主动权。明确党委意识形态工作主体责任，分管领导"一岗双责"和各支部书记第一责任人责任。"七一"期间，党委书记李铁军带头讲党课，党委班子成员分别为所在党支部党员讲党课，教育党员干部坚守初心使命，强化责任担当，争做优秀党员。

签订党风廉政建设暨纠风工作责任书。出台《职工违规违纪处罚规定》《医疗服务及收费社会监督和有奖举报制度》《投诉管理办法》等制度规定，约束从业行为。重大节假日召开廉政恳谈和党风廉政专题会议，开展"以案促改"专项活动，开展党员干部廉洁家庭建设，增强党员干部遵规守纪和廉洁自律意识。

在负一楼打造阵地建设，开展特色鲜明、形式多样的学习教育。利用医院微信公众号，开设"党史上的今天""红色声音馆——党史故事我来讲"等专栏。到市烈士陵园拜谒先烈，举办主题演讲比赛，观看主旋律电影，专题教育片，开展"我为群众办实事"等实践活动。

为落实省十一次党代会、市八次党代会的重要举措，医院组织党员干部开启"夜校大课堂""夜校大讨论"，力求打造一只信念过硬、政治过硬、责任过硬、能力过硬、作风过硬的党员干部队伍，为医院高质量发展提供坚强有力的组织保证。

五、建设儿童医院并转型发展，奋力开创医院新局面

2020 年 12 月 18 日，濮阳市儿童医院在濮阳市第三人民医院成立揭牌，结束了濮阳市没有独立儿童医院的历史。

为高位谋划、高标准建设濮阳市儿童医院，李铁军书记和高德山院长亲自带领班子成员、中层干部到上级儿童医院考察学习，充分运用联盟平台优势，在人才储备、学科建设上与北京儿童医院、上海市儿童医院、河南省儿童医院等合作……

"尽管我们医院在当下和今后一个时期存在着许多问题和困难，我们各项工作任重道远，但我们医院领导班子有决心、有信心团结带领全院干部职工，在市委、市政府、市卫健委党组正确领导下，不惧风雨、不畏艰难，以更大的信心和勇气，以转型建设为契机，创新思想观念，探索医院管理新模式、新路径，努力办好人民满意的医院。"濮阳市第三人民医院党委书记李铁军如是说。

依托濮阳市第三人民医院建设濮阳市儿童医院，是濮阳市作为全国医改试点市，深化医改、整合资源的重要举措。这是濮阳市第三人民医院走上特色发展的新路径，是濮阳市第三人民医院走专科化、特色化道路的转折点和里程碑，更是一次历史的机遇和转型发展的契机。

以党建为引领　促医院之发展

甘肃省阿克塞县人民医院　杨铁柱

阿克塞县人民医院2021年工作以习近平新时代中国特色社会主义思想为指导，深入学习贯彻落实党的十九大及十九届历次全会精神，开展公立医院改革等工作，在提高医疗质量、深化优质服务、确保医疗安全、创建平安医院等方面，取得了实效。

一、党风廉政情况

县医院领导班子始终注重加强党性修养，坚定共产主义理想和中国特色社会主义信念不动摇，坚持以习近平新时代中国特色社会主义思想为指导，深入贯彻落实党的十九大和十九届历次全会精神，在事关方向、事关原则的重大问题上立场坚定、旗帜鲜明，在政治上、思想上、行动上始终与党中央保持高度一致。

县医院领导班子能够自觉遵守民主集中制原则，坚持重大工作会议决定。班子成员认真执行县委、县政府的决策部署，自觉接受群众监督，坚持一切决策以有利于医院又好又快发展为出发点，互相沟通，积极配合。

县医院领导班子认真落实党风廉政建设责任制，班子成员模范遵守廉洁自律的各项规定，领导班子主要负责人切实履行反腐倡廉建设第一责任人职责，进一步完善了领导班子的议事规则、决策范围和决策程序，通过设置党务、院务公开专栏、电子显示屏等平台，对事关医院建设的重大问题、职工关注的人、财、物管理使用等院务、财务问题实行公开公示，增加了医院工作的透明度，做到了公开、公正、公平。

二、重点专科建设方面

根据县域居民诊疗需求、近三年县域外转诊率排名等因素，综合确定我院薄弱专科。同时根据实际情况需要，重点加强儿科、妇产科、康复医学科、传染性疾病科等学科建设。通过改善硬件条件、引进专业技术人才、开展适宜技术、加强与医联体上级医院合作等措施，补齐以上薄弱专科能力短板。加强急诊科建设，提升对急危患者的抢救与转运能力。

依托目前新购置大中型先进医疗设备搭建技术平台，进一步加强临床及其支撑学科建设。加强检验科、影像科、胃肠镜室等学科建设，提升疑难、危急重症疾病诊断、治疗能力。加强手术室建设，配置相应的设备设施，开展适宜的手术操作技术项目，提升手术操作技术能力。

通过积极培养或引进与重点学科建设相适应的学科带头人或技术骨干，建设更趋合理的学科队伍，建立良好的内部运行管理机制，营造科学技术发展的氛围。重点学科购置相应专科设备，搭建辐射平台，形成技术精湛、服务优良、设备完善、以诊治疑难病为重点，具备较强的解决本学科疑难、复杂、危重病症能力；具有对本学科关键技术、方法消化吸收和创新的能力；具有研究开发通用医学适宜技术的能力，并能加以优化和推广应用。

通过"双轨并行、双向培养"行动对口支援帮扶及医联体、专科（技术）联盟作用，每个学科培养一支独立的学科团队，至少培养4—5名业务骨干。通过接受远程教学、远程会诊、远程指导，邀请上级专家蹲点等形式，增加适宜技术实训等多种形式。

三、医疗安全方面

县医院不断提升医疗服务质量，确保医疗安全。认真执行各项医疗核心制度，规范服务流程，优化诊疗环境，为患者提供及时、方便、安全和人性化的医疗服务。改善服务态度，牢固树立"以病人为中心"的服务理念，不断提高医疗服务满意度。坚持预防在先、发现在早、处置在小的原则，加强医患沟通，以患者的需要为出发点，着力为患者解决问题。结合"平安医院"创建工作，切实加强医院基础医疗质量管理，落实各项医疗核心工作制度和安全措施，确保医疗仪器设备合理、安全使用，避免发生医疗差错和事故。加强药品、医疗器械采购、储存、使用质量的监督管理，杜绝非医疗行为引发的医患纠纷。严格技术准入制度，规范医疗执业和医疗收费行为，坚持合理检查、合理治疗、合理用药，切实减轻患者医药费用负担。

在今后的工作中，医院班子要充分发挥把方向、管大局、作决策、促改革、保落实的领导作用，坚持党建引领助推医疗服务高质量、高水平发展，全力保障老百姓身体健康。

以信念坚守初心　用奋斗诠释使命

四川省遂宁市船山区第二人民医院

近年来，船山二院紧紧围绕习近平总书记"继续探索、走在前头"的殷殷嘱托，严格按照市、区要求，着力突出"实"字导向，融入中心工作、坚持分类指导、不断开拓创新、打造特色品牌，坚持以"不忘初心、牢记使命"为信念，以实现"健康船山"为目标。

一、深化党建工作，加强体系建设

一是牢固政治意识。学习贯彻习近平新时代中国特色社会主义思想和党的十九大及十九届历次全会精神。坚持以全面从严治党统领全局工作，不断增强"四个意识"、坚定"四个自信"、做到"两个维护"，构建起完善的党建责任体系。

二是落实"三基"建设。开展"三会一课"规定动作，推进党建带队建强业务自选动作。严格抓好发展党员工作。按照"成熟一个、发展一个"原则，2021年院内发展预备党员12名，入党积极分子2名。

三是开展以"学党史、悟初心、担使命"为主题的庆祝建党100周年系列活动。承办"学党史·红诗献给党"经典朗诵比赛，参加"学百年党史·建书香卫健"书画摄影评选活动、"学党史·颂党恩"唱红歌比赛、组织"平凡岗位不平凡人生"主题评选活动。利用支部班子讲党课，领学《百年党史告诉我们"六个为什么"》，激发全体党员奋发有为、爱岗敬业的精神。组织医院党员开展"学党史、忆初心"现场教学活动，参观重庆"渣滓洞"红色教育基地，让党员对那段艰苦岁月更加刻骨铭心，对来之不易的和平环境和幸福生活更加倍感珍惜，让党性教育内化于心、触及思想、触动灵魂。

二、抓实体制改革、优化医疗资源

一是全面落实医疗体制改革。整合龙凤、老池、复桥卫生院建立遂宁市船山区中医医疗健康集团医院试点，实现了六个一体化（即人、财、物一体化，管理一体化，检查项目一体化，医疗质量一体化，继教一体化，医院文化一体化）；2021年医疗业务稳步增长，门诊达63539人次，同比增长6.3%；龙凤院区中级职称及以上医师每周到复兴、老池院区交流指导、坐诊、查房等，共查房102次、坐诊122次、培新7人、义诊30次、上转病人次数50人、下转病人次数 62 人，检查人次数 1457 人、送检数 1602 余人次。

二是优化资源配置，着力专科建设。重点稳定发展了综合内外、儿科、癌痛示范病房，打造以慢性病管理、儿童保健中心、微创手术为特色的医疗院区；拓展"中医康复专科"品牌；提升"中医保健"品牌；打造"中医专科专病"品牌，争创中医省级重点专科多元化的学科品牌发展之路。

三、推进公共卫生、务实民生工程

一是基本公共卫生服务项目。2021 年，居民健康档案共计 65304 人，建档率为 94%，开展健康教育讲座 32 次，公众健康咨询 24 场；累计发放各类健康教育宣传印刷资料共 37660 余份，受教人数约 5764 人。为辖区 65 岁以上老年人 8015 人次提供免费体检、共计接受老年人健康管理 5335 人，老年人健康管理率为 66.56%；接受中医药健康管理 5209 人，中医药健康管理率为 64.99%。登记在册在管高血压患者 4286 例，规范管理 3456 例，高血压患者规范管理率为 80.63%，登记在册在管 2 型糖尿病患者 1637 例，规范管理 1316 例，糖尿病患者规范管理率为 80.39%。登记在册的确诊严重精神障碍患者共计 390 例，死亡 44 人，其中：龙凤 297 例，复桥 93 例；目前共计在管 337 例，非在管 10 例，无失访患者，严重精神障碍患者健康管理率为 97.39%；规范管理 222 人，规范管理率为 65.88%；服药患者 242 例，患者服药率 71.81%。辖区常住 0—6 岁儿童 3061 人（龙凤 2295 人，复桥 766 人），接受健康管理 2905 人（龙凤 2188 人，复桥 717 人），健康管理率为 94.90%。完成艾滋病初筛 16167 人，初筛阳性 73 人，确诊 27 例，确诊人员均追踪管理到位；现登记在册艾滋病病毒感染 215 例，其中：规范管理并在治疗 207 例，未治（含脱失、失访人员）8 例；感染育龄妇女 14 例，在治 14 例，无未治失访人员；感染单阳家庭 25 例，配偶检测 25 例；死亡 8 例，转出 2 例；育龄妇女及男单配偶中未监测到妊娠妇女。

二是家庭医生签约服务。成立了家庭医生签约服务小组，目前辖区常住人口签约 4424 人，签约率 8.6%，重点人群签约率 6.0%。在辖区内推行"健康存折"，发放健康存折 2770 余户，健康积分礼品兑换 1000 余人份，让医疗渗透到基本公共卫生服务中，形成了"未病早防治，小病就近看，大病专家看，慢性病有管理，转诊帮对接"的防治体系。

四、创新宣传思路，打造特色品牌

一是建立通讯员团队。结合三院区通讯员，打造独特外宣团队，跟进院内实事情况第一时间报道、舆论紧急处理。

二是打造医院特色宣传和品牌。制定外宣制度，每月各科室定期上报信息，以新闻热点进行发表，并及时联系各媒体进行宣传。通过健康存折、家庭医生、抖音宣传、唱山歌录制、中医防疫香囊等系列亮点获得媒体的一致好评。

今后，船山二院将继续以新时代卫生健康工作方针，持续推动医院高质量发展，坚持以习近平新时代中国特色社会主义思想为指导，继续深入践行"不忘初心、牢记使命"主题教育，为实现"健康船山"努力奋斗！

党建引领打造更有温度的医院

山西省临汾市人民医院

走进市人民医院之前，患者王文珍心怀隐忧：住院办理会不会很复杂？手续流程会不会很烦琐？检查化验会不会很耗时？……但很快，她心中的忧虑就被温暖所取代，"就诊方便、检查高效、手续简单，短短两个小时，我就入住病房，等着医生根据检查结果来安排手术"。

王文珍心态上的变化，也是许多患者的切身感受。得益于市人民医院启动的"预住院"模式，越来越多的患者体验到更加高效、更加便捷、更加省心的就医过程。

优化预约诊疗、启动"预住院"模式、提升病房服务水平、疏通"急诊不急"……2021年以来，市人民医院以"学党史、悟思想、办实事、开新局"为引领，知责思进、高位推动，高标准谋划制定了"我为群众办实事"实施方案，推出一批为民、利民、惠民的实招硬招，让广大患者享受到更为便捷高效的医疗卫生服务。

这是"以患者为中心"的直接体现，一切举措都围绕着患者的急点难点盼点；这是坚守为民初心的医者大爱，用心用力来打造人民满意的公立医院。

一、疏通堵点，让就医更快捷

曾几何时，市人民医院的急诊医学科人满为患，许多患者不分急病缓病、大病小病，为了及时得到治疗纷纷涌向急诊。彼时，医生疲于奔命，患者怨声载道，不仅浪费了有限的急诊资源，甚至堵塞了宝贵的急诊通道，形成"急诊不急"的弊端。

市人民医院将打通急诊通道作为破冰之举，在流程上发力，通过区分疾病的轻重缓急实现了分级就诊，有效打破了急诊医学科"人满为患"的痛点，进一步完善了急诊绿色通道。

2021年4月，患者任女士因呼吸困难来到市人民医院就诊，医生经过心电图检查发现其为急性心梗，立即开启绿色通道将任女士送往急诊医学科，将她从生死线上拉了回来；2021年9月，53岁的患者刘先生在市人民医院就诊时突然晕倒，值班医护人员立即将其送往急诊医学科，面对刘先生突发室颤的危急情况，主任医师毛崇涛立即启动急救应急程序，采取了呼吸机辅助呼吸、电除颤等一系列措施，挽回了刘先生的生命。

在打造分级诊疗流程和完善绿色通道基础上，急诊医学科还成立了八大救治中心，就胸痛、卒中、创伤、高危孕产妇、新生儿、中毒、出血、腹痛疾病进行专科医联体建设，通过全市医联平台实现了和县级医院的 24 小时联动，提前对全市各地危重病人的病例信息进行线上传输，可为接诊危重患者做好充足的前期准备。

在患者到达市人民医院之前，县级医院可将急危重患者心电图、症状、体征、化验单等信息上传到微信群中，市人民医院的值班医生通过快速诊断鉴别并做好手术准备，真正做到了"患者未到，信息先到；病人未至，医生先行"。

一个纵向到底、上下贯通的医联体模式，实现了救治危急重症病人的无缝衔接。如今，医联体建设更是快马加鞭，市人民医院派出一批又一批骨干技术人员，下沉一线、走进基层，为患者的生命安全筑起一道坚实的屏障。

二、细化统筹，让服务更贴心

"单独做核酸检测在哪里预约排队？""我想挂消化科，做治疗检查还需要重新排队缴费吗？""打印检查报告该怎么走？""我想借用轮椅，怎么办理？"……昔日的市人民医院门诊大厅，患者熙熙攘攘，各式各样的问题，涌向每一位身着白大褂的医护人员。

就诊方便、避免奔波，办事高效、减少排队——这既是患者和家属的迫切期盼，也是市人民医院提升服务质量的主阵地，更是有效减少人员聚集满足疫情防控常态化要求的第一要务。

市人民医院从优化门诊服务入手，在做好现场挂号服务的同时，拓展了线上挂号、预约挂号等渠道。如今，越来越多的患者采取了更为高效快捷的挂号方式，有的患者选择在微信公众平台搜索"临汾市人民医院"，手指轻轻一点就成功挂号；有的患者选择在自助设备上挂号，仅需一张身份证即可成功办理。门诊部护士长郭新荣说："患者就诊时如需做相关检查，还能在诊室内实现线上的'诊间支付'，避免了重复排队。"

在门诊区的综合服务窗口，曾经分散设立的住院病历打印、医保咨询、健康证明等窗口已经整合集中，实现了"一站式办理"。门诊区有专门设立的自助售货机、自助复印和打印机、自助检查报告打印机。收费物价科高级会计师李兴平表示，医院还通过推出智慧医院服务号，规范、优化了职能科室文件审批、签字盖章等工作流程，整合办公系统，简化审批程序，推出了"电子签名""电子公章"。现下，所有涉及患者审批的事项、审批流程能简则简，工作效率提高了，患者的就医体验就提升了，"让群众少跑路"的工作目标就实现了。

在市人民医院的窗口部门、发热门诊、核酸检测点，党员先锋岗成为一道靓丽的风景，党员们佩戴党徽、坚守岗位、主动服务，把温暖送给每一位需要的患者；在门诊大厅的各个窗口、自助机旁、导诊台前，许多行动不便、无人陪护的患者身边总有志愿者陪伴，这些"红马甲"们或替患者跑腿，或帮患者办理手续，为患者就诊往来奔波。

志愿服务也成为市人民医院展示形象、惠及民生的一个品牌。2021 年以来，全院开展志愿服务 76 次，累计派出医疗、护理人员 1000 余人次，深入社区、乡镇开展疫苗接种、义诊、急救知识现场教学等志愿服务，受惠群众超过 2.5 万余人。

如今，市人民医院启动的"互联网＋护理服务"也在有序推进，这项举措为高龄老人、行动不便患者、小儿患者等特殊病人提供基础护理、皮肤护理、妇产护理、标本采集、导管护理、小儿护理6项上门护理服务。"这6项护理服务安全性较高，是患者需求较高的服务项目。患者们通过登录医院微信公众号进入'网约护士'后，按需求选择服务项目，填写相关信息下单。经平台验证通过，患者就能收到订单预约成功的短信。"护理部负责人任丽英介绍。

对于"网约护士"的费用问题，市人民医院也晒出"明白账"，让网约患者消费心中有数。任丽英说："下一步，我们将持续升级'网约服务'，让医疗服务变得像超市一样，让患者求医问药更加轻松便捷。"

三、多措并举，让住院更暖心

在很多人的印象中，住院是一件麻烦事：做检查要耗费不少时间，办理住院要排长队，做手术需要等待床位，住院时间又和花费息息相关……

以"缩减住院时间，降低患者费用"为目标，市人民医院优化设计院前管理工作流程图，设立"预住院"服务中心，组织护理、医务、门诊、收费物价等部室通力配合，在11月全面启动了"预住院"模式。在该模式下，医生通过综合评价患者的住院指征、病情，能够合理选择手术时间，为患者办理预住院手续。

"患者在门诊就诊时，医生下医嘱进行入院检查，辅医全程陪同。与此同时，我们结合科室的床位情况进行宏观调配，打破了床位管理的科室壁垒。""预住院"服务中心负责人贾艳说："该模式充分释放了医疗资源潜力，解决了病人的住院难题，能够让急危重症病人尽快入院治疗，这项举措实实在在为患者解了难题。"

患有咽喉疾病的市民薛江南就是"预住院"模式的受益者。11月下旬，经耳鼻喉头颈外科医生诊断，薛江南的病情需要进行微创手术，当即她就办理了"预住院"手续，在入院当天完成相关检查，第3天接受手术治疗，通过医学观察后，第4天就顺利出院。

贾艳说："以前，患者入院后才进行检查、评估、制订方案。如今，患者的术前检查提前进行，减少了在院时间，降低了医疗费用。启动'预住院'模式，给患者带来的便利、高效显而易见。"

四、精细管理，让就医更舒心

阳光投射进病房，病床间散落着几分柔和、几分暖意，病房外的走廊干净整洁，护士们迈着轻快的步伐走进病房……12月6日上午，市人民医院住院部的肝胆外科病区，一派安然静谧的景象。

每个病床的床头都贴有二维码，患者用手机"扫一扫"就能马上学习肝胆疾病方面的健康常识，护士们在病人的入院、住院、出院全流程中关注细节，把优质护理落实到方方面面。

病房服务的好与差，直接关乎住院患者的就医体验。市人民医院以患者为本，持续提高病房服务的水平和质量，在各科室内开展了 6S 管理模式，实行"医护一体化管理"。组织所有护理人员学习健康宣教和患者出院后的延伸护理服务，给予患者精神上的呵护和行为方式上的指导。患者张丽说："我在这里住院一周，不论有什么需要，医护人员都尽心尽力给予帮助。"患者王华说："住院之初，我的心理负担很大，护士们非常细心，留意到我的情绪后，多次对我进行宽心疏导。"

市人民医院每年都会对病区进行优化改造，为患者和家属营造更好的就医环境。手术室外的家属等候区变化很大，从曾经仅有几排长椅，到如今齐备的水房、超市、免费 Wi-Fi 以及家属专用座椅、塑胶地板，每一个细节都彰显匠心。

五、温情倾听，让服务更走心

时下，一场以"不断改善医疗服务，提升患者满意度"为目标的医患大走访活动正在市人民医院火热推进中。走进医院的服务患者办公室，工作人员异常繁忙，有的在收纳患者建议，有的在与患者进行交流，有的在医患沟通平台回复……

该办公室主任于小凤说："医院 8 个领导班子成员，每月带组分区域到全院临床医技科室，通过行政月查房、发放医德医风直通卡等方式，收集临床医技科室患者反映问题 478 条，已解决 211 条；职能科室常态化开展'零距离'走访活动，今年累计走访患者 11113 人次，收集意见建议 1183 条；向 25571 名患者发出短信征求意见，满意度达到 99.13%。"

尤其是在最近一次全省住院患者满意度调查中，市人民医院的门诊、急诊、住院、职工满意度均排在全省第一方阵。

"把病人当家人，用服务暖人心。大家都在用心、用情、用力、用爱守护患者。"于小凤表示，为提高服务的"含金量"，该院专门成立了患者服务中心，他们认真倾听患者的需求，倾尽所能让患者满意。

如今，坐落在汾河岸畔的市人民医院，凭借精湛的医术、优良的作风、优质的服务，得到了广大患者和家属的高度信任，得到了社会各界的广泛赞誉。

雄关漫道真如铁，而今迈步从头越。市人民医院党委书记黄新升表示："让患者满意，是我们不懈的追求和永恒的目标。近年来，我院坚持以党的建设为引领，不断强化基层组织战斗力，尤其是今年，我们以党史学习教育为契机，坚持党建带群建，不断创新服务模式，将党史学习教育和业务工作深度融合，真正发挥党员先锋作用，全员争做医者仁心的践行者、人民健康的守护者、高质量发展的推动者，进一步提高了服务能力和服务水平。未来五年，我们将围绕建设省级区域医疗中心的目标，不断进取、努力突破，全面提高医疗质量，为我市全方位推动高质量发展贡献医疗卫生力量！"

打通服务百姓最后"一米"

湖南省株洲市人民医院

株洲市人民医院为了优化新时代党建，打造新时代党建品牌，突出发挥医院党建工作服务效能，激发红色引领的强大活力，实施以党建工作为龙头、以为民服务为支点的"红色健康驿站"建设，通过辐射式布局和"驿站式"党员服务方式，大力打造党建"同心圆"，为群众提供高质量的健康教育、健康咨询、健康干预和慢性病防控等服务。

一、因地制宜建平台，"红色驿站"遍地开花

株洲市人民医院为株洲市荷塘区区域医疗中心，辖区共有32个居委会，28个村委会，每个居委会、村委会都有党群服务中心，而提供健康服务的社区卫生服务中心及卫生院共7家。这些社区卫生服务中心及卫生院离各个小区、村较远，居民办事不方便，为了让大家办事方便、少跑路，医院组织各支部积极探索将"红色驿站"向小区、楼宇延伸。按照"因地制宜、合理布局、务实管用、共建共管"原则，摸清居民需求、倾听居民意见，哪里有需要红色驿站就建在哪里，哪里人员密集红色驿站就进哪里。荷塘铺村"红色健康驿站"，是株洲市第一个"健康红色驿站"。每周的专家坐诊活动，都会吸引不少老年人前来就诊。与金轮商场支部实行共建后，他们将休息室改造成了如今的"红色健康驿站"。各支部利用医院优势与荷塘区各居委会进行共建，有的新建，有的改建，不拘一格建设"红色健康驿站"。只统一标识名称、统一目的性质，不统一建设面积、不统一功能设置，突出个性定制，一站一特色。在荷塘区共建成"红色健康驿站"22个。

二、党员下沉"红色健康驿站"，贴心为民排忧解难

荷塘区的"红色健康驿站"，如雨后春笋般迅速发展起来，但是，要真正解决居民群众的大事小情、烦心事，还需要把各类党组织、党员的力量聚合起来，下沉到驿站。"红色健康驿站"推动党员走进患者心里，为患者提供便利的服务，倾听患者内心的话语，这是对诊疗过程的有效补充，更是将人文关怀与医疗工作相结合，将每一份微小的"红色力量"都汇聚在一起。医务人员主动为老年人开展免费测量血糖、血压，开展健康咨询、知识讲座，让驿站成为老人健康养护的"加油站"；190余位党员专家热情地提供义诊服务，免费测血压血糖、入户做心电图、

送药品。自驿站设置以来，共开展专家坐诊 320 人次，健康讲座 102 次，上门访视 280 人次，测量血压、血糖 4800 人次，健康咨询 4800 人次，心电图 100 余人次，免费发放药品 3000 余元，让老百姓不出家门享受大型医院就诊待遇，切实提高群众获得感。医院"红色健康驿站"活动秉承"服务群众、服务基层、服务社会、服务发展"的服务宗旨，通过辐射式布局和"驿站式"党团服务方式，切实发挥党支部战斗堡垒作用及党员先锋模范作用。把红色服务做到群众心坎上，让老百姓不出家门享受大型医院就诊待遇。院党委还将根据各社区情况逐步建立"先锋党员名医工作室"，开设"党群健康讲堂"，将"红色健康驿站"努力打造成党群工作的宣传站、代办事务的工作站、帮扶解难的服务站，让党史学习教育充满民生温度，助推民生实事落地见效。

三、"红色健康驿站"让城市更温暖

坚持党建引领，是加强和创新社区治理的关键。建设"红色健康驿站"，有效发挥了党组织和党员示范带动作用，以党建"绣花针"穿起千条线，激活基层治理"神经末梢"，把"红色健康驿站"建设成为党建引领城市基层治理的坚强阵地和凝聚党员群众的共享家园，做到"办事不出小区，健康就在门口"，不断提升群众获得感、幸福感和安全感。"红色健康驿站"实现了社区党建和服务的空间扩展和资源整合。

聚是一团火，散是满天星。通过党建引领、党员示范、群众响应，形成了全院党员与社区党员参与共建共治。通过"1+3+X"社区健康服务新模式，引导多方共同参与，提供专业的健康综合服务，打造一个"贴近老年群体、面向社区居民、服务项目齐全、就近快捷便利"的红色健康驿站。随着党史学习教育不断深入，医院把"我为群众办实事"实践活动融入日常工作中，针对部分高龄、行动不便老人，为他们送去医院的关怀和医院的健康服务举措。虽然入户访视，常常需要花上好几个小时，才能完成对几名行动不便老人的整个服务过程，经常延误下班时间，但支部党员们带去的服务举措没有变，老人家属回报的笑容没有变。每次访视过后，总是能听到老人们对医院及对党员同志的真诚感谢。截至目前共为辖区 100 余名 65 周岁及以上老年人提供免费接送健康访视服务。简介的流程、完善的项目、贴心的服务得到老人们的一致"点赞"。

如今，荷塘区将"红色健康驿站"打造成群众家门口的"实践阵地"，让学史明理、学史增信、学史崇德、学史力行的氛围越来越浓厚，不论是在"驿站"读党史、感党恩，说感想、谈收获，还是提供形式多样的便民服务，"接地气"的党史学习教育，带来的是"聚人心"的实践行动。

我们将继续坚持党建引领基层社会治理，因地制宜建平台，突出红色底色，激活神经末梢，进一步提升居民的满意度和获得感。

紧密型县域医共体
打通医联、医共体上下联动　推动医院高质量发展

青海省贵德县人民医院　索南昂秀

为进一步调整优化医疗资源结构布局，促进医疗卫生工作重心下移和资源下沉，发挥省内紧密型医联体示范引领作用，全面提升贵德县人民医院医疗服务能力，2019 年 9 月 11 日，在青海省卫生健康委和海南州委、州政府和州卫健委的大力支持下，贵德县委、县政府通盘考虑，根据省卫健委《关于同意青海省人民医院与贵德县人民医院建设紧密性医疗联合体的批复》的精神，青海省人民医院与贵德县人民政府缔结"院府合作"模式的紧密型医联体，并签订了为期三年的战略合作协议，2019 年 11 月结合贵德实际，在充分调研论证的基础上，经报县委、县政府批准同意，县卫生健康局组织实施贵德县紧密型县域医共体，医共体以县人民医院为医疗服务主体，以县疾控中心和妇计中心为公共卫生服务主体与县域内 9 所乡镇卫生院及 134 家村卫生室共同组建自上而下、以点带面的县域区域医疗卫生服务共同体。

一、主要做法

一是建设医共体医学检验中心、医学影像中心、心电诊断中心、超声医学中心和疑难病诊断中心，医共体内各医疗机构分工协作、资源共享。二是建立上下医疗机构间的转诊绿色通道，对通过基层转诊到县医院的患者，简化手续、提高效率，落实优先看病、优先检查、优先住院等特殊待遇，落实基层首诊的政策。三是成立了医共体内医疗质量管理中心、药事管理中心、医保基金管理等十大中心，明确各管理中心人员分工及工作职责。四是开展"季度 + 日常"医疗质量与安全管理工作督导检查，以"现场检查、现场反馈、专人负责落实"方式，坚持问题导向，各负其责，推动整改落实，全年对各成员单位开展 4 次综合督导检查，8 次日常指导检查，综合提升医疗服务能力。

二、取得的成效

总院创新性开展实行"一科包一院"的帮扶机制，"技术跑路、量体裁衣、能力提升"，打造"总院科室 + 分院""大手拉小手"新合作模式。坚持常态化按需帮扶、点单帮扶，促进联点帮扶由"输血"向"造血"转变。逐步完善县乡双向转诊秩序，对医共体分院及村卫生室

转诊患者实行优先就诊、优先检查、优先住院手术的"三优先"政策。

组建了巡回医疗队，建立"师带徒"关系。分批深入乡镇、村开展巡诊活动，选派一批医护人员作为业务驻点骨干人员，通过坐诊、讲座、查房等多种形式提高基层医疗服务能力。扎实推进医共体的建设与发展，将工作落实到实处，不走形式不走样，为推进贵德县医疗事业的发展做出应有的贡献。

互联网医院为患者提供方便快捷服务

江西省宜春市人民医院

为创新服务模式、提高服务效率、降低服务成本、更加高效快捷地服务广大患者，宜春市人民医院积极贯彻落实"互联网＋医疗服务"的相关决策，依托强大的信息技术支持和智慧医疗体系，在互联网医院建设上做到了早谋划、早部署、早落实，成为江西省首批十三所获得互联网医院牌照的医疗机构之一，医院"持证上岗"全面开展互联网医疗服务。

互联网医疗打破了患者看病咨询必须到医院的限制，让患者能利用互联网随时随地向专业医生咨询，突破了传统医疗的局限性，宜春市人民医院互联网医院具有如下优势。

一、实现一站式全流程线上就医服务

患者可以通过使用互联网医院提供的问诊（复诊）、平台分诊、医生确诊、医生开处方、患者缴费、线下药品配送到家等服务完成就诊。患者可以通过互联网医院进行就诊，如果需要检查检验治疗，可以直接通过线上平台进行预约，到了预约的时间，直接到线下医院就诊。宜春市人民医院互联网医院是基于宜春市人民医院线下医院搭建的，通过线上线下联动的模式，可以更好地服务于患者。

二、实现患者在家就医

基于对互联网技术在医疗服务的应用的高度重视，宜春人民医院自2019年起就专门组织人员，开展了互联网医院建设的研究和探索。现已部署在线咨询、在线复诊、药品配送和远程会诊等服务功能，优化看病流程，改善就诊体验，方便医患互动，让患者不出家门就可享受到优质的医疗健康服务。

三、提升复诊与慢病患者就诊体验

由于慢性病患者需要定期复诊和长期服药治疗，受处方量等因素的限制，患者或者家人需要多次往返医院问诊寻方，耗费大量的时间和精力。互联网医院不仅节约了患者以及家属们的就诊时间，还减少了患者来回奔波的次数。互联网医院在线复诊和医药云将成为患者和医生的链接渠道，患者无须上门买药，可直接网上开药，通过快递方式在家里收到需要的药物。对于一些行动不便的患者，互联网医院在免去其舟车劳顿之苦的同时，也更有利于患者的健康恢复。

四、医患沟通方便快捷

患者进入"宜春市人民医院互联网医院"小程序，可随时随地发起"在线复诊""在线咨询"等就医申请。医生利用碎片化或休息时间，完成患者上线就诊订单，在预约时间内接诊，医患双方可在 24 小时内在线互动沟通。还可为复诊患者提供"电子处方 + 药品配送到家"便捷的线上就医服务，患者在家即可就医拿药。

宜春市人民医院互联网医院，以线下优质医疗资源为有力支撑，以微信小程序"宜春市人民医院 +"为承载平台，严格按照江西省各项政策规定建设和管理互联网医院，于 2021 年 11 月开始初步试运行，如今已全面启动上线。组织了 200 余名高年资医师上线，初期面向患者开通了 17 个线上诊疗科目、16 个临床科室线上诊疗服务。目前小程序已累计访问量 2.05 万人次，医生可正常有序地开展线下、线上医疗服务工作。

接下来，宜春市人民医院将加快推进互联网医院建设和运营，在实现在线复诊、电子处方流转、远程会诊等互联网医院基础服务的同时，从慢性病管理（开化验单、检查、住院卡等）出发，积极拓展医疗团队问诊、护理照护、营养膳食等延伸功能，不断丰富互联网医院的服务内容，全面实现互联网 + 诊疗、互联网 + 护理、智慧医疗支付、电子发票、在线开具检验检查、健康管理、云课堂等各项便民的医疗服务，扩大影响力和辐射范围，让"信息多跑路，百姓少跑腿"，满足不同患者的就诊需求，以实际行动服务于民，不断改善患者就医体验，切实为宜春人民健康福祉做出更大贡献。

不忘初心促发展　凝心聚力谱新篇

河北省雄县医院

雄县医院始建于 1949 年 10 月，伴随着共和国的成长，逐渐由小到大、由弱到强，在激烈的竞争中不断发展壮大，跃上新台阶，现已发展成为集医疗、教学、科研、康复于一体的二级甲等医院。2017 年雄安新区成立，医院沐浴着新时代最强劲的春风，创新发展已跃升为开启新征程的最强音。

在院领导班子的带领下，全体干部职工认真学习贯彻党的十九大精神，坚持以习近平新时代中国特色社会主义思想为指导，"不忘初心、牢记使命"紧紧围绕医院中心工作，深化公立医院改革，不断提高医疗服务技术水平，创造了良好的社会效益与经济效益，为推动医院科学发展打下了坚实的基础。2018 年 5 月，河北省委宣传部等 15 个部委联合颁发《河北省先进志愿服务组织》荣誉证书。2020 年 8 月，雄安新区管委会公共服务局颁发"新冠肺炎疫情防控工作优秀单位"荣誉证书；2020 年 10 月 17 日，中共河北省委、河北省人民政府授予"河北省抗击新冠肺炎疫情先进集体"荣誉称号；2021 年 11 月，雄县中长期青年发展规划联席会授予"雄县青年工作杰出单位"荣誉称号。

一、疫情防控常抓不懈，坚守岗位履职尽责

为有效应对新冠肺炎疫情，全体雄医人积极响应，坚持"外防输入、内防扩散"常态化疫情防控不动摇，严格按照院感防控要求落实各项措施，进一步完善各项规章制度，不断提升医务人员疫情防控意识和技能，最大限度地减少交叉感染风险，有序开展疫情防控等各项工作，以责任和担当筑起了疫情防控的"铜墙铁壁"。疫情防控期间，院领导班子带队每天常态化对发热门诊、核酸采样处、预检分诊处、疫苗接种门诊、医护人员及病人和陪护人员的核酸检测落实等疫情防控各项措施进行重点督查。对发现的问题和困难进行现场办公、现场指导、现场解决、现场整改，精准做好常态化疫情防控工作，确保疫情防控措施执行到位。为严格落实重点人群核酸检测"应检尽检"工作，医院定期开展全院职工以及第三方人员的核酸检测工作，确保医疗安全、患者就医安全和医务人员安全。在人员紧张的情况下，多次紧急组建医疗队赴武汉、石家庄支援抗疫，得到了各级领导和当地有关部门的好评。

二、抢抓历史机遇，积极推动学科建设

贯彻落实《河北省"十四五"时期三级医院对口帮扶县级医院的工作方案》要求，进一步促进优质医疗资源下沉，提升医院综合能力水平，为老百姓提供更便捷、优质、高效的卫生健康服务。积极推进"一体系、一平台、五中心"建设（即：医共体服务体系、急救调度指挥平台、危重孕产妇救治中心、危重儿童和新生儿救治中心、卒中中心、胸痛中心、创伤中心）。开展以县医院为龙头，乡镇卫生院为枢纽，村卫生室为基础的县乡一体化管理，构建县、乡、村三级联动的县域医疗服务体系。加快急救调度指挥平台建设，建立快速、科学、合理的急救快速通道，为患者提供安全的急救保障。建立危重孕产妇救治、危重儿童和新生儿救治、卒中、胸痛、创伤五大中心，解决了老百姓"救命"问题。实现小病不出乡村、大病不出县，就医更方便、看病更省钱。

三、实行积分制管理，打造绩效改革新思路

遵循现代化医院管理理念，创新改革绩效管理方法，根据医院实际情况，将原有绩效方案定为自身价值分，绩效积分管理作为社会贡献分，自 2021 年 11 月份开始，全面实行了绩效"积分制"管理，极大地激发了广大职工的工作积极性，抱怨少了，工作更加主动热情，各种活动都能积极参加，管理者不需要再操心没人参加活动而强硬指派，有效地稳定了医护队伍，达到了实现双赢的效果。

四、推进医院文化建设，全面提升医院形象

在医院健康文化建设中，着力打造理念文化、管理文化、科技文化的同时，以"二甲"复评审为契机，促进医院文化建设的不断深化。提高全体职工的基本素质，打造共同价值观。制定了医院文化建设规划，提出了"为人民服务"的宗旨；"以人为本，生命至上"的院训；"为民服务、科技兴院、弘扬正气、团结奋进"的理念；"修德强能，治病救人"的精神；"爱岗敬业，奉献社会"的价值观和"建设成为一所服务优良、环境整洁、技术精湛、管理科学、理念新颖、顺应时代发展、医患关系友好、让群众信得过的综合性医院和现代化区域医疗中心"的愿景。

面向未来，雄县医院将把握时代脉搏，全面加强依法治院，推进医院高质量发展，对标"健康中国"战略，昂首迈出"十四五"规划的矫健步伐，以"闯"的精神、"创"的劲头、"干"的作风，坚持医院创新管理理念，不忘初心，牢记使命，为雄安新区建设、医院的发展和肩负的时代使命做出新的更大贡献。

多举并措 全面提升综合服务能力

福建省漳浦县医院

一、基本情况

漳浦县医院是全县的医疗救护中心，承担并具备医疗、急救、科研、教学、预防、保健、公共卫生等多项任务和服务职能。2018年3月16日，省卫健委发文认定为三级综合医院。

二、工作进展情况与成效

（一）医院基础设施

医院占地面积120亩，总建筑面积86061平方米，核定床位500张，现有床位730张。全院干部职工906人，卫生技术人员816人，高级职称人员92名。医院党委共有4个党支部，党员188人。

医院配备有DSA、1.5T磁共振、64排128层多螺旋CT、高频X光拍片机等达到三级医院标准要求的医疗设备。建设远程手术会诊系统、万级手术空气净化系统。现设有临床科室21个和医技科室13个。建立区域心电诊断中心、医学检验中心、消毒供应中心、医学影像中心、病理诊断中心五大中心。已建设胸痛中心、卒中中心和创伤中心。与省、市级名医建设12个名医工作室。

2021年，新手术室投入使用，手术间由原有8间增至13间；ICU病床由10张增至19张；产房由2间增至4间，并独立设置完善的门诊妇产科手术室。设置规范的发热病房，面积1116平方米。血透室中心建设项目在稳步推进中，血透床位由20张扩增至58张。

（二）医疗服务量及医院运行效率

2021年1—10月医疗服务量及运行效率情况：

医疗收入2.96亿元，比增13.48%；门急诊人数53.46万人次，比增21.36%；出院人数2.85万人次，比增13.10%。

临床路径占比73.26%（≥50%）；按病种付费占比61.38%（≥51%）；平均住院日6.41天（≤6.88天）。药占比28.88%（＜30%）；耗占比10.34%（＜10%）；药耗比39.22%（＜40%）；医疗服务收入占比32.72%（≥32%）；手术台数8451台，比增9.33%。

实际病床使用率94.25%（以实际开放733张病床计算），住院次均费用5857.19元，门诊次均费用 202.29 元。以上数据体现医疗收入结构逐渐优化，经济运行健康良好。

2021 年福建省 194 家公立医院群众满意度我院排名 87 名，同比上升 46 名。

（三）临床专科

医院设置有心血管内科、呼吸内科、神经内科、消化内科、血液内科、普外科、泌尿外科、神经外科、骨科、肿瘤科、妇科、产科、儿科、眼科、耳鼻咽喉科、急诊科、中医科、介入放射治疗科等临床专科。

2020 年，医院妇产科、骨科分别被福建省卫健委评为福建省县级医院临床重点专科建设单位和培育单位。2021 年，心血管内科、泌尿外科获批漳州市临床重点专科建设单位，病理科获批漳州市临床重点专科培育单位。

（四）医疗技术

漳浦县医院长期致力于加强学科建设，提高医疗技术水平，三级医院临床服务能力基本标准达到 92.31％，推荐标准达到 68.03％。被国家卫健委认定为"达标县医院"。在漳州市县级医院中名列前茅。

（五）医院管理

医院实行党委领导下的院长负责制度，院长在党委领导下，全面负责医院医疗、教学、科研、行政管理等工作。医院修订建立完善的医疗、教学、科研、护理、院感、行政管理、后勤保障及财务管理等一系列现代管理制度。建立院科两级的医疗质量安全管理机构和专业队伍，加强医疗质量监管、规范诊疗行为，落实医疗质量安全核心制度，保障医疗安全。

医院实行全面预算管理、成本核算等现代财务管理，设置落实总会计师制度，总会计师协助院长主抓医院财务和经济活动，加强医院运营管理工作。

医院实行工作总额核定下工分制绩效分配管理制度，在全市首次探索运用以疾病诊断和操作相关分组（DRGS）为导向，以资源为基础的相对价值比率（RBRVS）为框架的复合型分配方式。并以计算机软件形式开发应用已实施五年，效果良好。很大程度上提升了医务人员的积极性。

（六）信息化建设

医院信息化建设优化 HIS、电子病历、合理用药、院感及医院分时段医技预约等系统个性化需求。完善心电、病理中心的信息系统建设，并按上级标准要求建设双向分级诊疗、联影影像中心、远程会诊中心等平台。完成三级信息系统安全等级保护建设，并通过福建省网络与信息安全测评中心测评，通过四级电子病历评估。努力提升医院医疗服务能力，改造医院微信公众号，增加线上预约挂号、检验检查报告查询、微信支付、支付宝支付、窗口扫码支付等功能，积极建设互联网＋医院。已完成电子病历应用评级的建设论证和互联互通成熟度四甲的建设调研，实现全院无线网络覆盖；完成云电子胶片建设，优化诊间结算和窗口医保扫码支付结算功能，简化就医流程；积极提供院内院外新冠疫苗接种的信息化技术保障。

三、城乡医院对口支援工作开展情况

厦门大学附属第一医院是我院的对口支援医院，除此之外，医院还与福建医科大学附属第一医院、福建医科大学附属协和医院、福建省肿瘤医院、福建省孟超肝胆医院、福建医科大学附属漳州市医院建立医联体医院。在城乡对口支援医院的帮助下，我院的医疗、护理质量及医院管理水平有了很大的提高。

厦门大学附属第一医院派出数位普外科、妇产科、骨科医师推广宫腔镜、腹腔镜、关节腔镜、椎间孔镜的使用，开展适宜技术，帮助医院在眼科、普外、妇产科、骨科微创技术取得新进展，大大提升我院的医疗技术水平。

提高我院的医院管理水平，使医院管理逐步科学化、制度化、规范化。每年我院派出骨干医师到支援医院学习临床、医技、行政科室的规章制度和管理方法，不断加强我院的内涵建设，提升医院的软实力。

注重骨干医师的进修学习，提高医疗业务水平。近3年，我院总共派出65名骨干医护人员到支援医院进修学习，将其新技术、新理论、新方法带回医院传播，营造良好的学习氛围，让全体医护人员都能养成积极进取、不断钻研技术业务的习惯，为广大群众服务。

医院每年接收各个院校的实习生和见习生，与漳州卫生职业学院院校合作开设"临床医学专业漳浦县医院教学班"，是西医助理全科医师培训基地。

强根铸魂
以高质量党的建设推动医院高质量发展

河北省迁安市人民医院

2021年，迁安市人民医院始终坚持以人民健康为中心，坚持党建引领，党建与业务融合发展，提升医疗服务内涵、深化改革创新发展，忠诚履行职责使命，以主人翁的姿态推动医院发展建设，坚持把党的政治建设摆在首位，把党的建设作为"铸魂"工程和强基固本之策，始终坚持政治统领、"三个融合"，党的领导逐步落实到医院工作和医院队伍建设全过程，使医院党建工作进一步深化，有力地推动了医院高质量发展，开启了"十四五"的新篇章、新局面。

一、把方向、管大局，思想建设工作成果丰硕

医院党委认真组织召开理论中心组学习，深入开展"五聚五看"解放思想大讨论活动，变中求新凝聚思想共识，用全员思想解放推动医院高质量发展，致力打造一支凝聚力强、战斗力强、有温度的迁医队伍。

2021年9月，医院导入成功使者集团《目标支持系统》，从初心使命、管理方法、患者需求、目标制定等多个维度进行系统培训，解放了全院80余名中层管理者的思想禁锢，增添了医院发展的活力与动力。

创新红色教育模式，以党史学习教育和庆祝中国共产党成立100周年为契机，先后开展了红色经典系列读书、传唱红色经典、党史晨读分享、主题党课、党史宣讲、录播《唱支山歌给党听》、红色基地教育等多种形式活动，将党的历史唱出来，读出来、展出来，推动伟大建党精神深入人心。党委高度重视网络阵地建设，紧跟百姓需求、充分联系实际，优化对外宣传矩阵。在《迁医之声》微信公众平台设立"迁医先锋""每周一星""一支部一品牌"栏目，宣传了21名先进党员和28名优秀学科带头人工作事迹以及10个党支部树品牌活动内容，营造了比学赶超的浓厚氛围。从2020年3月起微信公众号设立"一起学党史"专栏，累计推送党史学习内容50余篇。共在国家级媒体刊发稿件20篇、省级媒体刊发稿件10篇、自媒体刊发稿件1344篇，其中《战疫天使白，全力以赴打好疫情防控歼灭战》《我是医生不是神》《唱支山歌给党听》等被"学习强国"采纳播出。我院"迁医之声"公众号，在河北省委网信办组织开展的"新媒体影响力评价和扶持工作"评选中，获得"卫生健康·十佳账号"荣誉称号，为我院党组织建

设提供了思想保证、精神动力和舆论支持，点燃党组织建设"红色引擎"。

二、抓党建、促发展，支部品牌建设逐步推进

深化"党建+"工作内涵，在 187 名党员中围绕"为什么要入党""共产党宗旨是什么"开展主题活动，对初心使命再回顾、再烙印、再加强，把思想教育成果转化为全心全意为患者服务的不竭动力。23 个支部结合各支部品牌特色，深入开展"我为群众办实事"活动，将广大群众"急难愁盼"的医疗保健需求放在心上、落在实处。开展"我为党旗添光彩""感恩心向党、永远跟党走"等义诊活动，将党建与义诊活动有机结合，实现"医疗+党建"双下沉。人民医院 23 个党支部及妇幼 5 个党支部组成"医心向党"志愿服务队，与区域医疗中心党支部结对子，开展培训讲座、业务交流、党建工作互查等活动，被市文明办评为优秀志愿组织。

三、抓制度，强落实，党的作风建设风清气正

医院定期召开党委会议，研究部署全面从严治党、意识形态、作风建设等工作，切实履行主体责任和"一岗双责"，全面从严管党治党氛围日益浓厚。扎实推进现代医院管理制度建设，认真落实党委领导下的院长负责制、双重组织生活等党内各项制度，修订完善《医院党委议事规则》及"三重一大"制度，严格执行"三会一课"、组织生活会、民主评议党员等制度，把党的统一领导落实到医院管理的全过程，召开党委会 40 余次、研究决策重大事项 80 余项、民主评议党员 182 人次、召开党支部书记例会 4 次。按照党员和业务骨干"双培养"机制，经过党组织持续引领和培养，一批骨干医务人员积极向党组织靠拢，全年发展党员 4 人，接收入党积极分子 77 名，使医院处处都有党的组织、都能看到党员模范的身影，在推进医院高质量发展中，真正发挥了党组织的战斗堡垒和党员的先锋模范作用。

奋进映初心　砥砺显党性
党建引领医院高质量发展

河北省张家口市第一医院

在庆祝中国共产党成立 100 周年，深入开展党史学习教育之际，我院党委认真落实"学党史、悟思想、办实事、开新局"的要求，紧扣"学、悟、实、新"关键环节，努力做到"规定动作不走样、自选动作有特色、学习教育走前列"，不断推进学习教育往深里走、往心里走、往实里走。

一、抓学习，重教育，党员干部受洗礼

院党委坚持学习为先、理论先行，切实提高政治判断力、政治领悟力、政治执行力。成立由院党委书记、院长乔春友同志任组长、全体班子成员任副组长的党史学习教育工作领导小组，推进党史学习教育工作。各党支部书记当好第一责任人，紧紧把党史学习教育抓在手中，印发学习教育实施方案，梳理出 8 项工作要点，对每一项任务进行分解，明确时间表、任务书、责任人、路线图，确保所有工作落实到人。

3 月 20 日，医院召开了党史学习教育动员大会，号召党员干部切实把思想和行动统一到党中央决策部署上来，扎实开展党史学习教育。在院门户网站、微信公众号、公开宣传栏设立党史学习教育专题，印发《党史学习教育简报》14 期，组织党支部张贴宣传挂图、悬挂宣传标语、LED 显示屏滚动播放庆祝图片、视频，做到宣传发动全覆盖。

《论中国共产党历史》《毛泽东、邓小平、江泽民、胡锦涛关于中国共产党历史论述摘编》《习近平新时代中国特色社会主义思想学习问答》《中国共产党简史》等指定学习材料。制定下发领导班子和支部学习计划，在医院微信公众号开辟"学党史、悟思想"专栏，近千人次接受教育。

医院先后邀请"沂蒙精神"、市委党校宣讲团成员来院宣讲，600 余名中层以上干部现场聆听；院党委组织专题党课 3 场，500 余名党员干部接受洗礼；组织党员干部赴河北省爱国主义教育基地——晋察冀军区司令部旧址参观学习。利用理论学习中心组、"三会一课"、主题党日、学习强国等载体，党员干部互学共学，相互研讨；组织开展专题研讨、述学评学活动；院级领导深入支部、社区为党员、社区人员、乡镇卫生院院长讲党课；组织法治建设相关培训和机关党建公众号在线竞赛答题，引导党员干部加强日常学习，深化对党史的学习掌握。发放学习资

料共计 10 余种、学习 10 余次、竞赛答题参与度 80%。

二、悟思想，提内涵，队伍建设展新颜

院党委坚持党对医院工作的绝对领导，坚持党委、各党支部、科室三级联动，同时发力，层层抓落实。坚持定期调度党史学习教育工作，特别是"我为群众办实事"主题实践活动，把好事办好、实事办实，赢得广大群众的支持与认可。挖掘医院特色，坚持学用相长，院党委组织开展了党史学习教育征文、诵读、党史知识竞赛、唱红歌比赛和大型义诊活动。

三、小切口，大变化，人民群众享实惠

为全面扎实推进医院服务水平再上新台阶，整合部分职能科室服务职能，成立服务部，做到患者入院有人领、检查有人管、出院有人帮；深化京张医疗合作成果，探索"三大中心"建设合作新路径；优化门诊流程、信息化建设升级步伐加快；开展康复训练营、举办心脏中心论坛、开展微创肺段切除手术等一系列为民服务举措。

在院党委的号召下，各党支部纷纷行动起来，结合支部开展主题党日活动，把党史学习教育的成果转化为工作动力和实效。医院 23 个在职党支部为民办实事共计 30 余件，解决群众堵心事、烦心事 10 余件，培训惠及 2000 余人次。

四、谋新篇，开新局，医院事业得发展

在庆祝党的百年华诞重大时刻和"两个一百年"奋斗目标历史交汇的关键节点，医院抢抓京张医疗卫生协同发展与筹办冬奥会的机遇，先后与北京天坛医院、北京朝阳医院、北京安贞医院共同建立了脑科、呼吸、心脏"三大中心"，取得了丰硕成果，受到了人民群众的高度赞誉，同时也使我院搭上了京津冀医疗事业率先联动发展的高速列车，接诊病人数量年年实现新突破，有效促进了我院的高质量发展，疏解非首都功能成效显著。为践行生命至上、人民至上的宗旨，医院实行"上车即入院"的院前急救、院内急诊、急诊病房、急诊 ICU 四位一体的大急诊管理模式，为患者提供医疗救治绿色通道和一体化综合救治服务。

医院推行"亲情志愿服务"，组建了以籍贯为纽带的 18 支"志愿者亲情服务团队"，258 名有爱心、有责任感的共产党员和青年职工和住院老乡话乡音、解困惑、送服务，使绿色通道关口前移。共服务农村患者五万余人次，服务率 99.31%，有力保障了全市人民的生命健康安全。

院党委研究制定"医疗惠民工程"十项措施和"两免七减"惠民政策、实施 30 种重大疾病专项救治工作、坚持巡回义诊"221"爱心举措、落实"童心救治、老年康养"计划。率先在全省建立互联网医院。目前，已有老年病科、神经内科、心血管内科等 38 个专业 290 名医生在线，辐射我市 6 区 13 县以及内蒙古、山西部分地区，注册会员达到 210473 人，每天都有 3000 余人

次在线问诊开药。

　　党史学习教育基础在学、重点在悟、关键在做。下一步，院党委将始终坚持以习近平新时代中国特色社会主义思想为指导，在市委的坚强领导下，牢记"学史明理、学史增信、学史崇德、学史力行"的目标要求，坚持学党史、悟思想、办实事、开新局，以昂扬姿态奋力开启医院高质量发展新征程，以优异成绩向党的百年华诞献礼！

提升综合服务能力 争创"三级"医院

湖北省京山市人民医院 张玉婷

作为京山市唯一一所集医疗、急救、预防、保健、康复及教学科研中心为一体的二级甲等综合医院，京山市人民医院以保障全市 65 万人口及周边县市（区）人民群众的身体健康为己任，始终秉承"仁者惠人 京医求精"的院训，砥砺奋进，励精图治，不断提升医院综合实力和医疗水平，向着创建三级综合医院的新目标迈进。

一、以人为本，人才建设提升动能

医院科学发展，人才是关键。一直以来，京山市人民医院非常重视人才的培养建设，尤其是三级医院创建启动以来，医院着力引进和培育一批各类高层次人才，打造一支素质高、能力强、医德好的优秀团队，以提升医院核心竞争力。

2021 年年初，该院出台百万人才招聘计划，在做好人才培养的"孵化器"同时，全力当好人才发展的"护航员"。全年共引进各类人才 83 人，其中硕士研究生 5 名、规培生 10 名。同时，武汉协和医院选派普外科、甲乳外科、口腔科和儿科 4 名博士进驻医院科室全力指导工作，心血管大外科 4 名博士轮流坐诊。在"请进来"同时，选派 50 名医护人员到武汉协和医院等省内外三级医院学习进修，承办各类学术交流活动，真正激活医院发展内生动能。

"人才建设"和"学科建设"双管齐下。医院以三级综合医院创建为目标，强化医院制度建设，修订完善党建、临床医疗、护理等工作制度，创建了完整的行政后勤人员考核办法及"优秀管理团队"考核管理办法，并把党风廉政建设、医德医风建设作为重要评价内容。同时配套出台了学科评估方案，建立学科发展经费卡，用于学科人才培养及梯队建设、继续教育、科研教学等项目支出，为医院专科建设提供了强有力的人才支撑。

人才的优势带动了学科的快速发展。医院逐渐形成了以输血科、临床护理、消化内科、普外科、心血管内科、神经内科、新生儿科、骨科等省市级重点专科为代表的一批优势学科群。"目前，医院正有计划地培养学科带头人，在亚专业细分上下功夫，让每个医生有细化的专业发展方向，对患者更有利。"京山市人民医院院长叶霖介绍说。

二、重在内涵，"三级"创建提升品质

作为县域医疗龙头，必须承担起县域急危重症大病救治任务，为此，京山市人民医院下大

力加强重点学科建设，努力提升医院的综合服务水平。

创三级医院的过程也是医院服务能力、服务水平、服务质量大幅提升的过程。2021年以来，医院不断改进医疗服务模式，以多学科诊疗（MDT）模式为例，通过打破科室之间的藩篱，建立单病种多学科病例讨论和联合查房制度，各专业"深度融合"，多科室"协同作战"，为住院患者提供更便捷高效的多学科诊疗服务。从高龄患者巨大肿瘤切除，到胸痛患者30分钟内完成检查急救，等等，该院对于危急重症及某些复杂病症的治疗越来越得心应手，外科手术微创化逐年创新高，成为老百姓家门口最信赖的医院。

2021年2月，三级医院创建正式按下启动键，自此，医院各学科陆续传来好消息：成立了"脑科医院、康复医院、口腔医院、整形美容医院、感染病医院"五个院中院，通过国家PCCM规范化认证优秀单位，残疾儿童康复项目落户医院，建立京山首家安宁病房、无痛关爱病房，卒中心建设稳步推进，胸痛中心通过省级胸痛中心联盟预检，射频消融、起搏器植入等心脏介入治疗突破性发展，新增5个专科通过2021年湖北省县级医院临床重点专科线上答辩，新增12个专科联盟；成功开展了体外膜肺氧合（ECMO）治疗、经腋窝入路双侧乳房假体植入丰乳术、颌面部复杂骨折整复术、双侧乳腺癌切除＋假体植入乳房重建术、三叉神经痛球囊压迫术及微血管减压术、脊髓电刺激器植入术、内镜下ERCP胆总管结石取石术、宫腔镜无创刨削术、复杂青光眼引流阀植入术、显微根管治疗、微创经皮椎弓根螺钉内固定技术、首例膝关节单髁置换术、首例UBE（单侧双通道脊柱内镜技术）髓核摘除术等新技术新项目，医疗质量和医疗技术水平持续提升。

数据最有说服力。在常态化疫情防控下，2021年医院完成门急诊49.16万人次，同比增长24.17％；出院3.6万人次，同比增长29.07％；完成手术9055台次，同比增长26.75％。

"医院被国家卫健委列入'十四五'时期升级为'三级'的县医院名录，我们面临着前所未有的好政策、好机遇，我们将不负时代、不负使命，团结拼搏，努力建成'三甲'医院。"医院院长叶霖如是说。

聚力构建大健康服务体系

山东省青岛西海岸新区人民医院健共体

2018 年 5 月，青岛西海岸新区人民医院与 9 家基层医疗卫生机构、268 个农村卫生室、3 家养老机构，组建了青岛市第一个紧密型健共体，涵盖一二三级医疗机构、农村卫生室和养老机构，先行先试，探索从大健康角度推进健康服务新道路，经过 3 年实践运行，实现优质资源上下贯通、防治康养有机融合的健康服务新体系。

随着健共体模式的不断完善，青岛西海岸新区人民医院健共体得到上级领导的肯定和认可，被誉为"西海岸模式"；入选 2020 年度中国现代医院管理经典案例，荣获紧密型县域医疗卫生共同体组决赛第一名；2020 年青岛西海岸新区人民医院发起承办了山东省医院协会县域医共体分会成立大会，当选山东省医共体分会主委单位；国家、省、市卫健委领导多次到人民医院健共体进行实地调研；全国各地 50 多家医共体建设单位前来学习交流紧密型健共体建设优秀经验。

一、上下协同紧密化

作为试点，人民医院健共体敢于担当。破体制、建机制，打破各自为政旧格局，在"放"与"管"上破题，构建新型健康服务体系。保证成员单位法人地位、公益性质等"六个不变"，人民医院对成员单位拥有业务决策、人员调配、资产使用、财务管理"四项权力"。2020 年 4 月，在人民医院与第三人民医院统一法定代表人，同时将成员单位党组织隶属关系调整至人民医院党委，按照现代医院管理制度加强健共体党的领导。国内首创组建健共体工会联合会和职工代表大会，同时组建健共体理事会、监事会，畅通了健共体民主管理渠道，让成员单位职工参与重大事项决策，对医院产生认同感、归属感，形成了利益与共、休戚相关的共同体。

二、共建共享集约化

打破健共体各自为政的壁垒。创建一体化深度融合和集约化运行机制，健共体内组建了"公共卫生、财务、药械、医保、信息、质控、综合"七大管理中心，和"检验、心电、病理、影像、消毒供应、物资供应、后勤服务"七大共享中心。实现了优质服务普惠基层，为健共体整体运营"节本增效"。

三、专家下沉常态化

把专家下沉到群众的身边去。牵头医院选派院长 1 名，副院长 3 名，中层干部 3 名，基层班子成员交流 9 名，慢病专科医师长期下派 62 名（三年一周期），卫健、医保部门进行多点执业备案。截至 2021 年 6 月，开展帮扶指导工作 445 次，下沉专家 7000 余人次，牵头医院手术团队到基层医院开展手术 1000 余例，缓解了基层专业技术人员缺乏、专业能力不强的窘境。

四、分级诊疗路径化

让群众看得起病，减轻群众就医负担，控制临床不合理医药费用增长，规范诊疗行为。自 2018 年以来，人民医院健共体全面推开临床路径管理，总院进入临床路径病种达 570 个，基层医院进入临床路径病种 131 个，截至 2021 年 6 月，总院住院患者入径率达 93.23%，出径率达 81.69%，基层医院住院患者入径率达 86.99%，出径率达 70.37%，整体提升了医疗服务规范化水平。

五、医疗服务同质化

强化基层医疗服务质量。健共体质控管理中心对健共体总院和各成员单位实行统一标准的医疗质量管理。每季度组织对医疗、护理、院感、公卫、药械、医保、安全生产等督导考核，撰写质控简报反馈跟踪整改，形成质控环节的 PDCA 闭环管理。截至 2021 年 6 月，甲级病历率提升 14.33%，基础护理合格率提升 34.8%，护理文书合格率提升 21.7%，高危药品管理合格率提升 26.1%，仪器设备完好率提升 18.9%。

六、纵向管理一体化

深化"三医联动改革"。临床用药、耗材全部参加省级平台采购。落地了 4 批 143 种国家集中带量采购药品和冠脉支架等耗材，减轻群众医药费负担、节约医保基金 5744 余万元。为节约药品耗材采购成本，健共体药械管理中心自成立以来实现了统一耗材目录，对耗材集中招标议价，统一配送，统一设备管理。截至 2021 年 6 月，药占比下降 4 个百分点，普通耗材平均价格下降 34.6%，高值耗材下降 43%，检验试剂下降 25%，每年节省耗材采购成本 1000 余万元。

七、慢病管理精准化

做好群众健康"守门人"。2020 年创新慢病精准管理，以家庭医生签约团队为依托，专家下沉与慢病管理和家医签约服务互相衔接、有机结合。在区级成立慢性病防治管理中心，镇级建设慢性病专家工作站，村级建立慢性病专家联络点，建立由总院专家＋乡镇医生＋公卫人员＋

乡村医生的服务团队。根据疾病分级及危险因素确定管理对象，实施分级分层全程网格化健康管理。重点针对六大慢病，高血压、糖尿病、脑卒中、肿瘤、慢阻肺、冠心病患者，通过健康管理实现重点人群应管尽管。截至 2021 年 6 月，高血压管理 38633 人，管理率 87.50%；糖尿病管理 13516 人，管理率 90.70%；慢阻肺管理 988 人，管理率 71.75%；脑卒中管理 1179 人，管理率 79.07%；肿瘤管理 957 人，管理率 60.19%；冠心病管理 2799 人，管理率 78.68%，通过"区、镇、村"三级服务体系筑牢群众健康保障网。

八、双向转诊信息化

上下双向转诊更快捷通畅。人民医院健共体率先启用双向转诊平台，患者转院由之前的上下级医院"两脱节"变为健共体内的"一根线"，实现"患者未到、信息先行、入科定床"。截至 2021 年 6 月，已有 9780 例患者通过双向转诊平台实现转诊，其中上转患者 6105 例次，下转患者 3675 例次。构建起了"小病在基层、大病到医院、康复回基层"的就医新模式。

九、医保服务便利化

医保保障更有力。2021 年 4 月，经青岛市医保局选定人民医院健共体两家成员单位正式启动新门诊保障改革试点，扩大普通门诊目录，取消门诊报销年度限额，截至 2021 年 6 月，共签约新门诊统筹 3509 人，支付 2826 人次，报销 6.58 万元，进一步增强了基本医保门诊保障能力，减轻了患者门诊用药费用负担，增加了患者在门诊就医的依从性。

十、远程医疗智能化

健共体内检查检验资源共享。2020 年率先与 7 家成员单位实现影像、心电检查互联互通、实时查阅、互认共享，探索出了"基层检查 + 上级诊断 + 区域共认"的高效服务新模式。截至 2021 年 6 月，总院完成远程影像诊断 29550 余例，心电诊断 55000 余例，远程病例会诊 3627 例。远程心电中心与总院胸痛中心实现联动，已通过远程心电紧急会诊心源性胸痛患者 98 例，并成功实施心脏介入手术 59 例，极大地为患者争取了生存空间。

十一、成效凸显，三年四提升

牵头医院服务能力整体提升。总院卒中防治中心、区级创伤中心、危重孕产妇中心、癌症规范化诊疗病房顺利通过认证。正式加入山东大学齐鲁医院分级诊疗合作单位，成立分级诊疗技术协作医院，并与潍坊医学院附属医院共同成立眼科合作中心。总院门诊量呈持续增长，截至 2021 年 6 月，总院门诊人次同比增长 16%，三四级手术量增长 73%。

基层服务能力提升。依托健共体上下联动救治一体化、优秀专家下沉下派规范化。截至

2021年6月，泊里院区成功开展5例脑卒中静脉溶栓，开创了基层医院急性脑卒中静脉溶栓新局面，同时开展了首例经尿道膀胱镜检查术、首例腹腔镜下胃穿孔修补术等微创手术。泊里院区血液透析室，已有39名肾病患者长期血液透析。基层医院门诊人次增到42万人次／年，比健共体成立初期提升12%。基层住院量较健共体初期增长8.15%。基层手术量同比增加180%。基层百姓就近就医的满意度逐年提升。

医院良性运转、职工待遇提升。健共体运行7个月后，基层医院全部实现扭亏为盈。至2020年末资产总额11395万元，比年初增加1083万元，提高11%；2020年末净资产总额7645万元，比2020年初增长783万元，较健共体组建前提高24%。基层医院职工待遇2021年上半年较健共体成立初期职工工资福利待遇提升20%。

公共卫生服务能力同步提升。截至2021年6月，健共体辖区内实际人口348329人，电子建档率达92.56%，65岁以上老年人常住居民电子档案61583份，老年人管理率80.84%；高血压规范管理率87.50%；糖尿病规范管理率90.70%……各项指标均超出国家慢性病防控工作评估标准，并在2018年全国慢病示范区复审中取得了优异成绩。

提升优质健康服务我们一直在路上。青岛西海岸新区人民医院健共体将按国家的要求和人民的需求为导向，继续推动以"治病为中心"向"以健康为中心"转变的健康中国战略，下一步重点在公共卫生服务、慢性病精准管理和区域健康素养提升等方面继续加大力度，统筹推进医防协同。

造福一方百姓　守护群众健康

陕西省洛南县医院

作为洛南县唯一一所二级甲等综合性医院，洛南县医院承担着造福一方百姓，守护群众健康的神圣使命。

2021年，洛南县医院在县委、县政府的领导下，在各级卫健部门的关心指导下，班子成员紧密协作，全院干部职工共同努力下，全体干部职工同心协力、精诚合作，用汗水浇灌，在实干苦干中跑赢时间，一步一个脚印圆满完成了既定的工作目标。

一、党的建设全面加强

洛南县医院突出政治导向，充分发挥"总开关"作用，切实加强党对公立医院的领导，充分发挥医院党委把方向、管大局、作决策、促改革、保落实的领导作用，纵深推进全面从严治党取得实效。

2021年，医院深入开展学习教育，组织党员赴延安革命教育基地学习，发放学习书籍共7类260余册，组织开展党史学习教育、专项整治等研讨6次，总支书记、支部书记讲党课7次，支部组织集中学习10多次，党员写学习心得体会210余人篇，进一步筑牢党员"红色基因"。

如果说党委是把握方向的舵手，那么党员就是一个个划桨的水手，只有齐心协力，医院这艘大船才能乘风破浪。洛南医院党委立足医院发展实际，把党支部建在科室上，充分发挥党支部战斗堡垒和党员的先锋模范作用，夯实医院健康发展的组织基础。同时，坚持党员发展标准和总要求，严把入口关，严格发展程序，提高发展质量。

发挥党建引领作用，着力打造"健康先锋"党建品牌，深化"主题党日＋"活动。积极开展疫情防控、乡村振兴、大病救治、下乡义诊、抗洪救灾等活动，充分发挥党员示范岗和示范窗口的作用。

深化"主题党日＋"活动，大力开展"我为群众办实事"实践活动，抽调高级职称医师开展大病救治，与古城镇等东路6个镇卫生院建立指导帮扶机制。

"8·6"暴雨灾害发生后，院党总支积极响应号召，成立抗洪医疗突击队及救灾医疗救护队，为受灾群众进行健康查体、精神安抚、心理疏导，组织捐款9.6万元支援灾区建设。

2021年，医院党委始终把抓行业作风建设、党风廉政建设、意识形态工作与医院工作一同部署、一同落实、一同考核，健全"一岗双责"制度，将党风廉政建设和医德医风建设工作纳入全年目标责任考核，组织医院干部职工学习民法典，观看《医鉴》等纪录片，扎实开展"提士气强担当建机制促发展"作风建设，坚定不移推进党风廉政建设和反腐败斗争向纵深开展。

二、医疗服务持续改善

良好的就医环境，优质的医疗服务，是医院的品牌形象，也是医院改革发展的重要保障。

洛南县医院按照"分类处置、重症优先，绿色通道、个性安排，缓冲隔离、加强防护"的要求，一手抓实常态化疫情防控，一手抓好医疗服务，切实在改善就医环境、改善医疗服务上下功夫，最大限度满足患者就医需求，不断提升医院服务形象，提升群众满意度。

严格落实十八项核心制度和三基三严训练，加快推进胸痛、卒中、创伤"三大中心"建设，加大设备购置力度，规范医疗文书质量，加强培训考核，严格落实奖惩，工作效能进一步提升。加强医疗安全教育，规范执业行为，严格按照《执业许可证》核定科目开展诊疗活动，切实在改善就医环境、改善医疗服务上下功夫，最大限度满足患者就医需求。

落实医保各项政策，实现基本医疗保险、大病保险、医疗救助等"一单式""一站式"即时结算，进一步提升医保政策惠民效果。对大病患者逐人建立档案和救治台账，集中管理，完成大病救治5886人。进一步优化服务流程，方便患者就医，缩短患者候诊及检查时间，成立门诊预约中心，积极推行"无假日医院"，改善住院环境，积极落实三级护理质控，强化环节质量管理，保障患者安全。

与此同时，医院护理质量持续改进。一年来，医院组织外出学习培训28人次，院内培训学习18次1989人次，理论考核4次1100人次，操作考核2次348人次，护理队伍素质明显提升。注重专科护理建设，成立专科护理小组，开展活动8次，打造优势护理专科，提升护理质量。在注重个性化及人文关怀的基础上，探索健康教育新模式，每月推出一期线上健康护理知识教育，将护理教育延伸到全社会。打造护理文化，激发工作热情，增强凝聚力和向心力，创建积极向上、专业高效和谐友爱的护理团队，不断提升医院服务形象，提升群众满意度。

三、各项工作稳步推进

在抓好疫情防控和保证正常医疗服务的同时，医院各项重点工作稳步推进。

医院始终把推进脱贫攻坚及健康扶贫工作作为一项重要政治任务来抓。医院积极开展巩固脱贫攻坚成果与乡村振兴衔接工作，对帮扶的灵口镇五家沟村及石坡镇王村，抽调了整治素质高、业务能力强的第一书记各1名，帮扶队员各2名，抽调100名干部对两个帮扶村每人两户开展帮扶活动300余次，加大产业扶持力度，加强乡村基础设施建设，积极开展灾后重建，进一步巩固脱贫成果。组织医务骨干深入社区和联系包扶村开展健康知识宣传和大型义诊活动，为群众免费体检和免费送药上门，有效解决偏远地区群众"急难愁盼"的具体健康问题。

持续开展安全生产三年行动计划，制定安全生产、风险防范、火灾防控、防汛应急等方案预案，与各科室签订《安全生产责任书》《消防安全目标责任书》，完善安保系统建设，加强内保队伍教育培训，在重大节日、汛期、冬季等重点发时段组织安全大排查，积极开展矛盾纠纷化解调处工作，严格实行24小时带值班、重大事项请示报告制度，开展消防安全知识培训、实战演练，维护医院的安全稳定，有力推进平安医院建设。

此外，稳步推进公立医院改革，积极实施党委领导下的院长负责制，完善公立医院章程，推进薪酬制度改革，严格药品、耗材购进管理，推动公立医院改革向纵深发展。坚持实行无假日门诊及副高以上医师门诊坐诊制度，开通了老年人、残疾人、军人、消防救援人员等绿色通道，美化门诊楼走廊、诊室，急诊楼加装电梯，便民服务措施不断丰富，就医环境持续改善。落实市容卫生网格化工作任务，常抓不懈，在多次考核评比中取得较好名次。重视职工权益保障，落实职工带薪年休假，开展职工职业规划培训，及时为职工缴纳医保、住房公积金等，保障了职工的切身利益。公共服务功能不断完善，完成上级指令性任务40余次，完成健康体检单位40个8009人次，政府交办的各项临时性体检12次。

2021年，洛南县先后获评商洛市疫情防控先进基层党组织、陕西省卫健委健康扶贫优秀奖、陕西省防疫协会先进单位、洛南县医保扶贫先进集体、洛南县五四红旗团支部等荣誉称号，品牌效应日益凸显。

"不忘初心，方得始终。我们唯有踔厉奋发、笃行不怠，方能不负历史、不负时代、不负病患。"袁洛平表示，2022年，洛南县医院将始终坚持以习近平新时代中国特色社会主义思想为指导，在强化医院常态化疫情防控工作的同时，继续以病人为中心，以质量、安全、服务、管理、绩效为重点，在不断总结与探索中，勇于革新，牢记使命，持续提升医院管理规范化、精细化、科学化水平，为人民群众提供更加优质、高效、安全、便捷的医疗服务，全力确保人民群众生命安全和身体健康。

"山海"提升惠健康　探索民生共富路

浙江省淳安县第一人民医院　张吉巧

"昨天刚给我做了微创手术，今天我就能自己活动了，特别感谢你们……"近日，在淳安县第一人民医院的消化科病房，65 岁的刘大伯满怀感激。

不久前，刘大伯在就诊时发现胃部早癌，浙江省人民医院"山海"提升工程派驻专家张骏团队为他实施了内镜下黏膜剥离术，整个手术用了 3 个多小时，5 厘米左右大小的病灶被切除干净，术后第二天就能下床。

自 2021 年 4 月 14 日淳安县与浙江省人民医院正式实施医疗卫生"山海"提升工程以来，双方紧紧围绕淳安县第一人民医院"3342+X"能力提升的目标，聚焦破解短板弱项，全力推进医疗资源优质共享，努力探索一条群众看得见、摸得着、体会得到的民生共同富裕美好道路。

一起来看看这大半年来，他们的探索经验之谈……

一、注重内涵，全面提升医院管理水平

省县两院以内涵建设大提升为重点，结合淳安医疗卫生的发展需求，在淳安县第一人民医院引入 PDCA 管理工具，规范管理制度，调整管理架构，强化数据追踪，改善服务流程，全力保障医疗质量和医疗安全的核心地位，切实提高医院整体管理水平和运行效率。2021 年，共梳理修订相关制度 166 项，预案 50 余项。

二、精准帮扶，大幅增强医疗整体实力

淳安县第一人民医院充分发挥浙江省人民医院精心选派的 12 名专家在专业技术、学科建设、人才队伍等方面的优势力量，通过教学查房、专家门诊、病例讨论、手术带教等点对点帮扶方式以及新技术引进等手段，全方位提升学科发展、诊疗能力和科研能力。

2021 年，医院开展了颈部、腰部固定术等 15 项新技术、新项目；医院手术总人次 7919 人次，同比增加 10.42%；CMI 值达到 0.86，同比增长 3.9%，RW ≥ 2 占比达到 4.9%，同比增长 24.4%，整体呈稳步上升趋势；医院博士后工作站傅罗琴博士牵头申报的课题获批国家自然科学青年基金项目，肿瘤学获批杭州市区域共建学科。

三、多措并举，推动增强自身"造血"功能

淳安县第一人民医院"筑巢引凤"吸引高层次人才的同时，依托人才和技术的下沉，频频出招增强"造血"功能，力争真正留下一支"带不走"的人才队伍，让淳安百姓足不出户就能享受省级医疗资源。

聚焦四大重点帮扶专科，建立下派专家与本土医生一对一师徒帮带制，通过"师傅"的示范、引领和辐射，激发内生发展动力，培养高层次医疗业务技术骨干。明确青年人才联合培养计划，2021年选送青年骨干医生2名攻读在职硕士研究生，成绩入围者省人民医院导师优先录取或采取与院外导师联合培养模式，以解决县域"高精尖"医疗卫生人才短缺问题。开创性出台青年干部挂职锻炼管理办法，提高临床一线职工与职能科室的融合度，促进复合型人才的培养，构建人才培育良好生态。

四、共建共享，将优质医疗服务辐射到边

淳安县第一人民医院深化"淳医健康大讲坛"活动，由"群团组织＋省院专家＋县院专家＋分院医师"组队，深入基层开展大型义诊、健康讲座、慢病管理等服务。组建以来，已开展各类讲座、义诊等40次，发放健康宣教资料近万份，服务8100余人次，为大健康建设顺利推进注入硬核力量。

6月以来，12名下沉专家主动赴县妇幼保健院、县二院等兄弟单位开展交流座谈，分享省人民医院下沉专家的优势技术、特色治疗等，在淳安县卫健局的大力支持下，于9月底初步组建县域学科联盟，拟通过常态开展会诊、MDT讨论等联盟内学术交流，便利危、急、重患者的县域内就医，将"山海"提升工程的红利辐射至全县范围。

"山海"牵手，创新创优，浙江省人民医院和淳安县第一人民医院将进一步对标对表，找准"山海"提升工程的发力点，加大医疗资源供给，全方位增强服务能力，切实解决满足淳安百姓就近看病、看得好病的健康需求，实现共建共享、互利互赢的美好愿景。

以文化建设推动医院高质量发展

内蒙古托克托县医院

文化建设是凝心聚力的铸魂工程，在长期的医院文化建设实践中，托克托县医院高度重视文化的引领作用，并通过"以党建为引领、改善就医环境、研究传承筑基、以文化建设为动力"四个维度全面发力，深化和丰富医院文化建设内涵，为医院高质量发展提供坚强的思想保证、强大的精神力量和丰润的道德滋养。

一、以党建为引领，凝聚医院文化精神动力

托克托县医院以党建为引领，坚持用先进典型事迹、优秀党员风采、身边好人好事等弘扬正气、传递正能量，形成积极向上的良好氛围，不断推动社会主义核心价值观教育的开展。

近年来，托克托县医院人不忘初心，涌现出一批爱岗敬业、无私奉献、救死扶伤的先进典型事迹，产生了良好的社会影响，充分发挥了示范引领作用。对选树的优秀党员、优秀党务工作者、优秀科主任等个体典型，以及优秀科室和优质护理团队等集体典型进行表彰或奖励，并在全院宣传栏、宣传大屏、LED电子显示屏和微信公众号等平台上广泛宣传先进事迹，以点带面、以面带全，推动全院职工讲奉献、敢担当。

2020年新冠肺炎疫情发生后，广大党员职工纷纷发扬"舍生忘死、舍己为人、大公无私"的精神，战斗在疫情防控的第一线。在得知武汉需要援助时，广大党员职工纷纷请愿、踊跃报名援鄂抗疫。我院派出的四名援鄂医疗队员以"救死扶伤"为使命，以精湛的技术、高尚的医德、过硬的作风全力救治患者，展现了忠诚、执着、朴实的鲜明品格，为战胜疫情贡献了托克托力量，在大战、大考中彰显了感天动地的"抗疫精神"。这是一种众志成城、同舟共济的守望相助精神，闻令而动、雷厉风行的英勇战斗精神，满怀信心、敢于胜利的积极乐观精神，舍生忘死、逆行而上的英雄主义精神，这也成为医院精神文化的重要组成部分。

此外，医院结合中国共产党建党100周年庆祝活动，通过设立党员先锋岗、拍摄医院党建宣传片、打造医院党建文化墙等做法，创新党建方式方法，使党建与业务相融合，真正把党建作为医院发展的"红色引擎"，促进医院健康发展。

二、改善就医环境，塑造医院人文底蕴

托克托县医院从1950年始建的卫生院，到现在坐落于托克托县黄河大街的集医疗、教学、

康复、预防和急救为一体的二级甲等综合性医院，经过了数次迁建和改扩建，就医环境不断改善。2021年1月，经过几年的紧张施工，投资3.1亿元，占地面积近11万平方米，建筑面积近7万平方米，设计床位499张的新医院，正式搬迁投入使用，医院的就医环境进一步改善，为托克托县医院打造医院文化提供了发展建设的平台。

以此为基础，托克托县医院通过多种方式建设医院人文环境，营造医院文化氛围。在医院住院部、门诊楼、候诊大厅、过道摆放杂志报纸展架，通过按时摆放新闻报纸、医学杂志，为医务人员和患者阅读提供方便；大力建设医院图书馆，整理了医院各专业书籍，并不断补充国内外先进医疗技术的书刊，为医护人员提供学习和研究的条件；在各门诊和病区摆放健康宣传手册，并定期开展健康知识讲座，增强对群众和患者的健康宣教；定期更新院内宣传展板、宣传大屏和微信公众号内容，统一了医院的愿景、院训、宗旨、方针及院徽等内容，拍摄了大型医院宣传片，为丰富医院文化奠定了坚实的基础。

此外，通过开展丰富多彩的活动，不断丰富人文科室内涵，着力打造"诚信医院、诚信科室、诚信医生"，提高医务人员对医院的认同感和荣誉感，提高患者的信任度。结合建党100周年活动，开展"学党史、悟思想、办实事、开新局"教育活动，想患者所想，着力解决人民群众就医过程中的"急难愁盼"；积极组织开展文艺活动，举办了"庆祝中国共产党成立100周年文艺会演""庆祝建党100周年徒步活动"等丰富多彩的活动，培养干部职工科学文明的工作生活方式，促进干部职工的身心健康，同时培养制动的团队协作能力，提高全体职工凝聚力，激发全体职工的工作热情和为民情怀。

三、研究传承筑基，建设医院文化活动中心

知史明智，行以致远。文化和历史是密不可分的，院史研究是医院文化创新的基础，也是创新文化的源泉，梳理好、总结好、凝练好医院历史，对于医院凝聚人心、鼓舞士气、增进团结、推动发展都有着重要的现实意义。70多年间，托克托县医院一代又一代医务工作者，遵循"以患者为中心、以质量求生存、以创新求发展、以服务树形象"的办院方针，秉承"敬佑生命、救死扶伤、甘于奉献、大爱无疆"的办院宗旨，发扬"团结协作、爱岗敬业、优质高效、开拓进取"的医院精神，用"诚信"护佑健康，用"博爱"呵护生命，用"务实"践行使命，用"创新"谋划未来。这一切，又都展现了托克托县医院白衣战士从医治学的神韵和风采！

医院通过近半年的努力，通过整理医院档案资料、走访离退休医务人员，收集了医院从1950年至今留存下来宝贵的文、图片资料，并进行了数字化存储；收集了医院各个发展时期具有时代特点的仪器设备和老物件，进行了修缮和还原；还充分利用社会力量、离退休专家搜集医院历史资料。通过不断发掘、搜集、整理医院史料，厘清了医院历史发展脉络，建设了医院文化活动中心，将托克托县医院从1950年至2021年的发展经历以文字、图片和影像资料的形式展示在文化活动中心内。还展示了医院的历史文化特色、老一辈医务工作者的奋斗历程，展示了历代医务工作者的正面和典型形象，展示了历代医务人员在艰苦环境下为保障人民群众身

体健康不懈奋斗的事迹，展示了医院自建院以来的发展历程和各个时期取得的成绩、获得的荣誉，展示了医院70多年发展历程中由敢为人先、勇开先河的拓荒者们开展的一项项新技术和新业务，同时展示了北京军区252医院、北京协和医院、内蒙古自治区人民医院、内蒙古医科大学附属医院等上级医院对口帮扶取得的显著成效。医院文化活动中心的建设，为大力弘扬医务工作者医者仁心、救死扶伤、伟大的抗疫精神和崇高的敬业精神，为激发一代又一代医务人员对工作极端负责、对人民极端热忱、对技术精益求精的精神提供了不竭动力。

四、以文化建设为动力，促进现代医院管理不断走向深入

根据呼医改办字〔2021〕21号文件精神，我院将文化建设写入医院章程，以文化建设为动力，全力打造现代医院管理制度改革样板医院。

根据文件精神，落实"允许医疗卫生机构突破现行事业单位工资调控水平，允许医疗服务收入扣除成本，并按照规定提取各项基金后，主要用于人员奖励"要求，我院采用绩效管理撬动医院高效运行，并为医院发展注入新的活力和生机。从2016年打破奖金平均分配制度，试行"粗放式"绩效管理，主要体现岗位职责，知识价值核心技术充分体现多劳多得、优劳优得、重点向临床一线科室、工作强度大、风险高、压力大、医护人员不愿意去的科室倾斜。

通过绩效管理改革，使医院从粗放的管理模式转向精细化管理模式。以多劳多得、优劳优得为杠杆，突出临床一线重点科室和重点岗位，充分调动起医务人员的积极性。同时以患者的就医需求作为医院发展的方向和目标，发展新的专业技术领域，不断细化科室、细化专业，引进新学科、发展新技术，加强各项医疗核心制度的落实，确保医疗质量管理持续改进，减少医疗差错、纠纷的发生。仅2021年，我院细化了心血管内科、呼吸内科、消化内科、肾内科、神经内科、内分泌科6个科室；新增了变态反应科、肿瘤科、介入放射科、老年病科、临终关怀科、医疗美容科6个科室。积极聘请区内外20余名专家来我院引领学科建设。

通过定期召开会议推进改革工作落地实施，制定了《托克托县医院现代医院管理制度汇编（试行）》，修订了《托克托县医院章程》《托克托县医院感染管理制度》《托克托县医院感染管理规章制度汇编》《托克托县医院输血管理文件汇编》《托克托县医院医疗技术管理文件汇编》等一系列文件汇编，为我院打造现代医院管理改革样板医院夯实了基础，也为建设托克托县紧密型医共体总医院提供了管理和发展的纲领。建立了深化医药卫生体制改革办公室和领导小组，逐步完善现代医院管理制度体系建设，推进医共体建设，让优质资源下沉，方便偏远地区人民群众就医。

站在"两个一百年"历史交汇点上，托克托县医院将继续坚守办院初心，传承文化底蕴，结合百年文化特色，立足新时代、着眼新目标、把握新要求、担当新使命，进一步凝聚医院文化共识，坚持绵绵用力、久久为功，以高度的文化自觉、坚定的文化自信，融汇多元文化精髓，讲述好托克托故事、传播好托克托声音、塑造好托克托形象，凝心聚力画好推动医院高质量发展的最大同心圆，奋力谱写新时代托克托县医院更加出彩的绚丽篇章！

赓续红色血脉　让老区群众在家门口就能享受最优质的医疗资源

山西省吕梁市人民医院

山西省吕梁市人民医院 1971 年建院，1974 年开诊，现为三级甲等综合医院、国家住院医师规范化培训基地、国家胸痛中心标准版认证单位、樊代明院士吕梁整合医学中心、四川大学华西医院网络联盟医院、山西医科大学第十一临床医学院。

医院编制床位 800 张，医疗占地 41.5 亩，建筑面积 7.89 万平方米，设置 85 个科室，全院职工 1159 人，骨科和产科为省临床重点专科，除常规诊疗技术外，微创介入诊断治疗、创伤外科等专业具备优势特色。

建院 50 年来，在吕梁这片红色的热土上，该院几代人栉风沐雨、大医精诚，守医者仁心，行仁者医道，管理体系更加完善规范、学科建设进一步优化、人才梯队建设持续壮大、科研教学工作逐步提升、信息化建设升级换代、医疗设备国内领先、基础设施建设取得翻天覆地变化，为老区人民群众提供了全生命周期的健康服务，工作亮点如下：

一、基础建设、设备购置、人才引进、信息化建设大推进

助力医院高质量发展，精益求精改善患者体验。

特点一：基础设施建设日新月异，2020 年以来，新建综合门诊楼全面投入使用，完成住院部和旧门诊维修改造，完成了医疗区和家属院水泥路面及沥青路面铺设，改善病人住院环境；南院区加班加点施工，完善市区医疗服务布局；抢建了规范标准的"三区两通道"传染病隔离病区，其中包括四间九张负压病房。医院目前形成了现有"一院三区"，即医院本部、南院区和科教基地的总体规模。

特点二：医疗设备"鸟枪换炮"，随着 2021 年新建综合门诊楼的启用，先后引进了德国西门子 3.0T 超高端核磁共振成像系统、美国 GE128 排超高端 X 射线计算机断层扫描仪、美国 GE 双板悬吊高端数字化直接成像系统、美国 GE 乳腺 X 光机和 GE 双能 X 射线骨密度仪、日本岛津数字化 X 射线透视摄影系统、荷兰飞利浦医用血管造影 X 射线系统、德国西门子高端彩色超声诊断系统、荷兰飞利浦高端彩色超声诊断系统、日本贝克曼全自动生化免疫流水线等国际先进的医疗设备，总价值近 2 亿元，极大地提高了临床的诊断能力和水平。

特点三：坚持人才立院，医院以"院有品牌、科有特色、人有专长"为战略目标，以人才梯队建设为抓手，建强学科，做大综合，医疗服务能力不断提升。党委书记王富珍荣获"全国先进工作者"荣誉称号，院长乔晓红成为国务院特殊津贴专家。医院现有省领军人才1人，省"三晋英才"10人，省、市学科带头人14人，引进了心血管介入专家李振魁教授、神经外科王社军教授常驻我院工作，《让优质医疗资源惠及吕梁群众——市人民医院推行专家常驻制纪实》先后在《吕梁日报》头版、《山西日报》医卫专刊进行了报道。

特点四：信息化建设助力医院发展，2021年度电子病历信息化系统应用水平被山西省卫健委被评定为4级。近年来，我院借助"互联网+"模式，在加强医疗质量、保障患者安全、优化就诊流程、提升服务效能等方面进行了全流程的信息化支撑。2020年，医院升级完善了HIS系统、CIS系统、LIS系统、PACS系统、病案管理系统、病历示踪系统、病历翻拍系统、质控管理系统等业务系统，实现了全院数据共享和初级医疗决策支持。2021年，随着新门诊楼的投入使用，门诊增加15台自助机实现了建档、预约挂号、缴费等功能，9台检验检查自助报告机实现自助取报告单、取片等功能；4台"云影像"报告机实现扫码即可在手机上查询影像数据；依托健康山西平台，实现网上预约挂号、诊间支付、报告查询等功能，信息化建设打通了精准医疗和服务的最后一公里，全方位保障了患者的安全，缩短了患者的就医时间，实现了信息多跑路，群众少跑腿，全面改善了医疗服务和患者的就医体验。

特点五：精益求精改善患者就医体验，为提升患者满意度和获得感，医院启动了"我为群众办实事、人文服务暖民心"活动，制定了25条利民惠民方案，全面提升了医院文化内涵建设；全院以行政总值班、医疗总值班、护理总值班、门诊总值班为抓手，狠抓质量、抓服务，全面提升了医院质量内涵建设，在全院上下形成了"一切活动以病人为中心"的浓厚氛围。

二、加强胸痛、卒中、房颤等中心建设，构建区域性、高效性危急重症医疗救治体系

医院一直将胸痛中心、卒中中心、房颤中心建设作为创新急诊急救服务和提升综合医疗服务能力的突破口和抓手，进一步推动建立多学科诊疗模式，着力构建快速、高效、全覆盖的急危重症医疗救治体系，不断提升急危重症医疗救治能力。

全院统一部署，全力做好胸痛、卒中、房颤中心的建设及发展。通过三大中心创建工作，强化、整合了多学科联合救治体系，规范诊疗行为，优化诊疗流程，加强了院前及基层医疗机构的合作，提升了本地区的应急救治能力，使患者在最短时间内得到确定性治疗，最大限度实现患者恢复生理功能的最终目的。2019年胸痛中心通过中国胸痛中心标准版认证；2021年房颤中心通过国家房颤中心标准版认证，成为吕梁首家通过认证的医院；高级卒中中心建设目前正积极推进。

三、有情怀有大爱的医务工作者书写新时代吕梁精神

特点一：义无反顾，在湖北疫情最为吃紧的时候，医院选派6名医务人员（全市医疗机构

选派最多）逆行出征，在打赢湖北保卫战、武汉保卫战中贡献了吕梁力量。

特点二：勇担社会责任，组建吕梁首支整建制援非医疗队，6名医师组建了第24批援多哥卡拉—东戴医院医疗队，赴非洲开展为期一年的医疗援助任务。

特点三：传承吕梁精神，最美医生在火车上勇敢救助乘客，被国内各大网站转发；最美女护士跳上飞奔的担架车救人的事迹被人民日报微信公众号、国内各视频平台报道，总浏览量过亿，受到了社会各界的一致好评。

特点四：每年选派医务人员200多人次，赴基层农村开展义诊活动60余次，出动"流动医院"专用车为群众义诊体检5000多人次，送医送药到村头、到床头；在中国残疾人福利基金会的大力支持下，开展了建档立卡贫困户免费行髋、膝关节置换术，贫困患者白内障免费手术；医院选派专家参加了汶川地震灾后援建、青海玉树救援、对口援疆工作。

强化管理 理顺机制
建立健全现代医院管理制度

安徽省淮北市人民医院

根据安徽省统一部署，2019 年 4 月，我院被确立为现代医院管理制度试点单位。医院高度重视试点工作，对 14 个方面的重点任务进行细化、分解，研究制定了《淮北市人民医院建立健全现代医院管理制度试点工作方案》，成立了由医院主要领导为组长，分管领导为副组长，各总支书记，大科主任，职能科室部门负责人为成员的现代医院管理制度省级试点医院领导小组。三年来，我院守初心、担使命，履行公益担当，服务群众健康，在疫情防控与正常诊疗长期共存的背景下，全力抓好医院党建、疫情防控和医疗质量、业务发展等重点工作，现代医院管理制度建设取得了较好的成效，医院走出了一条疫情防控常态化下的高质量发展之路。

目前，已完成医院章程拟定；出台了《中共淮北市人民医院委员会议事规则》《淮北市人民医院院长办公会议事规则》，废止了《医院党政联席会议议事规则（试行）》，议事决策制度逐步完善。住培基地和五大中心全面落地、新院区建设全面提速。同时，不断优化收支结构，调动医务人员积极性，完善内部监督、后勤管理，规范财务管理。

特别是 2021 年，医院以大型医院巡查和等级医院评审为契机，先后启动"经济管理年""规范诊疗服务行为专项整治"和"医保违法违规行为专项治理"等多项活动，夯实基础工作，完善各项管理制度和内部控制制度，加快补齐内部管理短板和弱项，推动实现内部管理标准化、规范化、精细化，推进医院高质量发展。医院门急诊人次超过 92.5 万人次，出院病人数 4.5 万人，2021 年上半年全省临床路径督查我院全省第二，运营管理处于历史最好水平。国家级住院医师规范化培训基地首批招生超额完成任务，签约成为蚌埠医学院直属附院和徐医附院紧密型医联体，获批设立省级博士后科研工作站，徐州医科大学淮北临床学院顺利去筹转正，医院向医疗教学科研协同发展转型迈出坚实一步。

学科建设成效显著。消化内科、神经内科获评省医疗卫生重点专科建设项目，中医科一病区入选安徽省中医药传承创新发展研究项目，5 项科研课题首获安徽省教育厅科研立项，2 个项目获安徽省医院协会科技创新奖；获得省级科技成果 1 项、市级科技成果 9 项；2 人入选安徽省第四届"江淮名医"，6 人获批淮北市第六类高层次人才储备金；发表论文 81 篇，其中 SCI 论文 3 篇、核心期刊论文 39 篇，申请国家级专利 16 项。

虽然，近年来医院在常态化疫情防控和正常医疗服务工作中取得一定成绩，但是也存在一些问题和困难，需要政策倾斜帮助解决。

一是医疗服务价格调整存在困难，无法体现医务人员的劳动价值。2021年我院医疗服务收入比重较2020年和2019年同期，分别降低0.55和1.73个百分点。建议进一步理顺医疗服务比价关系，建立价格动态调整机制，合理优化收入结构。

二是疫情的持续性和不确定性，带来持续投入的防控成本，医院面临着资金紧缺及防控成本增加的双重压力，需要加大政策支持，以提升应对突发大规模公共卫生事件的抗风险能力，确保医院可持续发展。

三级医院助力县域医共体能力提升

福建省宁德市寿宁县总医院县医院院区

　　寿宁地处闽东北部，洞宫山脉南段，总人口数约 28 万。寿宁县医院创建于 1936 年，是寿宁县域唯一一所集医教研、康复保健于一体的二级乙等综合性医院。2012 年，寿宁县医院以"品牌托管"模式成为福建医科大学附属闽东医院寿宁分院，2014 年成为闽东医院医疗集团首批成员医院，2020 年再次成为福建省省立医院对口支援医院。现有职工 455 人，编制床位 300 张，实际开放床位 420 张，设有 11 个病区，20 多个二级临床专业以及 8 个医技科室。

　　近几年县医院依托"闽东医院"品牌，积极融入集团医院一体化运作，加强党建引领，加快推进医改工作，完善管理运行模式，注重人才培养、医疗质量管理，推进学科建设，不断提升医疗卫生服务能力，满足县域居民基本医疗卫生需求。已有一个科室被列入省级重点专科建设项目，两个科室被列入市级、三个科室被列入县级重点专科建设项目；已开设四个省市级专家名医工作室。目前基层胸痛中心、重症医学科（ICU）、呼吸内科 PCCM 规范化建设项目正在逐步推进。

一、福建省立医院第四批对口支援帮扶

　　2021 年 11 月 25 日，福建省省立医院帮扶寿宁县医共体能力提升工程启动仪式暨帮扶座谈会在寿宁县医院举行。会上，县政府、县卫生健康局、总医院领导分别对帮扶工作提出具体要求和希望。

　　总医院院长施进宝作了《寿宁县医院"四大中心"建设五年规划（2021—2025 年）》报告，提出我院拟在省立医院等三级医院的帮扶下，开展"四大中心"建设，并结合本院实际，制定五年发展规划及具体措施，客观分析了县级医院现状及存在困难，如：人才储备不足、关键技术不能开展、资金不足、医疗用房限制及薄弱学科建设困难等，期待获得政策、资金支持，三级医院管理、人才、先进技术帮扶。

　　省立医院带队领导明确了帮扶的目标任务。下乡医疗队需承担对口帮扶及县域医共体能力提升两大任务，拟通过 4 年持续派驻帮扶队员，采取多种形式，针对薄弱学科，提供人才、科研、新技术等方面支持，充分运用"互联网＋医疗"，起到实实在在的传递医疗新技术、新项目，切实提升基层医院诊疗能力的作用。

（一）11月24日县医院内三科独立开科

内三科主要专业为心血管内科，由两位副主任医师牵头筹建。目前县医院心血管内科是全国心血管疾病管理能力评估与提升工程参与单位，福建省高血压达标中心，房颤中心联盟成员单位，宁德市胸痛、心衰中心联盟成员单位。主要开展高血压、冠心病、心肌梗死、心律失常、心衰等疾病标准化诊疗服务及危重疾病救治工作。在三级医院帮扶下将启动"胸痛中心"建设，逐步开展冠心病等心血管疾病介入治疗。

（二）11月24日县医院呼吸与危重症医学科独立开科

呼吸与危重症医学科由一位副主任医师牵头筹建。能开展机械通气及血气分析、肺通气功能检查、支气管舒张试验，胸腔置管引流术、雾化吸入技术、吸入药物装置使用技术。主要开展慢性阻塞性肺疾病、支气管哮喘、支气管扩张、呼吸道感染、肺结核、自发性气胸、胸腔积液等疾病的诊治。通过科室逐步完善及三级医院的对口帮扶，有望在2025年达到呼吸诊疗中心（PCCM）规范化建设标准。

二、县医院重症医学科（ICU）加快建设进程

重症医学科（ICU）由省立医院科技副院长、重症医学科二科杨火保主任牵头筹建。目前已完成人员培养、医疗设备采购及病房主体改造任务，预计2022年上半年投入使用。ICU的建成填补了我县该学科的空白，将极大地提升县域急危重症救治能力。

《福建省县域医共体能力提升项目实施方案（2021—2025年）》建设目标为：

2021—2025年，通过三级医院对口帮扶和"四大中心"建设，提高县域急危重症救治能力，辐射提升乡镇卫生院诊疗能力。到2025年，全省59个（市、区）综合医院建成"四大中心"；25个薄弱县（市）综合医院全部达到二甲水平，且其中50%达到国家县级医院医疗服务能力推荐标准（相当于三级医院水平）。

寿宁县医院已于2020年达到国家卫健委县级医院医疗服务能力推荐标准，目前为宁德市内唯——家通过"国家推荐标准"的二级医院。通过三级医院的对口帮扶促进县域医共体能力提升项目的顺利实施，县医院医疗服务能力将进一步加强，达到二级甲等医院水平未来可期。

援青　情暖海西

青海省海西州人民医院

第四批浙江援青医疗团队自 2019 年 8 月正式对口援助海西州人民医院以来，先后有两批共 14 位来自浙大一院、浙大妇产医院、浙大儿院、浙大浙江医院、浙江省人民医院及国科大附属肿瘤医院（浙江）等 6 家浙江省"三甲"硬核医院派出的优秀专家倾情援青，不怕缺氧，不怕困难，在青藏高原充分发扬新时代浙江援青精神，做出了不平凡的工作，得到了青浙各级领导和干部职工的一致肯定。2021 年，浙江援青医疗团队被评为"援派铁军"，领队陈水芳同志先后被评为青海省优秀共产党员、浙江大学优秀共产党员、青海省脱贫攻坚先进个人、"最美浙江人·最美天使"、中国好医生、"最美浙江人·2021 浙江骄傲人物"等荣誉，还被浙江援青指挥部党委、海西州委组织部、西宁市委组织部、海西州红十字会及浙大一院党委等单位发文号召学习。现把团队相关事迹摘录如下。

一、推进组团接力式传帮带结硬核硕果

（一）急救"五大"中心建设取得新突破

2021 年 10 月，由海西州人民医院本土专家通过 DSA 造影确诊的脑干出血患者，在浙大一院脑血管病专家的共同支持下获得治愈新生。这样的医疗救治"五大"中心，在浙江援青的组团接力帮扶下，已取得硬核突破。其中创伤中心已拥有 5 位掌握微创开颅手术技术的本土专家，大大降低了脑出血致死致残率；胸痛中心已培养 2 个有资质本土专家团队，光 2020 年就完成介入手术 100 多例，有效挽救了 100 多个心肌梗死患者及家庭；成立了危重新生儿救治中心及 NICU（新生儿监护病房），目前本土团队已具备独立救治气管插管并应用呼吸机患儿能力，光 2020 年就保障了 50 多个此类家庭的幸福；还改造了妇产科一体化产房并改进了围产期危重孕产妇评估、诊治与康复流程，有力地保障了母婴安全，纠纷事故直线下降。

（二）三级医院核心技术处青海州县前列

2021 年 7 月，浙江援青专家陈博带领团队成功开展省州首例断肢再植并全拇指再造术，他不仅把先进的手足显微外科及皮瓣移植技术引入海西，半年多来已救治了 50 多例断肢再植、再造及皮瓣移植患者，而且手把手教会了 3 位本土医生，使其可独立开展显微外科手术，真真通过技术帮扶发挥精准造血作用。目前，在浙江援青等多方力量的支持下，海西州人民医院本土

专家已基本掌握80％以上的三级医院核心技术，广泛开展了无痛支气管镜、无痛胃肠镜、无痛分娩、腹腔镜、输尿管镜、微创颅脑手术、心脑与周围血管介入手术、膝腕关节镜、血液净化、人工肝及机械通气呼吸支持等技术，还相继成立了数个临床诊治中心、全国疑难病多学科专家会诊微信群、浙江援青专家工作室及浙江知名专家工作站，有力巩固了海西州各族群众的医疗保障水平及脱贫攻坚成果，2020年9月被青海省卫健委首家现场宣布通过三乙医院复评。2021年11月海西州人民医院呼吸内科被青海省卫健委新增为青海省临床重点专科建设学科。

（三）海西各族群众医疗满意度明显提升

借用海西州人民医院当地领导的一句话，说海西州人民医院过去一度被大部分老百姓和领导骂，但现在变为大部分赞扬。口碑明显变好的背后有一批批浙江援青专家的贡献，尤其是近年来浙江援青加大了组团接力式帮扶的力度，无论学科人才技术、先进诊治设备，还是管理服务能力，都得到了显著地提升。目前，越来越多的海西干部职工、省州群众、援青人才甚至中央援青干部，也愿意接受海西州人民医院的体检服务和关键诊疗。全院医疗质量及服务意识也同步提高，纠纷及赔款也明显下降。口碑变好满意度提升的背后有浙江援青专家的奉献与力量付出。

二、创建移动智能化"一张网"出硬核成果

（一）构建移动随时精准会诊"一张网"

传统的医疗远程会诊受时空、信息、资源等限制，效率质量往往不高。为了实现让海西州域各族群众在家门口享受普惠可及优质医疗服务的愿景，在浙江援青支持下，医疗团队联合阿里成功开发了海西州移动医生"一张网"平台，并于2020年9月18日获国家软件著作权证书。2021年8月5日，由海西州人民医院外科薛顺录医师为其主管的胆囊术后3天因糖尿病问题通过移动医生平台向浙江营养专家组轻松发送会诊单，因为专家随时可通过手机看到该患者的门诊住院包括检验、检查、影像、护理、病程、医嘱等几乎所有信息，还可以视频联系医患，保证了会诊质量及高效可及，所以薛大夫不久就收到了浙大一院营养专家朱秋红主任回复的精准优质会诊意见。下一步将扩充专家资源并促进长效高效帮扶机制落实落细。

（二）创建移动精细高效流程"院管网"

传统的医院管理多依靠行政、纸质、人工、电话、内网等路径开展制度与流程的完善、执行与督导，缺乏刚性、效率且容易受人为因素影响。浙江医疗援青联合阿里钉钉团队，创建了涉及医疗护理行政后勤诸方面现代医院管理移动应用体系，自2021年3月中旬以来已合作开发了70余条移动高效工作流程，极大了促进了基于"三甲"医院管理需求及质控要求的制度流程无纸化规范管理建设。2021年6月9日中午海西州人民医院超声科张秀花主任轻松上报的超声危急值，包括主治大夫、医务科长及院长在内的相关责任人均实时收到了信息，有力地保障了该外伤重症病人救治力量的最大化统筹与支持。

（三）组建医院移动质控系统"智能网"

传统的医院质控一般由医务科或质管科督促式重点管理，科室或各级委员会往往缺乏质控自觉性、及时性与全面性，一旦上级部门或委员会专项检查，多需临时完善补充甚至造假应付，更缺乏持续动静态风险质控长效机制，院长也缺乏医院质量安全运行宏观质控监测抓手。为此，浙江医疗援青联合阿里创新开发了医院移动智能质控三色系统，有力提升了全院质控监测保障与持续整改能力。这是院级科级质控三色部分截面及具体静态常规质控记录，可直观表明哪些委员会或科室基本质控到位，一般每月及时质控即自动绿色，超出一定设定时限即变黄并自动发信息到负责人手机上，超出过多设定时限则变红，这样院长有空只要看看黄红科室或委员会即可精准高效督导后进者质控。目前我们正在进一步开发有风险操作或疑难疾病诊治移动高效可动态质控流程体系建设，积极组建医院移动质控系统"智能网"。

浙江援青十分重视医疗领域数字化改革与赋能工作，已投入1500万元规划内专项资金进一步助力海西州人民医院"十四五"期间打造基于"三甲"目标的移动精细现代医院管理援青新模式，实现浙江专家人才资源线上线下结合长效帮扶机制普惠运行，积极贡献浙青医疗健康领域"共同富裕"浙江力量。

三、倡导感动式服务新理念展硬核效果

（一）示范推行感动式服务情满海西

医疗团队积极践行人民至上、服务基层的扎实作风，全心全意为各族群众的健康根本利益和民族团结生命线服务，广泛开展义诊帮扶活动，走遍了三个浙江省这么大的海西州各地，与海西州各族群众留下了很深的感情。领队陈水芳积极倡导感动式服务理念，主动设立院长接待日，亲人般为各族群众根本健康利益服务，带头进村入户数十次，送医送药，倾情义诊，乐于助人，慷慨为贫困户捐助，甚至帮助因病致贫户拔草，并自愿把"浙大好医生"15万奖金捐给海西，2019年8月还自费近3万元购置20辆轮椅捐给海西州人民医院供各族群众零手续借用，极大地方便温暖了急危重症及老弱病残患者的就医体验，在抗疫期间坚守岗位并报名请战，甚至在海西过年，还主动担当作为，认真倾听群众意见，并多次赴纠纷群众家里，用真心真情化解各类纠纷，甚至赴600千米外民和县积极处理重大纠纷陈年往事，依法办事，以理服人，以情动人，热情服务，打开心结，积极为党和政府分忧。团队成员积极发挥模范带头与正能量榜样作用。2021年10月中旬，青海省内外疫情防控日益趋紧，面对严峻复杂的疫情防控形势，浙江医疗援青专家主动请缨，全部放弃原本由浙江援青指挥部统一安排的回浙休整计划，积极要求参与到医院疫情防控第一线并集体写了决心书，充分体现了浙江医疗援青专家的责任与担当。

（二）公益救助及志愿捐助蔚然成风

陈博、吴金彦、尹立军、王一凡、沈淼、周书来等援青专家们结合医院学科建设和人才培养需要，经过充分调研分析，自费4万余元向医院捐赠了骨科显微手术器械、腹腔镜专业训练

模具、气管镜探查训练模具等一批手术器械和教学训练模具。专家们捐赠的手术器械及训练模具，填补了医院相关器械及专业训练模具的空白，有力提升了我院学科技术水平和专业教学质量。领队陈水芳 2020 年 1 月还在 Z21 次进藏列车上抢救日喀则 7 月大奄奄一息重症肺炎藏族小孩，并护送母女一行 3 人提前在德令哈下车给予免费吃住救治并自费捐助 6000 多元，在青藏高原倾情书写民族团结赞歌；2020 年 4 月也曾担当救助血小板低下伴颅内血肿回族同胞并捐助 5000 元；2021 年 6 月还全力救助了患骨肿瘤的低保回族残疾少女马在乃白，已让她恢复行走并开启崭新生活。

（三）专家私人电话广而告之美名扬

为了示范推行感动式服务，领队陈水芳带头把私人电话贴在诊室门口、轮椅上、微信上，把对高原各族群众的爱写在各族群众的心坎里，平时工作服务或走村入户时，还自愿给予困难贫困及有需要群众写有电话等联系方式的亲情卡片，甚至主动加上患者微信，方便跟进服务，以一腔热血和满心真情焐热了海西州老百姓的心。在他的言传身教和以身作则下，医疗援青团队 7 位专家都自愿把私人电话写在浙江援青专家工作室诊室门上，随时接受群众及本土医护的全周并全天 24 小时的帮扶需求与紧急召唤，多次经历凌晨与休息时间的呼唤与考验，忠实践行"缺氧不缺精神，艰苦不怕吃苦，海拔高境界更高"的青藏高原精神和"团结奋进、耐苦奉献、务实创新、融合共赢"的新时代浙江援青精神。

留给我们奉献高原的时间是非常有限的，我们需要倍加珍惜宝贵的援青时光，把最好的经历与回忆留给青海，把最好的技术才华、长效机制与精神风采留给青海，做一个有情怀有价值的新时代可爱援青人。现在，距离援青结束还剩不到半年时间，我们一定要更加积极做好后续援青工作，抓紧做好既定医疗帮扶实事。目前浙江医疗援青团队正在浙江援青指挥部的支持下认真规划实施助残"五复工程"行动，公开科学筛选出合适的视力残疾、听力残疾、肢体残疾、言语残疾、智力残疾和精神残疾的病人进行精准治疗和帮扶，努力把浙江情怀深深写入海西州各族群众的心坎里，以实际行动谱写援青事业新篇章。

凝心聚力谋发展　务实创新谱新篇

山东省菏泽市立医院　张楠楠　朱朝金

为进一步推动医院高质量发展，更好满足人民日益增长的医疗卫生需求，通过强化医院公益主体地位，以及在保障和改善民生中的重要作用，菏泽市立医院秉持"稳增长、调结构、促转型、提效率"的工作总基调，在"医、技、管"基础方面、医疗质量方面、内涵建设等方面取得了明显成效，更增强了人民群众就医的获得感、幸福感、安全感。

一、优化就医环境，着力提升医疗服务效能

（一）"一院多区"模式，实现优质资源扩容

2021 年，在满足人民群众基本医疗服务需求的基础上，菏泽市立医院对优势和特色学科进行了延伸、培植。2021 年 7 月，菏泽市立医院脑科院区正式启用，并与首都医科大学宣武医院、中日友好医院等医院建立合作关系，邀请国际、国内知名专家定期坐诊、手术，群众就医需求得到保障，医院业务量、手术量也稳步提升。与此同时，西安路院区综合楼主体业已封顶，长江东路院区工程建设有序推进，多院区建设不但有效拓展了医院发展空间，也为全市人民提供了优质、便利的医疗资源。

（二）合理规划科室，提高医疗服务质量

为了方便患者就医，菏泽市立医院对门诊部分诊室进行了重新规划，增设专家门诊 7 个，专业门诊 16 个。与此同时，将部分检查科室调至与诊疗科室紧邻处，将妇产科超声检查室迁至妇产科门诊，在心内科诊室对面增设门诊心电图检查室，同时开设急诊超声科诊室，实行 24 小时值班制，这些举措既降低了突发性疾病风险，也避免了患者不必要的往返奔波。

（三）优化服务流程，提升患者就医体验

为进一步提高医疗服务质量，菏泽市立医院聘请专业的医疗服务提升项目团队和培训师，对医护人员从专业的形象、礼貌的语言、善意的表情、举止规范和主动告知等方面进行培训，并将规范的服务流程制作成视频发放至窗口科室，从而改善了患者的就医体验。同时，推动远程医疗服务常态化，实现医联体内医学检验、医学影像、病理检查等资料和信息的共享、互认。一系列举措，使门诊病人的满意度得到大幅提升，由 2021 年上半年的 92.5% 上升到 98.6%。

二、规范医疗行为，着力提升医疗服务质量

（一）做好限制类技术、重点管理技术规范化管理工作

依据国家、省、市卫健委发布的各项医疗技术规范内容和要求，积极推进医疗技术规范化培训基地申报工作，2021年共成功申报6个省级医疗技术规范化培训基地。

（二）加强临床路径管理，提升信息化管理水平

根据管理需要，结合临床病例实际，对路径表单进行细化，制定了同病种不同治疗方案的多路径表单，从而实现了信息系统对临床路径运行情况的实时监测，不断提高临床路径入组率、完成率及覆盖率。2021年临床路径完成率达到97.8%，覆盖率达到50.31%。

（三）规范授权管理，推进质控中心建设

2021年菏泽市立医院成功申报8个市级质控中心，提高了各专业学科医疗服务的标准化、同质化水平。

三、推进技术创新，着力提升医疗服务能力

（一）加强学科建设，提高危急重症诊疗能力

针对肿瘤、疑难杂症，以及多系统多器官疾病，菏泽市立医院先后开展了涉及24个学科的联合门诊（MDT），为患者提供全方位、多学科的综合诊疗。同时，充分发挥学科交叉合作以及优势整合作用，推进肺结节、糖尿病肾病和乳腺癌等十余个学科门诊的线上运行，医院诊疗水平得到明显提高。

菏泽市立医院卒中中心作为国家高级卒中中心和国家五星卒中中心，其急性脑梗死机械取栓术在2021年2月全国466家卒中中心排名中，位居第4位。2018年菏泽市立医院成立了菏泽市首个胸痛中心，通过发挥多学科协作的优势，采用快速、标准化的诊断方案，全年急性心肌梗死死亡率控制到2.6%左右。

（二）推进医疗服务，提高医疗服务效率

大力推动日间手术开展，完善日间手术管理及激励机制，2021年，菏泽市立医院共开展日间手术的病种超过150个，术式治疗的病种超过145个，例数4387人次，占择期手术比例超过15%。

（三）紧盯医学前沿，打造"高、精、尖"专业团队

对标国内一流医院管理与服务，加强与全国知名专家、医疗团队沟通、交流。2021年，菏泽市立医院共开展新技术、新项目72项，成立了万峰院士名医专家联盟工作站、中国医师协会心血管外科医师（鲁西）临床培训基地和菏泽市心脏疾病诊疗中心，激活了医院心脏专科高质

量发展的新动能，也让人民群众就近享受到了高端、优质的医疗服务。

雏牛昂首志当远，不待扬鞭自奋蹄。2022年，菏泽市立医院将继续贯彻落实"真、严、学、细、实、快"的工作要求，以高质量发展为核心，以"造峰、强基、补短"为目标，筑牢发展根基，夯实管理服务，在建设现代化医院的道路上逐梦前行，不负韶华。

以"四年并进"为引领
促进医院高质量发展

安徽省宣城市人民医院党委书记、院长 王义文

2017 年元月，宣城市人民医院获评三级甲等医院。新起点新服务新水平，作为三级甲等医院，如何更好地服务群众，提升水平，获得高质量发展，宣城市人民医院开始了较长时间探索，在后"三甲"时代，医院提出了开展学习型医院推进年、医疗安全提升年、医疗技术突破年和医疗服务提升年"四年并进"活动，着力建设人民满意、患者放心的高水平高质量现代化医院。

一、"四年并进"活动内容

2019 年 1 月，宣城市人民医院正式提出开展学习型医院推进年、医疗安全提升年、医疗技术突破年和医疗服务提升年"四年并进"活动，力求全面提升发展动能、发展品质。其中学习型医院推进年以学服务、学技术、学制度、学管理"四学"为中心，通过学习，提高员工素质，发展科室技术；医疗安全提升年活动围绕"问题导向、质量提升、安全保障"主题，加强医疗服务重点环节管理，落实各项医疗制度，提升院科两级质量管理；医疗技术突破年活动围绕"求实、求专、求精"主题，着力发展医疗技术，推进医疗技术突破，锤炼内涵品质，提升为民服务能力；医疗服务提升年活动围绕"尊重生命、关爱生命"主题，以患者就医感到"暖心""细心""舒心"和"放心"等"四心"为核心，将人性化理念贯穿服务过程，通过改善服务态度、优化服务流程、提高服务效率、美化服务环节，从而提高社会满意度。

二、"四年并进"活动意义和必要性

（一）推进学习型医院建设，是医院发展的基本要求

中共十九大报告提出，"加快建设学习型社会，大力提高国民素质""我们党既要政治过硬，也要本领高强。要增强学习本领，在全党营造善于学习、勇于实践的浓厚氛围，建设马克思主义学习型政党，推动建设学习大国"。之于一国，要建设学习大国，之于医院，就必须要建设学习型医院，要加强学习习近平新时代中国特色社会主义思想、加强学习党的理论、加强学习医疗新技术，不断提高自身的理论素养和技术水平。

（一）保障医疗安全，是医院发展的核心要义

医疗安全是医院发展的根本，在《国务院办公厅关于建立现代医院管理制度的指导意见》中明确指出要健全医疗质量安全管理制度，该制度的基本原则是坚持人民健康为中心，把人民健康放在优先发展的战略地位。医疗安全关乎患者的生命安全，是医院的立院之本，立本之基，是"红线"也是"高压线"，没有医疗安全，医疗质量等其他无从谈起，必须警钟长鸣，常抓常严。要持续加强对重点患者、重点部门、重点时段、重点人员的监管，落实患者"零伤害"理念和患者安全目标管理。

（三）推进医院技术进步，是医院发展的不竭源泉

科学技术是第一生产力，在《国务院办公厅关于推动公立医院高质量发展的意见》中明确指出"公立医院发展模式要从规模扩张转向提质增效，运行模式要从粗放管理转向精细化管理，资源配置要从注重物质要素转向更加注重人才技术要素"。在"三甲后时代"，医院如何实现量变到质变的飞跃关键在于技术和人才。

（四）提升医疗服务质量，是医院发展的根本保障

公立医院必须坚持公益性，要坚持人民健康为中心，医疗行为的服务对象是人民，人民的就医体验关乎人民满足感、获得感和幸福感。公立医院必须将公益性作为主导，全面增强便民惠民服务，坚持树立正确的办医理念，弘扬"敬佑生命、救死扶伤、甘于奉献、大爱无疆"的职业精神，从而更好地满足人民多样化、差异化、个性化健康需求。

三、"四年并进"活动主要做法和收获

1. 坚持党建引领，牢记公益性的宗旨和使命

医院党委要发挥好把方向、管大局、做决策、促改革、保落实的领导作用。一是在《医院章程》中明确了党建工作的内容和要求，明确了党委研究决定医院重大问题的机制，把党的领导融入医院治理全过程，把党的建设各项要求落到实处。二是落实"把支部建在科上"，做到党管干部聚人才、建班子带队伍、抓基层打基础，具体做法是每个科室党员达到3人或以上的单独设立党支部，加强党的管理，推进党支部标准化规范化建设，落实好把业务骨干培养成党员，把党员培养成业务骨干的"双培养"机制。三是领导精神文明建设和思想政治工作，领导群团组织和职工代表大会，做好知识分子和统一战线工作，加强党的廉政建设，确保党的卫生和健康工作方针和政策不折不扣落在实处。

在防控新冠肺炎面前，作为医疗救治市级定点医院、全市确诊病例集中收治医院，医院党委带领全院夜以继日战疫情，牵头运行市公共卫生应急医院，14例确诊病例均治愈出院，9人驰援武汉战疫，贡献宣城力量，1人央视"战疫情"直播受访并火线入党，1人赴京参加疫情防控，为国"守门"，在疫情常态化防控的今天，牵头成立"方舱"接种点，数十名医务人员进驻"方

舱"，承担疫苗接种任务。2个集体和多人受省、市表扬嘉奖。党员干部无私奉献，经受住了实战考验，党建成效进一步显现。

此外，我院多人多次参加健康扶贫、援藏援疆、百医驻村、联点共建、志愿服务、公益体检、巡回义诊和包保帮扶等活动，处处彰显公立医院公益性。

2. 坚持人才强院，加强医院人才梯队和专科建设

人才是医院发展的源泉，我院坚持"引进来"和"走出去"相结合的人才战略，实施千万级投入，实施"领军人才"和"青年骨干"计划，医院现有高级职称233人（其中正高40人），硕博士146人，达到行业标配。公选赴德医学交流5人，外派进修和学习1000余人次，培养了一大批高层次复合型人才，人才梯队结构进一步优化，医疗水平进一步提升。

"后三甲时代"，医院着力培养建设优势专科，一大批重点专科和专科带头人凸显出来，获批省级重点专科3个，市级重点专科10个，市级重点培育专科5个，市级重点特色专科8个，医院制定专门政策在人、财、物等各个方面向重点专科倾斜，大力投入，以期通过优势专科带动全院专科发展。同时，在专科基础上各亚专科蓬勃发展，诊疗能力显著提升。

3. 坚持科技兴院，医教研协同一体化发展

医院发展离不开新生的力量，医疗是今天，科研是明天，教育是未来。医院在加强医疗的同时，大力发展科研和教育，近年来医院开展高新突破性技术百余项并填补市内空白、半数达到省内先进水平，医院获批省级科研项目6个，市级科研项目27个，院级科研立项100余项，"三新"项目准入300余项，获市级科技进步奖2项，发表论文1000余篇次。

为改善医院教学和学员住宿条件，医院于2020年投入1700余万，完成近7000平方米的临床技能中心建设和学员住宿中心的改造装修工作。2017年医院获批省级助理全科培训基地、省级全科转岗基地。2021年医院获批国家级住院医师规范化培训基地，带教全科医生148人，住培医生17人，高校实习生1000余人次。2021年医院还创成了皖南医学院高校附属医院，目前有皖南医学院临床医学专业本科班29人在院参加理论学习。医院施行"双师制"，医生既是医师也是老师，在做好带教工作的同时，也达到了教学相长的目的。

4. 坚持质量立院，做好服务和质量提升

医疗质量是医院的核心竞争力，执行核心制度是关键环节。医院采取多举措保障医疗安全，加强基础质量、环节质量和终末质量的管理，重点部门和重点岗位的管理，通过季度综合目标考核，汇总临床医技科室各质量控制环节情况，反馈检查结果，提出改进意见，通过开展医疗安全质量提升月等系列活动，推行多学科协作诊疗模式（MDT），推广疾病诊断相关分组（DRG）工作，发挥院科两级医疗管理组织质量监控作用，推进平安医院建设，切实落实患者安全十大目标。通过"医疗安全奖""医疗风险积金""综合目标考核奖"等奖励导向作用，坚决惩戒违规违制行为，牢筑全员质量安全观，形成事事重质量，人人抓安全的好氛围。

做好医疗服务是公立医院的必然要求。在做好医院服务方面医院采取了以下措施，一是改善服务环境，5.3万平方米的急诊外科大楼和PET-CT楼目前已投入使用，极大地改善了患者的就医体验，11万平方米的门诊医技内科大楼目前已开工建设。二是改善服务态度，开展"四心服务"（爱心、耐心、细心、责任心），开展多形式的医疗服务教育和服务礼仪培训，推行"安心"手术，将人性化服务理念贯穿手术全过程，开展舒适护理。三是优化服务流程，开设"知名专家门诊"和"节假日门诊"，逐步推行"日间手术"。四是合理运用信息化平台，通过手机APP预约诊疗和自助服务机挂号缴费，极大地方便了患者就医，得到了患者和社会的一致好评，医院蝉联国家级文明单位。

目前，在"四年并进"活动的引领下，宣城市人民医院在"后三甲时代"不断努力奋进，取得了飞跃式发展，下一步医院将继续扎实开展好"四年并进"活动，以学习促发展，凭质量求生存，靠技术上水平，以服务赢口碑，以"四轮驱动"促进医院医疗质量再上新水平、改革发展再上新台阶。

远程治疗 缩短患者与专家的距离

内蒙古商都县人民医院

国内医疗优势资源多集中在一线城市，旗县地区却医疗供需矛盾突出。远程服务打破了区域限制，患者足不出户就能得到专业的诊疗意见，进一步实现优质医疗资源共享。随着国内技术水平的提高，尤其是5G技术的应用，把信息通信传输技术应用于远程诊疗活动，为数字化影像和传输奠定基础，方便了基层患者的看病就医，从医疗费用层面减轻了患者的经济负担，提升患者满意度。

商都县医院远程会诊中心正式成立于2018年10月，科室现有技术操作人员3人，实现了全区的远程医疗"市县通"。

作为2019年改善医疗卫生服务行计划重点工作内容，远程服务建设取得了突破性的成绩，可以与国内2000多家医院进行网络平台远程会诊，2019年完成远程会诊110例，超额完成医院年初既定计划10例，超出自治区任务10例，还开展远程影像738例、远程病例6例、远程教育讲座34次，真正实现了远程医疗制度建设的意义。通过远程会诊解决了患者的疑难重症，远程教育不断提升专业技术人员医疗服务能力，也为医院医务人员开辟了一条提升专业技术水平的新途径。

在新冠肺炎疫情来袭时，为了减少患者的流动性，医院远程会诊更是发挥了独特的桥梁作用，2020年1月到5月，开展临床会诊共计151例，比2019年全年超出41例，影像会诊1395例，比2019年超出657例，可谓成果丰硕。如果没有远程会诊，这些患者冒着疫情风险最近也需要到乌兰察布市区医院就诊。

随着远程技术的不断提升，商都县医院不仅可以远程会诊、远程影像诊断、远程病理诊断、远程医学教育等，还可以进行远程查房、远程手术指导与示教、床旁会诊等，实现了用科技改变时代的梦想。

2020年6月11日上午，76岁高龄的郎奶奶再次来到商都县医院内科进行住院治疗。老人家是精准扶贫患者，家住偏远山村，每次到县医院都是为了治疗气短、呼吸困难，顽固性腰背疼痛。在医院的常规检查下，初步诊断为慢阻肺、脊柱压缩骨折。郎奶奶想到呼市医院治疗，又无奈路程遥远，身子骨耐不住长途颠簸，一筹莫展。医生介绍说可以远程会诊，并且精准扶贫患者在医院可以享受免费的远程会诊服务，给老人家带去了希望。医院特别通过远程平台预约内蒙古医院大学附属医院骨科刘主任为郎奶奶进行会诊。会诊前，医院把患者的病情、病历、检查、治疗、用药等各个方面情况传输给附属医院，刘主任查看后肯定了医院的诊断，并对医院的治疗与用药进行了指导。郎奶奶得知自治区里的专家诊断与医院诊断一致、处置得当时，特别开心地说："差点颠哒去大地势（呼市），来县医院来对了"。

2020年新冠肺炎疫情期间，借助远程平台，医院疫情防控人员进行了《咽拭子采集》《穿脱防护服》《分诊技能》与各版的诊疗标准远程学习，授课专家均来自省级医院或疾控中心，给医院在关键时刻带来的技术指导，提升了疫情防控能力。开展远程医疗能更好地优化医学资源的配置，尤其是能对高水平医学专家资源最有效地利用，同时也给基层医院的生存和发展带来无限的契机。远程会诊跨地域、跨机构进行信息传输，使广大患者能够实时、便捷、经济、高效地享受到权威医学专家提供的高质量的医学诊疗服务，是解决县域医疗水平局限性的有效办法。

商都县医院已经将远程会诊的发展列为重点项目，将全面推进远程医疗工作，打造成以商都县为核心辐射周边数个县及乡镇卫生院的远程会诊网络，切实解决百姓"看病难、看病贵"的问题，实现"县域大病不外转"的目标。远程会诊给医院注入了技术的力量，相信不远的将来，商都县医院会再次利用远程会诊平台帮助患者实现更高级的诊疗活动，继续创造一个又一个光辉的成绩！

跨域托管强基层　帮扶蝶变显成效

海南省文昌市人民医院

文昌市地处海南岛东北部，因宋庆龄祖居和美食"文昌鸡"远近闻名。作为海南滨海旅游城市，文昌尽管有人文、区位、经济发展优势，但是一直没有形成医疗优势。

始建于1950年的文昌市人民医院，是一所三级综合医院，也是该市最好的医院。但因设备、技术比较落后，当地人得了重病后多到60公里外的省城医院去看。"小孩上学到文昌，家人有病到海口；游客观光到文昌，'候鸟'购房到琼海"，是百姓流传的民谣。

文昌市人民医院自2014年11月由华中科技大学医学院附属同济医院托管八年来，发生了脱胎换骨、喜报频传的变化，创建了"跨域托管"强基层的崭新模式。截至目前，共开展新业务新技术152项，其中不少是省内首次开展，有些还达到了国内先进水平。在同济医院的大力支持下，2016至2022年，同济文昌医院多次圆满完成了航天发射的医疗保障任务。多项高精尖技术在临床的成功运用，彰显了医院的综合实力。自同济医院托管以来，危重患者回流逐渐增多，周边县市、甚至海口市的病人都慕名来该院就诊。2014年往上级医院转诊1660人次，而到2020年下降到仅131人次，逐年递减。百姓不出县城就能享受到大医院的优质医疗服务，同济医院托管的结果真实地展示了"文昌样本"。

在同济医院专家的帮扶指导下，2018年同济文昌医院神经内科、心血管内科、肾脏病科、普通外科、儿科、感染性疾病科、急诊医学科、医学影像、重症医学科、产科等学科被评为海南省级重点专科，并新增介入微诊疗室、全科医学科、运动医学科、生殖医学科、中医科、营养科六个特色科室。

"一小时急救网"使同济文昌医院急性心肌梗死死亡率下降，也扭转了文昌市急性心梗患者以往全部转往海口治疗的局面。2019年11月1日同济文昌医院正式通过国家胸痛中心认证！并纳入全国胸痛急救地图！2021年介入手术共计887台，老百姓患冠心病后再也不用去海口治疗了。2021年同济文昌医院又通过了房颤中心的认证（海南2020年仅过2家）。2020年12月，同济文昌医院卒中中心被国家卫健委医政医管局评为"改善医疗服务示范科室"。2021年同济文昌医院共计静脉溶栓158例（全省医院前列），缺血性脑卒中介入治疗25例，2021年通过评估，本批全省排名第一。

2018年3月，同济文昌医院在全市31家卫生院建成区域心电诊断平台，15家卫生院建成区域影像诊断平台并投入使用。2018 年至 2021 年 12 月同济文昌医院共计完成 1.3 万例心电图网络病例，2.2 万例放射影像网络病例以及 300 例动态心电图（提前发现 3 例心梗），服务能力和数量居海南县市级医院前列。此外，同济文昌医院还通过派驻专家到基层坐诊、开展教学查房等方式将优质医疗资源下沉到基层，对卫生院进行对口帮扶，有力提升了卫生院的诊疗能力，通过医联体内帮扶建设，基层卫生院发展速度显著提升。

同济文昌医院 2017 年获得"全国改善医疗服务最具示范案例"，2019 年获得"改善医疗服务创新医院"，2019 年获得"全国巾帼文明岗"，2020 年获得"改善医疗服务示范医院"，2021 年获得"中国医院最佳绩效实践杰出实践单位"等荣誉称号。

同济文昌医院创建了"跨域托管"强基层的崭新模式，为当地培养了一批带不走的医疗队伍，有效地缓解了当地老百姓"看病难""看病贵、看病不方便"等问题，促进了患者大量回流基层，实现了社会效益与经济效益的同步增长，增进了文昌老百姓的健康福祉。作为三甲医院，同济文昌医院将以不忘初心的胸怀，以砥砺前行的姿态，用心谱写医院发展的新篇章，为加快建设海南自由贸易试验区和中国特色自由贸易港贡献力量。

人民医院为人民　牢记使命护健康

河北省迁安市人民医院

2021 年，迁安市人民医院以患者需求为导向，从患者所想、所急、所痛、所需、所愁入手，致力于信息化建设、流程规范、技术提升，打通就诊堵点，优化服务流程……如今走进市人民医院，处处可见暖心服务，医院文化建设带来的独特魅力让人如沐春风。人民医院在为职工及群众营造舒适环境的同时，也为看病就医带来了极大的便利，群众看病就医的获得感和满意度不断攀升。

一、想患者之所想

为了缩减就医过程当中的等待和排队时间，医院加大智慧医院建设，让就医体验更舒心。实行入院、出院"一站式"结算服务。将交押金、结算"窗口"搬到"护士站"，改变患者需去窗口排队结账的传统模式，支持社保卡、支付宝、微信等多种支付方式，实现护士站"一站式"入出院结算，实现了让信息多跑路，患者少跑腿的以人为本的服务理念。推出"掌上影像"服务。患者在医院做完 CT、核磁检查后，只要通过手机微信扫描二维码验证个人信息，待医生审核完报告后，即可在手机微信小程序上阅览 CT、核磁的电子检查报告及数字影像图像。如需获取纸质检查报告，可凭条形码到数字影像自助终端机处扫描获取，告别胶片，一部手机就能让患者随时随地的查阅自己历来的检查报告和影像，更有利于医生查看，方便诊断。推行无卡式就医业务。门诊诊间支付，实现了凭借"二维码"就能买药看病就医模式。关注医院公众号即可查询门诊、住院费用，检查结果、电子发票等系列功能。开通了京、津、冀地区所有职工参保人员异地普通门诊就医刷卡直接结算服务，无须个人垫付费用、往返两地报销，解决了异地参保人员往返两地报销的舟车劳顿问题。

二、急患者之所急

缩短患者等候时间。以提升患者就医安全为出发点，充实急诊救治力量，实行内、外科专业人员和急诊人员共同值诊，做到救治工作前移、科室无缝衔接，畅通救治绿色通道。2021 年经绿色通道实施冠脉造影支架手术 1166 例，放置临时、持久起搏器 8 例，溶栓、取栓 131 例、颅内血管介入术 13 例，极大提升了急危重症患者救治的效果与效率。成立"一站式"服务中心。

整合门诊服务、异地就医结算、慢病办理、病历复印、医保咨询等功能，实现相关事项一站式完成，逐步减少了看病就医过程中的堵点、难点。调整采血室、超声科、儿科、中医科等科室空间布局，做到相关科室集中办公，让患者少跑腿、少等待。

三、消患者之所痛

提升医疗技术水平，满足患者就医需求，与上级医院深化合作，定期邀请北京协和医院、中日友好医院、中国中医科学院广安门医院等医院50位知名专家来院坐诊、疑难病例查房、知识讲座、手术指导，进一步拓宽了技术服务，开展了提眉、祛眼袋等医学美容新项目。实行学科集约建设，将全院57个科室分成6个大组，打破学科之间壁垒，通过多个相关学科进行有机融合，实现多学科资源共享、交叉创新、多点开花，2021年医院成功开展新技术新项目24项，其中单孔胸腔镜肺大泡切除术，无痛内镜下胃结石碎石术，腹腔镜下肝血管瘤捆扎术＋胆囊切除术等手术，填补了该市医疗技术空白。2021年7月国家标准化代谢性疾病管理中心在该院成功启动，同年9月国家早癌筛查防治联盟在医院正式揭牌，学科建设驶上高速发展"快车"道，患者满意度持续提升。

四、帮患者之所需

"全院一张床"新举措。受疫情影响，住院受到限制，此时，医院推出新住院病人"过渡病房"，患者住院时，不再受科别、病种、病区等条件限制，哪里有床就住哪里，让医生跟着患者跑，护理人员不论在哪个科室，都按照全科型护理规范化操作，切实解决患者住院难的问题。义诊帮扶提升健康。医院部分党支部及临床科室，先后前往市内各镇村、社区企业、机关开展健康义诊、科普宣讲、送医送药等活动，为当地群众提供在家门口就能享受专家诊疗的机会，同时，为基层医院搭建学习与交流的平台，逐步提升区域内疾病的诊断和治疗水平，为当地群众健康保驾护航。各临床科室在"爱眼日""爱耳日""全国高血压日"等特殊日子，下乡村、进校园开展健康宣传及咨询义诊活动，向广大群众宣传健康知识，讲解健康生活方式，进一步提高公众的保健意识，赢得人民群众的广泛好评。

五、解患者之所愁

"扫码"长知识。以往医院宣教都是在入院、治疗、出院等时刻面对面进行，回家后，好多患者渐渐地又忘了医生护士交代的注意事项，使好多患者感到头疼。例如许多糖尿病患者平时怎么吃、怎么运动等问题，医院内分泌科、消化内科、乳腺肿瘤整形外科等科室把"饮食配合好""运动是手段""监测是保障"等健康知识制作成"小知识二维码"，患者只需打开微信扫一扫就能了解疾病相关知识与注意事项，随时扫，随时看，方便患者学习掌握，管理好自己的身体健康，真正实现为患者"码"上解忧。"押金"践初心。"还是好人多啊！没想到自己能这么幸运，治好了病，还有这么好的医生时刻关心呵护着我的健康"，这是医院一名无人陪同且生活困难的患者对神内二科刘立娜医师的感激之言，为了让这位患者得到及时救治，神内二科刘立娜医师用医者仁心，自己掏腰包帮助患者垫付住院押金，使患者病情恢复平稳，让她对生活充满乐观。

"医疗质量是根，医疗服务是魂，做好医疗质量安全，提升优质服务是我们永恒的主题，我们要把以人民健康为中心的理念根植于全院职工心中，为百姓提供安全、舒适、暖心的健康服务，努力提升人民群众就医幸福感、安全感、获得感。"迁安市人民医院院长王淑敏说。

潜心躬耕　砥砺前行　努力推进医院"高质量发展基础要素强化提升年"行动

山东省单县东大医院

单县东大医院位于山东省西南部因舜帝之师单卷居住而得名的单县，2004 年建院，是一所集医疗、预防、康复、教学为一体的大型综合性民营医院。

医院一以贯之地践行着"让百姓看得起病、让百姓看得好病"的办院宗旨，开展医疗服务、参与公共救护、抗击新冠肺炎疫情，呵护健康、守护生命，为一方百姓的健康保驾护航。

近年来，医院不断加快学科标准化建设，发挥学科特色和优势，不断提升医疗服务能力和水平。医院目前已形成了以微创技术为核心、胸痛中心、卒中中心等六大中心协同发展的新格局，建立了普外科、急诊科等技术精湛、服务优良、设备完善、管理规范的市级重点专科。医院年门诊量近 40 万人次，出院病人约 3 万人次，是菏泽市 120 急救站、单县医疗保险定点医院、城镇职工门诊特慢病报销定点医院、城乡居民门诊大病报销定点医院、医疗救助和建档立卡贫困户报销定点医院，为泰山医学院、济宁医学院、菏泽医专、菏泽家政学院等多所院校教学实习基地。

医院开展的"高质量发展基础要素强化提升年行动"，有力带动和促进了医院整体工作的创新发展。

一、强化疫情防控，落实一把手责任

新冠肺炎疫情防控落实"一把手"常态化责任。由院长为组长的督导组，每天带领行政总值班深入临床一线，严格督导检查，全面排查感染隐患，特别是发热门诊、预检分诊、急救中心等一线科室，保障疫情防控工作的落实。

在举国上下同心协力抗击新冠肺炎疫情的关键时期，单县东大医院积极响应国家号召，医院党支部书记带领全体党员向疫区捐款、提交志愿书；医院选派医护骨干、检验人员驰援湖北武汉和山东青岛市开展医疗救治与核酸检测工作；医院 120 急救车在县疫情办调度下奔波 10 万千米接回来自全国各地的返乡人员。

医院按照山东省发热门诊建设指南要求规范建立了发热门诊与 PCR 方舱实验室，承担本县 22 个乡镇卫生院 60000 万人次的核酸检测工作；在单县北高速口、乡镇卫生院等十余个新冠疫苗临时接种点开展疫苗接种保障服务工作……

灾难是一面镜子，映射的是医疗勇士的责任担当，无论医院性质是公还是私，只要身为一名医者，逆行不仅是向死而生，更能体现的是舍己为人的医者仁心。

二、加强精细化管理，增强创新驱动力

近年来，医院坚持以学科建设为抓手，创新理念、积极探索，实施制度化、规范化、精细化管理。

医院按照现代医院管理制度任务和要求，明确学科发展目标，不断细化和完善各项管理制度、工作流程，强化目标管理，深化内涵建设。

为坚定"十个强化、十个落实"工作方案，医院坚持"一把手"工程，院长参加临床科室交接班；参加医院质量与安全检查与反馈会；参加急危病例讨论等工作。按照医院管理规范和要求，听取科室汇报，进行现场检查，通报工作动态，交流工作经验，查摆存在问题，提出整改意见，督导整改落实，分享工作成果，在科室形成了人人思考改进、事事谋求改进、时时享受改进的理念，有效提高执行力，确保工作处于闭环管理状态。

医院坚持民主管理，运用问卷星开展满意度调查、每月征集员工合理化建议，充分调动员工的主观能动性和工作积极性，立足改善作风、改善环境、提高患者就医感受，营造了"学规章、守制度，按规章制度办事"的工作秩序和"东大是我家、发展靠大家"的工作氛围，增强了全体员工共谋发展的凝聚力和创新驱动力。

三、坚持技术创新，增强核心竞争力

创新是第一动力，医疗技术创新是医院发展的源泉，是提升医疗服务能力和水平的关键。医院自建院之初，就牢牢抓住技术创新这个关键因素，紧跟医学前沿，追踪医学新理论、新技术。

近年来，医院不断加强人才培养和技术引入。选派业务骨干外出进修学习；参加国家及省级有关专业学术会议；定向参加山医集团启动的"青年管理人才、专业技术人才培养工程"；借助与多家三级甲等医院的协作关系，邀请专家教授来院开展学术交流、业务培训、门诊指导；实施"取长补短，借鉴发展、看学说做"的现场交流，促进医院理论与实际相结合，在学中干，在干中悟。

医院注重把先进的医学理论应用于临床实践，积极鼓励医务人员技术创新，大力支持微创技术发展，腔镜、介入技术已广泛深入应用于普外科、耳鼻喉科、妇产科、骨科、泌尿外科、心胸外科、心内科、放射科等临床医技科室。近两年，普外科开展的腹腔镜肝肿瘤切除术、双镜联合胆总管切开取石术、完全腹腔镜下胃癌根治性全胃切除术等达到区域内同行先进水平；开展的子宫动脉栓塞术、消化道出血介入栓塞术、小儿疝气腹腔镜微创治疗等填补了本县技术空白；心胸外科开展的漏斗胸微创 NUSS 矫形术、手汗症微创胸腔镜手术等治疗效果显著；神

经外科开展颅内动脉取栓术、脑积水脑室—腹腔分流术、神经内科开展脑动脉支架植入术、心内科开展的室性早搏和房颤的电生理检查＋射频消融术，填补了医院技术空白；消化内科推进ERCP相关技术开展，同时对门脉高压患者进行内镜下治疗，在菏泽市率先开展ESD手术；呼吸与危重症医学科开展的气管镜下支气管、肺疾病的诊治有长足进展，与国内多家基因公司合作开展了mNGS工作，医院三、四级手术占比63％。一大批新技术的成功开展，大力提升了医院核心竞争力和品牌知名度，也为本地百姓就医提供了可靠的保证。

四、强化质量管理，提升服务能力

质量安全是医疗工作的生命线，是医院业务管理的核心。医院坚持"以患者为中心、强化医疗安全、落实医疗法规与核心制度"的管理理念。按照医疗质量管理制度和规范要求，严格落实院、科两级质量管理责任，践行院长和科主任是质量安全管理第一责任人，落实全面质量控制措施。

在实际工作中，医院严格规范医疗行为，规范资质授权，落实医疗安全核心制度，按照诊疗技术规范开展诊疗活动，进行规范化管理及培训，增强医护人员依法执业意识、提高医院医护人员"三基"硬实力。

医院开展联合质控对质量安全进行追踪检查，由院长参加每月一次的联合质控大检查，并由院长亲自组织医院质量安全检查反馈会，研究解决质量安全管理方面存在的问题。医院建立了以"质量控制、应急管理、安全保障"为中心的医疗保障体系，坚持推行"三评"即院前评估、出室评估和离院评估；"三应急"即院前应急（急诊120接警出车至医院过程中的危重状况）、院内应急（急危重症患者、术中或术后出现生命体征不平稳的组织多学科专家会诊）、离院应急（患者出院后出现严重并发症，通过绿色通道直接入院治疗）；"二访"即患者出院一周内科室人员的电话回访、对需要再次治疗患者进行医生家访，及时了解病人病情变化并给予相应康复指导。

五、创新服务模式，打造优质品牌

医院以高质量发展基础要素强化提升为契机，为进一步完善服务流程，落实便民措施。医院在门诊设立"残疾人、孕妇、现役军人优先挂号窗口"，配专职咨询员，对危重、行走不便的无助患者实行全程导诊。开展院内网上预约、电话预约及诊间预约，实行分时预约，继续开展专家门诊24小时预约挂号服务，最大限度为患者提供方便。CT、磁共振、B超、心电图、内镜等检查科室实行弹性工作制，中午不休息，夜间加班做检查，减少病人等候时间。加强便民服务设施建设，24小时提供开水，并设有注意安全标志，备有一次性口杯，方便患者饮用。为行动不便的患者提供轮椅及担架车，便民服务台备有共享雨伞、卫生纸、红糖、手机充电插板、手机充电器等，负责病人物件暂存、丢物寻找、化验单代取、药物邮寄等工作，为事先没有准备的病人解决了困扰，也为路途遥远或不便出行的老人带来了极大方便。门诊各楼层均设有自助缴费、挂号机减少窗口排长队现象，在门诊前厅设有专门化验单存放处，专人负责查找化验单，医院提供为外地患者免费邮寄检查报告单等便捷服务。为拓展优质服务范围，向手术室、门急诊等非临床科室延伸，每个病房设置查询机并有专职人员负责帮助病人查询每日清单，使患者明明白白消费。科室为加强医患沟通，广泛征求意见，除有问卷星调查问卷外，还在医院显要位置如门诊大厅、住院大楼各楼层公布投诉电话，总值班 24 小时接听电话，畅通医院与患者的沟通渠道。

为加快信息化建设步伐，医院承建了区域心电网络系统，利用互联网技术和专业、高效、精准的心电设备，开展"基层检查、上级诊断"的远程医疗服务，实现县域范围内心电数据的信息共享与互认。完成"数字影像服务（云胶片）"的上线运行，助推医院诊疗服务质量和水平发生革命性变化，减少患者重复拍片、少跑路，提高了市民就诊服务体验。

为提升职工幸福指数，医院组织职工自编自演迎新春文艺联欢会，丰富职工文化生活。积极开展体育活动，组织职工参加县工会组织的红歌合唱比赛及院举办的院庆、三八妇女节趣味运动会，极大活跃了职工业余文化生活，提高了医院的凝聚力和向心力。举行插花技能培训，提升员工的情操。征集员工合理化建议，充分发挥职工民主权利。为全体员工提供新冠病毒肺炎保险，做好保险保障和后援工作。为员工及家属进行健康体检，建立健康档案，职工幸福指数稳步提升。

医院党支部积极联合县委组织部、卫健局等部门，深入到社区、街头、学校开展多种形式健康教育宣传活动。在重要节日开展"学雷锋·党员志愿服务""新时代文明实践"健康义诊、"庆建党 100 周年"大型义诊、"迎中秋、庆国庆，我为群众办实事"义诊、"同心义诊"和饺子宴、"珍爱生命、应急救护"专题培训等活动，取得积极社会效益，是"首批县级两新组织党建工作示范点""市级红色品牌创建工作示范点"。医院先后荣获"国家爱婴医院""中国优秀红十字会医疗机构""全国诚信示范医院""医院能力 5 星级、行业评价 3A 信用医院""山东省卫生先进单位""山东省消费者满意单位"的荣誉称号。

回顾过去，我们能够看到，单县东大医院"以院为家"的家文化已经初步建立起来，"感恩奉献"的核心价值观正在逐步形成，"以病人为中心、以质量为核心"的服务意识正在提高，"高质量发展基础要素"正在强化提升，这是保障医院今后持续发展的宝贵财富，也是医院发展的根本所在。

东大人坚信，只要坚定不移地按照党和国家的方针、政策建设医院、发展医院，东大医院必然会在推动医疗体制改革和改善社会民生的康庄大道上走出属于自己的一片天！

扎实推进现代医院管理
全面促进医院健康发展

四川省仪陇县人民医院　赖雨轩

随着现代医学的发展和现代科学技术广泛地向医学渗透，医院的任务不断扩大，现代医院的管理模式已从传统经验管理型逐步转变为现代管理型。医院管理者应在现代管理理论和技术的指导下，合理地解决医院管理工作中出现的一些新情况、新问题。调整医院功能，确定医院发展规模，引入竞争机制，正确处理社会效益与经济效益的矛盾等问题，尽可能地避免消极因素影响，使医院系统得到良性运行，以高质量的医疗服务切实改善患者就医感受。

一、制定建立健全现代医院管理制度试点工作实施方案

针对现代医院管理制度试点中十四项工作任务要求，医院制定了该项工作实施方案：一是逐项落实了相关部门责任人和责任领导，明确了职责，并形成了责任清单制。二是加强组织领导，成立了该项工作领导小组。院长为组长，分管领导为常务副组长，其他相关领导为副组长，院办负责人牵头，党办、医疗、护理、财务、人事、药学等部门负责人为成员，确保该项工作顺利实施。三是对照责任清单，院考核办每月对各部门重点工作完成情况进行考核（实行绩效扣分制），考核结果与当月部门绩效直接挂钩，为该项工作进度推进提供了保障。

二、完善管理体系建设，稳步推进现代医院管理

医院制定了《医院五年发展规划》《医院年度目标任务管理》《绩效工资管理实施方案》《绩效考核实施方案》《医院奖惩管理规定》《医疗质量持续改进方案》《不良事件报告管理》《基层医务人员业务培训实施方案》《优质服务方案》《中层干部管理办法》《医保管理办法》《学科建设方案》等管理体系，并逐步推进。

三、制定了医院章程，确立了医院基本纲领和行为准则

结合医院实际情况，从治理体系、员工的权利与义务、运行管理等方面共拟定医院章程93条，强化了党组织在医院内部治理结构中的地位和作用，制定了医院开展各项工作的基本纲领和行

为准则，明确了医院的功能定位、办医方向及医院和职工的权利义务等内容。

四、修订和完善各项制度和流程，促进医院健康发展

医院参照现代医院管理 JCI 标准，规范修订和完善了 456 项涉及医院规章制度和服务流程，并针对患者在医院门诊和住院就医环节中存在的问题逐步实施了流程优化，改善了患者就医体验。

五、健全医院有效决策机制，充分发挥决策作用

一是拟定了医院党委议事决策制度、医院党委会议事决策规则、院党委决策事项和范围；二是拟定了院行政领导班子议事决策制度、院长办公会议事决策制规则、院行政领导班子决策事项和范围，保证了医院各项决策的科学化、民主化、规范化，提高院领导对医院工作科学决策水平和效率；三是修订完善医院、医疗、护理、院感、药事等 20 个管理委员会，并按季度组织召开 1 次专题会议，充分发挥专家治院作用。

六、健全民主管理制度，助力医院决策

一是健全了以职工代表大会为基本形式的民主管理制度，明确了工会办依法组织职工参与医院的民主决策、民主管理和民主监督，并积极开展为职工办实事各项活动；二是扎实开展职代会、中层干部述职、"不忘初心，牢记使命"主题教育活动，认真听取和收集职工意见及建议，为医院决策提供有力依据，并及时解决职工合理诉求。

七、建立健全医疗质量安全管理和便民惠民服务制度，切实改善患者就医感受

一是修订了医疗质量安全考核管理实施细则、临床路径管理办法、手术管理、药品管理分级制度等核心制度并组织实施，强化日常监管，逐步推行工作常态化、考核日常化。二是对各委员会工作的规范开展做了专题培训，并按季度规范化开展各委员会工作。三是加强医疗质量与安全监管，发现问题及时整改。医务每月不定时深入科室巡查，将巡查中发现的质量问题与医院绩效考核进行挂钩。四是着力环节管理，狠抓病历质量。院级兼职质控人员实时监管运行病历，对存在的问题进行实时提醒和整改。五是制定并实施《重点学科建设实施方案》、《新技术、新项目补充管理办法》，着力核心技术攻坚，对照三级综合医院标准，不断突破新技术。六是开展好远程医疗，为患者减轻经济负担。医院常年通过省级远程会诊，解决疑难病人诊断和治疗；同时，与县域乡镇卫生院建立了远程影像会诊，切实解决老百姓就医负担。七是不断优化门诊和住院服务流程，逐步落实患者一卡通和一站式服务。八是院内建立爱心服务队，主要为患者免费提供就医环节中的转运服务。

八、健全人力资源管理制度，建立良性引人、用人机制

一是进一步修订了《人事外出规培、进修、读研的管理规定》，规范临床医师进修、规培和继续教育；二是制定了《医院人才招引条件和待遇方案（试行）》《规范人事管理办法》，修订了《医院职工岗位聘任管理暂行办法》，为促进人才梯队建设及服务能力提升提供政策支撑；三是拟定了《编外合同制人员薪酬管理的相关规定》，同时鉴于医生队伍人员紧缺的现状，院务会讨论形成了"编外合同制医生在取得医师资格证书后，其基本工资、绩效待遇、年终目标奖方面，执行与同等岗位在编人员一致的待遇"的决议并予以执行，逐步推行实现同工同酬的目标；四是出台了《中层干部选拔和管理办法》《临床科室负责人候选人竞聘实施方案（试行）》等方案，打破专业技术职务聘任终身制，实行任期制，竞争上岗，公开选拔科室和临床科室负责人，形成有激励、有约束，能上能下能进能出的科学用人机制。

九、健全财务资产管理制度，逐步落实可控成本核算

一是加强了财务管理，实行财务预算，成本核算，设置了总会计师，目前正结合医院实际建立总会计师制度，逐步实现全成本核算；二是制定了可控成本管理办法，规定了医院各科室成本控制职责和成本开支范围，明确了各项成本核算方法，制定了成本考核和奖惩方案；三是加强了医院内部审计，对发现的问题进行了限时整改；四是修订《医保管理办法》，强化医保工作考核与督察职能，逐步实行按项目、按病种定额付费。

十、健全综合绩效考核制度

制定并实施年度绩效薪酬分配方案和绩效考核实施方案，主要从科室系数、岗位系数、收支结余、工作量、风险等方面进行核算，实行"总量控制、分类管理、结构调整、优劳优得、成本控制、质量挂钩、兼顾公平"的原则，达到总额可控、结构合理、差距缩小、职工总体满意的目的。同时，着力从岗位职责、目标任务、成本控制、业务指标、科教指标、服务质量指标等方面实施了与之配套的绩效月度考核，并将考核结果与月度绩效、评优评先等直接挂钩，有力促进了医院良性发展。

十一、加强医院廉政文化建设，创造风清气正的就医氛围

一是建立了《医德医风教育制度》《医德医风考评制度》《医德医风"一票否决"制度》，将相关考核指标纳入增强服务意识、提高服务质量的考核中，长期开展党风廉政和医德医风建设活动，促进医院服务水平的整体提升；二是组织召开了党风政风行风建设推进会，制定了《仪陇县人民医院卫生健康行业作风整治专项行动实施方案》，主要领导与副职、分管领导与部门

负责人层层签订了《党风政风行风建设主体责任书》；三是严格按程序组织招标采购。同时，组织召开年度供应商、经销商、项目负责人廉政座谈会，并签订《购销廉洁承诺书》。

十二、强化党建引领，深入开展"党建+"服务，党建业务深度融合

一是完善党建工作制度，合理调整组织结构。梳理修订医院党委议事规则、党建工作实施细则、党支部参与科室重要事项决策制度、党建与日常业务深度融合工作方案、医院党支部建设标准化实施方案、医院职工政治理论学习制度等。二是严格开展"三会一课"、民主生活会和组织生活会。三是以"党建+"服务全面加强医院党建工作，统筹推进医院党建+人才队伍建设、文化建设、作风建设、改善服务、内控建设、质量管理、业务培训、等级创建与复审等工作，深入推进党建与业务深度融合，极大促进医院持续健康发展。

百年风雨兼程 百年春华秋实

福建省建瓯市立医院 黄荣彬 林益清

"让历史照见今天和未来。"建瓯市立医院已经走过了 132 个年头。

一、忆往昔艰难岁月

1889 年，经清政府同意英教会指派白立志（英籍）任院长，设床位 50 张，当时医院全部家当就是一台显微镜，只做些体表手术。1905 年暂时由华人代理院长，招工 26 人。1914 年引进一台高压锅，1935 年才有了化验室。1937 年院长易人，由英人宋约翰担任。1949 年初引进一台 15 毫安 X 光机，才有了药房、化验室、手术室、妇产科。当年 5 月 13 日建瓯解放，次日成立建瓯县人民民主政府卫生院，张琨受命于危难之中，出任院长，自此结束了长达 46 年洋办医院的历史。。

作为解放后的首任院长张琨，接手医院时真可谓满目疮痍，一派颓势，连今天的卫生所都不如。百废待兴，一切从零开始，引人才，添设备，增添科室，加强管理，功夫不负有心人，医院走出了一条不断向上的发展路线。经过几代人的不懈追赶，努力，医院终于跻身闽北医院的先进行列。

二、高扬党建主旋律，放飞梦想

病人与医生之间具有不同的文化背景，加上医院有着公益性和产业性的双重属性，因此在医院强化党建和文化建设显得十分重要。党建工作是医院发展的内在要求，医院一直坚持以党建工作为引领，充分发挥党组织的战斗堡垒和党员的先进模范作用，厚植强院基础。

作为医院的领航人，包括第一任张琨院长，历任的院长都是党员，大部分都是双肩挑，党旗始终在医院高高飘扬。

没有情感的医学是苍白的，没有信任的医学是脆弱的。医院的内涵建设，靠党建引领，支撑，包括思想道德建设、人员素质建设、文化建设、学科建设。近些年来开展的"情暖医院，优质服务""有困难找党员活动"……优质服务赋予党建更深刻的内涵，收到了良好的社会效果。

医院文化建设是党建的重要载体，文化建设一直是基层有一定难度的共性问题，说起来重要、做起来迷茫的问题，医院文化是无形的精神财产，对内能形成一种向心力，对外则是医院精神面貌的缩影。医院把习总书记在 2021 年"两会"上，对医务人员的殷切期望，制作成精美醒目的宣传牌，作为全院职工的座右铭，立在医院广场，时刻激励广大职工不断拼搏进取。特别是在党史学习中，让全院党员、全体职工时刻牢记总书记的亲切教诲，对标，对表，结合实际，学以致用，把学习党史的成效，转化为工作动力。

三、科技兴院，饮誉八闽

长期以来，医院在聚焦党建工作的同时，坚持不断创新，科技兴院的战略方针，不断追求一流，不断挑战自我，超越自我。

强化了党建工作，更深入推进了医院科技兴院的步伐。2004 年 9 月 21 日，当时被誉为全省第一科的显微外科在医院挂牌成立，省卫生厅发来贺信，并委派厅领导到会指导。1992 年，医院首例断肢再植获成功，1993 年经过外科同仁的共同努力，用了 21 个小时，成功进行全省首例小儿五指完全离断再植术，经省医学情报所查新确认为全省首例，获省政府科技进步三等奖，对此美国专家桑德斯博士撰文表示祝贺。此外，医院的心胸外科也跻身全省县级医院的前列，在省内率先开展的人工晶体植入术，中央电视台《新闻联播》、人民日报、科技日报等主流媒体都相继报道。当时这三个学科进入全省相应专业的"第一方阵"。

四、后浪奔涌，硕果累累

长江后浪推前浪，一代更比一代强，今日的建瓯市立医院，人才济济，成就层出不穷，综合实力强。在极不平凡的 2020 年疫情防控中，医院全体医务人员坚持防疫情、促发展两手抓，两手硬，在最艰难的时刻，我们仍取得骄人的业绩。在 2020 年 8 月 11 日成功地进行了二例高龄心梗病人溶栓及支架植入手术。这二例病人都在当地卫生院完成溶栓术后再护送至我院进行支架植入术，术后两位病人顺利出院。近年来，我院逐步转向高质量发展阶段，以满足人民群众多层次、多样化的医疗健康服务需求，发展方式呈现从规模扩张转向提质增效，运行模式从粗放管理转向精细化管理。实现了介入科、疼痛门诊从无到有，一二级诊疗科目设置率达 84.4%，先后开展了外周血管介入手术，常规急性心梗溶栓及支架植入术、脑梗溶栓、取栓术及颅内外动脉支架植入术，填补了我市我院多项空白。专科诊疗技术基本标准达标率为 96.5%，推荐标准达标率为 82.7%。2021 年 6 月，经国家心衰中心认证，呼吸与危重症学科获评全国二级医院 pccm 专科规范化建设项目优秀单位。2021 年 11 月，国家级"肿痛疾病标准化远程诊疗中心"在我院落户，胸痛中心、创伤中心也在逐步完善中。设备方面，投入 500 多万元的内镜中心已启用。如今各类人才荟萃，群贤毕至，基础设施建设不断健全完善，医院科学化、智能化管理不断提升，硬件、软件不断优化。

深化"医联体"建设，远程会诊投入使用，构建全生命周期的健康服务体系，信息化建设、大数据应用都让百年老院如虎添翼，焕发活力。

五、问苍茫大地，谁主沉浮

132 个的寒来暑往，建瓯市立医院经历了一个漫长、筚路蓝缕的艰辛跋涉，1949 年前近半个世纪的"停摆"，1949 年后在党的领导下腾飞，一组组数字，用一个又一个感人的故事，一批又一批人才的引进，一个又一个新设备、新技术的引进落地，一个又一个新学科的建立的背后见证着医院结构性、趋势性的巨变。

如今，我们感到无比的欢欣鼓舞！憧憬未来，我们充满信心！

践初心 办实事
"五聚焦五提升"改善群众就医体验

江西省分宜县人民医院 夏寒菊

分宜县人民医院坚持以人民健康为中心，以改善人民群众看病就医感受为出发点，突出问题导向，开展"五聚焦五提升"活动，聚焦群众看病就医的"急难愁盼"问题，以推动医院高质量发展为契机，进一步加强医疗服务管理，提高医疗服务质量，通过提升群众就医等待、诊疗、人文、环境、费用五方面体验，不断增强人民群众就医获得感。

一、聚焦等待体验，提升就诊效率

优化挂号及就诊服务。积极推广通信行程卡与健康码、微信、支付宝、金融支付码"多码融合"，优化工作流程，在超声科候诊区域应用电子叫号系统，优化二次分诊，方便患者就诊。在医院门诊大厅投放8台自助挂号、缴费、打印报告单三位一体多功能智慧挂号机，支持身份证、社会保障卡等多种形式挂号就诊，投放2台自助发票打印机。

加快推进智慧服务。医院根据实际情况和患者需求，将信息技术与医疗服务深度融合，提供移动支付、自助打印检验结果，就诊项目、医疗服务费用查询等线上服务。

二、聚焦诊疗体验，提升诊疗水平

推广多学科诊疗模式（MDT）。完善与优化急诊急救、多学科诊疗、麻醉医疗、临床药学等重点服务，健全多学科分工协作机制，常态化开展多学科诊疗模式。

拓展药学服务范围。为临床配备专职药师，围绕患者需求和临床治疗特点开展专科药学服务。开展个性化的合理用药宣教指导。

提升医疗安全质量。以医疗质量安全改进十大目标为抓手，聚焦心脑血管和肿瘤性疾病等重大疾病领域、病案质量和医院获得性事件等医疗管理领域，以及静脉输液率等问题比较突出的诊疗行为领域，并以此为切入点开展医疗质量安全系统改进工作，提升医疗质量安全管理科学化、精细化水平。

开展延时服务。增设了B超急诊，对MRI（磁共振）、病理（术中冰冻切片）、胃肠镜、支气管镜、喉镜等医技检查提供夜间、急诊预约加做服务等多项特色便民服务措施。

三、聚焦人文体验，提升行业形象

常态化开展志愿服务。积极在门诊、住院部开展导诊、病人安心住等常态化志愿服务。

深入开展医患沟通。每半年开展一次医务人员人文教育和培训，增强医患沟通意识和能力，建立医务人员和窗口服务人员的服务用语和服务行为规范，规范、深入开展医患沟通工作，构建和谐医患关系，打造人文医院。

推进"平安医院"建设。持续开展严厉打击涉医违法犯罪专项行动，保障医务人员安全。进一步完善医疗纠纷预防与处理机制，健全"三调解一保险"医疗纠纷处理制度及保障机制。

四、聚焦环境体验，提升院容院貌

优化医院就医环境。持续推进无烟医院建设，进一步加强医院周边环境治理和医院整体绿化工作，在公共区域为候诊患者提供网络、阅读等舒缓情绪服务，为患者和家属提供更加美观、整洁、温馨、便利的就医环境。

设置清晰醒目标示。实施 6S 精益管理，在门诊大厅、各住院楼一楼大厅等醒目位置设置建筑平面图、科室分布图及紧急突发状况安全逃生口；各诊室、职能部门、办事机构等标牌及指示标示准确、规范、清晰、明了；设置了危险、易燃、易爆、有毒有害物品和放射源等安全警示牌。

五、聚焦费用体验，提升控费质量

推进检查结果互认。发挥医学检验、医学影像、病理等专业质控中心作用，加大医疗质量控制力度，提高检查检验同质化水平。

加强药事管理。加强基本药物的优先配备使用，形成以基本药物为主导的"1+X"用药模式。实行药品和耗材集中采购和使用，细化相关考核指标及内容。重点加强抗菌药物的临床使用监测、综合评价等方面的管理，对辅助药品、营养药品、高价药品不合理使用情况和典型单病种费用实施监控，遏制医疗费用不合理增长。

开展疾病应急救助工作。简化身份认定程序，优化信息登记流程，进一步完善疾病应急救助体系，杜绝因费用问题而拒绝、推诿急诊患者的问题发生。

六、面向特殊群体，落实关爱举措

为老年人、残疾人提供便利服务。开通绿色就医通道，设立优先窗口，优先挂号、优先就诊等服务。设立老年专用座位、老年人家庭健康咨询站。在醒目位置张贴尊老敬老宣传标识与海报。提供各种无障碍设施，设立志愿者服务岗，为老年人、残疾人导诊、陪诊服务，提供轮椅、平车等必要的设施设备。

为孕妇提供更加贴心的就医服务。利用微信平台对孕产妇进行健康教育和咨询指导等线上服务，减少孕产妇及家属不必要到医院的频次。B超室开设了美观、舒适、人性化的"孕妇候诊室"，保护就诊者隐私，降低交叉感染风险。

铸就梦想　砥砺前行谱写新篇

四川省南部县人民医院

南部县人民医院是川东北大地上卫生系统的一颗璀璨明珠，坐落在风景秀丽的嘉陵江畔。浓厚的文化底蕴赋予了南部人独特的人文魅力，也造就了这座崭新的现代化综合医院。

南部县人民医院始建于 1941 年，2020 年南部县人民医院成功荣晋为国家三级甲等综合医院，在"十四五"的开局之年和"两个一百年"的历史交汇点，拥有在岗职工近 1300 人，拟编制床位 1600 张。南部县人民医院站在"三甲"的起点，感慨昨天，描绘未来。

一、创新思维谋发展

在改革的浪潮中，南部县人民医院领导班子，筹谋规划，大胆创新，破解难题，科学监管，果断实施系列措施：全面启动医院流程合理化建设，以满足人民群众健康需求为目标，完善空间布局，改造硬件设施，畅通绿色通道，配备便民设施，充分落实"以病人为中心"的服务宗旨。重点实施"学科建设、人才培养、智慧医院"三大计划：在学科建设方面，立足综合性、专科化、开放型的办院模式，推进建设了胸痛中心、卒中中心、微创中心等；实施人才创新驱动战略，建立了两个院士专家工作站，引进高端人才、自培学科带头人，培植高学历人才，目前院内已有高级职称 201 人、硕士博士 35 人；投资 1.7 亿元启动智慧医院建设项目，推进智慧医疗、智慧管理、智慧服务。

南部县人民医院在全县"3+38+N"城乡医卫新体系中，充分发挥龙头作用，推进高水平合作，建设城市医联体和县域医共体体系。向上融入城市医联体；通过与 301 医院、北京阜外、川大华西等医院合作，建立起心血管病技培中心等 28 个专科联盟；与川北医学附属医院、市中心医院等合作，建立起了紧密型医联体。推进实施"双下沉、双提升"工程，与乡镇卫生院、村卫生室组建医共体，面向全县医疗机构建成了检验检测、远程会诊、影像诊断等中心，逐步让乡村群众不出乡、村，就能得到县人民医院的专家和医生远程问诊、远程治疗，真正盘活全县的卫生资源。配合医保 DRG、DIP 支付改革，患者得实惠，一级机构收费享受"三级医疗服务"，解决患者看病贵看病难的问题，又为基层医疗机构的软硬件建设和人才培养带来了机遇。为每一个老百姓提供同质化、无差别的医疗服务，达到医疗卫生县强乡活村稳目的。

为了改善老百姓就医体验，提升医院综合服务能力和水平，解决老城区、老院区交通拥堵、就医不便、配套不全等"老城病"，有效解决广大群众的就医难题，县人民医院紧锣密鼓推动医院整体迁建工程，新医院日诊疗能力可达 6000 人次，南部 90％的病人不用出县就能得到有效治疗，满足老百姓对美好生活的需要。

二、砥砺前行显成效

通过不懈努力，南部县人民医院成功建成胸痛中心、卒中中心、房颤中心、心衰中心，建立中心联盟，实现大医疗格局。创建省市级重点专科 39 个，四川省医学甲级重点建设专科立项一个，打造肿瘤放疗、心脏大血管外科两大特色专科，目前省市重点专科总数在全省县级医院排名前十、全市县级医院排名第一；2021 年底公布的《四川省县级医院医疗服务能力评估结果》中，南部县人民医院被评级为"优秀"，综合指标在全省县级医院中排名第一。南部县人民医院还获得其他荣誉：2019 年度国家卫健委"改善医疗服务创新医院"，第四届县域医疗榜样力量系列评选·医共体建设领先奖，第六届中国县域卫生发展论坛——县域医共体模范、县域医院影响力价值奖、县域医院优秀管理团队；2020 年中国县域互联网医院建设创新奖、改善医疗服务示范医院奖、全国"医共体建设领先奖"。短短几年时间，医院的综合服务能力实现了质的飞跃。

聚焦县域卫健事业高质量发展，南部县人民医院围绕办好党和人民满意的三甲医院目标持续努力，为南充"建成副中心、建设现代化"贡献南医力量。

医校共建谋发展　资源共享创新高

安徽省阜阳市第五人民医院

2022 年 1 月 6 日上午，阜阳师范大学附属第二医院在阜阳市第五人民医院新区正式揭牌。阜阳师范大学附属第二医院是阜阳师范大学和颍泉区政府战略合作框架下的一项深度合作成果，成为阜阳师范大学直属附属医院，标志着市五院与高校合作迈出了具有重要意义的一步，在市五院发展史上具有里程碑意义。

市五院党委副书记、院长孟晓琳首先代表阜阳市第五人民医院对各位领导和嘉宾的到来表示欢迎。在颍泉区人民政府和阜阳师范大学战略合作框架下，合作共建阜阳师范大学附属第二医院。此次揭牌仪式的举行标志着校院合作迈上了新的台阶，也标志着阜阳市第五人民医院暨阜阳师范大学附属第二医院的发展开启了一段新的征程，在学科建设、人才培养、科研创新、医学成果转化、医院管理等方面进行全面合作。以成为阜阳师范大学附属第二医院为契机，以创建三级甲等医院为抓手，坚持以人民健康为中心，秉承"厚德　精医　博爱　创新"之院训，加快推进"临床型医院向临床科研型医院"的转型升级，完善现代医院管理制度，坚持"强综合、精专科、优服务"发展思路，推动医院高质量发展，不断加强与大学在学术、业务、人才培养等方面的交流合作，推进市五院医疗、教学、科研工作全面协调发展，推动医院工作在上新高度，达到新水平，为推动颍泉区乃至阜阳市医疗卫生事业高质量发展积蓄更大力量，站上更高台阶！

刘万和指出，颍泉区始终把保障人民群众生命健康作为工作重中之重，纵深推进医药卫生体制改革，医疗卫生事业加快发展，市五院作为一所集医疗、教学、科研、预防保健为一体的三级综合医院，承担着全区医疗卫生的责任。他希望市五院以成为阜阳师范大学附属第二医院为新的起点，切实用好附属医院这个平台，自我加压、借梯登高，为颍泉区医疗和公共卫生实现高质量发展提供坚实保障。

李文雍表示，建立阜阳师范大学附属第二医院，是阜阳师范大学和颍泉区委区政府为提升颍泉区医疗卫生事业实力，实现医教融合，提高医学人才培养质量，满足人民群众对优质医疗服务的需要，所做出的一大举措。阜阳师范大学附属第二医院的建立，是阜阳市高等教育和颍泉区医疗卫生事业发展历程中具有重要意义的大喜事。学校将充分发挥综合办学优势，指导医学院和附属第二医院在人才培养、学科发展、队伍建设、科学研究等方面实现医教深度合作与资源深度共享，推动医学人才培养质量与医院服务水平全面提升，为社会培养更多高素质的医学应用型人才，进一步提高学校、附属第二医院的核心竞争力和社会美誉度。

　　黄珍代表阜阳市人民政府对阜阳市第五人民医院成为阜阳师范大学附属第二医院表示热烈祝贺。她希望校、院双方以成立附属医院为契机，发挥资源互补优势，进一步深化医教融合，加大人才培养和科研攻关力度，在医院管理、学科建设、人才培养等方面全方位开展合作，立足新平台、实行新跨越、展现新作为，奋力谱写阜阳卫生健康事业高质量发展的新篇章。

　　此次合作共建将有利于加快双方医疗卫生服务和医学教育事业全方位高质量发展，推动颍泉区乃至阜阳市医疗卫生事业建设再上新台阶，为人民群众提供更加优质的医疗服务。

践行公益初心　夯实"两个闭环"
缓解基层群众健康"三难"

广东省高州市人民医院

一切为了人民、一切依靠人民，党的百年初心历久弥坚。高州市人民医院始终秉承办一所平民医院的初心，以"思想建党　文化建院"为引领，以"四有"工程（班子有作为、支部有方法、党建有品牌、单位有典型）为抓手，充分发挥班子有作为的头雁作用，持续深化"党心聚力工程"内涵，深入引领医院从以医疗为中心向健康为中心公益性转型，破解基层群众健康难题。

我国县域医疗资源发展不均衡，尤其是山区"村医水平低，守护健康难""村民获取健康知识难""山区留守儿童多，群众出门求医难"的"三难"问题突出，难以满足群众就近获取高水平健康保障的需要。

为解决人民群众在健康方面的急难愁盼问题，高州市人民医院以党史学习教育为契机，积极为民办实事，把优质医疗资源下沉镇村，创新建立县镇村三级健康服务体系，村医服务闭环、村民服务闭环覆盖全市 23 个镇 439 个村，形成了"大病不出县、常见病不出镇、小病不出村，预防前移少生病"的就医格局，有效缓解了三难。在党建引领下，2020 年高州市县域住院率达到了 96.2%，连续 6 年保持广东全省第一，基本实现了"大病不出县"医改目标。医院 DRG 能力指数在全省 131 家三级综合医院排名第 18，是进入全省前 20 名的唯一县域医院，也是广东省中西部地区（包括湛江、茂名、阳江、肇庆、云浮）进入全省前 20 强的仅有两家医院之一，获评全国县级医院 100 强榜首，广东省高水平医院重点建设医院。

一是组建县镇村三级网络，建设村医服务闭环。在高州市委、市政府"全市一盘棋"的高位推动下，医院以高州市互联网总医院技术为支撑，通过"云端医院"建立县镇村乡村医生可视化服务闭环，联通高州的 32 家乡镇卫生院、卫生服务中心和 439 个行政村卫生站，专家线上面对面指导分级诊疗，并通过大数据平台对镇村居民进行慢病管理，远程培训乡村医生累计超过 2 万人次，有效提升乡医技术水平，村民通过远程网络不出镇即可看好病。2018 年医院门诊量减少 8 万人次，普通型病例（A 型病例）下降 2800 多例，疑难复杂（CD）病例增加 6000 多例。

疫情期间三级网络发挥出明显优势，医院开设网上发热门诊等医疗服务，为 15251 例发热门诊、常见病、慢性病等患者提供了免费咨询服务。党员专家还带头开展线上疫情防控知识培训，为村医提供分级诊疗＋分级隔离的指导，联防联控筑牢"防疫墙"，被国家卫健康委称赞为基层抗疫高州模式。

二是全市建立村医通健康群，打造村民服务闭环。医院在全国首创"互联网＋党建＋村医通"健康群，将健康预防关口前移至农村，全院43个党支部分片"承包"高州市439个村，在每个村建立"村医通"健康微信群，常驻2名或以上的高级职称医师，党员群主每天宣传党建惠民政策，开展健康宣教，为村民提供免费问诊和咨询服务。对于健康群里不能解决的问题，及时引导村民到村卫生站与"云端医院"专家视频问诊，实现小病不出村。

医院还及时回应村医通群里群众需求，积极向农村空巢老人白内障患者"送光明"，破解空巢老人眼前黑的难题。自2018年来，共为全市5000多名村民进行白内障筛查，目前已为861名村民免费手术复明。

如今，"村医通"健康群覆盖全市439个村委会的26万户乡村家庭100多万村民，已发布健康科普文章3400多篇次，免费提供健康咨询或远程诊疗22万多人次，及时救治30多名急性胸痛、脑卒中病人。

"两个闭环"打通健康进村入户的"最后一公里"，构建起与县域群众健康需求相适应的县—镇—村三级健康服务体系，实现县强、镇活、村稳，上下联、信息通，模式新，高州成为全国首家解决看病难、看病贵、就近看好病的县市。2020年高州市镇村医疗机构门诊人次占比达到85%，乡镇医院住院人次占比40%，分别是全省平均水平的2—3倍，"小病不出村，常见病不出镇"成为现实。"两个闭环"先后荣获第九届广东省市直机关"先锋杯"工作创新大赛一等奖（服务群众类）、国家卫健委开展的"2020—2021全国公立医院党建创新案例"。医院被定为全省公立医院党建工作示范点，荣获茂名市先进基层党组织荣誉。

2021年9月22至23日，广东省卫生健康委党组副书记、副主任，一级巡视员黄飞在高州召开分级诊疗制度建设工作座谈会时强调，让最基层的老百姓都能通过村医卫生站的远程诊疗系统，同步享受到高州市人民医院这家广东省高水平医院、三甲医院的医疗服务，实现诊疗的同质化均等化便利化。他认为高州这个样板很好，值得总结推广。

不忘初心，方得始终。高州市人民医院始终坚持人民至上、生命至上，将继续以人民群众对健康的美好需要为奋斗目标，走好县级公立医院"党建＋改革"的新路子，继续夯实三级体系，把优质医疗资源送到群众家门口，让数据多跑路、群众少跑腿，全心构建普惠山区人民的大健康服务体系，助力健康中国。

以新技术应用推动医院高质量发展

山东省邹平市人民医院党委书记 成延忠

"科学技术是第一生产力""创新是引领发展的第一动力""科技创新是提高社会生产力和综合国力的战略支撑"。这些论断深刻阐述了科技创新在国家发展中的战略地位和核心方向。当今时代医学新技术的应用，也充分佐证了这些英明论断。医学事业和健康产业永远是朝阳事业和产业，是需要科技创新，最产生科技创新，也能融合科技创新的领域。这必将是一片广阔的天地，我们应该大有作为。

当前，处在工业革命的4.0时代，科学技术从没有像今天这样加速发展，日新月异；同样，医学也没有像今天这样高速发展，一日千里。新药物、新技术对学科建设的推动作用是显而易见的，毋庸置疑的。大到5G、机器人，小到无烟灸、岐黄针比比皆是。作为县级医院，邹平市人民医院定位于大综合、精专科、高平台、广联接、重预防、强应急、中西合，在新技术对接、应用促进高质量发展方面，摸索出了自己的发展思路与实践路径。

面对新药物、新技术应用，邹平市人民医院选择差异化的薄弱点、空白点、细节点来突破，同时借助高平台、广连接，借助医联体和广大的专家资源，通过平台和项目建设推动医院学科建设。近年来，医院将学科、平台和项目建设有机融合，三位一体，与上级医院建立了20几个平台、两个院士工作室和四个泰山学者工作站，对学科建设都起到了极大的推动作用，新技术的应用可谓大显身手。

在这方面，邹平市人民医院重视几个结合：与国家绩效考核的目标结合；与医院发展的战略和方向结合；与医院高质量发展的追求结合；与近、远期的目标规划结合；与医院的运营、绩效和管理结合；与传统技术和经典技术的传承结合；与人才建设和学科带头人培养结合。在这几个结合的推动下，新技术融合的学科建设取得了一定的成效与成绩。

一、技术+药物联合应用

CT引导下碘125粒子植入联合贝伐珠单抗治疗非小细胞肺癌，2020年获国家卫健委"十四五"规划国家重点科研课题科研成果一等奖。通过CT引导精准植入肿瘤治疗部位进行治疗，同时配合进行贝伐珠单抗治疗，两项治疗相辅相成，有效率极高，对非小细胞肺癌、肝癌等都有着很好的临床疗效，部分患者可实现临床治愈。

二、准分子激光斑块消蚀术

该技术主要治疗血管内置支架后反复再狭窄病变，如弥漫性血管内膜增殖。这对心内科的发展在有些环节上起到了很大的促进作用。邹平市人民医院心内科被评为滨州市精品特色专科，无论规模、体量还是品质、品牌都达到了一定高度。

三、高危肺微小结节激光消融技术

低剂量螺旋 CT 扫描加 AI 技术，极大提高了效率和精度，从而使筛查出的高危肺微小结节越来越多，也越来越受到社会和广大群众的关注。邹平市人民医院也是省内较早开展高危肺微小结节激光消融技术的县级医院，做到了微创、安全、及时、经济。

新技术推动学科建设的例子不胜枚举，如 3D 打印技术在骨科、肿瘤科的广泛应用；岐黄针技术对促进中医外治的普遍应用；海德聚能灸（无烟灸），小小的新技术这医院高质量发展和社会群众的获得感、幸福感带来切切实实的"福利"，同时，更激发了全院干部职工开展种类新技术的热情和活力，目前，邹平市人民医院正在推动心脑同治、胃食管反流微创等新技术、新学科的开展与建设。

作为县级医院，邹平市人民医院一直贯彻新药物、新技术应用与新理念、新思维结合、融合，针对性、接地气地促进、推动学科建设的理念与策略，致力于培育青年骨干、学科带头人，临床科主任要有创新的大脑、创新的实践的思维模式，要善于捕捉新技术，吸纳新技术，转化新技术，运用新技术。医院在 2014 年设立了"创新进步节"，既鼓励新技术、新项目的开展，又激励符合实际的小创新、微创新。医院还每两年举行一次"创新创意大赛"，进行创新创意项目展示，立足自身，立足病人，立足需求，立足服务，激励创新创意行动，激发创新创意热情。每届大赛都有创新发明的惊喜，有些小、微创新甚至有四两拨千斤的作用，小创意带来了技术与服务的大变化。

结合新医改、新趋势、新形势、新模式和新目标，结合县级医院实际，邹平市人民医院还有针对性地提出了 12 类科室的理念：特色科室、提升科室、标杆科室、品牌科室、突破科室、政策科室、地缘科室、转型科室、新兴科室、平台科室、新技术、新药物融合型科室、社会市场服务型科室。

新技术的应用，新思维的助力，促进和推动着医院的新活力，提高着竞争力，提升着满意度。实际上，没有新技术就没有 CMI 和 RW 的提升，也就难有新科研、新成果，更不会有医院的高质量发展。邹平市人民医院将持续以新技术的对接与利用推动新技术人才与新技术科室、新技术团队的发展与壮大，为区域及周边群众提供更加优质高效便捷满意的医疗服务。

坚持以人民健康为中心
全面推动紧密型县域医疗卫生共同体高质量发展

新疆焉耆县医共体总院

一、焉耆县紧密型县域医共体建设背景

2014 年 10 月，焉耆县县委、县人民政府按照自治区医改工作"保基本、强基层，建机制"总体要求，在巴州率先开展县乡村卫生服务一体化管理改革工作。经过近五年的一体化管理，乡镇卫生院的技术、服务、效率等得到了提升，医疗质量和服务能力也得到了很大改善。所以在 2019 年 2 月，焉耆县被确定为全疆两家县域紧密型医共体试点县之一。

二、主要做法

（一）提高政治站位，落实办医责任

坚持把医改作为重大民生工程强力推进。

一是成立县医共体管理委员会，县委书记任主任。制定了《焉耆县深化县域综合医改工作实施方案》《关于成立焉耆县县域医疗服务共同体管理委员会的通知》《关于进一步加强焉耆县县域医共体建设的实施意见》等系列配套文件。全面推行党委领导下的院长负责制，落实医共体内部机构设置、收入分配、人事管理、运营管理自主权，实现政事分开、管办分离，建立决策、执行、监督三者权责分明、协调配合、相互制约的全新管理机制。

二是坚持建改并重。在县城核心区划拨土地 150 余亩新建县人民医院新院区和县妇幼保健院新院区，目前已完成妇幼保健院的整体搬迁，2021 年 9 月完成县人民医院整体搬迁，将原妇幼保健院改造成县中医院，完成部分乡镇卫生院和村卫生室升级改造。

三是县财政为各卫生院购置上 DR、彩超、全自动生化分析仪、远程心电会诊系统、急救设备等卫生院及村卫生室标准化建设所需设备，部分卫生院修建了手术室。解决了 41 名乡村医生的养老待遇问题：对离岗的村医，每月按灵活就业人员发放养老补助，在职村医每月由县级和个人按比例缴纳养老保险。由政府出资进行乡村医生订单定向培养。近年来有三批次 39 人到巴州卫校进行学习，已有 19 名订单定向村医圆满完成学业，持毕业证到岗工作。

（二）分工协作，形成责任共同体

一是在医共体总院设立党委，下设焉耆县人民医院党总支和妇幼、疾控、乡镇卫生院等 14

个党支部，贯彻党的政治核心作用，将全面从严治党落实到医共体建设中。成立焉耆县医共体总院，下辖县人民医院、妇幼保健院、疾控中心、八乡镇卫生院11个分院，在原"一体化"模式取得显著成效的基础上，按照"七不变、六统一"的原则，把县乡村医疗资源盘活，努力构建城乡一体的整合型医疗服务体系。

二是医共体总院建立党群服务、人力资源、财务管理、医疗管理、护理管理、院感管理、物资调配、健康服务、资源信息管理、医保管理十大管理中心和临床技能、远程会诊、医学检验、放射影像、心电诊断、消毒供应、物流配送、后勤服务、设备管理九大共享中心，制定了管理办法、管理制度和职责清单，推动优质资源共享和高效利用，焉耆县卫健委对公立医院从直接管理转变为行业管理，突出简政放权和"放管服"相结合，进一步强化公立医院的经营管理自主权。

三是总院制定《乡镇卫生院院长目标管理责任书》《乡镇卫生院绩效考核细则》《乡镇卫生院诊疗技术操作规范》和《村卫生室考核细则》等制度规范，每季度由医共体总院十大管理中心对各卫生院进行一次考核，考核结果与卫生院院长绩效挂钩。

（三）完善治理结构，打造管理共同体

一是统筹卫生专业人员管理，实行"县招乡用，乡管村用"。县乡医疗卫生机构各类人员由医共体总院统一招聘、统一培训、统一调配和统一管理，对所有分院实施统一绩效考核。建立以"统一管理、总量控制、按需流动"为原则的人员流动管理办法，鼓励县医院和妇幼分院人才向乡镇分院流动，乡镇分院人才向村卫生室流动，目前八个乡镇卫生院院长均由县人民医院中干担任。统一制定并实施《个人岗位职责清单》《人力资源管理办法》《人员流动管理办法》《聘用人员管理办法》《岗位设置方案》，对人员聘用流程、档案管理、请销假程序等进行了规范；制定人员流动相关倾斜政策，即：在乡镇卫生院服务满1年的专业技术人员在岗位等级确定和晋升职称时优先。

为激活用人机制，进一步加强总院干部队伍建设，每年进行一次中层干部任期考评会议和新任中干民主推荐工作。为了给总院实习生与各分院用人单位之间搭建起一个面对面、零距离对接的就业供需平台，实现供需双方精准匹配，更好地为实习生就业和各分院发展服务，推动基层医疗事业共同发展，2021年3月焉耆县医共体总院举办了"2021年度实习生双选会"，来自山东齐鲁医药学院、河西学院、新疆现代职业技术学院、昌吉职业技术学院、石河子护士学校、巴州卫校的70名实习生参加，其中有46名实习生与县人民医院、各乡镇分院签订了就业协议。

二是医共体总院建立健全财务管理制度，特别是制定了医共体财务审批制度，明确各级领导审批权限；实行采购及支出预算管理，做到年初有预算、年末有考核，避免支出随意性，有效保证资金安全，同时对各分院财务人员集中统一管理，加强日常监督，规避了财务风险，提高了医共体内部财务人员的专业素质。

三是建立医共体管理下统一的药事管理与药物治疗学委员会，建立健全工作制度，定期召开会议统筹开展药事管理工作。成立了医共体内采购联合体，并统一网上招标采购；统一药品遴选目录；统一采购联合议价；统一集中配送；统一药事管理；统一结算支付。严格执行"网上采购""两票制""药品国家医保贯标"等医保相关政策；积极参与利用自治区医疗机构药品采购平台药品招标采购、直接挂网采购、国家谈判药品、国家集中带量采购、2+N带量采购、11省际联盟带量采购以及耗材集中带量采购等多种模式优先采购并选择使用，降低药品、耗材费用，减轻患者经济负担。

四是为了改变工作环境，规范工作流程，提升工作方法、工作质量、工作效率，2019年4月医院邀请深圳华医修制6S专家顾问团队，分批对全院各科室进行6S打造，并将此工作延伸至乡镇卫生院，县人民医院派出4名6S执行员到各卫生院进行手把手的指导。通过5个月的打造，6S活动实施了全覆盖。6S活动的开展使医院及乡镇卫生院面貌焕然一新，营造了整洁、规范、标准、便捷的工作现场，提升了职工综合素养，增强了团队凝聚力，丰富了医院文化内涵建设，塑造了良好医院形象，极大改善了病人就医体验。2019年县人民医院6S工作荣获全国县域医疗服务能力提升最具人气案例和优秀案例奖。

（四）围绕"共建共享"，搭建服务共同体

一是总院派出牵头医院学科骨干组团式每周到乡镇卫生院开展坐诊、查房、病历质控、培训等工作；每半个月召开一次院周会；每季度对医护人员进行一次"三基"理论考试；每年举办两次乡镇卫生院和村医培训班；乡镇卫生院医务人员轮流来院进修学习。

二是为各卫生院安装了His、lis、pacs及体检系统，成立远程会诊专家库，医共体总院与分院开通远程会诊、远程心电、远程影像平台，实现"基层检查＋中心诊断"检查结果互认的服务模式。为村卫生室安装了门诊医生、门诊药房、门诊收费、公共卫生软件模块，保障了基层基本医疗服务，并开通了与县医院、乡镇卫生院的远程会诊。整合了医保专网、公卫专网、医共体总院专网，达到三网合一，保障了数据安全，提高了专线使用率，降低了村卫生室带宽成本。2013年9月医院开通与乡镇卫生院的免费远程会诊平台，2015年6月开通与乡镇卫生院的心电图远程会诊，2017年8月开通影像远程会诊平台，2019年4月开通了村卫生室远程会诊。

三是医疗、护理、院感等管理中心组织县人民医院与乡镇分院大力开展共建科室、帮扶坐诊、手术示教、带教查房、病历质控、处方点评、院感质控等，根据乡镇卫生院医疗服务能力短板，"量身定制"针对性提升发展措施，有效提升解决常见病、多发病和慢性病等疾病的医疗能力；每季度召开一次质量委员会，各分院参加并汇报每季度工作，各管理中心对分院存在的问题进行点评和分析，提高管理水平和医疗服务质量。消毒供应中心对各分院无菌物品进行集中消毒供应，床单被服等集中洗涤供应，降低运营成本，提高服务效率。后勤服务中心、资源信息管理中心不定期到各卫生院对设施、设备进行维护、维修，极大解决了卫生院的后顾之忧。

四是推行分级诊疗和双向转诊，制定了《分级诊疗工作实施方案》《双向转诊工作管理办法及激励政策》《转诊流程及标准》，并与各卫生院签订双向转诊协议。制定了县级医院下转疾病种类14种，县医院不轻易外转疾病种类138种，卫生院首诊疾病种类数45种。

五是充分发挥家庭医生作为居民健康"守门人"的作用，组建了66个家庭医生签约团队，在原来县人民医院一名顾问、卫生院一名全科医生、一名公卫专干组建的签约服务团队基础上，又把妇幼保健院、疾控中心专业人员、计生宣传员纳入签约团队，合力做实做优公共卫生服务项目。

（五）彼此融合，打造利益共同体

一是医共体各分院财务实行独立核算、收支两条线管理，收入全额上缴财政，支出实行流程化的审核审批程序。公卫资金由医共体总院财务管理中心按照地域、人口、工作量及季度考核结果进行统一分配。

二是根据"总额预算、定额控制、弹性决算"的原则，决算机制与风险分担的办法，实行"结余留用、超支合理分担"的激励和风险分担机制，医共体总院对各分院进行医保政策解读，对医保资金使用情况定期进行总结分析，提高各分院自我管理的积极性，促进医共体各单位减少过度医疗，降低医疗费用、节约医保资金，实现医疗医保利益相容。

三、取得的成效

通过医共体建设，县、乡、村医疗能力同步提升。

（一）实现县级更强

县人民医院、县妇幼保健院与三甲医院建立医联体或专科联盟，形成长期合作关系，三甲医院专家到焉耆县坐诊、查房、手术、义诊；县人民医院挂牌成立新医大附属肿瘤医院欧江华教授名医工作室和附属中医医院刘红霞全国名老中医药专家传承工作室，既把患者留在县内、减轻患者负担，又提高了医生的接诊能力。目前县人民医院解决危急重症、疑难杂症的能力不断提升，成立有胸痛、卒中、肿瘤治疗等中心，可自行开展乳腺癌、胃癌、结肠癌、直肠癌的根治、化疗，心血管造影、支架置入术、关节镜、椎间孔镜、白内障超声乳化＋人工晶体摘除术等手术，三四级手术占比在40％以上。

（二）实现乡级更活

医共体牵头医院工作重心下移、资源下沉，医共体内构建"1+1+1"（县级医院＋乡镇卫生院十村卫生室）帮扶关系，逐步使乡镇卫生院就医环境和设施更加齐全完善，管理更加科学规范，常见病多发病的诊治能力明显提升。县级医疗机构与乡镇卫生院远程会诊、远程影像、心电会诊覆盖率100％，部分疑难病症通过远程会诊和下乡医生就能诊治，群众在家门口即可享受县级医院的优质的医疗服务，免去四处奔波异地求医的烦恼，有效降低了群众就医成本。同时，通过县级技术骨干加入家庭医生签约服务团队，基层基本公共卫生服务同步加强，家庭医生签约服务质量明显提高，为群众提供全方位全周期的健康优质服务效果逐步凸显，群众满意度大幅提升。2019年乡镇卫生院门急诊34.2万人次，占全县门急诊人次50％，较改革前同期增长46.6％；出院4868人次，较改革前同期增长47.4％。开展下腹部手术208例。2020年乡镇卫生院门急诊人次 36.3 万人次，比 2019 年增长 6％；住院 3399 人次，比 2019 年降低 30％；手术 338 例，比 2019 年增长 62％；医疗收入 1678.34 万元，比 2019 年增长 1.5％。

（三）实现村级更稳

村级医疗卫生服务网络更加稳固。乡镇分院对村医实行聘用制管理，统一调配，打破终身制，能者上，弱者下，切实增强村医"忧患"意识以及业务学习的自觉性、服务意识的主动性和让群众满意的迫切性。对村医的工资实行基本工资＋绩效工资制管理。部分乡镇卫生院还根据村级工作实际设立了岗位补贴工资。绩效工资按照实际工作量和每季度绩效考核结果进行奖惩发放。在医共体统一管理下，村卫生室管理建立起有目标、有责任，管理规范、监督到位的新机制，村医的归属感、服务积极性进一步增强，促进村医公共卫生服务和解决一般常见病医疗服务能力的提升，实现了群众小病不出村的目标。2019 年村卫生室门诊达 73792 人次，较改革前同期增长 67％，2020 年村卫生室门诊达 100656 人次，比 2019 年增加 26864 人次，增长率 36％。

（四）应对突发事件能力增强

面对 2020 年突如其来的新冠疫情，医共体总院履责担当，带领各分院全体职工众志成城，共渡难关。总院从各分院抽调人员组成 150 个核酸采集小组，由人力资源管理中心负责调配；持证核酸检测人员医共体内共享，院感管理中心统一对各分院预检分诊点流程进行规划，院感工作进行指导；临床技能培训中心负责对分院全体人员进行穿脱防护服、疫情防控知识的培训和考核。从各分院挑选骨干驰援武汉、乌鲁木齐。在医共体全体人员的共同努力下，较好地完成了疫情防控工作。

（五）群众满意度不断提高

目前各乡镇卫生院各项工作稳步开展，医疗服务水平、服务质量和公共卫生工作得到明显的提升，基层首诊、急慢分诊、双向转诊、疑难杂症转上级医院的诊疗格局逐步形成，满意度不断提高。2020 年县人民医院成为新疆医科大学农村医学专业定向委培生临床实践基地，接收来自巴州北四县的 10 名农村医学专科学生来院实习。

新时代赋予新使命，新征程激发新作为，在习近平新时代中国特色社会主义思想指引下，县域内新型服务模式正在形成。通过县乡村一体化及县域医共体建设，让县人民医院、妇幼保健院、乡镇卫生院由 1∶1∶1 竞争关系变为 1+1+1 的关系，把县乡两级医疗卫生机构组成了"一家人"，这也标志着以健康为中心，预防为主，防治结合的整合、连续的医疗卫生服务模式作为基层医改新政之一在焉耆县落地生根。

加快构建紧密型健康服务共同体

广西西林公立医院集团 谭 力 韦求蓁

西林县位于滇黔桂三省交界处，因交通不便、财力薄弱等原因，长期以来医疗机构底子薄、医疗人才资源匮乏，乡镇卫生院"缺医、少药、没检查"情况突出，县城三家医疗机构则存在人员不能合理流动、为了自身发展重复购买相同设备、为保障效益过度医疗等情况，每家医疗机构犹如一辆"不健全"的汽车，群众"看不上病、看不好病、看不起病"的问题难以解决。为满足各族人民群众对优质医疗服务的需求，西林县参照罗湖医改模式，整合县人民医院、县妇幼保健院、县中医医院3家县级公立医院，11家乡镇卫生院和全县所有政府办83家村卫生室，于2019年3月正式成立公立医院集团，加快构建紧密型健康服务共同体，着力打破医疗卫生事业发展的堵点、难点，推动"健康西林"迈上新的台阶。

一、加强资源整合、完善医疗服务体系，破除"看不上病"难题

西林县公立医院集团按照横向错位、纵向到底的原则对集团的人财物进行全面重组，实现县乡村统筹管理，建成体系完整、分工明确、功能互补、密切协作、运行高效的西林医疗卫生服务体系，形成紧密型医共体。县人民医院定位为集团的龙头和县域医疗中心；县中医院牵头建立县乡村三级中医服务网络，积极开展中医"治未病"工作；县妇幼保健院为妇女儿童提供健康教育、预防保健等公共卫生服务；乡（镇）卫生院为集团内连接县和村医疗卫生机构的桥梁，提供基本医疗、基本公共卫生、家庭医生签约和计划生育技术等综合服务。医共体内人才畅通流动，建立乡村医生"乡缺县派、村缺乡派"机制，安排县级医疗机构医生挂职乡镇卫生院领导班子、支援乡镇，每家卫生院均有资质医生、每个卫生室均有专职村医；大型设备共享，由集团进行统一调配，各医疗机构均可以直接收费和送检。

二、突出联合共建、提升医疗服务水平，破除"看不好病"难题

西林县牢牢把握住县公立医院集团与右江民族医学院附属医院、罗湖区集团医院等构建紧密型医联体的契机，以其提供的先进经验技术作为支撑，推动医疗水平进一步提升，进一步解决"看不好病"的难题。一是以学科共建为支撑，提升县内高发病医疗服务水平。针对西林当地的高发病，罗湖与西林共建了泌尿外科、神经内科、妇产科、手麻科、骨科、肾内科、呼吸

内科、康复科等 8 个重点专科，成功开展静脉溶栓技术，宫腔镜、腹腔镜技术，输尿管硬镜、软镜和钬激光碎石等新增技术 53 项，让高发病患者在县内就能就诊。二是以远程诊疗为支撑，提升疑难病例医疗服务水平。依托罗湖云医疗平台和远程影像、心电诊疗等系统，实现远程实时会诊，全县所有医疗机构 DR 检查全部与县医院互联，疑难病例由罗湖医院集团放射影像中心远程会诊，11 家乡镇卫生院心电图检查与罗湖医院集团远程对接，从检查到出报告整个过程不到 4 分钟，自系统启用以来共完成心电图检查 6987 例、DR 检查 6980 例，西林老百姓不出县就可以享受到罗湖区乃至全国专家的诊疗。三是以双向转诊为支撑，提升慢性病、常见病医疗服务水平。公立医院集团与右江民族医学院附属医院搭建双向转诊平台，并在此基础上向乡镇卫生院延伸，构建"三二一"医联体双向转诊平台，畅通转诊流程，实现慢性病、常见病的基层首诊和转诊，让更多的农村群众就近把病看好。

三、优化管理运营、降低医疗服务成本，破除"看不起病"难题

公立医院集团的成立打破了曾经各医疗机构"各自为战"的局面，统一的运营管理模式降低了县域医疗服务的总体成本，提高了医疗卫生服务的性价比，减轻财政负担的同时进一步缓解了老百姓"看病贵"的问题。一是健全统一法人的管理体系。公立医院集团设集团党委、医管委和监事会，实行党委领导下的院长负责制，公立医院集团院长作为统一的法定代表人，对原各公立医疗机构的人、财、物实行统一调配、统一使用、统一管理，破除了各医疗机构独立发展导致的建设重复科室、购买重复设备等情况，有效避免了资金重复投入导致的医疗服务成本上升。二是健全资源共享的运行模式。医院集团设检验病理中心、放射影像中心、消毒供应中心等 3 个资源中心和人力资源管理中心、财务管理中心、质量控制管理中心、乡镇卫生院管理中心、采购配送管理中心、后勤服务管理中心等 6 个管理中心。以检验病理中心为例，集团检验中心所有职工统一管理，提升了工作效率，减少了管理成本，而设备、试剂统一采购则降低了运行成本。2021 年，中心共接收 1.87 万例标本，比 2020 年同期增加 7800 例，运行成本同比下降 8.1%。

据统计，2021 年该县县域内就诊人次与 2020 年同比上升 27.12%；乡镇卫生院和村卫生室诊疗量同比上升 18.12%；统筹推进公立医院集团内药品耗材集中带量采购，药品集中带量采购总体价格降低 20%，节约药品成本达 153.6 万元；提升学科建设能力，新技术、新项目增加 53 项，让"大病不出县、小病不出乡""病有所医、病有良医"的民生承诺逐步成为现实。

抓好医疗质量　完善医疗服务

云南省江城哈尼族彝族自治县人民医院

随着医疗模式的转变及医疗制度的推进，医疗卫生呈现多样化、多层次的态势。群众就医需求提高，一切以病人为中心和加强医疗内部规范化管理，不断提高服务质量、完善医疗服务及医疗技术水平成为医院发展的头等大事。

医疗服务质量是医疗服务市场竞争的第一要素，也是长期以来未能得到彻底解决的难题。医疗质量的好坏，技术水平的高低，不仅关系到病人的安危，而且也是医院赖以生存的首要条件，同时也影响到医院的声誉。因此，以病人为中心不仅要满足病人必需的医疗服务，还要最大限度地满足病人的合理要求。

群众对医院的"冷硬推顶"以及收费不透明，服务不主动，诊疗不细心等极为反感。医院始终要以"一切为病人，为病人一切"的理念，以病人满意度作为衡量医疗服务质量的标准，创造让病人满意的良好氛围，建立新型的医患关系，满足人民群众不断增长的医疗保障需求。始终树立全心全意为病人服务的思想，同时提高医务人员综合素质。随着社会经济的发展，医学模式的转变，人们对医疗卫生提出了更高的要求，由长期以来形成的以"求医"形式向"择医"方式转变，病人是医院服务的对象，因此医院既要在诊断、治疗上做到优质、高效、安全，又要在诊疗费用上做到透明、合理、价廉。要求护理人员牢固树立"以人为本、护理先行"的服务理念，营造温馨舒适的就医氛围；充分调动护士长和护士的工作积极性，增强团队精神，为病人提供了优质、全面的无缝隙服务。定期组织门诊及住院病人问卷调查，向社会公开举报电话并设立举报信箱。严格依照标准执行有关诊疗服务与用药管理规定，依照标准公示医疗价格及收取费用，依标准与病人签订自费项目协议书，并每日为住院病人打印当日费用清单。

在提高服务质量的同时，医院还要注重医疗技术的发展，医疗技术归根到底是人才的发展。因此要在不断引进人才的同时，加大对现有人员的培养力度，做到爱才、惜才、用才，充分发挥人才的作用。积极采取"请进来走出去"的办法，在将素质好、技术过硬的人员派往内地各大医院进修、学习的同时，邀请内地一些知名的专家、学者来医院进行讲座、指导、帮带，传授新技术、新业务，促进学科的发展。

宝剑锋从磨砺出，梅花香自苦寒来。相信改变医疗服务观念，迅速转变医疗服务模式，坚持以病人为中心，提高医疗服务质量，实现医患双赢，医院的医疗发展会有一个质的提升。

"合力共赢"话医改

四川省内江市市中区人民医院　何志兵

1月27日，2022年全国卫生健康工作会议在北京召开。会议强调，弘扬伟大建党精神，坚持以人民为中心的发展思想，从百年党史汲取智慧和力量，牢记维护人民健康的初心使命。

3月3日，全国卫生健康体改工作电视电话会议在京召开。会议指出，2021年全国卫生健康体改工作深入贯彻落实习近平总书记重要指示精神，大力推广三明医改经验，推动公立医院高质量发展，统筹推进医改协同落地。会议强调，2022年要继续深入学习贯彻习近平总书记重要指示精神，始终坚持以人民健康为中心，准确把握深化医改方向和路径，扎实推进2022年医改重点工作任务落地见效，以优异成绩迎接党的二十大胜利召开。

"勿忘昨天的苦难辉煌，无愧今天的使命担当，不付明天的伟大梦想。"党的十九届六中全会公报中的这句话意味深长，既接续历史又映照现实、指引未来。刚过去的2021年极不平凡，具有重要的里程碑意义。这一年，内江各级医疗机构在党委政府及主管部门的领导与大力支持下，锚定建设成渝发展主轴医疗卫生中心的目标，切实为老百姓办实事。一是内江市市中区人民医院儿科门急诊搬新家、引设备，打造游乐园般就诊环境，加强与成渝儿童医院合作，把在内江具有品牌效应的儿科打造成省级儿童重点专科及内江区域儿童中心，让内江老百姓在家门口就能享受到优质医疗服务；医院为方便病人，节约时间，减少跑路，将辅助科室如放射科、MRI、检验科、特检科等全部搬至负一楼，深受病人喜欢。二是内江市第二人民医院新门急诊综合楼正式投入使用，实行一站式服务，最大程度方便群众就医。三是内江市妇幼保健院引进了川南首台科研级高端设备——生物刺激反馈仪，病人留在内江就可以做治疗。四是内江市第一人民医院引进了内江首台数字化PET/CT，将为肿瘤进行分期、治疗选择和疗效评估等提供更为全面准确的诊断学信息……一批高精尖医疗设备落户内江公立医院，意味着医疗技术高质量发展，切实造福着一方百姓。

时代是出卷人，我们是答卷人，人民是阅卷人。2021年内江各级医疗机构惠民利民优医行动取得了一定成绩。2022年将召开党的二十大，全面深化改革，奋力实现高质量跨越发展，蓝图已绘，需每一位"甜城人"共同续写。面对千载难逢的重要战略机遇期，内江市医疗机构如何乘势而上、抢抓机遇、造福百姓，素有书画之乡、文化之乡、汉安故郡美誉之称的"甜城"内江，距今已有2300多年的历史，占据"川南咽喉""巴蜀要塞""成渝之心"的枢纽地位，我们根据国家相关政策，结合医疗卫生服务发展实际，如何因地制宜地探索和推进"甜城"特色的医药卫生体制改革呢？如何以优异的成绩向党的二十大献礼呢？下面就"合力共赢"话内江医改谈点浅薄建议。

一、知己知彼，症结分析

（一）政府层面

民之所需，政之所为。以健康中国建设为目标，进一步深化医药体制改革，着力解决群众看病贵、看病难的痛点。医疗保险制度进一步完善和规范，逐步实现覆盖全民的系列医疗保障制度的健全；公立医院取消药品、耗材加成；由政府主导，实行"两票制"，药品和耗材进行集采。

政策尚需完善。一是加大对公立医院的支持力度。2019年我国医疗卫生支出占GDP比重为6.6%（发达国家的比重在13%—18%），医疗卫生支出占财政支出比重为3.18%，这是一个代表健康的经济指标，我国还有很大的提升空间。二是医改和医药卫生政策还停留在宏观指导方面，具体的制度、实施办法和配套措施还有待细化落地，并在实践中不断加强。三是执业医师制度有待进一步健全。可根据医师的执业年限和技术职称在执业范围和执业地点上设置层级。

（二）医保层面

医保总控简单粗放。医保基金是老百姓救命钱（而不是小病大用），内江市医保局对于医保总控金额的确定是依据当年各医院业务收入占比进行划分，没有系统进行管理和指导，应该综合考虑国家分级诊疗落地、医院区域服务能力、门诊与住院均次费用等因素适时进行调整，通过总控金额的调整来引导医疗机构执行好医保政策，用好医保基金。加之，内江周边医疗市场竞争激烈，近年来内江医保基金外流严重，在四川省各市州排名靠前。

践行"人民至上、生命至上"的理念。医保局与医疗机构二者之间应该是"水养鱼"相互成就的关系，不应是"水煮鱼"你进我退、此消彼长的对立关系。公立医院与医保局都是执行国家卫生政策，为卫生事业发展和人民群众健康服务的公益性公立机构，应将"人民至上、生命至上"的理念贯穿始终。

（三）医药方面

一是"两票制""一品两规"的执行初见成效。对减少药品流通环节，规范药企生产销售行为，降低药品虚高价格，加强药品监管起到了较好成效。二是药品、耗材价格虚高。国家监管部门对药品、耗材定价审核监管参与度不够。三是国家集采范围还需深入推进。国家集采能够有效降低药品、耗材价格，从而降低医疗费用。但是集采种类和范围太窄，占比较小，其应有的作用还未真正凸显出来，未达到"腾笼换鸟"，保障技术服务的价值。

（四）卫生服务机构方面

一是疾控中心。坚持预防为主方针，国家提出深化疾控体系改革，落实医疗机构公共卫生责任，创新医防协同机制。既往疾控中心和医疗机构，二者公益属性不同、职能职责不同、工作目标和发展方向不同，在改革中疾控中心与医疗机构二者如何有机统一，充分发挥各自优势，织牢公共卫生防护网还需进一步探索。二是医疗机构。公立医院、基层医疗机构和民营医疗集团未针对不同人群多样的健康需求实现差异化发展。都把服务重点集中在常见病、慢性病、多发病人群住院治疗一块，形成恶性竞争。三是省、市级大医院不断扩张。人才技术、仪器设备、病人等都向大医院汇聚，形成虹吸效应，挤压县级医院和乡镇卫生院的生存空间；反过来又加重了人民群众看病贵、看病难的情况。四是民营医疗集团与市、县级医院同质化发展。市场竞争激烈，为生存和发展常常会采取一些不正当手段，危害了人民群众生命健康和医保基金安全，给党委政府及社会造成了极大的负面影响，需要规范和加强监管，斩断不正当利益链。五是基层医院。生存发展越来越困难：投入不足，人才流失，仪器设备老旧，技术水平不能满足老百姓对维护健康的更高要求，分级诊疗和双向转诊落地困难；由于政府投入有限，加之自身造血功能不强，基层医疗机构负债累累，形成恶性循环。

（五）人民群众方面

第一，新时代人民群众对美好生活的向往更热烈，对健康也有了更高要求。第二，人民群众对医疗及疾病的认知有限，容易出现跟风或"极值"要求，如：在地方医院治疗，希望享受华西医院的技术，乡镇医院的费用，稍有不慎就转嫁投诉态度不好。第三，人民群众的健康需求愿望是物美价廉、性价比高，价值医疗等于医疗质量除以卫生支出成本，而要达到真正的价值医疗是很难的，因为人是最大的成本，高技术人才成本肯定更高，"好药"价格也会更高等。

二、跳出圈子，求同存异谋发展

（一）党委政府要跳出"政府"看政府

健康产业推动高质量可持续发展。医疗是最大的民生，医疗健康也是产业。人民群众就医和健康保健需求是潜在的消费需求，是地方产业发展的市场需求，与经济社会发展密切相连。在政府主导下，整合医疗资源，完善健康产业布局，既能很好地保障医保基金安全，同时也能成为地方 GDP 的重要组成部分。培养引进健康产业人才，通过人才和人才团队的整体发力促进医学创新，推动医学高质量可持续发展。

（二）医保局要跳出"医保"看医保

上下同欲、风雨同舟。国家赋予医保局的职责是为国家管好家，为人民群众服好务，引导和支持医疗机构的良性发展，尤其是支持和帮助县级医疗机构的发展，让更多的病人留在县级医院诊治，这样既能减少医保基金外流，减少医保基金的支出，也能减少老百姓看病贵、看病难的体验。同时，医院也要为医保服务，医保局与医院共同协作，密切配合，切实为群众健康保驾护航。

（三）医院要跳出"医院"看医院

目标同向，行动同行。内江市内各级医院不应各自为政，只顾各自医院利益，故步自封，格局局限；而应结合"十四五"规划，在政府主导下统筹"内江大医疗一盘棋"，通过整合，集中优势发展，提供优质医疗资源，实现协同互补、互利共赢，减少医保基金外流，实现医保基金内流，人才内流，以差异化发展理念，奋力走出一条具有"甜城"特色医改的发展新路。

（四）跳出"内江"看内江

知己知彼，百战百胜。与沿海发达地区和周边城市相比，内江的医疗卫生服务发展还不足。内江要清醒认识差距，把握"十四五"发展机遇，在西部大开发战略、成渝地区双城经济圈建设、内自（内江、自贡）同城化建设中促进各级医疗机构和医药产业发展，形成优势，预防周边城市大型优势医疗机构的虹吸效应。同时，促进医药产业发展，医疗卫生服务发展能进一步促进医药产业发展，为医药产业做大做强提供强有力支撑，二者协同发展带动人才、就业和地方经济发展，支持药企立足内江，走向国内甚至国外。

三、整合资源，互助共赢

说一千，道一万，千头万绪从何而起？如果依靠政府支持或照搬"三明"模式的话，内江现有的经济实力与财政投入不支持；如果由医院各自为政进行学科建设的话，内江医疗资源有限、高端技术人才有限，很难形成明显的学科优势，很难在省内医疗市场竞争中占据一席之地。内江医改究竟何去何从？万山磅礴看主峰，百舸争流有领航。医院坚持以习近平新时代中国特色社会主义思想为指导，全面加强党的建设，以现代医院管理制度试点为契机，统筹规划、科学布局、整合资源，以"内江大医疗一盘棋"的思路，攥紧拳头形成合力，打破"卡脖子"瓶颈，各医疗机构走协同差异化发展的医改之路。

（一）做好顶层设计

一是汇集人才。习近平总书记强调，人才是实现民族振兴、赢得国际竞争主动的战略资源。人才是强院之基、发展之要、竞争之本，在医院跨越发展的关键时期，我们要正确把握医院人才发展面临的新形势新挑战，营造人才健康成长环境，广揽博用各层级人才，为医院高质量发展提供坚强人才支撑和智力保证，推动内江医改真正落地。二是敢于亮剑。医改是一项复杂的系统工程，需要党委、政府主导，建立高效有力的领导体制和组织推进机制，守正创新，拿出刮骨疗伤的决心，实打实、硬碰硬推进改革。三是守土尽责。专人、专班、专案，有序、强力推进医改落地。

（二）打破格局

以壮士断腕、刮骨疗伤的勇气，对一些阻碍和影响医改推进、落地的旧思想、旧观念、旧格局，进行打破、整合、优化。

"打破"的目的。"打破"是对医疗卫生服务和医疗市场进行中长期规划，对区域内医疗资源和医药卫生产业进行科学合理配置，提高医疗资源的利用效率和整体效益。"打破"是对旧有不适合新时代卫生事业发展的"条条框框"进行改变，建立能促进各级医疗机构学科建设、医疗技术提高、高端人才培养的新格局；建立符合国家医改导向和人民群众健康需求、适应区域内医疗卫生事业发展的新格局；建立促进本地医药产业发展升级，社会经济发展的新格局。

打破公立医院院长、书记任职格局。建立更加科学合理的院长、书记选拔任用机制。改革院长考核和薪酬制度，对其任期内工作业绩进行量化考核，实行绩效制＋年薪制。

四、优化流程，差异发展

内江市经济发展在全国尚属中下水平，医疗资源有限，应做好医疗资源发展布局的长远规划，明确各自定位和发展方向，整合有限的医疗资源，完善医疗机构分工协作机制，减少重复建设和重复投入，降低医疗成本，最大限度做到"人尽其才，物尽其用"，推动区域内就医秩序和医药市场更加合理规范。例如：内江市第一人民医院作为市级三甲综合医院以"大专科、小综合"为发展方向，着力打造为内江市医疗卫生"航空母舰"和公立医院"领头羊"、内江市疑难危急重症诊疗中心和科研教学中心、川南片区具有一定规模和较大影响力的三级甲等综合医院，吸引医保基金内流。县级医院以"小专科、大综合"为发展方向，以人民群众追求高性价比的就医需求为导向，以提升群众就医体验，以提高慢性病、常见病和多发病的诊治水平和服务能力为要点，满足大多数群众的就医需求。乡镇卫生院和社区服务中心回归公共卫生服务、全科医疗本位，以基本医疗服务、健康教育、疾病预防和控制为要点。民营医疗集团根据自身特色在灵活、方便、快捷和个性化医疗服务上做文章，成为群众个性化健康需求的补充。

五、整合资源，开创未来

一是布局整合。由党委政府主导对内江市中区、东兴区的医疗机构布局进行重新整合。内江一院、内江中医院在东兴区新院集中优势发展，加快二期、三期建设，解决一院多区，成本高却吃不饱的问题。旧院区由市中区人民医院搬迁使用，满足老城区人民群众的就医需求；市中区人民医院现址，由市中区专科医院和卫生服务中心使用。二是差异发展。通过医保总控、分级诊疗和医联体建设等制度，促进各级医疗机构和民营医院按各自定位差异化发展，满足区域内人民群众不同层次的健康需求。三是专业专科整合。市、县级公立医院和专科医院，找准自身优势和特色，突出重点深耕发展。在政府主导下，每个医院找准自身学科建设优势和重点，集中人、财、物重点建设，打造市内乃至川南专业标杆，各个医院不重复，形成各自学科特色。如：市一院以泌尿、妇产、脑外为特色；市二院以肿瘤、康复为特色；中医院以骨科、中医治未病为特色；市六院以医养、养老和健康体检为特色；市中区人民医院以肝胆、儿科为特色等。

四是人才整合。各个医院建成自身重点学科，形成医疗特色。先期可由政府推动，专业人才到优势学科去培养发展（如跨医院调动），为人才培养和价值发挥提供更好的平台，吸引和留住人才。五是建立医疗集团。内江市城市医院集团化。六是医保支付改革。总额包干加超额合理分担及结余留用。七是政府集中招标采购＋价格谈判机制，结余医保基金达到"腾笼换鸟"。八是改革人事制度。编内控，编外放，建立人才激励机制。九是做好"放管服"。

六、战略进攻，形成共赢

在国家大政策方针指导下，内江因地制宜，系统联动开展医改。做好顶层设计，打破格局，整合资源，促进医药产业高质量发展。医药市场的有序发展，能有效减少政府在民生和医疗卫生方面的投入，保障医保基金安全；有利于吸引人才，留住人才；有利于形成健康产业链，促进地方消费经济良性循环，促进产业内江的发展。

七、党建激活力，梦想添动力

李克强总理在2021年全国医改工作电视电话会议作重要批示指出：医疗卫生是护佑人民健康的坚实盾牌；聚焦人民群众期盼持续推进医改；围绕进一步缓解看病难、看病贵问题，深入推进医疗、医保、医药"三医"联动改革，使群众享有更便捷、更优质的医疗服务，更好保障人民生命健康。作为医疗卫生服务工作者，你我他，皆是主角，我们要推进党建与业务融合，通过党建工作引领和推动业务工作，并用业务工作来检验党建工作成效，实现党建工作与业务工作同向聚合、深度融合。我们要积极参与、主动探索和实践，以只争朝夕、建功有我的干劲，贯彻落实国家医改精神，推动医改措施落地，争取早日实现国家、社会和人民群众"合力共赢"的内江医改目标，以优异成绩迎接党的二十大胜利召开。

聚焦人民需求 增进健康福祉

昆明理工大学附属安宁市第一人民医院

昆明理工大学附属安宁市第一人民医院为原"云南昆钢医院"更名，安宁市人民医院整建制划入。2021年7月安宁市人民政府与昆明理工大学合作建设昆明理工大学附属安宁市第一人民医院。

昆明理工大学附属安宁市第一人民医院党委将党史学习教育与服务群众有机结合，把理论学习热情转化为为群众办实事、解难题的工作动力，聚焦人民需求，将为民服务走深走实。

一、牵头医共体建设，提升基层医疗服务能力

安宁市常住人口48万人，市域内医疗机构208家，每千人拥有病床10.4张，每千人拥有执业医师10.38人，医疗资源整体过剩，优质医疗资源不足。安宁市第一人民医院作为县域内唯一三级甲等医院，牵头建设安宁市医疗共同体，以满足群众基本医疗需求为出发点，整合医共体医疗资源，实施差异化发展，同时推动医疗资源下沉，真正做到强基层，实现老百姓"大病不出县、小病不出村"的目标。

首先，以建立管理、服务、责任、利益共同体为目标，整合区域学科资源，做强做大专科，先后成立并推进康复医学中心、肺科中心、慢病管理中心、皮肤病诊疗中心等20余个资源中心。

其次，让信息多跑路，群众少跑路。以区域数据平台建设为手段，实现医共体内信息互联互通。一是实现数据集中管理，资源共享。通过大数据分析，实时对医共体运营情况、医疗行为提供实时监管。二是医共体内各级医疗机构间实时共享患者就诊病历和病史，便于精准诊治，提供连续性的医疗服务。三是通过信息系统，医共体实现了上与昆明区域卫生平台互通，与华西医院、北京301医院等建立远程联盟；下与基层医疗机构连通、实现基层远程会诊全覆盖；横向与安宁市域内医疗机构对接及其他医联体单位连接，为辖区全民健康医共体信息化、心电网络、影像、病理、检验远程诊断全覆盖，医共体CT车每周到各街道为患者进行检查，中心副高以上资质专家出具诊断报告。

充实基层医疗机构技术能力，医共体三家公立医院23个专家工作站下基层，专家定期到基层坐诊、带教和帮扶；基层医疗机构医务人员免费到医共体公立医院进修学习；选派公立医院主任或专家到各乡镇卫生院任院长。

全市三所公立医院门急人次增长13%，出院人次增长5%，手术量增长5%；平均住院日较上年缩短3.17天，DRG组数增加291组，CMI值提升0.73，三四级手术占比提高15.26%。医共体次均费用、患者负担、县域外转病人数呈逐年下降趋势。安宁市医共体荣获"寻找县域医共体实践价值案例"管理创新奖、首届全国县域医共体建设优秀创新成果，第三届"健康县域卓越建设者系列评选"全国县域医共体建设示范奖。

二、全民健康管理，做百姓健康守门人

随着百姓健康意识的增强，健康管理的需求也日愈增加。在医院党委的大力呼吁下，2020年安宁市启动全民健康体检工作，用三年时间，坚持"全面覆盖、免费提供、自愿参检、城乡均等、方便群众"的基本原则，为全市户籍人口开展全民免费健康体检，完善城乡居民电子健康档案，对影响我市城乡居民健康的主要因素进行分析，早发现、早诊断、早治疗，同时制定科学性、针对性、操作性强的干预策略与应对措施，为市民提供全方位、全生命周期的卫生健康管理服务。已组织并完成全民免费健康体检138329人。

"我今年已经45岁了，这是第一次体检。以往因为体检费用高、工作也忙就一直没有体检，这次全民免费体检有好几个项目的检查，对我们来说太实惠了。"参加了本次免费健康体检的市民张兴荣感激地说。

三、群众身边无小事，便民利民显担当

医共体高度整合以后，部分患者就诊需要在市域内三家公立医院间进行转诊，给市民们带来不便。医院党委提出在全省率先推出一项便民利民新举措——开通医共体直通车，实现了公共交通与医共体建设的有机结合，打通患者分级诊疗"最后一公里"。家住昆钢的李奶奶首次坐上直通车高兴地说："真是太好啦，以前去中医院看病，要转两趟公交车，本来腿脚就不方便，又花时间又折腾，这下好啦，不仅免费搭乘，一车直达，省时又省事。"

医院通过功能整合、服务细分、流程优化，在原有服务的基础上整合职能科室多种服务内容，成立门诊"一站式服务中心"，实现"多部门多窗口办理"到"一窗受理"的转变，让患者少跑路。

医院下属机构金方社区卫生服务中心党支部为社区居民解难题、办实事，创建金方中心家庭医生出诊服务品牌"金医生"，在扩大服务人群和服务范围的同时，打造社区医院特色服务团队，成立了金医生"家庭医生党群工作室"，构建居民与家庭医生之间的桥梁，在工作室里，党员是管理者，党员医生是引领者，资源凝聚到一线、服务便利周边居民。79岁退休的冯大爷，患有脑梗，瘫痪在床，需长期留置尿管。老伴也有70多岁了，患有"腰椎间盘突出症"，子女长期在外工作。冯大爷每月都需更换引流装置，从家中到安宁市第一人民医院（金方院区）将近2千米，这是一个很大的难题。"金医生"们得知情况后，利用下班休息时间坚持每月入户上门，为冯大爷更换引流装置冲洗膀胱，进行健康饮食指导，传授肢体功能训练、防褥疮及留置尿管

护理小知识。实实在在地减轻了冯大爷的困难。真心服务换真诚，"金医生"们用心用情服务得到了社区百姓的点赞。家庭医生彩霞团队荣登2021年中国家庭健康守门人团队榜。

四、健康扶贫惠民生，助力脱贫攻坚

根据昆明市政府的要求和昆明市卫健委健康扶贫的安排，医院党委对口帮扶寻甸县鸡街镇卫生院和禄劝县马鹿塘卫生院。两家卫生院都是地处贫困少数民族地区，居民健康知识欠缺，卫生院医疗设备老旧、医护人员医疗技术水平有限，医院了解具体情况后，详细制定分阶段帮扶措施。累计对鸡街卫生院进行健康义诊17次，出专家坐诊80人次，门诊诊疗2000余人，带教查房8次，专题讲座4次，捐赠价值309000元的手术设备；累计对马鹿塘卫生院进行健康义诊9次，出专家坐诊60人次，门诊诊疗1000人次，捐赠价值97550元病床及办公用品。在疫情期间，防护物资极其紧缺，医院千方百计为2家卫生院筹集，捐赠防护物资一次性医用口罩3000个，一次性医用帽子1000个，乳胶手套1000双，84消毒液、医用酒精等。

在一次扶贫工作中，医院组织了12名扶贫医务人员深入寻甸县鸡街镇古城村、四哨村、托姑村等11个村走村入户，对20名因病致贫的群众开展"冬季暖心"医疗服务行动。当时一位杨大爷他们一家是鸡街镇因病致贫的贫困户，因为自己有严重的痛风，无法做过重的体力劳动，又加上儿子患有癫痫没有经济来源，父子俩的长期患病给这个家庭带来了巨大的负担，让这个原本就贫穷的家庭雪上加霜。扶贫医务人员去到后，给他们做了基本的身体检查，给出诊疗建议，送上了米、油等慰问品。杨大爷很感动，一直拉着扶贫医务人员说谢谢。

共建省县医共体
为基层人民群众的健康保驾护航

安徽省长丰县人民医院

习近平总书记强调："没有全民健康，就没有全面小康。"为促进优质医疗资源下沉，加快分级诊疗制度建设，提升基层群众看病就医获得感和满意度。2017年9月29日，中国科学技术大学附属第一医院（安徽省立医院）正式托管长丰县人民医院，共建省—县紧密型医共体，对县医院进行全面、深入的帮扶，造福全县及周边地区群众。

一、专家团队进驻，在家门口也能看专家

建立紧密型医共体后，长丰县人民医院全面开设安徽省立医院专家门诊和转诊绿色通道，每天有心血管内科、神经内科、骨科、消化内科、妇产科、耳鼻喉科、皮肤科等众多学科的知名专家到县医院进行坐诊，专家团队还深入临床医技科室开展带教查房、手术及疑难病例讨论等，让长丰县老百姓在家门口就能享受到省级医院专家的诊疗服务，解决长丰老百姓"看病难、就诊难、看专家更难"的问题。

在安徽省立医院专家团队的帮扶和指导下，县医院每年开展20多项新技术、新项目，临床医技科室可独立开展胸腔镜下纵膈肿瘤切除、全腹腔镜下直肠癌根治术、宫腔镜及腹腔镜手术、髋关节置换、钬激光等离子电切以及术中冰冻，超声引导下穿刺等多种技术，手术种类、级别和手术量大幅度提升。

自2018年至2021年底，县医院安徽省立医院专家门诊共接诊73997人次，让更多县内及周边地区群众足不出县就能享受到省级知名专家的诊疗服务，减轻群众就医负担。

二、推进内涵建设，各项工作得到显著提升

共建紧密型医共体后，中国科大附一院（安徽省立医院）派驻了优秀的管理团队，全面参与医院管理工作，不断提高医院的规范化、精细化、科学化水平。根据县医院实际情况制定了行政、医疗、护理、人事、药事、财务等各类管理制度与规范100多项，制定各级各类人员岗位职责，细化部门工作流程，使全院各项工作有章可循、规范有序，形成按制度办事、按制度管人的良好风气。2018年首次在全院范围内开展竞聘上岗，医院领导班子成员、临床医技科室负责人、

护士长及职能科室负责人等全部实行公开竞聘，真正把德才兼备、高素质的人才选拔到院级或科室管理岗位上，打造出一支敢于担当、认真敬业、有能力、能作为的管理队伍。2019年正式启动医院年度预算编制工作，坚持"全方位、全过程、全员参与"，实行全预算管理。

医院各项工作逐步规范，各临床医技科室技术水平也得到显著提高。骨科成为合肥市重点培育专科，病理科被评为合肥市特色专科，外科被评为合肥市重点专科，神经内科、心血管内科、肿瘤科成为长丰县重点学科。

2019年县医院更是圆了20多年的"二甲"梦，顺利通过二级甲等医院评审，结束了长丰县没有"二甲"医院的历史。医院的下一个目标是完成三级医院的创建。

三、提升服务品质，患者满意度不断提高

自2018年以来，医院积极开展"改善服务质量，全面提高患者满意度"活动，每月评选"优秀服务科室"和"服务之星"，并进行表彰。在各科室设置患者投诉热线，院长及业务副院长24小时接听患者投诉举报电话。借鉴安徽省立医院优秀文化，确立了县医院的核心价值观、愿景及院训，号召全院职工努力建设技术一流、服务一流的三级医院。加强智慧医院建设，实现以电子病历为核心的信息化的建设，电子病历和影像、检验等其他的系统互联互通，电子病历应用水平评级为四级。设置一体机、自助机，实现预约挂号、预约诊疗等，让患者感受更加方便和快捷的"智慧服务"。

全院的服务意识得到大幅提升，全面提高了服务品质与患者满意度。

四、改善硬件设施和医院环境，就医体验持续提升

争取县财政近2亿元引进飞利浦1.5T磁共振成像系统、DSA介入设备、64排128层螺旋CT、乳腺钼靶机、美国GE移动式C形臂X射线机、钬激光、腹腔镜、胸腔镜、美国贝克曼大型全自动生化流水线等先进设备，为临床诊疗提供硬件保障。

改造装修门诊楼，扩大门诊诊间，新建门诊挂号收费大厅，对院区路面和绿化进行改造，打造出一座院内小花园。完成医院全新的血液透析中心、健康体检中心综合楼建设。2021年长丰县人民医院改扩建项目正式投入建设，将建成全新的门急诊和外科住院综合楼、肿瘤放射治疗中心综合楼，进一步改善患者的就诊体验。

全面推进健康中国建设，需要让更多的基层群众实现对美好生活的追求，县医院将朝着三级综合医院的成功创建努力奋进，朝着建成全省一流县级医院的目标不懈奋斗，用一流的技术水平、一流的服务品质，提升全县群众生命健康的获得感、幸福感，用实际行动向党的二十大献礼。

不忘初心　牢记使命
加强院前急救网络体系建设

内蒙古准格尔旗中心医院　刘翠丽

院前医疗急救是卫生健康事业的重要组成部分，在医疗急救、重大活动保障、突发公共事件紧急救援等方面发挥了重要作用。2009 年 4 月 6 日《中共中央国务院关于深化医药卫生体制改革的意见》正式颁布，其中明确强调了要"加强城乡急救体系建设……完善政府对公共卫生的投入机制"。为此，准格尔旗中心医院在上级各部门的支持下，经过探讨与思索，不断加强院前急救能力，组建了扁鹊飞救系统。

2021 年，自治区卫生健康委、发展改革委、教育厅、工信厅等部门联合印发《内蒙古自治区进一步完善院前医疗急救服务体系建设实施方案》，指示要进一步加强我区院前医疗急救体系标准化、规范化建设，更好地满足人民群众对院前医疗急救的需求。

准格尔旗中心医院积极行动，加强院前医疗急救网络建设，推进急救网络科学布局、规范建设，推进院前医疗急救车辆等急救运载工具、装备的合理配置以及相关基础设施建设。加强院前医疗急救服务能力建设，推进院前医疗急救人才培养和队伍建设，推进院前医疗急救服务质量提升。加强院前医疗急救信息化建设，探索建立院前医疗急救工作信息管理系统，加强急救相关信息管理，健全急救系统监测预警水平。

利用这套急救体系，建立了区域协同急救网络和大急救网络平台，以现有的准格尔旗中心医院"三大中心"网络急救系统为支撑，拓展到"五大中心"，开展协同救治、重症预警、实时质控，提高急救的效率、提高院前急救的成功率。

通过这套系统院前急救平台，院前对接各医疗单位的院前急救 120，根据院前的救治需要，可将院前急救数据实时传输到准旗中心医院指挥平台或相关专科会诊专家手机端，或者中心医院院内对接"五大中心"系统，（"创伤、胸痛、卒中"、儿童和新生儿救治中心、孕产妇急救中心），实现院前急救医务人员如果需要专家指导或协助，可以实时通过简捷方，迅速接通相关专业专家，进行实时沟通或指导救治，并可通过这套系统将患者入院时需要的快速检查需求，院前可以通过医嘱系统完成并通知相关检查科室做好及时检查准备，入院后迅速执行，如 CT、超声、检验等；如需急诊手术，可以在病人未到医院前，手术团队即在急诊等候，入院后及时入急诊手术室手术；胸痛病人需要冠脉再通或偏瘫病人需要脑血管再通时，可以入院后不在急诊科停留，直接入专科或直接入导管室进行血管再通再灌注，做到院前院内救治的无缝衔接，综合提升院前院内急危重症救治的整体救治水平，降低死亡率、致残率，节约医疗开支，促进本地区全民健康水平的整体提升。

急救系统具有快速完善、记录患者信息，实现数据自动或录入生成功能：读取身份信息（如腕带）及自动采集生命体征（设备二维码人机结合）；现场快速建档（可以语音建档），全程信息共享；现场快速评估；自动创建工作群组，需要救治的医院专科或需要会诊的专家可直接与救护车随车医生对话，视频会诊等，指导现场（救护车上）医疗救护人员进行现场急救；支持打印知情同意书。同时可以对院前急救医疗知情同意书进行打印留存；在送达医院前将患者急救信息传到院内急诊科的指挥大厅大屏或抢救室护士站前的屏幕上，院内人员可以提前了解患者基本情况；在院内急诊告知院前急救运送情况，可在大屏幕上显示患者基本信息、初步诊断、预计到院时间等。急诊医生第一时间了解患者情况，提前做好院内急救准备工作，建立院内急救绿色通道，预留床位等，真正实现患者未到信息先到，提高救治效率；将院前患者信息可以通过接口接入医院 His 系统形成病历档案资料。

不忘医者初心，牢记医院使命。数年来，准格尔旗中心医院紧紧围绕医疗卫生改革开展各项工作，取得了骄人的成绩，在医共体建设方面曾入围健康报评优活动，院前急救工作走在了县域医院前列。

打造新引擎　增添新动力

江西省上高县人民医院

"去年全年只抢救了 28 例脑梗患者，2021 年 2 月至 7 月就抢救了 38 例，最快的一例只用了 22 分钟。"谈起医院卒中中心的建设，上高县人民医院神经内科负责人满脸欣慰。

在上高县人民医院，"整分结合"成为医院发展的关键词。围绕"三大中心"建设，医院进行了科室的重新规划。将与消化内科共同设置在内一科的神经内科单独剥离出来并独立成科；将 120 医生、护士管理从 120 剥离出来成立院前急救科，由急诊科统一管理，定期组织人员培训，强化院前、院内急救的衔接；将妇科、产科进行整合。

"科室的重新规划促进了专科的精细化协同发展，也实现了人、财、物的节约；我们的救护车没有定位及信息传输系统，急诊科便摸索出接地气的'基层版'信息速递模式——急救微信群，院前急救、急诊、三大中心相关科室的医生全部入群，院前急救医务人员接诊患者后，迅速将患者信息反馈在群内，相关科室'一键启动'，提前做好接诊、治疗准备；此举进一步推进了院前急救、院内急救一体化、医疗急救网络化建设。依托这个模式，神经内科医生在卒中患者转运到院前就在急诊科'等患者'，卒中患者获救时间及愈后明显改善。"上高县人民医院院长吴海泉说。

整分结合只是改革的第一步，该院还以 6S 精益管理点燃医院发展的助推剂，向管理要效率。自 2021 年 3 月 15 日启动 6S 精益管理以来，医院围绕"整理、整顿、清洁、清扫、安全、素养"规范工作习惯，提升科室管理水平，提高工作效率，医院环境、医务人员精神面貌从内到外焕然一新，效果明显。截至 7 月，该院门诊人数同比增长 30%，出院人数同比增加 1742 人次，门诊均次费用下降 9 元，住院均次费用下降 176 元。

这些成绩的取得，最为关键的还是医疗技术。吴海泉说："省内开展的常规手术，我们大都能开展；不能开展的也可以第一时间通过绿色通道，向上级医院转诊或通过线上沟通，获得省内权威专家的治疗指导；我们的外科已经顺应学科发展，进入了'微时代'，腹腔镜下胃癌根治术及左右半结肠癌根治术和低位直肠癌根治术、骨水泥成形术、椎间孔镜、介入技术等微创技术都已成熟开展。"

技术好＋服务好才能真正让老百姓满意。除了在医院管理、学科建设、技术创新上求突破，该院还以"我为群众办实事"为契机，打通百姓就医服务中的痛点难点问题。2021 年 3 月 21 日起，该院所有专业均在门诊设立诊室，患者找医生、慢病管理不再迷茫；诊间挂号、诊间支付、电子票据自助打印等信息化手段，减少人—人交互，让更多环节"码"上办理；继续推行的住院患者"先诊疗后付费"服务为困难患者就医融入了更多温情；由行政后勤人员每日轮流担任的门诊志愿者实现了温馨服务与向临床一线倾斜的兼顾。

"随着一系列改革举措的推出，医院在人才队伍、学科发展等方面内涵进一步深化，在全省县级综合性公立医院中的影响力在不断提升。"上高县人民医院书记黄如荣表示，该院将以党建为引领，以建设三级乙等医院为目标，以上高县人民医院东迁项目建设为契机，医心向党、暖医惠民，推动医院发展迈上新台阶，人才达到新高度，专科创出新特色，让群众大病不出县。

"医"路架起"廉心桥"

江西省九江市柴桑区人民医院

"现在办事方便多了，慢病办理、转诊服务不用再楼上楼下到处跑了。"2022年以来，到柴桑区人民医院就诊的市民纷纷感觉，在医院看病、办事"跑腿"越来越少了，在门诊综合服务中心基本就能一次性把事情办妥。这些服务的提升，增加了群众办事的便利性，让医患关系更加顺心。而能架起这座便民"廉心桥"，完全得益于医院持续推进的"清廉医院"建设。

一、制度为基，"清廉医院"在行动

"医德医风是展示医疗卫生行业形象的'窗口'，是提升服务水平和医疗质量的重要基础，是构建和谐医患关系的重要手段。"3月初，在柴桑区人民医院医德医风建设推进会上，院党委书记余红霞如实说。聚焦为"清廉医院"建设长效护航，柴桑区人民医院进一步健全管理结构和管理体制，完善优化制度建设，做到规定动作到位，自选动作有特色。

正风先肃纪。2020年5月医院率先在全市二级医院中推行党委领导下的院长负责制，充分发挥院级党组织把方向、管大局、作决策、促改革、保落实领导作用，全面加强公立医院党的领导。制定医院两个议事规则、重大事项报告制度、民主议事决策会议制度等；实行"一岗双责"责任制，把党风廉政建设和医院的业务工作同部署、同落实、同检查，按照"谁主管、谁负责"的原则，医院党委与分管领导签订党风廉政建设责任状，医院与全院干部职工签订医德医风廉洁自律责任状，对党风廉政建设和医德医风廉洁自律责任进一步明确。2021年4月医院成立纪律检查委员会，明确其为"清廉医院"建设主责部门，全面履行纪检监督职能。详细制定"清廉医院"建设责任分解清单，确保明确职责、责任到人、发挥实效。紧盯医药购销领域、招标采购等重要岗位、重要人员、重要环节，建立了药品、耗材跟踪监控和超常规使用预警机制、医药械代表来访和接待机制、党员干部职工参与科室重要事项决策机制、医药械招标采购流程监督机制、重点岗位轮岗等十大监督机制。同时，明确了医院领导、职能部门、业务科室各自的职责范围及办事程序，进一步完善了《医院制度汇编》，坚持以制度管人，以制度行事，逐步形成制度化、科学化、规范化的管理体系。

制度先行管长远。该院采取警示教育和约谈机制相结合，在全院定期开展廉政警示教育，增强医院党员干部廉洁自律意识，筑牢防腐拒变的思想防线。2021年医院共开展全院警示教育

3 场，开展廉政党课 2 次，受教育 1280 人次，覆盖率 100%；医院纪委针对暴露出的苗头性、倾向性问题，通过经常性的"咬耳扯袖"，让党员干部职工知敬畏、存戒惧、守底线，自医院纪委成立以来，对重点岗位人员开展约谈 10 人次。

二、创新为要，服务能力大提升

内强素质，一以贯之。柴桑区人民医院不断创新学习形式，定期组织开展中层干部参加南昌大学第二附属医院管理轮训，增强中层干部履职能力；创新与省、市 7 所医院建立医联体机制，定期选送骨干医师交流进修培训和邀请专家来医院坐诊，邀请了 8 名涉及妇科、乳腺科、呼吸内科、神经内科、神经外科等 7 个科室省、市级专家定期来院坐诊，2022 年初医院完成与南大二附院医联体签约，南大二附院定期安排专家来院坐诊，对医院专科进行扶持，大大提升全院攻克大病难病能力；启动"五大中心"建设，截至 2021 年，医院顺利完成国家级胸痛中心、国家级卒中防治中心、江西省创伤中心、九江市孕产妇急救中心和新生儿救治中心验收达标，有效推进了医院心血管内科、神经内科、神经外科、骨科、急诊科、产科、新生儿科的发展，大大提升了医院的综合服务能力和服务水平，使得医院综合救治能力得到质的提升，让疑难危重病人得到更多保障，有效降低胸痛、卒中、创伤患者死亡率及致残率。

严管理，堵漏洞。该院成立审计委员会，设立内审机制，主动将审计和监察参与医院各种物资、药品、设备、耗材采购和使用等情况，对医院重大项目如大宗物资和设备招标采购、人事聘任等全程监督；与第三方招标平台（中国招标网）合作，按照政府采购流程模式开展询价采购，确保医院采购设备的采购价格不高于周边医院采购价格；成立医疗设备及物资采购管理领导小组，下设采购办负责日常采购工作，执行采用分离、相互监督、相互协作模式，有效解决了采购权限与使用权限集中的弊端。

医院还强化药品和耗材管理，合理制定药占比、耗占比、医疗设备采购计划，成立内外科两个质控小组，坚持每周二、四对全院医疗、医技科室开展医疗安全质量检查和质控检查；推进医院高值耗材管理系统、科室二级库管理系统上线，植入类或侵入性高值耗材均采取寄售式零库存方式，减少高值耗材库存量，减轻库存资金积压。

创新引领发展积攒起磅礴凝聚力、战斗力。两年多来，作为全区唯一一家新冠肺炎救治定点医院、发热患者救治定点医院，该院齐心协力、精准施策，为广大群众筑起了一道道战"疫"安全屏障，确保了医院两个"零感染"目标。

三、文化为魂，"医"身正气扬清风

文化铸魂，成风化人。该院精心打造的清廉文化实时动态展示"窗口"阳光洽谈室 2021 年启用以来，充分发挥医院询价议价小组的作用，邀请纪检、审计、财务、采购、主管职能部门、党员代表、职工代表共同参与和监督，让医院每笔资金发挥最大效益。

　　为加强"清廉医院"阵地建设，该院主动向浙江先进医院取经，积极申报柴桑区清廉文化示范点。通过打造主题鲜明的廉政文化长廊，推动廉洁文化建设从有形覆盖向有效影响转变。廉政文化长廊是一本本鲜活的教科书，集中展示清风典故、个人承诺、医疗行业从业人员九项准则、医疗行业典型案例警示、清廉医院工作机制、医德医风先进事迹等，多角度、全方位将廉政文化融入医院文化辐射到医院各个角落，全院职工及来院人员眼见受教育，心灵受洗礼；开展廉洁从业大讨论活动，评选"十佳最美医师""十佳最美护士"，进一步推动医德医风、行业作风向好向善发展，患者满意度和职工满意度逐年提高。

　　"医"身正气蔚然成风。柴桑区人民医院已初步形成"党风清正、院风清朗、医风清新"的喜人局面，发展更有质量，医患关系更加和谐。通过制度完善、创新驱动、文化引领三大抓手，"清廉医院"建设稳步推进、成效初显。2021年12月，柴桑区人民医院通过区"清廉医院"示范点验收，正式进入"清廉医院"常态化管理和运营模式。2021年医院药占和耗占比同持续下降，全院共退回红包12个，收到锦旗73面。医院也先后迎来多家单位参观学习。

创新"五位一体"帮扶新模式
托起滇红之乡健康梦

广东省中山大学附属第七医院

凤庆县是世界著名的"滇红"之乡，这里群山连绵，多民族聚居。当地曾是国家扶贫开发工作重点县，经济和医疗水平滞后。四年前，当地急重症往往要辗转 3 小时到临沧市就医。"看大病难"曾是困扰这里百姓的重大民生问题。

"没有全民健康，就没有全面小康。"2013 年中山大学按照党中央、国务院及教育部统一部署，定点帮扶凤庆县。2017 年 11 月，中山大学附属七院（以下简称"中山七院"）与凤庆县人民医院结成对口帮扶关系。帮扶伊始，中山七院其实尚在筹建，其创院院长何裕隆教授医者仁心，站位高远，他积极响应中山大学党委的号召，先后 10 余次率队到凤庆帮扶。

四年来，中山七院创新探索"五位一体"帮扶新模式，使这家山区医院"脱胎换骨"，实现"质"的飞跃。它不仅晋级为云南省三级公立医院，更有 7 个专科成为省级重点专科，入选国家县级医院综合能力前 500 强。

一、精准"造血"，打造区域疑难危重救治高地

"凤庆县老百姓有什么需求，凤庆县人民医院对发展有什么渴望，中山七院就量身定制帮扶什么！"何裕隆院长说。

危重症救治是凤庆急需的。以儿童疾病为例，2017 年前凤庆只有一个儿科，新生儿疾病看不了，要跑上级医院。四年来，中山七院帮扶建起了新生儿专科、儿童神经呼吸心血管专科等 6 个亚专科，开展了新生儿无创呼吸辅助通气、换血术等新技术。同时，中山七院帮扶发现，大多数当地胃癌患者得到确诊时已是晚期，错过最佳治疗时机。专家们开始实施针对凤庆不同民族、不同生活习惯特点的人群进行早期筛查。

腹腔镜肝切除术、腹式改良广泛全子宫切除术、胃癌 D2+ 根治术等 83 种新技术在凤庆落地，同时消化系统疾病诊疗、血液透析等技术水平已达到临沧市领先水平。

和以往的医疗帮扶不同，中山七院不仅派医疗专家到凤庆，更实施了医、教、研、管、文"五位一体"的整体帮扶，为凤庆打造一支"带不走的医疗队伍"。

二、薪火相传，建设教学平台

中山七院倡导尊师重教、教学相长的教学理念，同步帮扶凤庆成立了 15 个教研室，在凤庆举办了国家级继续再教育项目，不断拓宽了凤庆医务人员的视野和从医格局。开展实地培训医务人员 15400 余人次，遴选当地骨干教官 40 名，选派当地骨干医务人员到中山七院进修学习 69 人次。

三、启迪创新，拓宽研究领域

科研是医院发展的后劲所在。中山七院创新科研帮扶，为解决当地群众消化肿瘤高发但晚诊晚治的现状，2019 年 11 月，两院联合启动"胃癌精准化三位一体防治模式"项目，该项目 2021 年 9 月通过了临沧市建设国家可持续发展示范区科技专项项目评审，实现县医院获得省级科研项目立项零的突破。2021 年 10 月，"何裕隆专家工作站"在凤庆正式启动，科研团队进驻凤庆，为凤庆县医疗卫生行业高质科研提供了有力支撑。

四、挂职共进，构建医院现代化管理

管理干部是医院发展的骨干力量。为帮助凤庆县人民医院培养一批高水平的卫生技术和管理人才，中山七院副院长张常华挂职凤庆县人民医院院长，参与医院管理。县医院 4 名副院长轮流到深圳挂职学习；中山七院采取"行政轮科、临床结合"的方式，对凤庆管理干部实施"一对一"培养计划，使先进的管理理念及管理模式落地县人民医院。

五、远程帮扶，借力实现"零距离"

在深圳，中山七院超声科主任徐作峰手持探头在操作垫上移动，他正在检查远在 2000 千米外的凤庆县患者。借助 5G，他远程遥控超声机器人机械手臂，清晰的超声动态影像实时呈现。像这样的远程医疗服务场景应用已经在两院间广泛运用。

每周三早上 7:30，远程多学科病历讨论在凤庆和中山七院间已成为雷打不动的惯例。四年多来，为县医院进行疑难病例讨论 142 例。已经成熟运行的实时远程会诊、远程病理诊断、远程教培体系为凤庆医生提供了重要的学习平台。远程技术让帮扶实现"千里之外，触手可及"。

六、文化帮扶，传承中大医科精神

凤庆县人民医院医务人员常感言道，中山七院专家"医病医身医心、救人救国救世"的大医精神无不深深地感染着他们。一次普通的帮扶，何裕隆院长一行凌晨 5 点启程出发，转机转车，下午 5 点才到达凤庆县。下车后不顾舟车劳顿，立马一头扎进病房，为第二天手术做准备，一直忙到 21 点。次日早 8 点他就走进手术室，一口气连轴做了 3 台胃癌、肠癌、直肠旁肿物大手术，19 点才走出手术室……每一批来凤庆的教授，他们强烈的敬业奉献、心系病人的精神文化，给凤庆医务人员带来很大的触动。

如今，在山区县城，凤庆百姓终于能享受到大都市的医疗服务，也实现了"看病不出县"的夙愿。在国家乡村振兴战略布局下，中山七院重整行装再出发，将继续深化"五位一体"全方位帮扶，推进精细化、高质量发展，全面提升凤庆县人民健康服务水平。

踔厉奋发谋新篇　笃行不怠创新绩
全面开创医院高质量发展新格局

山东省费县人民医院　刘新斌

一、2021 年工作回顾

2021 年医院坚持以习近平新时代中国特色社会主义思想为指导，深入贯彻党的十九大和十九届二中、三中、四中、五中、六中全会精神，认真贯彻落实健康中国战略和深化医药卫生体制改革的决策部署，执行上级关于统筹推进疫情防控和新时代卫生与健康工作方针，以《临沂市公立医院高质量发展行动计划》为指导，在县委、县政府和县卫健局的坚强领导下，以医院"十四五"发展规划为行动纲领，以"学科建设深化年"为主题，以"建中心、强专科、促发展"为抓手，全面落实"12345"工作任务，不断改进管理机制、运行机制和服务模式，持续推进医院精细化管理。

2021 年门诊共接诊病人 802533 人次，同比增长 22.5%；收治住院病人 64516 人次，同比增长 11.6%；病床使用率 99.3%，同比增长 11.2%；病床工作日 368.5 日，同比增长 47.6 日；病床周转率 50.7 次，同比增长 7.9 次；出院患者平均住院日 7.1 天；治愈好转率 98.5%；住院手术 13793 例，同比增长 15.8%。

（一）坚持从严从实，党的建设全面加强

一是牢记初心使命，扎实推动党史学习教育。开展党史学习教育，举行各类党史教育培训 12 次，研讨 10 次，开展了党史学习教育专题党课 4 次，举办党史知识竞赛 1 次，组织到红色教育基地开展党性教育 3 次。组织开展了十九届六中全会精神培训会和研讨会，提高了干部职工的政治素质和党性修养。二是抓紧作风建设，强化党风廉政建设。医院接受县委巡察并根据反馈意见全面落实整改，切实把全面从严治党要求贯彻落实到医院工作的各个方面。成立纪委办公室，邀请县纪委领导讲授廉政党课，并定期通过网络向党员推送廉洁自律方面的典型案例。集中调查处理了近两年问题档案，对历史遗留的违纪问题进行梳理，并给予相应党纪政纪处分。三是完善组织建设，强化党的政治引领。顺利完成党支部集中换届选举工作。新成立第九党支部，发展党员对象 11 名，转正党员 4 名。作为县人大代表的第八选区小组，高质量完成县人大代表的换届选举工作。四是强化学史力行，切实为群众解难题。开展"我为群众办实事"实践活动

16 次，帮助困难患者及群众 80 余人，走访慰问困难党员 12 人次，开展志愿及义诊服务活动 60 余次，改善医疗服务 30 余项。

（二）坚持对标对表，学科建设蹄疾步稳

一是做好增量发展，加强学科体系建设。2021 年医院创建市级临床重点专科 5 个，增加美容外科、美容皮肤科、结核病科三个二级诊疗科目，增加牙椅数至 18 个。先后成立了多学科联合门诊、药学门诊、结核门诊、麻醉科门诊、老年科门诊和营养科门诊。根据学科发展需要，将综合病区改为老年病科，口腔科新址投入使用，针灸推拿科增设病区，启用产科 LDRP 家庭化产房。二是细化学科划分，加强亚专业发展。划分 9 个外科专业组，使疾病诊疗更加专业化，推动了医疗技术和科研水平的发展。三是加强项目合作，成立学科建设联盟。医院选取医学美容、口腔科、耳鼻喉科、眼科等一批有发展潜力的学科与强院、名企建立长期合作关系，儿科与山东大学齐鲁儿童医院合作启动"费县儿科危急重症基层医生培训基地项目暨 5G 危重患儿急救协同转运基地项目"，通过建设学科联盟，在科研、临床、教学等方面进行交流合作，全面提升医院学科综合实力。四是凝练学科发展方向，明确学科建设目标。继续加强六大中心建设，切实提高区域内急危重症的救治水平和效率，成功创建市级创伤中心，成立了费县癌症中心。建设了国家标准化代谢性疾病管理中心和慢性肾脏病全程管理中心等专病治疗中心，为患者提供更加便捷的全方位、综合性一站式管理服务。大力推行日间手术，继续开展单病种质量管理工作，增加病种数至 43 个，共报告 2116 例。继续积极组织多学科会诊工作，共完成多学科会诊 656 例。五是引进高端医疗设备，满足学科发展需求。医院购置了 3D 腹腔镜系统、核磁共振、CT、"深脉分数"人工智能检测系统、血管内超声等设备，为精准诊疗提供保障，助力我院诊疗技术迈上新台阶。六是坚持人才强院，统筹学科团队建设。招聘编制备案卫生类 32 人，非在编人员 63 人，对 34 名主治医师进行了低职高聘，制定并上报医院高学历人才引进计划 30 人，完善了医院人才梯队建设。制定《费县人民医院院内培训学习管理规定》，成立临床技能模拟训练中心和护理培训中心，结合不同岗位和不同层次，分类对职工进行培训，提高了职工的整体素质和服务能力。选派 42 名护士长赴上级医院进修培训，遴选 11 名护理骨干参加专科护士培训，加强了护理学科建设。与武汉科技大学携手举办首期同等学力研究生班，为我院医务人员合理规划职业生涯、提高学历层次创造了便利条件。七是开展新技术新项目，提升学科竞争力。全院共开展新技术新项目 20 余项，推举评选临沂市科技局市级项目 2 项。心内三科开展了临沂市首例真正零射线射频消融术。

（三）坚持抓紧抓细，疫情防控慎终如始

一是继续统筹做好疫情常态化防控。制定了《费县人民医院冬春季新冠肺炎疫情防控工作方案》《新冠肺炎疫情常态化防控院感管理巡查制度》等 6 项制度、9 个流程，修订了 14 个工作流程和 9 个工作指引，为做好新冠肺炎疫情防控工作，规范医务人员的行为，保证我院医疗业务的开展提供了有力保障。二是智慧门诊助力抗疫。门诊大厅入口处安装智能闸机，做到"严管快放"。设置了员工专用通道，在上班高峰时段开放，有效缓解了通道拥挤。三是提升传染病防治能力建设。完成新院区感染楼二层改造提升项目，在建成负压病房10间、20张床位的基础上，增加了普通传染病房20间，床位40张，为医疗救治打下坚实基础。四是优质高效完成核酸检测任务。医院开通核酸检测线上预约功能，成立住院核酸检测室，实行24小时核酸检测，集采标本分三个批次出结果，快检标本3小时出结果，完成愿检尽检核酸检测28.8万余人次，落实应检尽检核酸检测20.5万余人次。五是切实做好新冠疫苗接种工作。我院新冠疫苗临时接种点自开始接种以来共接种第一针35821人，第二针35502人，第三针10830人，共计82153人。

（四）坚持精益精细，质量与安全管理不断强化

一是运营管理更加规范。医院持续调整完善绩效考核模式，举办公立医院绩效国考及DRGs（DIP）形势研讨会，与各职能部门签订目标责任书。医院医保编码顺利通过市医保局贯标验收。药品和医用材料全部通过山东省采购网采购。二是护理质量管理更趋完善。继续开展护理质量改善活动，积极推进品管圈项目及护理创新"金点子"活动，收集品管圈20项、金点子65项。启用护理管控平台质量控制手册，实现数据上传分析、线上提交审核，提高工作效率，持续改进护理质量。新增1项护理管理制度，修订66项护理技术操作流程，切实保障患者安全。三是临床药学持续推进。成立合理用药服务科普小组，定期进行合理用药宣教。新设药学门诊，为广大患者提供精细化、个体化、全程化的药物治疗管理服务。安装了住院医嘱前置审核系统，将药师审核关口前移。开展"基于真实世界的冠心宁片治疗稳定性冠心病的多中心病例注册登记研究"和"未成年人使用肺力咳合剂的注册登记研究"项目，研究和指导临床合理用药。四是医院感控不断加强。规范开展各项全院性和目标性监测工作，新增了儿童监护室、急诊监护室、内镜及介入诊疗的目标性监测工作，提高医院感染隐患排查能力。加强对医务人员的专业培训，严格执行手卫生等感控规范，杜绝医院感染事件的发生。五是安全生产工作常抓不懈。定期对消防、大型设备、压力容器、电梯等方面进行安全隐患排查。设立应急报警装置，构建警医联动机制，加强人防、物防、技防等三防系统建设，有效提升了医院安全管理水平，维护了医院秩序的持续稳定。

（五）坚持共建共享，人文暖院深入人心

一是借助服务平台，为患者提供VIP服务。依托爱玛客服务，完善中央运送中心，实现预约、陪检、标本运送、导医等全流程服务，实现标本闭环可视化追溯。引进微脉集团管理，为产妇提供全周期服务，共为71名产妇提供了优质服务。二是筹建入院准备中心，优化住院流程。为减少患者住院天数，节省就医成本，医院积极筹建入院准备中心，为患者提供更优质、便捷的服务。目前人员、设备均已到位，信息系统对接完成，即将投入使用。三是简化就医流程，真正落实"最多跑一次"。以智慧化为载体，护士站全面放开预约模式，患者只需提前15分钟到分诊台报道，无须参与中间过程，做到只排一次队，最多跑一次。引进15台具有挂号、充值、查询、打印等功能的自助机，分批投入使用，患者无须排队，节约患者就诊时间，简化了就医流程。四是丰富文化建设，提高职工精神内涵。通过开展庆祝建党 100 周年文艺会演、升国旗、书画展、红歌比赛等系列活动，举办道德讲堂，举行护士节、医师节、教师节等主题节日活动，不断提升职工的综合素质和精神文明程度。五是开展志愿者服务，提升患者就医体验。医院组织由院领导、行管后勤人员组成的志愿服务队轮流在门诊和核酸检测室值班，维持就诊秩序，指导患者就医，充分发挥"奉献、爱心、互助"的志愿精神，缓解了患者就诊压力，切实改善了患者的就医体验。积极推进"万名医师下基层义诊及高血压培训"活动，165 名医护人员入户 2200 余户，将温暖送到人民群众身边。

（六）坚持先行先试，智慧医院建设提档加速

一是大力开展互联网诊疗服务，提升便民惠民水平。互联网医院问诊量 15506 次。新增了"互联网＋护理服务"项目，通过线上医院的诊疗，拓宽了专业范围和服务人群，带动了线下的科室发展。二是实施智能化、精细化管理，提升后勤保障能力。全面推广床旁结算业务，简化了结算环节。药品和医用耗材实施 SPD 管理，提升医用耗材和药品的精细化管理水平。三是推进智慧门诊建设，改善患者就医体验。开通二次叫号功能，安装诊间叫号屏，确保一医一患一诊室的运行。全面推进电子健康卡和国家医保电子凭证，提升就诊效率和体验。四是助推智慧医疗发展，提升健康服务能力。实施内镜追溯管理系统，实现了内镜使用信息流程异常预警。联合青岛大学附属医院成功实施两例 5G 远程机器人泌尿外科手术，减轻了患者的负担。完成影像科智能化 AI 项目的服务器与网络硬件对接，为临床提供更加方便快捷的图像智能分析服务。

（七）坚持保质保量，医院承载能力稳步提升

一是新院区建设统筹推进。完成了负压病房 CT 室改造工程、前期 16 项变更项目梳理工作、新院区建设项目外装变更设计工作；门诊楼、医技综合楼、病房楼、医养康复楼、感染楼的水电桥架安装、通风系统安装、消防管道安装基本完成；科教综合楼及门诊医技楼地下回填工作基本完成；人防车库施工、屈曲支撑及阻尼器完成至 50％。二是老院区布局更加合理。完成了儿科楼、碎石机房、核磁共振室、住院药房、住院处及管道组等业务用房的改造搬迁工程，新增停车位 100 余个。南医疗区进行了疫苗接种点、口腔科、医学美容科、感染性疾病科、精准实验室装修改造工程、安装了电梯，进行了亮化、美化提升改造，基础设施建设有序推进，结构布局更加合理。

2021 年是我国"十四五"规划的开局之年，是中国共产党成立 100 周年，也是费县人民医院改革发展历史上具有里程碑意义的一年。医院有 32 项工作和 42 名职工分别受到各级各部门的表彰。医院在第三届"健康县域卓越建设者"系列评选中被授予"中国市县医院绩效考核标杆奖"；入选"2020—2021 全国紧密型县域医共体典型案例"；成功承办"2021 第三届改善医疗服务全国县市医院擂台赛——推进公立医院高质量发展主题决赛"，并获最佳案例奖；在全省参三管理医院中综合排名第 8；药学部顺利通过省级青年文明号复核认定；医院成为山东省医养健康产业协会康复技术与创新联盟会员单位、临沂市妇幼保健协会常务理事单位；获"临沂市助残先进集体""全市临床输血工作先进集体""临沂市药品不良反应监测工作先进集体""临沂市化妆品不良反应监测工作先进集体""全市未成年人思想道德建设工作先进单位"。微视频《幸福的味道》在临沂市优秀党员教育电视片评选中获二等奖、MV《党旗下的誓言》获三等奖，10 余项管理工具应用案例在国家医疗相关执行标准竞技赛（山东赛区）、山东省医院品管圈大赛中斩获佳绩……这些成就得益于政府各级领导的关心帮助，得益于社会各界和兄弟单位的大力支持，得益于离退休老同志的理解、关爱和支持，得益于全院领导班子成员和中层干部的团结协作和努力工作，更得益于全院干部职工的辛勤劳动和默默付出。全院干部职工不忘从医初心，牢记健康使命，用汗水浇灌收获，用实干笃定前行，创造了医院改革的新业绩，用优异成绩向建党百年献礼，"十四五"实现了良好开局！在此，向全院干部职工和支持医院发展的各界朋友表示衷心的感谢和崇高的敬意！

二、2022 年工作计划

2022 年，医院将坚持以习近平新时代中国特色社会主义思想为指导，深入贯彻党的十九大和十九届历次全会精神，全面落实新时代党的建设总要求，坚持稳中求进工作总基调，以人民健康为中心，以推动医院高质量发展为主题，以公立医院绩效考核指标和等级医院复审为导向，着重推动"三个转变"，实现"三个提高"，努力为人民群众提供全方位全周期的医疗保障，全面开启医院高质量发展新征程。

（一）坚持党建引领，助推医院科学发展

深入开展学习十九届六中全会精神活动，推动全会精神落地落实，以实际行动践行"两个维护"。持续开展党史学习教育，不断巩固拓展党史学习教育成果，总结党史学习经验，建立常态化、长效化机制制度。坚持和加强党的全面领导，继续推进医德医风和党风廉政建设，不断加强党员队伍建设质量，把党的领导融入医院治理全过程各方面各环节。

（二）深化学科建设，提升医院核心竞争力

加强重点专科、特色专科、平台专科、薄弱专科建设，以满足重大疾病临床需求为导向，重点发展重症、肿瘤、心脑血管、呼吸等临床专科，以专科发展带动诊疗能力和水平提升。注重外科微创化、内科介入化、医技有创化、诊断分子化、有创无痛化，深化学科转型，促进学科高质量发展。对接医疗技术、临床科研、医院运营等不同领域人才需求，选拔一批学科带头人和专业骨干，招聘事业编制人员 100 余名，全面推动高质量人才队伍建设。完善医疗质量管理与控制体系，加强各级质控中心建设与管理，进一步完善医疗质量控制指标体系。在全院开展"岗位练兵、技术比武"活动，加强核心制度考核，强化"三基三严"培训，不断巩固十八项医疗质量安全核心制度。开展"服务提升月"活动，持续提升全体员工的优质服务意识，改善群众就医体验。

（三）强化质量管理，助力医院高质量发展

继续以现代医院管理制度为切入点，以公立医院绩效考核为指挥棒，推进医保支付方式改革，完善DRGs/DIP病种成本的测算，进一步细化医护绩效细则，引导医疗医保对接，利用绩效导向，缩短平均住院日。提升医院运营水平，启动科室全成本核算和预算管理，加强对药品、医用材料和物资的成本控制。积极落实"双控"目标，完善内控机制，确保医院管理科学化、规范化、精细化。加强医院安防系统建设，设立警务室，利用大数据、可视化系统对医院的特种设备安全、消防安全、医疗废水安全、用能安全进行全方位监控，提升医院安全秩序管理法治化、专业化、智能化水平。

（四）严抓疫情防控，筑牢医院疫情"防护网"

抓实抓细常态化疫情防控措施，严把医院"入口关"，落实疫情防控"四早措施"，加强发热门诊、住院病人的监督管理，科学规划应急物资储备需求，做好核酸检测和疫苗接种工作，筑牢医院疫情防控防线。

（五）加快新院区建设，满足群众健康需求

完成所有科教综合楼主体工程验收，并完成砌体和抹灰工程；完成内外装饰工程、地源热泵工程、高压氧、锅炉房、污水处理池工程；完成所有消防工程、水电安装工程、智能化工程、人防建设工程；完成道路、管网、绿化工程、高压线路进网工程；完成所有暂列项目工程和部分配套设施工程，力争按期完成新院区建设并顺利搬迁。

（六）聚焦信息化赋能，构建智慧就医新格局

继续拓展互联网医院功能，深入开展"互联网＋居家护理"服务，依托慢病服务中心建设，积极探索处方流转、线上慢病管理、慢病签约等功能，推动信息技术与医疗服务深度融合。完善诊间多身份识别就医、云桌面、智能病案系统、医学影像辅助诊断系统。建设无纸化电子病历系统、医保智能审核监管系统、云胶片及云端储存服务系统等，提高医疗服务智慧化、个性化水平，助推医院标准化、规范化建设。

征途漫漫唯有奋斗，无惧风雨笃定前行。新的一年，我们将忠诚履职担使命，不负韶华再出发，使出"越是艰险越向前"的韧劲，"众人拾柴火焰高"的心劲，"敢教日月换新天"的闯劲，"只争朝夕启新程"的冲劲，咬定青山不放松，脚踏实地加油干，奋力推进医院高质量发展，持续推动健康费县战略，为费县经济社会发展和全面建成小康社会提供坚强的健康保障，努力在创建"社会满意、患者满意、职工满意的医疗中心"的征程中考出"高分答卷"，以更加昂扬的姿态奋进新征程，建功新时代，以优异成绩迎接党的二十大的胜利召开。

夯实专科建设
促进医院走上高质量跨越式发展快车道

甘肃省甘谷县人民医院　张小军

专科建设是推动公立医院高质量发展的重要抓手。近期，国务院办公厅印发的《关于推动公立医院高质量发展的意见》中再一次明确提出"加强临床专科建设"。在医院高质量跨越式发展新阶段，专科建设如何迈上新台阶？医院管理和学科建设又有哪些新举措？医院党委深刻感受到科室的高质量发展、医院的内涵建设对医院的发展至关重要。

甘谷县人民医院始建于1950年，是政府主办的集医疗、教学、科研和康复为一体的三级乙等综合医院。是全国首批医改试点县级医院，国家重点建设的500家县医院及国家全面提升县级医院综合能力第二阶段500家县级医院之一，也是甘肃省区域综合医改试点县医院。承担着全县及周边70余万人口的医疗救治和疾病预防工作。医院占地面积32亩，建筑面积约3.7万平方米，医疗用房面积3.32万平方米，编制床位650张。现有职工888人，其中正高级职称13人，副高级职称69人，中级职称93人。硕士研究生4人，博士研究生1人。医院有13个职能科室、18个临床科室和10个医技科室。医学设备有螺旋CT、方舱CT、1.5T超导核磁共振、数字平板DR、高端彩超、全自动生化免疫流水线、电子胃镜、支气管镜、肠镜、胆道镜、膀胱镜、前列腺电切镜、钬激光（80KW）、体外碎石机、小儿高压氧舱、4K腹腔镜、血液透析机、全自动呼吸机和PCR实验室等。开设普外科、妇产科2个甘肃省县级重点学科。拥有5个医疗救治中心、5个县域医学中心和ICU、NICU、血液透析、消化内镜中心等重点科室。年累计接诊患者32万人次，其中门急诊患者29万人次，住院患者3万人次，手术4000多台次。医院先后被评为"改善医疗服务全省优质医疗服务示范医院（加强人文关怀）""节约型公共机构示范单位""爱婴医院""全市新冠肺炎疫情防控优秀志愿者服务组织""全市先进基层党组织"。

为深化医疗卫生体制改革，全面推进医联体建设，现已加入甘肃省人民医院、兰大一院、兰大二院、甘肃省妇幼保健院、甘肃省肿瘤医院等医联体，通过双向人才交流、教学查房、现场指导、技术帮扶等措施全面提升医疗技术水平。

医院正在实施迁建项目，新院区占地面积142亩，建筑面积11.8万平方米，按三级综合医院标准建设，设计床位规模1000张，建设有门急诊医技住院综合楼、感染综合楼、高压氧楼、污物暂存间及行政后勤综合楼。

医疗事业发展，人才是关键。在迁建项目紧锣密鼓建设中，医院将依托省内外甘谷籍知名医学专家对各专业进行帮扶带教，现已柔性引进一批医学博士、硕士人才，为新院区搬迁打好基础。新院区整体搬迁后，将实现医院规模档次整体扩容升级，进一步优化科室布局、扩大医疗资源，将建成介入中心、高压氧治疗中心、内镜中心、扩容新生儿重症监护室等科室，真正做到让群众"少跑腿"和就近就医，提升医疗服务水平，更好地为广大患者服务。

一、多措并举加大人才引进力度，持续加强人才队伍建设

一是强化专科能力建设，提升医院发展活力。近年来，医院不断完善学科建设，目前设有18个临床科室、10个医技科室。于2020年4月设立尉万春博士工作站，日诊疗患者40人次，在全县范围内有一定知名度；为部分科室配备了C型臂平板X光机、钬激光、输尿管道镜和4K高清腹腔镜、胆道镜、支气管镜、方舱CT等专业医疗设备；拓展了医疗服务范围，提高了微创手术比例，开展了输尿管结石体内碎石技术、胎儿NT超声检查等新技术新业务，有力地提高了医院的诊疗服务能力，极大地方便了县域患者就诊，取得了良好的社会效益。二是创新用人机制，狠抓人才队伍建设。坚持"走出去"的原则，选派部分优秀医师、业务骨干赴省级医院进修学习，通过举办区域学术交流活动、省级专科联盟义诊、科室小讲座、疑难病例讨论等方式，营造浓厚的学习氛围。推行"请进来"原则，先后柔性引进兰大一院妇产科、泌尿外科、骨科优秀专家团队，指导提高了相关专业医疗技术水平，多渠道广纳贤才，2021年招聘急需专业人员5人，充分发挥个人优势，为医院建设增砖添瓦。三是加强学科建设，科教研工作齐头并进。发挥普外科省级重点学科优势，熟练运用4K腹腔镜及奥林巴斯电子胆道镜开展手术600余人次，微创手术率超过75%，在上级医师指导下开展了腹腔镜胃癌根治术、直肠癌根治术，常规开展腹腔镜脾切除术、单孔腹腔镜胆囊、阑尾切除术等手术，提升了青年医师腹腔镜治疗技术水平，普外科团队被评为甘肃省优秀医师团队。开展了输尿管钬激光碎石术、锁骨下颈内静脉穿刺术等新技术新项目10项，发表国家级论文2篇，完成市、县级科研项目10项。

二、推进县域医联体建设，开创医疗协作新模式

一是注重基层服务能力，推动分级诊疗。我院建立了与17家乡镇卫生院医疗卫生服务分工协作新机制，实现"基层首诊、双向转诊、上下联动、急慢分治"的就医格局，进一步提高医疗服务体系的整体效率，2021年会诊53例。与省人民医院开通远程会诊医疗服务，充分发挥远程会诊信息平台，2021年会诊550例。二是推进医疗联合体建设，整合区域内医疗资源，促进优质医疗资源下沉，提升基层医疗服务能力，完善医疗服务体系。率先启动甘谷县人民医院医联体安远分院建设，推动乡镇医疗卫生服务提档升级，对带动县域医疗卫生健康事业高质量发展具有十分重要的意义。我院以此次合作为契机，通过专家支援、技术帮扶、人才培养、教学查房、现场指导等方式，最终实现资源共享，优势互补，互赢共惠，联动发展，让群众在家门

口就能享受到三级医院的医疗服务，享受到医疗改革和发展带来的实惠。

　　下一步，我们将全面贯彻天水市卫生健康工作会议精神，重点从新院区年内整体投用、着力推进医疗服务高质量发展和疫情防控常态化工作三方面着手，继续秉承"厚德、精医、创新、奉献"的精神，进一步建设区域一流、彰显人文、质量至上、百姓放心、员工满意、政府认可的三级乙等综合医院，为保障全县人民群众健康、提升县域内整体医疗水平做出新的、更大的成绩。

红星铸医魂　闪耀东天山

新疆生产建设兵团第十三师红星医院

从延安的金盆湾，到烽火连天的祁连山。

从长河落日圆的古阳关，到屯垦戍边的东天山。

风雨世纪行，心血洒春秋。

十三师红星医院是一所具有光荣革命传统和深厚文化底蕴的军垦医院，又是一所拥有现代科技和精湛医术的白求恩医院，经过几代人的艰苦努力，团结拼搏，现已发展成为哈密区域一所集医疗、教学、科研、预防、保健、康复为一体的三级甲等医院。

大医精诚、厚德济生。这颗"红星"一直秉承着白求恩精神、兵团精神、红星精神，在东天山闪烁着耀眼的光芒……

一、峥嵘岁月铸医魂

巍巍东天山，神秘魔鬼城，千年胡杨林，绿洲血脉坎儿井，见证着十三师红星医院的奋进与飞跃。

十三师红星医院 1945 年 10 月诞生于革命圣地延安金盆湾，其前身是白求恩国际和平医院第九分院及陕甘宁晋绥联防军教导旅野战医院。毛泽东亲自命名教导旅为红星部，教导旅所辖野战医院称为红星医院。1949 年更名为中国人民解放军第一野战军六军十六师医院。1950 年至 1960 年，医院随部队进疆驻扎哈密，在大营房定点建院。1960 年 10 月，医院搬迁到小营房，从此开始了为哈密各族人民健康服务的新的里程。

改革开放以后，红星医院走上了全面发展的快车道。1994 年，红星医院被国家确认为全兵团首批二级甲等医院，是全兵团师局医院、东疆地区第一家进入二级甲等医院行列。2014 年 10 月被兵团卫生局列入三级医院管理；2015 年，以红星医院为核心的红星医疗集团成立；2016 年 11 月，被兵团卫生局评定为三级甲等综合医院；2016 年 12 月 16 日，十三师红星医院正式挂牌三级甲等综合医院；2019 年 11 月，在红星医疗集团的基础上，十三师红星医共体正式成立，8 个团场的 12 所医院全部纳入统一化管理，这对于十三师医疗卫生事业的发展具有里程碑的意义。

历经几代人的艰苦奋斗，励精图治，红星医院已发展成为哈密区域集医疗、教学、科研、预防、保健、康复于一体的综合性国家三级甲等医院、全国爱婴医院。现已成为新疆医科大学、石河子大学医学院教学实习医院,是新疆医科大学第一附属医院、自治区人民医院、兵团医院、兰州军区乌鲁木齐总医院、自治区中医医院的协作医院。是卫生部北京医院、中国中医科学院西苑医院、河南省人民医院、河南省中医院等对口援助医院,是哈密市、十三师、铁路、石油医疗保险定点医院。

乘着中央新疆工作座谈会的东风,河南省开启了对口援助工作,红星医院是河南援助兵团卫生医疗工作最大受益者。2014年,河南援疆交钥匙项目红星医院中医综合大楼竣工投入使用,有效改善了医院的就医环境;2016年,河南援疆项目红星医院中原病房楼项目主体为地上17层,地下两层,建筑面积近6万平方米,2018年12月建成并投入使用,形成门诊、急诊、医技、病房一体化,医院的布局和就医流程更趋合理,综合服务能力得到极大完善,全方位提升医院的综合救治能力。同时,每年有40余名援疆专家来红星医院开展医疗服务,提高了医院的技术水平。

医院占地15万平方米,建筑面积12万平方米,开放床位800张,拥有964名医务人员,其中享受国务院特殊津贴专家2名,新疆医科大学硕士生导师2名。全院设有临床科室24个,非临床科室15个,职能科室17个。年门急诊就诊近54万人次(不含体检人数8万),出院人数3.1万人次,患者平均住院日为9.48天。医院以精湛的医疗技术,一流的服务质量,赢得了哈密区域内各行各业、各族群众的赞誉。

二、精研医理促发展

思路决定出路,理念决定方向。

红星医院历届党委一直秉承着救死扶伤的革命人道主义精神,始终坚持"医术精益求精、服务全心全意"的宗旨,以病人为中心,以质量安全为核心,推进内涵建设,注重综合实力的提升和"医教研一体化推进"的战略品牌发展理念。

医院党委领导班子一致认为:打造品牌不是一朝一夕的事情,而是一个长期系统的工程。医院立足技术优势和管理优势,推进6S管理,强化目标考核,全面推进优质护理服务,打造医疗服务品牌,积极探索具有自身特点的服务模式和品牌发展模式。在拓展医疗服务新领域的同时,逐步建立起具有特色的医院文化理念,进一步提高区域知名度,创建了东疆地区唯一一家国家级住院医师规范化培训全科基地,使医院真正成为一家医术过得硬、牌子叫得响、群众信得过的品牌医院。

近年来,医院积极探索5G+智慧医疗建设,开展远程医疗、远程教育,开设"960599"医疗综合调度信息平台,提供综合医疗服务,实现分级诊疗、区域一体化,在全面夯实院内门急诊、住院等环节信息化管理的基础上,围绕区域协同、患者服务、医院管理等方面积极探索创新应用,向互联智慧医院持续迈进。

医院拥有西门子 3.0T 核磁共振、GE1.5T 核磁共振、西门子双源 CT、飞利浦 64 排 CT、飞利浦全数字化血管平板造影机、雅培生化免疫流水线等大中型高端诊疗设备。互联智慧医学中心、ICU、CCU、EICU、RICU、血液净化中心、消毒供应中心，使患者得到精准、快捷、安全的医疗服务。依托先进的设备精研医理，不断开展新技术、新项目，每年有多项科研成果获得兵团、十三师级科研成果奖。开展了一系列高难度手术：如肝脏肿瘤切除术、多指断指再植和断手断臂再植、颅内巨大肿瘤切除术及各类肿瘤切除术，在哈密区域率先开展心血管介入、脑血管介入。实施科技创新和技术攻关战略，在骨科、妇产科、消化内科、神经内科、康复医学科等多学科领域形成技术优势。

自河南省对口援助哈密市和兵团十三师以来，通过项目援疆、技术援疆、人才援疆，使医院基础设施得到改善，医疗技术水平和服务能力显著提升。先后建成的中医楼、中原病房楼极大地改善了患者就医环境，优化了就医流程。与河南省人民医院互联智慧远程会诊系统，让哈密各族群众在家门口就能享有河南省同质的医疗服务。河南省先后派出 200 余名援疆专家来院工作，共开展新技术新项目 130 余项，其中 90 余项新技术填补兵团和哈密空白。河南省援疆工作前方指挥部提出的"4+1"组团式帮扶，完成了红星医院"4321"工程建设。"4321"工程："4+1"即"河南省四所院校"（河南大学、河南科技大学、新乡医学院、河南中医药大学）、"一家医院"（河南省人民医院），落实红星医院"4321"工程，"4"即"四个中心"（成立神经医学中心、胸心医学中心、消化医学中心、精神卫生中心），"3"即"三个联盟"（成立皮肤学科联盟、肛肠学科联盟、康复学科联盟），"2"即"两所院校的教学医院"（成为河南科技大学教学医院、新乡医学院教学医院），"1"即"一个培训基地"（建成住院医师规范化培训基地）。在援疆单位的大力扶持下，创建了哈密区域首个"胸心医学中心""神经医学中心""消化医学中心""妇幼医学中心""骨伤医学中心"，成立了皮肤学科联盟、肛肠学科联盟、康复学科联盟，建成了哈密首个急诊重症监护室，提高了医院诊疗能力和服务水平。同时，中组部、国家卫健委还相继派出了博士团成员来院工作，河南科技大学、新乡医学院两个教学医院相继挂牌成立，为红星医院学科发展开启了全新里程，培养了一支带不走的"白求恩式"的医疗队。

先进的医疗设备及高超的医疗技术，使红星医院在哈密区域做到了"人无我有、人有我新、人新我精"，走出了一条自己的品牌战略之路。

如今，红星医院整体水平和综合实力逐年稳步提升，现已跻身全兵团同级医院前列。医院先后荣获"全国卫生系统先进集体""全国思想政治工作先进集体""全国卫生系统医院文化建设先进集体""全国卫生系统抗击非典先进集体""全国民族团结进步模范单位"等多项国家级荣誉称号；这些荣誉和成绩是对红星医院人无私奉献、拼搏奋进精神的肯定，更是红星人砥砺前行的动力。

三、厚德济生耀天山

纵观七十余载变迁，红星医院发展变化的画卷书写着"仁医大爱、救死扶伤"的崇高情怀；蕴含着"艰苦奋斗、团结拼搏、求实求精、争创一流"的医院精神；始终把"救死扶伤、医德高尚、技术精湛、优质服务"的宗旨融入医院工作的每一个细节中。

建设人民群众满意的红星医院是全院医务工作者永远追求的目标。一句亲切的问候，一个深情的微笑，一束含苞欲放的鲜花，就能使病房充满阳光，充满温馨；使患者得到慰藉，得到欢乐；使医患关系密切和谐，其乐融融。

十三师新星市党委高度重视医改工作，作为医共体改革的排头兵，红星医院积极利用援疆资源，抓住医疗卫生体制改革这条主线，打造"二个高地、两个中心、三个体系"，就是要把红星医院打造成区域医疗高地，把新星市卫生中心打造成公共卫生医养结合高地；把火箭农场分院打造成康复医学中心，把安心医院打造成精神卫生中心；成立三个体系，即医疗服务体系、公共卫生体系和中医药传承体系。从难点入手、从群众入手、从服务入手，切实解决医共体改革中的瓶颈问题，让"以人民为中心"的种子植根于基层沃土。十三师红星医院作为兵团首批纳入国家县级公立医院改革试点医院，在兵师领导的正确领导和关心支持下，全面深化管理、运行、医疗监管等体制机制改革，坚持问题导向，确立了"以十三师红星医院为龙头，师、团、连卫生服务一体化，组建十三师红星医疗卫生共同体，造福哈密人民"的改革思路，积极探索解决各族群众看病难、看病贵问题，组建医联体的服务模式。红星医共体的成立不仅仅是医疗体系的完整构建，更是服务和医疗的全面升级。

红星医院积极发挥党委核心领导作用，牢固树立"兵地一盘棋""兵地一家人"的思想，推进兵地共建、融合发展，做到与哈密各家医院资源共享、优势互补、互惠互利、共同发展，创建互学共建、双赢发展的新局面，成立了红星医联体。红星医院与二堡镇中心卫生院建立了医疗服务行动共惠关系，签订了医疗服务共惠协议书。选派专家赴二堡镇中心卫生院挂职、开展临床诊疗、教学培训、手术等技术援助，为伊州区各乡镇卫生院、各团场免费培训医务人员，全力帮助基层医务人员提高技术服务水平。加强医院信息化应用，搭建远程会诊平台，让基层职工群众在家门口就能享受三甲医院的优质医疗服务。

红星医院不仅担负着十三师医疗健康任务，同时还承担着为哈密市各族人民提供优质医疗服务的重任。医院医疗队走遍了哈密的各个乡镇，十三师的每个连队，深入千家万户。在万名医师下乡活动中，在微笑列车唇腭裂修复项目中，在全国抗击非典活动中，在应对 H7N9 甲型流感的战役中，在哈密地区和十三师一次次重大应急抢救和处突维稳战斗中，都留下了红星医院人无私奉献的身影。医院急诊科应急抢救 5 名有害气体中毒矿工事件，应急处理野芹菜中毒患者事件，先后在中央电视台播出。特别是新冠肺炎疫情阻击战打响以来，红星医院按照"坚定信心、同舟共济、科学防治、精准施策"的总要求，充分发挥疫情防控主力军的作用，实现了"保持零纪录、守好东大门、当好压舱石"的目标。

构建和谐医院，重要的基础是塑造现代医院文化。作为兵团、十三师卫生行业的一面旗帜。医院党委深刻地认识到，医院的形象及发展代表着兵团人屯垦戍边、无私奉献的精神。近年来，红星医院党委扎实开展了"党的群众路线教育实践活动""三严三实"专题教育、"两学一做"学习教育及"学、转、促"专项活动、"不忘初心、牢记使命"主题教育、党史学习教育等，进一步提高了干部思想观念，转变了干部作风。红星医院坚持弘扬白求恩精神，传承部队优良传统，始终坚持以病人为中心，强化人性化服务，突出了红星医院优质服务、人文关怀的特色。红星医院率先向社会特困群体伸出仁爱之手，为特困患者捐款捐物，减轻了部分特困病人的负担；医务人员把对病人的关爱融于医院服务的每一环节上，落实到每个人的实际行动中，真正落实了"以人为本，以病人为中心"的服务宗旨，广大医务人员视病人为亲人，为病人办好事、办实事已成为每个职工的自觉行动。涓涓细流汇成河，一点一滴的小事，汇集成了哈密各族患者的心声：红星医院就是我们心中的白求恩医院。

红星医院坚持以先进文化为引领，推动医院科学健康发展。近几年，红星医院举办了主题为"聚集在鲜红的党旗下，建设美丽和谐医院"的红歌合唱比赛、庆祝建院75周年系列活动、迎新春文艺晚会等，提升了红星医院在哈密区域的影响力和知名度。同时，医院还开展了"优质服务科室、优质服务之星"评选活动，极大地调动了医护人员创先争优的积极性，也提高了医院的服务水平。

边疆定则人民安，人民安则祖国兴。红星医院作为兵团的一分子，在增进民族团结，促进社会和谐方面做了大量卓有成效的工作。红星医院党委按照兵师党委统一部署，积极开展了"民族团结一家亲"结对认亲活动，进一步增强红星医院与各族职工群众的交往交流交融，让民族团结之花处处绽放。红星医院党委牢牢聚焦社会稳定和长治久安总目标，全面落实以习近平同志为核心的党中央治疆方略，坚持"平时如战时"，常态化落实一级防控机制，专业力量、科技手段、群众基础相结合的维稳工作格局已初见成效，平安医院创建工作稳步推进，医患双方互相尊重、互相理解、互相配合、真诚友善的和谐氛围已经形成。同时，为做好应急救护工作，红星医院与伊州区公安局签订了医疗救护合作协议，成为伊州区公安局应急救援医疗服务定点医院，为实现新疆社会稳定和长治久安做出新贡献。

沿着红星人披荆斩棘，辉煌成就的时光隧道，追溯一路坚持的足迹，是"艰苦奋斗、团结拼搏、求实求精、争创一流"的医院精神激励着红星人实现一个又一个跨越，是一切"以病人为中心"的庄严承诺鞭策着红星人勇往直前，不断攀登新的高峰。

展开珍贵的历史画卷，放眼今日的辉煌篇章，红星医院前进的每一步都凝聚着兵、师党委对人民群众身体健康的关心和爱护，饱含着上级领导对医院建设发展的深切关怀和期望，汇聚了社会各界的广泛认可和大力支持。

面对世界百年未有之大变局，红星医院将以习近平新时代中国特色社会主义思想为指导，用党的光荣传统和优良作风坚定信念，以红色基因赓续精神血脉，用"以人民为中心"的理念砥砺医者品格，锚定职责使命，强化责任担当，提高服务能力，不断提升医院核心竞争力，努力建设"东疆一流、兵团领先"的区域诊疗中心，以高昂姿态奋力开启新时代卫生健康事业高质量发展新征程。

天山下美妙的音符，沙漠里动听的乐章；绿洲上激昂的号角，红星新时代的强音；红星人踏着先辈们用热血铸就的发展之路，让红星医魂在东天山脚下闪耀出更加璀璨的光芒！

汇智聚力谋发展
创新思路谱新篇

甘肃省和政县人民医院

近年来，我院在上级部门的正确领导下，以习近平新时代中国特色社会主义思想为指导，严格执行党和国家的各项方针、政策和法律，紧紧围绕全县经济和社会事业发展大局，积极探索新时代医院现代建设的新思路，不断提高医疗技术水平和服务质量，切实改进行业作风，各项工作取得了长足的进步。主要做法如下。

一、党建引领促进业务发展方面

院党委书记认真履行全面从严治党第一责任人职责，带领院党委以及干部职工紧紧围绕"抓党建、促业务"目标任务，充分发挥党委把方向、管大局、作决策、促改革、保落实的领导作用，全面落实意识形态责任制、党委领导下的院长负责制，不断改进党建工作方法。系统学习了《关于加强公立医院党的建设工作的实施办法》等，为进一步加强我院党的建设工作起到了良好的指导作用。2019 年、2020 年、2021 年我院荣获和政县卫生健康工作先进集体荣誉称号，2020 年荣获全州卫生健康系统先进集体荣誉称号。2021 年荣获全州卫健系统先进基层党组织荣誉称号。

认真贯彻落实意识形态工作的重要论述和重要指示批示精神，以及中央有关意识形态工作文件精神，坚持旗帜鲜明地讲政治，严守政治纪律和政治规矩，始终在思想上、政治上、行动上同党中央保持高度一致。

组织开展了"扫黑除恶"活动、"不忘初心、牢记使命"主题教育活动、"党史学习教育"活动；在中国共产党建党 100 周年之际，我院组织干部职工收听收看习近平总书记"七一"重要讲话，慰问了退休老党员、在职部分党员；开展了"追寻革命足迹、弘扬长征精神"主题党日活动。

严格落实"一岗双责"，通过召开党风廉政建设及反腐败专题部署会议，充分利用宣传栏、警示教育大会、廉政党课等多种形式及时宣传廉政文件精神，牢固树立宗旨意识和组织纪律观念，坚持集中学习与自主学习相结合的形式；狠抓干部廉洁自律，定期在院晨会上专题学习中央、省、州、县关于党风廉政建设的相关文件精神，筑牢反腐防线，让党员干部知敬畏、存戒惧、守底线。

二、业务工作开展情况

（一）积极做好新冠肺炎疫情常态化防控工作

一是根据新冠肺炎疫情防控要求，我院对所有进入医院的人员进行查验健康码、行程码、核酸检测码、测体温、督促佩戴口罩；落实预检分诊制度，落实发热门诊患者、新住院患者及陪护人员、医院工作人员全员核酸检测，持续做好"一患一陪护""一人一诊室"工作；医疗服务和疫情防控所需的药品、试剂、防护用品等储备充分。二是自疫情开始起，医院党委班子成员主动担责，靠前指挥，充分发挥医院党委在疫情防控工作中的领导作用，党员干部增强"四个意识"、坚定"四个自信"、做到"两个维护"，充分发挥了先锋模范作用。

（二）医院硬件设施建设情况

一是 2021 年由县卫健局负责实施发热门诊楼建设，建筑面积为 3000 平方米，于 2021 年 10 月 28 日正式投入使用；内科综合楼于 10 月份动工建设。二是对院内道路进行铺油改造，规范了停车场秩序。三是将院内各楼层窗户进行更换，外墙面进行了粉刷，提升了医院整体院貌，增强了患者就诊满意度。

（三）重点科室建设情况

一是经上级部门批准，投资 93.7 万元新建血液透析中心，并于 2020 年 6 月份正式投入运行。血透中心的建成，填补了我县医疗机构在血液净化方面的空白，结束了本地患者赴外地行血液透析的奔波之苦，为患者提供了方便，减轻了经济负担。二是为全面推进新冠肺炎病毒核酸检测能力建设，2020 年 5 月中旬利用 1 个月时间建成 PCR 实验室并投入使用，2022 年 1 月我院核酸检测方舱实验室正式启用，进一步提升了我院核酸检测能力。三是 2021 年按照二级医院建设要求，新建五个危急重症救治中心，其中"卒中中心"已通过省级验收；"危重新生儿救治中心"和"危重孕产妇救治中心"通过州级验收；"胸痛中心"通过国家级验收；"创伤中心"正在建设中。四是投资 340 万元的医院信息化建设已基本完成。

（四）人才队伍建设方面

自 2020 年县上人才引进工作开展以来，我院成功引进医学类高校毕业生 20 名。2021 年 11 月份，通过严格的笔试、面试公开招聘医护人员 36 人。医院注重人才培养，通过鼓励医护人员参加各种业务学习培训和成人继续医学教育，加大新技术、新知识的培训力度，采取引进来、送出去的办法，有计划地邀请省级专家到我院开展学术活动、教学查房、手术指导、疑难病例讨论等帮扶活动，近三年派出到省人民医院、兰大二院、兰大一院、省妇幼保健院、省二院、省康复中心进修三个月以上人员 200 余人，定期邀请省级专家开展培训 200 余次，邀请省级专家帮扶开展疑难手术 150 余台。

（五）开展的新技术新业务方面

我院加大新技术和新业务的开展，近几年开展的有：妇产科盆底康复和宫腔镜下检查、内一科支气管镜下常规检查、中医科微创穴位埋线治疗、耳鼻喉科"上颌窦、蝶窦病灶清除窦口扩大、中鼻甲部分切除术"、骨科人工股骨头置换术、外科双镜联合胆总管切开取石胆总管一期缝合术、经单孔腹腔镜下胆囊切除术、经腹腔镜肾切除术、甲状腺一侧叶全切除术等。

成绩永远成为过去，在以后的工作中，全院人员将继续秉承团结向上的拼搏精神，忠于职守的敬业精神，继续为广大患者服务。

未来可期　让每一位老人有所"医"靠

山东省威海市中心医院

日前，威海市中心医院获评"威海市首批老年友善医疗机构"。多年来，该院始终将适老化医疗深度融入优质医疗服务各环节，内嵌到每个医疗单元的"神经末梢"，让老人就医体验更舒心、更放心、更安心。

一、适老化环境，提升患者就医体验

"老吾老以及人之老"，近年来，注重"适老化"的市中心医院，每一个细节都做到了老人心坎上。

设置助残助老服务站，配备志愿服务者，为老年人及残疾人导诊咨询，协助老年人及残疾人优先就诊、化验、检查、缴费、取药等，为老年人就医提供绿色通道；加强无障碍设施建设，设置无障碍斜坡道及扶手，免费提供平车、轮椅、拐杖、助行器等辅助移承设备；配备装有老花镜、纸笔、针线包、创可贴等的爱心服务箱；编印《创建老年友善医院文化职工手册》、尊老爱老助老公益广告不间断刊播，注重以文化人……

为给老年人提供更周全、更贴心、更直接、更温馨的服务，威海市中心医院全力构建"适老化"就医环境，有效改善医院服务品质和患者就医体验。

二、医养康养融合，构建新型养老服务模式

将养老机构和医院功能相结合，实现老年人"入院状态"与"休养状态"无缝对接，这是市中心医院康养苑成立的初衷，也是医院积极践行"医养康养一体化"发展模式，谋划医养康养结合发展新思路的强有力体现。

这里，有温馨舒适的环境、配备齐全的疗养设备、完善的生活设施以及专业的医护团队和营养师；这里，有老人自己的健康档案和专属药盒，护理人员按时送药并观察老人服药后反应；这里，有每天24小时医护人员值班，及时掌握老人身体状况，第一时间专业应对突发情况；这里，有专业的医疗护理服务，帮助老人改善和恢复障碍肢体功能，缓解因病带来的情绪压力。

吃不愁、病不忧、孤不独、乐有伴，依托市中心医院精湛的医疗护理技术、先进的仪器设备、优秀的管理团队，集医疗、康复、养生、养老等功能为一体的康养苑，得到了越来越多老年人青睐。

三、组织公益活动，"三甲"服务在老人身边

风雨砥砺，初心如磐。前身是八路军东海医院的威海市中心医院，在医疗领域深耕不辍的同时，积极投身公益志愿服务活动，将优质医疗资源送到百姓身边。

2021年4月26日，威海市中心医院10多个科室近20名医护人员，来到文登区宋村镇南马村义诊；10月，全国敬老月，医院组织20余名党员志愿者走进"双报到"社区——文登天福街道五里社区，提供义诊和志愿服务……

常年坚持医疗专家下基层巡诊、结合卫生主题宣传日组织老年健康教育系列科普活动，指导老年群体健康生活方式……市中心医院不断把优质医疗资源下沉，仅2021年就组织医疗专家下村巡诊229次，其他义诊及健康促进等公益活动42次，百姓在家门口即可享受三甲医院同质化医疗健康服务，不断促进医院整体医疗质量持续改进，为医院跨越式发展增添新动能，增强新活力。

四、深耕适老化医疗，筑牢医院高质量发展根基

针对老年人常见病、多发病的保健、预防、治疗，将"尊老、敬老、爱老、助老"内化于心的威海市中心医院，深耕适老化医疗，在细分学科和亚专科的同时，为患者提供全面且个性化、精准化医疗服务，为老年人健康护航。

根据老年人膝关节骨性关节炎临床症状和严重程度，关节外科采用不同治疗方式，提升老年人生活幸福感；对骨质疏松及其引起的骨折，脊柱外科通过多种预防和治疗方法，为老人幸福加码；针对老年人常见病，全国高级卒中中心——市中心医院神经内科，形成了脑血管病、帕金森病、癫痫、眩晕等特色亚专科，为老年多发病、危重症精准诊治提供力量支撑；中医科对老年人辨证施治，标本兼治；康复医学科拟定个体化治疗方案……

获评"老年友善医疗机构"是威海市中心医院发展史上的一个里程碑。从医疗服务到硬件设施，再到人文关怀，威海市中心医院将继续推动"老年友善"向纵深发展、常态化实施，推动老年友善服务持续深入，坚持把"以病人为中心"的服务理念贯穿医疗服务的每一个环节，力争在老年友善医疗和康养服务领域实现新的突破，夯实医院高质量发展根基，为打造区域一流医学中心奋勇前行。

乘势而上启新程 砥砺奋进开新局
努力推动医院高质量发展再上新台阶

宁夏吴忠市人民医院

吴忠市人民医院始建于1950年,历经70余年的发展,现已成为吴忠市唯一一所集医疗、教学、科研及社区医疗卫生服务为一体的三级乙等综合公立医院,是吴忠地区的医疗中心。主要承担城乡居民常见病、多发病、地方病和一般疑难疾病诊疗;承担危急重症病人救治、重大疑难疾病的接治和转诊;承担县级及基层医疗卫生服务机构人员培训和技术指导;承担部分公共卫生服务以及自然灾害和突发性事件医疗救治等工作。医院于2011年通过评审成为宁夏医科大学附属医院,2012年通过评审确定为三级乙等医院。

2017年6月,医院整体搬迁新院区,建筑面积23.58万平方米,核批床位1200张,设置33个临床科室,10个医技科室,13个行政职能科室,2个门诊,1个社区卫生服务中心,2个社区卫生服务站。现有职工1288人,其中卫生专业技术人员1122人,高级职称163人,硕士研究生61人。

医院配备先进的现代化医疗设备,3.0T核磁共振系统、256层螺旋CT,全数字化心脑血管造影机,全数字化X线摄像系统,高端彩色多普勒超声机,全自动生化分析仪及电化学发光免疫分析仪,各类腔镜、关节镜、椎间孔镜及高端胃肠镜和支气管镜等电子内窥镜设备,设有层流洁净手术间22间。

2021年是"十四五"规划开局之年,面对新冠肺炎疫情的持续影响,在市委、市政府正确领导下,在区、市两级卫健委的指导下,全院上下坚持以习近平新时代中国特色社会主义思想为指导,全面贯彻党的十九大及十九届历次全会精神,深入落实习近平总书记视察宁夏重要讲话精神,科学统筹常态化疫情防控和医疗工作。扎实做好人才队伍建设、学科建设,医疗质量和服务水平提升,全面推进医院高质量发展。

一、狠抓人才队伍和学科建设,提升医院核心竞争力

(一)多措并举引进人才

一是根据学科发展需求,2021年通过事业编招录及自主招聘,新招录硕士研究生10人,填补医院高层次人才缺口。二是依据区、市、医院制定的柔性引进人才政策,引进区内外医学专

家 24 名，完成示教手术 168 例，四级手术 61 例。三是加大本土人才培养力度。2021 年医院投入人才经费总计 476.59 万元，选送优秀医护骨干外出进修学习 34 人次。入选自治区青年拔尖人才 1 人，吴忠英才 1 人，吴忠市政府特殊津贴 2 人，吴忠市优秀人才 4 人。

（二）学科建设实现新突破

一是重点学科建设取得较好成绩。心血管内科被列为自治区级重点建设专科；心血管内科、神经内科、骨科、呼吸与危重症医学科、肾病内科、泌尿外科六个专科成功创建为市级重点专科。顺利通过了国家急性上消化道出血救治快速通道救治基地验收，并授牌。二是五大中心建设成果显著。持续完善五大中心建设运行机制。在成功创成国家级胸痛中心、自治区级危重孕产妇救治中心、危重新生儿救治中心和综合卒中防治中心的基础上，创伤中心于 2021 年 12 月 19 日高分通过自治区卫健委现场验收，被评为自治区 II 级创伤中心。三是推进区域医疗中心建设。制定了《吴忠市人民医院省级区域医疗中心建设实施方案》，成立创建领导小组并拟定创建工作任务及实施计划。召开区域医疗中心创建推进会议，现已完成心血管、神经、呼吸和传染病专业 4 个区域医疗中心申报工作。

（三）医教研协同发展

一是首次承担并圆满完成了宁夏医科大学 2016 级临床医学本科 359 名实习学生的毕业生技能考试工作，此项工作第一次由非直属附属医院承担，我院实习学生平均成绩位列 13 家教学医院第一。12 名教师通过高校教师资格认证。二是搭建科研创新平台，2021 年全年累计立项各级各类科研课题 17 项，首次争取到自治区自然科学基金项目。全年共发表各类论文 66 篇，其中核心期刊 12 篇，SCI 论文实现零突破。

二、狠抓医院质量管理，提升医院服务品质

（一）建立全面质量管理体系

制定《吴忠市人民医院全面质量管理工作方案》，重新调整了医院质量与安全管理委员会及 17 个分委员会组织架构，建立了医院管理委员会—各分委员会—科室质控小组三级全面质量管理组织体系。将吴忠市 14 个挂靠我院的质控中心工作列入医院质量管理与安全工作计划，进行全过程监督管控，指导下级医院开展质控管理工作。全面落实 2021 年国家医疗质量安全改进目标及公立医院绩效考核，各项管控目标及考核指标整体趋势向好，2020 年公立医院绩效考核我院在全区同级公立医院中排名第一。

（二）狠抓医疗质量管控

一是切实将医疗十八项核心制度融入日常诊疗活动和工作流程中，拍摄十八项核心制度学习视频，制定学习手册，加强培训和督导考核，有效提升核心制度知晓率和执行率。二是加强病案首页管理。制定《吴忠市人民医院病案首页质量控制管理工作实施方案》，强化对医师、病案首页质控人员、编码员等培训考核，建立病案首页三级质量控制体系，建立督查和处罚机制。

加强临床路径及单病种质量管理，制定《吴忠市人民医院临床路径与单病种质量绩效奖惩管理办法》及相关制度，严格执行单病种质量管理相关指标考核。三是持续提升护理服务内涵建设。强化护理核心制度落实，优化护理服务流程，落实责任制整体护理。积极开展护理延伸服务，帮助患者解决更换管道、经外周中心静脉置管维护、伤口造口护理、康复训练指导等问题。

三、狠抓医院安全及医疗风险管控，推进平安医院建设

强化医疗安全管理。一是建立了《吴忠市人民医院风险管理制度》和《吴忠市人民医院医疗风险管理计划》，确定了院科两级风险管理责任架构、风险管理主要内容、医疗风险识别与监控范围。二是加强医疗技术临床应用监管。完善了医疗技术临床应用管理制度、手术分级管理制度、医师授权制度、质量控制制度、技术动态评估制度、新技术新项目准入制度、限制类医疗技术临床应用等制度。2021年，开展心血管病介入诊疗技术、脑血管病介入诊疗技术、人工关节置换技术3项限制类医疗技术，开展视网膜脱离玻璃体切割复位术、单孔腹腔镜下单侧输卵管切除术、甲状腺病损射频消融术、大隐静脉射频消融术等12项新技术、新业务，共开展205例次，无并发症发生。三是定期举办"学术沙龙"，对死亡病例、疑难病例、产生纠纷病例开展多学科联合病例讨论，查找诊疗过程缺陷及不规范诊疗行为，制定整改措施，排查医疗安全风险。

四、狠抓精细化管理，提升现代医院管理水平

一是严格按照医院章程，规范设置内部组织管理架构，严格执行议事规则和决策机制。健全医院制度管理体系，修订完善工作制度952项，岗位职责317项，应急预案66项。二是持续深化人事制度改革。建立了人才评价机制。对各类、各级专业技术人员进行百分制量化考核，人才评价做到客观公正。三是深化绩效薪酬改革，运用"综合目标六维平衡计分绩效考核法"，实行薪酬总量和新的绩效方案，职工收入逐年稳步提升。四是积极配合医保支付方式改革。加强对临床医师及病案编码人员的培训，保证上传医保新结算系统数据准确规范。五是全面落实预算管理工作。建立健全了三级架构的全面预算管理体系，实现了从编制、执行、分析到考核的全流程管理，实现了全部收入、全部支出纳入预算的全覆盖管理，使医院运营管理更加精细化，提高了资金使用和资源利用效率。

五、狠抓医联体建设，深化公立医院改革

一是利通区医疗健康集团于2021年10月15日正式挂牌成立，我院作为集团牵头医院，成立院内医联体综合协调办公室，制定了《吴忠市人民医院关于推进利通区医疗健康集团实施方案》。二是发挥医疗健康集团牵头作用，依托信息化建设，实现线上线下、统一联动的医疗联合体，完成居民数据的一体化共享。与9家卫生院开通远程影像诊断和远程心电动态心电诊断

平台，累计开展远程影像诊断服务 2384 例，远程心电诊断服务 75841 例。充分发挥区域检验中心作用，为周边各级医疗机构提供各类检验服务项目 19.8 万例。三是充分发挥技术辐射作用。多次组织专家团队到各成员单位开展诊疗帮扶工作，并逐步建立长效机制。对红寺堡区人民医院、盐池县惠安堡镇中心卫生院等 19 家基层医疗卫生机构开展对口帮扶工作，2021 年选派医务人员 51 名，免费接收基层医院进修专业技术人员 10 人。组织开展利通区医疗健康集团成员单位超声专业规范化培训，推动超声远程诊断。

建好区域医疗中心　办好群众满意医院

河南省焦作市人民医院

建设区域医疗中心，是党中央国务院为促进优质医疗资源均衡布局做出的重大决策部署，是减少患者跨区域就诊、减轻患者疾病负担的重大民生举措。2019 年初，焦作市人民医院开始市级心血管病区域医疗中心和脑血管病区域医疗中心建设。2021 年 7 月，河南省卫健委和焦作市政府就共建焦作市人民医院省级心血管区域医疗中心达成框架协议，标志着焦作市人民医院奋力建设区域医疗中心又向前迈出了坚实的一步。

一、坚持人民至上、生命至上，以救死扶伤彰显医者仁心，着力满足人民健康需求，写好了建设区域医疗中心的"必答题"

（一）精细谋划，迈出中心建设新步伐

近年来，焦作市人民医院紧紧围绕打造区域医疗中心的目标，以"统筹协调、资源整合、优势互补、共建共享"为原则，以"学科能力提升、患者满意度提升、质量效益提升"为抓手，推动医院由规模型向内涵式发展转变，不断提升医院在心脑血管急危重症诊疗方面的技术和水平。

（二）引育结合，焕发人才队伍新活力

医院采取"内育外引"的方式，致力建设富有战斗力、充满创新力、具有影响力的学科队伍。一是确定郑海军、吕海东分别为心血管、脑血管学科带头人，采取学科建设反哺人才培养的模式，发挥强引领、创特色、树品牌作用。二是完善人事薪酬制度，制定了《焦作市人民医院引进高层次人才管理办法》，提高高层次人才待遇，对稀缺专业毕业生办理入职手续开通绿色通道，优化医疗人才梯队结构。三是鼓励职工积极攻读在职博士，全额报销学费，选派技术骨干到上级医院学习进修，丰富理论知识、拓展见识、提升医疗技术操作水平和科研能力。

（三）完善设施，促进诊疗能力新提升

投资建设门急诊大楼暨医学研究中心项目，扩充区域医疗中心医疗业务区和科研教学区，改善就医环境，提升患者的收治和容纳能力。建立健全医疗设备共用管理制度，在共建共享的基础上，立足提升疑难危重症诊疗水平，近三年为两个中心建设投入近 6000 万元补充、更新医疗设备。

（四）搭建平台，积蓄持续发展新动能

一是搭好信息平台，依托"河南省远程医学焦作分中心"，大力发展远程医疗服务，扩大优势学科辐射范围。二是搭好管理平台，以质控中心、诊疗中心、胸痛中心、卒中中心等项目建设为契机，对医疗质量、医疗效率等形成指标化管理和考核。三是搭好科研平台，充分发挥医学重点实验室、国家药物临床试验机构优势，引领本区域内心脑血管疾病的临床研究，及时做好研究成果的临床应用转化。四是搭好服务平台，开通"965557"综合服务平台，24小时为患者提供诊疗问答和资源调度服务，提高患者信任度和满意度。

（五）提质增效，获得合作交流新成果

积极与上级医院合作，建立"心脑共病临床诊疗与研究中心"，实现脑卒中、心肌梗死等急症及早有效救治，降低致残率和死亡率。同时加强与医学院校的教学合作，承担新乡医学院、河南大学医学院、河南科技大学医学院本科生、研究生和实习生教学任务；积极开展对下级医院的技术帮扶，采取对口支援等方式提升基层医疗技术水平。

二、坚持厚德至善、求实尚臻，用无疆大爱守护生命健康，着力提升医疗救治能力，取得了建设区域医疗中心的"好成绩"

建成服务区域内高危患者的中国胸痛中心、高级卒中中心、国家标准化心脏康复中心、中国房颤中心、中国心衰中心，牵头成立了焦作市胸痛中心联盟，并成为脑卒中急救地图管理单位。2021年10月国家脑防委授予河南省唯一一家"中国千县万镇卒中识别与分级诊疗中心试点管理单位"。

区域医疗中心救治能力逐步提升，能够完成各种急、危重心血管、脑血管介入手术，开展了20余项新技术新业务，取得了经靶向灌注导管冠脉内远端给药装置、心血管内科用管道辅助固定组件、心包积血回抽及回输装置等多个实用新型专利。经绿色通道入院的心脑血管患者超过8200例/年，急诊PCI患者入门至导丝通过时间最短可于10分钟完成，急性脑卒中患者从入门到用上溶栓药物最短可于5分钟完成，急诊介入取栓患者从入门到穿刺成功最短可于30分钟完成，危重病人抢救成功率达90%以上。

建成以高职称、高学历为主体的医疗人才队伍，高级职称和研究生学历人员占比超过50%。近年来多次参与国家级心脑血管疾病课题研究，荣获河南省科技进步三等奖一项，河南省医学科技进步奖五项，参与国家级及省级科研项目三项，焦作市科技攻关项目10项，发表SCI、中华系列等论文共70余篇。心血管学科带头人郑海军于2020年荣获全国先进工作者、第十四批焦作市市管专家、焦作市优秀政协委员等荣誉。

三、坚持三个提升、靶向施策，用责任担当持续攻坚克难，全力增强学科能力建设，推动区域医疗中心建设取得"新突破"

通过区域医疗中心建设，焦作市人民医院在心脑血管多发疑难病症诊治方面达到全市领先、省内一流水平，进而以点及面带动心血管、脑血管、神经功能、康复、护理等相关学科快速发展，部分技术达到国内先进水平。2022 年焦作市人民医院将以"学科能力提升、职患满意度提升、质量效益提升"为抓手，全力冲刺省级重点学科申报，与区域医疗中心构成相互反哺、相互促进的双螺旋发展模式，切实把加快建设区域医学医疗中心作为功在当代的"民生工程"，作为利在千秋的"民生事业"，既带头出力，又积极出智，更努力出彩，为"健康焦作"建设贡献力量。

以高质量党建引领医院高质量发展

浙江省永嘉县中医医院

永嘉县中医医院创建于 1984 年 10 月，是一所具有综合服务功能和中医特色优势的三级乙等中医医院。医院党委坚持"围绕发展抓党建，抓好党建促发展"，充分发挥党组织战斗堡垒作用和党员的先锋模范作用，不断强化政治引领和服务群众功能，在公立医院改革发展中运用融合思维、系统思维、创新思维谋划和推进党建工作，从相"加"到相"融"，从满足于完成"规定动作"到高质量谋划"自选动作"，以高质量党建引领医院高质量发展。

一、夯实基层党建基础，助力医院人才学科发展

党支部是党的基础组织，是落实党的路线方针政策的主阵地，是打通服务群众"最后一公里"的"快车道"，是确保党的建设各项任务落地见效的"桥头堡"。医院党委一以贯之、高度重视党支部建设工作，在党支部标准化、规范化、特色化建设上深耕细作、深抓严管，推动医院基层党组织全面进步、全面过硬，使党支部成为学科建设的"高地"和人才培养的"试验田"。将支部建在学科上，充分发挥党支部在学科建设中的作用，实现支部建设与学科建设"双轮驱动"。医院现有在职党支部 7 个，党小组 18 个，党组织全面覆盖医院各部门。制定党支部参与科室重要事项决策制度，党支部参与干部选拔、职称聘任、考核等重大问题决策；医院现有国家农村特色中医药重点专科 1 个——中西医结合肝病科，浙江省重点专科 1 个——中西医结合肝病科，温州市重点专科 4 个——中西医结合糖尿病科、中医妇科、中医肿瘤科、肺病科，永嘉县重点学科 5 个——内分泌科、针灸推拿科、中医护理学、呼吸内科、普外科。坚持党管干部，把好"选人用人关"，中层干部中党员占比 60%。坚持党管人才，建立党委班子成员联系高层次人才工作机制和优秀青年"双导师""双培养"机制，为优秀青年干部配"政治导师""业务导师"，把业务骨干培养成党员，把党员培养成业务骨干，现有党员名医工作室 6 个，发挥党员名医"传帮带"作用。医院现有瓯越名医 1 人，温州市名中医 1 人，浙江省基层名中医 5 人，浙江省中医药传承与创新"十百千"工程中医护理优秀人才 1 人，温州市中青年名中医 1 人，永嘉县名医 5 人，温州市 511 人才 2 人，永嘉县拔尖人才、优秀人才 6 人。

二、"红色领航 医心卫民"，积极打造"亲民医院"

公立医院是我国医疗服务体系的主体，是党领导的卫生健康战线的生力军，是服务民生、

保障民生、改善民生的重要窗口。医院党委始终将改善群众就医感受作为践行为民服务宗旨的重要工作，将"不忘初心、牢记使命"主题教育、党史学习教育与深化"医改""跑改"、医共体建设等相结合，推进"红色领航 医心卫民"党建服务品牌建设，积极打造"亲民医院"。2019年8月我院被县委改革办定为"最多跑一次"改革向公共服务领域延伸试点单位，我院提出了以"最多跑一次改革"理念打造"亲民医院"的建设方案。引进"瓯E办"，设置政务服务自助区，候诊可办政务事。推进信息化条件下的医疗流程再造，公众号AI移动智能导诊、多途径分时段诊疗预约系统、智慧结算系统、"刷脸就医""先诊疗后付费"，直击患者看病就医的痛点，患者就医体验明显改善。"用血不用跑""出生一件事""工伤一件事""中药快递到家"等让医后服务更便捷。聚焦服务患者根本点，找准志愿服务落脚点，联合县直属机关工委、团县委、县志愿者协会在医院设立专门服务于医院患者的志愿者服务联盟，搭建社会向病患者奉献爱心的平台，推进"志愿者服务在医院"，缓解群众看病难、看病烦等问题，促进医患关系和谐。联合永嘉县图书馆在医院门诊大厅设立自助城市书房，打造舒适的医院人文环境，患者候诊的时候可随时借阅书本，缓解因长时间候诊带来的精神压力。

不忘初心谱新篇　扬帆奋进正当时

江苏省徐州市肿瘤医院　蒋　瑞

徐州市肿瘤医院人在精"医"求精的道路上，始终坚持党建领航、不忘初心、"医"路奋进，用辛勤的汗水、精湛的技术、高尚的医德，在淮海经济区人民群众心目中铸就了一座光彩夺目的丰碑。奏响了"健康徐州"光辉事业辉煌巨变的时代凯歌！

不驰于空想、不骛于虚声，徐州市肿瘤医院落实健康优先发展战略，凭着一流的医疗水平、浓郁的人文关怀，一步一个脚印，踏踏实实干好工作，在高质量发展之路上，以实际行动向党和人民交上了一份出色的答卷，树立起辐射淮海经济区的具有肿瘤专科诊疗特色的一流品牌！成为管理水平先进、医疗技术领先、教学质量一流、科研实力雄厚、软硬件配置精良、人才团队优秀、区域领先、更高质量的区域性肿瘤防治中心，用医疗实力造福一方百姓！

一、初心如磐，高起点建设优势学科

近年来，徐州市肿瘤医院以培养实用型人才、引进学科带头人和紧缺人才为重点，通过多元化举措把人才引进来、留下来、用起来，建起一支高效能的医院人才队伍。先后从国内知名三甲医院引进肿瘤内科、胸外科、肝胆胰外科、放疗科学科带头人，并自主培养了数十名医学博士，成立医院"博士团"，将国家级医疗服务搬到家门口。

徐州市肿瘤医院通过与中国医科院肿瘤医院、江苏省肿瘤医院的紧密和深度合作，完成临床肿瘤实验中心建设，打造肿瘤专科病种治疗的技术优势，持续提升肿瘤医院综合实力和品牌影响力。通过加大肿瘤专科人才培养和引进，重点围绕肿瘤精准诊疗、微（无）创中心建设和PCE核医学建设，开展技术引进与创新，逐步建设淮海经济区肿瘤防治中心。

据了解，下一步徐州市肿瘤医院将根据医院发展愿景，围绕省级重点（学）专科建设，搭建国际交流与合作平台，实施学科带头人引进计划，推动高水平医学研究，打造建成以博士、硕士研究生为主的高层次学科建设人才梯队。医院将以提升学科建设整体水平为目标，以解决临床实际问题为导向，不断调整优化学科布局和结构，通过引进江苏省肿瘤医院专家团队，孵化一批高水平的论文、新技术及科研成果，力争实现创建省级医学重点专科的新突破。

二、凝心聚力，高水平提升科研能力

近年来，医院创新优化医疗技术扶持项目评审，立项255项医疗新技术，获省卫健委医学新技术引进奖 5 项（其中一等奖 1 项），省妇幼保健医学新技术引进奖 1 项，实现了我院省医学新技术引进奖一等奖零的突破；获市级医学新技术引进奖 44 项。医院 11 个专业通过药物临床试验机构（GCP 机构）顺利通过国家药品监督管理局的资格认定审查和现场检查。申报各级各类课题 162 项，获立项 55 项，其中省部、厅级课题 5 项、市级及高校课题 50 项。积极推进国家级住院医师规范化培训基地建设，规范开展专业协培基地，五年来共招录住培学员 90 余人。

人才的积淀，为下一步的学科建设和科研竞争力水平打下了坚实的发展基础。"十四五"时期，医院计划培育省级临床重点专科 2—3 个；艾力彼排名在全国肿瘤医院中排名前 30；完成医疗技术扶持项目 20 项以上，适宜技术推广项目 15 项以上，填补省市内空白的技术项目 5—10 项；建成徐州市肿瘤医院重点学科 / 专科孵化中心，下设临床研究中心、肿瘤实验室、药学实验室、生物样本库。在科研上力争国家级科研课题立项 2—3 项，省部级科研课题立项 3—5 项，厅、市级科研课题立项不少于 20 项；发表 SCI 收录论文不少于 40 篇、中华系列论文不少于 20 篇；专利超过 20 项，科研成果转化不断突破。

三、传递温度，高标准增加服务内涵

良好的就医环境，优质的医疗服务，勇敢的社会担当是医院的品牌形象，是医院改革发展的重要保障。近年来，徐州市肿瘤医院持续改进和提高医疗质量、规范医疗行为、保障医疗安全，最大限度满足患者就医需求，勇于承担社会责任，不断提升医院服务形象，提升群众满意度。

城市癌症早诊早治项目是造福徐州市民的一项重大民生工程。作为苏北唯一一家承担国家重大公共卫生服务专项"城市癌症早诊早治项目"的医院，徐州市肿瘤医院不但责无旁贷地承担了国家癌症中心的地方肿瘤数据统计，而且在肿瘤诊疗上积极打造精准化治疗的模式，在肿瘤筛查和精准化治疗方面，引领淮海经济区肿瘤规范化、精准化、科学化诊疗工作。

徐州市肿瘤医院先后获得国家癌症中心颁发的"最佳项目管理奖""最佳信息平台创新奖""城市癌症早诊早治影响力奖""中国癌症筛查与早诊早治研究基地"荣誉，为城市癌症早诊早治项目工作树立了"徐州特色"的肿瘤筛查模式。同时，医院积极发挥徐州市肿瘤防治管理中心职能，协助县区加强基层肿瘤防治能力建设。医院还将继续在全市范围内开展癌症筛查和早诊早治项目，惠及更多本地居民。

雄关漫道真如铁，而今迈步从头越。

过去的几年里，徐州市肿瘤医院矢志不渝、开拓进取、苦心钻研，勇攀高峰，刻下了一个又一个令人称赞的医疗奇迹与动人画面。新时代的徐州市肿瘤医院与时俱进，励志求新，用深邃的智慧和勤劳的双手，凝聚起逐梦前行的磅礴伟力，奋力谱写着新时代三甲医院高质量发展的壮丽篇章！

加强党建引领
推动公立医院高质量发展

青海省民和县人民医院

民和县人民医院始建于 1959 年，经过 60 多年的建设和发展，现已成为集医疗、教学、康复、预防、保健为一体的二级甲等综合医院，是国家首期能力提升工程 500 家县级综合医院之一，全省首批 14 家公立医院改革试点单位之一。医院占地面积 41.79 亩，总建筑面积为 6.1 万平方米；编制床位 500 张，职工 511 人，其中高级专业技术人员 39 人，现共有科室 41 个，其中业务科室 27 个。骨科、泌尿外科、血透室为省县共建临床特色专科，普外科、眼科为市县共建临床特色专科。

一、主要做法
（一）发挥党建引领作用，推动健康工作发展

党委班子认真落实新时代党的建设总要求，围绕公立医院改革目标任务，推行"学理论、学业务、学先进、创一流工作水平、创一流工作业绩、创一流服务形象"的"三学三创"模式，始终把持之以恒"学理论"作为增强党员干部政治意识、站稳政治立场、提升政治能力的重要抓手。

（二）聚焦组织建设能力，提升发展内生动力

全面贯彻落实党委领导下的院长负责制，健全党委班子成员分工协作新机制，完善议事决策机制，严格执行"三重一大"决策机制，把党的领导融入医院治理结构，优化党支部设置，选优配强支部书记，配齐配强党务工作人员，打造高素质党务队伍和特色党建品牌，扎实推进党组织活动，建设"五型"党支部。

二、取得成效
（一）党建工作与深化医改相"融合"提升

党建工作在实施"健康中国战略"下，树立大卫生、大健康理念，为人民群众提供全方位全周期的健康服务，始终与医疗卫生体制改革总目标保持一致。坚持群众利益第一的医改目标，执行药品价格零差率，优化就诊流程，改变就诊环境，实施预约挂号，开设诊疗一卡通，与上

级医院形成医联体关系，与下级医院组建医共体，领办分院，共建专科，最大限度满足人民群众医疗保健需求，使人民群众得到医改红利。

（二）党建与科室建设"融合"提升

始终以党建为抓手，提升重点科室建设。成立了中医科、老年科，同时建成危重症孕产妇救治、危重症新生儿救治两大中心。内窥镜室与省质控中心联合成立了消化道早癌防治中心联盟，眼科、放射科借助东西部扶贫助医项目与无锡市第九人民医院、无锡滨湖区红十字会合作，成立了眼科白内障治疗组、民和县区域内远程影像诊断中心，进一步提升了医院医疗服务能力。

（三）党建与人才队伍"融合"提升

始终坚持党管人才的原则，大力实施人才强院战略，把人才竞争作为增强核心竞争力的关键环节。筑巢柔性引进高层次人才，与省内外13名知名专家签约，长期或定期坐诊、查房、手术。充分利用引进和帮扶专家优势，开展传、帮、带，帮助年轻的医务人员尽快成才，建成人才梯队。

（四）党建与医院文化"融合"提升

以患者安全为核心，以持续改进质量为抓手，以改善患者就医体验为目的，开展6s精细化管理，不断在提供优质医疗服务质量上下功夫，落实惠民措施，努力为广大患者提供人性化的医疗服务，以文化提升内涵，以服务营造口碑。

（五）党建与社会责任"融合"提升

不折不扣把大病集中救治、先诊疗后付费、"六减"、取消药品和耗材加成等健康扶贫政策落实到位。加强党员干部和青年志愿者服务活动，通过主题党日活动，各种纪念日积极开展义诊服务活动。

三、工作亮点

（一）成立了县域远程医学影像诊断中心

打造了以信息网络为基础的县乡村三级影像诊断中心，横向与2家县级医院、5家乡镇卫生院和1家民营医院实现了PACS系统联网，纵向与青海大学附属医院、无锡市第九人民医院、解放军第968医院等三甲医院开通医学影像远程会诊平台，实现了影像的集中诊断和统一质控，促进县域内影像医疗资源共享，有效提升医学影像诊断水平。

（二）组建完成了应急医疗救援队

为全面提升重特大突发事件卫生应急处置能力，医院从各个专业择优遴选28名年轻业务骨干组建了应急医疗救援队伍2支，通过邀请专家进行培训指导及选派应急队骨干赴解放军第968医院进行试训等方式，进一步提升了应急医疗救援队的应急处置能力，切实把这支队伍打造成了招之即来、来之能战、战之必胜的救援队伍。

（三）完善了绩效考核评价体系

为进一步规范医护人员行为，调动医护人员工作的积极性和主动性，医院在充分调研、广泛征求职工意见的基础上，制定了《民和县人民医院绩效考核实施方案》，新的绩效考核方案试运行后成效显著：一是医院管理与医保政策有效对接，逐步实现了信息化、智能化、科学化；二是进一步科学配置医疗资源，按病种设计最佳的医疗和护理方案，在确保医疗质量的前提下可有效控制医疗成本。

（四）开通了智慧医疗系统

安装7台线上"银医通"就医自助机，实现了自主预约挂号、支付、检验检查结果推送、查询、健康管理等功能。

党委持之以恒抓党建工作，基层党支部战斗力明显增强，党员示范带动作用日益凸显，医疗服务质量显著提升，赢得了社会各界的认可，先后荣获"全国巾帼文明岗""全省医药卫生系统先进基层党组织""全省卫生工作先进集体""全省城乡医院对口帮扶工作先进集体""全区卫生工作先进集体"等称号。多名医护人员师荣获"高原好医师""海东好医师""光彩护士"等多项荣誉。

用"博医"筑博爱　用心更用情

新疆博尔塔拉蒙古自治州人民医院

在博尔塔拉蒙古自治州这片"银色的草原"上，有着一家拥有 66 年历史的医院——博州人民医院，她用博大的胸怀接纳全州 35 个民族近 50 万人口，守护着全州各族群众的生命安全和身体健康。在党史学习教育开展过程中，医院党委团结带领全体"博医人"，紧紧围绕党史学习教育学史明理、学史增信、学史崇德、学史力行目标要求，以学促思、以学促干、以学促进，紧盯群众的操心事、烦心事、揪心事，以高度的热心、耐心、细心和责任心，不断创新服务机制，优化服务流程，强化质量管理，为患者提供更加优质的护理服务及就医环境，让患者安心、舒心，让患者家属省心、放心。谱写了一曲人间大爱，书写了一篇华丽的"博医"篇章。

一、改善诊疗环境，让患者更舒心

群众利益无小事，一枝一叶总关情。党史学习教育开展以来，博州人民医院深入开展"我为群众办实事"活动，面对面倾听群众意见，心贴心办好民生实事，用实际行动诠释着公立医院的责任和担当，以真情服务温暖民心，不断创新服务手段和方式，增强人民群众获得感、幸福感、安全感。

为了缓解医院停车难问题，博州人民医院着力从内部挖潜，投入 39 万元完成 4 号停车场改扩建，新增车位 600 余个，有效缓解了停车难的问题，实现了前来就诊车辆进得来、停得下、出得去；花费 36 万元对院区 3800 平方米绿化区域进行"添绿"改造，投入 135 余万元对院区路面进行改造，通过增设指示牌、花箱等，优化院内车辆及人员的畅通及安全，深入推进院区美化绿化亮化工程，持续开展环境卫生整治工作，包括院外围、病区、食堂等，全面清理卫生死角，杜绝脏、乱、差问题，为患者营造一个现代化、人性化、温馨舒适的绿色就医环境，让患者"舒心"，家属"安心"；完成了产科标准化病房改造，并作为样板逐步在全院推广；购置了 128 排 CT 及一批必备医疗设备，提高了工作效率，为临床工作提供了有力支撑。

二、加强智慧医疗建设，让患者少操心

随着信息时代的到来，信息化成为新时代医疗赋能的原动力，博州人民医院紧跟时代步伐，通过近两年的"互联网＋医疗"的建设，医院现已形成智慧医院的雏形，在实现患者"少奔波、

少等候、少操心、少烦恼"上取得实实在在的成效，大力提升患者看病就医满意度和获得感。

医院完善了以电子病历为核心的医院信息管理系统，并顺利通过电子病历4级评审，实现了新病案系统与HIS、EMR（电子病历）系统连接；抗菌药物应用、手术麻醉、危急值报告、慢病传染病上报等系统运行良好，实现了资源共享，提高了服务效率。

博州人民医院从提升服务细节入手，拓展和优化一系列线上服务功能，打造便捷就医信息化综合服务体系。先后健全完善了分时段预约诊疗、大象就医、银医自助，身份证、社保卡全流程就医、诊间支付、门诊分诊叫号、医技预约、床旁结算等10余项信息系统，并在门诊楼一楼摆放了7台自助挂号缴费机和3台胶片及报告自助打印机，实现"让信息多跑腿，患者少走路"，节约患者时间，提高就医效率，让患者看病更舒心。

为切实解决出院、转诊患者需求，节省患者时间，优化服务流程，博州人民医院在门诊缴费窗口设立出院结算夜班岗位，全天候24小时服务，夜间服务窗口"不打烊"，实现"上班不误工、学生不请假、老年人不落单"。自7月1日起，已办理出院结算22件；门诊各诊室、超声科、麻醉科等科室实行弹性排班（适当提前10—30分钟上班或延迟下班），推进全天候、多时段诊疗，着力满足患者就诊需求。

此外，门诊缴费大厅重新规划，使之更加整洁舒适；将欠费办理办公室前移至收费处，提高患者就医效率；在财务科—收费管理办公室设立监控分点，方便就诊人员及时核对财务信息；窗口就座铁凳全部包布，方便就诊人员直接就座；窗口设立身份公开牌，公开窗口人员信息及举报电话，加强群众监督；窗口工作人员统一着装，对证上岗，热情服务等众多便民利民的暖心举措，收获了良好的反响。

三、打造"一站式"服务，让患者更省心

群众到医院就医，往往需辗转门诊楼、病房楼，在多个科室办理各项手续，手续烦琐、重复排队、等待时间长等问题十分突出。

为提升患者就医体验，解决民众不熟悉看病就医流程以及医院部分流程分散、服务半径大的问题，博州人民医院建立"患者服务中心"，将医学证明及转院证明、医保证明、慢性病鉴定、各种伤病残鉴定盖章及咨询接待、投诉接待、床位预约、毒麻卡办理等功能进行整合，形成门诊大厅"一站式"服务，简化服务流程，大大缩小服务半径，让患者就医更省心。中心累计完成疾病证明书盖章2663人次，转诊转院证明审核盖章及备案1600人次，慢性病鉴定审核盖章及备案405人次，各类伤残鉴定审核盖章及备案132人次，意外伤害调查审核盖章207人次，办理毒麻卡15人次，更换慢性病本116人次，接待各类咨询2000余人次，接待各类投诉7起。

"患者服务中心"的成立，减少了就医人员就诊、检查、取药等环节的往返次数，免除了楼上楼下反复跑腿之苦，大大缩短了在医院的停留时间，为病人及家属提供了更加人性化的医疗服务。

四、主动担当作为，让医疗服务更暖心

人民医院为人民。作为博州医疗卫生行业的龙头，博州人民医院始终坚持公立医院公益性，结合公立医院改革工作，继续推进胸痛中心、卒中中心、创伤中心、危重孕产妇救治中心、危重儿童和新生儿救治中心建设，并依托五大中心建设带动医院学科建设和推动"医联体"建设，充分发挥自身人才和资源优势，通过托管、医联体等形式推进"分级诊疗"工作，建立了以博州人民医院为核心，以博州人民医院阿拉山口市分院、传染病医院、博州蒙医院等为帮扶对象的医疗联合体，着力提升基层医疗机构医疗服务能力和水平，让就医更便捷放心，方便辖区群众在"家门口"看上病、看好病。

为了提高自己的医疗服务水平，博州人民医院认真开展对口支援帮扶工作，与武汉协和医院、武汉同济医院及武汉大学中南医院结成帮扶对子，不断夯实自己的根基，打造更高的为民服务平台。

行百里者半九十。公立医院党建，常做常新。博州人民医院将严格落实党委主体责任，以党史学习教育为契机，立足实际，围绕中心，不断探索行之有效的机制与方法，不断提升医疗技术水平和服务能力，提升患者就医获得感，办好"政府放心、人民满意、职工幸福"的三级甲等综合医院，为博州乃至新疆医疗卫生健康事业发展做出新的更大贡献。

民呼我为　努力提升数字时代老年人
就医满意度和获得感

浙江省建德市第一人民医院

随着信息技术的快速发展，很多医疗卫生机构都使用智能技术为患者就医提高了便捷性，也提高了服务效率和质量。但对一些基层农村不使用和不会使用智能技术的老年患者来说就带来很多的麻烦和困难。数字时代，社会前进了，不能落下白发苍苍的他们。因此，当我们在强调智慧医院的便捷时，更应该为老年人提供友善的医疗服务，为老年人就医提供优先和便利。

学党史、办实事，为全面落实方便老年人就医政策，提升老年患者就医的满意度和获得感，浙江省建德市第一人民医院党委第一时间吹响为民服务的"集结令"，实现了党委先动、支部联动的服务模式。着眼于老年友善文化、老年友善管理、老年友善服务、老年友善环境等多方面进行优化，切实为老年患者创造一个友善、安全、舒适的诊疗环境。这项工作还荣获2021年第八届健康中国医患友好感人暖心案例奖。

主要内容和成效：

一、强化工作部署

医院党委高度重视老年人就医工作，专门成立了创建领导小组和创建办公室，落实责任人，在资金、人力、物力上给予大力支持。同时，还制定创建实施方案、发布倡议书、制定改进计划，将创建工作纳入医院日常工作，不断深化为老服务内涵。

二、建立老年人就医专用通道

为老年人预留一定量的门诊号，方便不会网上挂号就诊的老年人现场挂号；增加了老年服务优先窗口，解决老年人现金结算问题；针对高龄、伤残无人陪护等老年人提供志愿者一对一服务，优先挂号、优先就诊、优先检查和优先取药等"四优"服务。

三、设立院内老年人上下车专属停车点

为了方便老年人就医，医院全面开展适老化改造，从入院、就诊到出院全流程，让老年人

就诊更加舒适。医院专门设立了老年人临时停车点，为急危重症老年人的抢救治疗缩短就医等待时间。

四、院内老年便民服务更细化

在院内设置醒目、简明易懂并具有良好导向性的标识，设置无障碍卫生间无障碍通道等，以及提供水杯、便民盒（包括针线盒、老花镜等）。门诊还为老年人提供了便民举措，还有智能防烫伤开水锅炉，轮椅、推车等。开设老年慢病药学咨询门诊、老年专科护理门诊、老年综合门诊和老年病综合评估MDT（多学科团队合作模式）门诊等服务，满足老年人个性化就医需求。完善为老人提供志愿服务，每天配备导医、志愿者等及时为老年人提供帮助。协助院内快速取得拐杖、助行器、轮椅等。

五、完善老年病科病房服务

单独设立完善老年病科，为老年患者提供老年患者高风险状态的筛查和管理、老年人营养指导和咨询等全方位服务，为老年人提供有温度、有力度的医疗服务。此外对血栓、压疮、跌倒、自杀自伤、非计划拔管等老年人高发情况均强化管理。

六、走基层为老年人提供便民服务

推进"互联网＋医疗健康"服务，提供老年人常见病、慢性病复诊以及随访管理等服务，结合"医共体"建设，对分散在全市各乡镇医共体内的老年慢性病患者进行密切随访、采取义诊、讲座等多种形式开展健康管理服务。在疫情防控常态化的当下，针对基层医疗资源不足，上线"互联网医院"，并采取广播、电视、微信群及纸媒等多种形式，向老年朋友进行科普宣传，倡导健康生活，把群众需求和问题解决在基层"最末梢"，深得广大人民群众的赞誉和认可。

接下来，建德市第一人民医院将进一步坚守"民呼我为"的初心，以高度的政治自觉心系于民。进一步秉持"健康惠民"的原则，以过硬的工作举措服务于民。进一步发扬"真抓实干"的作风，用党员辛苦指数换群众的满意指数。让老年人能够用得上、用得好智能技术，切实增强老年人的就医幸福感、获得感和安全感。

医防融合　平急结合　助推高质量发展

内蒙古阿拉善盟中心医院

在习近平新时代中国特色社会主义思想指引下，阿拉善盟中心医院坚持以人民为中心，坚持医防融合、平急结合、生命至上，以健全党委领导下的现代医院管理制度为抓手，以长期应对重大疫情防控为课题，努力探索构建医防协同机制，不断推动医院高质量发展。

新冠肺炎疫情对于医疗体系的影响巨大，发人深省。主要有三个方面：一是如何构建平急结合医防指挥体系？二是如何提高综合救治能力？三是如何提升运营管理水平？

两年的实践，我们有以下经验体会。

一、加强党委领导下的院长负责制，努力构建平急结合医防指挥体系

按照民主集中制原则和专家治院理念，在党委和行政议事规则等基本决策机制内配套成立党委疫情防控领导小组领导下的防控指挥部，防控指挥部由院长总负责，常设若干专业工作组。例如：我院成立新冠肺炎疫情防控指挥部，整合各行政职能科和部分业务科室职能，形成行政、专家、后勤、纪检相结合的 16 个工作组，平时静默，战时激活，扁平化管理，迅速形成应急反应合力、战斗力。新冠肺炎疫情期间，指挥部通过线上线下例会调度，十多次修订方案、预案、流程 180 多项，迅速完成全院防护集训，快速推进发热门诊、公共核酸采样区、隔离病区改建，12 小时腾空住院大楼，发挥医疗集团主体作用，快速调集全院近 2/3 人力资源支援额旗、策克口岸、阿左旗，快速提升实验室核酸检测能力，积极配合阿左旗、高新区、开发区完成四轮全员核酸检测，顺利完成新冠肺炎患者收治转运任务，定点排查收治隔离、滞留、封控、肾衰人员，联合自治区精神卫生中心有效实施心理危机干预和特殊患者用药服务等。这些都集中体现了这种平急结合医防指挥体系的实际作用和必要性，并随着疫情防控实践已经融入了医院现代管理体系，今后会不断固化、完善。

二、反思总结应急救治与服务短板，努力提高医院综合救治能力

作为盟级综合医院、重大传染病定点救治医院，面对新冠肺炎疫情考验，也暴露出自身在规划布局、学科人才、设备设施、公共服务等方面的短板不足。为了解决这些问题，我们坚持开展以下工作。一是针对新冠肺炎疫情防控短板，开展全面自查评估，编报了《新冠肺炎发热

门诊与定点救治医院设置管理自查整改评估报告》，提出了应急和远期整改计划，按照36项验收指标逐项加快整改，方舱CT、方舱实验室、150立方供氧系统、核酸采样车等陆续到位，感染性疾病科综合大楼新建项目开始启动，院内红黄绿蓝四分区完成布局优化，部分短缺救治设备正在多渠道解决。按照医生、护理、公卫专业要求配备8名院感专职人员，正在开展专业培训考核，壮大感控队伍。二是针对学科人才短板，联合第三方医学检验资源启动实验室质控体系ISO15189项目；以五大中心建设为目标，坚持"请进来、送出去"，启动"一带医路"知名专家工作站平台，探索协议制、项目制政策机制，请高人带教培养，引领学科发展，同时克服困难，精选骨干外出专科培训，加强人才招引，努力破解学科团队培养瓶颈，长远解决疑难危重救治能力不足问题。三是针对公共服务弱项，以优化营商环境、为群众办实事作为长期工作抓手，全面开展老年友善医疗机构创建，从点滴小事做起，重视信息化技术应用，不断研究推出便民惠民服务举措，回应急难愁盼，2021年出台服务优化举措25项。启动"互联网＋护理服务"，努力开拓医院到家庭的优质护理院外延伸服务，创新服务模式。

三、推进现代医院管理制度建设，努力打造高效规范的运营管理体系

公立医院打赢疫情防控战、实现"巩固公益性、调动积极性、保障可持续"目标，离不开运营管理体系这个基础。从2021年开始，我院对照巡察整改、专项整治和自查发现的问题隐患，着重打造"三位一体"的运营管理体系，着力推进现代医院管理制度提质升级。一是加强党务政务内控管理。强化党委民主集中决策机制，修订医院章程、党政议事规则、"三重一大"事项决策制度、专业委员会议事规则；修订支部管理制度，调研支部建设，着手优化支部党员结构和分布；修订部分人事制度，推进三明模式绩效改革研究。二是升级财会财务内控管理。启动全面预算管理和全成本控制，深化银医协作，建设人财物全链条、立体化HRP综合管理平台，实施电子票据应用系统改造，探索医用耗材集约化、信息化、可追溯、零库存一站式运营服务。三是改进审计纪检内控管理。将防控与行风、纠纷、采购一并纳入纪检重点监督事项，引入法务审核和第三方审计加强对重大经济活动的内部审计。

第四篇

新时代下高效做好税务工作的思路与创新

网格化精准管理　让纳税服务更贴心

国家税务总局乌海市乌达区税务局

"以前每到申报的时候我就慌神,还得自己去办税大厅办理才踏实,现在有了网格员的辅导,让我在家也能安心完成网上申报了!"乌达区紫瑞大酒店负责人张建平说。2022 年以来乌达区税务局通过推进网格化管理和服务工作,全力打造涉税服务与管理新格局,以此优化税收营商环境,有效解决税源管理失位、缺位问题。

一、涉税需求,格中服务

社保费征管职责划转和个人所得税改革后,税务部门的服务对象转变为以企业法人和自然人并重。针对城乡居民"两险"的缴费人群以当地群众为主,存在人口流动性大、分布不均衡等特点。乌达区税务局在建立"专业化＋网格化"基础管理方式的基础上,按照乌达区一镇七办乡镇或街道区域划分方法,将辖区划分为若干个服务与管理网格,在每一个网格内合理配备税务网格员与社区网格员,充分发挥社区网格员上门调查、入户走访的优势,配合税务网格员开展"两险"的信息采集、政策宣传、咨询辅导、缴费提醒等工作。让群众在通过微信、支付宝缴费时有了更贴心的指导,缴费过程中遇到的问题也有了反馈渠道,让缴费人足不出户就能充分享受城乡居民"两险"网格提供的精准化、精细化服务。上半年累计服务"两险"的缴费人群 10449 人次。

同时,组织网格员对个税年度汇算的政策及系统操作问题进行梳理、收集、审核、反馈,充分发挥网格化管理作用,将网格化任务进行责任分配,责任落实到个人。对纳税人、扣缴义务人涉及收入核实、异议处理、操作疑难等个性化问题,会同风险、税源等部门,共同帮助纳税人解决困难。

二、热点问题,精准解答

按照不同扣缴义务人的类型,通过网格进行分类,将扣缴义务人分为企业类、政府类、事业类、个体工商户与零散纳税人类,按照不同类型的纳税人开展有针对性的宣传辅导,一方面组织网格员,通过线上、线下两种形式对纳税人提供实时的政策辅导;另一方面对于个体与零散纳税人,依托社区网格员开展个税宣传活动,通过社区网格员的驻点辅导,畅通了税收宣传社区网格化的渠道。

从税政股、征管股、纳税服务股、风险管理股和办税服务厅抽调业务骨干组成税费征管问题协同工作团队，提前将日常工作中存在的共性问题进行预估评判，对通过电话、微信收集汇总的热点、难点问题及时进行精准解答，在税企党建云平台上及时答复纳税人线上咨询。网格员通过互动内容，了解了工作中存在的堵点问题，从而在今后的工作中制定相应措施，提供针对性服务。上半年，投放宣传海报、宣传资料3000余份，帮助纳税人解答疑难问题200余个。

三、纳税服务，无缝衔接

依托税企党建云平台，将纳税服务职能纳入社区"网格化"工作职责体系，有效利用地方"政府—办事处—社区—网格员—群众"的垂直管理服务模式开展税费政策宣传辅导、需求意见反馈和税费疑难问题解决等精细化服务。网格员主动收集纳税人日常提出的问题和困难，针对需求量体裁衣，充分利用"云上"资源，多途径推送办税指引和共性问题解答，远程辅导纳税人"非接触式"办理业务，确保纳税人懂政策、会申报、能操作。针对部分纳税人申报不准确不规范、个别纳税人纳税意识不强等问题，建立"一企一策""一事一策"服务机制，坚持问题导向，帮助纳税人高效率解决问题。

截至目前，该局共有45名网格员，通过电话、微信等方式与辖区1700余户纳税人"一对一"沟通，解决涉税问题2000余户次。收集纳税人工作意见和合理化建议40余条。"税企党建云平台"上线以来，推送税收政策信息300余条，征集问题建议400户次，归类整理为36条，全部有效得到解决。

网格化管理与服务给基层工作的翅膀丰满了羽翼，使网格员在为纳税人、缴费人的服务中更加的具有专业性和针对性，让政策红利的释放通过网格化服务的"最后一百米"得以实现。下一步，乌达区税务局将继续以提升纳税人获得感、满意度为目标，以网格化管理和服务抓手，探索优化服务新思路新方法，总结梳理好经验，让纳税服务更贴心。

税惠星火点燃海岛"全域旅游"热

国家税务总局温州市洞头区税务局

近年来，温州市洞头区秉持全域旅游发展理念，推出休闲度假型的海岛旅游模式，打造浙江"国际旅游岛"品牌。温州市洞头区税务局主动融入地方发展大局，打好税惠"组合拳"，下好服务"先手棋"，以"税惠动力＋服务助力"持续推动辖区内文旅产业高质量发展。

一、专人问需，助力"精品民宿"开"文旅新花"

"受疫情影响，2022年民宿的入住率不高，为吸引游客只能打起'价格战'，但收效甚微。"聆海左舍的负责人林先生说道，"后来税务网格员为我们详细解读了与民宿有关的系列税收优惠政策，在帮助我们享受税费优惠、减轻资金压力的同时，也激发了我们将文旅结合发展的灵感。"

税收优惠政策的直达快享和税务网格员的主动问需不断激发民宿发展"新活水"。在"税力量"的支持下，聆海左舍推出"吃＋住＋游学"模式，通过引进海陶文化，建设海陶文化展墙和文化角，打造个性化品牌符号，走上了"精品＋高端"民宿路线。根据林先生介绍，随着疫情好转，第三季度收入实现更大增长。

为进一步缓解辖区民宿经营困境，税务部门还推出"专人问需＋上门献策"的融合服务模式，为民宿业主精准宣传税费优惠政策，结合民宿特色提供发展建议，推动民宿产业向品牌化、精品化、高端化发展。同时，将传统住宿与文化产业融合，提高民宿产品竞争力，以"文旅融合"促民宿新生。

二、线上服务，护航"旅游经济"搭"数据快车"

随着"跨市旅游"的热度再次兴起，辖区内旅游公司的跨市旅游代理业务也逐渐回温。洞头区税务局紧抓"跨市旅游"回暖机遇，聚焦旅游公司"电子发票"的推广使用，依托"云上智税"服务机制，通过税务干部在线"一对一"讲解、远程"点对点"辅导，浙江税务征纳沟通平台精准宣传推送、实时问需解难，推动辖区旅游代理行业在发票开具、认证方面搭上"数字化快车"，实现了旅游发票开具的高效发展。

"电子发票的推广为我们节约了不少时间成本和邮寄成本，也让外地游客收取发票更加便捷。"温州市洞头新境界旅游有限公司的负责人李先生感慨道，"遇到难题，线上问一问就能得到解答，很方便。"在线上服务护航下，发票开具实现了流程越来越简、跑腿越来越少、操作越来越智能，让旅游公司有更多精力和资金投入到旅游路线开发中去，为市内外游客送去更好的旅游体验，打造洞头旅游金名片。

三、税惠红利，点亮"星光游线"促"村企共富"

"游沙滩、逛集市、赏烟花、享美食"。洞头区打造的"半屏同心"未来乡村成功入选2021年浙江省第一批未来乡村建设试点。以远近闻名的韭菜呑沙滩旅游片区为核心产业，半屏社区形成了村企民合作运营的沙滩休闲、旅游餐饮等"吃海"新业态。以沙滩经济、夜经济为亮点，韭菜呑沙滩引进热气球、水上飞人、帆船等海上项目，推出烟火大会、民俗表演、沙滩音乐等活动，联动周边东呑村和洞头村的夜市餐饮共同构成"星光游线"，上榜浙江美丽乡村夜经济精品线。

洞头区税务局依托税收大数据主动摸排，精准定位辖区内企业，建立"一户一档一策"，用减税降费政策为企业前、中、后期的经营发展保驾护航。"我们刚接手韭菜呑沙滩的经营管理，税务部门推送的各类税惠政策，让我们在经营之初有充足的信心去发展夜间文化旅游。"温州市洞头木心合文化旅游发展有限公司财务负责人刘先生表示，"我们也希望通过企业发展，带动更多的村民就业致富。"据统计，"半屏同心"未来乡村项目共带动300余名渔农民转业创业，培育渔家乐65家，户均年收入达10万元以上。

一朵文旅新花，绽放产业发展新活力；一趟数据快车，守护全域旅游金招牌；一道璀璨星光，点亮美丽乡村共富路。在实现共同富裕的道路上，税务部门将一路同行，用税惠红利助燃海岛旅游。

深化税收改革　护航地方经济发展

国家税务总局西宁经济技术开发区东川工业园区税务局　许　翔　蔡荣山

十年阔步，砥砺前行。国家税务总局西宁经济技术开发区东川工业园区税务局肩负使命担当，接续前行不懈奋斗，不断深化税收征管体制改革、充分发挥税收职能作用、落实一系列减税降费政策，全力服务地方经济发展，在推动税收现代化建设过程中，树立良好税务形象。

一、税制改革，助力税收高质量发展

党的十八大以来，税制改革的步伐在十年间没有停顿。回顾十年税制改革之路，营改增，无疑是其中浓墨重彩的一笔。从 2012 年实施"营改增"试点，到 2016 年全面推开"营改增"试点，新兴产业蓬勃向上，传统产业不断转型升级，助力社会经济高质量发展。

东川税务局干部李小红亲历了营业税退出历史舞台的始末，见证了"营改增"全过程。"当时的改革社会关注度高、影响面大，涉及行业多、纳税人广。'营改增'后，企业新增不动产所含增值税也被纳入抵扣范围，对改善企业的现金流起到了关键作用。"回顾"营改增"改革历程，她表示仿若昨日。

十年来，东川税务局认真贯彻落实上级部门一系列重大决策部署，深入践行税收法定原则，保证税收改革任务全面落实落地，通过"营改增"扩围、深化增值税改革、分步推进个人所得税改革、社保费和非税收入征管职责划转等一系列改革，构建了优化高效统一的税收征管体系，降低纳税和缴费成本，促进优化营商环境，进一步提升纳税人缴费人满意度和获得感。

二、智慧税务，助力税收征管信息化

税收征管信息化，因改革开放而探索起步，也因改革开放而跨越发展。从金税三期上线、优化到金税四期启动，智慧税务建设推动税务执法、服务、监管的理念和方式手段等全方位变革。2016 年 10 月，金税三期工程全面覆盖税务系统，首次实现了全国税收数据大集中。2019 年 3 月 1 日，金税三期系统并库，实现了原国税、地税金税三期系统优化、整合、统一，"两库变一库""两户变一户""两套合一套"，真正把税收业务融合在一起，办税速度更快、效率更高。随着以金税四期建设为主要内容的智慧税务建设正式启航，着力打造"线下服务无死角、线上服务不打烊、定制服务广覆盖"的税收服务新体系，推动税收信息化建设迈上新台阶，深刻改变征纳双方的办税体验。

"十四五"时期税收征管改革"合成"蓝图已经绘就,智慧税务和"四精"要求推动深化税收征管改革稳步行进。东川税务局认真贯彻落实《关于进一步深化税收征管改革的意见》,切实提升税收管理服务的数字化、网络化、智能化水平,稳步实施发票电子化改革,利用税收大数据,通过税企互动平台向市场主体精准推送税收政策,全面推进税收征管数字化升级和智能化改造,实现从"以票管税"向"以数治税"分类精准监管转变。

三、便民办税,助力营商环境更优化

"在自助办税区操作时身边总会有导税人员耐心辅导,帮助解决自助办税过程中遇到的困难,办税时间大大缩短了。"正在办税服务厅办理业务的青海量具刃具有限责任公司闪会计说。

党的十八大以来,税收事业一直在改革中稳步前行,办税服务在一次次回应纳税人缴费人需求中不断提质增效,优流程、简环节、减资料,让纳税人缴费人享受快捷、规范的服务……十年来,东川税务局始终着眼于基层纳税服务一线,坚持"以人民为中心"理论,聚焦为纳税人缴费人办实事解难题,着力在"便民""增效"上下功夫,以"便民办税春风行动""税收宣传月"为契机,相继推出"纳税人开放日""调研走访在一线""税务干部走访调研、问需送计""一把手走流程"等特色服务。

"办税台不大,但它是纳税人缴费人感知纳税服务最直接的窗口。办税台变化的背后,是十年来纳税服务理念的持续提升,是税收征管体制改革的深入推进,是办税缴费方式的智能改变,始终不变的是我们税务人为纳税人缴费人办实事的初心。"办税服务厅负责人王宁介绍说。

十年改革焕然一新,十年不变坚定执着。在税收现代化的新征程上,东川税务局将继续在开发区税务局带领下以履职担当、苦干实干、勇毅前行的姿态,推进税收工作高质量发展,开创税收事业新未来,拥抱税收事业新时代,以优异成绩迎接党的二十大胜利召开。

向"需"而动 御"风"而行
精细服务写好惠企利民稳增长的新答卷

国家税务总局伊吾县税务局 程 锐

新的组合式税费支持政策实施以来,国家税务总局伊吾县税务局坚决把抓好政策落实,服务地方经济发展作为建强政治机关、捍卫"两个确立"的实际行动,坚持纳税人缴费人所盼就是税务人所向,聚焦政策落实工作中的槽点、痛点、堵点,向"需"而动,深入开展"便民办税春风行动",努力打造"税惠吾享"政策落实服务品牌,让政策红利御"风"而行,帮助市场主体"轻装上阵",助力经济行稳致远。

一、坚持点面结合,力促宣传辅导常态长效

为跑出政策落实的"加速度",坚持点面结合,着力在扩大政策宣传覆盖面,增强宣传辅导精准度上下功夫,努力让企业享受政策有依据,便捷办税有指引。

(一)做强普照式全面覆盖

主动对接地方宣传部门,在扩大主流媒体宣传覆盖的基础上,通过"万屏联动,多媒展播"、税收宣传"六进"等形式广泛宣传新的组合式税费支持政策,将税收宣传积极融入地方宣传工作的"大盘子"。依托"红色胡杨"党建品牌,创新设计税务卡通形象"税小伊""税小吾",并延伸制作了图解政策漫画、H5、表情包等宣传产品,及时将退税减税"礼包"、操作流程通过微信公众号等形式递交到纳税人手中,让宣传有知有感,进一步拉近了税务机关和纳税人缴费人的距离。

(二)做实专题式精细辅导

组建"团百年·伊税蓝"青年先锋服务队,重点聚焦新的组合式税费支持政策,科学构建纳税人分类辅导台账,量身定制专题辅导方案,2022年以来累计开展线上专题培训20场,线下培训6场,覆盖纳税人2500余户次,实现了政策辅导由无差别投放向精细化、个性化的转变。

(三)做优标签式精准推送

以税收大数据为依托,结合案头分析对纳税人进行精准画像,借助"企微税"平台和"智能电销机器人"系统,"一对一"精准推送适用政策,普及退税办理流程,实时发布退税进度,收集诉求建议,既满足了纳税人对税收政策多元化、个性化、精准送达的咨询服务需求,也为精准高效落实各项税费支持政策提供了智能支撑。

二、坚持向需而动，力促政策落实直达快享

为进一步加速政策红利"落袋"，结合前期问计问需情况，坚持向"需"而动，用力回应"槽点"、纾解"痛点"、打通"堵点"，力促政策红利第一时间直达市场主体。

（一）党政税务同心，凝聚落实合力

为稳住市场主体，凝聚社会综合治税合力，结合"一把手"走流程工作，创新开展了县委、县政府、人大、政协"四套班子"主要领导走流程活动。"四套班子"主要领导化身"税务体验师"通过坐窗办理、换位体验、远程辅导等形式深入体验办税、退税流程。县委李光泽书记体验后表示："税务部门真正实现了'让数据多跑路，让群众少跑腿'"。党政领导靠前指挥、统筹调度、聚力推进退税减税降费政策落实工作，既凝聚了强大的税收共治合力，也畅通了部门深度协作，助企发展的"微环境"。

（二）内外协作同力，提升落实效率

对内，针对辖区内留抵退税企业户次少金额大、审核难度高的特点，在各阶段空窗期，提前对下一阶段风险进行审核，各阶段压茬推进，通过前置退税风险排查事项，强化事前审核，压实预审防控责任，持续压缩审核流程时限。对外，积极协调财政、国库等部门，畅通银税配合渠道，紧密跟进国库处理进度，动态掌握退税到账情况，确保文书受理"不过夜"，户均退税到账时间提升 63%，最快当天即可到账，实现了退税"再加速"。

（三）线上线下同向，优化落实体验

借助办税服务厅和"集约式全疆通办"资源，开设"一个固定、多个流动"退税减税辅导专席，定向接收组合式税费政策疑难问题，实时指导纳税人发起网上退税申请，精准帮助企业解决疑难问题；强化实体专席"兜底"功能，针对进厅在线申请、纸质资料填写、系统流程出错等问题，配备专员全流程陪同办理，手把手为企业提供精细指导。

三、坚持御风而行，力促政策落实与纳税服务同步提升

各项税费优惠政策落实始终与优化纳税服务同向随行，乘着连续 9 年开展"便民办税春风行动"的和煦微风，持续完善"问题收集—协同处理—成果共享—整改提升"的闭环整改提升机制，主动邀请县域人大代表、政协委员、企业代表担任税收营商环境监督员，实时收集税务部门在税费服务、政策落实等方面的问题和不足，利用"助企服务专班"持续开展跟踪回访，发现问题及时整改，有力保障了政策落实和纳税服务的蹄疾步稳、持续推进。

"伊税有为，吾心无悔"。下一步，伊吾县税务局将始终把总局和区局党委的决策部署扛在肩上，始终把纳税人缴费人的需求和期盼放在心里，结合区局"学全会、抓落实、促发展"大调研大走访实践活动和"一把手走流程"工作安排，坚持不懈抓好政策落实，持之以恒优化税收营商环境，竭尽全力让税收的"真金白银"，成为市场主体的"及时雨"、经济发展的"助推器"，确保推动经济稳增长一揽子政策措施在伊吾落地生根，为促进地方经济高质量发展贡献更多"税力量"。

开展税务体验活动
持续提升纳税服务质效

国家税务总局新乡市凤泉区税务局

为进一步优化税收营商环境，充分保障纳税人税收知情权、参与权和监督权，近日，国家税务总局新乡市凤泉区税务局开展税务体验活动，邀请小微企业以及涉税服务机构代表作为"税务体验师"零距离感受便民办税服务创新举措，深入查找办税堵点、难点，为优化税收营商环境谈看法、提建议、出点子。

在本次活动中，6名"税务体验师"跟随税务工作人员一同走进办税服务厅，先后体验了外网注销、发票邮寄、代开发票等业务流程，亲身感受导税、自助办税辅导以及网厅审批发放电子发票等工作，并深入了解了常见涉税业务中需要提交哪些材料、遇到相关涉税问题应该如何进行处理等情况。在体验过网厅业务后，税务体验师们深切体会到了网上申领电子发票的便捷性，也感受到了审批网厅业务工作人员的专业性和严谨性，更是为"非接触式"办税纷纷点赞。

随后组织召开"税务体验师"座谈会，邀请体验师针对税费服务畅谈感受，广提建议，并组建"税务体验师"联络群，及时收集相关意见建议，深入查找办税缴费中发现的问题，认真解决纳税人、缴费人的"操心事、愁心事"，不断提升纳税服务质效，为优化营商环境贡献凤泉税务力量。

创新"一二三四五"工作法
推动税收营商环境持续优化

国家税务总局新乡县税务局

2022 年以来，国家税务总局新乡县税务局高举党建旗帜，以服务地方经济发展为目标，以深化"放管服"改革为抓手，创新"一二三四五"工作法，推动税收营商环境持续优化，切实提升群众满意度和获得感。

一、牢记一个服务宗旨

始终坚持"以纳税人缴费人为中心"，扎实开展"我为纳税人缴费人办实事暨便民办税春风行动"，直击纳税人、缴费人在办税缴费过程中遇到的"急难盼愁"问题；建立"换位体验"机制，各条线税务干部以纳税人缴费人的身份全程体验预约咨询、网厅办理、税费审批等流程，解决群众堵点、难点问题，提高办税效率。2022 年以来，党委班子与各业务股室联合体验 35 项税费流程，提出 17 条优化建议，其中 11 条当场解决、6 条经业务股室商议讨论后解决；落细首席服务员制度，抽调 11 名业务骨干派驻服务重点企业和重点项目，每周开展不少于半天的服务走访活动，累计解决各类涉企问题 225 件，化解涉税难点 72 起。

二、构建两大服务格局

一是后台围绕前台转，前台围绕纳税人转。坚持纳税人需求在哪里，服务就跟进到哪里，坚持用真诚服务支持企业发展，激发市场活力。通过视频直播、上门辅导、远程连线等方式，着力开展精准服务、个性服务，全力营造尊重纳税人、服务纳税人、携手纳税人的良好氛围。二是让"不用跑"成为常态，"跑一次"成为上限。推动"最多跑一次"向"一次不用跑"转变，坚持高效便民理念，提供一厅通办、不动产联办、容缺办、预约办，大力推进"非接触式"办税，从实体办到网上办，再到掌上办，实现涉税事项快捷办理。

三、团结三方服务力量

一是明确内部服务主责。强化基层服务意识，进一步理清工作思路，对辖区纳税人实施网格化管理。办税服务厅建立营商环境量化考核机制，广泛获取办税业务数据，按月进行数据分析和指标通报，帮助基层找准差距、立行立改。二是开展"新小税"纳服帮帮团志愿活动。吸纳涉税中介机构和企业优秀财务人员，参与办税厅咨询台和网厅区域的服务工作，近距离掌握、传递企业诉求，优化纳税服务细节。三是加强部门互联互动。积极与财政、人民银行、社保、医保、公积金、市场监管、不动产等关联部门横向沟通，优化业务联办流程，形成"上下顺畅、左右联动、多方努力"服务格局。

四、优化四种服务方式

一是重组一线服务团队。调整人员分工，办税厅设置纳服、业务、行政三个工作组，各司其职，相互配合，更好应对新阶段纳税服务和营商环境工作。二是倾力打造智慧税务。扩大自助办税区，新增4台外网电脑，配置5台笔记本（平板）放置于前台窗口，探索推进一窗双机内外联动"四双"办税新模式；新赠4台定额发票自助设备，方便个体工商户定额发票领取。三是提升网厅办理质效。梳理完成常见工作中的网办业务，逐项测试核实，将适合单独网办的业务全部转由网厅办理，将适合交互办理的业务通过"四双"窗口办理。四是强化工作运转机制。积极与业务股室、分局（所）配合，快速解决疑难业务问题。梳理前台风险点形成工作台账，不断完善前台业务操作指引。

五、取得五项服务成效

一是办税缴费更便利。加大税邮双方在发票配送、代开发票、代征税款等方面的合作力度，实现全县7个邮政网点"税邮双代"全覆盖，累计代开发票716份，为400余户次纳税人成功邮寄。二是数据传递更快捷。简并税费申报，精简证明资料，实现已有数据自动预填。持续压缩审批时间，做到退税申报"随报随审、随审随批、随批随退"；对符合简易注销、即时注销、承诺制注销条件的企业，通过优化版注销模块直接办结注销。三是困难解决更及时。实行重大税费优惠政策"一政一讲、一措一谈"。开展纳税人学堂14场，累计辅导1.2万人次，其中开展"屏对屏""新税云直播"线上辅导13场次；推出新乡县纳税服务专线"新税听您说"，安排专员接听热线电话，提供远程纳税辅导。四是服务体验更贴心。持续优化线下服务，设置特殊人群绿色通道，保障老年人、残疾人等特殊人群社保缴费顺畅便捷；推动"银税互动"产品创新，推出"税易贷""税贷通""云税贷"等产品，并由线下向线上拓展，受惠纳税人信用级别从A、B级拓宽至M级。五是营商环境更优化。进一步规范税务检查，坚持"无风险不检查、无审批不进户、无违法不停票"，每月最后一周为"企业安静周"，不自行安排风险派单工作，做到无事不打扰。

运用法治思维
"三力"打造"枫桥式"税务分局

国家税务总局天全县税务局

2022年以来，天全税务把创建"枫桥式"税务分局作为落实新的组合式税费支持政策和服务川藏铁路建设的重要举措，以第一税务分局为创建载体，通过在前建设"枫桥窗口""枫桥式"税费争议调解室，在后成立业务支撑"枫桥团队"，运用法治思维"三力"调解涉税矛盾争议，提高税务执法规范性和涉税服务便捷性，推动实现"小事不出厅、大事不出局、矛盾不上交"的税收治理格局，为进一步深化税收征管改革铸魂赋能。

一、团队支撑保障稳行，集约"发力"

搭建"前端接待＋后端支撑"的团队集约模式，以法律团队为"硬件"，以法治思维为"软件"。前端组建纳税服务团队骨干入驻"枫桥窗口"与"枫桥式"税费争议调解室，建设舆情接待与风险应对"第一枢纽"，实现争议风险前移，在萌芽阶段化解或缓解涉税矛盾，降低征纳双方涉税调解成本。后端打造县局"枫桥团队"，以法律和税收业务团队为依托，选派法治骨干担任法律顾问，推动"法治＋税务"人才集约，力量集聚，为涉税矛盾调解前后加持、集约发力，将争议风险消除在萌芽阶段，把涉税矛盾化解在"基层"。

二、筛选推送机制先行，分层"聚力"

构建"枫桥式"税务分局"三层"调解支撑模式，发挥"窗—室—局"分层"一站式"调解作用，明确争议受理、调解流程，明晰工作权责、管理规程。对一般性争议，由"枫桥窗口"即时化解；对特殊性争议，派件至税费争议调解室处理；对疑难性争议，根据业务类别推送至"枫桥团队"进行研讨，形成分析报告。建立"识别争议—定位类别—精准应对"的工作机制，以办税服务厅为对外"首站筛选""第一窗"，归集税费争议，精准分类应对，据实分层推送，提升纾困解难效率，推进争议一体化治理，把涉税矛盾化解在"源头"。

三、多元共治征纳同行，协同"着力"

坚持党委领导，深化"二郎山下党旗红 三方联建促振兴"税企村三方党建品牌建设，定期开展纳税人访谈，邀请辖区内各类别纳税人共同交流，建言献策，全力构建"党政共抓、税务主责、部门合作、公众参与"的基层税收治理格局，通过察企心、知民需，实现进"一扇门"、解"一揽忧"、促"共和谐"。同时，对涉税争议要件建立工作台账，完善后续管理，实现争议化解"可溯源、有实效"的治理目标，把涉税矛盾争议化解在"枫桥"。

截至目前，天全"枫桥式"税务分局已受理处理涉税纠纷 13 件，处理税费问题 19 个，矛盾争议基层化解率 100%，调解满意度 98%，县局获评"2016—2020 年全市普法先进单位"。

"税管家"前置服务
助力"康养产业"行稳致远

国家税务总局阳泉市矿区税务局 贾超明

中共中央、国务院发布的《"健康中国 2030"规划纲要》中指出，应积极促进健康与养老、旅游、互联网、健身休闲、食品融合，催生健康新产业、新业态、新模式。康养产业事关民生大事，事关百姓健康需求，推进康养产业发展，正是践行健康中国战略的重要举措。

作为阳泉市康养产业的样板项目，中源康养文化小镇旨在利用闲置的工业用地、渣山可利用面积，在治理环境污染、盘活闲置国有资产的同时，建设一座以健康产业为核心，融健康、养生、养老、医疗、休闲、文化、教育、体育、旅游等一体的综合性康养文化小镇，以满足市民多样化、高品质、全生命周期的健康需求。

为全力支持康养产业发展，国家税务总局阳泉市矿区税务局积极发挥税收职能作用，确定"税管家"主动走访调研，充分了解康养企业经营计划、资金流运转、政策享受等情况，积极提供纳税前置服务，制定个性化政策辅导方案，并全程跟进给予监管帮扶，增强企业发展信心和活力，促进康养市场主体健康发展。

在疫情防控常态化形势下，该局还探索推出"云"上"智"享服务，通过自主创办的"税声""矿税e通"等智慧服务平台，将康养产业适用优惠政策打包集成，推送给辖区内企业，并组建"远程帮办"税务小分队以"清单式"服务精准辅导纳税人享受政策红利。

"企业成立之初，我们在税务方面的知识比较欠缺。税务部门的工作人员多次主动上门提供涉税事项前置服务，为我们送上最新的税收政策，辅导我们建立完善账簿，提示我们有哪些潜在的风险点，这对我们的企业帮助很大，让我们少走了许多弯路，避免了很多麻烦。"山西中源康养文旅有限公司办税人史敏丽说道。

在阳泉矿区，同样享受到"税管家"前置服务的还有阳泉市富山云居休闲养老农宅专业合作社。矿区税务局针对合作社可能存在的涉税盲点，提前预判，及时提醒，精准辅导，为企业量身制定了"税务优惠账单"，可享受的优惠政策和减税降费项目一目了然，为合作社的稳健发展注入了强大动力。

"'水美则鱼肥，土沃则稻香'，良好的营商环境是企业茁壮成长的重要动力、强大支撑。积极支持新产业、新业态、新模式健康发展，是税务部门的重要职责。我们将一如既往地在党建引领下常态化落实好便民办税春风行动，尽心尽力为企业排忧解难，助推市场主体稳健成长。"矿区税务局主要负责人表示。

"四步走"力促留抵退税新政落实落地

国家税务总局阳原县税务局

2022年以来，新的组合式税费支持政策叠加发力，大规模增值税留抵退税政策是2022年组合式税费政策的重头戏，为了把政策落细落稳，落到实处，切实帮助各类市场主体纾困减负，阳原县税务局成立工作专班，健全工作联动机制，细化职责分工，加强各小组协调配合力度，打通退税"绿色通道"，确保实而又实、细而又细地将退税减税政策各项工作贯彻到位，第一时间将税惠红利送到纳税人手上，助力企业乘上退税减税"东风"一路远航。

一、机制先行，提高退税效率

退税流程是否畅通关系到纳税人对税务部门的满意度和认可度，为让纳税人享受"绿色通道"般服务，我局在留抵退税全流程持续发力，推出"1+1+1"工作机制，提高办理效率，做到申请即办，高效退税。一是"一次不用跑"。通过前期大规模的政策宣传及一对一辅导，我县95%以上的纳税人利用电子税务局进行线上办理，足不出户就能完成留抵退税申请，不用跑办税服务厅。二是"一站式办理"。我局抽调各部门精干力量，办税服务厅、税政一股、税源管理分局和收入核算股集中办公，从受理到完成退还全流程一站式办理，大大缩短退税办理时间。三是"一天内办结"。我局积极加强与财政、国库部门的协作配合，建立了财政、税务、人行退税减税政策落实机制，实现留抵退税全流程一天内办结。

二、计划明确，任务序时推进

为确保留抵退税这项关键性举措不折不扣落实到位，我局紧盯关键环节和关键任务，明确制定计划，确保有条不紊地开展退税工作。一是全局统筹谋划，明确任务分工。我局成立国家税务总局阳原县税务局退税减税政策落实工作领导小组，明确各工作组负责人及职责，密切配合，目标一致，步调一致，稳步推进，确保各业务端口协调配合，各项措施落实落地。二是制定任务清单，对标对表落实。切实把任务细化分解到岗、落实到人，明确各环节督查事项，实化各环节考核指标，做到方向清、任务明、分工细、责任实，周密部署、压茬推进，确保各项任务落实落地。三是摸清税源情况，做到心中有数。此次留抵退税政策规模较大，摸清税源底数尤为重要，我局对近150户符合退税条件的纳税人行业认定和中小微划型标识进行全面整理，依托税收大数据，结合案头分析，充分验证纳税人留抵税额数据，掌握企业留抵税额总体情况，定期开展政策经济效应综合分析，用扎扎实实的摸清底数保证踏踏实实的心中有数。

三、宣传发力，助推周知尽享

大规模增值税留抵退税，是新的组合式税费支持政策中最关键一招，市场主体收益多，我局立足实际，切合税收宣传月契机，在宣传上发力，确保新政周知尽享。一是点对点精准投送。组织业务股室、纳税服务股和管理分局，通过电子税务局、税收宣传进企业、税企微信沟通群宣传组合式税费政策，并进一步通过电话、微信等方式直接通知符合条件的纳税人。二是线连线梳理划分。我局退税减税工作组对辖区内符合退税减税条件的纳税人按政策、规模等因素进行了认真梳理、细致筛选和精确分类，分批分步通知办理，有条有序开展退税。三是面对面精心辅导。业务股室和管理分局、办税服务厅工作人员，对来办理业务的纳税人进行"面对面"辅导，及时送达最新的退税减税政策，辅导纳税人办理退税业务，解决退税过程中遇到的问题。

四、风险防控，完善事后跟踪

为确保留抵退税工作取得实效，政策执行不打折、不走样、不落空，"真金白银"直达市场主体，我局及时跟进留抵退税各环节，对标上级要求加强风险应对。一是建立监管台账。充分利用金三、一户式2.0、进销项系统等多个平台，逐户摸排符合退税条件的企业是否涉及风险任务，是否满足增量留抵退税的条件，是否存在进项骤增，申报异常等情况，建立监管台账，对留抵退税情况进行动态监控。税政一股不断收集各类可能产生的风险点，汇总制作《留抵退税风险防控指引》，指导一线人员对符合留抵退税的纳税人进行逐项风险排查，逐户操作辅导，确保退得准、退得稳。二是加强督察督导。根据上级工作部署开展问题筛查、风险识别、任务推送、整改指导等工作；督促各部门、各分局履行风险应对主体责任；严肃查处骗取税费优惠违法违规行为，特别是骗取增值税留抵退税行为。三是做好事后跟踪。为了进一步帮助企业纾困解难，更好的了解企业后续生产经营动态，我局实时跟进退税金额较大的企业的退税资金用途和企业经营情况，有针对性地开展政策辅导，确保政策执行无偏差。目前我局已经对3户退税金额超过100万的企业进行了退税金额用途的调研。

夜幕下的"税务蓝"
税宣月的"最美色"

国家税务总局上犹县税务局

"夜幕下，一个个蓝色身影仍在办税厅穿行；深夜时，他们才拖着疲惫的身躯赶往回家的路……这夜色，真美！"日前，上犹县政务大厅税务窗口延时为纳税人缴费人服务获得群众点赞。

"上犹县政务大厅税务窗口的工作人员饿着肚子为企业服务，特设窗口加班加点与时间赛跑，就是为了不让我们企业受损失。我发自内心地为税务窗口点赞！"下班时间才赶来办税的黄先生说起税务窗口的贴心服务赞不绝口。

原来，黄先生是上犹县醉美生态农业发展有限公司的法定代表人，由于日常业务繁忙，在4月20日，纳税申报的最后一天下班后才赶至政务大厅税务窗口办理纳税业务，希望税务窗口提供延时服务，帮助其完成纳税申报。醉美公司的主管税务分局—上犹县东山税务分局和政务大厅税务窗口了解到情况后第一时间派人赶到大厅，工作人员到达之后，发现纳税人未携带税控设备、未抄报，无法进行纳税申报。

群众利益无小事，为避免纳税人因逾期申报造成损失，税务窗口工作人员耐心等待纳税人回家取来税控设备。晚上九点半，纳税人终于赶回大厅，在税管员和窗口工作人员的指导下，总算及时完成了申报。对于税务窗口的贴心服务，黄先生还专门录制了短视频表示感谢。

据悉，上犹县政务大厅税务窗口常常是大厅最后一个下班窗口，尤其是对临近下班或已经下班正在受理的，或是还在等待办理的涉税事项，窗口工作人员从不推诿搪塞，而是坚持延时办税直至该事项办结，既避免了纳税人来回跑的麻烦，也用实际行动兑现办税服务"只跑一次"的承诺。除此之外，办税大厅还配备了5台自助办税终端，纳税人可以选择在终端设备上办理业务，减少等候时间，方便快捷办理涉税事项，降低纳税人时间成本，提升满意度和获得感。

在上犹县政务服务大厅税务窗口，延时服务不是个例，而是常态，自2018年12月30日推行"延时错时服务"以来，一直坚持中午及节假日照常上班，做到"节假日不停歇、为民服务不打烊"。"五一小长假即将来临，上犹县政务服务中心税务窗口将严格按规定落实节假日延时错时服务，照常上班，切实为纳税人缴费人办实事。"

一线防疫"勇担当"
涉税服务"不打烊"

国家税务总局忻州市忻府区税务局

近日，骤变的天气与无情的疫情似乎打过招呼，出门办事的人们冷得直打战，静默中的小城显得更是孤寂与无奈。而国家税务总局忻州市忻府区税务局的值班领导与工作人员却奔波在机关单位与办税大厅、纳税经营店之间，用自己的辛劳保障了涉税事项完美提交告结，赢得了纳税人的一致好评。忻州市五台山大药房第十药店店员表示，"真没想到战疫期间，还能享受到如此便捷的办税服务，由于疫情出门受限，自己网上申领的发票没有及时领到，是税务局的同志们几经辗转，在保障安全的前提下让我在家收到了发票，如此舒服的办税体验使我深感疫情无情人有情"。

据悉，为保障纳税人和缴费人正常办理各项涉税（费）事项，区局积极推广"非接触式"办税缴费服务，聚焦政策热点每天推送"晨曦税读"，充分引导纳税人"涉税事、网上办，非必须、不窗口"，选择山西省电子税务局、晋税通APP、"山西税务"微信公众号、征纳互动平台等网上办、掌上办的方式办理税费业务，确保了服务群众不掉线。与此同时，忻府区税务局专门抽调业务骨干组建"帮办服务队"，开通多渠道联动办税模式，坚持值守网上税务局、对外咨询电话，及时向纳税人做好操作辅导和政策解答工作，24h服务解决广大市场主体的急难愁盼问题，实现了"线上＋线下"互通办税，确保纳税渠道全畅通、纳税服务不断档。

同样一件暖心的帮办服务让山西中能材料有限公司会计张燕如释重负、激动不已，因疫情影响，时间节点未赶上，没有把单位的变更资料提交，导致专票无法领取，忻府区税务局了解到相关情况后，第一时间由区局党委委员、副局长杨军与办公室主任周少云、工作人员曲伟文开车到长征办税服务大厅，接通电脑开关，打开办税网络，把山西中能材料有限公司的资料录入系统，几次与企业会计核验校正，最终解决了变更问题，帮助企业半小时后顺利地给对方开具了增值税发票。企业法人侯经理发来热情洋溢的赞扬微信，"在这个特殊的日子，税务部门给他们送去了无以比拟的温暖，向全体税务人员表达了最真诚的谢意，送上"非常满意"的点赞"。

"组团 + 专人 + 定制"
服务重大项目"加速跑"

国家税务总局宜昌市夷陵区税务局 曹孟君

习近平总书记在党的二十大报告中强调，高质量发展是全面建设社会主义现代化国家的首要任务。近年来，夷陵区税务局主动融入地方经济发展大局，通过精细服务、个性服务为夷陵区重大项目建设"添火加薪"，为地方经济高质量发展贡献税务力量。

楚能新能源（宜昌）锂电池产业园项目是夷陵区有史以来最大的招商引资项目，该项目总投资 600 亿元、占地 4500 亩，主要生产动力电池、储能电池、消费电子类电池、PACK 模组等系列产品。全部建成投产后预计年产值 1000 亿元以上，提供就业岗位 20000 个，对于促进区域经济发展具有重要意义。

一、财税专家"组团"服务

自 2022 年 8 月 28 日楚能项目开工以来，夷陵区税务局选拔业务骨干、注册税务师等专业人才组成税收专家顾问团队，贴身服务项目建设。

"项目刚开工，税务人员就主动上门，为我们梳理政策，答疑解惑，指导我们加强涉税风险防范。有了税务部门的支持，我们加速完成项目建设的信心更足了。"楚能项目总承包方中建三局一公司财务负责人严子龙感慨道。

据悉，在项目开工后，"专家团队"第一时间获取总承包企业信息，工程施工进度表等信息，实行税前、税中、税后全方位管理和服务，及时关注企业涉税需求，做好政策答疑和涉税辅导。日前，为进一步做好涉税辅导，"专家团队"还联合区财政部门，"组团"上门为企业送服务、送政策、解难题。在"面对面"辅导中，详细了解了工程进度、资金支付、材料采购、登记办理等情况，解答企业疑难。同时，财、税部门共同承诺，与企业方、总包方建立四方会谈机制，定期协商沟通，精准服务，全力确保项目建设按照时间节点如期推进。

二、税务专员"专人"服务

企业专心搞建设，税务专员来辅导。为精准服务好楚能项目，夷陵区税务局明确 2 名税务骨干作为该项目的首席税务"服务专员"，负责联络和解决项目涉及到的各种涉税难题。

"我们每天都要和企业保持联系，了解企业的诉求和工程进度。对企业反映的问题，我们能解决的就当场解决，不能解决的，就提请'专家团队'或者协调其他部门，予以解决。"楚能项目的"服务专员"宋自军介绍到。

据悉，自项目启动以来，宋自军和同事们积极与项目指挥部，项目所在地龙泉镇政府，以及项目施工方对接，为其梳理跨区经营相关涉税事项，辅导办理开业登记，并有针对性地进行政策宣传辅导。同时，负责建立楚能项目税源管理台账，详细记录项目推进情况、资金支付、税源管理等内容，便于"专家团队"及时掌握项目建设动态信息，做好税收经济分析，为推动项目"加速跑"提供税务支持。

三、部门联合"定制"服务

"非常方便！原以为人生地不熟怕办事麻烦，没想到这么快就办好了，还给我来了一次'面对面'的涉税辅导，很有帮助！"楚能项目的分包公司之一武汉城森建筑有限公司宜昌分公司财务负责人程志超仅用了 20 分钟，就在夷陵区办税厅办理了税务登记事宜。

据悉，楚能项目建设共涉及 50 余家分包单位，其中部分非本地企业因业务需要，需在夷陵区成立分公司。为提高服务质效、减少企业"跑路"，夷陵区税务局联合市场监督管理部门实现网上信息互通，企业无需重复提交纸质资料，带上身份证原件和企业公章就可直接办理。税务部门还为企业提供办税信息补录、税费种认定、票种核定、Ukey 发放、发票领用以及发票开具的"套餐式"服务，实现主要涉税业务"一站办结"。

同时，两家部门建立"楚能项目税务服务"微信群，统一告知事项办理流程，及时线上解答企业的办事疑难，并开通"绿色通道"，提供集中办理服务。目前已有 5 家企业顺利完成新办登记。

下一步，夷陵区税务局将深入贯彻党的二十大精神，聚焦主责主业，服务地方发展大局，持续优化税收营商环境，为地方经济的高质量发展贡献税务力量和担当。

建强模范机关　走好第一方阵

国家税务总局宜黄县税务局

2022 年来，宜黄县税务局聚焦"讲政治　严纪律　优作风　勇争先"的目标，锚定争先锋、做表率的要求，用"税务蓝"描绘最美"党建红"，实干担当，兴税强国，努力建设让党中央放心、让人民群众满意的模范机关。

一、强化政治引领，高站位打造模范机关

政治属性是税务机关的第一属性。宜黄县税务局坚决贯彻习近平总书记"7.9"重要讲话精神，不断增强政治机关意识、加强政治机关建设，教育引导广大党员干部切实增强捍卫核心、维护核心的政治自觉、思想自觉、行动自觉。采取"领学＋研讨"方式，通过党委会、党委理论中心组学习、"三会一课"、主题党日等形式，认真落实"第一议题""第一主题"制度。利用学习兴税、学习强国、赣鄱党建云等平台，在学懂弄通做实上当好示范，努力用党的创新理论武装头脑、指导实践。

创新开展"青年夜校"教育模式，每周三晚利用两个小时组织 40 周岁以下青年干部学习党的最新理论知识、税费政策、党风廉政等青年干部亟须的知识和技能。组织青年干部开展"何为青年、青年何为"主题系列活动，先后前往井冈山、瑞金、于都、弋阳等地开展实地红色教育，引导青年干部做理想远大、信念坚定的模范，做艰苦奋斗、无私奉献的模范，做崇德向善、严守纪律的模范。

二、实干担当作为，高质效退税减税降费

为了稳住经济大盘，党中央、国务院出台了组合式税费支持政策，税务机关作为落实好减税降费的第一责任人，最大力度助企纾困解难、最大限度释放政策红利。

宜黄县税务局强化宣传、精准测算、靶向施策、稳控风险一体推进、同向发力，确保了留抵退税政策落实落细。坚决扛牢政策落实的政治责任，一手抓退得快、一手抓打得狠，分类分批组织对扩围企业特别是金额较大、退税意愿强烈的企业提前预审，进一步加快留抵退税进度，严厉打击留抵骗税和出口骗税，确保新的组合式税费支持政策特别是大规模增值税留抵退税政策落准落好。

宜黄县是全省塑料产业基地，资源综合利用企业占比高，金属加工、塑料加工等资源综合利用税收占比较高。为落实好40号公告，宜黄县局组织召开资源综合利用企业培训班，参加培训的企业负责人和财务人员达100余人。依托"万名税干进万企"实践活动，组织党委班子成员和税收业务骨干进企业进行涉税辅导。各党支部落实与非公有制经济党组织共建机制，组织党员干部进企业问需求，解难题，保障40号公告平稳落地。

强化监督执纪是推动留抵退税工作落实的重要抓手。县局纪检组主动收集留抵退税企业信息，形成留抵退税监督执纪工作台账，对风险企业和相关岗位税务干部进行约谈。同时邀请人大代表、政协委员、行业协会会长、重点企业主、财务人员、中介机构负责人组建税收工作特约监督员团队，对税收工作，尤其是减税降费工作进行监督，确保退税政策落稳落准落好。

三、大胆创新，高水平推进双"一号工程"

深入推进发展和改革双"一号工程"，宜黄县税务局将税收征管改革与优化营商环境结合起来，办税服务厅形成以"非接触式"办税为主，企业税费事项网上办理，个人税费事项掌上办理，让纳税人多跑"网路"，少跑"马路"。充分利用"龚全珍工作室"的工作机制，每周一开展一次办税人员学税法、办税程序；特点政策出台，组织一次相关财会人员进行税收政策宣讲；设立"龚全珍工作室"办税窗口，为纳税信用等级A级单位、即征即退企业等特定类型企业开通"绿色通道"；税费征缴矛盾在矛盾调解室就地解决。截至目前，宜黄县税务局"龚全珍工作室"做到矛盾纠纷解决100%，出口退税实现从6个工作日压缩到4个工作日，即征即退实现从20个工作日压缩到8个工作日，极大提升了纳税人缴费人办理税费事项的便捷度。

在全力为纳税人缴费人提供高质效精细服务的基础上，宜黄县税务局在去年的全国税务系统纳税人缴费人满意度调查工作，获得全省第五的好成绩。2022年新的满意度调查已经开始，宜黄县税务局将紧盯纳税人缴费人在办理税费事项上的难点痛点，下大力气补短板、强弱项，大力推进办税缴费便利化改革，努力实现"办税更快、服务更好、负担更轻、环境更优"的"宜税宜办"的新办税服务体验。

四、建强"三化""四强"，高水平锻造税务铁军

本固才能枝荣，根深才能叶茂。加强机关党的基层组织建设，关键是建强机关党的基层组织体系，让基层组织的经脉气血畅通起来，让党支部强起来。宜黄县税务局将习近平书记"7.9"讲话作为机关党的建设的"指南针"，强化党支部的战斗堡垒和党员的先锋模范作用。2022年以来，县局先后获得第十六届江西省文明单位、抚州市"五一"劳动奖状；一人获抚州市"五四"青年奖章。作为"模范标本"，县直属工委组织30余个直属单位党组织负责人现场观摩我局机关第二党支部如何规范开展组织生活会。

宜黄县税务局高度重视党建和业务的融合，坚持党建工作和业务工作一起谋划、一起部署、

一起落实，切实增强党建工作的针对性和有效性。将2021年优秀公务员的评选工作交由各党支部进行评选，极大增强了支部组织活动的吸引力和凝聚力。2021年年底完成党支部换届工作，选拔政治强、业务精、作风好的青年干部从事党务工作，为加强机关党建提供坚实组织和人才保障。

严管就是厚爱，宜黄县税务局积极构建"1+7""1+6"制度体系。在构建税务系统一体化监督体系工作中，纪检组和党建部门联动同向发力，编织一张党委主体监督，纪检部门专职监督、加党组织、部门、地方党政、社会监督的全方位监督网，不仅抓防腐拒变日常监督，还力行于酒驾醉驾、黄赌毒等非职务违法犯罪方面的监督。同时发挥支部纪检委员作用，全方位加强对干部的监督，让每一名干部自觉做到心有所畏、言有所戒、行有所止。

宜黄县税务局将以高标准、强党建、优服务努力建设让党中央放心、让人民群众满意的模范机关。对标对表党中央决策部署，勇争先、做表率，扎实做好各项工作，以模范机关建设的优异成绩喜迎党的二十大胜利召开。

以"三维"税务建设
为税收事业高质量发展蓄势赋能

国家税务总局北镇市税务局党委书记、局长 刘卫军

近年来，国家税务总局北镇市税务局坚持以习近平新时代中国特色社会主义思想为指导，创新提出并践行"六个融合"前沿工作思路，倾力构建政治税务、智慧税务、人文税务"三维"工作矩阵，为北镇税务高质量发展蓄势赋能，为地方经济社会行稳致远贡献"税务力量"。

一、"政治税务"为高质量发展夯基垒台

北镇市税务局党委聚焦"喜迎二十大"这一重大主题，以"三个不断强化"彰显北镇税务党建工作新成效。

理论武装头脑不断强化。持续将学习贯彻落实习近平新时代中国特色社会主义思想作为首要政治任务，聚焦学懂、弄通、做实，抓细党委理论学习中心组学习、政治理论学习、青年理论小组学习，形成学以致用、用以促学、学用相长的正向循环。

基层组织建设不断强化。将常态化检查与专项抽查相结合，不断提升支部规范化制度化建设水平；围绕"三会一课"，建立支部"一对一"互动机制，实现先进支部带后进；探索推广"两大一小（大党日活动、大党课、小组织生活会）"理念进一步落实落地；深入推进"一支部一品牌"建设，机关第一党支部"我为先锋"品牌建设成绩突出，被评为省级党支部规范化建设示范点。

政治引领群团建设不断强化。依托"三八"国际妇女节、五四运动纪念日等重要时间节点开展读书分享、演讲比赛系列活动，凝聚思想认同与情感认同，汇聚干事创业力量；开展"工会＋志愿服务"系列行动，疫情防控期间1300人次参与值守、消杀、核酸检测、分发物资等防控工作，帮助新城福邸27名独居、空巢老人搬运重物，联合北镇市妇联为60名贫困儿童送温暖，相关活动新华网予以报道。

二、"智慧税务"为高质量发展塑造"腾飞之翼"

为落实"四精"要求，北镇税务大力推行优质高效智能税费服务，持续深化拓展税收共治格局。2022年上半年，共组织全口径税费收入70759万元，同比增加9069万元，增长14.7%，为地方经济社会发展提供坚实保障。

聚焦纳税人缴费人急难愁盼问题深入开展春风行动。通过座谈会、调查问卷、电话询问等

方式，主动了解情况、提供帮助；疫情防控期间，实施"非接触式"政策精准辅导，诉求响应更及时、分类服务更精细；开展"春雨润苗"专项行动助力小微市场主体发展，为地方特色行业发展增添"税动力"。

采取多种手段，增添税收宣传实用性与趣味性。建强纳税人学堂阵地，年均授课14次培训2100人次；构筑"幽间"系列宣传矩阵，建设《幽间税月》税务文化宣传品、"幽间云音"工作室，不断提升税收宣传广度、深度和精度。2022年来，宣传稿件共在国家级媒体刊发9篇，省级媒体刊发22篇，市级媒体刊发5篇。

制定个性化退税减税政策精准宣传辅导策略，引导纳税人享受政策红利。通过聘请廉政监督员、发放线上调研问卷等形式，诚邀纳税人、缴费人体验全流程服务，持续改进工作短板，不断提升纳税人满意度和获得感。

三、"文化税务"为高质量发展提供不竭力量

北镇市税务局紧扣"文化兴税"目标，围绕建强税务人才队伍，聚力优化人才管理机制，用心用情用方法，凝聚干事创业合力。

将挂职锻炼作为提升业务水平重要抓手。去年以来，北镇市税务局举办60期青年论坛，选派22名青年干部分两批次下派上挂到基层分局（所）和机关，充分激发了青年干部干事创业激情，增强了税务干部队伍活力，挖掘队伍潜能，营造了团结协作、风清气正的工作氛围。

将履职汇报作为提振从税初心重要途径。组织开展"不负忠诚不负税"系列报告会共四次，以亲身经历分享践行初心使命路上的点滴，在平凡讲述中突出典型引领，以向上向善、精业敬业的正向价值观引领全局、带动正能量。

勇担新使命、奋进新征程。北镇市税务局将进一步深化党建与业务"两融合两促进"，建设风清气正的模范机关，助力北镇税务持续高质量发展，以优异成绩迎接党的二十大胜利召开！

以高质量服务确保组合式税费支持政策
红利直达基层"神经末梢"

国家税务总局长春市绿园区税务局

自大规模组合式税费支持政策施行以来，长春市绿园区税务局勠力同心、协同攻坚，统筹疫情防控，精准发力促进增值税留抵退税等各项工作落地生根。结合"我为纳税人缴费人办实事暨便民办税春风行动"相关要求，聚焦纳税人缴费人痛点，做"有精度、有速度、有温度"的税务执法者。纳税人缴费人体验感、获得感和税法遵从度得到进一步提升。

一、以"精度"服务保驾护航小企业持续发展

"我们不是什么纳税大户，却感受到来自税务部门一视同仁的服务和帮助。这一万多块钱的退税可能对别的企业而言不算多，对我们这种小公司来说却尤为重要，这里面有员工的工资，更有企业坚持下去的希望。"

长春市某水电暖工程公司是一户建安企业，受疫情影响所承揽的工程项目全部停工停产，在长达三个月时间里公司无任何进项收入，财务状况捉襟见肘。也是由于疫情原因，财务相关人员在外地无法返长工作，企业负责人自己对于具体减免项目、减免金额及税务端操作流程均不熟悉，对于刚刚经历过疫情，面临严重资金短缺的公司而言，眼看着组合式税费支持政策不能及时享受，纳税人很着急。绿园区税务局春城税务所立即通过金三系统调取该企业各项申报数据，对照优惠减免政策了解相关情况，发现其退还金额涉及到多项税费，便积极沟通区局社保非税科共同辅导该企业的"六税两费"退还工作，通过微信视频多次与企业负责人连线对接，逐条逐项耐心讲解各项税费优惠政策，指导企业将每一笔税费精确计算清楚，填报明白。同时结合"便民办税春风行动"的开展，为企业开通退抵税费绿色通道，在政策允许情况下，让企业足不出户就能通过网络发起退费流程，最终合计退还各项税费12000余元，这对该公司无异于雪中送炭。绿园区局事无巨细竭诚服务纳税人的精神受到辖区纳税人广泛好评，在整个组合式税费支持政策落实过程中，纳税人税法遵从度和满意度、获得感明显提升。

二、以"温度"服务为企业注入新活力

"原本是我对政策理解有偏差，以为我们公司不够条件，差点就耽误了退税。多亏咱税务局的干部主动联系询问情况，不厌其烦地对我们多次进行单独辅导，我们才成功申请到这笔退税。

实话讲，这波疫情对我们公司的冲击太大了，在税务局找到我们了解情况的时候，我们已经考虑解散员工注销公司了，如今有了这笔钱周转，我们也就有条件能继续经营下去，这可真是'救命钱'，我代表公司几十号员工感谢咱们税务局，以后还请你们多辅导多帮助。"

吉林省某天然气有限公司财务主管崔女士来到绿园区税务局铁西税务所，将一面写有"留抵退税助企发展纳税服务雪中送炭"的锦旗交到税务所的干部手中，对税务所无微不至的帮助表达真切的感激之情。据悉，该公司主要从事民用燃料零售，受上半年疫情影响数月没有回款，资金运作十分紧张。税务所干部通过系统查询比对，发现企业有期末存量、增量留抵计 13 万元可以申请但尚未申请退税，便主动联系企业负责人了解情况，辅导企业读懂政策正确操作退税。通过进一步数据赋能分析和核实企业存货证明材料等一系列审核工作之后，企业申请的留抵退税 13 万元如期到账。这笔钱不仅让企业支付了房租水电，还为工人发放了工资和缴纳保险等，给员工吃了定心丸，为盘活生产经营注入新活力。

三、以"速度"服务助力困难企业度过难关

在绿园区税务局税源管理三科的办公室里，悬挂着一面写有"锦旗无声表真情助力企业重担当"的锦旗，这是长春市某房地产开发有限公司在疫情复工后的第一个工作日送来的。

据悉该企业受疫情冲击资金紧张，拖欠大笔供应商应付款，多次被债主堵门追债，场面一度陷入尴尬境地，企业急需一笔资金周转渡过难关。接到该项目的清算任务后，绿园区税务局税源管理三科的两位同志第一时间与企业联系，了解企业实际困难后，抓紧时间开展工作。由于地产项目涉税凭证多，两位同志连续数星期加班加点，共计审核凭证三万余份，核对银行流水一万三千多笔。在清算工作开展过程中，针对争议事项及时上报研判，在两个月时间里一共组织六场业务研讨会议，务求准确使用税法条款，精确解析政策文件。清算审核结束后，企业所在集团要求企业五月底必须付清应付款项，否则企业就有被诉讼风险。此时正值长春疫情防控关键时期，两位同志向单位申请提前复工，加班加点为企业完成系统填报和审批程序，2300余万元税款第一时间到账，使得企业免于诉讼风险。之后两位同志严格遵守疫情防疫政策，又在单位闭环管理十余天，直至疫情结束才回家。

多举措优化税源管理方式
全方位提升纳税人缴费人获得感

国家税务总局益阳高新区税务局

新的税源管理方式在益阳高新区税务局已运行一个月。各项税收工作取得了较好成效，仅 2 月份，区局组织收入 19282 万元，较去年同期增长 123.07；企业社保申报率、缴费率达 91.53%；收入预测及催报催缴工作均处于较高水平。不少纳税人缴费人表示，在新的税源管理方式下办理税收业务，时间更短，速度更快，效率更高，真正实现了"最多跑一次、一站式办结"，纳税缴费获得感大幅提升。

一、优化征管方式，进一步凝聚思想共识

一是高度重视，明确改革主题。认真学习省市局关于进一步优化税源管理方式的意见及实施方案，以全年"一号工程"的政治站位定义优化税源管理方式的工作，制发了区局《关于进一步优化税源管理方式的实施方案》（益高税函〔2022〕1 号），成立由一把手任组长的领导小组，组建了工作专班，明确了部门分工，实现了全局覆盖、全员延伸。党委统筹调度，全局统一认识，明确此次改革的主题是：以税务人的辛苦指数换取纳税人的幸福指数，通过最大力度优化税源管理方式，实现最大程度提升纳税人缴费人获得感。

二是吃透精神，稳步推进落实。该局部署"三步棋"，稳妥推进相关工作：第一，锤炼本领，赋能增效。精准定向培训，搭建专业化团队，为推进改革夯实队伍基础；第二，统筹规划，稳扎稳打。执行"原专管员首问负责兜底制"，快速响应纳税人诉求，为推进改革上好"双保险"，确保问策有门、渠道畅通；第三，智慧办税，全程留痕。拓展电子税务局等线上渠道，提高智能化应用水平。依托金三系统，建立"发起—推送—监控—反馈"的完整闭环，全方位提升管理效能。

三是遴选精兵，配强一线力量。顺应进一步深化税收征管改革的新形势，该局于 2022 年 1 月份率先启动了一般干部职工轮岗交流，在全局范围内遴选综合素质全面、业务能力精湛、服务群众热心的干部，优先配备到各税源管理单位，尽最大努力解决税务分局等税收前沿部门人手不足的问题。提倡年轻干部和业务骨干在纳税服务一线锻炼成长，要求 40 岁以下缺乏大厅工作经历的干部全部到办税厅工作，在纳税人缴费人最需要的地方展现青春风采、锤炼业务水平。

二、聚焦纳税便民，进一步创新工作方法

一是设置驻厅专岗，聚合提升办税能力。全体税源管理部门在办税服务厅设置专岗，每天安排干部在大厅值班坐岗，接受纳税人缴费人的涉税咨询。各税源管理部门在大厅均有专人服务，各业务流程从办税前台到管税后台直接流转、无缝衔接，纳税人缴费人无需在办税大厅与税务分局之间反复奔波，所有涉税问题均可在大厅一次性解决。从响亮提出"办税不出大厅"的服务口号，到减少来回折腾、提高办税效率、赢得满意口碑的具体落实，真正实现了"进一张税务门，办所有涉税事"。

二是设立联合专办，启动协同办税机制。转变思维、更换模式，致力于由单兵作战向团队协作转型，并将工作思路、相关措施、进展情况向市局党委及区工委管委会作了汇报，得到了相关领导的充分肯定与大力支持。成立"优化税源管理办公室"，办公室设在纳税服务科，纳税服务科科长为办公室主任，驻厅部门为成员单位。优化税源管理办公室负责协调驻厅人员与办税服务厅之间的工作，负责驻厅人员的绩效考核，负责定期组织驻厅部门召开联席会议。

三是充分调研走访，全面提升办税质效。2月份，局领导先后调研各税源管理单位和办税服务厅，召开3次局长办公会，专题研究如何通过优化税源管理方式，为纳税人缴费人提供更加便捷、高效、细致的服务。建立驻厅专岗人员工作台账，办理需留痕的业务时做好登记，做到全流程可监控、全业务可量化。从纳税人办税的第一视角出发，设计办税服务厅功能区块和窗口，想尽一切办法让纳税人在厅办税时间一短再短。设置优惠政策落实咨询服务岗等岗位，公示各税源管理单位负责人的联系方式，提供365天24小时咨询税收政策的畅通渠道，精准解答纳税人缴费人涉税疑难，满足服务对象的个性化涉税需求，实现最快捷响应、最高效办理、最真诚服务。

三、突出精细服务，进一步提升工作标准

一方面，税务部门持续发力，保障政策落地落实。各党支部开展"优化税源管理方式"主题党日活动，学习文件精神，了解改革方向，全面熟悉39项日常管理职责事项、46项调查核实职责事项、17项风险应对职责事项，党建与业务深度融合、同向互促。办税服务厅加快处理遗留待办的涉税事项，基本实现未办结事项动态清零。组织各业务部门对登记、申报、征收等常见重点业务域的事项模拟演练，严格按照流程指引办理，为改革后的第一次申报期顺利过渡打下坚实基础。另一方面，营商环境全面优化，助力区域经济发展。"身在湖南办事不难"是税收营商环境与税源管理方式双重优化的落脚点。驻厅专岗人员由衷感慨，新的税源管理方式更加体现出用税务人的"加法"换取纳税人的"减法"，赢得经济社会发展的"乘法"。不少纳税人缴费人也给出了正面评价，湖南金博碳素的财务人员反映道，新的税源管理方式全面扫除纳税缴费的痛点、难点、堵点，尽可能为纳税主体提供了最优惠的政策、最优质的服务、最优良的土壤，大幅提升了企业的获得感、幸福感。

用优质高效服务
打造纳税人"非常满意"服务品牌

国家税务总局海晏县税务局　寇　治　杨　琴

为了更快更好落实退税减税政策、优化营商环境，提升海晏县税收服务经济发展能力，近期，国家税务总局海晏县税务局结合税务实际，以智慧税务建设为抓手，围绕办税堵点、痛点、难点，多维度优化升级办税举措，用心用情为纳税人纾困解难，用优质高效的服务，全力打造"非常满意"税收营商环境。

一、心贴心"零距离"办税

随着海晏县经济社会的发展，纳税服务需求也随之激增，办税多样化、便捷化的需求也愈加强烈。然而，办税服务厅没有半点拥堵，咨询辅导区、办税服务区、自助办税区……在大厅的各个功能区里，来来往往的纳税人缴费人秩序井然，快办、优办、即来即办已经成为一种常态。

海晏县税务局积极推进办税服务厅升级改造，推广自助办税终端操作智能引导和远程视频辅导功能，全面构建智慧服务网点体系。梳理必须进行现场办理的业务清单，并根据每项清单内容梳理出办税流程、所需资料、相关规范，有效推进办税便利化改革。打破业务壁垒，将所有前台窗口打造成"一窗通办"式综合服务窗口，同时设立绿色通道，为残障人士、高龄老人等特殊群体提供"面对面"辅导，"心贴心"服务。打造"汉藏双语"服务模式，安排精通少数民族语言的干部专项受理少数民族纳税人涉税事项。

二、面对面"陪伴式"服务

为进一步扩大税费优惠政策知晓度和落实力度，切实帮助中小微企业摆脱困境、恢复发展，最大程度提升辖区内纳税人缴费人的纳税遵从度和满意度，海晏县税务局以基层党建效能建设为抓手，依托"税费齐抓共管"协调机制，深入企业，通过发放宣传辅导材料、政策讲解等方式，面对面为代理会计提供咨询服务，积极推动各项税收优惠政策落实落细。

"这次政策宣讲对我们可谓是及时雨，内容广，干货多，不仅有政策内容，还有享受条件，如何享受，尤其是增值税留抵退税，要是我们也能享受的话，会减少很大的经营压力。"三信公司的老会计李明英女士说到。

同时，海晏县税务局还抽取辖区内已经享受"六税两费"扩围税（费）政策的10余户企业，进行电话回访。了解企业经营情况，征询企业在退税（费）过程中遇到的问题及相关的意见建议，及时响应企业涉税、涉费服务诉求，进一步提高退税（费）审核、审批和办退效率，让辖区内纳税人缴费人应享尽享快享税费减免政策所带来的政策红利。县局持续优化退税（费）流程、精简退税（费）资料，在严格落实政策、规程要求的前提下，跟踪了解企业所退税（费）资金的到账、规划和使用情况。建立线上"非接触式"动态监测和不定期"回访机制"，确保退税（费）政策的全覆盖、监控的全动态，真正为企业纾困解难。

三、手牵手"春风般"助力

2022 年是开展"春雨润苗"专项行动的第二年，海晏县税务局以推进"春雨润苗"专项行动为契机，紧密结合县局"金税润万家"党建文化品牌创建行动，联合海晏县工商联、海晏县就业局、海晏县退役军人事务管理局开展专题培训，面向不同群体制作各类培训课件。培训针对性强、覆盖面广、可操作性高，最大程度帮扶企业及个人享受优惠政策。

与此同时，海晏县税务局联合县工商联持续推动沟通联络和协作配合，以"信息共享、优势互补、工作协同、持续推进"为原则，把支持民营经济发展作为重心和重点，拓宽税企沟通渠道，加强税收政策宣传，积极响应民营企业合理涉税诉求和意见建议，协调解决民营企业涉税困难，有针对性地为民营企业提供便捷、高效、精准的税收政策服务，以便民办税之"春风"化作小微企业成长之"春雨"，更好服务保障市场主体，助力组合式税费支持政策落地落细，提质增效，确保各项惠企利民政策不折不扣落实到位。

征程万里风正劲，重任千钧再奋蹄。海晏县税务局全体干部职工必将继续扎实推进税费服务创新，让纳税人缴费人切实享受更优质、便捷的服务，助推征管流程更顺畅，营商环境更清新，为海晏县经济高质量发展注入税务动力。

优化服务"不缺位"
企业复工"不断档"

国家税务总局大同经济技术开发区税务局

面对严峻复杂的疫情防控形势，国家税务总局大同经济技术开发区税务局在全力做好疫情防控工作的同时，积极组织具备条件的税务干部复工返岗，有序推进各项工作重返正轨。

"一到大厅就有税务'大白'带着我量体温、验两码，然后引导我到空闲窗口办理业务，不到十分钟我就完成了清盘并领到了发票，井然有序的防疫秩序和税务部门贴心细致的服务让人觉得特别温暖。"山西双雁生物科技有限公司办税人员韩继华如是说。

2022年12月1日，雁北大地寒风呼啸，该局6名办税服务厅的工作人员提前半小时就到了工作岗位，在完成个人防疫监测、穿戴防护服、软硬件设备检查后，对智慧办税厅、人工服务窗口、办税等待区等区域进行了全方位、无死角的清洁消杀，在重点区域提前配备酒精消毒液、免洗手消毒凝胶、N95口罩等防疫物资，为纳税人缴费人营造了一个安心、安全的办税氛围。上午8：30，办税服务厅准时有序对外开放。

办税服务厅负责人苏补红介绍，为最大限度减少人员流动可能带来的疫情传播风险，该局办税服务厅实行"税务干部轮岗制"，大厅负责人工作日全天在岗，其他人员分两班倒隔天上岗；采取"办税缴费预约制"，当纳税人遇到必须在大厅才能办理的业务时，可以先在线上预约，然后按时到大厅办理。

该局在办税服务厅室外开阔处设置了消毒设施齐全的办税等待区，纳税人按预约时间到达等待区并拨通大厅工作电话后，穿着防护服的工作人员就会到等待区"一对一"对接纳税人测量体温、查验两码、做好登记并引导纳税人到大厅办理业务，业务办理完成后，工作人员将纳税人送出大厅，而后带领下一名纳税人进入大厅办理业务，"预约挂号、一来即办、办完即走"的"绿色通道"实打实地为纳税人健康办税、安全办税、满意办税"保驾护航"。

"预约办税最大程度上防止了人员接触，降低了疫情传播风险，工作人员与我们保持着安全距离，大厅里还有机器人巡航消毒，我感觉十分放心！"韩继华说。

当日，该局办税服务厅有序完成了税控管理、发票领用、涉税受理、申报纳税等70多项业务，各项工作平稳有序，正常的办税服务工作秩序正在稳步恢复。

疫情当前，税务部门不仅要守住纳税人办税缴费的"健康线"，更要帮助企业稳住复工复产的"发展线"。

"我有一笔退税想要申请，可以教我一下怎么操作吗？""您好，我想咨询一下一般纳税人发票认证的问题。""可以给我讲解一下个人所得税扣缴申报吗？""咱们这个月征期什么时候截止呀？"这是 2022 年 12 月 1 日，纳税人在征纳互动平台向该局提出诉求的其中一部分。苏补红介绍，疫情防控期间，每天都有上百条这样的问题，税务干部们都会一一做出回应，帮助纳税人答疑解惑。

国药集团威奇达药业有限公司办税人员杨娜对征纳互动平台赞不绝口："工作人员通过这个平台向我展示了用电子税务局申领发票的全过程，不到 5 分钟我就在网上完成了发票领用申请，线上指导业务办理真的十分贴心。"

据悉，纳税人缴费人可以在征纳互动平台上以文字留言、拍照上传等方式向税务机关提出诉求，也可以使用远程帮办功能上传资料由税务人员在后台协助办理业务，还可以收到最新税收政策的即时推送。

在疫情防控形势严峻复杂的背景下，该局以征纳互动平台、晋税通 APP 等线上办税平台为媒介，实现了"从现场办到线上办、从网上办到掌上办、从排队办到即时办"的"非接触式"办税服务再升级，全力以"复"保证疫情防控特殊形势下办税服务不脱档、不断线，实实在在地助力企业复工复产、平稳发展。

苏补红表示，疫情当下，我们将持续优化"非接触式"办税缴费模式，动态调整办税大厅管理模式，积极引导纳税人"涉税事项网上办，不是必要不窗口"，让纳税人办税缴费更省心、更安心、更放心。

多举措提升纳税服务
助力营商环境优化

国家税务总局三亚市崖州区税务局

崖州区税务坚持以纳税人为中心，大力开展便民办税春风行动，着力提升纳税服务质效，将营商环境优化作为工作中的"头等大事"，努力为海南自由贸易港建设贡献税务力量。

为加速实现办税缴费从"最多跑一次"向"一次不用跑"的转变，崖州区税务局大力推广"码上办"线上导办子系统，为纳税人缴费人提供线上辅助办税，解决纳税人缴费人在业务办理过程中遇到的信息系统和业务操作等问题，实现了"远程帮办、问办结合"服务。纳税人缴费人通过扫码或掌端小程序进入"码上办"线上导办系统，系统根据纳税人的办税需求提供"智能＋人工"的办税全渠道引导和办理，包括远程可视化咨询辅导、远程授权帮办服务、系统预填单、线上排队等功能服务，税务人员随即在平台上同步进入税务金三系统，引导纳税人缴费人操作完成办税缴费，实现了纳税人办税"掌"上通、"码上办"。

聚焦办税缴费的难点、堵点问题，重点对纳税人进厅业务咨询至离厅业务完结涉税全过程、全环节进行引导服务，设立"崖税无忧"咨询辅导室，精选各业务部门精英业务力量轮流值守，由专人受理纳税人缴费人的个性需求、处理疑难事项。同时与咨询台相呼应，构建"前台咨询—后台无忧辅导"二级咨询辅导体系，实现了办税全过程的"提前介入、全程跟进、及时指导、兜底服务"。

完善"一站式"服务力度。为提升园区内新办纳税人的满意度，与崖州湾科技城管理局深化合作，将税务 Ukey 委托发放，与工商营业执照、公章一并形成新办企业大礼包，发放至园区纳税人，进一步提高企业开办便利度，切实打通企业开办全链条，缩短企业开办时间，全力为企业"松绑减负"，打造更加便捷、高效、优质的营商环境。

在办税服务厅开通"局长对话直通车"，通过主动公开大厅负责人的邮箱、办公电话、接待室等途径，直接受理倾听纳税人缴费人对崖州税务的合理化意见、建议及工作中存在的问题与不足，并及时采取措施，做到事事有着落、件件有回音。

整合日常办税过程中简单、取号耗时的高频业务，在办税服务厅开设"税快办"速办通道，利用清单式管理模式详细逐条列明速办事项，迅捷办理各项简单业务，让纳税人真正实现办税体验的"来也匆匆、去也匆匆"。

崖州区局建立 4 个税企直联服务群，共邀请 1861 户企业入群，严格落实首问责任制和税源分局长兜底服务的原则，指派业务骨干解答问题，定期发送税费优惠服务政策及满意度宣传标语，对于税源分局无法解决的问题或需要协调的问题，成立由局领导负责督办、各业务骨干协同配合的咨询辅导兜底服务团队，以便快速精准解答纳税人的问题。

崖州区税务局经与崖州各社区、居委协调沟通，已确定100余名社区网格员配合参与税收协同共治工作，发挥职能优势，切实深入基层问计问需，聚焦企业"疑点难点"有针对性地开展税收辅导宣传，服务辖区企业用足用好税收优惠政策，以个性化、定制化服务，切实提升纳税人获得感。

崖州区局以支部共建为契机，以"支部共建添活力，税企村融合促发展"为主题，与崖州区盐灶村党总支委员会、中化化肥有限公司海南分公司党支部开展"税企村"三方支部共建活动，交流党建工作经验的同时将惠农税法知识、办税便捷举措等满意度工作情况进行宣传讲解，全力推进三方业务深度融合。

悠悠"税"月谱华章 征途漫漫唯奋斗

——三都税务税收这十年

国家税务总局三都水族自治县税务局 杨 强 谭小丽 莫玲丽

从 2012 年习近平总书记参观"复兴之路"展览时强调"空谈误国，实干兴邦"，到总书记 2022 年新年贺词中教育我们"致广大而尽精微"，我们始终牢记殷殷嘱托，十载感恩奋进，从非凡历程中走来。

这是忠诚为党、政治清明的十年。

我们始终坚持党对税收工作的全面领导，持续深化政治机关建设，坚决走好"第一方阵"。我们一直争创省部级文明单位，先后获得 22 项地厅级荣誉、48 项县处级荣誉，全省文明单位、全州脱贫攻坚优秀共产党员、全县优秀共产党员……一项项荣誉，是我们自始至终忠于事业、忠于理想、忠于信念的最好见证。

这是廉洁奉公、风清气正的十年。

我们纵深推进全面从严治党，毫不犹豫讲政治、守规矩，坚持不懈"纠四风""树新风"，党员干部知敬畏、存戒惧、守底线。我们做到了自党的十八大以来，没有一起党风廉政负面事件发生，没有一名党员干部受到组织处理，我们以实际行动践行了"两个维护"。

这是坚守初心、履职担当的十年。

我们坚决扛好"为国聚财，为民收税"的神圣使命，依法依规组织税收收入 38.8 亿元，实现年均增长 5.3%，为保障国家财政收入付出了艰辛汗水。我们坚决贯彻落实党中央、国务院决策部署，不折不扣落实减税降费政策，新增减免税收超 1.17 亿元，为激发市场主体活力、助力地方经济发展做出了积极贡献。

十年来，我们在改革发展一线攻坚克难。在全面推开营改增中，我们不负使命、彻夜奋战，顺利开出了三都县首张"营改增"增值税发票；在金税三期工程优化版推广工作中，我们主动担当、团结协作，荣获三等功 2 人次、"嘉奖" 3 人次；在国税地税征管体制改革中，我们"舍小家、为大家"，见证国地税从合作、合并到合成的历史变革……在这些一系列的税收改革发展中，我们勠力同心，勇挑重任，展现了三都税务人的担当风采。我们曾经的好同志——原三都县国税局陆锦师，躬耕税务十七载，先后 8 次被评为"优秀公务员"、3 次被省州局荣立三等功，因工作过度劳累离世。他用行动所展现的不辞辛劳、用生命所展示的敬业精神，是我们所有三都税务人十载奋斗的集中缩影。

　　十年来，我们在担当使命一线开拓进取。我们围绕中心工作，落实落细深化税收征管改革举措，依法打击偷逃税等违法行为，用好"征管服"的加法，确保国家税款足额入库；也不忘用好用足税费优惠政策"减法"，支持市场主体纾困发展。特别是新冠肺炎疫情发生以来，我们严守组织收入底线，落实各项税收优惠政策，帮助辖区市场主体减轻负担、渡过难关。十年来，我们坚决收好税、带好队，积极发挥税收职能作用，有力服务了经济社会发展大局。

　　十年来，我们在服务群众一线践行初心。我们连续9年开展"便民办税春风行动"，从纸质资料到电子资料，从进厅办税到网上办税，从上门服务到线上辅导，我们积极落实各项便民办税改革举措，完善构建"网上办税为主，自助办税为辅，实体大厅兜底"的服务格局。我们主动创新服务举措，结合少数民族自治区域实际，设立"双语帮帮团""志愿宣传队""服务专管员""税收特派员"等特色服务板块，以虔诚、真诚、至诚的优质服务，努力换取广大纳税人缴费人的"非常满意"。我们的行动获得了第十三届全国人大代表宋水仙以及贵州省水族马尾绣省级非遗传承人韦应丽等企业负责人的肯定。

　　十年来，我们在大战大考一线彰显精神。我们尽锐出战脱贫攻坚，勇担时代重任，将困难群众"扶上马，助一程"，帮助解决人民群众的教育、住房、医疗、饮水及就业增收等问题，我们在三都水族自治县石板村、元幹村的马路上、田坎间，都留下了税务人的足迹。2019年，我们扎根在三都水族自治县元幹村扶贫第一线，用800多个日夜的坚守和帮扶，换来了2117名水族贫困群众的稳定脱贫和同步全面小康。在面对世纪疫情这道"加试题"时，我们挺身逆行，以志愿者身份奋战一线，积极抗疫情、促发展，书写了税务满分"答卷"，弘扬了中国税务精神。

　　风好正是扬帆时，策马扬鞭再奋蹄！回望过去，筚路蓝缕；展望未来，当奋楫扬帆。

　　我们始终坚持党对税收工作的全面领导，始终坚持一以贯之全面从严治党，始终坚持高质量发展，始终坚持改革创新，要锚定税收现代化目标，持续抓好党务、干好税务、带好队伍，贯彻落实贵州省税务系统"1234"工作思路和全州税务系统"四个三"工作思路，深化"党旗领航·税润三都"党建品牌建设，突出"干"字当头，打造"干事创业之都、干部培养之都、干净清廉之都"的"三都"税务机关，继续在绝对忠诚中恪守初心、在接续奋斗中展现作为、在迎战考验中书写担当，为推进少数民族自治地区税收现代化建设奉献税务力量！

"五微不止"让小支部发挥大作用

国家税务总局鱼台县税务局

为进一步发挥基层党支部的战斗堡垒作用，打通党建"最后一公里"，2022年以来，鱼台县税务局结合工作实际，以"五微不止"之力，凝聚党支部合力，着力打造"严肃、活泼"基层党支部。

发挥"微带动"。后进党支部旁听先进党支部会议，观摩先进党支部党建阵地，以点带面，抓两头带中间，推动"后进赶先进，中间争先进，先进更前进"，积极开展百佳党支部、示范党支部评创活动，以示范引领提升党支部建设水平，实现党支部建设全面进步、全面过硬。

巡讲"微党课"。培养、选送青年党员干部参加市、县级"微党课"竞赛及演讲比赛，并获佳绩。其中，贾迪等3名同志被县委宣传部推荐为"鱼台县百姓宣讲员"。利用"微党课"人才优势，建立巡讲团队，走进各个党支部、深入重点企业，宣传新思想、传播正能量。

发现"微光芒"。相对"批评与自我批评"，"微光芒"主要是利用党支部活动，及时发现、表扬在平凡岗位中有闪光点、正能量的普通干部职工，把他们"微小"又"动人"的事情讲述给更多的人，注重发挥激励和引导作用，让小才微善、默默无闻的"老实人"得到鼓励和认可。

用好"微平台"。发挥党内民主作用，利用"三会一课"、主题党日等活动，设置"微平台"环节，让党员同志在党支部活动上谈时政、议社会热点、论党支部重要议题，鼓励党员"参政议政"，凝聚集体智慧为县局发展建言献策。

建立"微考核"。通过两项内容制定考核清单，一方面量化"微"指标考核得分，根据党支部日常工作完成情况、活动开展情况和资料报送情况量化党建考核指标，逐项记录得分；另一方面实时"微"总结"记账"加分，在重点工作、专项工作结束后对先进典型进行实时表彰，"记账"加分。考核清单得分将直接运用于人事管理、评优评先、年底党建绩效考核等，以最大限度激发党支部能量。

与时间赛跑的"包大夫"

国家税务总局武山县税务局

"退税减税降费的根本目标是赋能中国经济。"减税降费，折射出党中央、国务院对形势的精准把控与科学决策，蕴含着亿万市场主体的期待与希望。

2022 年，对中国税务人来说注定是不平凡的一年，留抵退税工作进度之快、体量之大、要求之高，前所未有。

如何确保退税"红包"直达企业？成为税务人心头最挂念的事。

包清华常说："弄懂弄通政策是干好工作的前提，准确掌握政策是服务纳税人的关键。"

"两会"召开后，他便时刻关注税收政策动向，配套文件还未下发时，他就带头搜集相关政策法规，"抢"在政策正式实施之前，整理了一本厚厚的自学手册，做足充分准备。

留抵退税冲锋号吹响后，为了响应总局王军局长"快退税款、狠打骗退、严查内错、欢迎外督、持续宣传"五措并举的要求，武山县税务局迅速抽调业务骨干成立了减税办，时间紧、任务重、工作量大、人手短缺等诸多困难摆在了大家面前，此时恰逢新任的税政一股股长被抽调外出一个多月，由谁牵头负责更是关键。

思索再三，老包主动请缨："我来负责吧。虽然我从中层岗位上退了下来，但全县纳税人的情况没有人比我更熟悉，纳税人也比较信任我，由我宣传辅导政策，纳税人更容易接受。"

作为在政策法规一线坚守了 20 多年的排头兵，这场战斗由他来打头阵最为合适。

享政策的前提在于知政策、懂政策，减税降费政策年年更新，宣传辅导必须时时跟进。摆在老包面前的第一道题，就是如何把新政策向纳税人讲清楚、说明白？为此，他立即举办了一期减税降费专题培训班，为了让纳税人听清听懂，三个小时的培训里，他用方言一遍遍的解释政策法规。还别说，培训班一结束，很多纳税人就心有所动，争先恐后地咨询享受政策的条件和办理流程。

其实，像这样的培训远远不止在线下和工作日，翻开他的手机，一长串的通话记录和聊天页面，都是他对纳税人一对一、点对点的详尽辅导。

三月，春风初盛，誉为全国蔬菜之乡的武山，正处于农忙时节，一座座蔬菜大棚里到处都是忙碌的身影。

这样的忙碌让武山县建娃农机有限责任公司负责人王建斌既欣喜又发愁，欣喜的是农资的需求量增大了，发愁的是自己刚接手公司，流动资金困难，急需的农机无法采购。在一次咨询时，王建斌随口提了一句自己的困难，老包便记到了心里。

2022 年 4 月 1 日一大早，老包就拨通了王建斌的电话："王总，今天是留抵退税的第一天，根据最新税收政策规定，你们公司符合留抵退税条件。"他乐呵呵地说道。

王建斌难以置信地说："不会吧，还有这种好事。之前都是给税务局交钱，现在怎么还有退钱这一说。"

"这是党中央和国务院送给你们的红包，你让会计抓紧来办理吧。"

放下电话，他又对其他提出退税的企业进行了逐一提醒，还时不时问一下国库，看退税资金到底到账了没，生怕出差错。

当建娃农机的会计告诉他退税资金到账后，他紧皱的眉头终于舒展。首战告捷，他感到无比欣慰，这笔退税资金既解决了企业资金困难的燃眉之急，又助力了农民春耕生产，也算是为服务三农、乡村振兴做了一点小小的贡献。

在这场战斗的关键时期，新一轮疫情再次波及天水，武山县也未幸免，一切活动按下了暂停键，但，退税的脚步不能停！贯彻省局"防疫不松，学习不停，工作不乱"要求，在请示县局领导同意后，包清华带领团队住在单位，时刻紧盯留抵退税工作。

期间，他发现符合留抵退税条件的武山县供热公司，迟迟没有提交退税申请。该公司作为城区唯一的供热企业，保障着全县二十几万人的冬季供暖，只有马上退出去，企业才能将纸政策转化为实打实的真金白银。

他当即联系法人，经过了解，原来是企业涉及居民供热的免税收入和应税收入，需要准确计算应抵扣的进项税额才能申请退税，但由于会计在集中隔离，公司其他人无法胜任此项工作，所以暂时不能提交申请。思考片刻，老包表态道："那我们来帮忙吧，早申请早享受，争取让你们尽快拿到退税资金！"

第二天，619 万元的退税款抵达企业账户，企业法人又惊喜又感激，连连称赞"你们这效率确实高，速度太快了。"

没错，这，就是新时代的"税务速度"！这，就是新时代的"税务精神"！

愿乘长风破万里　激扬税月请长缨

——国家税务总局盘州市税务局首席团队退税减税助企纾困先进事迹

国家税务总局盘州市税务局　邹志华

国家税务总局盘州市钟山区税务局　邢　道

"青春逢盛世，奋斗正当时。"盘州市税务局首席代表团队负责人侯帅在做大规模增值税留抵退税内部动员时这样说道，自成立以来，盘州市税务局首席团队就以流程最优、体制最顺、机制最活、效率最高、服务最好的严格要求，打造出了一个响亮的品牌，在2022年新的组合式税费支持政策实施以来，他们当仁不让，冲锋在前，书写了"黔诚税悦"的青春最强音！

侯帅：铁汉柔情——奉献大家，守护小家

刚过完30岁生日的侯帅，是首席代表团的"顶梁柱"，在管理岗位锻炼多年的他，有了很多和纳税人接触的机会，深知近两年来很多企业面临的困境，收到大规模留抵退税政策即将实施的消息，他开始盘算有多少家企业能靠这笔退税渡过难关。作为业务尖兵，他第一时间就带领"党员先锋队"十余名同志开始了摸底工作，走访企业319户，辅导办理留抵退税489余户。

2022年4月，正值留抵退税工作任务最繁重的时期，预审基数大、风险高，就在此时，侯帅迎来了他第二个孩子的降生，但是他想起纳税人殷切期盼的眼神，他还是坚守一线带队核实退税，直到妻子打来电话告诉他羊水破了，他才放下手里的退税资料赶到医院，母子平安时，他难忍激动泪水对妻子说道："我们家又添新成员，辛苦你了。我那边退税减税工作也很顺利，很多企业都渡过了难关，真是双喜临门，回头忙过这段时间我再请陪产假，好好弥补你们娘俩。"安顿好家里的事情，侯帅再次扑到了工作一线。

刘昌荣：老骥伏枥——领路朝阳，税月荣光

他是首席团队当之无愧的"老大哥""领路人"，作为首席团队年龄最大的成员，他成为了这个团队最坚实的后盾。首席代表团成立之初，他便主动请缨要去首席团队带带年轻同志，从税三十多年，他在税收征管方面有着极为丰富的经验，堪称行走的"教科书"，也正是因为他孜孜不倦的教诲，首席团队成员在业务能力、团队协作、沟通能力等方面取得了飞速进步。

"老骥伏枥"是他对自己的调侃，更是他坚守"税月"的光荣见证。深耕征管一线多年的他，

既是新同志的"教导员",也是纳税人的"店小二",一声声"刘老哥",亲切地喊出了他们之间的信任与情谊,在税务局和企业之间,他便是那根"纽带"上最结实的"绳结"。退税减税工作开展以来,他带队精准核实退税企业45户次,及时为企业送去了税惠"红包"。

张倩:税务木兰——心细如发,战力爆表

在大规模留抵退税这场攻坚战中,张倩无疑是首席团队的一颗"定心丸",她对待工作那股精细与"执拗"时刻感染着周围同志,无论什么疑难杂症,交到她手中都能一一化解。面对复杂的申报数据、表间逻辑关系、企业关联比对细节她从来都是一丝不苟。为了确保税款又快又稳的退到纳税人手中,她只能加班加点地开展工作,桌面上整整齐齐地放着一堆《退税申请表》《风险提示单》《复审清单》,同事们打趣地说道:"要是不注意看,隔着这堆高高的资料,根本不知道她在。"

一段时间的高强度工作以后,她身体很快就出现了问题,最终病倒在一线。即使在医院的病床上,她也一直在和首席团队的同志们保持联系,反复跟同事们念叨要认真细致,病房里充满她忙碌的声音,在医生几番提醒下,她才肯放下手中的工作。"谁说女子不如男,千古木兰多美谈",她像一面旗帜,身后是无数和她一样坚守岗位的"巾帼英雄",在用青春泼洒热血,铸就蓝色的梦想。

李媛媛:独在异乡——以梦为马,不负韶华

在盘州市税务局的五年里,这个来自河南商丘的90后小姑娘,迅速融入集体,一门心思投入学习和工作。在盘州的热土上尽情挥洒青春的热情和汗水,不断找寻归属感和获得感,把单位当成家,克服了独在异乡的烦恼,成长为独当一面的"铿锵玫瑰"。退税减税工作开展以来,她上门为40家企业提供了"一户一策"政策解读,把200余份组合式税费支持政策大礼包送到了纳税人手上,收获了纳税人的肯定和一致认可。

作为留抵退税党员攻坚队的一员,也是纳税人口中的"暖心人",时常去企业一去就是一整天。盘州市幅员辽阔,如果去稍远一点的乡镇,回到家天都已经黑了,到家以后还要在笔记上记录企业的经营状况、进项和销项……,然后做好第二天的工作计划。忙完了一天的工作,她照例和远在河南家人视频聊天,正聊到开心,来电显示某公司的刘会计,"纳税人电话,估计是咨询业务,我先挂断了。"李媛媛匆忙挂断视频,赶紧接起了刘会计的咨询电话。每当纳税服务微信群里面有人遇到困难,总有人提醒"@李媛媛",大家一致认为"税务局那个北方口音的小李,为人热情又大方,回复及时又准确,找她准没错"。

陶冶:赤诚如火——才情兼备,不让须眉

她是首席团队的最年轻的小妹妹,长辈们戏称的"95后小年轻",一直以来都是集体中最

活跃的份子，脸上时常挂着笑容，干劲十足。年纪虽小，却是个样样精通的"多面手"，4 月初的时候她在留抵退税攻坚阵地摸爬滚打，月底还要抽出时间参加"我心向党"微党课评选，她的业余时间也几乎花在了筹备微党课视频录制上。5 月，献礼共青团成立百年"青春百年——青年赞"话剧表演上也有她的身影，每天十几个小时的时间几乎被填满了，就算这样她也没有丝毫懈怠，平时工作走访企业、审批流程、移交资料，一项工作也没落下，留抵退税实地核查时她按部就班，从申报入手、查票流、查销项，一张张地翻看凭证，她所在的位置，堪称留底退税风险防控"一线中的一线"，通过对风险的严格把控，她阻断了留抵退税 32 笔，精准防范了退税风险。

巾帼不让须眉，首席团队里年龄最小的陶冶，用她的赤诚之心展现出了一个青年税务干部应有的担当和作为，她所书写的华章，将以青春的名义，税月留名！

回首向来萧瑟处，归去，也无风雨也无晴。盘州市税务局首席代表团队冲锋在前、忠诚担当，谱写出一曲兴税强国的壮丽诗篇，他们微笑先行、暖心服务构筑了税企一家的和谐画面。这群人，是一个又一个在平凡岗位上默默奉献的税务干部，他们在这场退税减税的战斗最前线挥舞着手中的旗帜，终将迎来胜利的佳音。

为民办实事 传递"税务温暖"

国家税务总局云和县税务局

近年来，国家税务总局浙江云和县税务局不断聚焦纳税人缴费人在办税缴费过程中的"急难愁盼"，推出一系列"我为纳税人缴费人办实事"的创新举措，积极从无差别服务向精细化、智能化、个性化服务转变，努力提升广大纳税人缴费人的满意度和获得感。

一、延伸办税触角，让距离"更短"

"出门步行5分钟，就到了这个'微税厅'，很快就办好了所有要办的业务，不用再花30分钟跑到县城里去办了，真是省时又省力！"刚在"微税厅"里办好玩具经营部涉税业务的张小伟感慨道。"自从有了这个微税厅，90%以上的业务我都能在家门口办了。"

张小伟的获得感源自于云和县税务局推出的智慧便民新举措——"微税厅"。为打通办税缴费的"最后一公里"，税务部门根据县域区位、产业特征、纳税人分布密度及其需求，联合邮政银行在偏远的街道乡镇设置了"微税厅"，云和县首个"微税厅"就设立在木制玩具厂较聚集但离县城有一定距离的中山西路邮政银行大厅。在这里，纳税人可以直接办理发票代开、自助申报、社保证明开具等涉税业务，让附近的纳税人在家门口就能享受到无差别的办税服务。"微税厅"还提供了线上办税咨询服务，连接税务中台，由后台专家团队远程辅导，能够快速解决疑难问题，进一步满足办税需求，真正做到"线下服务无死角、不打烊"的高效服务机制。

二、创新办理模式，让服务"更暖"

近日，云和县税务局不动产纳税窗口收到"大搬快聚富民安居"工程收回集体用地集中办证的工作，由于办理人数较多，且以老年人为主，考虑到原有不动产纳税窗口数量和人手有限，可能出现纳税人排队时间长、老年群体业务办理不便利、原有日常业务堆积等情况。

为解决业务办理的"堵点"，云和县局在保留原有窗口受理日常业务的基础上，特别设置专人专办窗口，增加人员集中处理"大搬快聚富民安居"工程的办证业务，同时配置爱心服务专员，为前来办理业务的老年群体提供"优先办""陪同办"。"专人专窗专办"的模式实现了精准服务，同时提升了窗口的办税效率，大大减少了纳税人的排队时间，实现不动产纳税窗口高效有序的运转。"我年纪大了，不会用电子产品，以为自己来办个房产证要很久，没想到税务干部全程陪同，不到半个小时就帮我办理好了，为这份暖心服务点赞！"拿到房产证后的李爷爷激动地说。

截至目前，云和县税务局已顺利为该工程 108 户纳税人办好不动产纳税业务，获得纳税人的一致好评。

三、组建税务"帮帮团"，让帮扶"更实"

颜伟，是云和县艺域画室的创始人，因儿时患小儿麻痹症，他的右脚烙下了残疾，但他没有因此放弃对生活的追求，一直用双手和色彩装饰着自己的梦想。几年前，颜伟决定创办自己的画室，但腿脚的不便给他的创业之路带来了不少阻碍，注册登记、纳税申报、发票开具等事情让他犯了难。

"在我正犯愁的时候，税务局的干部就上门帮我解决了燃眉之急。"颜伟说道。为帮助残疾人更好的创业，云和县税务局依托"赵君山党员工作室"，组建税务"帮帮团"，开展入户一对一精准帮扶，手把手指导颜伟如何进行网上纳税申报、发票开具等具体操作，为他详细解读残疾人创业能够享受的税收优惠政策，同时定期梳理最新的政策，第一时间"送政上门"。不到几年的时间，艺域画室的生意变得非常红火，这也让颜伟获得了丽水市残疾人创业十佳杰出青年称号。"税务干部考虑到我的腿脚不便，定时上门来画室为我讲解能享受的税收优惠政策以及一些网上办税的操作，在税务部门的暖心帮扶下，我的画室才有了今天的成绩"颜伟满脸笑意地说道。

税务服务给力　实体经济迸发活力

国家税务总局运城经济开发区税务局

实体是经济发展中最重要和最基础的"底座"部分。2022年以来，国家税务总局运城经济技术开发区税务局充分发挥税收职能作用，全面落实税费优惠政策，助力实体经济降本减负、活力奔涌。

一、催生产品量产，企业发展动力更足

制造业是实体经济的主体。运城经济技术开发区税务局全面落实支持制造企业发展的各项税费优惠政策，以税务部门政策服务为企业发展增添动力。

"留抵退税政策有效缓解了我们在资金方面的'后顾之忧'，进而带动技术改造，催生新产品量产，让我们对智能转型升级信心更足。"山西大运汽车有限公司财务负责人马惠琴说。作为新的组合式税费支持政策中的重头戏，增值税留抵退税让制造业企业获益明显。2022年以来，受益于留抵退税的快速到账，缓解了企业在资金方面的"燃眉之急"，一定程度加快了该企业远航Y6、Y7和SUV远航H8、H9四款新能源车型的上市进度，增强了企业发展内生动力。

二、缩短生产周期，项目建设加速落地

"留抵退税增加了企业的资金回流，我们将获得的退税资金全部用于项目投资，预计2023年1月份即可提前投产。"山西北铜新材料科技有限公司负责人高兴地说。

山西北铜新材料科技有限公司是一家集铜合金、高精度铜板带、高性能压延铜箔、覆铜板的研发、生产、销售为一体的高科技型新材料企业，在运城经济技术开发区投资新建高性能压延铜带箔和覆铜板项目。由于该公司处于项目建设期，购买国外大型设备、设计安装、工程建设等形成了大额留抵税款，按照项目正常序时进度，原计划于2023年下半年进入生产运营。留抵退税到账后，该公司投资力度加大加快，极大缩短了项目建设周期，加速了项目投产达效。

三、扩充经营范围，助企蹚出发展新路

在统筹疫情防控和经济发展中，运城经济开发区税务局还打出"政策服务＋助企纾困"组合拳，为企业"量体裁衣"纾困解难，帮助企业厚植发展沃土。

运城机场深航酒店管理有限公司前期属于筹建期，形成了大量留抵税额，由于资金紧张，

公司 5 月份开业初期只涉及西餐。运城经济开发区税务局通过实行"一户一策"，为企业提供涵盖税企沟通、政策解读等一系列辅导，第一时间为企业办理了留抵退税。同时积极发挥税务部门优势，在搭建产品推介平台、助企拓宽发展新路等方面建言献策，帮助企业加快中餐、婚庆礼仪等日常生活项目的开设，助力企业点燃了运城开发区的城市"烟火气"。经营范围的多样化、全面化带来了企业经营利润的增加，为企业开辟了发展新路。

运城经济开发区税务局党委书记、局长赵晋表示，将进一步落实好支持实体经济发展的各项税费优惠政策，为企业降本减负引水活源，助力护航实体经济行稳致远。

党建引领
为组合式减税降费注入"红色动力"

国家税务总局张家川回族自治县税务局 师念龙

2022年以来，张家川县税务局坚持按照"围绕税收抓党建，抓好党建促税收"的工作思路，把落实组合式减税降费政策措施作为首要政治任务紧盯不放、常抓不懈，主动把党建引领的触角延伸到组合式减税降费工作的主战场，将党建工作与税收及新的组合式税费支持政策同谋划、同部署、同落实，打造减税降费"铁账本"，有效地调动和激发了税务干部的奋斗热情，汇聚起税务奋进力量，确保广大纳税人缴费人有实实在在的获得感。

一、提升站位，加强领导狠抓落实

县税务局始终坚持以纳税人缴费人为中心的服务理念，充分发挥各支部战斗堡垒作用和广大党员先锋模范作用，坚决扛起落实新的组合式税费支持政策政治责任。为确保实施好2022年新的组合式税费支持政策，成立退税减税政策落实工作领导小组，为新的组合式税费支持政策落实提供组织保障。县税务局党委召开局党委会议5次，减税降费领导小组会议5次等专题研究部署新的组合式税费支持政策各项工作，详细安排部署了新的组合式税费支持政策宣传辅导工作，细化分解工作任务。把加强党的领导贯穿于落实减税降费工作全过程，结合"双培三建四提升"工作的推进，全局抽调各岗位的能手成立党员先锋队，青年突击队，巾帼服务队，确保新的组合式税费支持政策不折不扣落实到位。

二、健全制度，"六大机制"保障落实

为确保新的组合式税费支持政策有效落实，县局建立了六项工作机制，进一步加强各部门、各分局联系沟通，为各项工作顺利开展奠定了基础。一是建立工作台账机制。二是建立领导包抓机制。三是建立问题反馈机制。四是建立分析应对机制。五是建立督导督办机制。六是建立追责问责机制。

三、优化服务，"陇税雷锋"帮办落实

按照省局创建"陇税雷锋"全员帮办服务品牌工作要求，充分利用第31个税收宣传月活动，从解决"减税降费政策能否落地"等问题着手，依托"互联网＋税务"零距离架起税务机关与

纳税人之间的"连心桥"，充分利用"陇税雷锋"全员帮办机制，为企业梳理政策清单，量身定制税收优惠政策大礼包，并"一对一"讲解辅导，精准解读税收优惠政策，及时解决涉税问题，为企业提供坚实的"政策后盾"。自新的组合式减税降费政策实施以来，通过线上"非接触式"集中开展两轮 4 期纳税人培训，共辅导培训纳税人 1038 余人次，全覆盖培训一般纳税人 144 户。党员干部通过深入乡镇，线下对企业法人、会计、财务人员开展一对一、点对点、面对面的专题辅导培训，共组织开展农村经济合作组织税费优惠政策专题辅导培训 4 期 180 户次。深入企业发放调查问卷 290 余份，印发新的组合式减税降费政策指引和法规汇编 1000 余册，保证纳税人对税收政策"心知肚明"。

四、减税降费成效显著，税收红利精准直达企业

截至目前，县税务局共办理增值税留抵退税 21 户，办理制造业中小微企业缓缴 25 户，新增一般纳税人的小型微利企业"六税两费"减半征收 18 户，继续阶段性降低工伤保险费率 96 户、继续阶段性降低失业保险费率 92 户，办理小规模纳税人免征增值税 1128 户。此次落实的组合式税费支持政策中，免征增值税政策惠及全县 80% 以上的企业，这些政策的落地见效，对于激发市场主体活力、带动地方经济发展起到了至关重要的作用，更为企业纾困解难，盘活了现金流，注入了"税动力"。

同心献礼二十大 昂首迈步新征程

国家税务总局张家口市桥东区税务局

2022年10月16日上午10时，举世瞩目的中国共产党第二十次全国代表大会在北京隆重召开。张家口市桥东区税务局通过多种形式迅速掀起了学习讨论党的二十大报告精神的热潮，进一步激励全局干部以党的二十大精神为指引，不忘初心担使命、凝心聚力向未来，在高质量推进新发展阶段税收现代化的新征程上迈步向前、再创佳绩。

一、吹响奋进号角，增强兴税强国信心力量

党的二十大召开之后，桥东区税务局迅速掀起一股学习热潮，通过党委会、理论学习中心组、青年理论学习小组、专题党课等形式，认真领悟党的二十大提出的新思想新论断、做出的新部署新要求，立足税收岗位和工作实际，全面学习贯彻党的二十大精神。一是领导班子带头深入学。组织全局中层干部集中收听收看习近平总书记在中国共产党第二十次全国代表大会上的报告，并召开党委会组织班子成员深入学习，通过读原文、悟原理，把学习大会报告同学习大会系列重要讲话精神和相关文件结合起来全面深入地学习研读党的二十大精神。二是中层干部结合实际学。通过中层干部会议、支部书记讲党课等线下加"学习强国""学习兴税"等线上app的形式，组织中层干部立足本职岗位，开展学习研讨，互相分享学习心得。三是青年干部专题创新学。组织青年干部通过青年理论学习小组、晚课等形式，积极组织集中研讨和个人自学，通过"听课＋总结＋讨论"的形式，促使青年干部能够学有所思、学有所为、学有所获，进一步坚定理想信念，厚植为人民服务的情怀。

二、聚焦主责主业，推进税收工作高质量发展

"空谈误国、实干兴邦，坚定信心、同心同德，埋头苦干、奋勇前进"，习近平总书记的报告掷地有声，字字千钧。桥东区税务局坚持把学习贯彻二十大精神与税收工作紧密结合，联系实际学精神、看行动、见实效。

抓好抓实机关党的基层组织建设，牵住党建工作责任这个"牛鼻子"，让支部日常党建活动融入退税减税工作中，"党建红"与"税务蓝"相映成辉。全局上下10个党支部成为退税减税工作的前沿阵地，发挥党员干部"排头兵"作用，确保退税减税政策红利全面精准释放。由征管、纳服、税政四个股室的青年党员组成业务骨干突击队，从2022年4月1日留抵退税政策

实施以来，深入企业开展宣传辅导"面对面"、减税礼包"点对点"、降税服务"一对一"活动。同时利用网上学堂和新媒体定期开展答疑和辅导，形成线上线下、全方位、立体式的服务链条。

聚焦税收优惠政策享受情况主动问需，组织"专家顾问小分队"开展入户走访及线上回访宣传活动；对发布的税收优惠政策进行再筛选、再精简，重点针对组合式税费支持政策、研发费用加计扣除、"最多跑一次"等热点内容制作"税收优惠政策口袋书"2500本；截至目前，回访活动中已发放税企联系小名片263张，面对面零距离征集企业需求85条，询问纳税人办税体验建议12条，为今后提升纳税人满意度指明努力方向。

"站在新的历史起点，桥东税务将牢记使命担当，锚定新发展、建设先锋队，在聚焦税收主责主业中弘扬伟大建党精神，攻坚克难、勇毅前行！"张家口市桥东区税务局党委书记、局长王云飞表示。

涉税调解让群众的"烦心事"变"放心事"

国家税务总局郑州市管城回族区税务局

"谢谢管城区税务局帮助我们解决困难，整整 20 年，我们心里的石头终于落地了，实在太感谢了！"近日，郑州市商都阳关小区业主代表专程赶往郑州市管城回族区税务局并说了上述感谢的话。

据了解，郑州新型包装材料研究所职工于 2002 年购买单位自建房，之后企业经营出现问题，无力支付企业应承担的税费，50 余名业主至今未办理职工房产过户手续，这一问题成了该小区业主的"心病"。郑州市管城回族区税务局在接到该转办案件后，立即责成公职律师涉税争议咨询调解中心介入处理。该中心克服时间跨度久、涉及人数广、政策变化多等多重困难，完成一系列调查取证和政策梳理等工作，开辟"绿色通道"，采用专窗专人专办的模式办理此项"特殊"的税收业务，历经 2 个月锲而不舍的努力，终于解决了长期以来困扰业主的"急难愁盼"问题。

这一长时间困扰群众的难题得以解决，得益于该局 2022 年 5 月份成立的公职律师涉税争议咨询调解中心，半年来，已经调解涉税争议 8 起，有效化解了矛盾、解决了难题、排解了民忧。该中心深入借鉴"枫桥经验"，以融洽征纳关系、和谐税收秩序为导向，不断运用法治思维和法治方式，通过"三个突出"模式探索新形势下预防化解涉税（费）矛盾纠纷的方法和途径。

一、汇聚各方力量，突出依法治税

立足依法治税、依法调解，牢固树立法治思维，充分发挥法治固根本、稳预期、利长远的保障作用。调解中心注重统筹协调各方力量，一方面加强与各相关部门的密切配合，畅通协调支援。以此形成市局、区局、分局、司法部门、公职律师五级联动的"一站式"调解机制；另一方面注重法治学习教育和运用，常态化开展法律法规的学习，提高调解中心工作人员法治思维和法治能力，坚持依法开展争议调解，把崇法、守法、用法贯穿涉税争议咨询调解全过程、各环节。

二、选优配强队伍，突出调解质效

为了提高调解效率和质量，该中心选优配强调解队伍，组建法律、政策、特邀调解员、律师等 4 个调解专家团队。法律团队负责组织、统筹办理调解工作，并提供常规法律援助；政策团队负责调解中的税收政策解读和指导业务办理；特邀调解员团队参与调解中心对所属分局纳税人的调解，以及负责调解成功后续业务办理的沟通协调；特邀律师团队负责对重大、特殊案件提供专业法律援助。通过 4 个团队过硬的工作能力保证调解工作质量，做到化解矛盾及时、解决困难有力、群众认可满意。

三、强化制度保障，突出长效机制

调解中心结合工作实际，研究制定了《调解中心工作制度》《涉税争议调解工作规程》《涉税争议调解工作规程（试行）》《涉税争议调解工作清单》《公职律师涉税争议咨询调解中心建设实施方案》等 10 余项调解制度和工作规程，明确了成员单位、职责分工、工作规范等具体要求。同时研究配套了调解卷宗模板、台账等配套文书，供区局调解中心及分局调解室工作人员工作使用，切实做到解调中心有规可依、有章可循，确保各项工作在制度的保障下顺利有序推进。

该局负责人表示，作为郑州市税务系统首家涉税争议调解中心，管城回族区税务局公职律师涉税争议咨询调解中心将坚始终发展新时代"枫桥经验"，不断完善正确处理新形势下人民内部矛盾机制，扎实开展"便民办税春风行动"，不断丰富完善涉税争议调解的方式方法，努力实现"小事不出分局、大事不出县区局、税费矛盾就地化解"的目标，真正做到把矛盾纠纷化解在基层、化解在萌芽状态。

政策惠企"引活水"
服务发展"有温度"

国家税务总局壶关县税务局

自 2022 年新的组合式税费支持政策实施以来，国家税务总局壶关县税务局坚持以纳税人缴费人需求为导向，持续优化服务供给，加强税企联系，营造优良环境，确保政策不打折扣、服务在岗在线，最大化为企业减负纾困，增强市场主体发展动能，发挥好税收职能作用。

一、瞄准需求全程护航，税收支持"不缺席"

2022 年受市场行情影响，钢材销售不畅库存高企，壶关金烨集团也深受困扰，县税务局多次赴企业实地了解情况，通过大数据平台为企业"画像"，将相应税收政策辅导执行到位，全程跟踪政策效应和企业反馈，并从税务角度为企业运营发展出谋划策，帮助企业规范财务管理，提示其统筹考虑税务风险与采购成本的关系，增强风险防控意识，以全方位税收服务为企业发展"添力赋能"。金烨国际物流有限公司财务总监陈强表示，正是在税务部门的积极帮助下，公司申请的退税款很快到账，及时缓解了现金流压力，为加强供应链能力提供了支撑。有这样专业负责的税务团队在，公司不断做强做大的信心比以前更足了。

二、定向服务靶向施策，打造政策"软环境"

近年来，国家不断加大清洁能源方面的税收优惠政策扶持力度，为助力绿色能源产业发展，壶关县税务局结合区域产业发展规划，依托大数据分析行业税收情况，将"网格化服务"和"一企一策"机制并行，在清洁能源定向服务上做"加法"，对企业开展专类政策辅导，提示引导企业充分享受税收政策红利，帮助解决相关涉税问题。"税务部门主动与我们沟通，提醒我们及时享受留抵退税优惠政策，给公司带来了实实在在的获得感，进一步减轻了公司资金周转压力。目前公司在店上镇的发电项目已投产使用，对于改善当地电力系统的能源结构，促进低碳绿色发展将发挥更大作用。"中节能山西风力发电有限公司负责人说道。

三、税企互联直面纾困，提升双重"获得感"

开展税收服务工作关键是解决好纳税人缴费人最关心、最直接、最现实的问题。壶关县税务局围绕企业在享受政策过程中遇到的实务操作常见问题、政策理解适用难点，以及现阶段发展的痛点堵点开展了面对面的税企座谈专题研讨，通过现场针对性讲解答疑和发散式深入交流，一次性帮助企业扫清政策盲点，实现应享尽享一路通行，让企业同时享受政策红利和服务增值的双重获得感，深化税企共治。壶关高测新材料科技有限公司代表感慨道："我们公司主要研发电镀金刚石切割线，因对产品的精密度和创新度及功能需求不断提升，年年都在推进技术突破和升级，这项政策的实施优惠力度大，对我们来说是长期利好的，公司每年享受加计扣除等优惠政策极大盘活了发展资金，而税务部门给予了很多专业化指导支持，尤其是帮助解决了不少政策适用上的困惑，很实用，也很及时！"

接下来，壶关县税务局将持续精准把握政策要求和企业需求，进一步优化税务执法和服务手段，完善税企长效共治机制，加强税收行业调研和政策效应分析，真正落实好政策、扶持好企业、发挥好作用，让征纳沟通更畅、衔接更紧，让政策直达更快、靶向更准，扎实推进各项税费支持政策和举措落稳落实。

深入学习贯彻党的二十大精神

国家税务总局伊春市乌翠区税务局

2022年11月3日，乌翠区税务局干部职工在局党委的带领下，深入学习宣传贯彻党的二十大精神，紧密联系实际，开展研讨交流，进一步坚定政治立场、夯实理论根基、把准前进方向，不断推动学习宣传贯彻工作走深走实。

会议强调，局党委作为全局工作的掌舵人，要带头先学一步、学深一层，深入理解内涵，精准把握外延，切实把思想和行动统一到以习近平同志为核心的党中央决策部署上来。

会上局党委指出一要对标"全面学习"，推动党的二十大精神入脑入心。用心用情，感悟其中蕴含的终身信仰追求、深厚为民情怀，切实把衷心拥护"两个确立"、忠诚践行"两个维护"铭刻在内心中、落实到行动上。同时要抢抓机遇，以等不起、坐不住、慢不得的责任感、使命感、紧迫感，敢与优者比，敢与强者拼，敢与快者赛，切实把学习成果转化为推动税务工作的强劲动力。二要对标"全面把握"，推动党的二十大精神走深走实。全面把握党的二十大的重大意义，锚定对标看齐的指明灯，全面把握党的二十大的重大成就，提振干事创业的精气神，全面把握党的二十大的重大部署，找准二十大精神与税务工作的结合点。紧紧围绕年初重点工作，对标对表，真抓实干，以贯彻总局、省局、市局各项重要决策部署为前提，创造性开展工作，做到既为一域增光、又为全局添彩。三要对标"全面落实"，推动党的二十大精神见行见效。要在锻造干部队伍上抓紧抓牢，在提升纳税服务上用心用情，在落实减税降费上高质高效，在组织收入上谋深谋实。同时要学懂吃透党中央新部署新要求，切实增强走在前列、争创一流的行动自觉，立足乌翠税收工作，推动二十大各项部署不折不扣在乌翠区税务局落地见效。

聚焦"小切口"　紧盯"智能化"
——竹溪税务蹚出优化营商环境新路子

国家税务总局竹溪县税务局　李　东　王忠武

2022 年以来，竹溪县税务局在开展优化营商环境"首违不罚"先行区创建工作中，聚焦"小切口"，紧盯"智能化"，大胆创新，走出了一条以"金三"税收征管系统为起点，"互联网"为纽带，"湖北电子税务局"为终端的网络化办理新路子，执法精度大幅提升，纳税人税法遵从度不断提高。截至目前，县税务局已办理"首违不罚"67 件，办理准确率达 100%，"首违不罚"先行区创建工作得到县委县政府主要领导肯定，并发文在全县推广应用。

一、加强组织领导，紧盯项目创新推陈

（一）提升站位，周密部署强基

先行区创建正式启动后，县税务局迅速召开创建工作动员会，组建了"首违不罚"智能化创建工作领导小组和工作专班，积极构建"1+16"联络员机制，明确 9 个机关股室及 7 个管理分局具体职责，以"领导小组统筹部署＋工作专班横向发力＋成员单位具体落实"的工作机制，保证了创建工作有条不紊向前推进。

（二）健全制度，规范运转固本

依托行政执法"三项制度"常态化运转机制，将"精确执法"理念有机融到推进工作中。立足实际，梳理 20 项"首违不罚"事项，逐条逐项明确执行口径和判断参数。制定并完善了工作制度和考评办法，压实责任，传导压力，将工作质效与成员单位组织绩效挂钩，激发了各单位工作积极性。

（三）注重实操，完善智能建体

聚焦自动记录，建立违法信息"一网尽"体系，依托金三系统，实现了所有涉税（费）违法行为的自动化留痕，为后续判断提供了全面准确的信息支持；聚焦智能高效，实现执法文书快捷送达"一瞬间"，积极推行电子送达方式，实现了"首违不罚"相关执法文书的智能瞬间送达；聚焦精确识别，实现了"首违不罚"智能判别"一单清"，充分依托"金三"系统，实现涉税违法基础信息的自动抓取、精准判别；聚焦更加便捷，建立了"首违不罚"全程网办"一

条龙"体系，纳税人收到电子限改文书后，即可通过电子税务局完成违法改正纠错，系统直接推送《不予处罚决定书》和《宣教承诺》，实现"首违不罚"全程办理"不见面"。

二、加强体系建设，紧盯智能示范出新

（一）聚焦渠道畅通，实现"电子化"

对"首违不罚"业务各环节进行梳理和优化，取消了手工操作事项，通过"金三"征管系统和电子税务局办理，构建了"首违不罚"相关业务全程网办的新体系。

（二）聚焦操作规范，实现"模板化"

挑选"首违不罚"智能化办理的成功案例，对业务智能化运行流程逐项、逐环节编制操作说明，形成了可复制可推广的"首违不罚"智能化业务操作模板。

（三）聚焦不罚清单，实现"完整化"

针对20项"首违不罚"事项，梳理明确了业务办理节点、执行口径、判断参数，编制了"首违不罚"操作流程，找准了智能化办理的发力点，规范了业务办理程序，夯实了工作推行基础。

（四）聚焦常态长远，实现"制度化"

持续规范和健全岗责体系，全面梳理事项业务办理节点，以《湖北省税务行政处罚裁量基准（试行）》修订工作为契机，认真总结并积极向省税务局反馈修订完善工作建议和操作系统业务需求，为"首违不罚"智能化工作的长效运行嵌入了竹溪智慧。

（五）聚焦审慎监管，实现"柔性化"

通过推进"智能执法"，确保纳税人对"首违不罚"应享尽享。2022年，县局共为全县纳税人依法办理不予处罚82件，依法不予行政强制2件，使税务执法工作即有力度，又有温度，减少了纳税人信用降级风险，广受纳税人好评。

（六）聚焦正面评价，实现"社会化"

加强"首违不罚"智能化的工作宣传和培训，倾听纳税人缴费人在"首违不罚"等税收执法业务办理中的意见建议，持续优化改进工作方法，在对526户纳税人开展"首违不罚"智能化推行工作的走访了解中，均得到了纳税人的正面肯定与褒奖。

（七）聚焦考评监督，实现"常态化"

制定了"首违不罚"智能化专项绩效考评办法，细化项目考核指标和分值，将"首违不罚"智能化专项绩效考核指标纳入绩效考核系统之中，固化考核时间节点，明确考核责任部门，形成了常态化的绩效考评工作机制，促进了此项工作的高效推进。

三、加强成果运用，紧盯创建成果出彩

（一）数字强基，执法质量更高效

依托"金三"系统，进一步规范纳税申报等"一户式"征管信息的自动记录，筑牢纳税人

基础数字信息根基，为精确开展首违不罚、风险防控等税收执法工作提供了详细的信息数据支撑。数据显示，2022 年 5 月以来，按期纳税申报率达到 99.2% 以上，税务行政处罚问题率由年初的 30% 降为 0。

（二）智能推送，文书送达更快捷

将责令限改、不予处罚等首违不罚相关的执法文书及首违不罚宣教承诺书通过电子税务局瞬间送达。经测算，"首违不罚"业务办结时间比未实施智能化办理前减少了 95%。通过便捷送达，推动线上办税辅导和征纳互动更畅通，顺应了常态化疫情防控和"非接触式"办税系列要求。

（三）深度提炼，试点成果更可期

对首违不罚智能化工作经验深度总结和提炼，构建了"十个一"可视化成果展示体系。完善操作流程模板，形成业务办理长效机制，持续推进电子文书签订和送达，拓宽深化了业务办理渠道和方法。挖潜试点项目经验，丰富和创新工作举措，为实施"首违不罚"智能化办理打造了竹溪特色样板。

助力市场小主体 燃旺"人间烟火气"

国家税务总局钟祥市税务局 唐朝华 文 梁 邵旺明 宁新峰

逛逛商店买些生活用品,吃吃小摊领略特色美食……个体工商户是经济发展的"毛细血管",是民生保障的"生命线",是国民经济的韧力、活力与潜力所在。国家税务总局钟祥市税务局聚焦个体工商户面临的经营困境,主动上门送政策、问需求、解难题,倾心帮助个体工商户提振信心、渡过难关,重现人间烟火气。

一、政策找人,"主力军"打赢"翻身仗"

"谁无暴雨劲风时,守得云开见月明! 有了你们的鼎力相助,我有信心打好这场'翻身仗'!"钟祥市鑫童孕婴儿童城内,店主陈家国紧紧握住税务人员的手激动地说。

钟祥市童鑫孕婴儿童城成立于 2013 年 5 月,员工 20 人营业面积 850 平方米,主营品牌奶粉尿裤等母婴用品,旗下加盟商家遍布钟祥乡镇,是钟祥市母婴用品行业名副其实的"主力军",2020 年以来受新冠疫情影响,营业收入直线下滑,每年却要承担 60 余万元的房租水电支出及 50 余万的人员工资支出。

钟祥市税务局及时宣传《关于对增值税小规模纳税人免征增值税的公告》《关于实施小微企业和个体工商户所得税优惠政策的公告》《关于落实支持小型微利企业和个体工商户发展所得税优惠政策有关事项的公告》等政策,确保纳税人听得懂、记得住、用得上。

陈家国感慨,"面对经营困境,我一度想裁员关店。好在税务人员多次上门宣讲落实国家税费优惠,商城享受了免征增值税与减半征收个人所得税等多项税收红利,减轻了资金压力,能按时发放人员工资,门店得以正常运转,让我重新拾起了信心!"

二、多元辅导,"门外汉"进阶"百事通"

"创业之初,我对税控设备抄报清卡、机动车发票开具、增值税和个税经营所得申报等涉税业务一窍不通,是个十足的'门外汉'。经税务人员多次辅导,以往在难题现在对我来说就是小菜一碟!"回忆过往,钟祥市个体户摩托车销售商杨峰对前来辅导的税务人员说。

杨峰从事摩托车销售及售后服务,代理钟祥区域内豪爵铃木摩托车,近几年店里最高年销量超千台,受油价上涨等影响,其销售的轻便、省油电喷踏板摩托车受到市场追捧,但对发票开具、纳税申报杨峰却不内行。

钟祥市税务局郢中税务分局按照"涉税辅导在前、风险提醒居中、首违不罚兜底"机制，多次采取微信、远程操控、上门讲解等途径"一对一"辅导杨峰，帮他减轻办税负担，化解涉税风险，让他知流程、能申报、会操作，将更多精力投入到生产经营。目前，杨峰对机动车"一车一票"、每季度申报期限等规定如数家珍，成为同行和客户口中的"百事通"。

三、广开言路，"纳税人"化身"体验师"

"通过同一台自助设备，既实现了税控设备的自动发行，又能够自助领用发票，非常方便！人工厅和智慧厅分别处于一、二层，希望设置更加醒目的标识与指引。"近日，钟祥市从事餐饮经营的个体户孔令平作为"税费体验师"，在钟祥市税务局第一税务分局工作人员指导下，体验了新办纳税人登记、领票、开票的全流程，并记下纳税人的诉求。

钟祥市税务局广开言路，通过热线电话、涉税意见箱等途径收集纳税人意见建议，还主动邀请各行业代表担任"税费体验师"，2022年已邀请14名个体工商户代表、涉税专业机构人员前来体验交流，建言献策，以便及时知晓、充分了解个体工商户所思所想所盼，答疑解惑、响应诉求、改进工作，营造优良的税收营商环境，为个体工商户纾困解难，确保涉税主体进得来、做得好、留得住。

以实干献礼二十大 以担当促地方发展

——益阳市资阳区税务局助力资阳区 PCB 行业发展纪实

国家税务总局益阳市资阳区税务局

2022 年以来，资阳区税务局以"喜迎二十大 奋进新征程"为主旋律，积极落实应新的组合式减税降费政策，成立退税减税专项工作小组，围绕资阳区打造 PCB 产业第三极战略，靠前指挥，主动作为，通过召开园区代表企业座谈会、青年党员志愿服务队入户点对点帮扶、专家服务团队上门服务等措施，充分发挥税收职能作用，推动退税减税优惠政策在产业园区平稳落地。同时，合理制定园区企业留抵退税应退尽退工作方案，实现便捷高效地消化留抵税额包袱，帮助企业加速资金转化，扩大生产规模，实现长远、更大的税收成果。

一、喜迎二十大，企业发展信心十足

益阳某科技有限公司是由新加坡 MFS 科技 100% 控股、专业生产卷对卷高精密挠性电路板的高新技术企业。在前期建设阶段，公司购入大量全新自动化设备以满足生产的需求，由于受到新冠疫情和国际形势的影响，导致投产初期成本居高不下，流动资金日益紧缺。资阳区税务局在了解到公司面临的经营困境后，积极与公司联系，通过政策分析、实地走访、了解经营情况后，确定公司符合增值税期末留抵税额退税相关条件，上门耐心辅导公司财务人员办理留抵退税流程，进一步完善相关资料。"2300 多万元增量留抵退税，有效缓解了公司资金流的压力，降低了融资成本，保障了企业研发投入，助力企业经济高质量发展"，该公司财务负责人说，"2022 年，公司将致力于实现倍增计划，持续加大生产数字化和智能化改造投入。通过搭建数字工程流水线，引入 MES 系统，实现生产线自动化改造，促进产业提质增效，力争实现设计产能的 85% 以上。"

同样受益于留底退税政策的还有某科技股份有限公司。据悉，本次留抵退税资金主要用于研发投入、原材料和设备购入，预计给企业降低资金成本约 300 万元。该公司财务负责人李媛媛说："2022 年，在经济大环境下行压力增大的情况下，预计全年产值仍将突破 30 亿元。公司将继续秉承技术为先、质量取胜之理念；紧跟印制电路板技术向高精密、互联方向不断发展的趋势，及时引进高端设备、前沿工艺，通过加大新产品研发力度，培养高水平层次人才，提高产品竞争力，持续巩固和扩大市场份额，引领电路板行业发展。"

二、奋进新征程，做优 PCB 产业扶持

提升站位，服务高质量发展。资阳税务部门根植于地方、受益于地方，理应回馈于地方、奉献于地方。近年来，税务部门认真贯彻上级和区委区政府决策部署，从落实"三高四新"战略、建设"五个资阳"的高度，全力服务高质量发展，切实担当起"四个角色"：即地方财力的保障者、优惠政策的落实者、营商环境的呵护者、惠民利企的服务者。

找准定位，支持园区产业壮大。经济要发展，产业是支撑。多年来，在区委、区政府的科学决策和精心培育下，资阳 PCB 产业从无到有、由小变大，已成为全区四大支柱产业之一，捧回了全省特色产业园区的金字招牌。在此过程中，税务局着力找准定位、倾力扶持，切实做到了"四个强化"：即强化产业深度调研；强化优惠政策落实；强化精细服务扶持；强化企业上市辅助。

把握方位，做出税务新贡献。开局"十四五"，立足新阶段，资阳园区产业前景无限、未来可期。资阳区税务局坚定认为，同国内几个 PCB 产业集聚地比较，资阳区具有规划布局清、发展基础实、龙头效应强、产业互补好、市场空间广、企业预期稳等鲜明特点，我们将咬定目标、持续发力、久久为功，再攀高峰，做出税务新贡献。

我们将始终把支持 PCB 园区产业发展摆在重要日程，以企业需求为追求，以企业满意为目标，坚决落实新的组合式减税降费政策，持续优化营商环境，提成行政效能，为把资阳 PCB 产业打造成为益阳支柱、湖南品牌、全国一流，做出税务部门应有的贡献，以优异成绩向党的二十大献礼。

纵合横通强党建　强基固本筑税魂
党建引领推动各项税收工作

国家税务总局漯河市税务局

近两年来，在市局党委的正确领导下，市局机关党委坚持以习近平新时代中国特色社会主义思想为指导，全面贯彻党的历次全会精神，认真落实新时代党的建设总要求和新时代党的组织路线，以完善"纵合横通强党建"机制体系为抓手，坚持"抓好党务，带好队伍，干好税务"，坚持政治统领、融合发展、上下联动、问题导向、守正创新，着力补短板、固根基、扬优势、创品牌，不断提升市局机关党的建设质量，创建"让党中央放心、让人民群众满意的模范机关"。

一、加强政治建设，建设对党忠诚的政治机关

牢记税务机关第一属性，始终把党的政治建设放在首位。一是增强政治机关意识。坚持把学习习近平新时代中国特色社会主义思想、党的历次全会精神、习近平总书记系列重要指示和重要指示精神作为"第一议题""第一主题"列入党委会、党委理论中心组学习（扩大）会议、党支部"三会一课"、党员干部教育培训的必修课，筑牢思想根基，引导全体党员干部增强"四个意识"，坚定"四个自信"，做到"两个维护"。二是加强政治机关建设。对照建设"让党中央放心、让人民群众满意"的模范机关目标，坚持围绕中心、服务大局，实施五大领航行动，狠抓机关创建四个重点，着力打造"党建引领、青春先行、智慧助力、文明添彩"为支撑的党建文化品牌链，高标准做好党建示范点观摩准备。2022年年初，市局机关被漯河市委组织部授予"党建示范点"。下一步，我们将继续对机关办公楼院宣传版面进行更新完善，在主办公楼后建设"焦桐园"，树牢"争做新时代焦裕禄精神的传承人"共同价值理念，让党员干部随时感受熏陶、接受教育。三是坚决贯彻党中央决策部署。旗帜鲜明讲政治，坚决贯彻执行党中央决策部署以及上级党组织决定。把学习贯彻落实习近平总书记关于税收工作的重要论述和重要指示批示精神作为"第一要事"，在对标对表中找方向、明思路、定措施，坚决落实两办《意见》、减税降费、优化营商环境、疫情防控等党和国家重大决策部署，以实际行动捍卫"两个确立"、践行"两个维护"。四是严格落实请示报告制度。发挥市局党委"头雁效应"，每年度向市委专题报告党建、党风廉政建设、政治生态、意识形态等工作。适时安排市局班子成员参加机关会议和活动50余次，机关重要决策部署及时请示上报市局党委研究。

二、坚持思想先行，夯实坚定信仰的思想根基

一是加强党员日常教育管理。坚持用习近平新时代中国特色社会主义思想武装头脑、指导实践、推动工作。结合王军书记"三个三"指示、孟军书记"二个三"要求，提出"三个一样不一样"和常怀"三心"，结合春训、能力作风建设年深入开展"如何当好'一把手'、如何做好副职"，习近平重要指示精神和党中央经济工作会议决策部署大讨论大学习，分层分批开展专题研讨。以"学查改"工作为依托，每名干部职工相互提出"三条意见建议"制成提醒卡，常自省、常改进，以"小切口"促使在学干并重中练就过硬本领，在查改贯通中提质增效。搭载"万名党员进课堂"，"学习强国""学习兴税"形成全员笃学、全员领悟、全员参与、全员践行的良好氛围。二是打造青年理论学习品牌。建立"机关党委总负责、党支部传帮带、党小组自主学"的青年理论学习小组导师导学制度与联学机制，持续开展"传承百年薪火　奋斗筑梦青春"系列主题活动，为青年干部锻炼成长搭平台、建机制、压担子，激励青年干部筑牢信仰之基、练就过硬之能、扛牢时代之责。市局青年理论学习教育纪实得到省局党委委员、副局长丁校伟的肯定性批示，第一稽查局"青年研"调研文章被总局评选为优秀作品并在专栏刊播。三是推动学习教育成果转化。市税务局党委将集体研讨交流成果有效形成工作举措，创新提出"小事不出党小组，大事不出党支部，难事不出本级党委"工作思路，打造新时代"枫桥经验"漯河税务样板。结合能力作风建设年工作部署，明确提出"漯河税务时间、漯河税务速度、漯河税务形象"方法路径。在党支部建设方面，打造"家庭式"党支部、党小组，倡导全系统税务干部争做"自燃人"、要做"可燃人"、不做"不燃人"，"争做焦裕禄式好书记""争做雷锋式好党员"，积极参与省局"最美税务人"学习宣传，同步开展漯河"最美税务人"选树，挖掘提炼荣获"两优一先""漯河好人""五一劳动奖章"等荣誉的模范事迹，选树立足本职、埋头苦干、无私奉献的先进典型，用身边人身边事影响和带动全体干部职工比干劲、讲奉献，营造"心中有党、忠诚于党"的良好氛围。党委书记、局长汪东海带头开展党建调研，撰写理论文章，在河南日报发表了题为《坚持党建统领　推动融合共进　奋力开创漯河税收高质量发展新局面》的署名文章。

三、强化党建引领，推进党建业务融合互通

落细落好新"纵合横通强党建"机制制度体系，积极探索条块协力、党业融通、示范带动的党建工作新思路，推动党的建设高质量发展两年行动方案深入落实。一是条块贯通，凝聚党建合力。坚持"条主责"，主动与地方党委政府做好汇报沟通，共享党建资源，把"两边管"的体制优势转化成"两边强"的丰厚成效，为助力地方经济社会发展贡献税务力量。二是党业融合，增强发展动能。建立健全党建与业务深度融合发展工作机制，市县两级党委班子成员在"万人助万企"活动中主动担当首席服务官，持续推动党的建设与各项重点工作融合开展，引

导党员干部积极投身"我为群众办实事"活动，持续拓展"非接触式"办税事项，压缩办税时长，首推"税易贷"新业务"留抵贷"，强化税收分析"以税咨政"；与银监部门、金融机构合作，开展"春雨润苗"专项行动，破解小微企业融资难问题；2022年，在全省率先构建起覆盖全城区的"党旗红·税务蓝"智慧便民服务站，提升"城市服务"功能，纳税服务成果受到总局王军书记和河南省省长王凯批示肯定，实现党建与业务真正融合、深度融合、全面融合。三是示范引领，打造党建工作品牌。市局机关持续扩大"党旗领航·税润沙澧"党建品牌的覆盖面和影响力，叫响"岗位就是责任、党员就是旗帜、领导就是表率"，各基层党组织按照"一党委一品牌，一支部一特色"党建品牌建设要求，在减税降费、防汛抢险、疫情防控、创文创卫等工作一线，组建党员突击队、设置党员先锋岗，精心培育打造一批基层党建工作示范品牌，充分展示以党建促业务、推改革、强队伍的实际成效。持续开展"我为乡村振兴出把力"消费助农、慈善捐赠、无偿献血等志愿服务活动，充分发挥先锋模范作用。市局党委书记汪东海以上率下，带头参与捐款、无偿献血。四是聚焦主业，融合推进税收工作。贯彻落实两办《意见》，高质高效推动税收征管改革，高质量完成组织收入任务。2022年上半年，全市完成各项税费收入134.9亿元，增幅位居全省第2，税收占一般公共预算比重75.9%，排名全省第1。支撑省考评高质量发展的涉税指标，全部位居全省第一方阵。五是催化反应，各项工作融合共进。近年来，先后荣获全国模范职工之家、全省综合治税先进单位、河南省失业保险工作先进单位、河南省卫生先进单位等荣誉，荣获"驻漯单位领导班子综合考评一等奖""市政府目标考核优秀单位""平安建设优秀单位""万人助万企活动优秀县区和单位""漯河五一劳动奖状""营商环境和社会信用体系建设工作先进单位"等称号。目前，我局在全市重点工作月讲评中位居驻漯单位第1名的好成绩，连续两个月获得工作突出单项奖，是市直单位中唯一一家连续两个月获得单项奖的单位；工作成效先后得到总局、省政府、省局、市委、市政府领导批示肯定。

四、加强组织建设，全面夯实基层党建根基

一是压实党委主体责任。年初召开专题会议进行安排，明确全年工作任务，狠抓工作落实，做到党建工作与业务工作同谋划、同部署、同考核。明确机关党委书记履行第一责任人的责任，机关党委委员落实分管责任，党员领导干部坚持"一岗双责"，形成横向到边、纵向到底、覆盖完整、责任落实的责任体系。认真落实"三查三述两报告"制度，层层进行述责述廉，进一步以述促管，拧紧责任螺丝。二是夯实基层党建基础。在充分考虑领导分工、党员分布、工作实际、行业特点等情况的基础上，规范基层党组织设置。2022年如期完成了基层党组织换届选举工作；为加强稽查工作党的建设，提高稽查工作质效，设立市局稽查党委；在国际税收研究会、税务学会等新社会组织设置功能型党支部；在抗洪救灾、疫情防控、减税降费等工作一线设立临时党支部，把分散的党员组织起来，让有党员的地方，都有党小组触角的延伸。三是严肃党内政治生活。严格执行《关于新形势下党内政治生活的若干准则》，坚持民主集中制，严格落实"三会一课"、主题党日、谈心谈话、双重组织生活、民主评议党员等制度，着力提高党内活动和党的组织生活质量。市局领导分别以普通党员身份参加了党支部组织生活会。机关各级党组织书记按照要求讲授专题党课。四是发挥堡垒先锋作用。将争创"双过硬"贯穿党支部建设始终，扎实推进党支部标准化规范化建设。持续开展好"双报到""三无楼院"治理等工作，机关党员干部完成承诺事项 850 余项，近年来为共建小区、帮扶村捐赠物资、协调资金累计 200 余万元。市第一稽查局党支部、市稽查局第一党支部分别被评为"过硬党支部"，2名同志被评为"市直机关优秀共产党员""市直机关优秀党务工作者"。

五、加强作风纪律建设，营造风清气正政治生态

一是严格日常监督检查。持之以恒贯彻中央八项规定及其实施细则精神，严格落实重要节点提醒、节假日遵规守纪报告制度，加强关键人员、重点岗位日常监督，经常性开展廉政谈话，切实做到抓早抓小、防微杜渐。深入推进"能力作风建设年"活动，对机关工作纪律和工作作风开展常态化督导检查，深入查摆问题，强化内部监督，持续解决困扰基层的形式主义问题，开展以案明纪、以案促改，建立完善 15 项管理制度，进一步完善纪律作风建设长效机制。二是深化廉洁从政教育。深入推进以案促改制度化常态化，召开以案促改警示教育会议，开展经常性警示教育，将落实中央八项规定及其实施细则精神、加强作风建设工作纳入约谈提醒、民主生活会的重要内容，层层抓好落实。机关纪委联合纪检监察组围绕"提升能力、锻造作风、实干立身、争先出彩"和"廉洁从家出发"主题，创新开展"家人说说心里话"视频展播活动政教育月主题活动，让廉政教育融入家庭日常生活，推动全面从严治党向纵深发展。三是加强廉洁文化建设。持续推进廉洁文化"进机关"活动，举办廉政书画展、征集廉政标语，建设"廉政文化长廊"；发挥税务网站、微信等新媒体优势，通过重要节日节点发送廉政提醒、开展廉政谈话、观看廉政专题片、阅读反腐倡廉书籍、分享心得体会等形式，营造了"以廉为荣、以贪为耻"的良好氛围。四是加大监督检查力度。机关纪委协助纪检监察组采取明察暗访等方式，不定期对机关工作纪律、公车使用等情况进行督导检查。严格落实谈心谈话制度，每季度进行一次工作讲评，有效运用监督执纪"四种形态"，让咬耳扯袖、红脸出汗成为常态。

扎根百姓精细服务
营商环境持续优化

国家税务总局邹城市税务局

2022年以来，邹城市税务局突出纳税服务重心下移和民生导向，延伸纳税服务触角，用税务人的"辛苦指数"换取纳税人的"幸福指数"，全面提升纳税人缴费人满意度和获得感。

一、"智慧税务"优体验

"您好，我是个新手会计，不太熟悉申报表填写，马上就到纳税申报截止日期了，能不能帮帮我？"兖矿能源集团股份有限公司办税人员牛会计焦急地拨通了邹城市线上服务云中心的电话。线上云中心的税务人员通过远程桌面，精准指出了牛会计填报申报表中存在的问题，顺利帮助其完成申报。"线上服务云中心，真是太方便了！"牛会计开心地说道。

邹城市税务局以全业务云上办理为理念，以"5G+信息化"技术为支撑，线上面对面、远程手把手，大力推行"非接触式"办税，打造集成了申报信息汇集、纳税人诉求答复、线上直播培训、远程辅导帮办、政策精准推送、数据分析处理、主分厅联动等七大功能为一体的智慧税务云中心，构建起智慧税务新模式。目前，全流程网上办税事项比例已达到87.69%，非接触式办税比例超过了95%，纳税人缴费人足不出户即可"指尖"办理业务，拉近了征纳距离，大幅提升了纳税人获得感和满意度。

二、"定制服务"解烦忧

山东济宁中再生华惠医药科技有限公司是一家主营医药用品生产销售的制造业企业，受疫情影响，企业销售收入下降严重，发展一度陷入困境。邹城市税务局主动上门了解企业生产经营状况，倾听企业涉税诉求，为企业定制了"税费优惠方案"，及时为企业办理了增值税留抵退税，帮助企业享受到了税费红利。"这921万元的留抵退税极大补充了企业现金流，减轻了前期产品研发导致的资金困难，真是解了我们的燃眉之急。"山东济宁中再生华惠医药科技有限公司财务负责人霍先生激动地表示。

邹城市税务局制定"普遍+重点""线上+线下""股室+分局"的综合网格走访方案，印发优化税收营商环境联系卡两万张，开展"300名税干联万企"行动，对16300户企业进行全面走访，与企业建立"一对一"咨询沟通渠道，列出五类重点回访群体以及四类热点回访群体，制定《精准回访台账》，分级分类应对，对账销号，通过真心化解问题，诚心弥合关系，争取得到纳税人缴费人最大理解和支持，进一步提升了精准送法便利度，确保了组合式税费支持政策落实落细。

三、"一城四厅"享便捷

家住邹城市峄山街道的朱先生因为业务需要，经常需要跑办税大厅，但是大厅在东城区，每去一次就要跨越整个主城区，花上半小时左右的时间，有时遇到早晚高峰堵车，更加令人头疼。"现在有了百姓微税厅，不仅路程近了，不用排队，办理税务事项也更便利，在家门口就可以办理，节省了很多时间和办税成本。"在峄山街道百姓微税厅里，前来代开发票的朱先生高兴地说。

邹城市税务局以小微市场主体和普通百姓办税需求为导向，通过各厅"全职能＋智通办"服务，不断探索数字化场景下的税务服务新模式，在城区钢山、峄山、千泉三个街道布点建设百姓微税厅，着力打造"10分钟办税缴费服务圈"，各分厅集成了不动产中心、税企恳谈室、专家联盟中心、线上服务中心，打通了服务纳税人缴费人"最后一公里"，让纳税人缴费人"随时随地"在家门口享受到高效便捷的税费服务。

下一步，邹城市税务局将继续坚持"以纳税人缴费人为中心"的服务理念，围绕纳税人缴费人急难愁盼问题，不断提升服务精细化水平，以更大力度推出更多创新举措，以更优税费服务促政策落实落细，为持续优化税收营商环境提供坚强保障。

永远循着群众呼声奔跑的千里马

国家税务总局博兴县税务局

马燕，女，汉族，1972年11月出生，1993年2月参加税务工作，1996年10月加入中国共产党，现任博兴县税务局第一税务分局党支部书记、局长。自2012年，先后获得滨州市争先创优优秀共产党员、滨州市国税系统文明税务工作者、滨州市十佳行政执法标兵并记三等功、滨州市五一劳动奖章、滨州市十佳女职工建功立业标兵、山东省十佳女职工建功立业标兵、山东省富民兴鲁劳动奖章等荣誉称号。2021年，马燕创新工作室被授予山东省财贸金融系统"劳模和工匠人才创新工作室"，这是全省税务系统唯一获此殊荣的工作室。2022年，马燕获得"齐鲁最美税务人"称号。

马燕从基层税务所一线专管员到担任博兴县第一税务分局主要领导，她始终循着群众呼声，瞄准群众所盼，服务在办税大厅。"我要永远做离群众最近的那一个，与纳税人面对面才能学到真本领"，这是她庄严的工作承诺，也是29年的美丽坚守。

一、大道直行，美在忠诚敬业的党代表

自参加工作以来，马燕就以追求进步、勤奋好学、真干实干的好作风赢得了领导、同事和服务对象的称赞。家中满满几箱子政治理论、业务学习笔记见证了她的刻苦，一摞摞市、县税务系统演讲比赛、知识竞赛、技能比武的获奖证书见证了她的成长。马燕在服务大厅干过税务登记、申报征收、发票管理、票证管理等岗位的工作，"有第一就要争、见红旗就要夺"成了她的工作风格。"拼命三郎"的干劲和闯劲让马燕工作过的岗位都成了当时全县，乃至全市税务系统的标杆和窗口。在领导和群众眼中，马燕就是理想信念的"守护者"、政策法规的"活字典"、税收业务的"百事通"。

2016年起，马燕连续当选博兴县第十三次、十四次党代会代表。2021年，博兴县委成立了三个党代表工作室，其中"马燕党代表工作室"是唯一一个用党员名字命名的工作室。为更好地接待党员群众、为群众解忧解难，马燕创立了登记、接待、处理、反馈、归档"五步工作法"；设立志愿服务岗，每天接听接待党员群众来电、来访。工作室每周五下午为新纳税人举办培训，每月10日、20日是接待日，每季度开展1次党代表深入社区、农村走访调研，收集群众意见。

现在，"马燕党代表工作室"已成为博兴县党员群众"有话向党说，有事找党办"的联系窗口、

服务典范，仅一年多时间，接待办税缴费民意 500 多项，解决其他税费民意 135 项。2021 年 6 月 15 日《滨州日报》头版以《落实党代表任期制的实践平台，为群众办实事的"第一窗口"》为题对此进行了专题报道。

二、天马长风，美在破难创新的排头兵

马燕被同事们戏称为"天马"，因为她在工作上独立思维、不落俗套，善于创新、出奇制胜。2020 年，博兴县某小区的张先生反映他所在的小区住了 10 年还没有办理房产证，居民都很着急。马燕以一名共产党员的政治敏锐性感觉到这件事涉及许多家庭的"安居梦"，关系到社会和谐稳定。为此，她仔细查阅上级文件，从山东省多部门联合发布的《关于化解城镇居民住房产权历史遗留问题的指导意见》中找到了解决问题的突破口。马燕立刻带领团队深入全县 24 个问题小区及 5 个房地产开发企业进行调研，并制定初步解决方案。由于该问题仅靠税务部门无法解决，在县局党委支持下，马燕一次次主动与县不动产登记中心、县住房和城乡建设局沟通，最终联合形成解决方案。经县政府批准，三方成立不动产登记综合窗口，实现资料一窗受理、材料内部流转、资格一次认证，缴税"一次办好"。2020 年 10 月至今，已为 12 个小区、8 个自建房单位 2385 户居民办理了契税申报。马燕心系群众"跳出税务"做好"全程服务"，有效破解了不动产历史遗留问题。

马燕办税服务工作 29 年，对广大纳税人缴费人的办税体验感同身受。为进一步推进办税缴费便利化改革、优化税收营商环境，马燕组建了自己的创新工作室。她率先提出纳税人学堂社会共建思路，得到国家税务总局认可；她领衔研发"纳税服务质效智能考评管理系统"，科学考核前台工作，属全国首创。2021 年，马燕提出"税收营商环境体验师"创新项目，编写了《国家税务总局滨州市税务局 2021 年"纳税服务体验师"工作实施方案》，被滨州市税务局在全市推广。全市选聘了 60 名税收营商环境体验师，职业涵盖政府机关、企业管理、涉税中介等，发挥"税费政策宣传员"和"服务质效监督员"作用，通过"沉浸式"体验收集意见建议 40 余条，改进税费服务产品 10 种。2021 年，马燕创新工作室被授予山东省财贸金融系统"劳模和工匠人才创新工作室"，这也是全省税务系统唯一获此殊荣的工作室。

三、披星踏霜，美在为民服务的贴心人

博兴县税务局第一税务分局承担着全县纳税人缴费人的前台办理服务工作，企业社保费划转以来，出现了群众办业务人多量大耗时费力等问题。马燕及时听取群众意见，迅速推出码上应答、码上缴费、码上评价的"三驾码车"网上办税渠道。"码上应答"咨询功能单月服务纳税人缴费人超千次，"码上缴费"简单易操作，广泛服务于全县 40 余万城乡居民缴费人、3 万灵活就业缴费人、1500 余企事业单位，"码上评价"功能以"好差评"方式实现了监督与问效双向发力，把便民服务落到了实处。

新冠肺炎疫情严峻时期，马燕一直坚守服务一线，她带领团队利用微信、钉钉等"云端"平台推广"非接触式"办税缴费，推出创意税宣品牌"欢欢云课堂"，培训2950余人次，电话辅导2943户次，一对一帮扶68户次，发售发票645767份；通过"大数据+银税互动+一户一策"模式为3户企业"牵线搭桥"，匹配到合适的原材料供应商，其中涉及湖北武汉、黄石2户企业，成交额达700余万元，助力企业复工复产。

2022年，党中央、国务院推出新的组合式税费支持政策，马燕创新政策宣传形式、完善快速服务机制，组织党员骨干到板材和厨具行业集中的兴福镇为中小微企业宣讲税收政策。为了让政策看起来更通俗易懂，马燕要求同事们把税收明白纸带回家让自己妈妈看、说给自己的奶奶听，老人们很容易看明白听明白才算合格。她们把政策转化为"老百姓干买卖怎么规避风险？""小微企业的优惠政策怎么享受？"之类的问题解答，"送上门、面对面、手把手"地贴心服务赢得了群众发自内心的称赞。

为了更好为企业提供个性化、差异化服务，马燕运用税收大数据平台和"一户一策"系统，建立了内容涵盖企业概况、税收贡献、涉税风险分析、税费优惠、企业个性化需求及解决方案、税收服务工作建议等内容的"一户一策"电子台账，实施伴跑行动。为5户"金种子企业"、3户"瞪羚企业"、5户高新技术拟申请企业，明确政策专家，提供优质的税收解决方案；为全县237户规模以上企业制定个性化的税收解决方案；为小微企业推出30余条专项行业政策解读、22种办税指引。同时，马燕全力推动"银税互动"，帮企业解决发展难题。在马燕的带领下，博兴县第一税务分局坚持"人民群众的事不分大小都要办好"与"不给后期工作留后遗症服务到底"的原则，真正成了"纳税人之家"。

马燕还是一位热心公益的志愿服务带头人。她不仅资助了许多困难家庭学生，还在博兴县税务局第一批报名捐献造血干细胞。她发起成立的"心零之约"志愿服务队已有70多人，与博兴县红十字会合作，开展慈善助学、扶危济困，为特殊困难群体提供办税缴费帮扶服务等公益性活动。近年来，他们结对帮扶贫困学生176名，捐献帮扶资金8.8万余元。

马燕同志充分展现了新时代税务干部的精神风貌，诠释了"忠诚担当、崇法守纪、兴税强国"的中国税务精神。这位被称为"天马"的税务人，是永远循着群众呼声奔跑的千里马，正在用"为国聚财、为民收税"诚挚初心谱写基层税收服务的新篇章！

引擎推动谋创新 夯基筑垒树品牌
——以"新心通"子品牌创建 助推大企业高质量发展

国家税务总局遵义经济技术开发区税务局

遵义经济技术开发区税务局按照"党建引领聚合力、精准施策办实事、共治服务促发展"的要求，持续在"健全工作机制、聚焦服务管理、创新服务方式、提升服务质效、促进企业发展"上下功夫，推出了一系列个性化服务措施，先后沉淀出"新心通 助发展 汇川税务伴你行""新心通 党建联 办实事 共发展"以及"税悦珍心 共酿传奇"三个"新心通"子品牌，积极探索符合汇川实际的大企业税收管理路径，助推大企业税收管理工作高质量发展。

一、党建融合，打造税收共治"心"平台

新形势下，遵义经开区税务局着眼于创新税企党建工作"心"模式、夯实基层党建工作"心"格局，积极探索尝试党建联姻"心"举措。一是抓实"双促进"。税企双方通过签订党建联建协议，在发展党员、开展组织生活和"三会一课"等方面互通有无、相互促进，让党史同学、理论同悟、活动同抓、发展同谋，实现机关党建工作规范化与非公企业党建工作标准化有促进、大企业税收管理与企业合法诚信经营有促进。二是做强"五联动"。以"党史联学、组织联建、工作联动、活动联办、典型联塑"为载体，把共建着力点转到学习党史、抓好党建、深度融合，活动启动以来，共组织开展党建联建20余次，助力企业高质量发展。三是实现"新合作"。通过组织"红色故事宣讲团"、共同策划主题党日、联合举办党史知识竞赛等方式，达到交流党建工作经验、检验党史学习成果、凝聚税企党建共识的效果。相关做法得到人民网、贵州日报等主流媒体宣传报道。

二、服务融入，拓宽税务服务"心"通途

遵义经开区税务局坚持把"我为纳税人缴费人办实事暨便民办税春风行动"作为党史学习教育开展的重要形式，在为企业送政策、问需求、解难题的过程中推动税收政策落实。

一是当好税收预报"播音员"。线下面对面交流解难题。多次与辖区规上、列名、重点税源企业召开"新心通"党员服务税企座谈会，由局领导担任"首席联络员"，通过设置一对一"连心卡（袋）"，对辖区重点税源企业进行上门走访，主动问需、精准施策、纾困解难；线上心与心碰撞显真情。通过云端微课，以"语音+PPT图片+案例"的形式，向辖区百户重点税源企

业财务人员"列举式"讲解疑难问题；通过"黔税云"平台课堂，开设直播课等方式，助力政策直达快享。二是当好税惠政策"辅导员"。进一步深化"银税互动"。不断完善纳税人信用信息管理，助力企业及时办理贷款；大力推行"非接触式"办税服务。2022年1—10月，遵义经开区税务局大厅窗口服务纳税人、缴费人6万余人次，同比下降49.68%。；加强宣传辅导力度，及时推送政策"红包"。通过大厅设置"学税堂"、开通"税费直播间"等方式，为企业开展多渠道、广覆盖的培训辅导。

三、税企融通，实现税企发展"心"合力

遵义经开区税务局通过开展"涉税信用体检"、设立"税收气象服务员"等方式，为辖区大企业全面防范涉税风险、精准解决涉税难题，助力汇川经济社会高质量发展。

（一）风险防控"勤探访"

一是召开"新心通"党员服务税企座谈会。通过向企业推送涉税风险点，帮助企业建立严格的内控体系，增强风险识别能力，规避涉税风险。二是建立"党建＋税收气象服务"模式。通过设立"税收气象服务员"，以数据采集为基础，数据分析为抓手，强化数据运用，做好数据变动异常提醒。

（二）保驾护航"解难题"

一是依托海峰工作室"便民专家服务团队"为企业排忧解难，针对企业提出的复杂业务事项，采用台账管理，及时研究反馈。二是以"信用＋风险"监管为基础，探索"以票管税"向"以数治税"分类精准监管转变。通过信用指标提醒、修复服务，定期开展企业涉税信用全面"体检"，对存在的信用扣分事项立即提醒，面对面宣传纳税信用评定和信用修复的最新政策，帮助企业采取措施及时修复。

遵义经开区税务局党委书记、局长何亚可表示，下一步遵义经开区税务局将持续深化"新心通"服务品牌，充分发挥青年才俊聚合优势，着力在税费宣传辅导、减税降费等领域创新办税缴费服务模式，以想在前、做在前的"管家式"服务，不断提升大企业工作格局，助力企业高质量发展，全面推动税企共治共赢。

迎新春送祝福　送政策优服务

国家税务总局阜平县税务局　陈东风　马　瑜

春节前夕，国家税务总局阜平县税务局开展新春走基层活动，为纳税人送去新春祝福，辅导企业享受税收优惠政策，听取优化税收服务意见建议，用税务温暖为新春佳节添福添彩。

一、新春送福，共迎佳节

为了感谢一年以来，纳税人缴费人对税务工作的大力支持，阜平县税务局工作人员精心准备了春联、福字、灯笼、窗花等丰富的节日物品，走进当地企业、商场、店铺，把浓情的新春祝福送到纳税人手上，同纳税人一起写"福"字、贴春联，表达真挚的谢意和美好的祝福，营造庆祝新春佳节的浓厚节日氛围。

二、政策送惠，纾困减负

"这次税务部门给我们送来税收优惠政策新春'大红包'，为我们企业发展提供了有力地支持，为税务部门第一时间上门宣传和贴心服务点赞！"河北国煦生物科技有限公司财务负责人刘俊海由衷地赞叹道。

阜平县税务局在与县科技局共享信息时，了解到河北国煦生物科技有限公司在2022年新申请高新技术企业资格获得批准。得知这一情况后该局快速响应，第一时间到企业宣传政策，并指导企业完善研发费相关台账，引导企业加大创新力度，持续激发企业内生动力。

三、服务送暖，税企共进

为切实落实好2023年"便民办税春风行动"，阜平县税务局组织干部，到重点企业开展"精准服务送温暖，税企共建促发展"主题座谈活动。税企双方围绕涉税热点、办税难点问题展开座谈，税务干部就优化税收服务询问企业意见建议，进一步精准为企业做好服务。

"税务干部上门问需求听建议，不仅是送政策，更是为我们送来了温暖。新的一年，我们一定会在国家税收政策支持下、在税务部门有力服务下，取得更好的发展。"阜裕公司财务负责人说。

聚 "四合" 之力
谱写税收现代化建设新篇章

国家税务总局深圳市税务局

2018 年，中办、国办印发《国税地税征管体制改革方案》，全国省级及以下国税、地税机构"合并"。回首四年，国家税务总局深圳市税务局以"合"聚力，以"融"促进，持续推进"事合、人合、力合、心合"，党建引领更有力、纳税服务更精细、智慧办理更便捷，税收征管改革进一步深化，实现了从"物理整合"到"化学融合"的转变，持续释放国税地税征管体制改革利国、利企、利民的新成效。

一、夯 "基" 促 "融"，党建引领凝聚新 "合力"

在波澜壮阔的改革大潮中，深圳税务始终按照税务总局党委"条主责、块双重，纵合力、横联通，齐心抓、党建兴"的思路，充分发挥党建凝心聚力的作用，促进"人合""心合"。

深圳市税务局把党的政治建设作为首要政治任务，以伟大建党精神、中国税务精神、深圳特区精神等为党建品牌创建的精神内核，有机融合系统内各单位特色，开展"一单位一品牌、一支部一品牌"创建活动，"领航""灯塔""冲锋舟"等 22 个有特色、有活力的基层党建品牌纷纷建立起来，形成了党建品牌大矩阵。

宝安区税务局立足"冲锋舟"党建品牌，以创新为引擎，创立红色阵地，建立"萤火之光"青年干部评选机制；盐田区税务局因地制宜，结合海滨城区文化特色，创建"灯塔"党建品牌，开展"引航、启航、护航、远航"系列活动；光明区税务局以孺子牛、拓荒牛、老黄牛"三牛"精神为载体，创建"光明牛"党建品牌，在业务工作中发挥了品牌引领作用……

一个个基层党建品牌的建立，激发和引领广大党员干部创先争优，担当奉献。"全国最美税务人""深圳市十大百姓学习之星"陕闪，从零开始，成为税收工作的"行家里手"，带领工作团队创新编制了"1＋1＋N"集团纳税遵从画像，大大提高了企业的纳税遵从度；全国税务系统"精神文明建设先进个人"钟林海，驻村五年、精准帮扶，带领高美村 191 户 783 人实现稳定脱贫；全国百佳税务所（办税服务厅）所长潘晓莉以科技为税收赋能，以创新为纳服提质，带领团队打造了"智慧税务"示范大厅，给纳税人带来全新体验。

在榜样的引领下，一个个优秀的干部不断涌现，树立起深圳税务的良好形象。2021 年，深圳市税务局被评为深圳市首批"模范机关创建先进单位"，在市直机关党组织书记抓基层党建工作述职评议考核中获得第一名。2022 年 9 月，深圳市南山区税务局第一税务所（办税服务厅）获评全国人民满意的公务员集体。

二、由"繁"变"简"，办税缴费更高效便利

从"进两家门、办两家税"到"进一家门、办所有事"，从"上门办"到"网上办"、再到"刷脸缴税"……四年来，深圳税务聚焦办税缴费堵点、难点，推动办税事项"瘦身"、办税流程"简化"、办税资料"精简"、智慧办税"升级"。

2018 年机构合并以来，深圳市税务局创新推出"要素化申报"，实现数据预填、数据推荐、场景整合，纳税人可一次性完成多个税费种申报；积极探索社保服务新模式，实现 96 项社保经办和缴费业务"一厅联办、一次办好"，打造出"15 分钟社保服务圈"；电子税务局更新迭代，上线"十一税合一"申报等功能，业务办理扩围至 215 类；开通全国首个"刷脸缴税"窗口，从真正意义上实现无介质缴税，也宣告"人脸识别＋支付"技术首次应用到了税务领域；创新推出远程办 MAX 服务平台，线下高频业务 2 分钟受理、3 分钟办结，实现了从"最多跑一次"到"一次都不用跑"。

四年来，涉税业务报送资料减少 40% 左右，报送环节减少 60% 以上，办理时间和排队等待时间均减少 50% 以上，212 项税费事项实现"一网通办"，网上办税率达到 99.8%。

作为改革开放的重要起源地和先行地，为助力深圳在粤港澳大湾区建设中走出税收先行姿态，深圳税务积极谋划，大力推进"深港办税易"项目平台建设，梳理 105 项可在港办涉税业务，通过"线下辅导＋线上自助"联动方式，实现港人港企不用离港即可无差别办理深圳税费业务。截至目前，深圳已有 69 位港澳涉税专业人士办理完成跨境执业登记，7 家合资联营税务师事务所完成登记。

三、推"陈"出"新"，税费治理能力稳步提升

和合共生，守正出新。机构改革以来，深圳税务立足深圳实际、特点和优势，不断推"陈"出"新"，以更务实举措助企纾困解难，以更高标准推进征管创新，更大力度提升税费治理能力，更好服务经济社会高质量发展。

2019 年大规模减税降费，是机构改革后深圳税务迎来的首场"大考"；2022 年新的组合式税费支持政策，是深圳税务在新考验下的"必答题"。

为第一时间落实落细退税减税政策，深圳税务立足工作实际，探索出许多方式新、效果好、口碑佳的创新举措。在福田区税务局，税务干部运用税收大数据对纳税人留抵退税新政适用情况提前摸底分析，实施清单化管理，并制定了以时间分区、企业分类和辅导分批的分级分类辅导"三分法"，实现政策辅导全覆盖；在宝安区税务局，"税宝图"通过大数据筛选出符合政

策的企业，"退税机器人"加速审批，效果显著；在前海税务局，"留抵退税一测通"小程序帮助纳税人准确定位政策优惠，快办快享……一系列务实举措推动退税减税降费政策"快稳准好"落实落地。

四年来，深圳税务着力突破条块壁垒，促进要素融合增效，不断提升税收征管智能化、集成化、精细化、协同化水平，推动征管改革扎实落地。从 2018 年 8 月 10 日首推区块链电子发票以来，深圳已开具区块链电子发票超 1 亿张，日均开票近 7 万张。从区块链电子发票起步，逐步延伸至破产事务办理、自然人信息核验、跨部门信息交换、完税证明开具、社保权益获取等多业务场景，深圳"区块链＋税务"生态已日趋丰富。

大数据时代的税收治理必然进入"以数治税"阶段。深圳税务大力推进人工智能、大数据、区块链等技术在业务场景的应用，在税收风险管理、大企业管理、出口退税管理等方面以先进技术赋能税收治理，"以数治税"建设取得体系性成效。

深圳税务还注重发挥部门协同共治作用，凝聚起助力区域发展的强大合力。如推进广深税收"双城联动"机制，在推进执法区域协同、促进税费业务通办等多方面深化两市战略合作；联合财政、金融等部门及工商联、行业协会共同开展"春雨润苗""税社益企""海洋高峰汇"等专项行动，推动建立"税务主导、部门配合、社会参与"的综合治税网络。

过去的四年，是改革奋进、辛勤耕耘的四年，也是释放聚合效应、提质增效的四年，纳税人缴费人的满意度和获得感得到全方位提升，税收征管改革取得了新成效。在党的二十大即将胜利召开之际，站在新的历史起点，深圳税务将迎潮而立，以逢山开路的闯劲、担当有为的干劲、一抓到底的韧劲、勇当尖兵的心劲，进一步真抓实干、奋发进取，以税收之笔墨为深圳经济高质量发展增色添彩。

开展精细服务
下好组合式税费支持政策落地"一盘棋"

国家税务总局保定市竞秀区税务局　孔子洁　李晓宇

2022 年以来，新的组合式税费支持政策持续释放红利，为使税收优惠政策落地落实，保定市竞秀区税务局以纳税人缴费人诉求期盼为导向，将提升纳税服务水平与"税法宣传月""便民春风行动""精细服务落实年"、优化营商环境等多项活动相结合，做好 2022 年组合式税费支持政策精准辅导，统筹制定便民办税服务措施，使纳税人办税更便捷、更高效、更满意，实现服务质效和纳税人满意度的双提升。

一、基础夯建有力，下好任务落实"赋能棋"

保定市竞秀区税务局是国家税务总局精细服务直报联系点，也是保定市税务局精细服务试点承接单位，主动扛牢政治责任，健全机制，重点突破，高标准谋划、高质量推进，全力以赴落实精细服务工作。一方面，成立组织强领导。新的组合式税费支持政策出台后，区局高度重视，成立退税减税政策落实工作领导小组，多次召开退税减税工作推进会，对此项工作进行统一领导、统一部署，坚决落实上级要求，不折不扣落实组合式税费支持政策。同时该局积极向地方党委政府汇报，在财政、人行等部门大力支持下，既加强顶层设计、整体谋划，又注重全面考量、协调推进，确保形成工作合力。另一方面，解读政策修内功。认真组织税务干部解读近期出台的一系列税费支持政策，对延续实施制造业中小微企业延缓缴纳部分税费、小微企业"六税两费"减免、进一步加大增值税期末留抵退税等一系列新组合式税费政策进行了全面详细的解析。同时，采取"集中学习＋重点辅导"的方式，有效提升了税务干部业务水平。

二、精准指导有力，下好政策辅导"提档棋"

组合式税费支持政策的落地，离不开政策的辅导解读，分类推进企业精准辅导，有助于不同行业、不同类型的企业充分了解熟知优惠政策，及时享受税收红利。一是精准辅导，主动问需。该局与企业建立了税企沟通机制，提供"一对一"服务，主动问需，将适用的税收优惠政策编制成小读本进行针对性辅导，让企业充分知晓，确保各项政策应享尽享。二是精准送达，直达快享。该局为辖区内"专精特新"企业量身定制，探索"望、闻、问、切"一体化服务，对"专精特新"企业实行"一户一档"管理机制，并由局领导带队逐户访企业、送政策，着力打造一流的涉税服务，为企业创新发展注入动力。 三是精准解难，全程跟进。该局发挥"解需求团队"的积极作用，选派业务骨干深入企业开展专班会谈，对企业可享受的税费优惠政策和转型期遇到的瓶颈堵点问题进行沟通辅导，全程跟进企业个性化需求，落实好各项优惠政策，帮助企业优惠政策应享尽享。

三、工作模式有力，下好纳税服务"贴心棋"

想纳税人所想，急纳税人所急，坚持以服务纳税人为中心，推出多种服务模式，相互补充，协同发力，努力为广大纳税人提供贴心服务，尽可能满足不同纳税人的涉税需求。一是全方位结合，做好常态服务。在政策出台、落地等关键时间节点，该局依托网格化管理服务，利用 e 税通服务平台、税企钉钉交流群、办税服务厅等渠道拓展政策宣传面，达到"漫灌化"宣传效果；通过电子税务局精准推送税费优惠政策，做到"点对点"精准宣传；成立政策宣传辅导专家团队，针对企业情况和需求，开展"滴灌式"精准服务。二是依托远程帮办，提供智税服务。落实"非接触式"办税服务，创新征纳互动服务新模式，通过远程可视化咨询方式，做到"智能应答、全程互动、问办合一"，实现"一键连线"，让纳税人享受政策更高效更便捷。三是针对个性诉求，推出专享服务。将税费优惠政策宣传落实和便民服务措施相结合，优化办税服务举措，如采取：延时办税、绿色通道、线上咨询、团队驻厅等方式，使纳税人缴费人享受优惠政策更便捷。针对老年人、残疾人等特殊人群加强服务保障，在办税服务厅设置绿色通道、无障碍通道，现场提供"伴随式"导办服务，减少办税等待时间，特殊情况下可提供预约志愿者上门服务。

税惠红利赋能"小叶子"
做出富民"大文章"

国家税务总局弥渡县税务局

好山好水孕生好茶，大理正是一个茶的国度。据唐樊绰《蛮书》记载，早在南诏时期，白族的先民就有"以椒姜桂和烹而饮之"的饮茶习惯，南涧无量山罗伯克、云龙大栗树碧螺春都是当地名茶。据了解，大理州山地面积占93.4%以上，茶园面积20.97万亩，全州28个乡镇有茶叶种植，其中6个乡镇茶叶产业是当地的重点产业。

在大理南涧县，无量山海拔高、云雾多，茶叶种植生产拥有得天独厚的自然优势，深居无量山的各族群众，几乎家家户户都种植茶叶，但是由于生产管理粗放，茶叶精深加工以及功能成分开发不足，产业链条短，产品附加值和效益低。近年来，当地税务部门始终持续关注茶产业发展，聚焦茶农、茶企的涉税需求，积极组织茶商、茶企等开展税费专题培训，通过电话、微信、上门服务等方式及时了解茶企生产经营情况，开展"滴灌式""点对点"宣传辅导，详细解读热点税费优惠政策，帮助纳税人熟悉业务办理流程，及时享受税收优惠政策带来的红利，为茶产业发展"护航"。

云南大理华庆茶叶有限公司位于南涧县无量山樱花谷内，是一家集精品、高山、有机乌龙茶种植加工销售、花园式有机茶园观光、茶文化体验为一体的小微企业，也是南涧县发展现代生态农业的示范企业。茶园每年都会吸引大批游客，极大地带动了当地旅游产业的发展。由于公司茶叶采摘、生产、加工、销售以及景区管理等工作的需要，周边3个乡镇8个村委会的很多农户在农闲时都会前来打零工。公司每年从周边吸纳的工人有2000多人，为800多农户提供了就业机会，带领了当地茶农增收致富，同时还带动了当地众多茶厂的发展。

"国家针对小微企业的税收优惠政策对我们发展的支持力度很大，近三年，我们享受税款减免近18万元，节省下来的这部分钱，主要用来更新茶叶加工设备和保障工人工资的支付，这从很大程度上帮助公司减轻了经营压力。"华庆茶叶有限公司会计杨朝敏表示。

产业兴则农村兴。同样受益于国家税收优惠政策的还有云龙县宝丰乡大栗树茶厂，该茶厂被称为"离天空最近的茶园"，是一家以种植、加工、销售高海拔绿茶为核心的现代化制茶企业，产品以省内销售为主。

据了解，该公司一直积极参与当地"万企帮万村"行动，依托"公司＋基地联农户＋品牌联市场"模式，提供"家门口的岗位"，开展专项技能培训，目前直接提供工作岗位160多个，并带动周边白族、傣族村民 2000 多户种植茶叶，在消化农村剩余劳动力、带动群众增收致富方面做了实实在在的工作，让一片片"小叶子"鼓起百姓的"钱袋子"。

受疫情影响，茶叶销售情况很不理想，企业发展受阻，当地税务部门走访了解企业经营困境后，针对销量下降、资金链受影响等问题，及时推送税惠政策，帮助茶厂享受制造业中小微企业延缓缴纳部分税费政策 64.95 万元。茶厂财务负责人段亮义说："眼下，公司最大的困难就是销路问题，税务部门主动服务，手把手辅导申报，很贴心，至今一直享受着缓缴政策，也给我们公司发展带来了极大助力，让我们有信心克服困难，积极开拓新的市场。"

大理州税务局纳税服务科负责人赫尚武表示："税务部门将结合企业实际，聚焦产业发展需求，不断优化改进服务举措，让税收政策红利及时转化为乡村振兴的"助力"，持续推动地方特色产业与乡村振兴的融合发展。"

长路峥嵘　凝聚奋进力量
蓝图在胸　共筑复兴伟业
——宁江区税务局党委书记、局长薛连剑谈学习党的二十大报告心得体会

国家税务总局松原市宁江区税务局

2022 年 10 月 16 日，中国共产党第二十次全国代表大会在京召开，习近平总书记做题为高举中国特色社会主义伟大旗帜　为全面建设社会主义现代化国家而团结奋斗　的报告。党的二十大，是在全党全国各族人民迈上全面建设社会主义现代化国家新征程、向第二个百年奋斗目标进军的关键时刻召开的一次十分重要的大会。报告回顾了我党过去五年的工作和新时代十年来的伟大变革，总结了我党在丰富思想内涵，加强党的领导，坚持改革开放，维护国家安全，全面从严治党等多领域取得的伟大成就，鼓舞了民心，激昂了斗志，凝合了全体人民合力同心，勇毅前行的底气，勇气和锐气。

一、坚定道路自信，总结探索经验

回首建党百年奋斗征程伊始，国家风雨飘摇，动荡垂危之际，中国共产党人挺身而出，毅然肩负起挽救国家与民族的历史重任。而支撑他们走过百年征程仍焕发着蓬勃生命力的力量之源，便是马克思主义。中国共产党是坚持社会主义的党，是代表广大人民根本利益的党。实践证明，中国共产党之所以能，中国特色社会主义之所以好，归根到底是马克思主义行，是中国化时代化的马克思主义行。拥有马克思主义科学理论指导是我们党坚定信仰信念、把握历史主动的根本所在。在中国特色社会主义理论体系的指导下，我们党充分把握时代脉搏，紧扣时代主题，探索回答了党和国家事业发展、党治国理政的一系列重大时代课题，对社会主义及共产党在当今全球局势下治国理政提供了一个不同于西方资本主义体系的新的范式，也对国家发展的道路选择，人民幸福的实践方式等关乎全人类的政治命题给出了独属于中国人思维价值的宝贵答案。这份答案，是中国共产党坚持将马克思主义基本原理同中国具体实际相结合、同中华优秀传统文化相结合，坚持运用辩证唯物主义和历史唯物主义，坚持解放思想、实事求是、与时俱进、求真务实，一切从实际出发，着眼解决新时代改革开放和社会主义现代化建设的实际问题，不断回答中国之问、世界之问、人民之问、时代之问，作出符合中国实际和时代要求的正确回答，得出符合客观规律的科学认识，形成与时俱进的理论成果，方能更好指导中国实践。

我们党能够跳出历史周期律，不断适应时代要求，永葆蓬勃生机的另一重要原因，是我党勇于善于自我革命的这一有利"武器"。我们党通过自我净化、自我完善、自我革新、自我提高，执政能力显著增强，管党治党向纵深推进，党风廉政建设取得显著成效，"打虎"，"猎狐"，"拍蝇"多管齐下，肃净党内风气，从制度上保证党的纯洁性，先进性。

二、谋划发展道路，擘画民族复兴

回溯百年奋斗史，中国共产党带领中国人民历经站起来，富起来，强起来的三个历史阶段，如今我们正面向民族伟大复兴的宏伟蓝图，也正站在新的一百年历史起点上展望新的伟大征程。党的二十大报告正为全党全国各族人民新的奋斗之路举旗定音，明确使命任务，指明前进方向——就是要以中国式现代化全面推进中华民族伟大复兴。

我国在改革开放四十余年的高速发展期中虽然实现了经济的跨越式增长，取得了一系列举世瞩目的成就，但不可否认的是也存在诸多问题。我国是人口大国，巨大的规模和体量决定了问题的复杂性和特殊性，也正因如此，我们必须立足实践，走出一条符合我国国情的创新性道路。既不好高骛远，也不因循守旧，保持历史耐心，坚持稳中求进、循序渐进、持续推进。

报告明确了中国式现代化的本质要求，暨：坚持中国共产党领导，坚持中国特色社会主义，实现高质量发展，发展全过程人民民主，丰富人民精神世界，实现全体人民共同富裕，促进人与自然和谐共生，推动构建人类命运共同体，创造人类文明新形态。这就要求我们要完善构建社会主义市场经济体制；完善现代化工业产业体系；推动乡村振兴；坚持改革开放；实施科教兴国；发展人民民主；坚持依法治国；增强文化自信；实现绿色发展；维护国家安全；推动科技强军；推进祖国统一。上述的每一项任务，都是在总结了新中国发展实际的宝贵经验，并对未来局势进行分析研判后所做出的科学，正确的判断，凝结了党和全国人民的智慧。明确目标就是有了"风向标"，"指挥棒"，全国各族人民在党的领导下同心聚力，笃行不怠，必将也必然取得下一个一百年新的辉煌成绩。

三、聚焦税收主业，服务发展大局

税收作为国家收入的主要来源，对国家的运转起到保障性作用，同时也是国家实施宏观调控的重要经济杠杆。税收的建设关乎国计民生，利系千家万户。自1994年分税制改革引入，再到2018年税制改革国地税合并，中国的税收发展在党的领导下始终紧系国家经济发展脉搏，牢记"为国聚财 为民收税"的历史使命，以担当之责勇立改革一线，以公仆之心牢记为民服务。

一是要持续将党建引领"挺在前头"。税收事业是在党的领导下开展的，要自觉强化政治机关建设，坚持以习近平新时代中国特色社会主义思想为指导，深入学习贯彻习近平总书记重要讲话重要指示批示精神，落实好党中央、国务院关于退税减税、深化税收征管改革等重大决策部署，真正做到党的核心"同心共频"。坚定捍卫"两个确立"、坚决做到"两个维护"。一要严格落实党中央国务院各项重要讲话精神，将理论学习贯彻在日常，将思想成果见效在实践。

二要通过集体学习，基层调研，民主座谈等方式强化班子能力建设，打造过硬领导核心，形成向心合力。三要不断加强干部党性修养和综合素质培养，选拔树立优秀典型，引导干部"学榜样，做榜样，激发干部干事创业担当作为的"源动力"。

二是要持续将监督执纪"印在心头"。税务系统应以巩固从严治党主基调为着力点，强化监督责任，发挥监督作用。充分运用好监督执纪"四种形态"，做到管在"思想认识"，管在"工作纪律"，管在"作风形象"。通过健全完善监督管理引导干部形成"自省、自律、自尊"的价值遵循，拧紧监督执纪"安全阀"，通过正面引导和反面警示，形成全局"立德崇实，廉洁担当，爱岗敬业"的良好氛围，涵养气正风清。

三是要持续将税收主业"扛在肩头"。税收事业的建设要依托科学规划，详实核算分析，为组织收入工作打好坚实基础。通过推进改革落实，规范欠税管理，形成良性动态的欠税管理态势。减税降费政策落实持续发力，以"思想悟透，政策学深，措施做实，成效见档"的模式推动各项税费政策转化为"真金白银"，切实为企抒困解难。强化防范虚开骗税，完善各项制度落实，强化部门协作，提升风险认识，着力形成"严防狠打"的新常态。以税商联动机制及"全电票"，"统模式"等最新工作要求为抓手，推动部门合作，优化营商环境，描绘税收事业发展新局面。

税务春风暖心窝

国家税务总局太湖县税务局

2022年以来，安徽省太湖县在做好常态化疫情防控工作的前提下，紧扣"一改两为"，以"小切口"做好税费服务"大文章"。

一、精准落实政策，激活发展一池春水

"我们一直关注增值税期末留抵退税政策，这次留抵税款的到账真是一场'及时雨'，保障了公司持续稳定生产，顺利渡过难关。为税务部门优质高效的服务点赞！"近日，收到135.59万元的增值税留抵退税款后，太湖华强科技有限公司财务负责人汪慧平感叹不已。

华强科技公司是一家从事聚酰亚胺薄膜、复合绝缘材料及塑料制品生产、销售为主的企业，受购进研发设备投资较大和疫情扩散的双重影响，公司在运营过程中的资金压力越来越大，急需增补流动资金维持企业正常运转。前期，该公司虽多次进行内部核算力求达到先进制造业期末留抵退税条件，但由于其产品的行业特性，一直未能满足退税条件。

最新增值税留抵退税政策出台后，太湖县税务局工作人员在梳理可能符合留抵退税条件的纳税人名单过程中发现，华强科技公司已满足享受留抵退税政策基本条件，第一时间与该公司取得联系，帮助企业准备申报资料，通过各股室"一对一"沟通对接，在4月申报期第一天完成了受理、审核、复审、核准、开具收入退还书等业务流程，让纳税人享受到"即办即审，立马就退"的优质服务，留抵税额变现退还，及时缓解了企业资金压力。

二、做好民生实事，社保缴费一个不落

"幸亏县税务局工作人员的电话告知我身份证信息不全无法批扣社保费，让我及时去人社部门完善身份信息，办好了去年的社保费缴纳，心里感到暖暖的。"太湖县灵活就业人员小洪对税务部门的贴心服务表示感谢。

针对太湖县灵活就业人员社保费参保有1.2万人，太湖县税务局坚持民生无小事，高度重视灵活就业人员参保工作，始终把老百姓的利益放在第一位，加强对参保人员的信息核查、政策宣传、缴费服务，提升缴费人幸福感和满意度。

自2021年12月税务部门接手批扣工作后，为避免错扣、漏扣，将所有批扣户的信息进行反复比对；对无三方协议、多地参保、老卡换新卡、身份证信息不全等无法进行批扣的参保对

象 800 多人，逐一发信息、打电话通知；每月实施批扣后，对余额不足未批扣成功的缴费人及时进行提醒，确保每个批扣对象都能成功批扣，切实保障灵活就业人员合法权益。

三、紧抓线上"云辅导"，足不出户享春风

"在申报方式中，根据实际情况选择'通过扣缴义务人申报'或'综合所得年度申报'中任意一种方式点击提交就完成本次 3 岁以下婴幼儿照护专项附加扣除的填报。"2022 年 4 月 1 日，太湖县税务局在电教室举办个人所得税线上辅导会，税政部门根据纳税人提出的关于 2022 年新出台的 3 岁以下婴幼儿照护专项附加扣除政策进行了手机 APP 操作流程演示。

在疫情防控非常时期，太湖县税务局主动求变，立足辖区纳税人、个人所得税扣缴义务人特点，将税收政策辅导从线下搬到线上。税政部门就个人所得税年度汇算清缴、增值税留抵退税等新政举办线上专题业务辅导会 3 场，参与人数 3000 余人次。利用线上培训优势，演示操作流程，实现新的组合式税费支持政策应知尽知、应会尽会，力求让财务人员从"似懂非懂"到"真懂会用"。

下一步，太湖县将紧扣"智慧税务助发展 惠企利民稳增长"税收宣传月暨便民办税春风行动主题，立足"一改两为"，加大政策宣传辅导力度，持续跟进政策执行情况，切实解决企业发展过程中的堵点难点，用心用情帮助纳税人、缴费人纾困解难。

"桃"醉拉市 税惠助农 迎来"丰"景如画

国家税务总局玉龙县税务局 杨 肖

雪域高原玉龙拉市，以其特有而优越的自然条件、生态条件和气候条件，孕育了一种桃子，又因拉市这座小镇毗邻玉龙雪山，因而把这种丽江特有的桃子称为——丽江雪桃。2009年，丽江雪桃以其果大、肉脆、味美、色鲜、营养丰富的特点，作品为珍惜果品摆上了国庆60周年招待宴会，此后又连续9年进入国宴，因而又叫"国宴雪桃"。

位于拉市这座小镇的玉龙县拉市镇幸福园农庄，属个体工商户，经营范围不仅包括家禽家畜鱼类的养殖，梨、拉市苹果、丽江雪桃等水果的种植，还包括餐饮、乡村旅游等服务，是融合了第一、第三产业的新型农村产业代表。该农庄占地30多亩，其中丽江雪桃的种植面积约有23亩。而经营农庄的法人和继大，曾获得过"优秀共产党员""致富带头人"等荣誉，同时也荣获国家级表彰。

"这些年国家发展的越来越好。以前卖雪桃，需要大半夜三四点拉到市场上，行情还不好。现在科技发达了，我们通过微信群、抖音等平台，直接在线上就把桃子卖出去了，价格也高出很多，并且顺丰、邮政、京东等快递直接到了村口，而我家由于量比较大，快递公司更是直接上门，在家就能把雪桃寄出去。"在聊天期间，和继大笑的很开心，说到。

近年来，新型"农庄经济"蓬勃发展，玉龙县税务局高度重视，多次组织税务干部代表进农庄送服务讲政策。随着雪桃上市期的临近，玉龙县税务局再一次组织税务干部来到了小镇，进到了幸福园农庄。针对农庄的特点，税务干部为和继大介绍了自产农产品免征增值税、小规模纳税人免征增值税等政策，而为了守好老百姓的"养老钱""救命钱"，税务干部还为农庄工作人员发放了城乡居民医保、养保宣传手册，并现场答疑解惑。

"农庄收入里水果占大头，而水果里面雪桃是最好卖的，去年一年卖了有7—8吨，根本不够卖。价格从8块到30块一斤不等，但按照平均10块一斤算收入也很可观。"农庄法人和继大说到，"多亏了国家的政策，给我免去了很多税，节省了开支。明年我准备加大投入，多种些新品种雪桃以及黄金蟠桃、黑桃等品种，做到每个季节都有桃子卖。"

下一步，玉龙县税务局将以需求为导向，精准"滴灌"为企业送好政策服好务，助力新型"农庄经济"发展向好。

改革风正劲　扬帆谱新篇

——鄂州市梁子湖区探索创新在税务领域建立"信用＋风险"监管体系

国家税务总局鄂州市梁子湖区税务局

近日，湖北省优化营商环境领导小组发布《省优化营商环境领导小组关于2022年全省优化营商环境改革现行区的通报》，梁子湖区"在税务领域建立'信用＋风险'监管体系"改革事项入选改革先行区名单。2022年以来，国家税务总局鄂州市梁子湖区税务局坚持"服务＋执法＝遵从"的税收管理理念，探索创新税务领域"信用＋风险"监管体系改革项目，在精细服务、精准监管方面取得了良好成效。

一、部门协作有力度，开创精诚共治新局面

在区委、区政府大力支持下，成立梁子湖区税费征收工作配合机制领导小组，建立税费联络员和会议召集制度，健全部门间在税费征收与纳税服务等方面的信息共享和工作协调机制，加强重点行业税收管理。

"银税互动"实现纳税信用有质有量，梁子湖区税务局积极联合银行金融机构，搭建"共建共享"平台，畅通税、企、银信息沟通交互渠道，为银行和企业"牵线搭桥"，帮助企业以"信"换贷。截至2022年11月，梁子湖区通过"银税互动"累计审批通过纳税人86户，完成授信额度8600余万元，办理贷款7300余万元，有效解决了小微企业融资难、融资贵问题。

部门联动实现营商环境共治共管，依据《国家税务总局办公厅关于进一步推进"双随机、一公开"监管工作的通知》（税总办发〔2017〕122号）等文件的要求，区税务局联合区市场监督管理局，随机选派检查人员，第一时间公布信息，接受社会监督，内部抽查与联合抽查相结合，落实跨部门联合惩戒要求。截至2022年11月，随机抽取5户企业，其中内部抽查2户，与梁子湖区市场监督管理局联合抽查3户，补缴税款1200余元，有效提升了纳税遵从度。

二、宣传氛围有浓度，擦亮精准监管新品牌

开辟"绿色通道"，线上建立"'诚'风破浪税企同行"A级纳税人微信群，宣传"信用＋风险"监管体系下为高信用纳税人提供的各项个性化服务，组建A级纳税人服务团队，为A级纳税人提供"24小时不打烊"的专业涉税咨询，打造快速响应、实时沟通、互动无间、精准推送的A级纳税人服务平台。

拍摄宣传短视频，与市税务局联合拍摄税务监管领域"信用＋风险"监管体系宣传短视频《守护者》，通过生动的情景剧案例表现了"信用＋风险"监管体系下税务部门对高信用纳税人的精细服务，让纳税信用的重要性进一步凸显。

开展"点餐式"培训，推广纳税人"按需点餐"服务，提前多渠道广泛收集纳税人涉税培训需求，规划制定纳税人学堂直播课"课程表"，照表备课，多名税收业务骨干化身讲师主播，从纳税信用评价及修复、常见涉税风险点及应对方法着手，帮助企业了解在税务监管新体系下如何增信用、减风险，两次直播共吸引 3000 余人观看，获纳税人广泛点赞。已举办纳税人学堂直播课两期，正实现直播课程常态化、日常化。

三、办税便民有温度，打造精细服务新高地

"两表单"让服务可见可感。依托税收大数据梳理整合企业涉税风险，对 A、B、M 级低风险纳税人柔管理，定向发送"健康筛查报告单"，引导纳税人有针对性地实施自查自纠，及时化解涉税风险。对风险评估结果为无风险、低风险的 A 级纳税人，经过信息比对生成定制版"红利账单"，既有享受到的红利总账，又有分税（费）种的明细账，每笔红利享受的政策依据、减免金额一目了然。通过"线上＋线下"方式定点派送"两表单"，让企业真切地感受到税务部门助企纾困的力度和温度。截至 2022 年 11 月，通过电子税务局向企业推送"健康筛查"报告单 19 户次，税费优惠红利账单 15 户次。

创新发票管理机制，对于纳税信用 A 级和 B 级纳税人，分别可以一次领取不超过 3 个月、2 个月的增值税专用发票用量。纳税信用 A、B 级且非服务受限的纳税人通过电子税务局提交的发票领用申请，半小时内处理完毕，税务人员当天打包速递寄出、限时配送，实现发票从"领"到"收"全流程"非接触式"办理。

落实落细守信激励，成立 A 级纳税人服务专班，配置专属税务"管家"，为有需要的企业提供全程跟踪、上门服务，让 A 级纳税人切实享受到诚信经营、依法纳税的红利，从公平的角度促进营商环境持续优化。

下一步，梁子湖区税务局将继续勇担为民服务的使命，扛牢改革创新的大旗，为优化梁子湖区营商环境贡献更大的税务力量。

积极打造"五分钟办税服务厅"

国家税务总局丰城市税务局

为进一步优化税收营商环境，丰城市税务局针对市场主体提出的一系列多元化、高标准服务诉求，狠抓落实，以建设"最佳智能办税体验区"为目标，升级硬件设施，优化办税流程，创新服务举措，全力打造"五分钟办税服务厅"。

一、升级导税系统，进门立即办

一是人脸识别定向引流。大厅各入口安装人脸识别系统，自动提取个人数据并实名验证，根据纳税人预约情况或办税历史数据，智能引导纳税人到相关区域或设备办理涉税事务。二是前台导税简事即办。加强导税台人员力量，将48种咨询、证明、社保缴纳等事项前移办理，纳税人无需叫号，导税人员直接快速办理。三是移动导税随地办理。3名导税人员手持导税平板无间隙在大厅巡导，为正在休息区域等候的以及从其他入口而来的纳税人，主动询问办理何种业务，如是可直接办理的业务，移动导税员通过导税平板直接就地办理。

二、提升自助办税，全程辅导办

一是增设自助设备，各涉税功能视频辅导。增设21台自助办税终端和2台自助盖章机，所有自助设备内置显示屏，纳税人可根据自身的需求点击对应的详细动画辅导，甚至还可以与服务后台开展"隔空语音教学"，达到即学即会即操作的效果。二是配备5G移动设备，辅导教学和业务办理一体化。配备平板电脑和手机，安装税务移动端系统，内置移动端操作说明和20余项常见业务办理功能，使纳税人充分享用信息化带来的便利。三是安装360度公告宣传屏，政策宣传和业务操作辅导无死角。为使纳税人在自助办税过程中及时知政策、懂操作，在大厅安装8块公告宣传屏，滚动播放最新最常见的税收政策和办税指南，大厅1500平方米区域任何角落都可看到公告内容。

三、优化审核审批，一站全部办

一是成立审核审批组，提供"一站式"审批服务。抽调税政、征管、法制、社保非税等业务骨干，在大厅组建审核审批组，对于发票增量增额、退税办理、税务注销等20余项常见业务，审核审批组进行"一站式"审批，纳税人办税效率提升60%，如发票票种核定审批由之前1.5个工作日压缩至 20 分钟办结。二是发挥"龚全珍"工作室优势，为纳税人纾困解难。纳税人在办税过程中遇到遗漏资料、相关人员临时有事等问题，"龚全珍"工作室人员将对这些问题进行登记，主动对照办税资料清单，资料齐全的直接办理，如资料不齐全，纳税人进行书面承诺后，就可直接办理。三是智能"微"厅一站全办。全新打造"厅中厅"，集发票代开、申领、自助盖章、Ukey 申领、增值税专用发票（电子）查验打印、税务证明类打印、远程语音交互于一体的微型税务办税厅，可以满足纳税人日常绝大部分办税需求。

四、提供温馨服务，群众安心办

一是一键呼叫解难题。纳税人在自助办税过程中，遇到自行无法解决的问题，可在自助设备上按下一键呼叫键，可直接与税务人员手环联动，税务人员会立即接收到信息，准确识别是哪位纳税人需要帮助，立刻前来协助办理。二是数据传递有保障。加强配套设施，运用最新安全加密技术，对数据进行加密处理，充分保障群众涉税数据安全。三是无声叫号优环境。各等候区都安装了叫号显示屏，显示屏和微信端都会显示人工窗口叫号情况，若纳税人未及时前往窗口，再启用两次有声叫号。这样既有效减少噪音，为纳税人提供更舒适的等候和办税环境，又可以提醒纳税人及时前往窗口办理，避免过号。

2022 年以来，根据省局办税智能管控平台统计，通过积极打造"五分钟办税服务厅"，丰城市税务局大厅纳税人平均等候时长为 1 分钟之内，平均办税时长为 3 分钟之内，全程办理不超过 5 分钟，极大提升了纳税人缴费人的获得感和便利度。

"智慧＋配套"　用心做好园区税务服务

国家税务总局佛冈县税务局　陈　晨　方　琳

近年来，佛冈县工业经济发展势头良好，工业园区布局不断优化，形成以广佛（佛冈）产业园为主，以城西科技园、龙山新动力智造城为辅的"一主两辅"发展格局。佛冈县税务局积极对接地方党政"工业强县"战略，充分发挥税收大数据应用成效，落实精细服务，通过税收服务赋能工业园区加速建设发展。

一、税收数据大"集合"，智慧服务再深入

"退税来得快，来得好！1590多万元的留抵退税款，既是'雪中送炭'，也是'添砖加瓦'，极大提振了我们发展的信心和动力。"谈及送到手上的留抵退税大礼包，佛冈建滔实业有限公司财务负责人说。

受国外疫情影响，佛冈建滔实业的生产销售模式由出口转内销，先产生后销售的模式需要垫付大量资金，企业流动资金十分紧张。此时，佛冈税务部门精准联系了该企业，送来了留抵退税"大礼包"，在税务部门的辅导下，佛冈建滔实业分别在2022年4月和7月两次申请增值税留抵退税。

据悉，佛冈县税务局"智税青年"信息应用小组，自主开发设计了"工业园涉税数据展示平台"，按年度分析汇总园区企业税收收入、非税收入、社保费收入等涉税数据，运用信息化手段对进行归集、建模、管理、分析，并定制赋予企业"高新技术""研发支出"等个性化标签，实现对工业园入驻企业精确画像。信息应用小组成员精心研究出组合式税费支持政策数据模型，与展示平台中"企业画像"进行搜索匹配，锁定受惠企业梳理形成名册清单，第一时间派出"首席联络员"进行联系，开展"一对一"精准辅导，确保相关企业都能享受到留抵退税的优惠举措。

"只有运用信息化、大数据的手段，才能在海量的纳税人中快速准确筛选出符合税收优惠政策的企业名单，实现税费红利的精准滴灌。""智税青年"信息应用小组骨干成员表示。

二、三位一体聚"合力"，配套服务再提升

在广佛（佛冈）产业园引进的企业中，高新技术企业达30家，拥有省级以上科技创新平台18家，专利拥有量超1000件。其中，万洋集团专为中小企业服务的制造业集聚平台"万洋众创城"，目前引进了58家中小微企业。

　　佛冈县税务局将税收服务工业园发展作为重要研究课题，以优化产业园税收服务为切入口，积极推动与工业园管理委员会共建共享共促，构建"税园企"三位一体联络机制。依托广佛（佛冈）产业园"税园惠企服务站"持续开展政策辅导，在佛冈县城西科技园举办辅导宣讲会，设立产业园区专职税费辅导员，对企业关心的跨区迁移涉税事项定期开展定制化宣讲，持续深化"一企一策"园区服务模式。

　　"借助广佛园'税园惠企服务站'的便利，我们在税务部门的专人指导下，很快收到增值税留抵退税 5119 万元，为后续引入更多优质企业提供了极大的资金支持！"王宝传说。

　　同时，佛冈县税务局借助自主开发的"工业园涉税数据展示平台"，不断丰富完善企业画像，并以此为基础建立园区企业"全过程服务"模式，全程介入跟进项目谈判、建设、投产、开票等涉税环节。聚焦新材料、生物医药两大行业特色，编制新版《佛冈县支持产业园区发展税费政策指引》；在厂区门口设立 V-tax 远程可视化办税服务点，确保税费红利直达快享，办税缴费快捷便利，园区企业发展更加优质。

落实社保缓缴政策　助企纾困解难

国家税务总局南宁经济技术开发区税务局

为落实近期出台的特困行业缓缴社保费相关政策，进一步帮助市场主体纾困解难，国家税务总局南宁经济技术开发区税务局积极行动，开展形式多样的宣传辅导，不断优化提升便民举措，保障政策红利直达易享。

"税务服务专员及时联系我们讲解政策内容和申请流程，不用到厅就能享受到政策优惠。社保费用的缓缴切实帮助减轻疫情对酒店业生产经营的影响。"广西沃笙酒店管理有限公司相关负责人说。

为推进优惠政策精准落地，南宁经济技术开发区税务局开展"线上＋线下"宣传辅导。在南宁征纳互动平台及时转发相关政策通知与解读，确保政策宣传在 9 个经开区社保缴费咨询群、12 个不同行业分类纳税人咨询群中有序进行。

由于缓缴社保费政策内容较多，南宁经济技术开发区税务局在组织相关部门参加视频培训、梳理实施细则与工作方案的基础上，根据相关要求对用人单位的批扣业务流程进行调整，由原先的社保、医保险种同时操作批扣预约设置，改为医保险种按照以往批扣预约时间操作、社保险种按照上级统一安排延后批扣，给想要申请缓缴社保费的企业足够时间申请缓缴，确保政策辅导落实不打折，推动政策落地生效。

下一步，南宁经济技术开发区税务局将继续深化与人社部门的合作，通过联合宣传等方式，进一步做好缓缴政策宣传辅导工作，提升社保费缴费服务水平，全力助企纾困。

学习榜样力量　汲取前行动力

国家税务总局潍坊市寒亭区税务局

　　为积极营造学习先进、争当先进的浓厚氛围，引导干部职工学习榜样力量，国家税务总局潍坊市寒亭区税务局组织干部职工开展学习榜样活动，学习荣获全国"人民满意公务员"称号的国家税务总局济南市市中区税务局山清同志事迹。

　　学习山清同志对党忠诚、初心不改的政治品格。以现场教学方式，在学习山清同志先进典型事迹中深化党性教育。学习山清同志对待税收事业"责重如泰山、初心若清泉"的坚守，学习她坚定不移感党恩、听党话、跟党走的执着追求，进一步发挥典型示范引领作用，强化党员干部理想信念和使命担当，努力营造比学赶超的良好氛围。

　　学习山清同志与时俱进、开拓进取的创新精神。通过党委理论学习中心组、主题党日、青年理论学习小组等多种形式深入学习山清同志先进事迹，在学习先进事迹中激发奋进力量。全体党员干部、青年团员围绕山清同志先进事迹谈心得、谈体会，从中学习榜样精神，进一步激励党员干部坚定理想信念，牢记宗旨使命，做忠诚担当的税务干部。

　　学习山清同志迎难而上、勇挑重担的实干作风。以党支部为单位开展学习山清同志主题宣讲活动，青年干部互相交流学习山清同志先进事迹学习成果，大家一致表示，将在今后的工作和生活中，向山清同志看齐，学习她爱岗敬业、忠于职守的工作态度，坚定理想信念，立足本职、扎实工作，迎难而上、勇挑重担，为推动税收事业发展贡献青春力量。

　　学习山清同志立德修身、奉公守法的廉洁意识。开展"家书说廉"活动，寄送"廉洁家书"，推动"父母教育儿女、夫妻相互提醒"。结合"家书说廉"活动，学习山清同志不图虚名、不谋私利、公道处事，严把"权力观""金钱观""亲情观"。

　　学习山清同志心系百姓、服务群众的高尚情操。以"税月春风"志愿服务队为依托，组织党员干部积极参与疫情防控、社区共建、卫生城创建等公益活动，学习山清同志始终怀揣一颗良善之心，"心系群众　奉献社会"的价值追求，在实现社会价值中传递爱与奉献的正能量。

办税服务厅见证税收事业发展

国家税务总局皮山县税务局

随着互联网的快速发展以及税收领域"放管服"改革的深化，传统的现场办税模式，正逐渐向"网上办税为主、自助办税为辅、实体办税服务厅兜底"的新格局转变，纳税人缴费人也由最初的"跑马路"到现在的"跑网络"，涉税业务实现在柜台前"填一填"到网上"点一点"。

作为承担税收领域"放管服"改革主要任务的办税服务厅，不但见证了办税缴费的便利化发展，更是税收事业改革发展历程的见证。为提升纳税人缴费人的现场体验感，给纳税人缴费人打造宽敞整洁的办税环境，近年来，皮山县税务局先后通过升级改造、调整柜台布局等方式，将网络传输速度由20M提升到1000M，办税服务厅服务面积扩大了近40%。除此之外，还根据办税需求划分办税区、咨询区、自助区和休息等候区，有效改善办税服务厅硬件水平。

"其实办税大厅大概是97年后才开始有的，最开始我们都叫征收大厅，那时候没有电脑，也没有互联网，纳税人不管申报还是开票都要到现场来，如果是遇到大征期，大厅里就全挤满了人。"在税收战线工作了32年，2022年4月份才光荣退休的热汗古丽·买买提，谈起这几十年来办税服务厅发生的变化感触颇深。"现在有了互联网、'金三'和自助办税系统，不仅办税速度有了很大的提升，纳税人可以'随办随走'，特别是电子税务局的出现，让远程办税成为可能，纳税人缴费人不用到办税服务厅就可以办理业务，这些变化都是我们以前不敢想的。"

当然，与办税服务厅共同成长的，还有税务部门的服务理念和服务举措。经历了三十年"税"月，见证了税收事业发展的热汗古丽·买买提回忆着说道："像延时服务、容缺办理这些服务事项，其实也不是这几年才执行，以前也会有纳税人在休息的时候来办税，只要他们来了，我们都会尽量帮助他们办理业务。人家都到你这儿了，你也不好意思让别人等太久，换位思考一下，如果是我出门办事，别人帮我办了，我肯定很高兴。"

"给我印象最深的就是税务部门的服务，一进大厅就会有人问你办理什么业务，你就可以根据提示，在智能取号机上取号，然后在休息区等待，完全不用担心摸不着头脑。另外，近些年，税务部门办税的形式也是越来越多样化了，网上、现场或者自助都可以，真的给我们节约了不少时间。"新疆昆仑绿源农业科技发展（集团）有限责任公司会计杜晓琳说。

"纳税人的所急所盼，就是我们税务人的所思所想，如何提升纳税人缴费人满意度和获得感，一直是我们税务部门努力的方向。"据了解，近些年来，皮山县税务局一方面通过开展争先创优活动、建立志愿服务先锋队、参加"岗位练兵"等多种方式，增强税务干部高效办理、办结业务的能力；另一方面，还严格落实优化纳税服务，推进"放管服"工作要求，持续简化办税流程，推行网上办税、自助办税、"一厅通办""一网通办"等服务，让多项涉税业务办理实现"最多跑一次"的迭代升级。

办税服务厅从无到有、从有到优、从优到精，是税务部门优化服务，推进税收事业改革的重要历史见证，办税方式从"算盘马路"到"畅行网路"、从"窗口点餐"到"指尖办税"，也是税务部门服务经济社会发展，践行初心使命的真实写照。下一步，皮山县税务局将积极探索适应新时代税收工作的服务举措，以落实《意见》为抓手，持续提升纳税服务质量，努力为皮山经济社会发展注入新的"税"动力。

老骥伏枥创新业　志在千里立新功

国家税务总局商河县税务局

目前，商河县税务局在职干部平均年龄为 42.75 岁，50 岁以上人员有 79 名，占总人数的 42.47%。近年来，商河县税务局党委坚持以人为本理念，积极探索"50后"人力资源开发利用的有效机制，发挥老干部"传帮带"和典型示范引领作用，积极营造风清气正的政治生态，在充分发挥老干部优势作用、传承税务精神方面做了有益的探索与尝试。

一、饮水思源、常怀敬老之心，宝贵财富代代传

习近平总书记指出，广大老干部亲历了中华民族迎来从站起来、富起来到强起来的伟大飞跃，对初心使命矢志不渝、对理想信念坚定执着、对党和人民事业无比忠诚，作出了重要贡献。商河县税务局党委深刻认识，在税收工作的实践中，老干部是革命的宝贵财富，是全局干部职工学习奋斗的"活历史""活教材"。

（一）抓德行，强品格修养

当前，税收形势越来越复杂，征管要求越来越高，基层税务承担的工税强度倍增，人少事多的矛盾凸显。而绝大多数老干部具有坚定的政治立场和敏锐的政治鉴别力，遇事沉着冷静，考虑问题比较周全，办事规范有序，大局意识、集体意识和责任意识强烈，要进一步发扬和宣传德行兼备的老干部，才能让年轻干部在传承的氛围中学会如何加强职业道德修养，加强本身的品格修养。

（二）抓经验，强作用发挥

诚然，由于历史的原因，一些年龄偏大干部的知识结构不尽合理，观念趋于定型，习惯于传统思维和手段，研究新问题、解决新矛盾的开拓创新精神也许不如年轻人强。但老干部群体人才荟萃，各有所长，各有所精，他们有着最难能可贵也是最难学习的长处，就是丰富的工作经验，对老干部群体，可以充分发挥他们的经验优势，立足参谋角色，为工作中的决策贡献他们的智慧。

（三）抓实干，强能力提升

一方面发挥老干部"传帮带"作用，老干部普遍有着更强的工作责任心，更扎实的工作态度，有着实事求是的实干精神。加强带动和引导年轻干部建立实干精神，才能让年轻干部在干事创业中，以踏石留印、抓铁有痕的韧劲和决心攻坚克难。另一方面勉励"大龄"干部与时俱进，

推动 50 岁以上、特别是临近退休人员积极干事创业，消除"船到码头车到站"的态度，激励他们以事业上的成功，弥补心里上的落差，不做时代的落伍者。

二、倾情关怀、恪守爱老之责，关心关爱暖暮年

商河县税务局围绕"关心、关爱、关怀"倾情倾力做实老干部工作，在加强老干部思想政治教育、规范管理老干部、丰富老干部精神文化生活等方面用真情、下真功，为老干部老有所思、老有所依、老有所用、老有所乐提供了坚强组织保证。

（一）把关心融入日常管理

将谈心谈话作为干部管理工作的重要一环，抓实思想政治建设，在老干部岗位职务变动、情绪波动低落、工作出现失误等情况时，围绕干部所思所想所盼，及时开展谈心交心，深入交流思想、了解问题、听取建议、解决困难，帮助排解负面情绪、消除心理顾虑，促使老干部以旺盛饱满的热情投入工作。

（二）把关爱融入精神家园

对光荣退休的老干部举办温馨而隆重的欢送会，并制作赠送《悠悠税月——感谢有你、回首往日岁月》退休纪念相册，相册分个人简历、一路有你砥砺前行、一路走来有你幸甚、保持热爱奔赴山海、时光不老我们不散、志存高远风起山海、时间沧桑流金岁月、时光荏苒岁月如歌 8 个模块，记录着老干部们从税以来的工作经历和拼搏历程，用时光的记忆曲线，将真情和美好串联，在为退休干部送上一份温暖的同时，也让在职干部职工多了一份振奋和感动。同时计划打造"老干部活动之家"，倾力为老干部建设支部活动、书画交流、文字阅读、棋牌娱乐、休闲运动等为一体活动阵地，进一步丰富老干部精神世界和业余生活。

（三）把关怀融入所盼所需

在职级晋升上给予一定程度的倾斜，一方面有针对性的进行思想疏导、解惑答疑，引导老干部准确把握职级晋升政策要求，使其形成合理预期，正确对待个人晋升；另一方面，坚决树牢公开意识，将阳光透明的要求贯穿始终，突出政治标准，注重工作实绩，同等条件下对任职时间较长、年龄较大的干部优先考虑，对临近退休、踏实干事、默默奉献的老同志予以倾斜照顾，努力发挥职级晋升政策的最大最优效应，真正把职级工作做到既有"刻度"，又有"温度"。

三、因势利导、善谋为老之策，桑榆未晚霞满天

商河县税务局党委始终认为，如果对老干部的关心仅仅停留在浅表层次，让他们"安享晚年"，看似照顾，实则是对人力资源的浪费，是对税收事业可持续发展的不负责任。对此，商河县税务局不断发掘老干部的潜能，激发"想干事"的热情，培养"会干事"的能力，搭建"干成事"的平台。

（一）"精心"强队伍、聚人才

对 50—54 岁担任分局、股室负责人的 10 名老同志，压重担、唱主角，让其继续发挥骨干

作用；对 54 岁以上曾担任过部门主要负责人的同志，当顾问、做导师，充分发挥政治优势、经验优势、威望优势和业务特长，在优化营商环境、青年育苗、队伍管理等方面积极发挥"余热"能量，发挥好参谋作用。

（二）"用心"树典型、涵正气

对多年来忠于职守、兢兢业业、无怨无悔，在平凡岗位上默默无闻，做出不平凡业绩的老同志，大力宣传，拍摄了纪录片《忠诚》，深入挖掘 5 名老干部的先进事迹，通过先进模范典型的带动，促使老同志自加压力，同时号召年轻干部继承和发扬他们"不待扬鞭自奋蹄"的拼搏干劲、"莫道桑榆晚"的奉献精神、"老树春深更著花"的责任担当，忠于党、忠于祖国、忠于人民、忠于职守，为实现第二个百年奋斗目标、实现中华民族伟大复兴贡献力量。

（三）"尽心"传薪火、激活力

邀请老干部"口述税史"，从工作环境的变化、收税方式的变迁、税收精神的传承和对未来的展望 4 个方面为年轻干部授课，以亲身工作经历为案例，让年轻干部了解税收发展历程，号召年轻干部要从老干部身上折射出的"敢于担当、善于担当"的精神为依托，牢记"为国聚财、为民收税"的初心使命，展现成商河税务"弦歌不缀、薪火相传"的优良传统。

商河县税务局广大老干部对初心使命矢志不渝、对理想信念坚定执着、对税收事业无比忠诚，为商河税收事业作出了重要贡献，他们是推动商河税务发展的宝贵财富，是高质量发展税收事业的见证者、参与者、缔造者。下一步商河县税局将围绕中心、服务大局，用心用情、精准服务，积极为老同志老有所学、老有所乐、老有所教、老有所为创造条件，使老干部的归属感更实、幸福感更真、获得感更足。

改革引擎 "4+" 模式优化征管质效

国家税务总局邵阳市税务局

2022 年以来，邵阳市局以深化税收征管改革为着力点，规范"执法＋督察"，推进"监管＋共治"，坚持开拓创新、联动集成，以"改革引擎"持续优化税收征管质效，为服务地方经济发展奠定坚实基础。

一、执法＋督察：依法治税开辟新路径

2022 年，响应省局税收管理员制度改革，邵阳出台《税收执法大督察工作方案》，亮出规范税收行政执法的一出实招。覆盖范围广、时间跨度长、项目多、任务重，成为本次行动的一大特点和难点。围绕 7 大项 38 类具体任务，细化督察指标，逐项压实责任，采取单位自查、重点督导、现场督察、整改落实模式统筹推进。

"聚焦重点，精准发力，确保成效。"邵阳市税务局督查内审科科长朱邵宁思路清晰。从规范税务部门执法、提升法治公平水平两个角度出发，组成 12 个工作组，采用查询数据、调阅资料、核实疑点、走访调查等多种方式，全面督察全市系统国税地税征管体制改革以来在"放管服"改革、税收收入质量、税源管理、留抵退税政策落实方面的贯彻情况和存在问题。截至 6 月初，全市税务系统大督察已督察 12 个县市区局，走访 1300 余户纳税人，发放 1 万余份调查问卷，收集意见建议 300 多项，通过全面督察整改，保障税收执法权规范运行。

纳税人的感受是检验实效的"试金石"。"因为公司的特殊情况，我们之前对政策把握不准。你们深入督察调研时帮助筛查了政策享受条件，让我们实实在在享受了留抵退税 3643 万元，增添了度过债务危机的信心。"恒大地产集团湖南公司邵阳项目部负责人感慨道。

二、监管＋共治：风险管控实现新突破

2021 年 10 月，邵阳洞口县"加油站数据信息实时采集系统"上线。2022 年 1 季度，全县民营加油站申报销售收入同比增长 4.5 倍，入库税款增长 4.8 倍，成为全省税务系统强化成品油税源监管的突出典型，工作经验被湖南省政府办采用，在全省刊发推介。

回顾"加油站数据信息实时采集系统"上线全过程，不难发现，这是邵阳税务系统"精准监管＋精诚共治"融合推进的一次成功试点：部门协作给力，成立由政府主导、税务、市监、商务、公安、应急、交通运输等部门为成员单位的成品油市场专项整治领导小组；社会协同合力，公众齐参与，召开纳税人动员大会，全县86户加油站经营者当场签订《诚信经营承诺书》；大数据分析聚力，对全县32个大型加油站进行前期加油测试及加油流水分析确保数据一致，建立"洞口县加油站数据管理指挥中心"，有效遏制加油站隐匿销售收入的行为。

牵住"以数治税"牛鼻子，邵阳市局推动开发市财税综合信息平台税务应用端，完成322个涉税信息采集接口和85个功能设计的研发，聚合47家行政事业单位2690万笔财税综合信息，在此基础上，精准挖掘重点行业数据，构建建筑业和房地产业数据资源库，打造出"1+1+9"模式的一体化行业税源管理体系，入库建安、房地产行业综合治税收入5亿多元。大数据应用凝聚的治税合力已成为堵塞税收流失漏洞的重要手段。

以共治强化监管实效，以监管深化共治内涵。在夯实税收之力现代化根基的道路上，邵阳税务集多维之力，始终注重抓融合促完善，抓创新促转变，抓风险促效能，构建高质量税收征管新格局。

聚焦二十大
更加奋发有为发挥税收职能作用
服务中国式现代化

国家税务总局包头市石拐区税务局　陈茹静

为深入认真学习宣传和贯彻落实习近平新时代中国特色社会主义思想和党的二十大精神，推动全局税务干部政治站位再提升、工作举措再创新、担当意识再增强，石拐区税务局围绕"税收现代化服务中国式现代化"主题，开展深入思考、建言献策和工作实践，不断将学习党的二十大精神引向深入。

一、专题研讨全面领会，织密全局学习网络

多形式开展组织学习、多维度丰富讨论活动、推进学习成果与税收工作深度融合……为学习宣传贯彻好党的二十大精神，更加奋发有为发挥税收职能作用服务中国式现代化，石拐区税务局党委做出了一系列工作安排。

近日，石拐区税务局组织党委理论学习组专题学习研讨会，深入学习了党的二十大的新思想、新论断、新部署、新要求，深刻领悟了中国式现代化的科学内涵、中国特色和本质要求，全体班子成员结合实际工作，围绕《税收现代化服务中国式现代化　更加奋发有为发挥税收职能作用服务中国式现代化》，从基层党组织建设，提升纳税服务，优化营商环境等方面进行热烈交流研讨。

学习研讨中，石拐区税务局党委书记、局长张钢生强调：一要持续提高政治站位，号召全体税干争当贯彻落实党的二十大精神的"排头兵""先行者""急先锋"，全面学习、全面把握、全面落实党的二十大精神；二要持续抓好贯彻落实，将全面深入学习宣传贯彻党的二十大精神与科学谋划税收工作思路与落实举措有机结合，确保二十大精神落地见效；三要始终以纳税人缴费人为中心，深刻领会准确把握"中国式现代化"的内涵要义，持续探索"以税收现代化服务中国式现代化"新路。

二、党团联动学实谋细，推动学习落地生根

在局党委部署、宣传带动下，石拐区税务局持续深入开展学习活动，把党的二十大精神及时、全面、准确地传达到每个党支部、每个党员干部、每名税务干部，努力推动二十大精神入心入脑、

促悟促干。我局各领导干部、党员干部、青年干部结合部门职责、实际，找准贯彻落实的着力点，在围绕中心服务大局中担当作为，以贯彻落实党的二十大精神为切入点，把以税收现代化服务中国式现代化与实际工作紧密结合。党员们结合各自税收工作实际，将税收现代化置于中国式现代化的理论和实践发展中进行谋划，认真思考、积极研究、建言献策，共同探讨税收现代化服务中国式现代化的具体思路、方法和举措。青年理论学习小组的青年税干则依托学习强国、学习兴税等平台，进一步把思想和行动统一到习近平总书记的重要讲话精神上来，统一到党中央重大决策部署上来。

三、聚焦税收工作一线，共学共进优化服务

石拐区税务局聚焦税收工作一线，坚持以纳税人缴费人需求为导向，不断推进党的二十大精神落地生根。一是不断优化和完善办税服务厅工作机制，通过晨会集中学习二十大精神、最新税费优惠政策、交流讨论业务重点难点，极大激发了办税服务厅工作人员的工作热情，提升了业务素养，以饱满的工作状态和良好的精神面貌，为纳税人缴费人提供高效优质的纳税服务。二是提供暖心服务，积极推行"延时服务""上门服务"，急纳税人之所急，想纳税人之所想，帮助纳税人缴费人排忧解难，当好纳税人缴费人"贴心人"。三是进一步发挥办税服务厅"最强党支部"和"巾帼志愿服务队"先进集体的示范作用，办税服务厅工作人员询问办税缴费中的堵点、难点、痛点问题，及时梳理涉税高频问题，面对面答疑解惑，现场演示电子税务局申报流程，确保纳税人缴费人懂政策、会操作。

下一步，包头市石拐区税务局要将大讨论与加强政治机关建设相结合，与深化中央巡视整改相结合，与推进党史学习教育常态化长效化相结合，加强组织领导、强化责任落实、持续跟踪问效、积极宣传引导，努力形成一批理论成果、制度成果、实践成果，使大讨论过程成为振奋全局税务干部干事创业精气神的过程，成为推动税收工作全面提质增效的过程，确保大讨论取得实实在在成效，以党的二十大精神为指引谋深谋实税收现代化，为全面建设社会主义现代化国家、全面推进中华民族伟大复兴贡献税务力量。

政策快享见税务"速度" 企业供暖保百姓"温度"

国家税务总局朔州市平鲁区税务局 白日新

"2022 年我们企业共享受增值税留抵退税约 3 亿多，企业资金周转不成问题，为冬季服务全区供暖彻底解除隐患"苏晋朔州煤矸石发电有限公司财务负责人石青枝兴奋地说。

苏晋朔州煤矸石发电有限公司位于山西省朔州市平鲁区，公司机组采用东方电气集团自主研发的 660MW 超临界循环流化床锅炉，是目前国际上已投运的单机容量最大的循环流化床锅炉机组；其所发电量全部经"雁淮直流"特高压输电线路送往江苏，产生热量全部用于平鲁区冬季热力供应，属于国家扶持的绿色能源企业。税务部门在前期宣传辅导中了解到，为确保 2022 年供暖期做好保供暖、保供电"双保"工作，企业既要大量资金储备原煤，又要对企业设备进行技术改造，提高原煤利用率，但受制于能源价格上涨、物流成本上升等因素，企业资金压力很大。

为了帮助企业纾困解难，让政策红利快速对接、精准直达，政策出台后，国家税务总局朔州市平鲁区税务局利用税收大数据全面梳理辖区企业信息，根据企业类型、销售收入等，精准筛查出符合对应优惠政策的企业名单。像苏晋朔州煤矸石发电有限公司这样的服务民生保供应企业，税务部门通过"一户一档""一户一策"机制，建立个性化服务档案，及时向企业推送"红利账单"。同时，该局积极协调财政、人民银行等部门，确保企业退税退得快、退得准。

"真的很便捷！税务专家团队上门服务，帮我们快速享受政策，提前预审资料，指导我们通过电子税务局申请了 8236 万的留抵退税，一天时间就审批通过了。"办税人员小刘高兴地说。

"国家出台政策真的非常及时，作为企业感触很深，退税新政让我们有了一笔资金'活水'，节省了贷款利息。也要真心感谢税务部门的'一站式'服务，让我们既体验到了办税的'速度'，又感受到了办税的'温度'。"公司财务总监申林说，"眼下，咱们北方已经进入供暖周期，我们企业有信心为平鲁百姓带来又一个'暖冬'。"

平鲁区税务局以纳税人需求为切入点，积极落实各项税费优惠政策，努力帮助企业缓解资金压力、实现绿色转型。留抵退税政策发布后，第一时间组建留抵退税专家团队，依托山西"税企畅联"征纳互动平台，为企业提供"政策＋辅导"的服务保障。"点对点"辅导企业提交退税申请，并且结合企业纳税申报信息，核实其退税条件、退税金额、风险等级等情况，帮助企业进行分析应对以及预先评估。预审通过后，第一时间联系退税审核专班，开通"服务专项通道"，压缩办结时限，提高办理效率，确保资金及时到账。

屋里暖气的"摄氏度"决定百姓冬季的"舒适度"。平鲁区税务局紧紧围绕"以人民为中心"的发展理念，聚焦破解冬季供暖企业难题，持续释放新的组合式税费支持政策红利，增强惠企利民实效性，以政策落实的"速度"，推动企业供暖的"力度"，保百姓家中的"温度"。

忠诚担当　踔厉奋发　凝心聚力向未来

国家税务总局炎陵县税务局

学习宣传贯彻党的二十大精神是当前和今后一个时期的首要政治任务，炎陵县税局坚持在强化学习、深刻把握、全面落实上下工夫，引导全局上下自觉用党的二十大精神统一思想和行动，履职尽责、担当作为，努力在新征程上作出新的税务贡献。

一、强化学习，确保理论武装入脑入心

"广大青年要坚定不移听党话、跟党走，怀抱梦想又脚踏实地，敢想敢为又善作善成……"晚上 7 点，炎陵县税务局党建书屋内，青年理论学习小组开展的"学精神　共奋进"青年夜校学习活动正如火如荼地进行，青年干部围坐在一起，紧扣党的二十大报告开展热烈、深入的学习讨论。

"越学就越有一种强烈的使命感和责任感"2022 年刚成为预备党员的青年干部刘璐坚定地说道，"作为一名税务青年，我更要感恩生逢盛世，像报告中所说的，有理想、敢担当、能吃苦、肯奋斗，努力把学习成果转化为干好税务工作的动能。"

自党的二十大召开以来，炎陵县税务局掀起了个人自学、集体研学、师徒同学、模范领学等学习讨论党的二十大报告的热潮，无论是在支部活动室、党建书屋阅览室，还是在办税服务厅、驻村工作点，都能看到认真学习党的二十大精神的税务身影。同时，县局还将学习党的二十大精神与"以师带徒"活动相结合，师徒两人结合岗位职责一起学习探讨、交流工作，让全局 42 对师徒在学习交流中共同进步。

二、深刻把握，推进干事创业谋篇布局

"我们税务干部要毫不畏惧面对一切艰难险阻，在劈波斩浪中踔厉奋发，在披荆斩棘中勇毅前行！"在县局"学习二十大　建功新时代"主题演讲比赛现场，选手们激情澎湃、热情高涨，抒发了忠诚于党、忠诚于国家、忠诚于人民、忠诚于税收事业的决心。

为推动党的二十大精神往深里走、往实里走、往心里走，县局先后开展了廉政党课、支部党日活动、"党的二十大"应知应会考试、"学习二十大　建功新时代"演讲比赛、"税收现代化服务中国式现代化"大讨论等系列活动及各项专题会议，让全体干部在活动中学懂、弄通、悟透。

"各部门要将党的二十大精神学习成效转化为做好各项工作的强大动力，坚定信心、同心

协力，打好打胜 2022 年的收官之战。"在县局学习贯彻党的二十大报告动员部署会暨全年工作推进会上，党委书记、局长李小曼发出学在深处、谋在新处、干在实处的号召。

从坚守防疫一线到助力乡村振兴，从落实减税降费政策到优化纳税服务，从创新打造"税鹰""育苗"两项人才工程到强化干部队伍监督管理，炎陵县税务局始终深刻把握党的二十大精神，扎实做到抓好党务、干好税务、带好队伍，结合新时代伟大变革趋势，为炎陵税收事业的长远发展谋篇布局。

三、全面落实，书写新时代发展新篇章

"新时代的伟大成就是党和人民一道拼出来、干出来、奋斗出来的！"习近平总书记在党的二十大报告中的话语振奋人心，"人民"一词更是在报告中出现了 105 次，这更坚定了炎陵税务人"干在实处"的信心和决心。

县局坚持把党的二十大精神贯穿于税收中心工作的全过程，在加强党的建设、组织税费收入、落实组合式税费支持政策、推动深化税收征管改革、优化营商环境、助力乡村振兴、全面落实疫情防控等各项工作中书写税务答卷。

扛牢主责主业，服务发展大局。县局聚焦新的"组合式"减税降费政策，精准施策、服务到户；组织青年党员、团员干部组成纳税服务小分队，深入企业问需求、解难题；打造"炎陵云税厅"远程辅导工作站，组建专业辅导团队，开设"线上专家门诊"，实现"辅导零接触、办税零跑路"；升级改造办税大厅，扩容自助办税区，以实际行动服务社会经济发展大局，擦亮炎陵税务"党建、管理、服务"三大品牌。

承担社会责任，尽显忠诚担当。当基层社区和乡村成为疫情联防联控的第一线，值守防控区、核酸检测点就成为了税务干部坚守岗位的根据地，县局组建四十余人的炎税抗疫小分队，积极参与值班值守、核酸检测、信息录入、上门排查、物资运送、防疫宣传等工作，做到防疫无盲区、服务无死角、担当无怨言，在为民服务中展现税务担当。

道阻且长，行则将至。炎陵县税务局将继续以党的二十大精神为指引，凝聚税务力量，对标对表、见行见效，确保党的二十大精神在炎陵税务落地落实。

战疫情 促发展 横山税务人在行动

国家税务总局榆林市横山区税务局

2022 年 11 月份以来，新冠病毒突袭榆林，在这场没有硝烟的战役中，国家税务总局榆林市横山区税务局共有百余名干部职工赶赴一线，为打赢疫情防控攻坚战贡献了税务力量。

一、勇挑重担，疫情防控就要冲锋在前

"守土有责、守土负责、守土尽责，我局将组织党员领导干部不遗余力加入街道社区相关防控工作，坚决打赢疫情阻击战！"横山区税务局党委书记、局长任生祥讲到。在发出疫情防控倡议书后，不到一小时就有近百名党员干部踊跃报名，主动请缨到疫情防控第一线，区局党委委员第一时间带头报名，作为第一批成员参加工作。纲举而目张，执本而末从，在区局党委快速调度下，全局疫情防控工作迅疾进入"总动员"模式。从成立疫情防控领导小组、制定防疫工作方案、督导防控责任落实，到配合街道社区参加防控工作摸排情况，再到动员局内做好疫情防范，事无巨细。截止目前，已有 128 名税务干部多次下深入社区、乡镇、交通道口，他们用税务精神诠释了责任与担当，在捍卫人民群众生命安全、筑起疫情防控的严密防线上增添了一抹鲜艳的"税务蓝"。

二、身先士卒，退伍军人抗"疫"显身手

在抗击新冠肺炎疫情的战斗中，活跃着一群退役军人的身影，那就是脱下军装换税装，有召必回勇战"疫"的退伍军人志愿者队伍。"我是一名退伍军人，若有战，召必回，有急难险重的任务，站出来是我的本能。"迎宾路税务分局干部牛栋说到。"我申请去工作最艰苦的地方，卡口检查白班让其他同志上，给我安排夜班。"第二税务分局干部安磊申请，"晚班是零时到八时，晚上气温低，早上回到家之后，白天睡不着，下午睡不醒，生物钟彻底打乱，但我是退伍军人，是党员，所以我要坚持奋战"。从风控演练到静默管理，税务局退伍军人志愿者一次次不惧艰险地投入到疫情防控工作当中，卡口值守、上门核酸、秩序维护，日常消杀，他们扛责在肩、逆行而上，用实际行动诠释了税务铁军的"硬核担当"，展现了军人退伍不褪色的动人风采，诠释了共产党员的初心使命。

三、逆行守护，青春力量呵护万家灯火

有这样一群青年人，他们毅然主动请战，来到职教社区开展防疫工作志愿服务，他们以实

际行动坚守初心，展现青春担当，他们就是横山区税务局2022年新进公务员。李泽轩，一名"90后"的山东小伙子，来单位还只有3个月，在这场抗疫斗争中当仁不让，成为青年力量中可圈可点的楷模。"现在疫情严峻，请大家一定沉住气，不聚餐、不堂食、不聚集，尽可能在街面上少流动，做好个人防护，这既是对自己负责，也是对大家家里人的负责，请你们支持我们的工作。"张家洼卫生室卡口值守的李泽轩不厌其烦、苦口婆心的给过路人说道，这个卡口车流、物流、人流量都很大，因此检查站的责任重大、工作艰巨。由于医务人员力量不足，在区委区政府发出核酸人员采样志愿者队伍后，新进公务员又义无反顾的加入了采样人员志愿者队伍，经过专业培训，他们已在医务人员的指导下配合社区开始了核酸采样志愿工作。

"疫情不灭，奋斗不止，再寒冷的冬天也会过去，在党中央的坚强领导和正确指挥下，我们有信心有决心打赢这场疫情阻击战。横山税务人在急难险重任务中主动作为，树立起关键时刻站得出来、危急时刻豁得出去的先锋旗帜，我们要在全局范围内弘扬这种'抗疫精神'，激励干部为打赢疫情防控攻坚战贡献税务力量，在深化税收征管改革、落实'便民办税春风行动'举措的过程中担当奉献，为服务地方经济社会发展作出更大贡献。"横山区税务局党委书记、局长任生祥斩钉截铁地说到。

扎实推进清廉机关建设

国家税务总局周口市淮阳区税务局

"说起来清廉文化建设，我们检察院开展的活动真是丰富多彩，有'我是廉内助''员额检察官上讲台''青年干警话清廉'等等，我们还利用'两微一端'新媒体平台，定期更新、播放廉政文化的图文和视频，现在全院崇廉、尚廉、倡廉、守廉的氛围非常浓厚。"周口市淮阳区检察院一名年轻检察官自豪地说。

2022 年以来，为充分发挥廉洁文化的导向、凝聚、教育和规范作用，进一步强化党员干部党性意识、纪法意识、廉洁意识，淮阳区纪委监委以党建为引领，以机关干部能力作风转变为要求，大力创建学习型、服务型机关，全方位、多形式推进清廉机关建设。

作为"廉洁文化进校园"的牵头单位，该区教体局在局机关打造了"一道两室五廊一间"党建廉政文化品牌，并举行全区教体系统"弘扬廉洁文化、厚植清廉校园"首届"清廉杯"系列作品征集评选活动。同时，积极开展廉政文化主题演讲、廉洁格言征集等活动，组织编写有本地特点的廉洁教育教学读物，经常性开展廉洁文化教育，使师生共同接受廉政文化的熏陶，培养良好的道德品格。

"我们税务局秉持'廉洁兴税、文化兴业'的廉洁文化精品示范点建设理念，争做清廉机关建设排头兵。"走进淮阳区税务局，该局纪检组长王彦兵介绍道。淮阳区税务局作为廉洁文化精品示范点第一批申报单位，在硬件载体上打造出宣扬清廉文化的'一苑一栏一廊一室'，张贴悬挂的都是淮阳当地大家耳熟能详的清廉典故；在软件氛围上开展了"读、思、廉"读书会、"我为纳税人办实事""亲情助廉倡议书"等系列活动，并将这些指标纳入年终考核，形成具有激励作用的长效机制。

"下一步，我们将以清廉机关带动社会清廉、环境清朗，在清廉淮阳建设的道路上不断探索前进，通过多种形式、多种载体，常教育、常提醒，切实筑牢'治未病'的思想防线，努力实现政治清明、政府清廉、干部清正、社会清朗的目标。"该区纪委书记、监委主任李启明表示。

成就振奋人心　未来令人憧憬

国家税务总局呼和浩特市新城区税务局

十年成就鼓舞人心,宏伟蓝图催人奋进。党的二十大报告在呼和浩特市新城区税务局引发热烈反响,全局各部门纷纷召开学习大会,广大干部职工畅谈体会,展望未来。

办公室:我们要把党的二十大报告精神和办公室工作结合起来,锲而不舍、持之以恒,埋头苦干、奋勇前进,始终与人民想在一起、干在一起,不断创造更加辉煌的新业绩,谱写新时代中国特色社会主义更加绚丽的华章。

组织人事股:要不断提高政治占位,深入领会二十大报告精神,始终跟党走。组织人事部门要结合工作实际,聚焦"堪当民族复兴大任"的大会要求,着力建强干部队伍,不断提升政治判断力,政治领悟力和政治执行力,在新时期做好组织保障工作。

纪检组:我们要始终坚持"严"的主基调不动摇,持续深化清廉税务建设,强化干部队伍思想淬炼、政治历练、业务锻炼,持之以恒正风肃纪,不断推动全面从严治党向纵深发展。

党建工作股:我们将把学习好、领悟好、贯彻好党的二十大精神作为首要的、长期的政治任务,切实把思想认识统一到党的二十大精神上来,以尽职奉献的工作作风、踏实肯干的工作态度抓好机关党建工作,全面提升机关党建水平和质量,凝聚起实现新时代新征程党的中心任务的强大政治力量。

信息中心:习近平总书记所作的报告,主题鲜明、思想深邃、催人奋进,我们将把学习好、领悟好、贯彻好党的二十大精神作为首要的、长期的政治任务。

风险团队:十年来,在税务事业的传承与实践中,深深地体会到我们的党风华正茂,我们的国家日新月异,我们的未来一片光明。在为党和国家各项事业取得的历史性巨大成就深感骄傲和自豪的同时,更油然而生一种强烈的使命感和责任感。

法制股:党的二十大报告中关于"坚持全面依法治国,推进法治中国建设"的规划,为依法治税工作提供了行动指南。作为法制工作者,我们将立足新时代新税务新使命,扎实推进法治税务建设,不断提高税收法治化建设水平。

税政股:我们要以习近平总书记重要讲话精神为指引,继续加强学习,深刻领悟党的二十大报告的精髓要义,心往一处想、劲往一处使,在全面建设社会主义现代化国家的新征程上更加紧密地团结起来,朝着第二个百年奋斗目标奋勇前进。

社会保险费和非税收入股:习近平总书记在报告中指出唯有矢志不渝、笃行不怠,方能不负时代、不负人民。今后，我们要继续坚持立足工作岗位，深入落实"税费皆重"理念，坚持稳字当头、稳中求进，充分发挥中国税务精神，为经济社会发展贡献自己的力量。

收入核算股：我们要以习近平总书记讲话为指引，进一步学习领会二十大精神，不断提高思想认识水平，要在具体工作中思考、找准贯彻落实报告精神的落脚点，要把思想和行动统一到报告精神上来，推动税务事业不断迈上新台阶。

纳税服务股：通过深学细悟党的二十大报告，大家今后将以更饱满的热情、更务实的作风做好本职工作，把思想、行动统一到会议精神上来，担当起税务干部使命与责任，不辜负党对我们的重托以及广大纳税人缴费人的信任和期待。

征收管理股：在新征程上，征管干部将深入学习领会报告精神，切实将学习成果转化为担当作为、干事创业的强大动力和实际行动，聚焦纳税人缴费人急难愁盼问题，展现税务担当、凝聚税务力量、作出税务贡献。

新城区税务局将继续把学习贯彻党的二十大精神作为首要政治任务抓紧抓好，坚定捍卫"两个确立"、做到"两个维护"，坚决走好"第一方阵"，知责于心、担责于身、履责于行，充分发挥税收在国家治理中的基础性、支柱性、保障性作用，为谱写全面建设社会主义现代化国家的崭新篇章贡献基层税务力量。

推进精细服务 助力县域经济绿色发展

国家税务总局团风县税务局

近日，国家税务总局团风县税务局充分发挥税收职能作用，持续推进精细服务，精准落实税收优惠政策，优化办税缴费服务，为团风县绿色发展注入强劲动能。

一、为制造业添力，精细服务再升级

作为"中部钢构之都"的团风县，制造业是当地经济发展的支柱。随着制造业的快速发展，全县重点制造企业共有35家，推动了团风作为武汉门户区域制造业集聚式产业，形成了良好的经济效应。湖北鸿路钢结构有限公司是一家钢结构稀缺制造商，荣获"湖北省支柱产业细分领域隐形冠军小巨人"称号。该公司为加快构建绿色装配式建筑产业体系，使产能不断释放。2021年度净利润约11.58亿元，同比增加44.95%，一跃成为全国最具竞争力的钢结构供应商。"我们公司近三年来享受加计抵减，研发加计扣除等多项税收优惠高达1.41亿元。税务部门切实为公司减轻了负担，让整体营收和利润再创新高。"鸿路钢构财务负责人张贸海表示，"每次国家出台新的税收政策，税务人员就会通过征纳互动平台第一时间把适用政策，精准推送给我们，再加上配套宣传辅导，让我们能够应享尽享税惠红利，为企业的高效发展起到了良好的推进作用。"

国家税务总局团风县税务局党委委员、副局长童伟介绍，税务部门坚持在主动服务、精细服务上做文章，针对不同类型的企业实施"个性化标签"管理，围绕纳税信用等级、税种分类、纳税人类型、税收规模等类别，建立9个"标签"管理体系。根据不同标签和实际需求，税务部门通过征纳互动平台及时向目标纳税人精准推送个性化的税收政策。这一举措克服了传统的税费政策宣传针对性不强，宣传不留痕等弊端，节约了信息获取成本，提高了信息利用效率，实现了税企双方的高效互动。通过"个性化标签"服务，2021年县域内制造企业接到增值税增量留抵退税政策精准推送，通过线上方式办理退税金额超过248万元。

二、为建筑业赋能，税惠反哺再加码

湖北宏豪诚锦装配式房屋建设有限公司法定代表人官喜明说："作为新一批'能人回乡'的企业，我热爱这片生我养我的土地。更重要的是这儿有着各种政策支持和精细的税务配套服务。"据了解，在税务部门政策辅导下，宏豪诚锦享受制造业按现行税额标准的80%缴纳城镇土地使用税。在企业所得税方面，宏豪诚锦享受税前扣除后，再按小微企业标准享受税收优惠，共计 24 万余元。

"近年来，税收政策的优惠力度持续加大，我们制造企业去年四季度就享受了延缓缴纳税费的好政策。刚才又接到税务部门发来的消息，这笔延缓缴纳的税费 2022 年一、二季度还可以缓缴。这对我们来说相当于一笔无息贷款，我们的新厂房才建成没多久，流动资金不足，缓缴政策解决了我们的后顾之忧。我计划将这笔'税惠红包'继续用于绿色建筑环保材料的研发。"官喜明表示。

团风县税务局近年来依托"互联网 +"，持续落实推进"非接触式"办税缴费，进一步提升涉税事项的网络化、数字化、便利化程度，全力打造纳税服务新体系，让数据多跑网路，让群众少跑马路，真正做到足不出户在家就能轻松办业务。为纳税人实打实的节省办税时间与成本，让税收优惠的反哺效果最大化，团风县税务局纳税服务股股长石志涛感慨到。

三、为"智造"业铺路，蓄能提质再加速

"我们企业是从事宠物产品'研产销一体化'的新型互联网科技企业，在不到两年的时间里，我们成长为华中产业链最全的宠物用品生产和销售基地，这得益于税务部门对科技企业的高度重视，特别是研发费用加计扣除等政策支持，为公司的科技研发'充电蓄能'。"煜宠宠物（湖北）有限公司财务总监徐江说。作为"专精特新"企业，煜宠宠物公司的发展是团风新型科技企业的一个缩影。为了激励企业守正创新，近年来国家出台了一系列高新技术企业的税收优惠政策，这家企业享受到了 24 万元的税收优惠减免。徐江不禁竖起大拇指，"我们企业建成不久，这两年新的组合式税费政策给了我们扩大规模，加快三期智慧工厂建设，加大研发创新投入的信心和勇气。税务部门为我们专门成立了税收政策服务团队，主动对接我们的涉税需求，按项目的进度定制个性化的服务，保障新项目如期上线。有了税收政策的全力支持，有了税务部门的保驾护航，我们对项目如期建成、达产达效充满信心和期待。"

优秀的研发团队，先进的生产技术，与时俱进的销售模式，有了成熟的"研产销一体化"模式发力，煜宠宠物公司 2022 年一季度的销售额就超过 2000 万元，这也让企业以更加强劲的势头在线上购物节喜报频传。

团风县税务局党委书记、局长舒全豪表示，团风税务部门将立足新发展阶段、贯彻新发展理念、服务新发展格局，积极发挥政策落实效能，持续提供"一企一策一条龙"精准纳税服务，积极构建"线下服务无死角，线上服务不打烊，定制服务覆盖广"的税务服务新体系，帮助企业各项税费优惠政策应享尽享，同时将深化税收征管体制改革与县域发展相结合，发挥"武汉东·新团风"的区位优势，踔厉奋发，克难攻坚，为加快建设示范区，加速打造桥头堡，奋力为团风振新跨越贡献税务力量。

重担当 优服务 强执行
以推进税收现代化服务高质量发展

国家税务总局锦州市古塔区税务局党委书记、局长 聂 晶

党的二十大报告提出，"以中国式现代化全面推进中华民族伟大复兴"，并从多个角度对中国式现代化作了深入阐释，为全国税务系统高质量推进税收现代化提供了正确方向。一直以来，锦州市古塔区税务局旗帜鲜明讲政治，以重担当、优服务、强执行的"三驾马车"拉动基层税收事业在现代化发展之路上奋力前行。

一、重担当，以强烈的政治意识推动税收现代化进程

坚持党对税收工作的领导。党的领导是我国税收事业稳步前行的根本保证，也是在新征程中高质量推进税收现代化必须坚持的基本遵循。要高扬"党管税收"旗帜，发挥好"领导干部的示范带动、党支部的战斗堡垒、党员的先锋模范""三个作用"，在落实各项税费政策、提升纳税人缴费人满意度等工作中，以更高站位总揽大局，为经济社会高质量发展提供有力支撑。

坚守对税收工作的初心。党的二十大报告指出，"全党同志务必不忘初心、牢记使命，唯有矢志不渝、笃行不怠，方能不负时代、不负人民。"要牢记"税之要事"，服务"国之大者"，要以纳税人满意作为工作的唯一标准，常怀为民服务之心，常练为民服务之能，常做为民服务之事，下大力气把税费政策落实好，把税收营商环境营造好，把纳税人缴费人服务好。

坚定实现税收现代化的信心。2022年以来，基层税收工作遭遇更加复杂严峻的外部环境，对高质量推进税收现代化提出了更加严格的要求。要敢于正视问题，前瞻性预判和应对各种风险挑战，从做好党建引领、税费收入、营商环境建设、干部队伍管理等方面入手，自觉担负起时代赋予的重任，积极主动推进税收征管改革，确保新发展阶段税收现代化建设稳步推进。

二、优服务，以发展为目标构筑现代化税收科学服务体系

将服务纳税人缴费人作为各项工作出发点。习近平总书记强调，以人民为中心的发展思想，不能只停留在口头上、止步于思想环节，要体现在经济社会发展各个环节。要立足"纳税人视角"和"放管服"改革，持续精简办税缴费流程，扩大"非接触式"办税范围，畅通诉求收集、响应和及时反馈渠道，提升12366热线满意度，把服务的理念和具体措施贯穿于所有日常工作中。

将服务经济社会发展贯穿税收事业始终。2018年国税地税合并以来，税收在国家治理中的

基础性、支柱性、保障性作用越发突出。要积极推动现代税收制度在基层税务机关的落地落实，特别是将增值税、所得税、消费税等税种改革与区域经济发展结合起来，把握经济运行热点，发挥税收大数据优势，建立向地方党委政府报送税收分析报告常态化机制，将"以税资政"的作用得到充分体现。

将服务国家战略大局作为核心使命。党的二十大制定了新时代新征程党和国家事业发展的大政方针，对推动东北全面振兴取得新突破提出明确要求。要坚决贯彻2022年政府工作报告强调的"推动绿色低碳发展、实施新的组合式税费支持政策"，将税收工作融入经济社会发展大局，主动服务国家重大发展战略，为新时期振兴东北老工业基地、东北陆海新通道建设等国家发展战略布局注入"税务力量"。

三、强执行，以"数智税务"建设为税收现代化提供强大动力

创新税收数据共享机制。进入新时代，以税收大数据为驱动力的"智慧税务"正逐步向"数智税务"转型升级，引领税收数据共享工作进一步提质增效。要坚持"以数治税、必先治数"原则，拓展税收大数据资源，深入推进内外部涉税信息汇聚联通、线上线下数据有机贯通，以"金税四期"建设和发票电子化改革为突破口，推动构建全量税费数据多维度、实时化归集、连接和聚合。

创新"数智化"硬件建设。在数字化背景下实现税费征管服务智能化是进一步深化税收征管改革、优化税务执法方式的内在动能。要发挥"数字辽宁"优势，构建"两网两微一号"多层次税收宣传模式，加快推进"智税柜台"建设，在"最多跑一次"基础上实现"最多报一次"，广泛建设数据融通、平台贯通、系统相通的"微税厅"，确保"一刻钟"便民办税圈在全城覆盖。

创新构建税收大数据共治格局。税源监管精准化的要义是以大数据为基础，实施精准分析，实现精准应对，达到精准监管的目的。要强化税收数据应用，加强内外部数据聚合，巩固提升警税协作信息化水平，推进信息互通互联，凝聚共治强大合力，打造事前、事中、事后全业务流程、全生命周期的"一体化"税收风险防控体系，进一步提升税收征管数字化、智能化管理水平。

一渠清水映税心

国家税务总局林州市税务局

一渠绕群山，精神动天下。20 世纪 60 年代，林县（今林州市）人民靠着一锤一钎一双手，在太行山的悬崖峭壁上，历时十年，开凿出了绵延 1500 公里的红旗渠，改变了十年九旱的贫瘠面貌。如今，红旗渠已从最初一项水利灌溉工程，逐渐演变为一条流淌着"自力更生、艰苦创业、团结协作、无私奉献"的精神之渠。

在红旗渠精神感召下，矢志不渝的林州税务人，以红旗渠总设计师杨贵亲笔题词的"红旗渠精神铸税魂"为党建品牌，将传承弘扬红旗渠精神作为一种责任、一种动力，在组织税费收入、落实减税降费、优化营商环境、践行征管改革上守正笃行，久久为功，为推动林州经济腾飞、乡村振兴描绘出浓墨重彩的一笔。

一、种好"责任田"，稳稳守住经济大盘

建筑业是林州市的支柱产业。在林州建筑总部大厦，入驻了上百家建筑企业。林州市税务局创新监管方式，前移服务关口，将税源管理股办公地点设在大厦二楼，楼上楼下为建筑企业提供日常服务，并建立"林州税务—建筑业服务中心"微信群和钉钉豫税通沟通机制，全方位确保建筑业纳税人诉求得到响应。

"税务部门服务一直很贴心，我们有什么疑问直接在微信群和豫税通上沟通解决。"中润昌弘建工集团有限公司的财务人员郝增伏欣慰地说道。"我们大多数业务在外地，我的申报表数据填错了，想修改更正，便向税务局同志请教，他们二话没说通过远程帮办就帮我解决了！"

2022 年 6 月，面对经济下行压力和疫情影响，河南锦达建设有限公司的流动资金受困，企业生产经营状况受到了很大冲击。林州市税务局得知这一情况，第一时间为企业送上"银税互动"政策，凭借 A 级纳税信用等级，河南锦达建设有限公司顺利申请到 1000 万的贷款。

拿到贷款时，河南锦达建设有限公司负责人任卫云给税务人员打电话："没想到纳税信用还能转化成'真金白银'，有了这笔融资贷款，就不用为发展业务没有现金流发愁了！"

近年来，林州市税务局为推动建筑企业在发票领用、工程招标、融资贷款方面发挥优势，通过提醒自查自纠、人工修复提升等方式，助力企业信用等级大幅提升。2018 年至 2021 年，A 级纳税人从 32 户增长到 409 户，增长了近 12 倍，企业市场竞争力进一步增强。

二、注入"强心剂"，倾力服务行业翘楚

河南光远新材料股份有限公司，是全国民营500强企业。为扶持光远新材料成为全球单项冠军企业，林州市税务系统在原材料涨价等不利因素影响的情况下，找准助企纾困的"小切口"，从落实税费缓缴、高新企业研发费用加计扣除等政策入手，进一步畅通企业"筋骨血脉"，为企业加速跑注入"强心剂"。

"公司一直致力于产品创新，2021年开始，按照研发费用100%加计扣除的优惠政策，研发费用加计扣除2800万元，为提升电子玻纤产品研发能力提供了强大支持。"河南光远新材料股份有限公司党委书记、董事长李志伟欣喜地说。按照光远新材"十四五"规划，这笔资金将用于新建电子材料产业园项目，致力发展为全球领先的电子材料生产服务商。

上海浦津林州制药有限公司，是全市规模最大的医药制造公司，市场前景广阔。受物流不畅、药品审批推迟等因素影响，2021年下半年，该公司订单数量逐渐缩减，资金回笼疲软，没有充裕的资金，其全自动生产线被搁置，技术改造项目也迟迟没有到位。

为解决企业"燃眉之急"，林州市税务局集中力量为该企业提供优惠政策辅导，帮助企业盘活资金。"2022年第一季度、第二季度我们共计缓缴104.3万元的税款，研发费用加计扣除1100余万元，大大缓解了公司的资金压力。"上海浦津林州制药有限公司财务人员李庆丽说道。经过技术改造和产品研发创新，上海浦津林州制药有限公司现在正在积极筹备第7条符合国家GMP标准的小容量注射剂全自动生产线，新建车间年设计生产能力突破6.1亿支，可实现产值1.2亿元，利税1100余万元。

三、当好"助推器"，精准输送成长养分

近年来，林州借助先天优势，在发展民宿上做文章、下功夫，为了让民宿行业体验到"一路绿灯"的顺畅服务，林州市税务局组织服务团队走进镇区民宿，按照一企一策的理念，以摸"底子"、开"方子"、找"路子"三步工作法，"零距离"帮助企业解决办税难题。

黄华镇庙荒村原本是一个贫困村，近年发展成了乡村旅游特色村。早在庙荒村发展之初，因为依托自家房子建设民宿，基本不需要额外成本，"要不要缴税"便成为村民们要不要开民宿的重要考量指标。税务局为了解决这一难题，组织税务服务队来到庙荒，集中辅导开店的村民，面对面讲解税收政策。简单直白的辅导给了村民 "定心丸"，村民们开起了属于自己的"无忧民宿"。

随着村民们的"钱袋子"越来越鼓，2022年，林州市税务局为庙荒送去了小微企业免征增值税、增值税留抵退税等最新的政策利好，以"真金白银"的东风之力，助燃乡村振兴活力。目前，庙荒村已经拥有30余家特色农家院、180余间民宿客房，年接待游客超20万人次。"感谢税务部门的政策送惠、及时送需和精准帮扶，我们村从中受益无穷！"庙荒村支部书记郁林

英激动地说。

此外，林州市税务局通过推动普惠金融发展，为守信村民在贷款方面得到了更多的资金助力。高家台、盘龙山、止方等乡村旅游特色村纷纷涌现，"村村有民宿"的发展愿景正在逐步实现。2022年，全市将形成3个民宿集聚区，8个民宿重点镇，50个民宿特色村，5条民宿旅游主题路线，"硬核"税力量参与其中，奋斗其中，乡村振兴的新图景正在铺展绘就。

"实现第二个百年奋斗目标，也就是一两代人的事，我们正逢其时，不可辜负，要做出我们这一代的贡献。"任何伟大理想，都离不开真抓实干、精耕细作的奋斗。六十年多前的修渠人如是，六十多年后的林州税务人也如是。迈向新征程，林州税务人会永葆"拼"的精神，"干"的劲头，倾情倾力服务好纳税人缴费人，把传承红旗渠精神贯穿于税收工作全过程，为推进新时代税收现代化积极贡献税务力量！

党建铸魂 税海扬帆

——国家税务总局陇南市税务局抓党建促税收工作纪实

国家税务总局陇南市税务局 周红儿

近年来，国家税务总局陇南市税务局党委以新时代党的建设总要求为遵循，深化落实"纵合横通强党建"机制体系，把"党建铸魂、税海扬帆"贯穿税收工作全过程，在"党建＋"中强基固本，在"＋党建"中守正创新，税务党建"红色引擎"为全面建设幸福美好新陇南蓄势赋能。

一、党建铸魂，基层战斗堡垒坚强有力

陇南市税务局树立"把亮点工作做成特色，把特色工作形成品牌"的工作理念，上下联动、条块协同，深入开展党建"12345"提质创优行动，形成了"一党委一品牌、一支部一特色、一党员一面旗"的党建工作格局。市局党委聚焦"三城五地税务先锋"创建党建品牌，各县（区）税务局融合地方特色，涌现出"山水康县税务争先""'两'翼齐飞、担'当'奋进"等系列彰显各地特色的品牌亮点。各基层党组织立足税收职能，扎实开展党支部标准化建设，"五航""六合""三融三心"等一批基层品牌应运而生。市县（区）税务局两级党委领导核心作用、基层党支部战斗堡垒作用、党员干部先锋模范作用得到充分发挥。在地方党建考核中，市县局两级党委获得"好"等次稳居同级各部门"第一梯队"；3个党支部分获"全省标准化先进党支部""全市先进基层党组织"；荣誉称号，1人获评"全省优秀党务工作者"，129名个人、36个集体分别获得省市县各级表彰奖励。

二、党建铸魂，干部队伍形象正气充盈

陇南市税务局坚持严管与厚爱结合，激励和约束并重，在真管真严、敢管敢严、长管长严中激发干部干事创业的积极性，深化纪检监察体制改革"1+7"和"1+6"制度体系，一体推进不敢腐、不能腐、不想腐。突出"靠得住、扛得起、做得成"，扎实开展"双培"工程，业务大比武、岗位大练兵等活动，成立青年理论学习小组，依托"学习兴税"等载体，发挥"老带新、传帮带"作用，完善干部知识结构，优化干部培养机制。修订完善机关请休假等68项工作制度，严肃纪律、规范管理，拓展干部职工"八小时"以外监管。全系统作风纪律深入转变、进取精神不断增强、政治生态风清气正，55名干部取得"三师"资格证，省级练兵比武综合成绩稳步前进，38名个人被表彰为业务标兵、优秀选手、岗位能手。

三、党建铸魂，税收改革发展行稳致远

陇南市税务局坚持以党建引领业务、以业务检验党建，确保税收改革推进到哪里，党组织和党员作用就发挥到哪里。牢固树立依法治税思维，推行"三项制度"，严格公正文明执法，全系统依法行政水平不断提升。认真落实《关于进一步深化税收征管改革的意见》，强"四精"、夯"四基"。严格执行"四个坚决"和税费皆重工作要求，依法依规征收税费，税费收入平稳增长。2021年，全市各项税费收入首次突破百亿大关。扎实开展便民办税春风行动，大力推行"陇税雷锋"、春雨润苗、不来即享、项目管家等便民办税措施，解决纳税人、缴费人急难愁盼问题。深入开展"银税互动"，累计为726户中小微企业获得贷款13.26亿元。坚持"快退、狠打、严查、外督、长宣"思路，毫不松懈抓好留抵退税。严格落实新组合式税费支持政策，助力市场主体纾困解难、轻装上阵。

四、党建铸魂，精神文明建设润泽税苑

陇南市税务局深入推进精神文明建设，以文明创建的力量凝聚人心、鼓舞精神、激发能量。开展"忠诚型、廉洁型、法治型、服务型、智慧型、文明型"六型模范机关创建，推动党员干部增强政治机关意识、彰显税务机关政治属性。充分发挥"工青妇"群团纽带作用，积极举办道德讲堂、读书会、爱心助学等文化活动，设置文化长廊、荣誉展览室，成立文体活动兴趣小组，开展丰富多彩的文体活动，推动社会主义核心价值观入心化行。扛牢脱贫攻坚政治责任，接续助力乡村振兴，32个帮扶村、2912户帮扶户脱贫任务圆满完成。成立40多个党员志愿服务队，下沉社区、助力防疫。大力推进节能减排示范单位建设，文明机关、绿色税务面貌日渐形成。全系统获评3个"全国文明单位"，7个"省级文明单位"，涌现出24项全国、省、市各类各级先进集体、先进个人荣誉称号。

五、党建铸魂，赓续精神力量再谱新篇

东风正劲、利箭满弦。回首过往，陇南税务脚踏实地、步履坚定，党建铸魂，税收各项工作成效显著。展望未来，陇南税务信心百倍、豪情满怀，将坚持以习近平新时代中国特色社会主义思想为指导，大力弘扬伟大建党精神，全面贯彻党的二十大精神，一以贯之、坚定不移，合力推进全面从严治党向纵深发展，协同推进党建和税收业务同频共振、互融共进，在奋力开创陇南税收现代化新局面的征程中再续华章、再谱新篇，在逐梦前行的道路上乘风破浪、扬帆远航！

深入学习宣传贯彻党的二十大精神

国家税务总局南平市延平区税务局

近日来，国家税务局总局南平市延平区税务局深入贯彻学习党的二十大会议精神，组织全体税务干部学精神、谈体会、抓落实，多形式、多渠道学习宣传贯彻党的二十大精神，推进二十大会议精神落实落地落细。

在延平区税务局党委理论学习中心组（扩大）学习会上，延平区税务局党委书记、局长黄永辉带头学习，深入传达学习贯彻党的二十大精神。他表示，全体税务干部要紧紧抓住"为什么学""学什么""怎么学""学和用"四个基本点，深刻把握党的二十大的重点要求，坚持和加强党对税收工作的全面领导、坚持人民税收为人民、坚持守正创新三个关键点，真抓实干、争先创优，把党的二十大精神落实到推动税收事业发展上来。

为迅速掀起学习党的二十大精神热潮，延平区税务局4个青年理论学习小组、13个党支部和团组织，通过邀请党委委员讲党课、做专题辅导、以"党员活动日"为载体各支部书记开展"微党课"、知识竞赛等多种形式，深入学习党的二十大精神，引导广大税务干部充分认识党的二十大精神的重要意义，推动党的二十大精神入心入脑。

在延平区税务局"学习贯彻党的二十大精神，争做新时代税务好青年"青年理论学习小组专题学习会上，辅导导师、党委委员、副局长朱成斌对青年干部提出三点希望："当代青年见证了很多发展奇迹，拥抱了很好的发展际遇，务必要不忘初心、牢记使命，加强政治理论学习与业务技能锻炼，提升政治素养，强化担当意识培养，提升干事能力，争做做立身好学、锐意进取、奋发有为的税务青年。"

为深入学习贯彻党的二十大精神，推动党史学习教育进一步入脑入心，延平区税务局开展"学习二十大精神，重温百年峥嵘路"观看红色电影主题党日活动。观看影片后，党员代表们纷纷表示将铭记峥嵘历史，不忘革命初心，坚定理想信念，自觉做中国特色社会主义共同理想的实践者，在之后的工作中继承和发扬先辈们的精神，不畏艰难，开拓进取。

"听党课、诵诗歌、学模范、演小品、讲奉献、谈感悟、赏歌曲"，延平区税务局通过丰富形式开展"崇德向善学榜样，踔厉奋发开新局"道德讲堂活动，深入学习宣传党的二十大精神，大力传承和弘扬民族文化，传播和学习先进榜样，不断提高广大党员干部道德素质和文明素养。延平区委文明办、宣传部等部门对本次活动给予了高度评价，"本次道德讲堂活动贴合主题、形式多样、内容丰富，通过身边先模事迹宣扬正能量、培育新风尚，是贯彻党的二十大精神的重要举措，是传承和弘扬民族文化、传播和学习先进榜样的重要手段，是提高广大干部群众道德素质和文明素养的重要抓手，体现了延平税务人积极向上、勇于进取的精神面貌。"

面对当前严峻的疫情形势，延平区税务局组织"青税优服"志愿者开展志愿服务活动，夯实疫情防控力量，以实际行动践行党的二十大精神。"关键时刻方显初心本色，更需践行使命担当"，延平区税务局"青税优服"志愿者用自己的实际行动为居民群众筑起了健康安全屏障，围绕党的二十大报告提出的新目标、新任务、新要求，找准贯彻落实的切入点和发力点，一步一个脚印把党的二十大精神付诸于行动、见之于成效，为打赢疫情防控攻坚战奉献强大"税务蓝"力量。

在"税收现代化服务中国现代化"大讨论上，全体税务干部结合自身工作实际，谈感悟、谋思路、找问题、提建议。全体税务干部纷纷表示，要深入贯彻落实党的二十大会议精神，进一步振奋精神、埋头苦干、踔厉奋发、勇毅前行，推动税收现代化工作不断取得新的更大成效，为更快、更好服务中国式现代化建设贡献税务力量。

税惠赋能 "五彩花生"助力乡村振兴

国家税务总局汝南县税务局

农业是国民经济的基础,没有兴旺发展的产业,乡村振兴就如同无源之水、无本之木。近年来,国家税务总局汝南县税务局积极发挥税收职能作用,坚持全面落实系列税收优惠政策,用"定制式"精细服务为涉农企业创新研发蓄势赋能,以"税惠"为乡村振兴赋能添力。

种子作为农业产业的源头,是河南省三九种业20余年来始终不变的研究课题。经过一代又代人的不懈努力,该公司成功研制出能够结出珍珠黑、白参果等五种口味果实的"五色花生种"。为了带动乡村振兴发展,三九种业选择了合作经营的生产形式,他们将花生种子免费发放给农户,并指导农户生产,最终以高价回收,通过加工处理后销往各地,实现了农民与企业的互利共赢。

在汝南县范胡村的帮扶车间里,伴随着机器的轰鸣,还带着泥土芬芳的花生茎叶与根须被自动切割,再通过筛选机分别流入不同的区域,最后由工人打包,售往全国各地。河南省三九种业有限公司负责人介绍,多年来公司坚持探索建立覆盖花生种植、采摘、加工全过程的机械化技术体系,范胡车间中的场景正是机械化技术的运用成果。

从传统田间的"镐锄镰犁",到智能化生产车间的"金戈铁马",技术革新的背后也离不开税收政策的支持。为更好服务农业发展,汝南县税务局坚持"落实政策+精准服务"双管齐下的工作理念,聚焦企业所需,有针对性地开展"滴灌式"分类政策宣传辅导,不断优化便民服务措施,多措并举助推惠企利农政策落地落实。

"从最初的办税服务厅前台领取发票,到自助终端领取和邮寄发票,再到电子发票,我们见证了税务服务的变迁。"三九种业财务人员说。

为更好服务农业发展,汝南县税务局设立专人专岗快捷处理网上办税、自助办税等渠道受理的涉税事项,突出展示互联网办税的优势,在尊重纳税人意愿的基础上,积极引导纳税人愿用、会用、多用"网路"少跑"马路"。

党的十八大以来,税务部门吹响了税收现代化高质量发展的号角。随着延时服务、容缺办理、告知承诺制等多项制度的推广落实,电子税务局、自然人扣缴客户端等多种办税终端的普及使用,征纳互动平台覆盖面持续扩大,办税渠道愈发畅通,纳税服务更加高效便捷。时至今日,税收现代化已经成为支持企业现代化发展的强大引擎。

"种子产品能否拥有竞争力,关键在于科技研发,而我们能持续加大研发投入的底气,离不开国家各项税收优惠政策的支持和税务部门的精细服务。"三九种业负责人表示,"在'税力量'的加持下,我们有信心攻克一道道技术难题,为乡村振兴做出新的贡献!"

永远跟党走　奋进新征程

——武川县税务局党委书记、局长李启军

国家税务总局武川县税务局

习近平总书记作的二十大报告，立意深远、催人奋进，科学系统谋划了未来 5 年乃至更长时期党和国家事业发展的目标任务和大政方针，提出一系列新思路、新战略、新举措，是全面建设社会主义现代化国家、全面推进中华民族伟大复兴的时代号召和行动指南，对进一步凝聚共识向着第二个百年目标进军具有十分重大的意义。武川县税务局要深入学习、认真研读，把握"新发展阶段、新发展理念、新发展格局"的内涵，切实用党的创新理论最新成果武装头脑、指导实践、推动工作。

一、在吃透精神上下功夫

持续深入学习二十大精神，进一步提升政治站位，真正做到学深悟透、融汇贯通，不断提高政治判断力、政治领悟力、政治执行力，进一步坚定拥护"两个确立"，坚决做到"两个维护"，始终心怀"国之大者"，在实际中落实好党中央国务院的决策部署，践行"人民至上"理念，自信自强、守正创新。武川税务局要特别注重以党的二十大精神为指引，面向全体党员干部开展多形式、多层次、全覆盖的学习培训，在全局上下营造学习贯彻二十大精神的浓厚氛围。一是领导带头学。准确掌握党的二十大精神的重大政治意义、历史意义、理论意义、实践意义，不忘初心，牢记使命，切实把学习成果转化为推进税收工作高质量发展的具体举措。二是组织党员学。以支部为单位，通过集中学习、分组讨论、书面交流等多种方式，引导党员将思想和行动统一到党中央决策部署上来，以高度的政治自觉、思想自觉、行动自觉，把二十大精神学习宣传好、贯彻落实好。三是带动全员学。在全局范围内开展二十大精神大学习、大讨论，使广大干部群众紧紧围绕党和国家发展大局，及时跟进学、联系实际学，确保学习全覆盖、有实效、出成果。

二、在宣传贯彻上下功夫

把宣传贯彻党的二十大精神作为当前和今后一个时期的首要政治任务，周密研究部署，精心组织实施，深入宣讲阐释，推动党的全面领导在我局落深、落细、落具体，强化自我担当，不断加强党性锻炼，始终保持优良作风，严守党的政治纪律和政治规矩，以强烈的担当推动各

项工作落实。一是部门联动宣传。与县委县政府、相关职能部门联动宣传，将二十大报告的核心内容推广到系统内部和各行各业的方方面面。二是向纳税人缴费人做宣传。结合二十大报告精神，加强与纳税人缴费人的沟通，做好纳税服务，更好地为群众办实事，谋福利。三是多形式宣传。开展征文、竞赛、演讲等活动，调动党员干部特别是青年党员干部学习、宣传的积极性，自觉做共产主义远大理想和中国特色社会主义共同理想的坚定信仰者和忠实实践者。

三、在学用结合上下功夫

加深对税收工作政治性、人民性、专业性的认识，把贯彻二十大精神与我局税收实际结合起来，按照《关于进一步深化税收征管改革的意见》，落实好"四精"；按照总局税务工作会议提出的六个"一以贯之"的税收现代化建设经验，谋划好各项工作；深入落实区局"1336"工作安排，推动武川税收工作上台阶；按照市局税收工作总体要求，凝心聚力，狠抓落实，切实做到政治过硬、本领高强，统筹好疫情防控与税收的各项工作。一是聚焦主题，高站位落实减税降费政策。认真贯彻落实党中央、国务院新的组合式税费支持政策决策部署，坚持"快退税款、狠打骗退、严查内错、欢迎外督、持续宣传"五措并举的工作策略，坚决扛牢落实退、减、缓、免、抵税费政策的政治责任，抓好政策落实"最后一公里"，确保各项利企惠民政策扎实推进，在服务大局中彰显税务担当。二是聚焦主业，高质量完成全年收入任务。从讲政治的高度，始终牢记职责使命，持续落实"稳字当头、稳中求进"总体要求，既要依法依规组织税费收入，把该收的收到位，又要不折不扣落实各项税费支持政策，坚决不收过头税费。按照组织收入工作"务必要想明白、务必要说明白、务必要干明白"的要求，强化政治担当，压实政治责任，完善征收方式，不断提升征管质效。三是聚焦主线，高标准优化税收执法方式和健全税务监督体系。在法治轨道上全面建设社会主义现代化国家为依法治税提供了根本遵循，在二十大精神的指引下，准确把握税务执法的时度效，推动从经验式执法向科学精确执法转变，让纳税人在每一次执法中都能看到风清气正，都能感受到公平正义，力度和温度同步彰显。按照深化税务系统两套制度体系要求，探索建立"334"日常监督机制，推动党组织日常监督提质增效，及时总结提炼有益探索，为构建一体化综合监督体系提供武川方案。四是聚焦队伍建设，抓好党务、干好税务、带好队伍。要注重以党的二十大精神为指引，聚焦市局总体要求和武川税务2022年的各项目标任务，在新的征程上奋力推进税收现代化；坚持问题导向，深入开展干部队伍作风纪律教育整顿，治建并举，强化监督制约机制，锻造作风过硬的基层党组织，着力打造税务铁军。

携手新征程，一起向未来。武川县税务局将在新时代税收现代化的新征程上踔厉奋发，勇毅前行，走好首府税务第一方阵，为呼和浩特经济社会发展贡献税务力量，为武川经济社会发展再创佳绩。

缤纷青春 虞税同行

——常熟市税务局"虞税同行"青年干部行动品牌建设概览

国家税务总局常熟市税务局 严群波

习近平总书记在党的二十大报告中指出，全党要把青年工作作为战略性工作来抓。2022 年以来，常熟局深入贯彻落实习近平总书记关于青年工作系列重要论述，以"缤纷·同程"为青年工作年度主题词，持续推进"虞税同行"青年干部行动品牌建设，感召青年税务干部与新时代中国式现代化同程，与新时期税收征管改革同程，与新阶段常熟高质量发展同程。

一、与学习同程，做有理想的新时代好青年

坚持党建引领，把学习贯彻党的二十大精神融入理想信念教育，创新"易"学习沙龙，用缤纷学习主动来一场"学习革命"。

（一）感悟学习"时代性"

组织"易"学习沙龙"青年学习社"，紧跟时代步伐、标注成长坐标，第一时间组织学习党的二十大报告精神，开展学习党的二十大精神青年干部演讲评比；认真领会习近平总书记在庆祝中国共产主义青年团成立 100 周年大会上的讲话精神，切实将学习成果内化为奋进新征程、建功新时代的强大动力。

（二）拓展学习"沉浸式"

开展"易"学习沙龙"喜迎二十大 赋能新征程"系列学习实践活动，丰富学习形式，青年干部组队观看爱国影片，感悟"国之大者"，激扬爱国主义热情；参观中共苏州独立支部、苏州革命博物馆、常熟党史馆等红色基地，现场开展主题党日，体悟"听党话、跟党走"的优良传统，把伟大建党精神融入基因血脉。

（三）创优学习"新模样"

推行"易"学习沙龙业务交流会，打破"大水漫灌式"学习模式，把舞台交给青年，采用青年讲师团形式，以分布式、线上线下一体"劝学"，针对日常学习测试、税收业务工作中碰到的难题和疑问进行"精准滴灌式"互动，走进常熟电台"政风行风热线"、常熟交广"法治会客厅"与社会大众直播交流税费政策，切实把外在的要求转化为内在的自觉，锻造投身新时期税收征管改革青春力量。

二、与先锋同程，做敢担当的新时代好青年

紧扣青年干部工作前进方向，深入实施"青税枫林"青年干部成长计划，用缤纷成长把勇于担当镌刻在与先锋同程的前行路上。

（一）立德树人有温度

制定市局思政工作实施办法及清单，将青年干部纳入工作主体，多样开展党性教育和纪律作风教育，做青年朋友的知心人，青年工作的热心人，青年群众的引路人。召开"逐梦青春 虞税同行"青年干部座谈会，倾听青年干部所思所想所盼，提出殷切期望，帮助解决难题。大力培育"家"文化，组织青年干部参加"清风税韵 廉满中秋"家庭助廉主题活动，提醒其"人生没有彩排，只有直播"，扣好"人生第一粒扣子"。

（二）文化传承展形象

践行市局文化建设纲要，依托全国税收普法基地、全国职工书屋、沙家浜红色教育基地等文化阵地，组建税务文化青年宣讲团，邀请专业老师开展宣传专题培训，组织文化宣讲竞赛，打磨文化传承技能。担当税务文化宣传大使，向外来宾客、中小学生等各界传播常熟税务深厚文化积淀，积极打造"我们的节日""税墨光影"展览等文化载体，绽放"五讲四美三热爱"活动之美。

（三）税务先锋勇担当

疫情就是命令，常熟税务青年以舍我其谁的"亮剑精神"，组建"疫情防控青年战队"。他们在高速卡口连续作战不下火线，他们在检测站点栉风沐雨不辞劳苦，他们在村镇社区走街串巷不眠不休，他们用满腔热血播撒战胜疫情的希望。助力扶贫攻坚，他们结对资助山区困难学生，扶贫帮困爱心捐款，助力泸定抗震救灾，以小我融入祖国大我，砥砺心中的那抹税务蓝。

三、与实干同程，做能吃苦的新时代好青年

聚焦人才兴税战略，成立"退税减税政策落实青年突击队"，创行"盾构法"实战化培训项目，让税务青年在缤纷实干中练就本领、成就事业。

（一）减税降费迎难而上

为落实落细国家减税降费政策，常熟市税务局成立"退税减税政策落实青年突击队"并授旗，青年党员主动请战做表率，以"处烈火而炼真金"的精神克服疫情困难，细化减负纾困、惠企利民各项举措，在电视媒体首播"虞税同行一企来"政策云课堂，精心推出"套餐式"服务，试行"容缺后补"受理机制，打通减税降费政策落实"最后一公里"，以税务人的"辛苦指数"换取纳税人缴费人的"幸福指数"。

（二）实战培训乘风起航

从"税法、智训、实战、人才"四个维度，突出问题导向、实干导向，青年才俊奋勇请缨，瞄准风险应对突破口，施行"盾构法"实战化培训项目，建立健全可定制、可复制、有推广意

义的实战化培训模式，青年干部业务素养和风险应对水平得到系统性提升。

（三）人才兴税笃行善成

践行"按需培训、学考结合"理念，开发教育培训模块，方便培训任务发起、测试和结果运用，方便干部参与、学习和后续管理。从实战角度出发，组织开展全员测试，获评苏州税务系统县区局优胜单位，5人获评优秀个人，获评人数位列第一。在市局网站开辟荣誉专栏，褒扬先进、传递精神，2022年以来，全系统共有50人次青年干部获得各级各类荣耀表彰，"笃行"与"善成"相得益彰。

四、与逐梦同程，做肯奋斗的新时代好青年

从队伍建设"动力变革"着手，激扬"强国有我 兴税有我"青春梦想，用缤纷奋斗接续打造人才队伍建设"雁阵格局"。

（一）"青税蓝韵"，打造"雏雁"方阵

在各成员单位开辟工作主战场，深入实施"青税蓝韵"导授结对管理，为新进人员、青年干部、聘用人员开展为期三年的导授结对管理，开展个人理想和复兴梦融合教育，积极培育斗争精神和斗争本领。与兄弟单位开展"青税蓝韵"青年干部工作交流互鉴活动，让青年干部在畅谈中擦出思想火花、在拼搏中亮出实干华彩。

（二）"团队协同"，打造"群雁"方阵

选拔优秀青年才俊加入兼职教师队伍、税收专家团队和复合型人才库，组建"5+N"专业团队，把青年干部推向"真刀真枪"的纳服征管第一线，在拼搏实践中经风雨、见世面、长才干、壮筋骨。借鉴军队"步坦协同"理念，打破团队工作界限，在退税补税专项工作中有效探索，发挥欠税追征、土地增值税、所得税、执法规范、税源联动分析等专业团队青年骨干力量，探索实施通过集团内部代偿、在企业破产重组过程中领受股票等新方式追缴欠税，2022年以来累计追征欠税及滞纳金7.87亿元。

（三）"尖兵战略"，打造"领雁"方阵

围绕人才建设要求，在青年干部、专业团队中选拔突出人才建立税务尖兵人才库，直面减税降费、专项工作、练兵比武等艰难考验。2022年，常熟局以"赶考"姿态开展练兵比武，共有11人入围苏州集训，3人入围省局集训，其中4人获评专业骨干、2人获评岗位能手，1人参加总局选拔获得全省第4名的好成绩。将青年工作纳入组织和个人绩效管理，完善青年干部培养管理和荣誉表彰办法，逐步建立起"成就激励""发展激励""荣誉激励"三位一体的人才建设"动力变革"机制，全面打造常熟税务"人才福地"。

青春底色，永远鲜红。踏上新征程，常熟市税务局将以习近平新时代中国特色社会主义思想为引领，用党的科学理论武装青年，用党的初心使命感召青年，持续推进"虞税同行"学习型组织建设，守正创新青年干部工作机制，埋头苦干、奋勇前进，让"梅花香自苦寒来"的缤纷花香沁满同程之路。

在担当作为中绽放青春光彩

国家税务总局吕梁市税务局　任　锴

"广大青年要坚定不移听党话、跟党走，怀抱梦想又脚踏实地，敢想敢为又善作善成，立志做有理想、敢担当、能吃苦、肯奋斗的新时代好青年。"习近平总书记在党的二十大报告中对青年一代寄予重托厚望，为青年成长提供了明确的目标指引。吕梁市税务系统的广大青年纷纷表示，生逢盛世当不负盛世，生逢其时当奋斗其时，税务青年将以党的二十大精神为指引，在学思践悟中汲取智慧力量，在细照笃行中不断修炼自我，在担当作为中绽放新时代的青春光彩。

一、接续奋斗，不辱时代使命

吕梁是具有光荣传统的革命老区，依托遍布全省的红色文化资源，税务青年认真参观红色教育基地，追忆先烈丰功伟绩，在接受革命精神洗礼的同时，进一步坚定了理想信念，夯实了忠诚根基。在晋绥边区革命纪念馆、刘胡兰纪念馆、红军东征纪念馆，各级税务部门组织刚入职的税务青年进行宣誓活动，以铮铮誓言增强青年干部的归属感和使命感，引导大家加快角色转变，强化责任担当。

青春各有色彩，奋斗一脉相承。为了激励税务青年勇担时代使命，国家税务总局吕梁市税务局精心制作了《忠诚税路，初心弥坚》视频，用"一封家书"的形式，讲述了税务"老兵"们年轻时的从税经历，为青年干部传递了榜样的力量。国家税务总局中阳县税务局举办"承梦前行续初心、薪火相传担使命"座谈会，邀请退休老干部忆"税"月、叙"税"事，为税务青年砺"税"志、筑"税"魂。该局新入职的公务员任健说，一代人有一代人的担当，我将用心学习和传承老同志留下的"传家宝"，用最美的青春描绘税务事业最好的未来。

二、踔厉奋发，不负青春韶华

党的二十大报告中说："治国有常，利民为本。"在税务部门，纳税人所盼就是税务人所向。围绕纳税人办税过程中的"槽点"，吕梁市各条战线的税务青年以更细致的工作作风和更高效的办税服务，努力为各类市场主体打造负担更轻、办税更快、服务更好的税收营商环境。中阳县税务局年轻的纳税服务股长杨旭亮表示，我们将以强烈的紧迫感、责任感和使命感，拿出更实的举措、更优的服务，更好地服务纳税人和缴费人，更好地服务经济社会发展大局。

让政策红利惠及每一名纳税人，是税务部门的职责使命，也是税务青年们的责任担当。85

后的张旭兵是吕梁市税务局退税减税政策落实专班、收核科和团委的负责人。身兼数职的他，对党的二十大报告感触尤深："习近平总书记的报告振奋人心，让我深受鼓舞，更感责任重大。作为团委书记，我将自觉走在改革创新最前沿，敢于摆脱束缚，善于打破僵局，带领青年干部持续攻坚克难，不断取得佳绩，努力成为'不负韶华、不负时代、不负人民'的栋梁之材。"

三、脚踏实地，不忘为民初心

民生答卷的厚度，关联百姓幸福生活的温度。在石楼县胡家峪村，吕梁市税务局驻村工作队队员纷纷走进田间地头，向群众宣传党的二十大精神。刚入职两年多的李博宇是胡家峪的驻村第一书记，他正在村民活动中心向群众展示二十大绘就的乡村新画卷："二十大报告里说了，我们国家要'坚持农业农村优先发展'，还要继续'巩固拓展脱贫攻坚成果'。咱胡家峪村去年引进了龙头企业，又成立了两个合作社，这都是国家倡导的发展方向。咱要一门心思地跟党走，把咱胡家峪的山猪、香菇、蔬菜等做大做强，把乡村旅游、特色旅游做出品牌，今后的日子肯定越过越美！"

在疫情防控、敬老爱幼、文明城市创建的最前沿，处处都有税务青年的身影。为了进一步发挥青年干部的战斗力，各市税务局组建了"青年先锋突击队"，切实发挥税务青年的关键作用，不仅为税收中心工作提供了坚强的组织力量，更充分彰显了税务部门的责任担当。国家税务总局吕梁市税务局党委委员、副局长王致盛表示，青年干部是税务事业发展的未来，税务部门将积极搭台架梯，为青年干部成才夯基垒台，让税务青年奋斗的脚步更稳、前进的道路更远、成长的底气更足。

县局党委书记、局长刘平走访调研重点企业

国家税务总局尚义县税务局

为迎接党的二十大胜利召开，贯彻落实习近平总书记对于税收的重要论述，有效推进退税减税政策落地，确保辖区企业最大程度享受政策红利。近日，尚义税务局县局党委书记、局长刘平带队连续走访了五环房地产、航天新能源、尚义旅投、谷之禅、伦比服饰、京广酒店等6家退税减税政策涉及的重点企业。实地了解企业生产经营状况、受疫情影响面临的实际困难和涉税需求。根据企业特点针对性宣传"进一步加大增值税留抵退税""小规模纳税人免征增值税""小型微利企业所得税优惠"等近期出台的系统退税减税政策，现场辅导企业用好享足税收优惠政策。

在尚义县五环房地产开发有限公司，刘局长一行同企业总经理朱继宏座谈，听取企业新项目的投资建设情况，现场指导企业通过远程问办中心办理涉税事项。

在尚义县航天新能源发展有限公司，刘局长同企业董事长孙占军座谈，就企业扩大生产努力达到规上企业交流意见，税务干部现场宣传"进一步加大增值税留抵退税政策"和远程问办中心。

在尚义县文化旅游投资有限公司，刘局长一行认真听取企业董事长李晓东关于尚义县旅游规划和公司发展情况。刘局长指出，尚义县旅游资源丰富，发展前景良好，旅游业是打造尚义品牌造福周边百姓的重要产业，税务局要不遗余力地支持县域旅游企业发展，让企业最大程度地享受退税减税优惠政策，特别是企业发展前期要多辅导、多帮助、多支持。

在谷之禅张家口食品有限公司，刘局长一行认真听取全国脱贫攻坚先进个人荣誉获得者、谷之禅张家口食品有限公司总经理陈敬明就企业发展历程和发展规划介绍，参观了燕麦产品展区。召开了座谈会。刘局长表示，谷之禅不断拓展、研发、探索的企业精神值得我们敬佩，生生不息的企业文化值得我们学习。税务部门将进一步优化升级纳税服务，不折不扣落实好退税减税政策，大力支持本地特色企业、特色品牌做强做大。进一步加大增值税留抵退税政策是党中央、国务院2022年退税减税政策的"重头戏"，国家下大力气激发市场活力助力企业发展，希望企业也要利用好国家政策，把准发展理念，把我们坝上的宝贝（莜面）推广出去。陈敬明感谢税务局刘局长一行为企业送来国家税收优惠政策，特别感谢多年以来尚义县税务部门支持和温暖，让企业渡过了最艰难的时期。2022年企业发展前景良好，市场热度持续上升，企业一定会进一步加大产品推广营销，让谷之禅品牌享誉全球。

在张家口伦比服饰有限公司，刘局长一行同张家口市人大代表、张家口伦比服饰有限公司总经理马天宇座谈，了解企业发展历程和近期生产经营情况。马天宇总经理还为税务干部介绍明确国内、国际服装生产企业整体生产经营情况及服装设计生产的工艺。座谈会后，刘局长一行走进伦比服饰，按照服装生产流程，观看服装从设计、画样、选料、裁剪、缝纫、印制、全流程生产过程。刘局长指出，张家口伦比服饰有限公司是我们本地成长企业的实体制造企业，实体制造业是国家和区域经济发展的重要支柱，也是稳定民生就业的重点产业。税务局要不折不扣落实好税收优惠政策，让税收优惠政策为企业生存发展提供有力支持。

在张家口京广庭院商务酒店有限公司，刘局长一行同企业董事长贾圣东座谈。对京城广厦董事长李占飞回乡创业、造福乡里、打造尚义品牌的担当表示敬佩。重点指导企业用好用足留抵退税政策，缓解企业前期资金压力。

打造纳税人缴费人满意之家
——坚持提升纳税人缴费人满意度，服务地方经济社会发展纪事

国家税务总局翁源县税务局　胡　芳

近年来，韶关市翁源县税务局认真贯彻落实习近平总书记关于税收工作的重要论述，聚焦以"带好队伍、干好税务"为主要内容的新时代税收现代化建设总目标，并以钉钉子精神持续深入推进，勇于担当、主动作为，持续开展"便民办税春风行动"，不折不扣落实退税减税降费政策，不断提升纳税服务水平，连续四年纳税人满意度调查位列全市前三。

一、坚持服务优先，全力提升纳税人满意度

2022 年是韶关市翁源县"优化营商环境年"，该县税务局坚持以整改纳税人缴费人关注的痛点、堵点和难点问题为导向，发起了由"一把手"牵头组织、全体干部共参与的"网格化"走访问需活动，对纳税人缴费人开展实地走访、电话走访、微信互动等问需纾困活动，将收集到的意见建议进行整理归类，逐项提出整改措施，切实解决纳税人缴费人遇到的痛点、堵点、难点问题。2021 年，韶关市翁源县税务局在纳税人缴费人满意度调查中排名韶关市第一。

2022 年以来，在常态化疫情防控工作中，韶关市翁源县税务局统筹推进疫情防控和经济发展工作，围绕"智慧税务"下功夫，积极打造"不见面"的办税缴费服务。2022 年 7 月 4 日，韶关市翁源县税务局办税服务厅整体搬迁入驻当地政务服务中心，以"智助办税"为理念，推行"零窗"模式的"非接触式"税费服务。厅内设置了智慧自助区和 V-Tax 远程可视化办税系统体验区，配备了 4 台智慧线上办一体机和 5 台自助办税终端机，方便纳税人缴费人自助办税。为满足特殊人员和特殊事项的服务需求，还设置个性化征纳互动区，提供一站式、个性化、陪伴式的定制服务。同时，为了快速响应纳税人缴费人的需求，韶关市翁源县税务局还成立了纳税服务运营中心，建立由业务骨干组成的"集约运营团队"，集中、快速响应和受理辖区内纳税人缴费人通过广东省电子税务局网页端、广东税务 APP、自然人电子税务局、"粤税通"微信小程序、V-Tax 远程可视化办税系统、广东政务服务网等线上渠道的业务申请、8812366 热线的税费咨询等事项，全力支撑保障"非接触式"税费服务全面推广，让需求响应速度提速换挡，助力办税缴费跑出"加速度"。

二、落实退税减税，税费红利直达市场主体

广东青云山药业有限公司从事中药行业已有 30 余年，随着公司业务的快速增长，于 2021

年投入 1.5 亿元资金建设厂房二期，预计建成后能增加 200 个就业岗位。由于生产规模扩大、新药研究周期长、原材料上涨等压力，公司运营成本逐渐增大，形成了大量进项留抵。2022 年 4 月，我国实施大规模增值税留抵退税政策，韶关市翁源县税务局第一时间梳理本地符合退税条件企业的情况，并将政策精准送达，主动辅导该企业提出退税申请，让企业收到了 253 万元的留抵退税款。

"2022 年留抵退税的规模和力度是前所未有的，为公司发展注入了资金活水，资金更充裕了，我们加大投入升级就增添了更多的底气和信心！"该公司财务总监林桦欣喜地说道。

据介绍，新的组合式税费支持政策相关文件出台后，韶关市翁源县税务局迅速响应，提前"备课"，组织局内业务骨干全面梳理政策，运用大数据应用系统摸清辖区内退税减税相关数据，做好数据验证核实工作，并依托税收大数据，提取符合条件企业，精准锁定目标，主动了解企业的情况及诉求，做到精细化辅导，一户一分析，在充分尊重纳税人缴费人意愿下，确保纳税人缴费人应享尽享政策"红利"。

三、共建法税协作机制，推进改革攻坚规范治理

近年来，韶关市翁源县税务局通过改革攻坚规范治理举措，规范日常工作流程，推进税费业务征管规范化、标准化、一体化建设，不断提高税费服务水平，为企业提供更加智能化、高效化、个性化的涉税服务。

为进一步保障各方债权人合法权益，提高被执行财产处置效率，优化社会资源配置，韶关市翁源县税务局主动与翁源县人民法院沟通，从转变理念、健全机制、明确细节等方面协同谋划，不断加强司法程序中财产转移、司法拍卖、破产注销等涉税事项信息互通及合作，进一步提升司法执行和税收征管质效。

此外，为规范信息安全管理，完善法税协作细节，翁源县税务局与翁源县人民法院建立了定期联席会议制度，确定承担协作职能的主责部门、联络人员。根据本地实际和双方需求，商讨信息共享的实现方式及安全管理，确保信息共享安全高效。根据当地实际精准施策，成立专业服务团队，为涉案纳税人提供在税务信息查询、税费申报、发票开具等方面的专项咨询服务，降低困境企业的市场退出成本，为营造更好更优的法治化营商环境贡献力量。

让税徽在奉献中熠熠生辉

——记澄城县税务局第二税务分局

国家税务总局澄城县税务局

他们，身着税务蓝，在细碎的时光中坚守使命；他们，踔厉奋发，勇毅前行，以赤诚诠释崇法守纪；他们，凝心聚力，务实笃行，以匠心熔铸兴税强国。他们，同属于澄城县税务局第二税务分局这个集体。

澄城县税务局第二税务分局负责全县780户重点税源企业和城区所有党政机关及部分事业单位的养老、医疗、工商、失业保险的征收工作，年实现税费收入13.17亿元，占全县税费收入18.5亿元的71%。2022年以来，该局被澄城县委授予"全县行政执法先进集体"；被澄城县总工会授予"工会基层工作先进集体"；2022年9月，荣获"渭南标杆"荣誉称号。

一、砥砺初心，奋楫笃行

点燃"党旗红"、挥洒"税务蓝"。近年来，澄城县税务局第二税务分局围绕"凝心聚力抓党建，抓好党建促发展"的工作思路，不断用党的创新理论武装头脑、指导实践、推动工作。通过"弘扬建党精神　红旗更加鲜红""重走革命路　重温奋斗史"等党建主题活动，引导党员干部从党的历史中汲取智慧和力量。创新推出"三会一课"+"每会一言"制度，激发和调动了大家探索、研究、思考的积极性。通过微信平台讲党课，既使党支部发挥了示范引领作用，又能通过微信平台掌握党员的思想动态，凝聚了人心。加强党风廉政建设，通过学习和每月开展的"谈心谈话"，教育引导党员干部进一步树牢"四个意识"，知敬畏、存戒惧、守底线，习惯在受监督和约束的环境中工作生活。党支部还把党建工作品牌创建与"我为群众办实事"实践活动紧密结合，参加街道、社区组织的党建联席会议，为群众解决急难愁盼问题。以"弘扬正能量，志愿服务树形象"为目标，组织开展和参加纳税服务、创建省级卫生城市、疫情防控、交通引导、无偿献血等各类志愿活动。在一次次志愿活动当中，展现了税务担当，贡献了税务力量，让税务文明成为一道风景。

二、苦练内功，高效服务

欲成大器，先修"内功"。澄城县税务局第二税务分局积极打造学习型团队，努力提高干部职工的业务素质和服务水平。实行干部之间相互培训，相互学习，相互配合，推动业务整合，逐步实现内部分工无死角、全覆盖，确保事事有人做，事事有人管，事事有回音。在日常培训的同时，组织开展全体征收岗位 8 小时之外培训和"一对多"模拟操作演练，举办"每周一课"学习活动，确保熟练掌握税费政策，提高问题解决效率，用税务人的"辛苦指数"换取纳税人的"幸福指数"。

金杯银杯不如纳税人的口碑。纳税服务贯穿于纳税的整个过程，因此，他们积极发扬无私奉献精神和"店小二"精神，不断优化服务理念，在管理中服务，在执法中服务，变"无情管理"为"有情服务"、被动服务为主动服务，树立纳税服务是税务机关义务的观念；由"一刀切"服务向分类服务转变。改变过去教条式的服务方式，打通服务群众的"最后一公里"，最大限度服务纳税人。

三、与时俱进，创新发展

创新是成功的源泉，是发展的动力。税收征管是整个税务管理活动的核心，面对经济类型、经营方式、组织方式日趋复杂的形势，澄城县税务局第二税务分局创新性地采用分类管理的方式提高征管质量和效率。从管好源头开始，切实掌握纳税户的税务登记、增减变化情况、发票使用情况、生产经营情况等全过程，建立健全纳税户档案，真正做到底数清、税源明。

坚持收入原则，抓住重点领域、重点行业和重点税源，不断提高收入质量，做好做实收入预测工作，为相关决策制定提供了科学依据。采取各项创新举措，让新的组合式税费支持政策直达快享，为市场主体纾困解难。让 135 户次纳税人享受到减税降费政策，减免金额 1026 万元；办理退税 42 户次，退税金额 1.81 亿元；缓交税款 58 户，缓交金额 969.72 万元。全面深化"税务管家"服务，从宣传辅导到风险防控，为纳税人提供全覆盖、网格化、链条式服务。

面向未来，该局将深入学习贯彻党的二十大精神，聚焦主责主业，勇挑重担，尽锐出战，为营造良好的营商环境贡献税务力量，谱写兴税强市、兴业富民的华彩篇章。

走"心"服务确保疫情防控期间纳税服务"不变样"

国家税务总局高州市税务局

　　茂名高州"1105"疫情发生后，为快速阻断疫情传播途径，打赢疫情防控攻坚战，高州市对部分区域按下了"暂停键"，高州市税务局在严密做好疫情防控工作的前提下，迅速启动纳税服务"快捷通道"，组建纳税服务队 24 小时值守单位，实行"值班留守＋居家接线"应急服务保障机制，通过线上辅导、帮办代办等方式辅导纳税人缴费人办理相关事宜，确保疫情防控期间办税不停，服务不降。

一、远程互动"线上办"，安全零距离

　　"今天是高州社会面疫情管控的第一天，我抱着试一试的心态拨通了税务局的电话，没想到真的有人接。服务没有因为疫情影响'打折'，让我感到很暖心。"刚在 V-Tax 远程可视化电子办税平台办理好社保停保业务的苏小姐高兴地说道。

　　原来，苏小姐以前在高州参保，现在已经移居肇庆，入职公司要求最迟 2022 年 11 月 11 日前就要办理入职参保，否则将影响入职，但由于未在高州停保无法在肇庆参保，且因她社保长期没有缴费已经处于非正常户状态，需要核销欠费以及解除非正常状态才能停保。

　　"税务人员了解到我的情况后，立即通过电子邮件给我发送了欠费核销明细表以及解除非正常户申请表，并引导我登陆 V-Tax 平台，耐心辅导我填写表格，提交资料，不用半小时我就成功办理了停保业务。"苏小姐高兴地说。

　　据了解，面对疫情防控期间纳税人缴费人的高频特殊办税需求，高州市税务局大力推进"问办一体"服务，组织业务骨干 24 小时值守单位，依托纳税服务运营中心，统一归集业务申请和服务咨询，为纳税人缴费人提供走心更放心的办税缴费"一站式"办理。

　　"纳税人缴费人足不出户，即可无忧办事。只需通过广东省电子税务局、'粤税通'小程序等线上渠道提交涉税费事项办理申请，纳税服务运营中心就可以在后台集中受理、全流程跟办、及时办结各业务事项。"高州市税务局纳税服务运营中心负责人何坤岳表示。

　　据统计，疫情封控期间，该纳税服务运营中心通过电子税务局受理业务 50 余户次，受理 V-Tax 非接触涉税事项 30 余户次，纳税咨询热线远程辅导 100 余次，实现了税企不见面、服务零距离。

二、聚焦需求"代帮办"，纾困解难题

　　"疫情防控期间领不了发票，我们等着开发票该怎么办，能帮我们想想办法吗？"2022 年

11 月 14 日，高州石鼓税务分局接到茂名市英达精细化工有限公司办税人员欧公明的紧急来电，表示公司有一笔资金回款急需在当天开出发票，但公司发票库存已空，而自己因居住在高风险区，无法外出领取发票。

接到请求帮助电话后，办税服务厅值守人员安抚办税员情绪后说道："请您放心，疫情防控期间我们服务不会断档，我们会全力保障你们的用票需求！"

在严格落实疫情防控要求下，高州税务部门开辟"特时特办、特事特办"绿色通道，提供发票"代领"服务，引导欧公明将发票领购簿和税控设备放在防控关卡点，税务人员到关卡点带回分局发售好发票后，再将发票送到关卡点留置给办税员，路上来回折返不到 2 小时便解决了企业的燃眉之急。

"真没想到，在这个特殊的时候，发票领用还能如此顺利，为税务局的贴心服务点赞！"欧公明拿到发票后连声赞道，"既有速度，又有温度。"

本轮疫情发生时间正好叠加了 11 月份税费申报期，高州市翔鸿房地产开发有限公司也在税务部门的帮办代办服务中顺利解决了申报纳税难题。

"我已经在电子税务局提交申报表，但由于公司账户没有足够钱清缴当期税款，需要第三方账户清缴税款，但我现在无法外出办理那可怎么办呀？"电话那头，住在茂名市区疫情高风险区的会计吕先生焦虑地说。

吕先生表示，税务部门了解到他的情况后，及时线上辅导其在"粤税通"申请办理银行端查询缴税，第三方将税款转入税务局待报解预算收入暂挂户后税管员代其到指定银行办理银行端查询缴税入库，及时完成了税款入库。"为税务部门的帮办代办服务点赞，让我们公司避免了逾期申报产生滞纳金风险。"

三、足不出户"专班办"，助企添活力

"没想到疫情防控期间退税办理效率也这么高，有了这笔 19.36 万的出口退税资金，我们的周转压力小了很多，对渡过这轮疫情难关更有底气了！"高州市铭盛皮革制品有限公司法人代表龙柳由衷地为税务部门快捷、周到的服务竖起了大拇指。

同样快速收到出口退税的高州市战狼创富手套有限公司法人代表湛广成特意打来电话，感动地说："疫情防控期间你们不离岗的坚守，让我们快速收到资金周转'及时雨'！为你们点赞！"

"五年提升计划"为青年干部成长夯基赋能

国家税务总局合阳县税务局

年轻干部是党和国家事业发展的希望，国家税务总局王军局长寄语税务青年："青年者，人生之华年；税务青年者，税收事业之未来。"

近期，合阳县税务局认真贯彻关于干部队伍建设的重要论述，以"严管善待激活　厚植干事氛围"为导向，立足当前、着眼长远，科学谋划、提早布局，制定了《合阳县税务局培养年轻干部"五年提升计划"》，扎实推进税务系统全面从严治党，努力打造高素质专业化税务干部队伍，推动税收事业不断取得新的进步。

"作为年轻税务干部，我会沿着老税干们的足迹，多学多问多听多看多做，脚踏实地、不忘初心，在践行'为国聚财　为民收税'的神圣使命中砥砺前行。"合阳县税务局薛夏颖如是说。

一、因材施教，为新入职干部系好"第一粒扣子"

初入职场，年轻干部走上新的工作岗位，加入基层干部队伍，做好入职教育培训，系好职场第一粒扣子，对今后的工作至关重要。对此，合阳县税务局制定了《新进年轻干部入职教育培训工作办法》，对近三年招录的14名新入职年轻干部进行培训。

在年轻干部入职后，科学分配初次税收工作岗位，采取"认门"入职短训与岗位实训相结合的模式，在引导年轻干部全面认知税收工作的基础上，找准自身定位，向下扎根，向上成长，将个人梦想与新时代税务梦对接，更好承载起税收事业的希望和未来。

用好"老带新"+"传帮带"模式，建立"结对子＋导师制"的青年理论学习小组，各党委委员主动担任青年干部政治理论学习辅导导师，26名业务骨干成为新进年轻干部税收工作的"引路人"。年轻干部在税务前辈的从税多年的担当与付出、奉献与坚守中汲取养分、快速成长。

二、悉心育才，为新入职干部铺就"成长之路"

在干部综合素养培训过程中，合阳县税务局坚持理想信念与提高专业素养结合，教育培训与实践锻炼结合，建立了

"以考促学、轮岗历练"的干部接续培养锻炼机制，帮助年轻干部立定终身成长之志。

打造"一月双考"考试平台。考题涵盖最新政治理论知识、税收业务知识等多项综合内容。目前，已经完成了2022年前半年的每月测试和半年综合测试，在半年综合测试成绩前40名中，

年轻干部占比为64%。

不断加强人才梯队建设。持续推进新进年轻干部的"三师"和研究生等人才培养工作。近年来，年轻干部"三师"考试的参与率100%，其中有2人已通过税务师考试，1人即将通过注册会计师考试，1人考取陕西师范大学在职研究生，人才培养初见成效。

三、强本固基，让年轻干部多到一线"墩墩苗"

人须在事上磨，方立得住，方能静亦定，动亦定。着眼合阳税务人才成长需求，合阳县税务局在2022年4月试行"行政业务岗位互派AB角"等工作，打通年轻干部行政和业务岗位隔阂，促进年轻税务干部从"专面手"向"多面手"转变，培养提笔能写、开口能讲、问策能对、遇事能干、干事能成的复合型税务干部。

同时，合阳县税务局不断提升队伍作风建设，联合县人武部开展4批次军训活动，通过向部队学管理，向军人学作风，进一步提升税务干部精神风貌。还邀请了县人武部政委李宇鹏开展国防知识讲座，激发税务干部爱国热情。

多措并举之下，以雷图同志为代表的合阳税务青年干部把脚踏实地、埋头苦干作为价值取向，在减税降费、新组合式税费支持政策、《意见》落地、发票电子化改革等重大工作中，不逃避、不推诿、不懈怠，勇担重任，不断在改革和税收事业发展中砥砺前行、收获成长。

四、选贤任能，让更多优秀年轻干部"挑大梁"

在2022年4月份的中层正副职选聘工作中，合阳县税务局党委打通年轻干部培养使用的"绿色通道"。经过规定程序，把经过实践检验、德才兼备、实绩突出、群众公认的优秀年轻干部快速选拔到中层正副职岗位上，其中中层正职选拔年轻干部3人，占正职干部选拔比例43%，中层副职选拔年轻干部6人，占副职干部选拔比例100%，进一步充实了合阳税收事业的中坚力量，真正做到用好一个人，激励一大片。

同时，合阳县税务局党委积极做好先进典型的推荐和宣传工作，树立先进标杆，先后涌现出雷图、薛夏颖等优秀年轻干部，以一个优秀带动一批优秀，引导年轻干部真正将个人成长进步汇入税收事业发展洪流，用积极进取书写与税同行、与税共进的精彩乐章。

合阳县税务局党委书记、局长赵铁昌表示，自2021年启动创建全国文明单位工作以来，合阳县税务局提出了实现五个提升目标（机关办公环境提升、干部文明素养提升、税费收入质量提升、税收执法水平提升、纳税服务质量提升），这五个提升归根结底，都要以人员素质的提升来实现。下一步，合阳县税务局将始终坚持以税务干部素质能力提升为目标，坚持"选人、育人、用人、管人"相结合，着力培养信念坚定、为民服务、勤政务实、敢于担当、清正廉洁的年轻干部队伍，让更多税务"后浪"的多彩青春、芳华税月在高质量推进新时代税收现代化中绽放光彩。

追寻领袖足迹 感悟初心使命

国家税务总局岢岚县税务局 李泽坤

近日，国家税务总局岢岚县税务局组织党员干部赴岢岚县宋家沟开展"追寻领袖足迹 感悟初心使命"实地研学活动，通过重温领袖嘱托、了解村史变化、参观文化展板、畅谈心得体会，深刻感悟党的十九大以来脱贫攻坚取得的伟大成就，现场观摩二十大报告中"着力解决好人民群众急难愁盼问题"的有力举措，进一步凝聚"一切为了人民、一切依靠人民"的思想共识。

2017年，习近平总书记到岢岚县宋家沟村考察调研，号召乡亲们"同党中央一起撸起袖子加油干"。总书记的殷殷嘱托和深切关怀，给了全县干部群众莫大的鼓舞和鞭策。红色旗帜引领航向，领袖嘱托催人奋进。总书记考察调研5年以来，国家税务总局岢岚县税务局始终牢记习近平总书记嘱托，牢牢把握政治机关定位，深入贯彻党中央、国务院重大决策部署，扎实推动减税降费、优化营商环境等民生工程落实落地，为全面建成小康社会提供了坚强保障，"芝麻开花节节高"的美好愿景变为了现实图景。

活动现场，岢岚县税务局党员干部高擎党旗，漫步在宋家沟的石板路上，细数着美丽乡村的新变化，一排排整齐的房屋错落有致，一张张幸福的笑脸灿烂绽放，让在场党员干部对"国之大者"和"人民情怀"有了更加直接深刻的体会。随后，党员干部集体参观了"牢记领袖嘱托 开创美好生活"主题展板，大家在三棵树广场立足税收工作实际畅谈学习感悟、分享心得体会，立下了许党报国、建功时代的铮铮誓言。

县局党委书记、局长刘冬生表示，置身这方红色热土，我们真切感受到新时代10年的历史性成就和历史性变革，是习近平总书记带领我们拼出来、干出来、奋斗出来的，是习近平新时代中国特色社会主义思想指引我们取得的。我们将更加坚定自觉地拥护"两个确立"，进一步增强"四个意识"、坚定"四个自信"、做到"两个维护"，踔厉奋发、勇毅前行，在新的赶考路上交出让党中央放心、让人民群众满意的答卷，用实干实绩检验学习贯彻党的二十大精神成效，为实现中国式现代化贡献税务智慧和税务力量。

纳税信用建设激活企业更好更快发展

国家税务总局镇安县税务局

一、背景介绍

人无信则不立，业无信则不兴。信用是企业亮丽的招牌，良好的纳税信用，不仅是企业诚信经营值得信赖的标志，更是企业优先享受税收优惠政策和便捷服务举措的"金钥匙"。镇安县税务局深入贯彻落实两办《关于进一步深化税收征管改革的意见》，采用建立"动态信用评分定级"的监管方式对纳税人实施分类精准监管和差异化服务，加强税银互动，拓展税收共治大格局，将纳税信用与金融融资信用相结合，围绕以组织收入为中心，夯实税源管理和纳税服务两个基础工程，着力提升收入质量、征管质量和纳税人满意度，有效降低纳税人的涉税风险、税务机关的执法风险、征管基础的缺失风险和风险管理的防控风险的一个中心，夯实两个基础，着力三个提升，实现四个降低的"1234"工作思路，充分发挥纳税信用在社会信用体系体系中的基础性作用，让纳税信用建设激活企业更好更快发展。

二、主要做法

建立健全"信用＋风险＋服务"新型动态监管机制。采取"人评＋机评"综合评价机制，设置一级指标 4 个、二级指标 11 个、三级指标 31 个，依据纳税人涉税事项办理情况遵从度按月实行量化评分，根据评分结果评定纳税人当期的信用和风险等级：90 分（含 90 分）以上为"高信用低风险纳税人"；70 分（含 70 分）以上低于 90 分为"中信用中风险纳税人"；低于 70 分为"低信用高风险纳税人"。对评定结果不同信用风险级别的纳税人实施差异化纳税服务和分类风险应对。通过事前服务提醒、事中更正提示和业务阻断、事后快速响应的方式，建立起一套动态税收监管和风险防控长效机制。

深入推进银税合作，拓展税收共治格局。为广大市场主体和群众提供"跨行业领域一站式"服务，实现纳税信用评价结果信息共享、社会共认、部门共用，让纳税信用成为市场主体参与市场竞争的基本要素。一是建立联席会议制度。镇安县税务局与县银保监局联合制定印发《"银税互动"联席会议制度》，理顺"银税互动"工作机制，建立联络员制度，定期举办"税银企"见面会、工作经验交流会、焦点和难点问题研讨交流会，及时总结分析工作成效，推动银税合作工作有序开展；二是探索"税务＋银行"共建模式。充分利用银行业金融机构网点多、分布广、覆盖面大的优势特点，在银行网点建立"银税合作服务站"，着力构建"现场办税（缴费）

服务＋发票寄递＋文书送达＋税法宣传"的多位一体便民利企服务模式，提高税务公共服务供给能力，打通便民办税服务"最后一公里"；三是深化拓展银税合作范围。加强银税双方宣传推广协作，依托双方的微信公众号、金融服务平台、税收服务平台等渠道载体进行宣传推介，利用纳税人学堂联合开展"税收政策＋银税贷产品"宣讲活动，将企业良好的纳税信用变为融资信用。

信用增值网上办税直达快享。全面推行"非接触式"网上办税缴费模式，以政策宣传辅导"精准全实"，落实税费优惠"短平快优"为目标，简化流程、压缩时限、建立纳税人诉求快速响应机制，整理推送相关部门及时响应处理反馈纳税人合理诉求，形成闭环处理机制。新的组合式税费支持政策"红利"共 10198 万元，其中增值税留抵退税 5346 万元，新增减税降费 2765 万元，制造业中小微企业缓缴税费 2087 万元，做到了应退尽退、应缓尽缓、惠民红利充分释放，市场活力有效激发。

三、实践效果

一是通过"信用＋风险＋服务"机制运行，A 级纳税人占比显著提升和"低信用高风险"纳税人明显下降。2022 年全县税信用 A 纳税人较上年度提升 65%，"低信用高风险"纳税人比例下降 25%，纳税人税法遵从度显著提升。

二是信用增值效用凸显。2022 年 1—10 月镇安县税务局通过"税银互动"解决了 35 家企业资金难题，合计获得信用贷款 1.16 亿元，有效缓解了部分纳税人资金难题。

下一步，国家税务总局镇安县税务局将继续不断强化纳税信用体系建设，充分发挥纳税信用在社会信用体系中的基础性作用，联合金融部门推出"诚信纳税贷"系列金融产品，积极将纳税信用与信贷融资、发票管理、退税办理等挂钩，严格落实税收失信"黑名单"及联合惩戒制度，加大"双公示"工作力度，使纳税信用建设的社会影响和含金量进一步扩大，让"信用活水"滋养了一批中小微企业更好更快发展，努力营造全社会依法诚信纳税的良好氛围。

税收视角下推进隰县梨果产业高质量发展的思考

国家税务总局隰县税务局

隰县位于临汾市西北边缘，境内矿产资源匮乏，支柱产业缺失，市场主体增长乏力，县域经济缺少长期稳定支撑。近年来，隰县党委、政府把种植玉露香梨作为战略支柱产业大力发展，取得了显著成效。本文以该县为例，探索如何充分发挥税收职能作用，推动农业特色产业向规模化现代化转变，加快培育新动能、扶持新主体，从而巩固脱贫攻坚成果，助力实现乡村振兴。

一、隰县梨果产业发展概况

隰县是"千年梨乡"，当地种梨已经有 3000 多年的历史。隰县于本世纪之初开始引进玉露香梨，后逐渐扩大种植范围，目前梨果产业已经发展成为当地的特色支柱产业。

（一）政府主导推动，政策扶持力度大

近年来，隰县党委、政府依托自然优势，把梨果产业作为全县主导产业来抓，先后出台了新栽和老果园改造资金奖补、农业保险和果园灌溉财政补贴、梨果产业信贷资金扶持、向贫困户免费发放梨果苗木等 20 余项扶持政策，不断推动梨果产业向规模化、标准化、全产业链方向发展。

（二）产业发展高效，规模初步成型

目前，隰县梨果种植总面积 38 万亩，梨果上下游企业 70 余家，梨果总产值达到 49.37 亿元，占全县 GDP 比重的 19.2%。梨果产业的规模总体达到了 4 个 80%，即：80% 的土地栽种果树，80% 的农民从事梨果生产，80% 的农民收入来源于果树，80% 的贫困人口依托梨果产业脱贫。

（三）经济回报可观，社会效益显著

隰县玉露香梨具有皮薄、肉细、核小、可食率高、含糖量高等诸多优点，市场销路良好，经济效益远超种植传统农作物。加之当地积极推动梨果全产业链条建设，引进培育梨果上下游企业，带动贫困户参与产业化经营，推动实现脱贫攻坚、乡村振兴和县域经济高质量发展的有机结合，取得了显著的社会效益。

二、隰县梨果产业发展存在的困难与瓶颈

目前，随着市场环境、消费环境和产业规模等因素的变化，隰县梨果产业面临着一定的发展困难与瓶颈。

（一）梨果产业面临供给侧结构性改革挑战

从供给侧来看，果品总体进入供过于求阶段，不仅隰县本地农民大量种植梨果，而且周边的汾西等县区也开始大范围推广种植玉露香梨，市场同质化竞争加剧。从需求侧来看，果品消费需求日益多元，市场加速分级分层，多类梨果品种受到追捧，果品供给与需求的结构性矛盾逐渐凸显。

（二）独立分散的农户种植模式竞争乏力

大国小农是我们的基本国情，隰县梨果产业的种植农户独立分散，生产的规模化现代化程度低，果品质量标准化水平低，销售方式多为地头收购，在市场竞争中缺乏议价能力。加之当地龙头企业偏少，带动农户能力不强，随着种植规模的扩大，产品出路严重困扰农民。特别是最近几年生产资料、人工费用上涨，叠加寒潮、霜冻等不利因素影响，已经出现了个别农民弃种果树的现象。

（三）现代化农业发展体系尚未形成

主要表现为梨果产业的"三产"融合发展程度偏低，产业链条短、规模小、深度不够。虽然当地政府致力于全产业链建设，但从目前发展情况来看，梨果产业的盈利主要还是来源于"种植—收购—销售"的产业链低端环节，从事梨果深加工的第二产业的经济效益、社会效益还没有充分释放，以梨果产业为依托的文化建设、加工体验、乡村旅游、生态康养等新业态、新经济尚未真正成型。

三、税收对隰县梨果产业发展的贡献和存在的短板

近年来，隰县税务部门聚焦服务地方特色产业发展，发挥税收职能作用，全面落实各项利企惠农税费优惠政策，鼓励梨果企业深耕乡村，助力梨果产业企业发展壮大。特别是对于国家出台的"农业生产者销售自产农产品免征增值税、收购农产品企业进项扣除、快递收派服务免征增值税、六税两费减半征收、增值税留抵退税"等涉农税收优惠政策，隰县税务部门坚持不打折扣、全力落实，通过全方位宣传辅导、针对性政策支持、个性化办税服务，确保了梨果企业及时足额享受税收优惠政策，为梨果产业高质量发展保驾护航。2019 年到 2022 年期间，隰县纳入税收征管的农民专业合作社数量从 355 户发展到了 563 户，税收扶持政策在促进涉农市场主体培育上效果显著。

但是，也必须清醒的认识到，在对隰县梨果产业的税收管理与服务中，还存在着一些短板，主要表现如下：一是梨果产业的税收贡献度不高。虽然梨果产业已经成为隰县经济的支柱产业，但该行业的税收贡献率很低，近些年仅占全县税收总收入的 12% 左右，呈现出典型的"民富县穷"特点。这种现象的产生固然有税收优惠政策减免的影响，但是也有梨果产品的附加值低、中高端产业链条缺失、税收征管存在漏洞等因素的影响。二是梨果产业的行业规范性不高。梨果产业经营者多为农民，组织形式以农业合作社和农村经济联合社居多，法律意识和财务意识普遍不强，一般都没有专职的财会人员，容易出现账务明细不清、记账凭证不全、会计核算不规范

等问题。特别是在纳税遵从度方面，梨果农业合作社和农村经济联合社的纳税信用等级普遍不高，其中还有很多因为不肯按期申报而被认定为非正常户。三是梨果产业的税收征管风险较高。在当前税务机关大力推行便民办税服务、精简审核材料的背景下，在核实业务真实性等方面缺乏有效抓手，梨果产业极易触发自然人虚假代开农产品发票、购销企业少列收入虚增成本、不按规定开具农业产品统一收购发票等风险。

四、对税收促进梨果产业高质量发展的建议

发展是解决我国的一切问题的基础和关键。无论是梨果产业面临的困难与瓶颈，还是税收管理和服务过程中出现的问题与风险，都可以通过发展的角度去思考和解决。作为税务部门，我们应当积极发挥税收职能作用，着力推动隰县梨果产业向规模化、标准化、全产业链方向发展，切实助力市场主体培育，涵养壮大税源，为县域经济社会发展和实现乡村振兴贡献税务力量。

（一）壮大优势产业，探索建立政府主导的梨果产业发展模式

针对隰县梨果产业面临的市场同质化竞争加剧、小农种植模式竞争力薄弱、三产融合发展不够等问题，探索建立由政府主导的梨果产业发展模式。一是加强品牌建设和运营。在隰县玉露香梨的品牌提升、品牌保护、品牌营销上持续发力，政府全力做大做强隰县玉露香梨主品牌，完善主品牌的认证标准，通过市场化引导手段逐渐清理众多子品牌和贴牌梨果，擦亮隰县玉露香梨统一标识。二是建立梨果产业合作运营机制。由政府成立梨果产业经济联合社，授权签约入社的梨果企业使用隰县玉露香梨主品牌，并接受统一管理和服务。梨果产业经济联合社负责隰县玉露香梨的品牌运营、质量把控、销售指导和售后服务等事宜。梨果企业实行市场化运营模式，同时在梨果品质、销售价格、销售数量等方面接受经济联合社的统一监管。三是探索推进梨果三产融合发展。以梨果产业经济联合社为主体，整合各梨果企业优势力量，持续推进"特优"战略，通过招商引资、联合经营等方式培育打造梨果产业深加工样板项目，结合县域文旅发展规划，着力孵化一批以梨果产业为依托的加工体验、乡村旅游、生态康养等新业态、新经济。

（二）优化资源配置，多措并举提升梨果产业税收管理水平

坚持不断适应梨果产业发展新形势和税收管理新要求，通过科学高效的税收管理模式推动梨果产业规范化标准化发展。一是组建梨果产业专业化管理服务团队。进一步优化资源配置、集聚专业力量，抽调精干力量组建专业化税务管理服务团队，赋予数据分析、风险监控、纳税评估、实地查验等职责，对梨果产业实施专项管理，不断提升梨果产业税收管理服务水平。二是推行梨果产业税收精细化管理。建立梨果生产信息库，动态采集更新县域内梨果生产信息数据，税务机关一方面可以根据梨果生产信息数据有效管控自然人虚假代开农产品发票风险，对出售超过合理产量农产品的农户进行重点关注核实；另一方面可以密切跟踪梨果产业发展态势，及时采取有针对性的管理服务措施。三是提升风险识别能力，实施"智慧"执法。要充分发掘既有数据资源，制定农产品涉税风险指标模型，筛查涉税风险疑点，加大风险评估力度，及时查处梨果产业涉税违法案件，促进行业公平发展。四是建议改革收购农产品发票抵扣政策。科学

测定农产品加工行业的产出实耗率,对其存货不允许一次性抵扣,而是实行销售实耗法抵扣政策。采取此类抵扣方法使得隐匿收入的企业无法抵扣相应的进项税额,进而有效地杜绝农产品收购发票虚开行为的发生。

(三)创新服务举措,全力以赴创优梨果产业税收营商环境

坚持树立税收服务产业发展理念,多措并举为梨果产业健康发展创造良好税收营商环境。一是探索实施梨果产业分级分类管理模式。将梨果产业纳税人按照纳税信用等级由高到低、税收风险由低到高分为 A、B、C、D 四个等级,对 A 级纳税人突出需求服务,无风险不打扰;对 B 级纳税人实施风险预警管理,加强宣传辅导;对 C 级纳税人开展纳税评估,及时消除风险隐患;对 D 级纳税人实施重点监管,促进行业公平发展。二是实行税收网格员包联制度,为梨果生产经营者提供税收"定制套餐"。通过税收网格员精准化跟踪服务,详细了解梨果生产经营者涉税需求和办税疑难问题,帮助厘清涉税涉费事项,对产业所涉及的国家税收优惠政策进行精准辅导,确保政策红利全面覆盖、充分释放。三是实行多种形式的宣传辅导工作。定期开展针对梨果产业的纳税人学堂,集中讲解政策、解决疑难问题。选派税务干部上门对接梨果生产经营者,推行涉税事项专人服务。定期针对农村集体经济组织、驻村干部、农业技术员等重点群体开展税收宣传辅导,进而辐射果农提升政策影响力。

(四)发挥职能作用,把"税收支持"注入梨果产业全链条

坚持立足税收岗位助力地方特色产业发展,为巩固脱贫攻坚成果、实现乡村振兴贡献税务力量。一是强化政策引导,扎实落实税收优惠政策。税务机关要采用定人定责定点的办法靠前服务,为企业靶向输送梨果自产、批发、零售、运输等各环节税收优惠政策,确保企业应知尽知、应享快享。要重点扶持梨果饮料、秋梨膏、冻干食品等梨果深加工、高附加值企业,在增值税留抵退税、普惠性减税、纳税信用等级评价等涉税业务方面加大扶持力度,助力产业链条发展。二是打造"政策洼地、服务高地",引导更多梨果加工企业入驻。在地方党委、政府的指导下,针对国家现代农业产业园和省级现代农业产业示范区内招商引资的梨果企业,制定县级税收收入按比例返还招商政策。为新成立的梨果企业提供全方位、全流程的税收支持服务,选派专人跟进负责企业筹建、投产、运行过程中的涉税问题,结合需要提供"一户一策"税收政策服务,为企业落地生根、发展壮大保驾护航。要通过一系列优惠政策和贴心服务吸引梨果深加工企业落户,促进地方形成产业集群。三是发挥党建联盟作用,建立产业链利益联结机制。为了进一步加强税企沟通协作,促进税企党建水平提升,隰县税务部门联合非公经济组织成立了"红动隰州"税企党建联盟作用。税企党建联盟既是税务部门和非公经济组织之间加强党建共建、凝聚组织合力的重要载体,又为联盟内企业之间优势互补、资源共享、合作共赢搭建了平台。今后,税务部门要进一步发挥联盟优势,推动金融企业对梨果产业发展的资金支持,促进各产业间的沟通联系和业务合作,支持企业加速崛起,在抱团发展中持续发力。

精准施策抓实社保费征缴工作"硬任务"

国家税务总局小金县税务局

　　小金县税务局深入学习贯彻党的二十大关于"健全社会保障体系"重要指示，聚焦社保费改革，凝心聚力、踔厉奋发，扎实做好社会保险费征缴工作，推动小金县社会保障机制高质量发展，为税收现代化服务中国式现代化贡献小金力量。

一、单位联动，构筑"信息交通网"

　　面对城乡居民两险征缴工作覆盖广、时间紧、任务重的现状，为在规定时限内实现参保人员足额缴纳社保费，确保群众医疗、养老权益享受，小金税务提高站位，周密部署，在地方政府的领导下，积极联合社保局、医保局、银行等责任单位齐抓共管、群策群力，单位领导靠前指挥，成立工作专班定期召开联席会议，厘清职能职责，确立联合工作方案；为确保信息互联互通，各单位进行数据定期交换，以便及时核对参保信息、缴费情况、权益确认；细化工作任务将责任落实到人，形成专人对接的问题反馈机制，确保社保费征缴环节业务问题及时响应、迅速解决。在深入推进"统模式"的基础上，构筑"部门联动多元化、沟通交流常态化、信息共享制度化、问题反馈精准化"的多单位协作机制，通力配合、优势互补，形成强大合力推动社保费征缴工作顺利进行。

二、深入乡镇，喊响"宣传大喇叭"

　　群众事无小事，为抓牢"社会保障体系"民生问题，抓实社保费政策宣传工作，税务干部走上街头、身入乡镇一线开展宣传活动，在人流量较大的地方摆设宣传点，到乡镇便民服务中心进行政策宣传、操作培训；发动广大村干部、驻村队员，直面群众切身利益，对话百姓民生问题，对不会缴费的群众进行一对一辅导，对不愿参保的群众做好政策解释和心理引导；用好"土办法"，通过"大喇叭宣传车"直击乡镇各角落，滚动播放温馨提醒两险参保及缴费截至时间，印发纸质宣传资料千余份。多途径、多手段、多方面"做加法"，实现社保费征缴工作质效"1+1>2"。

三、贴心服务，打通"最后一公里"

　　为优化群众参保缴费体验，小金县税务局始终坚持将优质服务放在关键，扎实推进规范化、便捷化服务窗口建设。设立社保费窗口进行税费分流，尽可能缩短缴费人办事时间，社保费咨询专线实现了缴费人大部分问题"来电话即办理";大力推行"网上办、掌上办"的非接触式缴费,利用微信公众号、支付宝、电子税务局等平台,积极引导缴费人线上办理社保费业务,实现"全程网上办理";实现特殊、困难群众的"就近办、上门办",通过对接网格员、乡镇社保员,为有需求群众提供"帮办服务",针对重点群体实现"干部上门办理",让群众少跑一趟。用服务赢信任,将群众当亲人,以务实笃行的态度走好服务群众的最后一公里。

"走流程、解难题、优服务"

——国家税务总局柘城县税务局倾心用情提升服务质效

国家税务总局柘城县税务局

为深入贯彻落实《柘城县全面开展"走流程、解难题、优服务"活动工作方案》，国家税务总局柘城县税务局以"走流程、解难题、优服务"活动作为提质增效的重要抓手，以"换身份、找问题、抓整改、促落实"为落脚点，持续优化税收营商环境，积极营造全县税务干部用心、用情、用力解决纳税人缴费人急难愁盼问题的良好氛围。该局深入推进"走流程"活动，扛牢抓实政治责任，主要负责人走出机关、走向市场主体、走进基层一线，转变角色、转换视角，以纳税人、缴费人和一线工作人员的身份体验办税缴费流程，聚焦税收政策的知晓度、申报材料的精简度、办理流程的顺畅度、窗口服务的便民度等，现场体验纳税人、缴费人办税感受。

近日，该局主要负责人走进办税服务大厅，体验了机关事业单位社保、纳税申报等业务流程，详细了解了业务流程的各个环节。在流程办理的过程中，与纳税人、缴费人详细交谈，认真仔细听取纳税人对办税服务的意见、建议和诉求。建立问题台账，把最优质高效的服务奉献给广大纳税人。"走流程、解难题、优服务"体验活动是落实为纳税人、缴费人办实事的有力举措，亲身体验才能更加精准掌握工作中需要改进的部分。

该局负责人表示：税务部门讲持续推进"走流程、解难题、优服务"体验活动，疏堵点、解难题、办实事，推动办税流程持续优化、办税效率持续加快，为纳税人、缴费人提供更加优质高效的办税体验。